完全掌握AutoCAD

机械设计超级手册

陈艳霞 等编著

超值多媒体大课堂

机械工业出版社
China Machine Press

本书根据机械行业CAD职业设计师岗位技能要求量身打造。详实而系统地讲解AutoCAD机械设计的绘制方法。书中所讲解的内容均是一名优秀的机械设计师必备的AutoCAD绘图知识，同时给出了大量来自机械行业实践应用的典型案例。

本书以AutoCAD 2012机械设计为主线，针对每个知识点辅以相应的实例进行了详细讲解，使读者能够快速、熟练、深入地掌握AutoCAD机械设计技术。全书分为基础与案例两部分，共19章，基础部分（第1~11章）包括AutoCAD 2012基础知识、绘制基本机械图形、选择与编辑机械图形、创建面域与图案填充、机械工程图块的操作、使用文字和表格、标注机械工程图形尺寸、规划与管理图层、精确绘制机械图形、输入输出机械图形、机械设计基础等；案例部分（第12~19章）包括常用件和标准件、轮类零件、轴类零件、盘盖类零件、叉架类零件、箱体类零件、装配体的绘制等，它们均来自机械设计行业的典型工程案例。附录介绍了AutoCAD的一些常用命令和快捷键等，可供读者在学习中查询。

本书图文并茂，结构严谨，条理清晰，重点突出，既可作为大中专院校、高职院校以及社会相关培训班的教材，也可作为AutoCAD机械设计初学者及工程技术人员的自学用书。

图书在版编目（CIP）数据

完全掌握AutoCAD 2012机械设计超级手册/陈艳霞等编著.—北京：机械工业出版社，2012.8

ISBN 978-7-111-38215-7

I. ①完… II. ①陈… III. ①机械设计－计算机辅助设计－AutoCAD软件－手册 IV. ①TH122-62

中国版本图书馆CIP数据核字（2012）第084979号

机械工业出版社（北京市西城区百万庄大街22号　邮政编码100037）

责任编辑：夏非彼　迟振春

中国电影出版社印刷厂印刷

2012年8月第1版第1次印刷

203mm×260mm・28.25印张

标准书号：ISBN 978-7-111-38215-7

ISBN 978-7-89433-431-2（光盘）

定价：59.00元（附1DVD）

凡购本书，如有缺页、倒页、脱页，由本社发行部调换

客服热线：（010）88378991；82728184

购书热线：（010）68326294；88379649；68995259

投稿热线：（010）82728184；88379603

读者信箱：booksaga@126.com

完全掌握 AutoCAD 2012 机械设计超级手册

多媒体光盘使用说明

 18个视频  7小时 26个文件

① 将光盘放入光驱，依次双击“我的电脑”、“光盘驱动器”、“素材文件”，出现如图所示的界面

② 本书多媒体素材文件

③ 本书多媒体视频文件

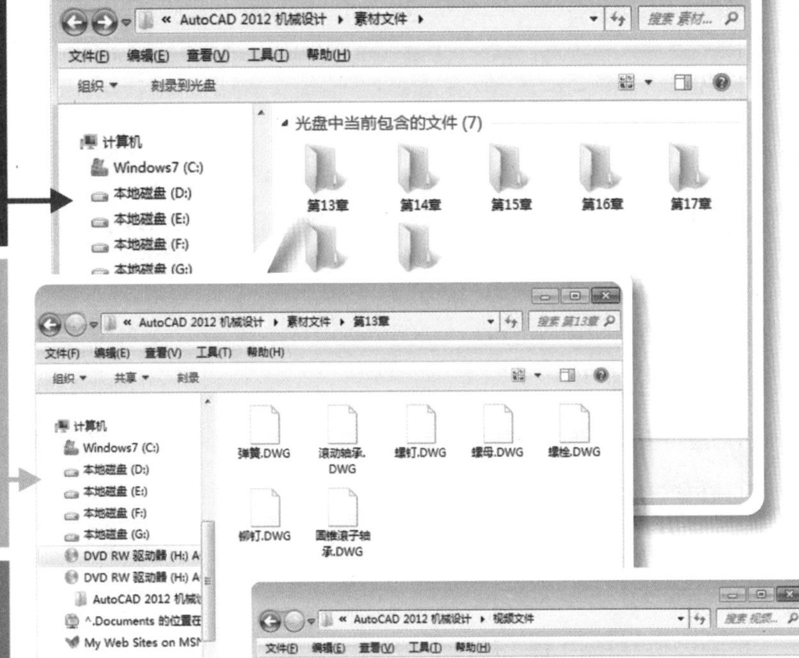

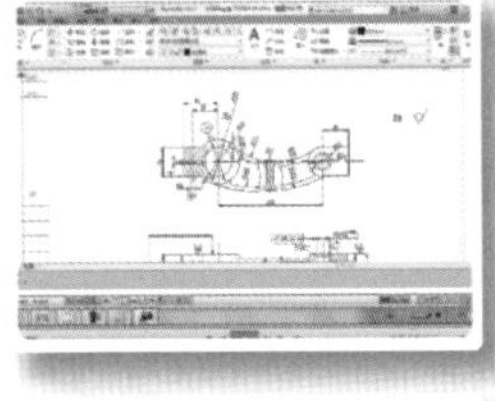

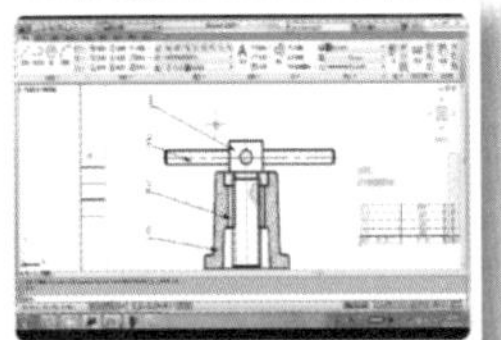

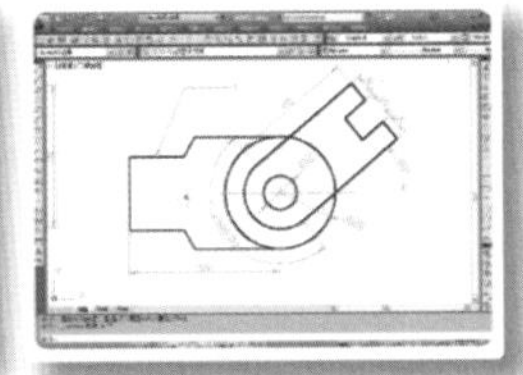

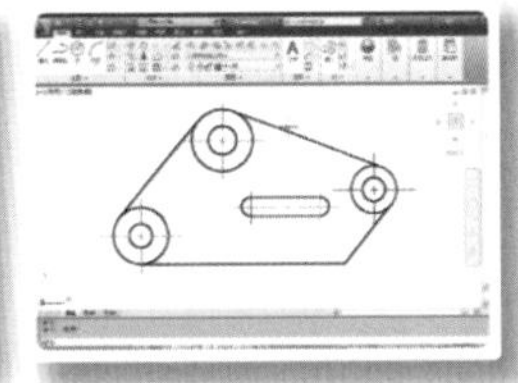

④ 视频动画播放界面

第1章 初识AutoCAD 2012

Char01.avi

第2章 绘制基本机械图形

Char02.avi

第3章 选择与编辑机械图形

Char03.avi

第4章 创建面域与图案填充

Char04.avi

第5章 操作机械工程图块

Char05.avi

第6章 使用文字和表格

Char06.avi

第7章 标注机械工程图形尺寸

Char07.avi

第8章 规划与管理图层

Char08-1.avi， Char08-2.avi

第9章 精确绘制机械图形

Char09.avi

第10章 输入输出机械图形

Char10.avi

第13章 绘制常用件和标准件

Char13.avi

第14章 设计轮类零件

Char14.avi

第15章 设计轴类零件

Char15.avi

第16章 设计盘盖类零件

Char16.avi

第17章 设计叉架类零件

Char17.avi

第18章 设计箱体类零件

Char18.avi

第19章 设计机械装配图

Char19.avi

前言
Preface

AutoCAD 2012 是美国 Autodesk 公司推出的通用辅助设计软件，该软件已经成为世界上最优秀、应用最广泛的计算机辅助设计软件之一，更是得到广大机械设计人员的一致认可，掌握 AutoCAD 的绘图技巧已经成为从事这一行业的一项基本技能。

本书特色

本书由从事多年 CAD 工作和实践的一线从业人员编写，在编写的过程中，不仅注重绘图技巧的介绍，还重点讲解了 CAD 和机械设计的关系。本书主要有以下几个特色。

内容详略得当　本书除将基本的绘图知识详细地讲解给读者外，还介绍了机械设计各个行业的制图差异，所以本书在案例部分设置了常用件和标准件、轮类零件、轴类零件、盘盖类零件、叉架类零件、箱体类零件、装配体的绘制等内容，几乎包括了机械设计的所有门类。

结构条理清晰　本书结构清晰，由浅入深进行讲解，分为基础部分和案例部分，基础部分主要是对一些基本绘图命令和编辑命令进行详细的介绍；案例部分限于篇幅，以讲解绘制过程为主，对具体的绘制命令不再详述（部分重要命令除外）。

图书内容新颖　在内容方面，除包括快速入门的基础知识外，还根据机械设计行业的需求精心策划了多个极具代表性的案例。同时本书讲解了同种图形的多种绘制方法，读者可结合 AutoCAD 2012 机械设计的多媒体教学视频精讲，快速提升职业技能。本书的附录部分介绍了很多常用的命令及快捷键，可以帮助读者大大提高绘图效率。

主要内容

本书主要分为两个部分：基础和案例，其中基础部分包括第 1～11 章，案例部分包括第 12～19 章。

第 1 章　介绍 AutoCAD 2012 中文版操作界面，创建图形文件的方法，AutoCAD 绘图常识、绘图方法，使用命令与系统变量等内容。

第 2 章　介绍 AutoCAD 绘制二维机械平面图形，包括最常用图形的绘制方法，在讲解过程中，根据需要还给出了相应的绘制实例。

第 3 章　介绍 AutoCAD 选择与编辑图形对象的方法，包括使用夹点编辑图形，以及学会使用基本的绘图与修改操作工具、编辑对象特性的方法等内容。

第 4 章　介绍 AutoCAD 创建面域与图案填充的方法等内容。

第 5 章　介绍 AutoCAD 机械工程图块的创建方法，以及如何使用编辑块等内容。

第 6 章　介绍 AutoCAD 使用文字和表格的方法，包括文字样式的设置、单行文字和多行文字的创建和编辑、表格样式的设置、表格的创建以及编辑等。

第 7 章　介绍 AutoCAD 的机械工程图的各种尺寸标注方法、尺寸标注的设置等内容。

第 8 章　介绍 AutoCAD 图层的规划与管理，并给出了工程中常用图层的设置。

第 9 章　介绍精确绘制图形的方法，包括对象的捕捉与栅格设置、对象捕捉与追踪、动态输入、查询图形对象信息等内容。

第 10 章　介绍 AutoCAD 2012 的图形输入输出等内容，包括设计图形模型空间和图纸空间的设置、布局的创建与管理、图形的打印等内容。

第 11 章　介绍绘制机械工程图的种类、机械工程 CAD 制图规范，以及图层设置、文字样式设定、尺寸标注样式设定等内容。

第 12 章　介绍零件图和装配图的绘制过程和绘制方法，以及一幅完整的零件图和装配图应包含的内容。

第 13 章　介绍常用件和标准件的绘制方法，包括螺栓、螺钉、螺母、铆钉、向心球轴承、圆锥滚子轴承、弹簧等的绘制过程。

第 14 章　介绍轮类零件的绘制方法，并详细介绍了直齿圆柱齿轮、皮带轮、涡轮、链轮这 4 种典型轮类零件的设计和绘制过程。

第 15 章　介绍轴类零件的绘制方法，包括轮轴和空心轴的设计和绘制过程。

第 16 章　介绍盘盖类零件的绘制方法，包括轴承端盖、法兰盘、手轮以及阀盖的设计和绘制过程。

第 17 章　介绍叉架类零件的绘制方法，包括连杆、杠杆的设计和绘制过程。

第 18 章　介绍箱体类零件的绘制方法，包括缸体、轴箱体的设计和绘制过程。

第 19 章　介绍装配图的设计和绘制方法，包括定位器装配图以及千斤顶装配图的设计和绘制过程。

附录 A 列举了 AutoCAD 中常用的快捷键。

附录 B 给出了 AutoCAD 中的主要命令。

随书光盘包括了本书重要案例的视频讲解及最终制作效果，读者可以充分应用这些资源，以提高学习效率。

本书作者

本书主要由陈艳霞编著，另外，李波、宫磊、付国强、郭一楠、侯雪娜、芦娟、罗强、马志勇、任伟、苏宁、侯清福、孙军华、孙尧斌、王从雷、王秋丽等参与了部分章节的编写工作。虽然作者在本书的编写过程中力求叙述准确、完善，但由于水平有限，书中欠妥之处在所难免，希望读者和同仁能够及时指出，共同促进本书质量的提高。

技术支持

若读者在学习过程中遇到难以解答的问题，可以到为本书专门提供技术支持的“中国 CAX 联盟”网站求助或直接发送邮件到编者邮箱，编者会尽快给予解答。

编者邮箱：comshu@126.com

技术支持：www.ourcax.com

编　者

2012 年 5 月

目录 Contents

第3章 选择与编辑机械图形

第4章 创建面域与图案填充

第5章 操作机械工程图块

第6章 使用文字和表格

第7章 标注机械工程图形尺寸

第8章 规划与管理图层

第9章 精确绘制机械图形

第10章 输入输出机械图形

第11章 机械图的基本知识

第12章 绘制零件图和装配图

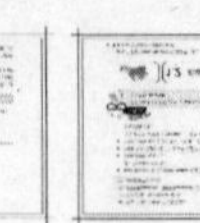

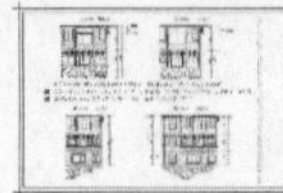

第13章 绘制常用件和标准件

第14章 设计轮类零件

第15章 设计轴类零件

第16章 设计盘盖类零件

第17章 设计叉架类零件

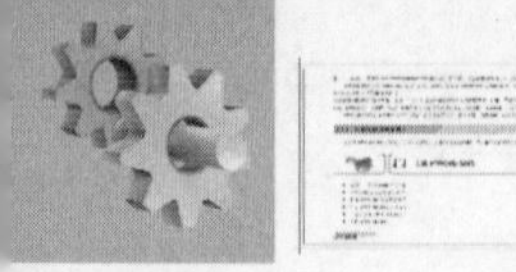
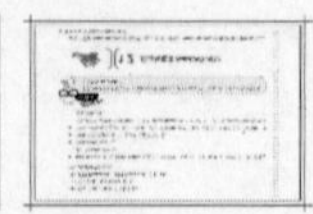

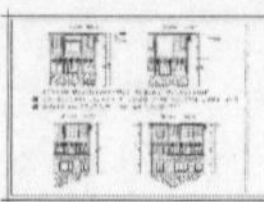

第18章 设计箱体类零件

第19章 设计机械装配图

第 1 章

初识 AutoCAD 2012

AutoCAD 2012 中文版是 Autodesk 公司最新推出的 AutoCAD 系列中的一套功能强大的计算机辅助绘图软件，深受社会各界绘图工作者的青睐。

本章首先介绍 AutoCAD 2012 的操作界面，然后介绍命令的执行方式、使用 AutoCAD 2012 绘图的一些基础知识，例如熟悉基本图形对象、鼠标与键盘的基本操作等。通过本章的学习，可以掌握 Auto CAD 2012 的绘图基础操作和设置，以方便后续绘图的顺利进行。

学习目标

- 掌握 AutoCAD 2012 的操作界面
- 熟悉 AutoCAD 2012 的命令执行方式
- 熟悉 AutoCAD 2012 的基本操作
- 掌握 AutoCAD 2012 的绘图方法
- 掌握 AutoCAD 2012 的命令执行方法

1.1 AutoCAD 2012 的操作界面

AutoCAD 2012 继承了 AutoCAD 2009 版本带功能区的界面结构，将工具按照功能进行分类管理以方便操作者使用。软件安装完毕后，可以有两种方法启动 AutoCAD 2012，启动后的界面如图 1-1 所示。

- 双击桌面快捷图标。
- 选择“开始”→“所有程序”→Autodesk→AutoCAD 2012. Simplified Chinese→AutoCAD 2012 命令。

AutoCAD 2012 的界面主要由菜单浏览器、快速访问工具栏、信息中心、功能区、绘图区、命令窗口和状态栏组成，其中整合了功能按钮的功能区是新添加的。

1.1.1 工作空间

工作空间是由分组组织的菜单、工具栏、选项板和功能区控制面板组成的集合，用户可以在专门的、面向任务的绘图环境中工作。

使用工作空间时，只会显示与任务相关的菜单、工具栏和选项板。工作空间还可以自动显示功能区，即带有特定任务的控制面板的特殊选项板。例如在创建三维模型时，可以使用“三维建模”和“三维基础”工作空间，其中仅包含与三维相关的工具栏、菜单和选项板。三维建模不需要的界面项会被隐藏，使得用户的工作屏幕区域最大化。

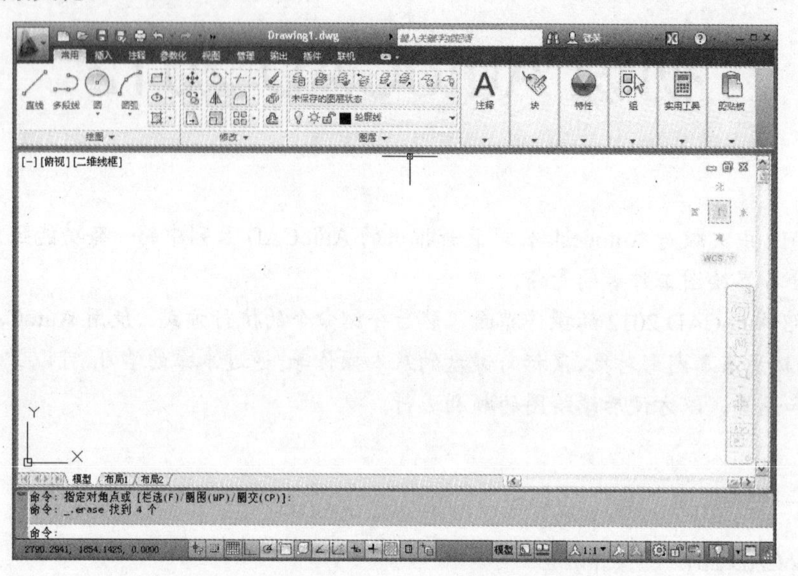

图 1-1　AutoCAD 2012 中文版的全新界面

AutoCAD 2012 定义了以下 4 个基于任务的工作空间：二维草图与注释、三维基础、三维建模和 AutoCAD 经典，可以通过两种方法切换工作空间。

- 单击状态栏上的“切换工作空间”图标，在弹出如图 1-2 所示的菜单栏中选择另一工作空间命令。
- 单击“快速访问工具栏”中的工作空间下拉列表框，选择另一空间命令，如图 1-3 所示。

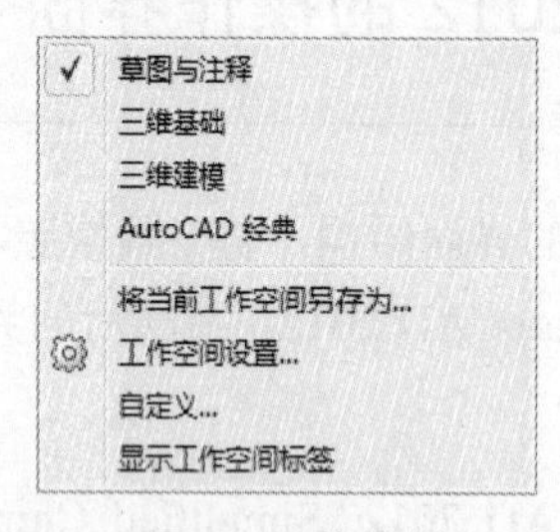

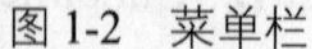

图 1-2　菜单栏

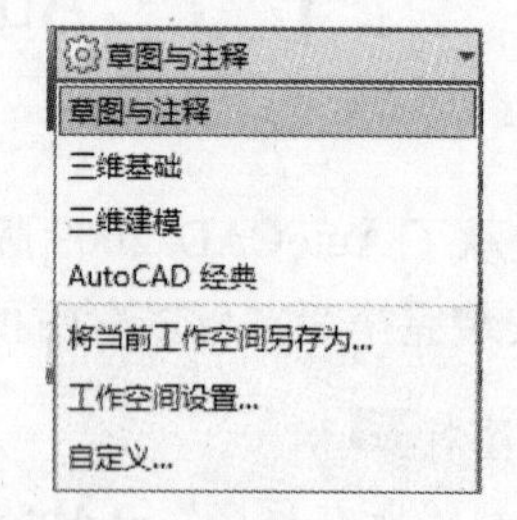

图 1-3　工作空间下拉列表框

启动 AutoCAD 2012 后，默认的是“初始设置”工作空间，如图 1-1 所示。

图 1-4、图 1-5、图 1-6、图 1-7 分别为“三维基础”、“三维建模”、“AutoCAD 经典”和“二维草图与注释”工作空间。

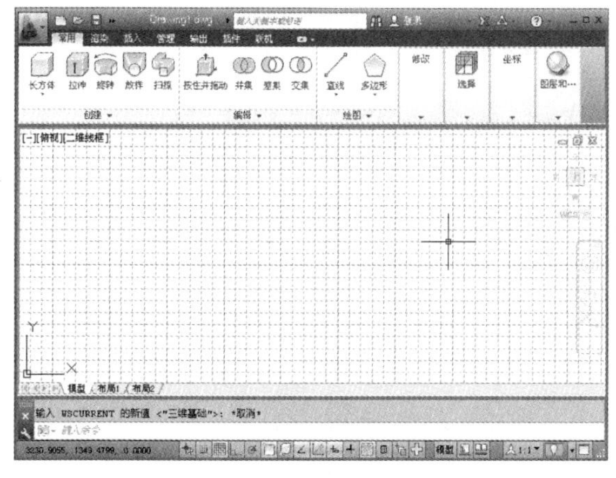

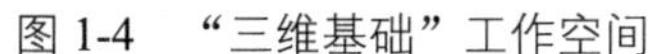
图 1-4 “三维基础”工作空间

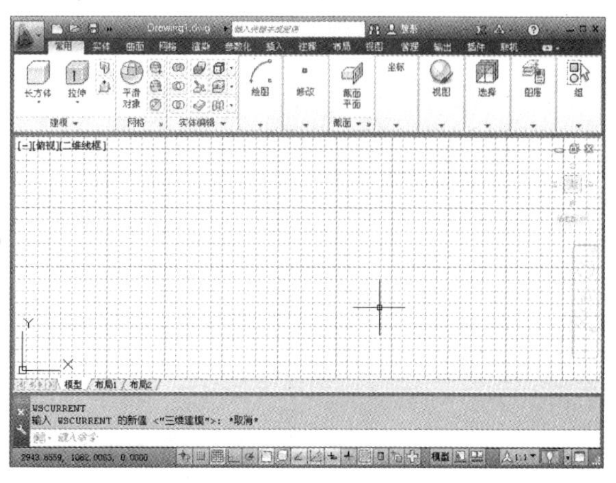

图 1-5 “三维建模”工作空间

“AutoCAD 经典”工作空间为经典的 AutoCAD 界面，主要由菜单浏览器、快速访问工具栏、信息中心、菜单栏、工具栏、面板、绘图区、命令窗口与状态栏组成。

“三维建模”、“三维基础”和“二维草图与注释”工作空间为 AutoCAD 2012 的新界面，功能区只有与三维建模相关的按钮，二维草图按钮为隐藏状态，或者只有与二维草图相关的按钮，三维建模相关的按钮为隐藏状态。

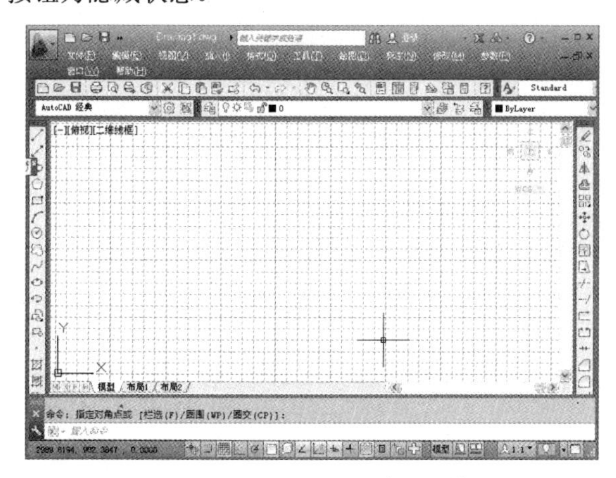

图 1-6 “AutoCAD 经典”工作空间

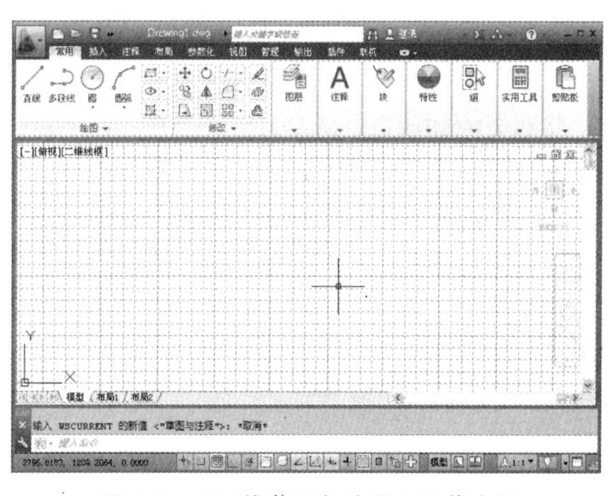

图 1-7 “二维草图与注释”工作空间

1.1.2 菜单浏览器

菜单浏览器在 AutoCAD 2012 版本中又被称为“应用程序菜单”，它包含了常用的命令，如“打开”、“保存”、“发布”等。

单击位于界面左上角的菜单控制图标，可打开菜单浏览器，如图 1-8 所示。

在搜索栏中输入关键字可进行搜索，搜索范围包括菜单命令、基本工具提示、命令提示文字字符串或标记。如图 1-9 所示，在搜索栏中输入“圆弧”关键字，将搜索出所有与圆弧相关的命令，包括绘制圆弧、椭圆等命令。

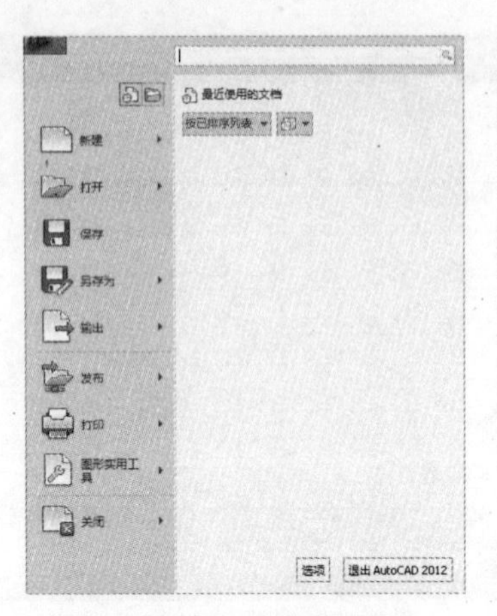

图 1-8 菜单浏览器

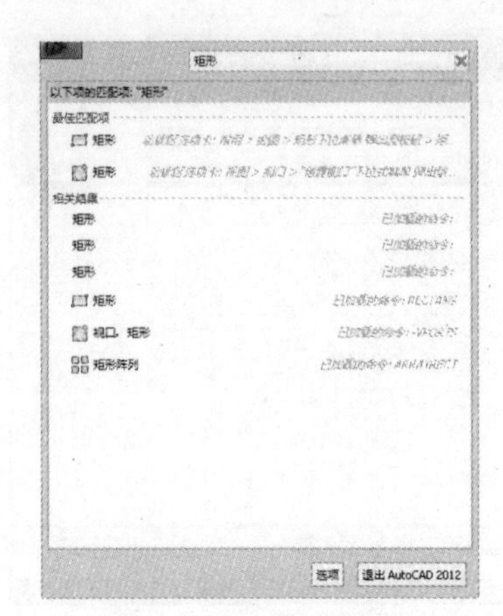

图 1-9 搜索菜单命令

1.1.3 快速访问工具栏

AutoCAD 2012 设计了快速访问工具栏，位于窗口的顶部，如图 1-10 所示。快速访问工具栏用于存储经常访问的命令，其中的默认命令按钮包括新建、打开、保存、打印、放弃、重做和工作空间快速切换。该工具栏可以自定义，其中包含由工作空间定义的命令集。

在快速访问工具栏上右击，在弹出的快捷菜单中选择“自定义快速访问工具栏”命令，弹出“自定义用户界面”对话框，并显示可用命令的列表。

将想要添加的命令从“自定义用户界面”对话框的“命令列表”窗格中拖曳到快速访问工具栏，即可添加该命令。

图 1-10 快速访问工具栏

1.1.4 功能区

功能区是和工作空间相关的，不同的工作空间用于不同的任务种类，不同工作空间的功能区内的面板和控件也不尽相同。与当前工作空间相关的操作都简洁地置于功能区中。

功能区由多个选项卡和面板组成，每个选项卡包含一组面板，如图 1-11 所示。通过切换选项卡，可以选择不同功能的面板，如“插入”选项卡所集成的面板如图 1-12 所示。

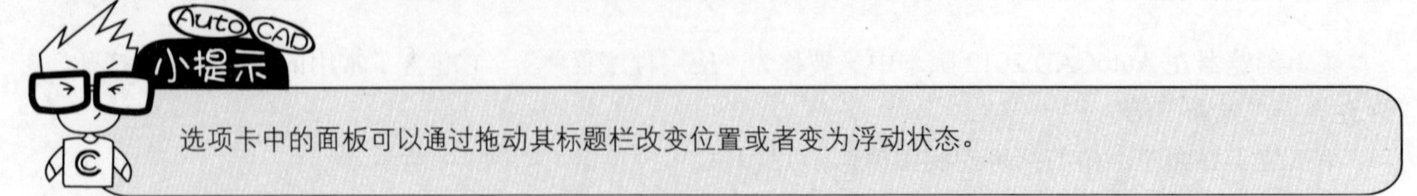

选项卡中的面板可以通过拖动其标题栏改变位置或者变为浮动状态。

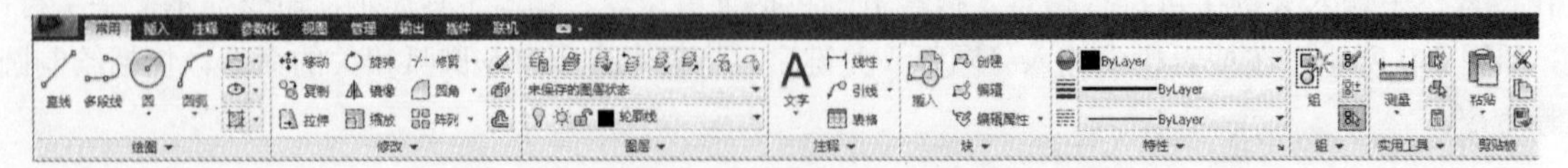

图 1-11 “二维草图与注释”工作空间的功能区

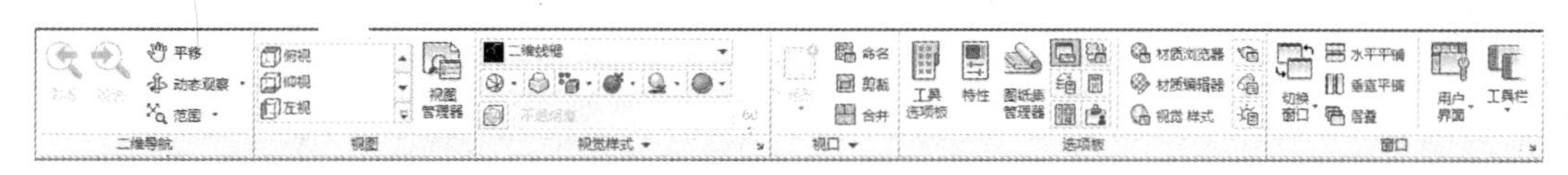

图 1-12　“插入”选项卡

默认状态下，功能区为水平显示，位于窗口的顶部。可通过拖动，将其垂直显示或显示为浮动选项板，如图 1-13 所示。

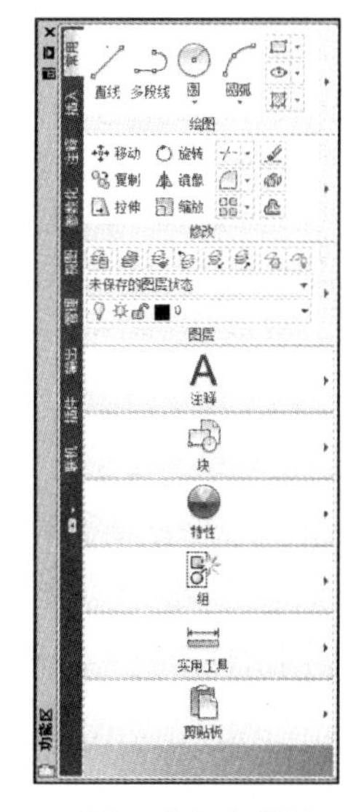

（a）垂直选项板

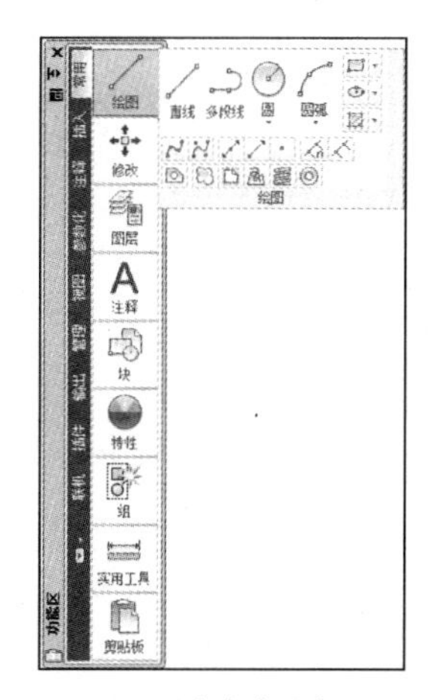

（b）浮动选项板

图 1-13　选项板

1.1.5　菜单栏

启动 AutoCAD 2012 后，会发现经典界面的菜单栏为隐藏状态。此时可单击快速访问工具栏右侧的小箭头，在弹出的快捷菜单中选择“显示菜单栏”命令，即可显示菜单栏，如图 1-14 所示。

菜单栏位于窗口顶部，包含了“文件”、“编辑”、“视图”、“插入”、“格式”、“工具”、“绘图”、“标注”、“修改”、“参数”、“窗口”和“帮助”共 12 项菜单，用户通过它几乎可以使用软件中的所有功能。

文件(F)　编辑(E)　视图(V)　插入(I)　格式(O)　工具(T)　绘图(D)　标注(N)　修改(M)　参数(P)　窗口(W)　帮助(H)

图 1-14　菜单栏

单击某个菜单标题，即可弹出对应的菜单，例如单击“视图”菜单标题，即可弹出菜单。其中，某些带有实心小三角符号的项目，代表该菜单之下包含有多项子菜单，将鼠标移至其上便可打开子菜单，如图 1-15 所示。

1.1.6　工具栏

AutoCAD 2012 在默认状态下仅显示功能区，工具栏全部隐藏。要打开工具栏，可在菜单栏中选择“工具”→“工具栏”→AutoCAD 命令，然后选择要显示的工具栏，如图 1-16 所示。

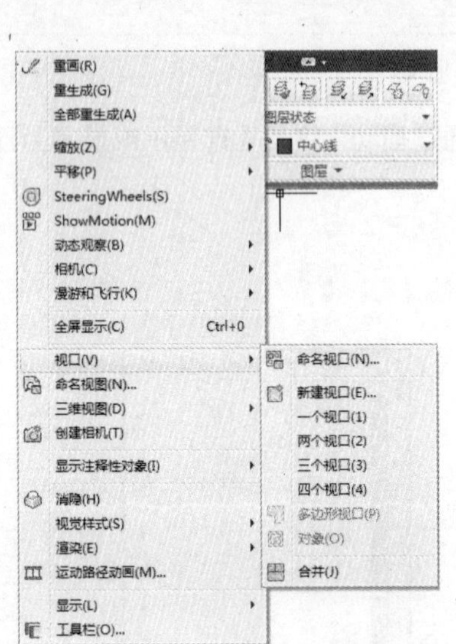

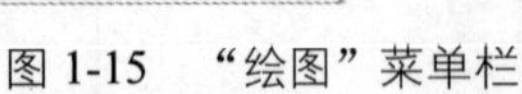
图 1-15 “绘图”菜单栏

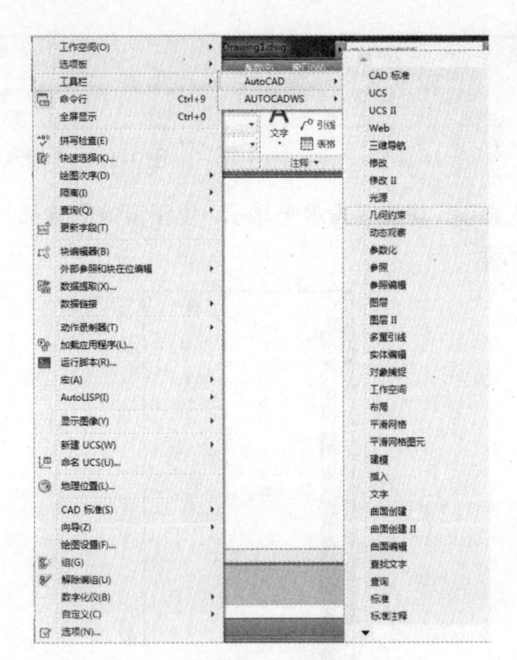

图 1-16 工具栏

常用的工具栏有“标准”、“工作空间”、“绘图”、“绘图次序”、“特性”、“图层”、“修改”和“样式”，如图 1-17 所示。

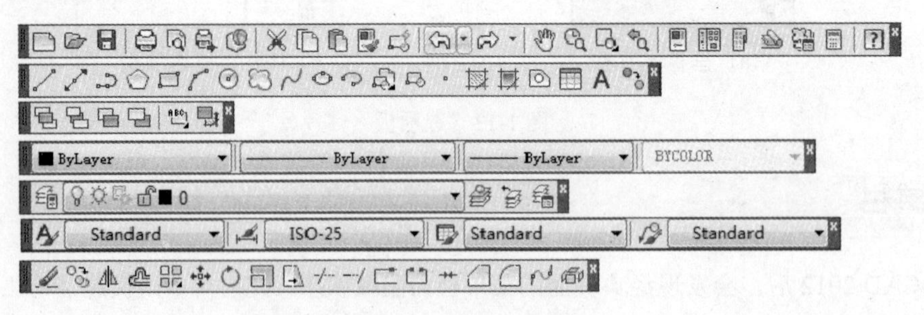

图 1-17 常用工具栏

将鼠标置于工具栏上按住左键拖动，就可以移动工具栏的位置。当拖动当前浮动的工具栏至窗口任意一侧时，会贴紧于窗口。

工具栏的可移动性无疑给设计工作带来了方便，但通常也会因操作失误，而将工具栏拖离原来的位置，所以 AutoCAD 2012 提供了锁定工具栏的功能，有两种方法锁定工具栏。

- 从菜单栏中选择“窗口”→“锁定位置”→“全部”→“锁定”命令。
- 单击窗口下部状态栏右侧的锁定图标，从弹出的菜单中选择“全部”→“锁定”命令，如图 1-18 所示。

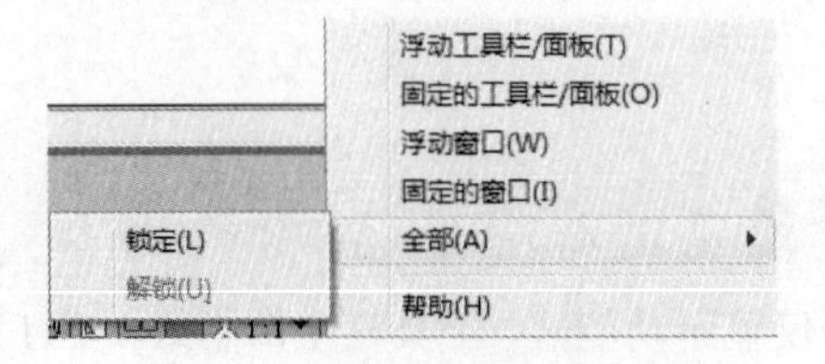

图 1-18 通过按钮锁定工具栏

1.1.7　绘图区

绘图区是指图形文件所在的区域，是供用户进行绘图的平台，它占操作界面的大部分位置，如图 1-19 所示。在 AutoCAD 2012 中，绘图区的默认背景颜色为米色，而不是经典的黑色。

由于 AutoCAD 2012 为每个文件都提供了图形窗口，所以每个文件都有着自己的绘图区。在绘图区的左下方是用户坐标系（User Coordinate System，UCS），主要由指向绘图区上方的 Y 轴与指向绘图区右方的 X 轴组成。用户坐标系可以协助用户确定绘图的方向。

将鼠标移至绘图区中，即可变成带有正方小框的十字光标“┼”，它主要用于指定点或者选择对象，但在不同的命令下会呈现不同的状态。

在状态栏中提供了“模型”按钮、“布局”按钮，通过它们可以在模型空间与图纸空间进行切换。在默认状态下，绘图区为“模型”空间，如图 1-19 所示。若单击“布局”按钮，即可进入整幅图纸的绘图模式，即布局空间，如图 1-20 所示，可见在布局空间中 UCS 图标与模型空间不同。

视口控件用于控制是否显示位于每个视口左上角的视口工具、视图和视觉样式的菜单。若启动程序后未显示视口控件，可在命令行输入 VPCONTROL，然后输入 VPCONTROL 系统变量新值为 1，按下 Enter 键即可显示视口控件。

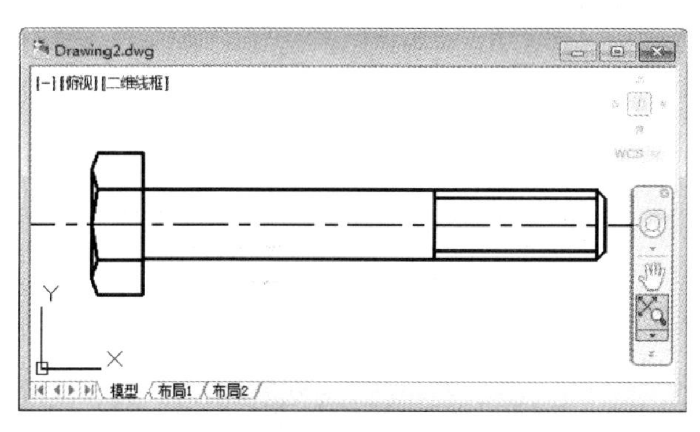

图 1-19　模型空间

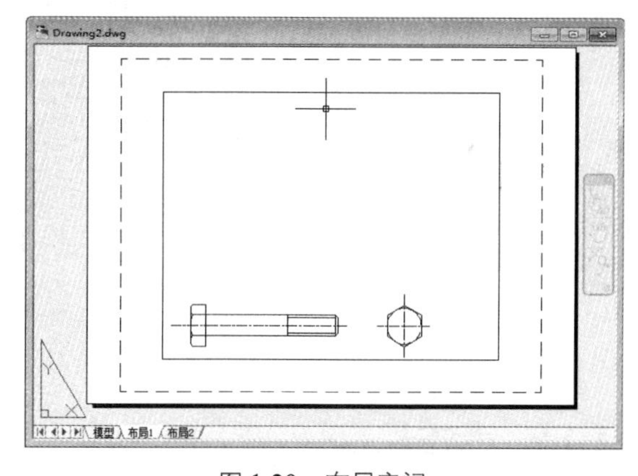

图 1-20　布局空间

1.1.8　命令窗口

命令窗口位于绘图区之下，主要由历史命令部分与命令行组成，它同样具有可移动的特性，如图 1-21 所示。

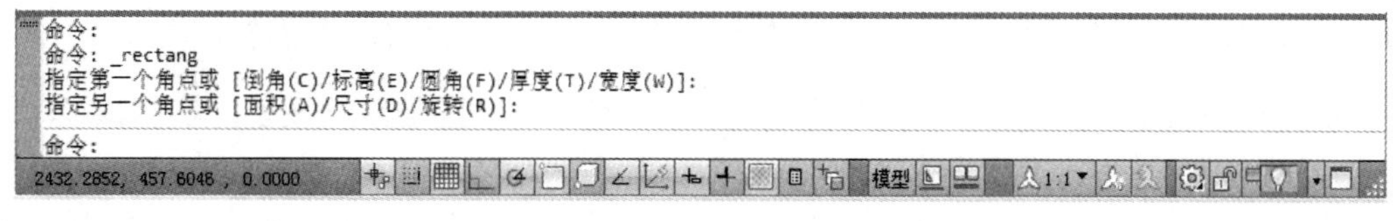

图 1-21　命令窗口

命令窗口使得用户可以从键盘上输入命令信息，从而进行相关的操作，其效果与使用菜单及工具按钮相同，是在 AutoCAD 中执行操作的另一种方法。

在命令窗口中间有一条水平分界线，上方为历史命令记录，这里含有 AutoCAD 启动后所有信息中的最新信息，用户可以通过窗口右侧的滚动条查看历史命令记录。分界线下方则是当前命令输入行，当输入某个命令后，要注意命令行显示的各种提示信息，以便准确快速地进行绘图。

此外，命令窗口的大小可由用户自定义，只要将鼠标移至该窗口的边框线上，然后按住左键并上下拖动，即可调整窗口的大小，如向上拖动窗口，其操作如图 1-22 所示。

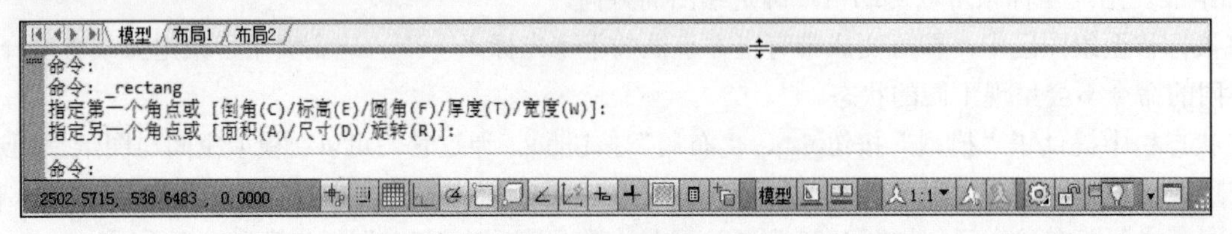

图 1-22　往上扩大命令窗口

如果想快速查看所有命令记录，可以按 F2 功能键打开 AutoCAD 文本窗口，这里列出了软件启动后执行过的所有命令记录，如图 1-23 所示。另外，该窗口是完全独立于 AutoCAD 程序的，用户可以对其进行最大化、最小化、关闭、复制、粘贴等操作。

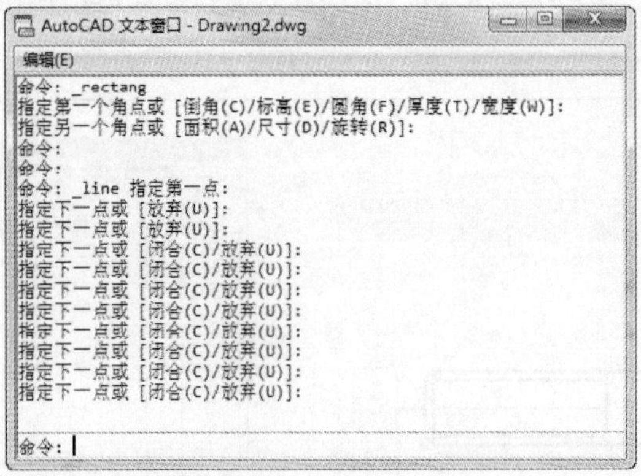

图 1-23　AutoCAD 文本窗口

1.1.9　状态栏

状态栏位于界面的最底端，主要用于显示当前光标所处位置及软件的各种状态模式，其外观如图 1-24 所示。

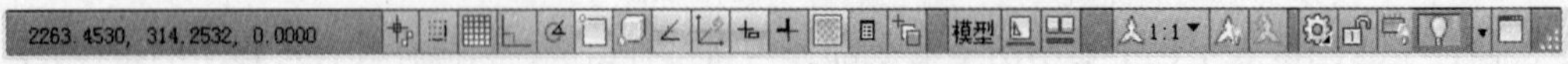

图 1-24　状态栏

AutoCAD 2012 增强了状态栏的功能，包含更多的控制按钮。从左至右，状态栏依次为以下几个部分。

- 坐标显示区：坐标显示区位于状态栏的最左侧，在此以逗号划分出 3 个数值，从左到右依次为 X、Y、Z 轴的坐标值。当光标移动时，其值会自动更新。
- 绘图工具：绘图工具位于状态栏的中部，提供了“推断约束”、“捕捉模式”、“栅格显示”、“正交模型”、“极轴追踪”、“对象捕捉”、“三维对象捕捉”、“对象捕捉追踪”、“动态

DUCS”、“动态输入”、“线宽”和“透明度”12 项工具，单击相应按钮即可将其激活。

- 快捷特性按钮：按下该按钮后，将光标悬停于对象或者选中对象后，在所选对象旁边将显示快捷特性，如图 1-25 所示。
- 选择循环：AutoCAD 2012 新增功能之一，按下该按钮后，允许选择重叠的对象。
- 模型/布局切换按钮：通过“模型”按钮、“布局”按钮，可在模型空间和布局空间之间切换。通过“快速查看工具”按钮，用户可以预览打开的图形和图形中的布局，并在其间进行切换，如图 1-26 所示。

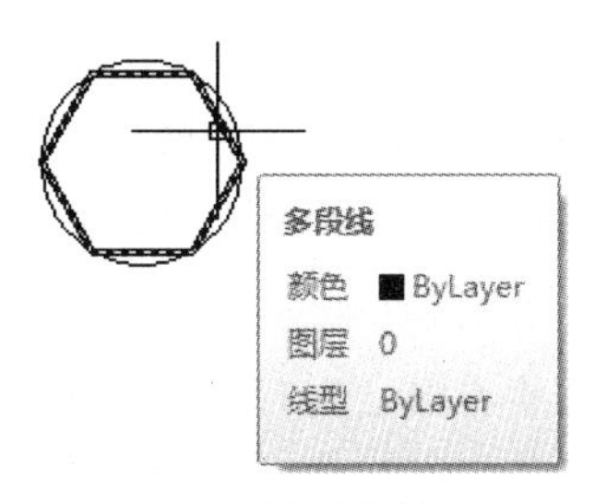

图 1-25　快捷特性

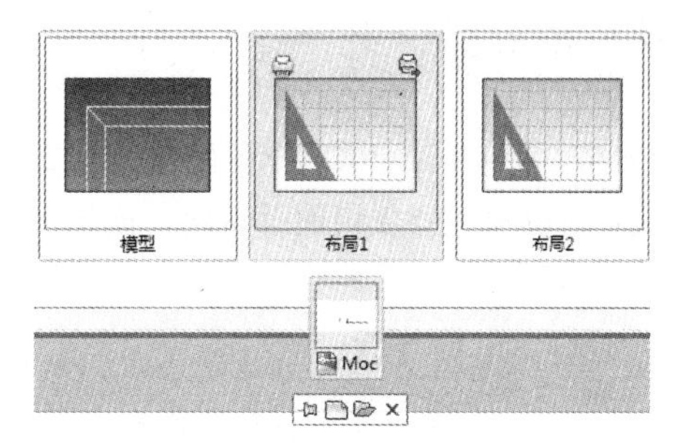

图 1-26　快速查看

- 注释工具：该部分按钮用于控制图形中的注释性对象。
- 工作空间按钮：用于切换工作空间。
- 锁定按钮：用于锁定工具栏。
- 全屏显示按钮：单击此按钮即可隐藏一切工具，仅显示菜单栏和绘图内容，其效果与按 Ctrl+0 组合键相同。

另外，单击状态栏右侧的箭头，可弹出如图 1-27 所示菜单，这里提供了控制坐标显示与各选项设置的命令。选择“状态托盘设置”命令后，即可弹出如图 1-28 所示的对话框，可设置状态托盘的显示。

图 1-27　状态栏菜单

图 1-28　“状态托盘设置”对话框

1.2　创建图形文件

常用的创建图形方法包括“从草图开始”、“使用样板”与“使用向导”这 3 种。在默认状态下，初次启动 AutoCAD 2012 时会自动打开如图 1-29 所示的“启动”对话框，其中包含了上述 3 种创建图形文件

的方法。

若启动程序后没有出现“创建新图形”对话框，可以在命令行输入 startup，然后输入 startup 系统变量的新值：1。

1.2.1 从草图开始

使用草图创建图形是 AutoCAD 的默认创建方式，它提供了“英制”与“公制”两种创建方式，指定的设置将会决定系统变量要使用的默认值，而这些系统变量将可以控制默认的线型、文字和标注等。

它们的含义分别如下。

- 英制：使用英制系统变量创建新图形，默认的图形边界（栅格界限）为 12 英寸×9 英寸。
- 公制：使用公制系统变量创建新图形，默认的图形边界（栅格界限）为 420mm×297mm。

初次创建的图形名称为 Drawing1.dwg，其后创建的编号将依次递增。

从草图开始创建图形的步骤如下：

01 选择菜单栏“文件”→“新建”命令，系统弹出如图 1-30 所示的“创建新图形”对话框。

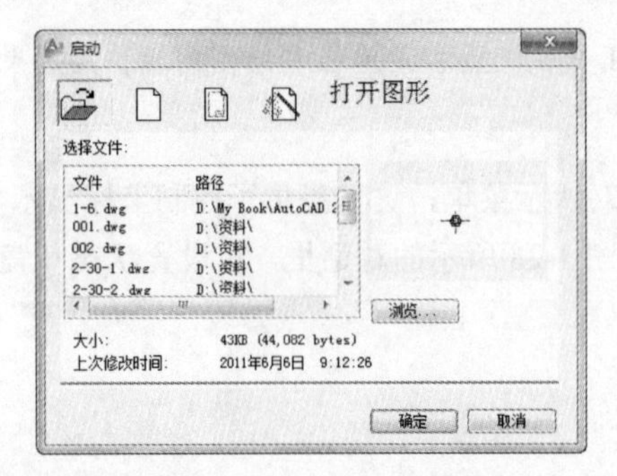

图 1-29 “启动”对话框

图 1-30 “创建新图形”对话框

除了步骤 01 的方法外，按 Ctrl+N 组合键、单击“标准”工具栏的“新建”按钮或者在命令行中输入 new 并按 Enter 键，都可以打开“创建新图形”对话框。

02 单击“从草图开始”按钮，然后在“默认设置”选项组中选择“公制”单选按钮，单击  按钮，即可创建一个以公制为系统变量单位的新图形文件。

1.2.2 使用样板

AutoCAD 根据常用的绘图模式提供了大量的样板以供套用，这些样板图形中存储了图形的所有设置，有些甚至包含了已定义好的图层、标注样式和视图等。样板图形文件扩展名为“.dwt”，以区别于其他的图形文件，AutoCAD 软件提供的样板文件通常保存于安装路径中的 Template 目录下。

使用样板创建图形文件的步骤如下：

01 打开“创建新图形”对话框，然后单击“使用样板”按钮，在如图 1-31 所示的“选择样板”列表中，选择一种合适的样板文件，在右侧的区域中可以预览其外观。

02 若在“选择样板”列表中找不到合适的样板时，可以单击 浏览... 按钮，打开“选择样板文件”对话框。这里提供了更多的样板文件，例如选择“Tutorial-iMfg.dwt”文件，并单击 打开(O) 按钮，如图 1-32 所示。

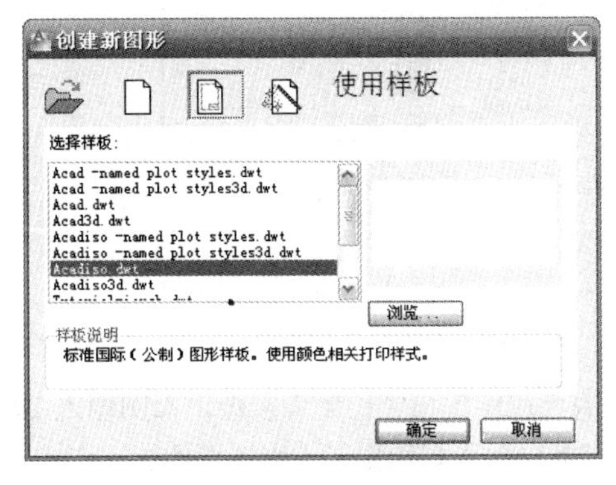

图 1-31　样板列表

图 1-32　浏览所需样板文件

03 完成上述操作后，在绘图区中切换至布局显示模式，即可产生如图 1-33 所示的结果。

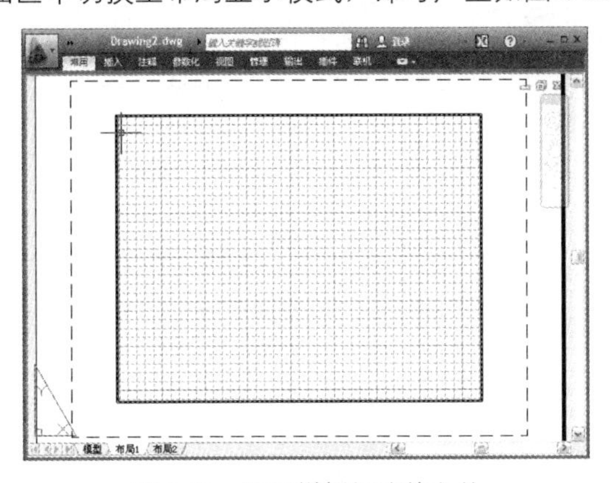

图 1-33　使用样板新建的文件

1.2.3　使用向导

使用向导创建图形时，可以根据提示来设置图形文件，包括“快速设置”与“高级设置”两项向导，它们的含义分别如下。

- 快速设置：除了能设置新图形的单位与区域外，还可以将文字高度与捕捉间距等设置调整成合适的比例。
- 高级设置：主要用于设置新图形的单位、角度、角度测量、角度方向和区域，此外亦可用于设置文字高度与捕捉间距成合适比例。

下面通过使用“高级设置”向导，介绍使用向导创建新图形的方法，具体步骤如下：

01 打开如图 1-34 所示的“创建新图形”对话框，单击“使用向导”按钮，接着选择“高级设置”向导，并单击 确定 按钮。

02 在如图 1-35 所示的“高级设置”向导的“请选择测量单位”下选择“小数”单选按钮，设置图形文件的单位为小数。在“精度”下拉列表中选择“0.0000”，并单击 下一步(N) > 按钮，进入下一项的设置。

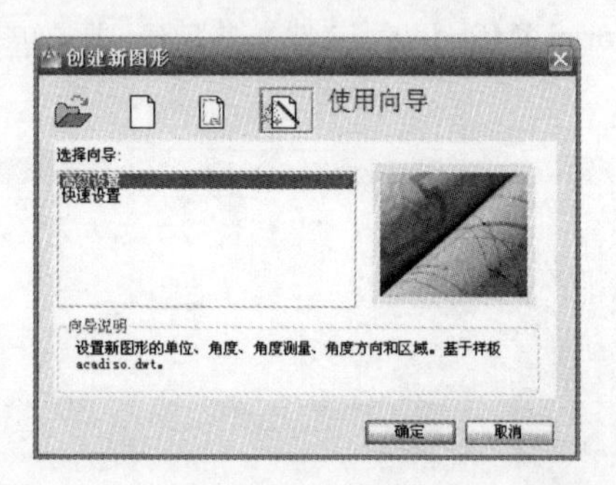

图 1-34　选择向导

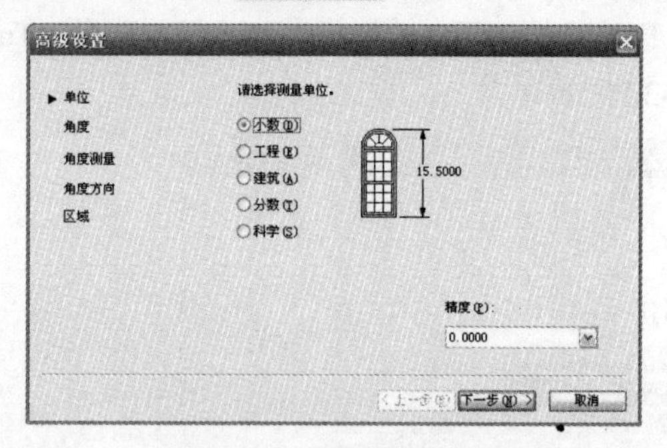

图 1-35　选择测量单位

03 连续单击“下一步”按钮，在“区域”选项卡中输入合适的“宽度”与“长度”参数，本例输入 297 ×210，如图 1-36 所示，最后单击 完成 按钮，即可创建一个 A4 图纸尺寸的新文件。

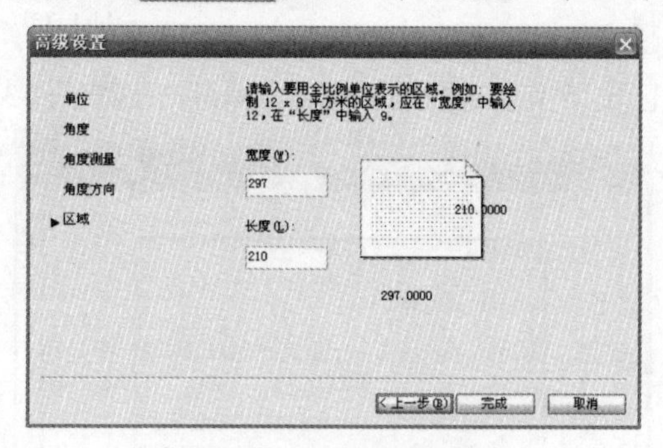

图 1-36　设置图形区域

需要更深入了解设置的用户，可以选择“角度”、“角度测量”与“角度方向”这 3 项设置。

1.3　AutoCAD 绘图常识

本节将主要介绍组成图形的基本单元，点、线、块等的基本信息，以及绘制图形的基本操作，包括鼠标和键盘的基本操作方法，最后介绍 AutoCAD 2012 软件系统参数的设置。

1.3.1　AutoCAD 基本图形元素

AutoCAD 2012 应用广泛，可用于机械制图、建筑设计、电气设计等领域。不管是什么类型的图纸，在 AutoCAD 2012 中，所有的图形均由点、线、面和块等基本图形元素构成。

1. 点

AutoCAD 2012 定义的特征点包括端点、中点等，如表 1-1 所示。这些特征点可以方便地通过“对象捕捉”来选择定位。打开对象捕捉后，当鼠标移动至某一特征点附近时，将显示表 1-1 中第二列中的对象捕捉标记，单击则可选择或指定对应的特征点。

表 1-1　AutoCAD 2012 定义的特征点

特征点	对象捕捉标记	特征点的含义
端点	□	圆弧、椭圆弧和直线等的端点，或宽线、实体和三维面域的端点
中点	△	圆弧、直线、多线、面域、实体、样条曲线或参照线等的中点
圆心	○	圆弧、圆、椭圆或椭圆弧的圆心
节点	⊗	点对象、标注定义点或标注文字起点
象限点	◇	圆弧、圆、椭圆或椭圆弧的象限点
交点	×	圆弧、圆、直线、多线、射线、面域或参照线等的交点
插入点	⧉	属性、块、图形或文字的插入点
垂足	⊾	弧、圆、直线、多线、射线、面域或参照线等的垂足
切点	⊖	圆弧、圆、椭圆、椭圆弧或样条曲线的切点
最近点	⧖	圆弧、椭圆、直线、多线、点、多段线、射线、样条曲线或参照线的最近点
外观交点	⊠	不在同一平面但是可能看起来在当前视图中相交的两个对象的外观交点

2. 基本二维图形元素

AutoCAD 2012 中的基本二维图形元素包括直线、构造线、多段线、正多边形、圆、圆弧、椭圆、椭圆弧和样条曲线等。图形的绘制正是通过这些基本的二维图形元素而实现的，每个图形元素都有多个夹点，选择某个图形元素后，夹点将显示为小方格和三角形。如图 1-37 所示为基本二维图形（圆、正六边形和样条曲线）的夹点。

选择夹点后，可通过拖动夹点对所选对象进行编辑，而无须输入命令。

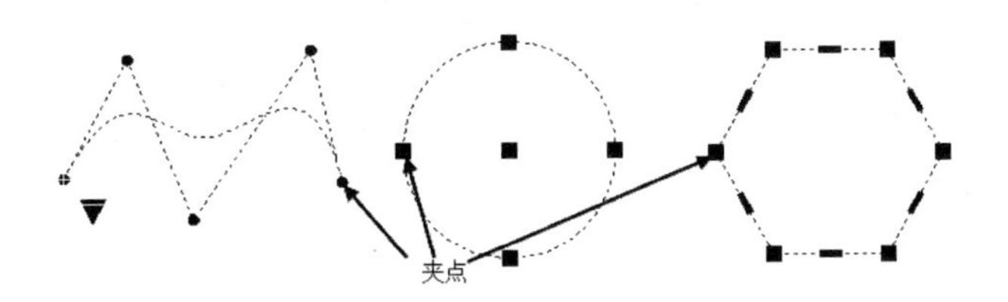

图 1-37　二维图形元素的夹点

3. 基本三维图形元素

AutoCAD 2012 中基本的三维图形元素包括多段体、长方体、楔体、圆锥体、球体、圆柱体、圆环体、棱锥面和平面曲面等，与二维的图形元素一样，每个三维图形元素也有多个夹点，如图 1-38 所示为长方体、圆环体和棱锥体的夹点，可通过拖动夹点对所选对象进行编辑。

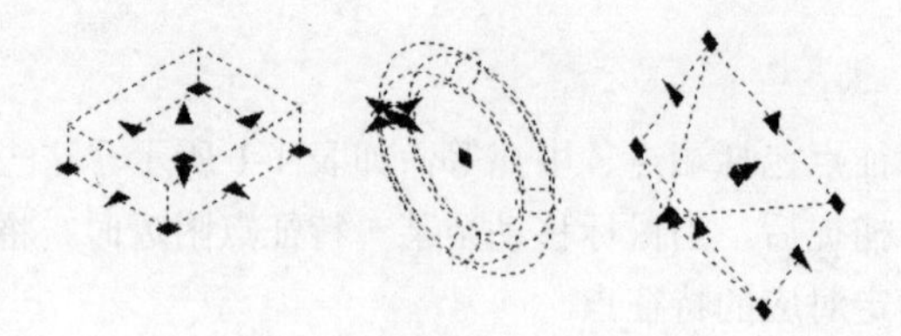

图 1-38　三维图形元素的夹点

4．块

块是一种特殊的图形对象，是多个图形对象的组合，也可以是绘制在几个图层上的不同颜色、线型和线宽特性对象的组合。尽管块总是位于当前图层上，但块参照保存了包含在该块中的对象的原图层、颜色和线型特性的信息，可以设置块中的对象是保留其原特性还是继承当前的图层、颜色、线型或线宽设置。

1.3.2　鼠标与键盘的基本操作

在绘图区，鼠标的光标通常是以十字形“⊹”出现。当运行某一命令后，如果光标显示为“┼”，则表示此时应该用鼠标指定点；当需要选择对象时，光标变为方框“□”。一般情况下，鼠标的左键用于拾取对象指定点，鼠标右键用于确认。例如选择对象完毕后右击，表示选择结束，并提示系统进行下一步操作，等同于键盘上的 Enter 键。

键盘一般用于输入坐标值、输入命令和选择命令选项等。下面是一些基本功能键的作用。

- Enter 键：表示确认某一操作，提示系统进行下一步的操作。例如，输入命令结束后，需要按 Enter 键。
- Esc 键：取消某一操作，恢复到无命令的状态，光标恢复到“⊹”形状。
- 在无命令的状态下，按 Enter 键或空格键表示重复上一次的命令。

1.4　设置系统参数选项

在使用 AutoCAD 2012 绘图之前，一般在其默认设置下就可以绘图了，但有时为了提高绘图效率和尊重个人习惯，需要对 AutoCAD 2012 的绘图单位、绘图界面和工具栏等进行必要的设置。

AutoCAD 2012 的系统设置可通过“选项”对话框实现。可用以下 4 种方法打开该对话框。

- 经典模式：选择菜单栏“工具”→“选项”命令。
- 单击菜单浏览器▲最下方的“选项”按钮。
- 在命令行窗口或绘图区中右击，从弹出的快捷菜单中选择“选项”命令。
- 运行命令：OPTIONS。

“选项”对话框包括“文件”、“显示”等 10 个选项卡，限于篇幅，这里不再赘述，请参考其他帮助文件。

1.5 AutoCAD 2012 绘图方法

通常情况下，AutoCAD 2012 的绘图命令都集中于菜单栏、功能区以及工具栏中（经典模式）。在绘图过程中，使用命令绘图与使用功能按钮绘图完全相同，可根据自己的喜好选择最佳的绘图方法。

1.5.1 使用命令

用户与 AutoCAD 2012 的通信是建立在“发出命令”这一操作上的。前面通过菜单或工具栏按钮执行某一操作时，在 AutoCAD 2012 内部实际上是以相应的命令格式执行。因此，通过命令行窗口输入命令，同样可以执行用户所需要的操作，而且更加直接和快速。

例如，在命令行输入 LINE 命令时，AutoCAD 2012 所执行的操作与使用菜单和工具栏一样，均为绘制一条直线，命令行提示：

```
指定第一点：
指定下一点或 [放弃（U）]：
指定下一点或 [闭合（C）/放弃（U）]：
```

这与执行“绘图”→“直线”命令以及单击“绘图”工具栏 按钮时，AutoCAD 2012 程序所执行的操作是相同的。

通过任意菜单或工具栏执行的操作，均有命令与之对应，在命令行中均会显示。

1.5.2 使用功能区

AutoCAD 2012 的功能区集成了与当前工作空间相关的面板、控件等，在第 1 章已经有所介绍。功能区是和工作空间相关的，不同的工作空间为不同的任务种类而设立，不同工作空间的功能区内的面板和控件也不尽相同。

在“二维草图与注释”、“三维建模”工作空间，全部绘图工具均集中在功能区，传统的下拉菜单和工具栏全部隐藏，如图 1-39（a）和图 1-39（b）所示。而在“AutoCAD 经典”工作空间，功能区隐藏，以下拉菜单和工具栏的形式显示。

如图 1-39（a）所示，“二维草图与注释”工作空间的功能区只集成了与二维绘图相关的工具。在“常用”选项卡中，按控件和按钮的功能分为“绘图”、“修改”、“图层”、“注释”、“块”、“特性”、“实用程序”和“剪贴板”7 个面板。

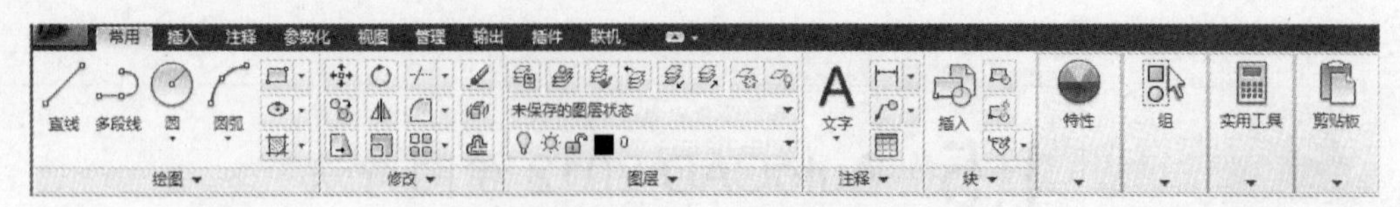

(a) “二维草图与注释”工作空间的功能区

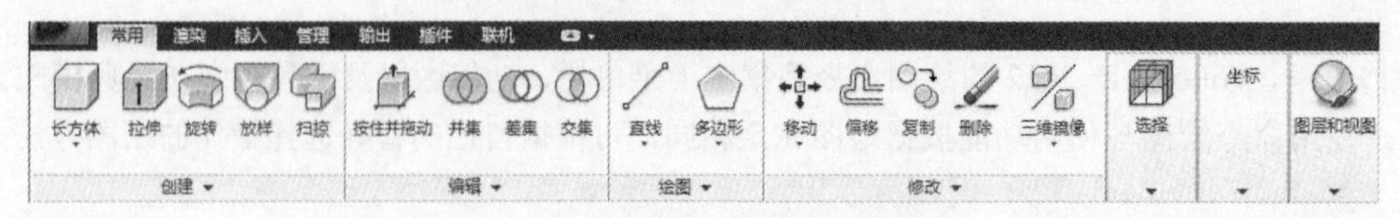

(b) “三维建模”工作空间的功能区

图 1-39 不同工作空间的功能区

“三维建模”工作空间的功能区也只显示了与三维绘图相关的工具，其默认选项卡包括“建模”、“绘图”、“网络”、“实体编辑”、“修改”、“截面”、“视图”、“子对象”和“剪贴板”8 个面板。

带有◢符号的面板表示可以扩展，单击面板的标题栏即可扩展面板，如图 1-40 所示。这使得界面更加简洁，绘图区可显示更大的区域。

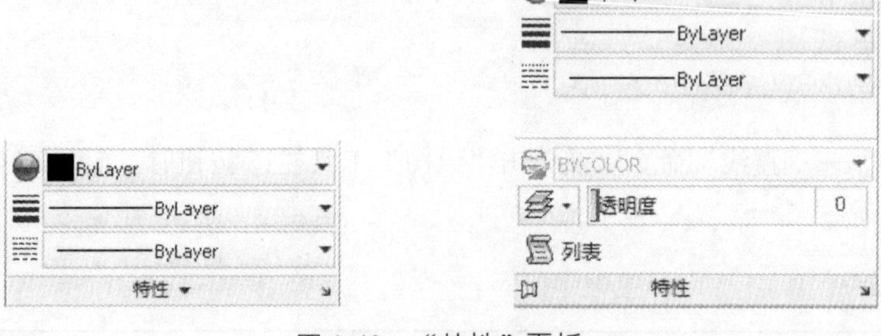

图 1-40 “特性”面板

1.6 使用命令与系统变量

如前所述，AutoCAD 2012 是基于命令的软件，大多数的 AutoCAD 2012 命令都可以归为以下类型中的一种。

- 建立新实体的命令（绘图命令），例如：LINE、BOX 等。
- 修改、处理、复制实体的命令（编辑命令），例如：EXTEND、ARRAY 等。
- 修改环境设置参数的命令，即系统变量，例如：UNITS、DIMADEC 等。

1.6.1 命令行和命令窗口

命令行和命令行窗口是用户和 AutoCAD 2012 交互的接口，位于界面的底部，如图 1-41 所示。

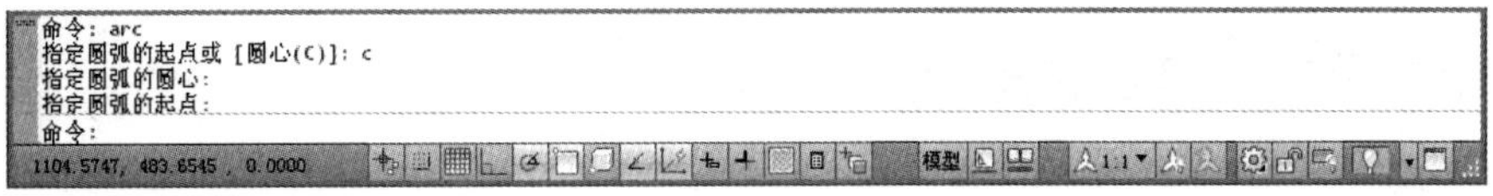

命令: arc
指定圆弧的起点或 [圆心(C)]: c
指定圆弧的圆心:
指定圆弧的起点:
命令:
1104.5747, 483.6545 , 0.0000　模型　1:1

图 1-41　AutoCAD 2012 的命令行

图 1-41 为 AutoCAD 2012 默认的命令行，一般分为上下两部分，一部分用于用户输入或提示，另一部分用于显示已运行过的命令，为只读。

鼠标移动到命令行时，光标形状变为“I”，此时可在“命令：”后输入相应的命令，然后按 Enter 键执行相应的操作。运行某一命令后，在命令行也会提示用户下一步的操作，用户可根据命令行提示进行鼠标的选取或者键盘的输入。

在命令行的上部边界处移动鼠标，当光标变成 形状时，可通过鼠标拖曳扩大命令行区域，如图 1-42 所示。通过鼠标拖曳命令行的边框，可使得命令行显示成面板，如图 1-43 所示。

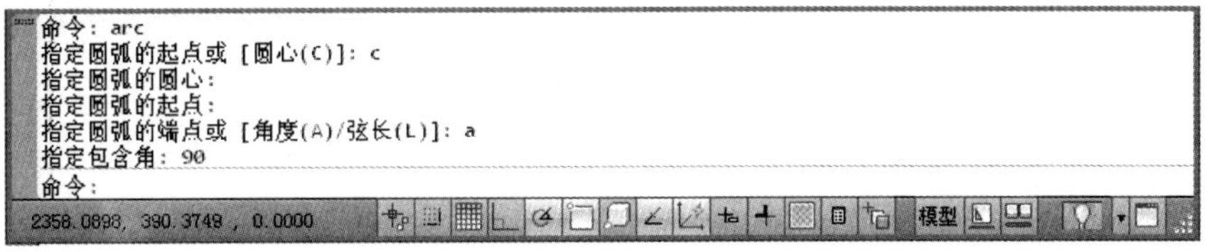

命令: arc
指定圆弧的起点或 [圆心(C)]: c
指定圆弧的圆心:
指定圆弧的起点:
指定圆弧的端点或 [角度(A)/弦长(L)]: a
指定包含角: 90
命令:
2358.0898, 390.3749 , 0.0000　模型

图 1-42　鼠标拖曳扩大命令行

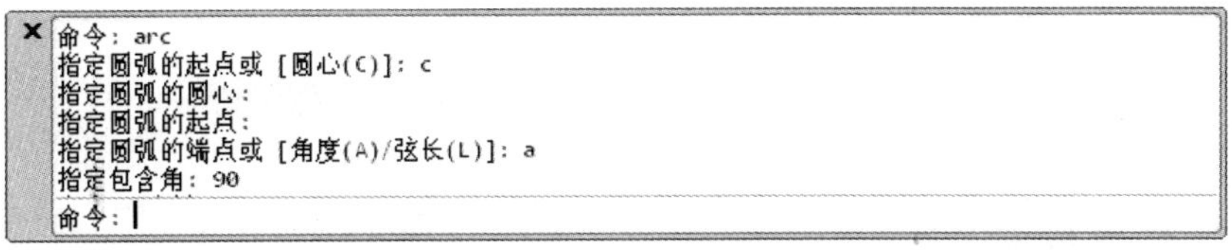

命令: arc
指定圆弧的起点或 [圆心(C)]: c
指定圆弧的圆心:
指定圆弧的起点:
指定圆弧的端点或 [角度(A)/弦长(L)]: a
指定包含角: 90
命令:

图 1-43　鼠标拖曳生成命令行面板

除了命令行以外，AutoCAD 2012 还提供了“AutoCAD 文本窗口”窗口供用户输入命令和显示命令，如图 1-44 所示。“AutoCAD 文本窗口”在系统默认时是不显示的，如要显示，可以选择菜单栏“视图”→“显示”→“文本窗口”命令，或运行命令：TEXTSCR。

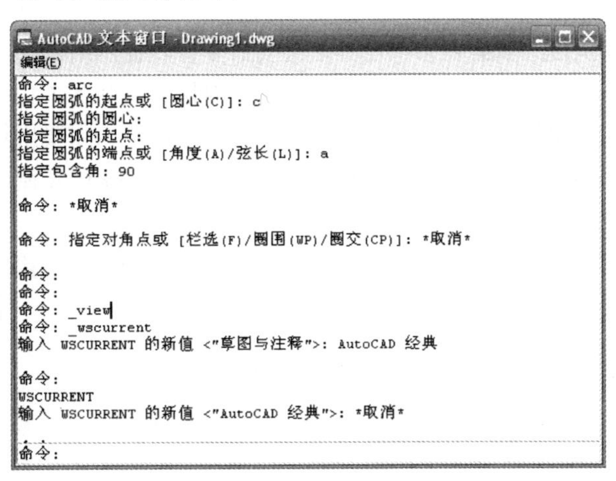

图 1-44　AutoCAD 文本窗口

1.6.2 命令的重复、终止和撤销

1. 命令的重复

AutoCAD 2012 可以方便地使用重复的命令，命令的重复指的是执行已经执行过的命令。AutoCAD 2012 提供了多种方法来重复执行命令。

- 在无命令状态下按 Enter 键或空格键：在命令行无命令的状态，即命令行显示“命令:”等待输入时，按 Enter 键或空格键，即表示重复上一次执行的命令。
- 在绘图区中右击，通过弹出的快捷菜单执行“重复”命令：在无命令的状态下，在绘图区右击，将弹出快捷菜单，如图 1-45 所示，选择其中的“重复”命令，可以方便地重复上一次的命令。
- 在命令行上右击，在弹出的快捷菜单中选择 6 个最近使用的命令之一：在命令行无命令的状态下，在命令行右击，将弹出快捷菜单，如图 1-46 所示，其中的“近期使用的命令”项，将显示最近执行的 6 个命令，由此用户可以方便地重复近期的 6 个命令之一。

图 1-45 绘图区右键快捷菜单

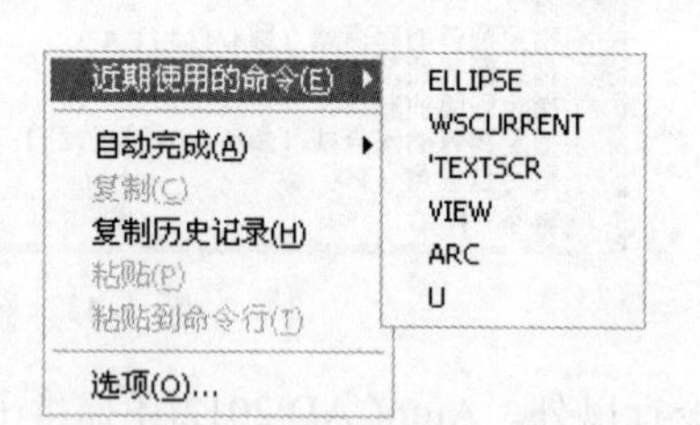

图 1-46 命令行右键快捷菜单

2. 命令的终止

AutoCAD 2012 的命令执行大多需要一个过程，期间命令行将提示用户的下一步操作，在用户一步一步地选择或操作之后才能完成命令。其中一些命令，例如绘制圆和圆弧的 CIRCLE 和 ARC 命令，在绘制出所需的圆和圆弧之后，命令也就随之终止了；而对于另外一些命令，如果用户没有明确的结束命令的操作，命令将一直延续，如绘制直线的 LINE 命令和绘制样条曲线的 SPLINE 命令。对于后者，用户可以通过按 Enter 键或 Esc 键结束命令。

AutoCAD 2012 中，不管对于何种命令，在命令执行的过程中，都可以通过以下两种方式终止命令：

- 按 Esc 键：在任何命令的执行过程中，按 Esc 键均将终止执行命令，鼠标光标回到-|-状态，命令行回到待命状态。
- 绘图区右键快捷菜单：在任何命令执行的过程中，单击鼠标右键，将弹出快捷菜单，如图 1-47 所示。通过选择其中的“确认”或“取消”项，均可终止

图 1-47 命令执行过程中的右键快捷菜单

命令：选择“确认”表示接受当前的操作并终止命令，选择“取消”表示取消当前操作并终止命令。

小提示

在不同状态下，同一区域的鼠标右键快捷菜单是不同的，图 1-45 是无命令的状态下绘图区的右键快捷菜单，而图 1-47 是命令执行过程中的右键快捷菜单。

3. 命令的撤销

AutoCAD 2012 一般都按命令正常进行。但有时用户的命令出错，需要恢复到上一步操作时的状态，AutoCAD 2012 为这种情况提供了方便的恢复命令，比较常用的有 U 命令和 UNDO 命令。

U 命令和 UNDO 命令所不同的是：每执行一次 U 命令，就放弃一步操作，直到图形与当前编辑任务开始时一样为止；而 UNDO 命令可以一次取消数个操作。

AutoCAD 2012 还有其他的恢复按钮或工具。

- Ctrl+Z 组合键：等同于 U 命令。
- 经典模式：选择菜单栏“编辑”→“放弃”命令，等同于 U 命令。
- 快速访问工具栏的“放弃”按钮：等同于 UNDO 命令。
- 快速访问工具栏的“重做”按钮与 U 命令操作相反，等同于 REDO 命令，恢复已经被放弃的操作，必须紧跟在 U 或 UNDO 命令之后。

1.7 知识回顾

AutoCAD 2012 的功能虽然强大，但也要通过实例的练习来熟练操作。在绘图过程中，一般使用功能区或工具栏中的按钮即可完成相关操作。本章介绍了 AutoCAD 2012 的一些基本知识，包括基本的概念和术语等。通过对本章的学习，读者应该熟悉 AutoCAD 2012 的绘图环境，需要熟练掌握 AutoCAD 2012 的命令系统等。

第 2 章

绘制基本机械图形

AutoCAD 2012 的主要功能是绘图，本章就来介绍如何绘制基本的二维图形。平面图形由直线、圆、圆弧、多边形等基本图形元素组成，并以这些基本图形元素为基础完成更为复杂的设计。读者应首先掌握 AutoCAD 中基本的制图命令，并能够使用它们绘制简单的图形及常见的几何关系，然后才有可能不断学习制图的技能，提高制图的效率。

本章将主要讨论如何创建基本几何对象及基本几何关系，并给出一些简单图形的绘制实例。只有熟练掌握这些基本对象的绘制方法，才能高效制图。

学习目标

- 点对象
- 直线、射线和构造线
- 圆、圆弧、椭圆和椭圆弧
- 矩形和正多边形
- 多线绘制与编辑
- 多段线
- 样条曲线

2.1 点对象

在图纸的绘制过程中，点是最基本的图形单元。AutoCAD 2012 中的点是没有大小的，它只是抽象地代表了坐标空间的一个位置。点的位置由 X、Y 和 Z 坐标值指定，可以设置点的不同显示方式。在实际的制图中，点经常作为临时性的参考标记，供以后测量或校准使用，可用 AutoCAD 2012 的对象捕捉功能在绘图过程中定位某点。

2.1.1 设置点样式

如上所述，AutoCAD 2012 中的点没有大小，这将给图纸绘制过程带来不便，但可以通过设置点的样式来使点以不同的形式显示出来。可通过以下两种方式打开如图 2-1 所示的“点样式”对话框来设置点的显示外观和显示大小。

- 经典模式：选择菜单栏“格式”→“点样式”命令。
- 运行命令：DDPTYPE。

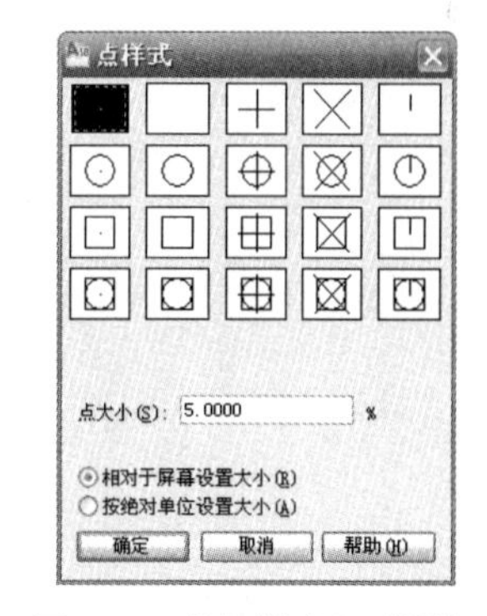

图 2-1　“点样式”对话框

如图 2-1 所示，“点样式”对话框中显示了 20 种点样式，默认的点样式为第一个，即显示为“•”。

“点大小”文本框用于设置点的显示大小，通过其下面的两个单选按钮可设置该大小是“相对于屏幕设置大小”还是“按绝对单位设置大小”。

前者表示按屏幕尺寸的百分比设置点的显示大小，当进行缩放时，点的显示大小并不改变；后者表示按“点大小”文本框中指定的实际单位设置点显示的大小。进行缩放时，显示的点大小也随之改变。

点的显示图像和显示大小分别存储在系统变量 PDMODE 和 PDSIZE 中，可通过运行这两个命令设置系统变量的值，也可设置点的样式。

2.1.2　绘制单点和多点

AutoCAD 2012 的功能区中“常用”选项卡的“绘图”面板和菜单栏“绘图”→“点”子菜单提供了所有的绘制点的工具。“点”子菜单如图 2-2 所示。

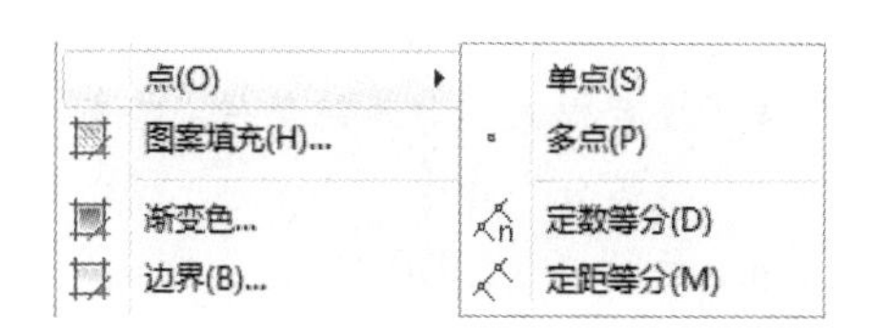

图 2-2　“点”子菜单

由图 2-2 可知，AutoCAD 2012 可绘制点的类型包括“单点”、“多点”、“定数等分”和“定距等分”。

通过选择菜单栏“绘图”→“点”→“单点”命令，可绘制一个点，如图 2-3（a）所示。绘制多点操作是在绘图区一次绘制多个点，可通过以下 4 种方式执行。

- 功能区：单击“常用”选项卡→“绘图”面板→“多点”按钮。
- 经典模式：选择菜单栏“绘图”→“点”→“多点”命令。
- 经典模式：单击“绘图”工具栏中的“点”按钮。
- 运行命令：POINT。

执行多点操作后，命令行提示如下：

```
当前点模式：　PDMODE=35　PDSIZE=0.0000
指定点：
```

此时可用鼠标在绘图区单击指定点的位置，直到按 Enter 键或 Esc 键结束。命令行中的 PDMODE 和 PDSIZE 显示了当前点的外观和大小，如图 2-3（b）所示点的外观编号均为 35。

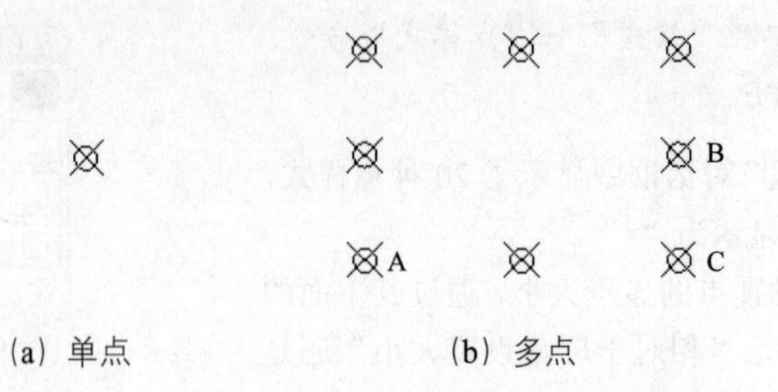

(a) 单点　　(b) 多点

图 2-3　单点与多点

2.1.3　绘制定数等分点

“定数等分点”用于将所选对象等分为指定数量的相同长度，如图 2-4 所示中的定数等分点，分别将一条直线和圆弧等分为 5 份。

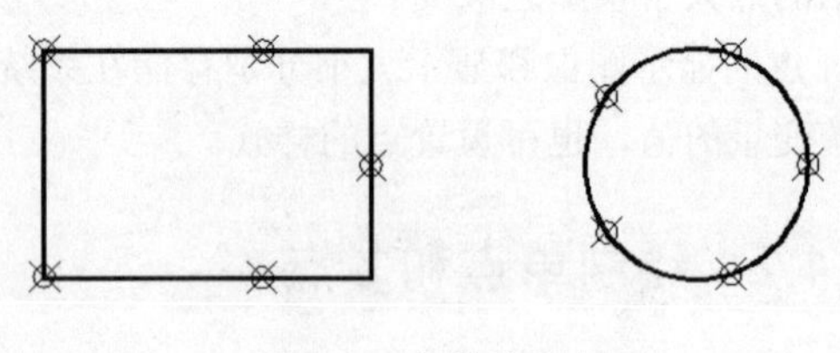

图 2-4　定数等分点

可通过以下 3 种方式绘制定数等分点。

- 功能区：单击“常用”选项卡→“绘图”面板→“定数等分”按钮。
- 经典模式：选择菜单栏“绘图”→“点”→“定数等分”命令。
- 运行命令：DIVIDE。

执行后命令行提示如下：

```
选择要定数等分的对象：
```

此时鼠标光标变为“□”状，单击选择要等分的对象，包括直线、圆、圆弧和样条曲线等，注意一次只能选择一个对象，选择后命令行提示如下：

```
输入线段数目或 [块（B）]：
```

此时在命令行输入等分数，然后按 Enter 键，即可实现对对象的等分。输入 B 表示选择“块（B）”选项，可沿选定对象等间距放置块。

2.1.4　绘制定距等分点

“定距等分点”是指在对象指定长度处插入点或插入块。如图 2-5 所示为在一条直线和圆弧 180mm 处插入定距等分点。

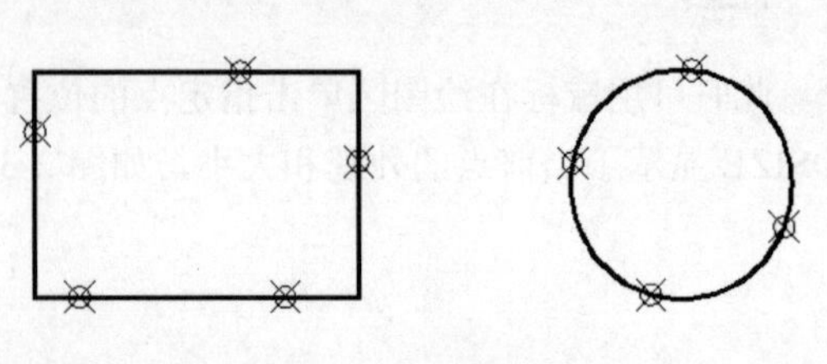

图 2-5　定距等分点

可通过以下 3 种方式绘制定距等分点。

- 功能区：单击“常用”选项卡→“绘图”面板→“定距等分”按钮。
- 经典模式：选择菜单栏“绘图”→“点”→“定

距等分”命令。

- 运行命令：MEASURE。

执行后命令行提示如下：

```
选择要定距等分的对象：
```

与定数等分操作相同，此时需要选择定距等分的对象。选择后命令行提示如下：

```
指定线段长度或 [块（B）]：
```

此时输入的是插入点间的间隔距离，第一个点从最靠近用于选择对象的点的端点开始放置。

2.1.5　绘制等分点实例

分别在长轴长为 100mm、短轴长为 60mm 的椭圆上绘制 8 等分点和 30mm 定距等分点。

01 先设置点样式为“╳”。选择菜单栏“格式”→“点样式”命令，在弹出的“点样式”对话框里选择⊠，然后单击 确定 按钮。

02 单击“常用”选项卡→“绘图”面板→“定数等分”命令，命令行提示“选择要定数等分的对象:”。

03 利用鼠标在左边的椭圆上单击，命令行提示“输入线段数目或 [块（B）]:”。

04 输入 8，按 Enter 键，完成绘制定数等分点，如图 2-6（a）所示。

05 选择菜单栏“绘图”→“点”→“定距等分”命令，命令行提示“选择要定距等分的对象:”。

06 利用鼠标在右边的椭圆上单击，命令行提示“指定线段长度或[块（B）]:”。

07 输入 30，然后按 Enter 键。完成绘制定距等分点，如图 2-6（b）所示。

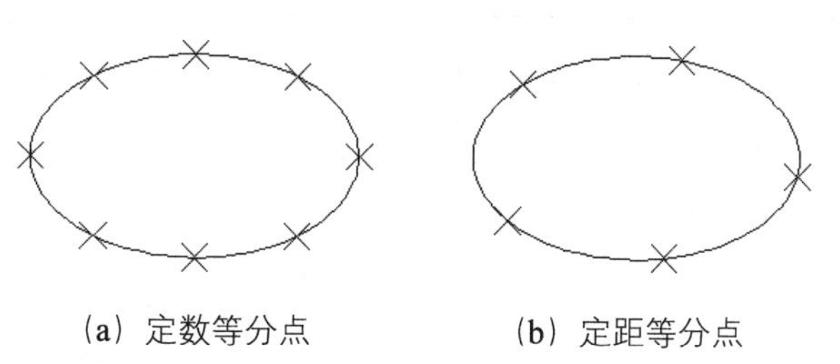

（a）定数等分点　　（b）定距等分点

图 2-6　绘制定数等分点和定距等分点实例

2.2　直线、射线和构造线

图形中最常见的实体就是直线型实体了。在 AutoCAD 2012 中，直线型的实体包括直线、射线和构造线 3 种。AutoCAD 2012 中的“直线”是指有两个端点的线段，这与数学中的直线定义不同；“射线”即在一个方向无限延伸的线；“构造线”是两端均无限延伸的线。通过数学知识我们知道，要确定一条直线、线段或射线，只须确定两点即可。同样，在 AutoCAD 2012 中，绘制直线、射线和构造线，也是通过指定两点来确定的。

需要注意的是，在 AutoCAD 2012 中，每执行一次绘制直线、射线和构造线的操作，均能绘制一系列

或一簇直线型对象。当需要停止时，用户可右击，在弹出的快捷菜单中选择“确定”命令或者按 Enter 键、Esc 键退出。

2.2.1 绘制直线

直线在图形中用途广泛，绘制直线是 AutoCAD 2012 的最基本功能。直线一般可用于绘制轮廓线、中心线等。AutoCAD 2012 中的直线实体可包括多条线段，每条线段都是一个单独的直线对象，可以单独编辑而不影响其他线段。每执行一次绘制直线的操作，都可绘制一系列线段，这些线段的前一个端点与上一个线段的后一个端点相互连接。可闭合一系列线段，将第一条线段和最后一条线段连接起来。

AutoCAD 2012 通过指定直线的端点实现绘制，可通过以下 4 种方式绘制直线。

- 功能区：单击“常用”选项卡→“绘图”面板→“直线”按钮╱。
- 经典模式：选择菜单栏“绘图”→“直线”命令。
- 经典模式：单击“绘图”工具栏中的“直线”按钮╱。
- 运行命令：LINE。

执行绘制直线操作后，命令行提示如下：

```
_line 指定第一点：
```

此时指定直线绘制的起点，既可以通过在绘图区单击鼠标左键指定该点，也可以通过在命令行输入点的绝对坐标或相对坐标来指定该点。

如果在命令行提示“_line 指定第一点:”时直接按 Enter 键，则将从上一条绘制的直线或圆弧继续绘制。

指定第一点后，命令行又提示：

```
指定下一点或 [放弃 (U)]:
```

此时指定直线的第二点，通过该点与上一点，即可完成一条线段的绘制。指定完这一点后，直线命令并不会自动结束，命令行继续提示：

```
指定下一点或 [放弃 (U)]:
```

当绘制的线段超过 3 个以后，将提示如下：

```
指定下一点或 [闭合 (C) /放弃 (U)]:
```

这两个选项的含义为：“闭合（C）”表示以第一条线段的起始点作为最后一条线段的端点，形成一个闭合的线段环；“放弃（C）”表示删除直线序列中最近一次绘制的线段，多次选择该选项可按绘制次序的逆序逐个删除线段。如果用户不终止绘制直线操作，命令行将一直提示“指定下一点或 [闭合（C）/放弃（U）]:”。完成线段的绘制后，可按 Enter 键或 Esc 键退出绘制直线操作，或者在绘图区右击，从弹出的快捷菜单中选择“确定”命令。

下面通过实例进行说明，即使用相对坐标和 LINE 命令绘制如图 2-7 所示的菱形。

01 在命令行输入 LINE，然后按 Enter 键。

02 命令行提示“_line 指定第一点:”，在绘图区中任意捕捉 A 点，然后按 Enter 键。

03 命令行提示“指定下一点或 [放弃（U）]:”，垂直向上移动鼠标，输入（@50,40），然后按 Enter 键。

04 命令行提示“指定下一点或 [放弃（U）]:”，水平向右移动鼠标，输入（@50,-40），然后按 Enter 键。

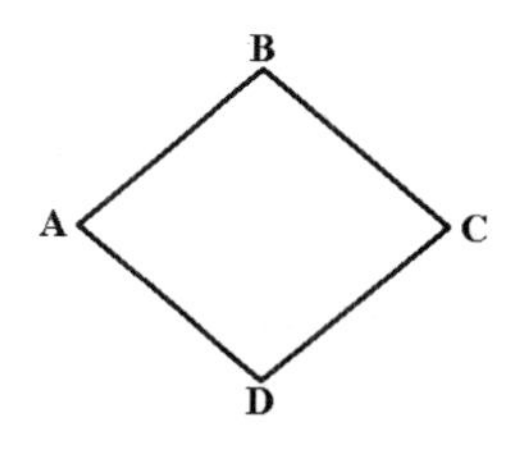

图 2-7　菱形

05 命令行提示“指定下一点或 [闭合（C）/放弃（U）]:”，垂直向下移动鼠标，输入（@-50,-40），然后按 Enter 键。

06 命令行提示“指定下一点或 [闭合（C）/放弃（U）]:”，输入 C 选择闭合，完成绘制。

2.2.2　绘制射线

射线一般用于辅助线。使用射线代替构造线，有助于降低视觉混乱。AutoCAD 2012 通过指定射线的起点和通过点来绘制射线。每执行一次射线绘制命令，均可绘制一簇射线，这些射线以指定的第一点为共同的起点。

AutoCAD 2012 中可通过以下 3 种方式绘制射线。

- 功能区：单击“常用”选项卡→“绘图”面板→“射线”按钮。
- 经典模式：选择菜单栏“绘图”→“射线”命令。
- 运行命令：RAY。

执行绘制射线操作后，命令行提示如下：

```
_ray 指定起点:
```

此时用鼠标在绘图区单击或从键盘输入坐标指定射线的起点，如图 2-8 所示。指定起点后，命令行提示如下：

```
指定通过点:
```

此时指定第一条射线的通过点，那么通过起点和该通过点就绘制了第一条射线。指定一个通过点后，命令行继续提示：

```
指定通过点:
```

图 2-8　绘制的射线

而后可连续指定多个通过点以绘制一簇射线，这些射线拥有公共的起点，即命令执行后指定的第一点。同样，可按 Enter 键或 Esc 键退出绘制射线操作，或者在绘图区右击，从弹出的快捷菜单中选择“确定”命令。

2.2.3　绘制构造线

构造线一般用于辅助线，例如可以用构造线查找三角形的中心、用于图纸中多个视图对齐，或创建临时交点用于对象捕捉。AutoCAD 2012 是通过指定构造线的两点来实现绘制：一为中心点，每执行一次绘制构造线操作均可绘制一簇构造线；二为构造线的通过点，以确定构造线的方向。典型的构造线如图 2-9

所示。

AutoCAD 2012 中可通过以下 4 种方式绘制构造线。

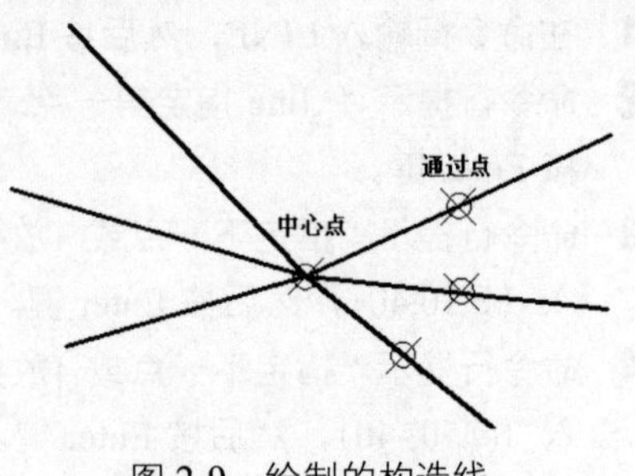

图 2-9　绘制的构造线

- 功能区：单击“常用”选项卡→“绘图”面板→“构造线”按钮。
- 经典模式：选择菜单栏“绘图”→“构造线”命令。
- 经典模式：单击“绘图”工具栏的“构造线”按钮。
- 运行命令：XLINE。

执行绘制构造线操作后，命令行提示如下：

```
指定点或 [水平(H)/垂直(V)/角度(A)/二等分(B)/偏移(O)]:
```

此时可利用鼠标在绘图区单击或利用键盘输入坐标来指定构造线的中心点。各选项的含义如下。

- 水平（H）：表示绘制通过指定点的水平构造线，即平行于 X 轴。
- 垂直（V）：表示绘制通过指定点的垂直构造线，即平行于 Y 轴。
- 角度（A）：表示以指定的角度创建一条构造线。选择该选项后，命令行将提示输入所绘制构造线与 X 轴正方向的角度，然后提示指定构造线的通过点。
- 二等分（B）：表示绘制一条将指定角度平分的构造线。选择该选项后，命令行将提示指定要平分的角度。
- 偏移（O）：表示绘制一条平行于另一个对象的参照线。选择该选项后，命令行将提示指定要偏移的对象。

如果选择了中心点后，命令行继续提示如下：

```
指定通过点:
```

此时可指定构造线的通过点，完成一条构造线的绘制。和绘制射线一样，如果用户不终止，命令行将继续提示“指定通过点:”以绘制一簇构造线。

2.3 圆、圆弧、椭圆和椭圆弧

圆、圆弧、椭圆和椭圆弧等都属于曲线对象，比上述的直线、矩形等对象又要复杂得多，因此，AutoCAD 2012 也提供更多的方法绘制这些曲线对象。

2.3.1 绘制圆

在 AutoCAD 2012 中，可以通过指定圆心、半径、直径、圆周上的点和其他对象上的点的不同组合来绘制圆。

在 AutoCAD 2012 中，可通过以下 4 种方式执行绘制圆的操作。

- 功能区：单击“常用”选项卡→“绘图”面板→绘制圆的系列按钮，如图 2-10（a）所示。

- 经典模式：选择菜单栏“绘图”→“圆”子菜单，如图 2-10（b）所示。
- 经典模式：单击“绘图”工具栏的“圆”按钮。
- 运行命令：CIRCLE。

如图 2-10 所示的子菜单中的每一项均代表一种绘制圆的方法，如“三点”即表示通过指定圆上的三个点绘制圆。

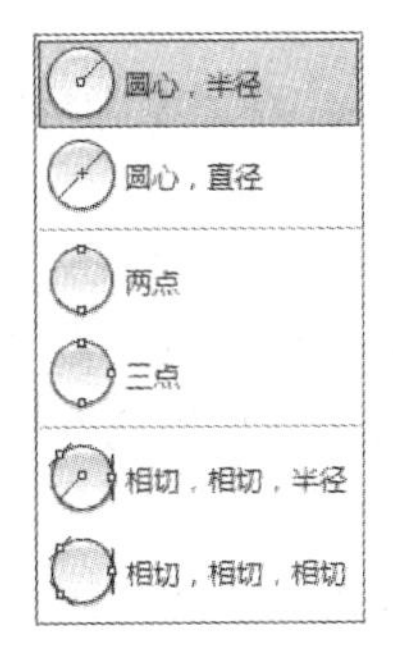

（a）绘制圆的系列按钮

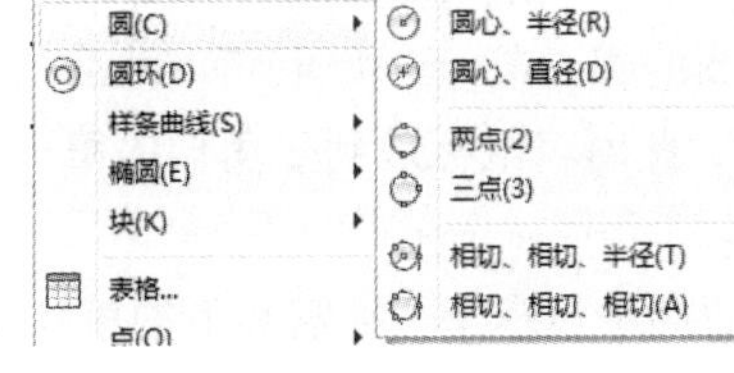

（b）“圆”子菜单

图 2-10　绘制圆按钮和“圆”子菜单

各个子菜单选项的含义如下。

- 圆心、半径（R）：通过指定圆的圆心位置和半径绘制圆，如图 2-11（a）所示。
- 圆心、直径（D）：通过指定圆的圆心位置和直径绘制圆，如图 2-11（b）所示。
- 两点（2）：通过指定圆直径上的两个端点绘制圆，如图 2-11（c）所示。
- 三点（3）：通过指定圆周上的三个点绘制圆，如图 2-11（d）所示。
- 相切、相切、半径（T）：通过指定圆的半径以及与圆相切的两个对象绘制圆。
- 相切、相切、相切（A）：通过指定与圆相切的三个对象绘制圆。

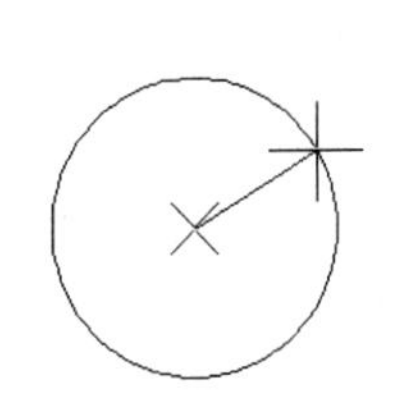

（a）通过圆心和半径绘圆　（b）通过圆心和直径绘圆

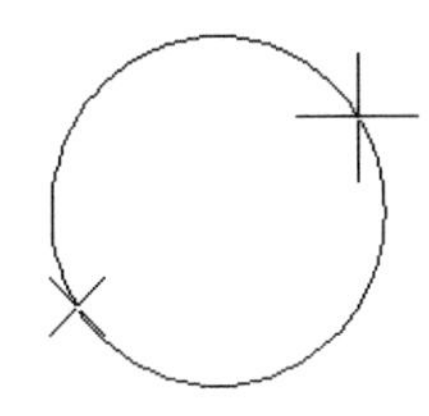

（c）通过两点绘圆

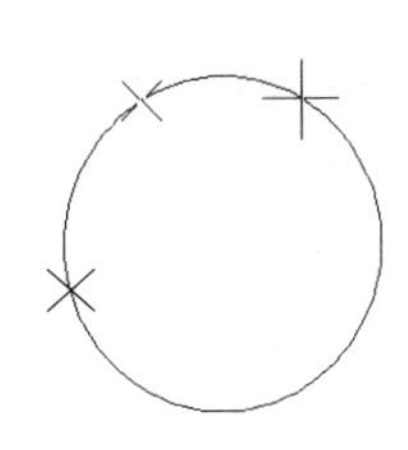

（d）通过三点绘圆

图 2-11　绘制圆的多种方式

单击“绘图”工具栏上的“圆”按钮，或运行命令 circle 之后，命令行将提示如下：

```
指定圆的圆心或 [三点（3P）/两点（2P）/相切、相切、半径（T）]:
```

此时可指定圆的圆心，然后命令行将提示指定圆的半径或者直径，以完成圆的绘制；或者采用其他的方法绘制圆。命令行中的“三点（3P）”、“两点（2P）”和“相切、相切、半径（T）”分别对应于“圆”子菜单里的同名选项。

下面将通过实例进行讲解，即通过“三点”和“相切、相切、相切（A）”的方法分别绘制如图 2-12 所示的两个圆。

01 先用 Polygon 命令绘制任意一个正六边形，如图 2-12（a）所示。

02 单击“常用”选项卡→“绘图”面板→“圆”按钮→“三点”按钮，命令行提示“_circle 指定圆的圆心或 [三点（3P）/两点（2P）/相切、相切、半径（T）]: _3p 指定圆上的第一个点:”，此时用鼠标拾取正六边形的第一个顶点。

03 选择第一点后，命令行提示“指定圆上的第二个点:”，此时用鼠标拾取正六边形不相邻的第二个顶点。

04 指定两点后，命令行提示“指定圆上的第三个点:”，此时用鼠标拾取正六边形不相邻的第三个顶点。完成第一个圆的绘制，结果如图 2-12（b）所示。

05 单击“常用”选项卡→“绘图”面板→“圆”按钮→“相切、相切、相切”按钮，此时命令行提示“_circle 指定圆的圆心或 [三点（3P）/两点（2P）/相切、相切、半径（T）]: _3p 指定圆上的第一个点: _tan 到”，此时将鼠标放到三角形的第一条边上，鼠标指针变成捕捉切点的形状，在这条边上单击指定一点。

06 指定第一点之后，命令行提示“指定圆上的第二个点: _tan 到”，在第二条边上指定一点，然后命令行提示“指定圆上的第三个点: _tan 到”，此时指定第三点，完成第二个圆的绘制，结果如图 2-12（c）所示。

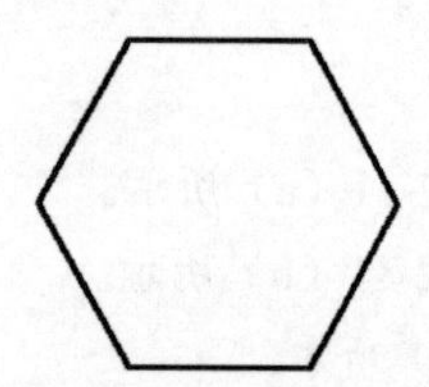

（a）绘制任意正六边形

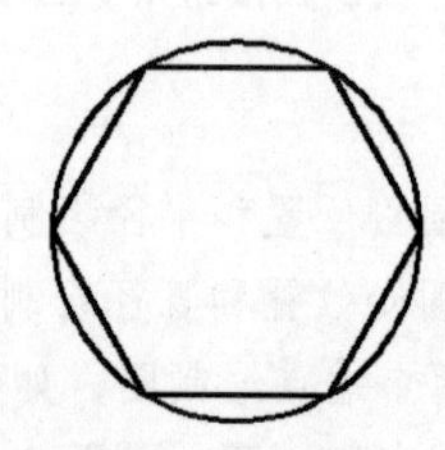

（b）完成一个圆的绘制

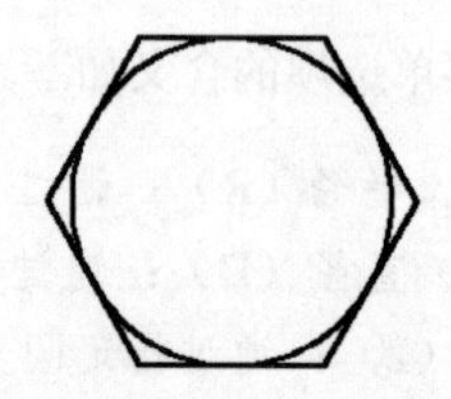

（c）完成第二个圆的绘制

图 2-12 绘制圆

2.3.2 绘制圆弧

AutoCAD 2012 提供了更多的方法用于绘制圆弧，如可通过指定圆弧的圆心、端点、起点、半径、角度、弦长和方向值的各种组合形式进行绘制。如图 2-13 所示为“绘图”面板和“绘图”菜单下的“圆弧”子菜单，提供多达 11 种绘制圆弧的方法。

由图 2-13 可知，绘制圆弧是通过按顺序指定圆弧的起点、圆心、端点、通过点、角度、长度和半径等元素来确定圆弧。在绘制过程中，这些元素既可以通过鼠标拾取来指定，也可以通过键盘输入点坐标或值的形式来指定。

在绘图时，要注意配合使用鼠标和键盘。例如，指定圆心既可以用鼠标单击指定，也可以输入坐标值；指定角度，既可以通过鼠标指定，也可以通过键盘输入角度值。圆弧的绘制方法比较多，绘制时要根据实际绘图环境灵活掌握。

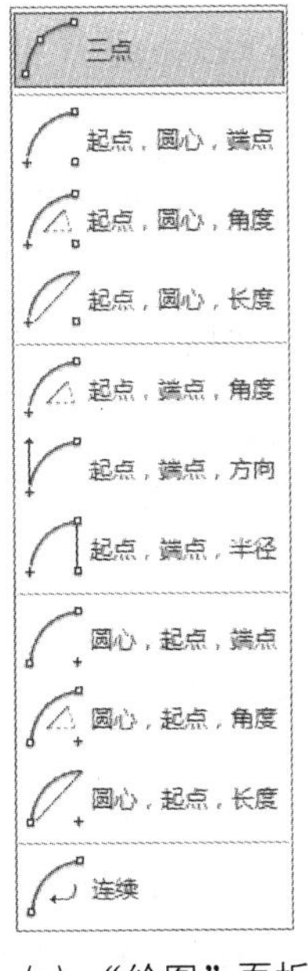

（a）“绘图”面板

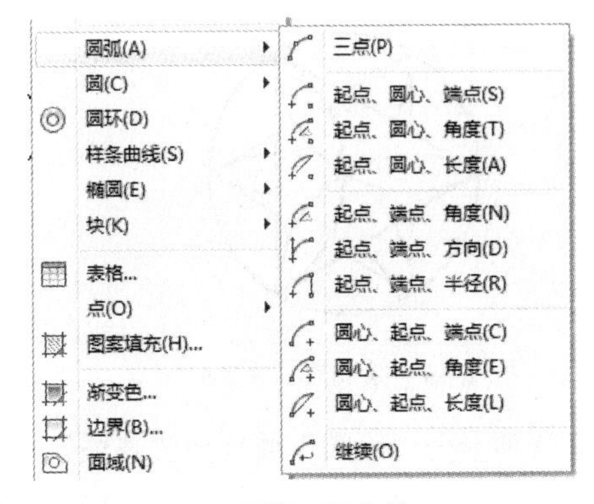

（b）“圆弧”子菜单

图 2-13　“绘图”面板和“圆弧”子菜单

“圆弧”子菜单的各个绘制方法的含义如下。

- 三点（P）：通过指定圆弧上的三个点绘制一段圆弧。选择该操作后，命令行将依次提示指定起点、圆弧上的点、端点。
- 起点、圆心、端点（S）：通过依次指定圆弧的起点、圆心及端点绘制圆弧。
- 起点、圆心、角度（T）：通过依次指定圆弧的起点、圆心及包含的角度逆时针绘制圆弧。如果输入的角度为负，则顺时针绘制圆弧。
- 起点、圆心、长度（A）：通过依次指定圆弧的起点、圆心及弦长绘制圆弧。如果输入的弦长为正值，将从起点逆时针绘制劣弧。如果弦长为负值，将逆时针绘制优弧。
- 起点、端点、角度（T）：通过依次指定圆弧的起点、端点和角度绘制圆弧。
- 起点、端点、方向（D）：通过依次指定圆弧的起点、端点和起点的切线方向绘制圆弧。
- 起点、端点、半径（R）：通过依次指定圆弧的起点、端点和半径绘制圆弧。
- 圆心、起点、端点（C）：先指定圆弧的圆心，然后依次指定圆弧的起点和端点。
- 圆心、起点、角度（E）：通过依次指定圆弧的圆心、起点和角度绘制圆弧。
- 圆心、起点、长度（L）：通过依次指定圆弧的圆心、起点和长度绘制圆弧。
- 继续（O）：执行该命令后，命令行提示“指定圆弧的端点：”，此时直接按 Enter 键，将接着最后一次绘制的直线、圆弧或多段线绘制一段圆弧，即以上一次绘制对象的最后一点作为圆弧的起点，所绘制的圆弧与上一条直线、圆弧或多段线相切。

小提示

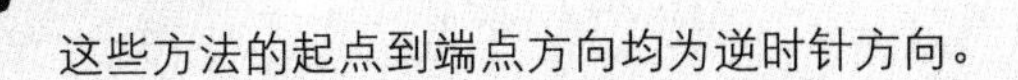

这些方法的起点到端点方向均为逆时针方向。

下面将通过实例进行说明，即绘制如图 2-14 所示的图案。图中的圆和圆弧的半径均为 60。

01 以任一点为圆心绘制半径为 60 的圆。

02 单击“常用”选项卡→“绘图”面板→“定数等分”按钮，命令行提示“选择要定数等分的对象:”，选择上一步绘制的圆。

03 命令行提示“输入线段数目或 [块(B)]:”，输入 6，单击 Enter 键确认，如图 2-15 所示。

图 2-14　绘制圆弧实例

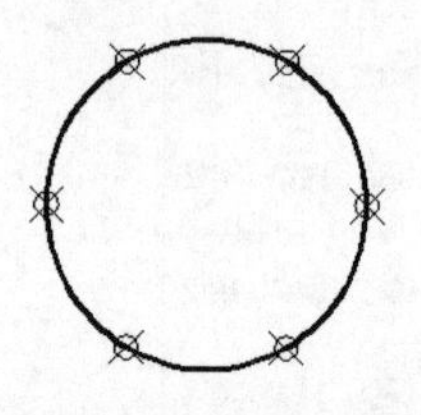

图 2-15　定数等分点

04 单击“常用”选项卡→“绘图”面板→“直线”按钮，依次绘制连接 AC、CE 和 EA 的直线。

05 单击“常用”选项卡→“绘图”面板→“直线”按钮，依次绘制连接 BD、DF 和 FB 的直线，效果如图 2-16 所示。

06 单击“常用”选项卡→“绘图”面板→“圆弧”按钮→“三点”按钮，命令行提示“_arc 指定圆弧的起点或[圆心（C）]:”，然后用鼠标指定图中的 A 点。

07 在命令行提示“指定圆弧的第二个点或 [圆心（C）/端点（E）]:”时，用鼠标指定图中的 O 点。

08 在命令行提示“指定圆弧的端点:”时，用鼠标指定图中的 C 点。

09 单击“常用”选项卡→“绘图”面板→“圆弧”按钮→“起点、圆心、端点”按钮，根据命令行的提示，依次指定 D 点、C 点和 B 点。

10 单击“常用”选项卡→“绘图”面板→“圆弧”按钮→“起点、圆心、角度”按钮，根据命令行提示，依次指定 E 点和 D 点，然后命令行提示“指定圆弧的端点或 [角度（A）/弦长（L）]: _a 指定包含角:”，此时输入 120，按 Enter 键。

11 单击“常用”选项卡→“绘图”面板→“圆弧”按钮→“起点、端点、半径”按钮，根据命令行提示，依次指定 F 点和 D 点，然后命令行提示“指定圆弧的圆心或 [角度 (A) /方向 (D) /半径 (R)]: _r 指定圆弧的半径:”，此时输入 60，按 Enter 键。

12 单击“常用”选项卡→“绘图”面板→“圆弧”按钮→“圆心、起点、端点”按钮，根据命令行提示，依次指定 F 点、A 点、E 点，效果如图 2-17 所示。

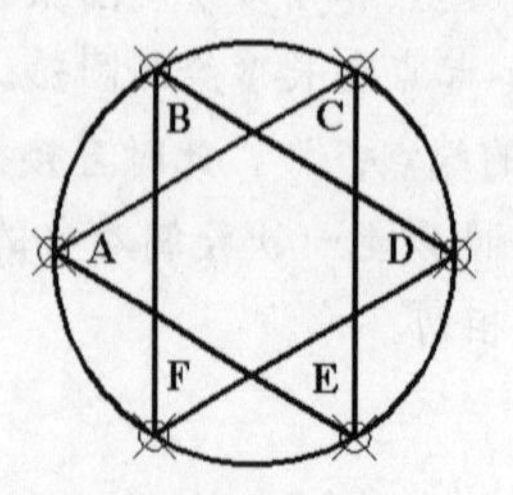

图 2-16　绘制直线

图 2-17　绘制圆弧

13 单击“常用”选项卡→“修改”面板→“修剪”按钮，根据命令行提示，选择 A、C、E 三点间的直线作为剪切边，剪切其内部的圆弧和直线段，完成绘制后的效果如图 2-14 所示。

2.3.3　绘制椭圆

在 AutoCAD 2012 中椭圆是基于中心点、长轴以及短轴绘制的。在功能区的“常用”选项卡的“绘图”面板下和“绘图”菜单下也有“椭圆”子菜单，如图 2-18 所示。

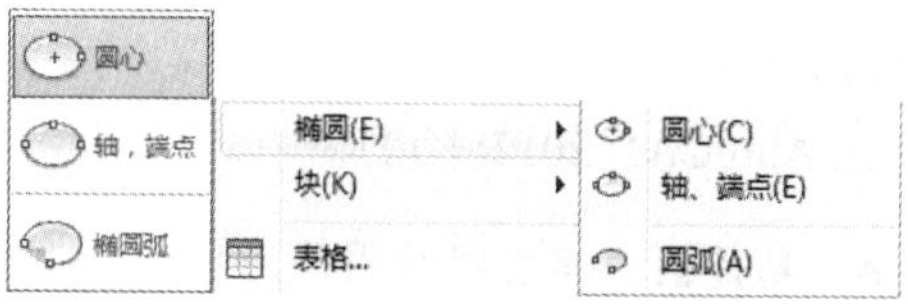

图 2-18　“椭圆”子菜单

有两种方法可以绘制椭圆。

1. 方法一

单击“常用”选项卡→“绘图”面板→“椭圆”→“圆心”按钮，命令行依次提示：

```
指定椭圆的中心点：
```

此时指定椭圆的中心点，即图 2-19 中的 A 点。

```
指定轴的端点：
```

此时指定椭圆的一个轴的端点，即图 2-19 中的 B 点。

```
指定另一条半轴长度或 [旋转（R）]：
```

此时指定椭圆的另一个半轴的长度，随着鼠标的移动动态变化，会显示从中心点到光标的直线，表示半轴长度。可在需要的位置单击鼠标进行确定，如在图 2-19 中的 C 点处单击，也可在命令行输入半轴长度的值，如输入 r，即选择“旋转（R）”选项，可通过绕第一条轴旋转圆弧来创建椭圆。

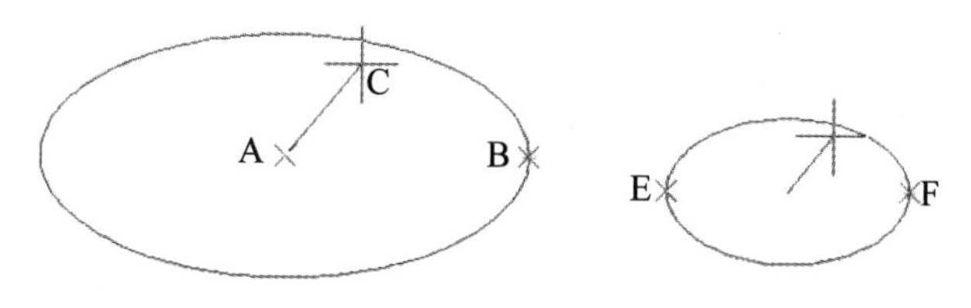

图 2-19　绘制椭圆

2. 方法二

单击“常用”选项卡→“绘图”面板→“椭圆”→“轴、端点”按钮，命令行依次提示如下：

```
指定椭圆的轴端点或 [圆弧（A）/中心（C）]：
```

此时指定椭圆的一个轴的端点，即图 2-19 中的 E 点。

```
指定轴的另一个端点：
```

此时指定椭圆的一个轴的另一个端点，以确定椭圆的一个轴，即指定图 2-19 中的 F 点。

```
指定另一条半轴长度或 [旋转（R）]：
```

此时指定椭圆的另一个半轴的长度，绘制出椭圆。

2.3.4 绘制椭圆弧

实际上，在 AutoCAD 2012 中绘制椭圆弧是先绘制出一个完整的椭圆，然后在椭圆上截取一部分实现椭圆弧的绘制。

在 AutoCAD 2012 中可通过以下 3 种方式执行绘制椭圆弧操作。

- 功能区：单击“常用”选项卡→“绘图”面板→“椭圆弧”按钮。
- 经典模式：选择菜单栏“绘图”→“椭圆”→“圆弧”命令。
- 经典模式：单击“绘图”工具栏的“椭圆弧”按钮。

在 AutoCAD 2012 中绘制椭圆弧的命令和椭圆一样，也是 ellipse，执行绘制椭圆弧操作后，命令行将提示如下信息：

```
指定椭圆的轴端点或 [圆弧(A)/中心(C)]:_a
指定椭圆弧的轴端点或 [中心点(C)]:
```

此后可按照命令行的提示逐步绘制出一个完成的椭圆，其操作与绘制椭圆完全一样，然后提示：

```
指定起始角度或 [参数(P)]:
```

此时可指定椭圆弧的起始点与长轴的角度，只须在起点方向上单击，就能指定起点角度，随后命令行将提示指定终止角度。如此绘制出一段在起始角度和终止角度之间的椭圆弧，其绘制过程如图 2-20 所示。“参数（P）”选项用于通过以下的矢量参数方程式绘制椭圆弧：p(u)=c + a×cos(u)+ b×sin(u)，其中 u 是输入的参数，c 为椭圆的半焦距，a 和 b 分别是椭圆的长轴和短轴。

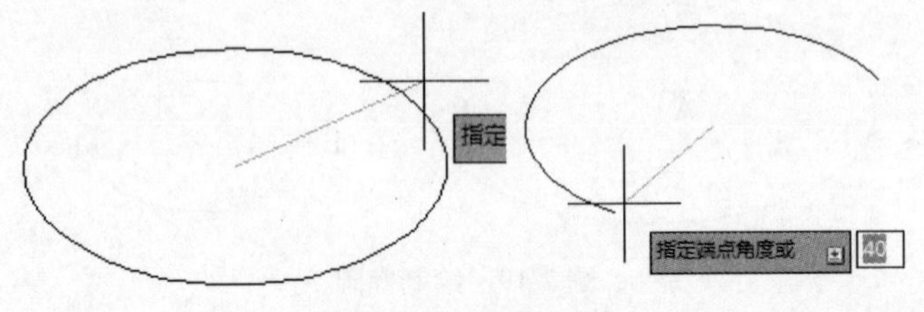

图 2-20 绘制椭圆弧

2.4 矩形和正多边形

矩形和正多边形是比直线、射线等要复杂的图形。虽然矩形和正多边形在图形上也是由若干条线段构成，但在 AutoCAD 2012 中，它们是单独的图形对象。

2.4.1 绘制矩形

AutoCAD 2012 的矩形是通过确定矩形的两个对角点而绘制的，既可以通过鼠标直接拾取两个对角点，也可以通过指定矩形的长度、高度和面积等间接指定两个对角点。

AutoCAD 2012 中可通过以下 4 种方式执行绘制矩形操作。

- 功能区：单击“常用”选项卡→“绘图”面板→“矩形”按钮▭。
- 经典模式：选择菜单栏“绘图”→“矩形”命令。
- 经典模式：单击“绘图”工具栏的“矩形”按钮▭。
- 运行命令：RECTANG。

执行绘制矩形操作后，命令行提示如下：

```
指定第一个角点或 [倒角（C）/标高（E）/圆角（F）/厚度（T）/宽度（W）]:
```

此时默认情况是“指定第一个角点”，该选项表示指定矩形的第一个角点。指定第一个角点以后，命令行将提示“指定另一个角点或 [面积（A）/尺寸（D）/旋转（R）]:”。此时的提示默认为“指定另一个角点”，即用鼠标拾取或坐标指定矩形的另一个角点，以完成绘制矩形。

也可以根据不同的需要选择其他方式来完成矩形的绘制：输入 A，即选择“面积（A）”选项，可指定矩形的面积；输入 D，即选择“尺寸（D）”选项，可指定矩形的长度和宽度；输入 R，即选择“旋转（R）”选项，可指定矩形的旋转角度。

其他各选项用于绘制不同形式的矩形，但仍然需要指定两个对角点。选择这些选项中的任何一个并设置好参数后，命令行仍然返回到“指定第一个角点或 [倒角（C）/标高（E）/圆角（F）/厚度（T）/宽度（W）]:”，提示用户指定角点。

各选项的含义如下。

- 倒角（C）：用于绘制带倒角的矩形，如图 2-21（a）所示。选择该选项后，命令行将提示指定矩形的两个倒角距离。
- 标高（E）：选择该选项可指定矩形所在的平面高度，如图 2-21（d）所示。默认情况下，所绘制的矩形均在 Z=0 平面内，带标高的矩形一般用于三维制图。图 2-21（d）中的矩形处在 Z=5 的平面内。
- 圆角（F）：用于绘制带圆角的矩形，如图 2-21（b）所示。选择该选项后，命令行将提示指定圆角半径。
- 厚度（T）：用于绘制带厚度的矩形，如图 2-21（e）所示。选择该选项后，命令行将提示指定厚度。带厚度的矩形一般用于三维制图。图 2-21（e）中的直线处在 Z=5 的平面上，矩形的厚度为 10。
- 宽度（W）：用于绘制带宽度的矩形，如图 2-21（c）所示。选择该选项后，命令行将提示指定宽度。

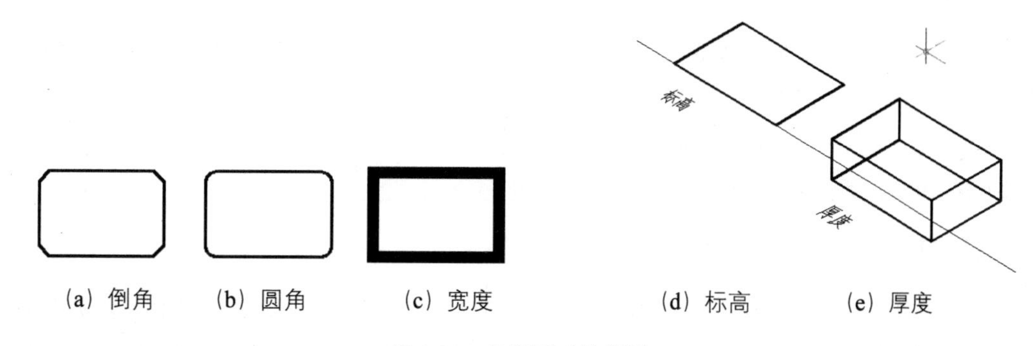

图 2-21　各种形式的矩形

下面将通过实例进行说明，即绘制一个圆角半径为 10mm 的 200mm×100mm 的矩形，如图 2-22 所示。

01 单击“常用”选项卡→“绘图”面板→“矩形”按钮，命令行提示“指定第一个角点或 [倒角（C）/标高（E）/圆角（F）/厚度（T）/宽度（W）]:”。

02 输入 f，然后按 Enter 键，命令行提示“指定矩形的圆角半径<0.0000>:”，输入 10，然后按<Enter>键，命令行提示“指定第一个角点或 [倒角（C）/标高（E）/圆角（F）/厚度（T）/宽度（W）]:”。

03 利用鼠标拾取图 2-22 中的 A 点，命令行提示“指定另一个角点或 [面积（A）/尺寸（D）/旋转（R）]:”。

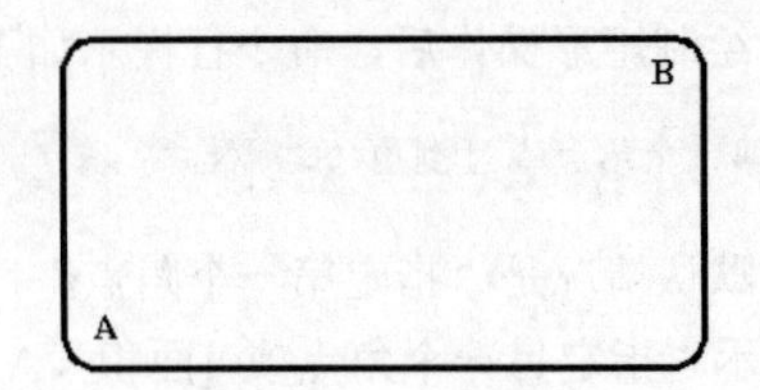

图 2-22　绘制的矩形

04 输入 d，然后按 Enter 键，命令行提示“指定矩形的长度<0.0000>”，输入矩形的长度 100，然后按 Enter 键，命令行提示“指定矩形的宽度<0.0000>”；输入矩形的宽度 50，然后按 Enter 键。

05 命令行重新提示“指定另一个角点或 [面积（A）/尺寸（D）/旋转（R）]:”，此时利用鼠标拾取图 2-22 中的 B 点，绘制矩形结束。

2.4.2 绘制正多边形

数学知识告诉我们，一个正多边形必有一个内切圆和外接圆，AutoCAD 2012 可间接通过圆来绘制正多边形，然后结合正多边形的边数、中心点等数据即可确定一个正多边形的位置和大小。另外，AutoCAD 2012 也可通过指定正多边形的一条边的位置和大小来确定正多边形。AutoCAD 2012 支持绘制边数为 3～1024 的正多边形。

AutoCAD 2012 中可通过以下 4 种方式执行绘制正多边形操作。

- 功能区：单击“常用”选项卡→“绘图”面板→“正多边形”按钮。
- 经典模式：选择菜单栏“绘图”→“正多边形”命令。
- 经典模式：单击“绘图”工具栏的“正多边形”按钮。
- 运行命令：POLYGON。

执行绘制正多边形操作后，命令行提示如下：

```
_Polygon 输入边的数目<6>:
```

此时输入介于 3～1024 之间的数字表示要绘制正多边形的边数，然后按 Enter 键。尖括号里面的数字表示上一次绘制正多边形时指定的边数，直接按 Enter 键表示指定尖括号里面的数字。

指定边数以后，命令行又提示指定正多边形的中心点：

```
指定多边形的中心点或 [边(E)]:
```

此时可选择两种方法绘制正多边形。

- 可用鼠标拾取或输入坐标值，以指定正多边形的中心点，然后命令行提示“输入选项 [内接于圆（I）/外切于圆（C）] <I>:”。输入 i 选择“内接于圆（I）”，如图 2-23（a）所示。此时移动鼠标，将动态显示其半径值，所绘制的正多边形内接于假想的圆，其所有的顶点均在圆上，圆的半径即中心点到多边形顶点的距离。

- 输入 c 选择“外切于圆（C）”，如图 2-23（b）所示，表示绘制的正多边形外切于假想圆，其所有的边均与圆相切，圆的半径即中心点到多边形边的距离。输入任意一个选项后，命令行均将提示“指定圆的半径:”，此时可以用鼠标拾取或键盘输入内切圆或外接圆的半径，以完成正多边形的绘制。

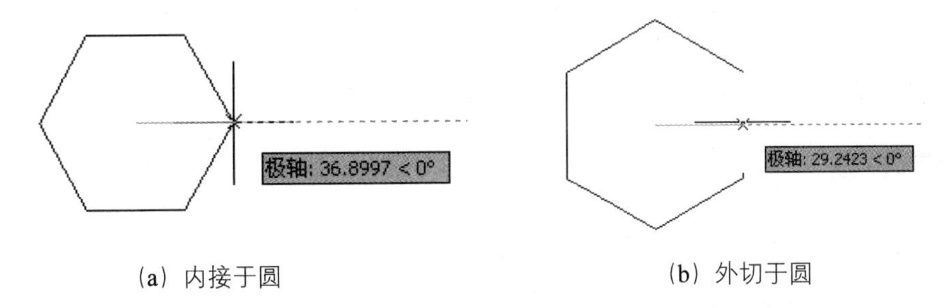

（a）内接于圆　　（b）外切于圆

图 2-23　通过“内接于圆（I）”、“外切于圆（C）”绘制正多边形

输入 e，选择“边（E）”选项，用于指定正多边形的一条边的两个端点，以确定整个正多边形。下面将通过实例进行说明，即通过指定一条边绘制一个正六边形，如图 2-24 所示。

01 单击“常用”选项卡→“绘图”面板→“正多边形”按钮，命令行提示“_Polygon 输入边的数目 <4>:”。

02 在命令行中输入 6，然后按 Enter 键。

03 选择边数以后，命令行提示“指定正多边形的中心点或 [边（E）]:”，此时使用鼠标选择中间大圆的圆心，按 Enter 键。

04 命令行提示“输入选项 [内接于圆(I)/外切于圆(C)] <I>:”，按 Enter 键。

05 命令行提示“指定圆的半径:”，在命令行中输入 6，按 Enter 键完成绘制。

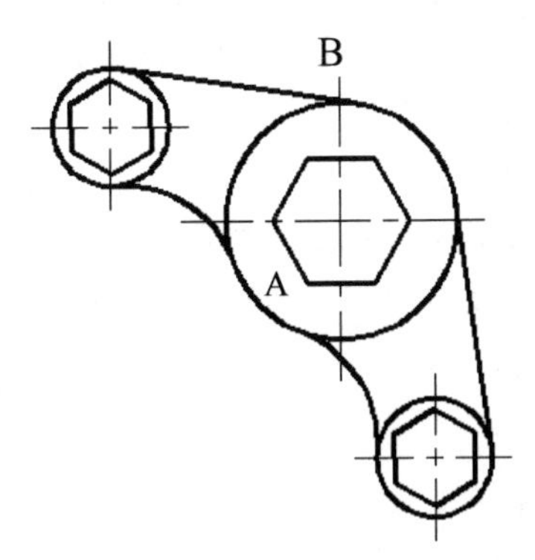

图 2-24　绘制的正六边形

2.5 多线

多线是由 1～16 条平行线组成的，这些平行线称为元素。构成多线的元素既可以是直线，也可以是圆弧。通过多线样式，用户可以定义元素的类型以及元素间的间距。AutoCAD 2012 中默认包含两个元素的 STANDARD 样式，当然也可以创建用户样式。

多线一般用于建筑图的墙体、公路和电子线路图等平行线对象。

2.5.1 绘制多线

AutoCAD 2012 中可通过以下两种方式执行绘制多线操作。

- 经典模式：选择菜单栏“绘图”→“多线”命令。
- 运行命令：MLINE。

执行多线绘制操作后，命令行提示如下：

```
当前设置：对正 = 上，比例 = 20.00，样式 = STANDARD
指定起点或 [对正（J）/比例（S）/样式（ST）]：
```

在该提示信息的第一行显示的是当前的多线设置。第二行提示指定起点，此时可指定多线的起点，这和绘制直线时的操作一样，随后命令行将提示“指定下一点”。选择中括号里的选项表示设置多线的样式，各选项的含义如下。

- 对正（J）：用于设置多线的对正方式。选择该选项后，命令行将提示“输入对正类型 [上（T）/无（Z）/下（B）]<上>:”。输入括号里的字母即可选择相应的对正方式。“上（T）”选项表示在光标下方绘制多线；“无（Z）”选项表示绘制多线时光标位于多线的中心；“下（B）”选项表示在光标上方绘制多线。3 种对正方式如图 2-25 所示。
- 比例（S）：用于指定多线的元素间的宽度比例。选择该选项后，命令行将提示“输入多线比例 <20.00>：”，输入的比例因子是基于在多线样式定义中建立的宽度。比如，输入的比例因子为 2，那么在绘制多线时，其宽度是样式定义的宽度的两倍，其效果如图 2-26 所示。比例因子为 0 时，将使多线变为单一的直线。

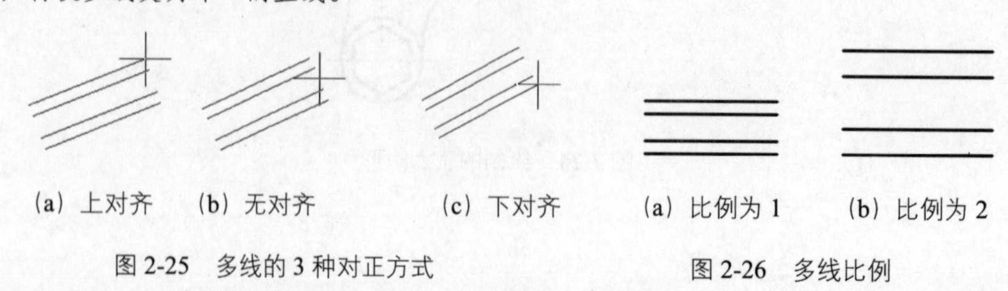

(a) 上对齐　(b) 无对齐　(c) 下对齐

图 2-25　多线的 3 种对正方式

(a) 比例为 1　(b) 比例为 2

图 2-26　多线比例

- 样式（ST）：用于设置多线的样式。选择该选项后，命令行将提示“输入多线样式名或 [?]:”，此时可直接输入已定义的多线样式名称。输入“?”将显示已定义的多线样式。

2.5.2　编辑多线

AutoCAD 2012 提供了专门的多线样式编辑命令来编辑多线对象，其执行方式有如下两种。

- 经典模式：选择菜单栏“修改”→“对象”→“多线段”命令。
- 运行命令：MLEDIT。

执行多线编辑命令后，将弹出“多线编辑工具”对话框，如图 2-27 所示，其中提供了 12 种多线编辑工具。

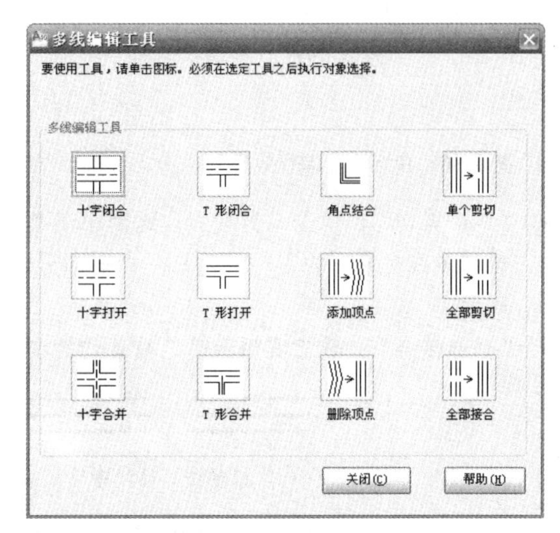

图 2-27　“多线编辑工具”对话框

“多线编辑工具”对话框中的编辑工具一共分为 4 列，单击其中的一个工具图标，即可使用该工具，命令行将显示相应的提示信息。

各个工具的功能如下。

- “十字闭合”、“十字打开”和“十字合并”：这 3 个工具用于消除十字交叉的两条多线的相交线。选择这 3 种工具后，命令行将依次提示“选择第一条多线:”、“选择第二条多线:”，按照命令行的提示信息选择要编辑的两条交叉多线，十字交叉编辑的效果如图 2-28 所示。其中，图 2-28 中的（b）和（e）都是用十字闭合工具编辑的，只是选择顺序不同，其编辑效果也不同。AutoCAD 2012 总是切断所选的第一条多线，并根据所选的编辑工具切断第二条多线。

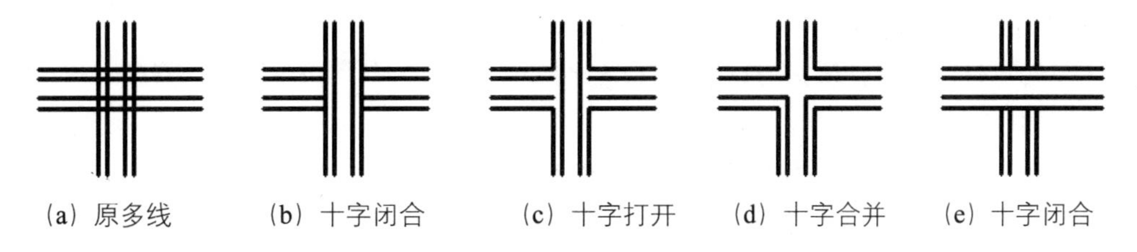

（a）原多线　（b）十字闭合　（c）十字打开　（d）十字合并　（e）十字闭合

图 2-28　3 种十字交叉编辑工具

- “T 形闭合”、“T 形打开”和“T 形合并”：这 3 个工具用于消除 T 形交叉的两条多线的相交线，操作与第一列的 3 个工具相同。编辑效果如图 2-29 所示。

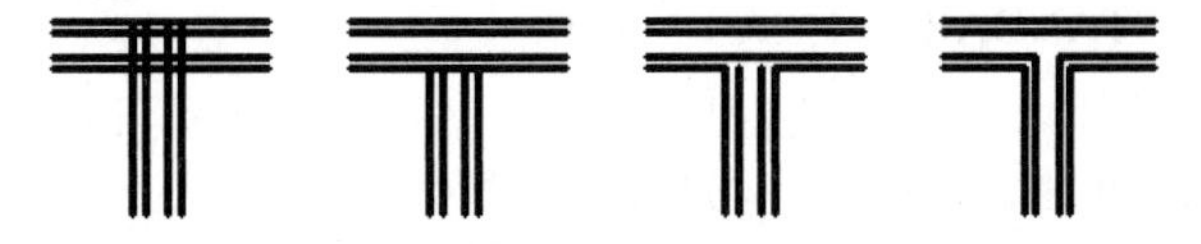

（a）原多线（b）T 形闭合（c）T 形打开　（d）T 形合并

图 2-29　3 种 T 字交叉编辑工具

- “角点结合”：该工具既可用于十字交叉的两条多线，也可用于 T 形交叉的两条多线，还可用于不交叉的两条多线。编辑效果如图 2-30 所示，左列为编辑前的多线，右列为编辑后的多线。

- "添加顶点"与"删除顶点"：这两个工具功能相反，均用于单个的多线对象。选择该工具后，命令行均只提示"选择多线:"，此时只须选择要编辑的单个多线对象即可。"添加顶点"工具用于在多线对象的指定处添加一个顶点，"删除顶点"用于删除多线对象的顶点，如图 2-31 所示。

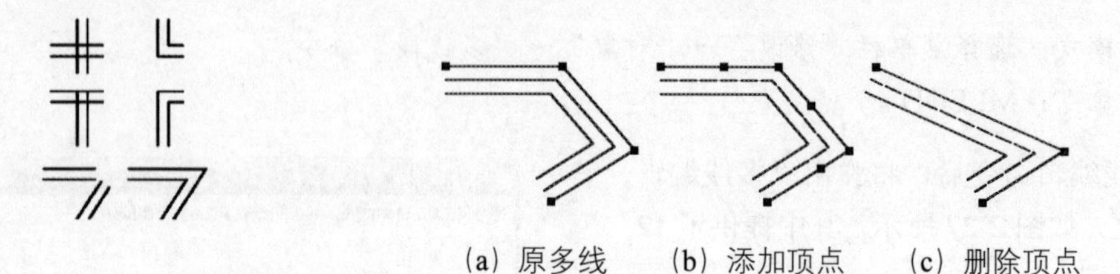

图 2-30　角点结合编辑效果　　图 2-31　"添加顶点"与"删除顶点"

- "单个剪切"、"全部剪切"：这两个工具也是用于对单个多线对象的编辑。"单个剪切"用于剪切多线对象中的某一个元素；"全部剪切"即剪切多线对象的全部元素。编辑效果如图 2-32 所示。
- "全部接合"：该工具用于将已被剪切的多线线段重新接合起来，效果如图 2-32（d）所示。

(a) 原多线　(b) 单个剪切　(c) 全部剪切　(d) 全部接合

图 2-32　"单个剪切"、"全部剪切"和"全部接合"工具

2.5.3　创建与修改多线样式

AutoCAD 2012 提供"多线样式"对话框来创建、修改和保存多线样式，如图 2-33 所示。多线样式包括多线元素的特性、端点封口和背景填充，这些都可以在"多线样式"对话框中修改。

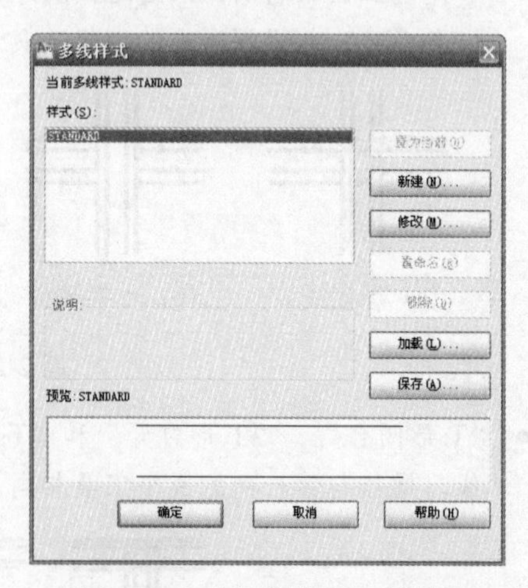

图 2-33　"多线样式"对话框

在 AutoCAD 2012 中打开"多线样式"对话框的方式有以下两种。

- 经典模式：选择菜单栏"格式"→"多线样式"命令。
- 运行命令：MLSTYLE。

默认的多线样式为 STANDARD 样式。单击 新建(N)... 按钮，可创建多线样式；单击 修改(M)... 按钮，可对所选样式进行修改；单击 置为当前(U) 按钮，可将所选多线样式置为当前样式，所绘制的多线将按照所选样式的定义进行绘制；单击 重命名(R) 按钮，可将所选多线样式重新命名；单击 删除(D) 按钮，可删除所选多线样式；加载(L)... 按钮与 保存(A)... 按钮分别用于加载和保存多线样式。同时，预览窗口显示了所选样式的绘图效果。

不能修改、删除或重命名默认的 STANDARD 多线样式，也不能删除或修改当前多线样式或正在使用的多线样式。

单击[新建(N)...]按钮，将弹出“创建新的多线样式”对话框，如图 2-34 所示，在“新样式名”文本框中输入新建样式的名称，如“MYSTYLE”，然后单击[继续]按钮可弹出“新建多线样式”对话框，如图 2-35 所示。

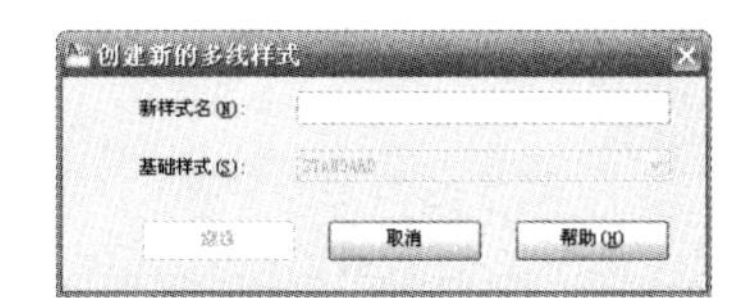

图 2-34　“创建新的多线样式”对话框

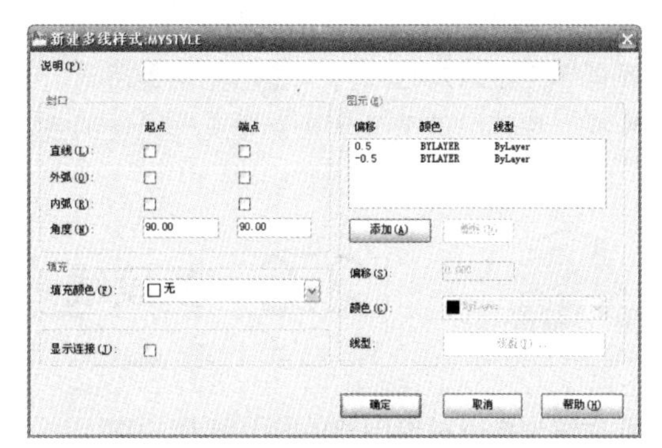

图 2-35　“新建多线样式”对话框

在“新建多线样式”对话框中，标题栏将显示出新建的多线样式名称。对话框中各选项组的功能如下。

- “说明”文本框：用来为多线样式添加说明，最多可输入 255 个字符。
- “封口”选项组：用于设置多线起点和端点的封口形式。起点和端点都包括直线、外弧、内弧和角度 4 种封口形式。选择对应的复选框或在文本框中输入相应的角度，即可设置起点和端点的不同封口形式。各种封口形式的效果如图 2-36 所示。

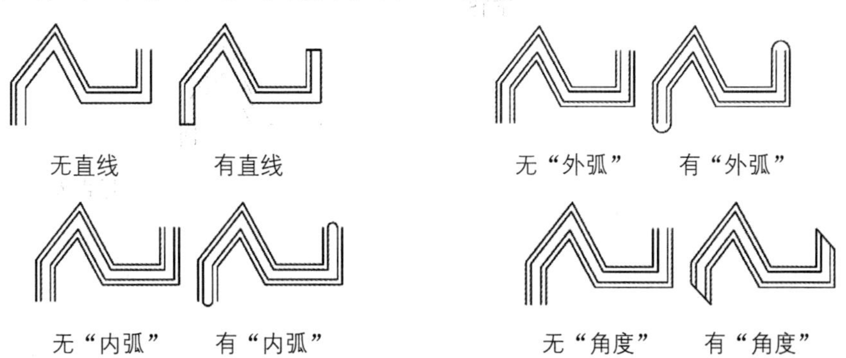

图 2-36　多线的各种封口形式

- “填充”选项组：用于设置多线的背景填充。可通过“填充颜色”下拉列表框选择多线背景的填充颜色。
- “显示连接”复选框：该复选框用于控制是否显示多线顶点处的连接，其设置效果如图 2-37 所示。
- [添加(A)]和[删除(D)]按钮：分别用于添加和删除多线的元素。
- “偏移”文本框：用于设置所选元素的偏移量。偏移量即多线元素相对于 0 标准线的偏移距离，负值表示在 0 标准线的左方或下方，正值表示在 0 标准线的右方或上方，这与坐标的方向一致，新添加的元素的偏移量默认为 0。如图 2-38 所示是偏移的设置效果。

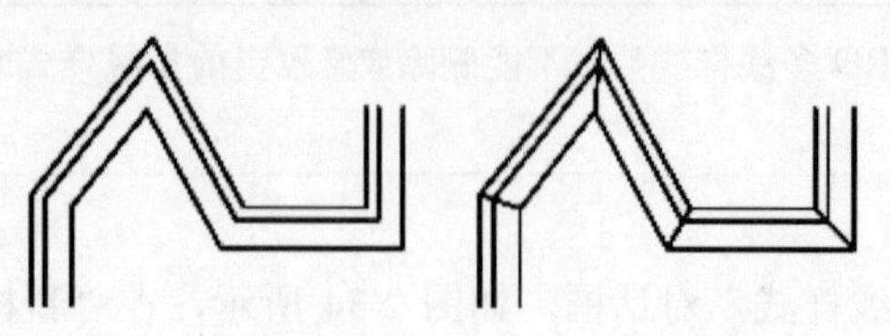

关闭“显示连接”　　打开“显示连接”

图 2-37　设置多线的显示连接

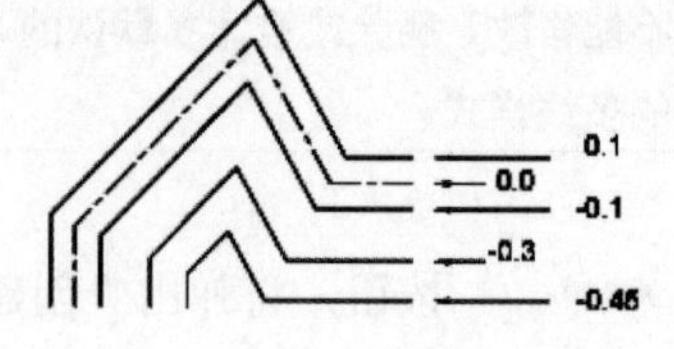

图 2-38　设置多线元素的偏移

- “颜色”下拉列表框：用于显示并设置所选元素的颜色。
- “线型”按钮：用于显示并设置所选元素的线型。

2.6 多段线

多段线是作为单个对象创建的相互连接的序列线段。组成多段线的单个对象可以是直线、圆弧，也可以是两者的组合。多段线提供单个直线所不具备的编辑功能。例如，可以调整多段线的宽度和曲率。如图 2-39 所示是典型的多段线。请注意多段线与多线的区别。

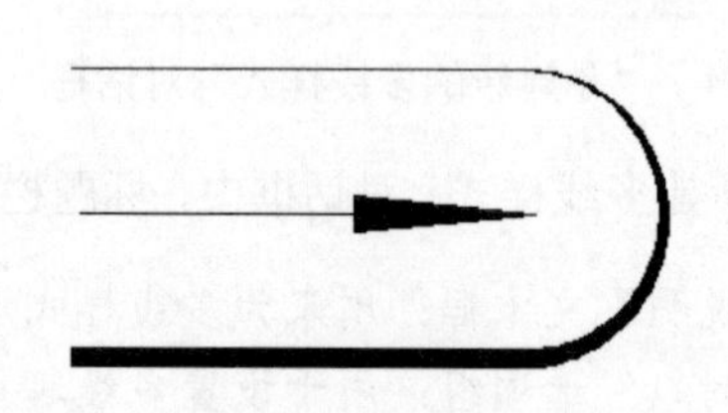

图 2-39　多段线

2.6.1 绘制多段线

在 AutoCAD 2012 中可通过以下 4 种方式执行绘制多段线操作。

- 功能区：单击“常用”选项卡→“绘图”面板→“多段线”按钮。
- 经典模式：选择菜单栏“绘图”→“多段线”命令。
- 经典模式：单击“绘图”工具栏的“多段线”按钮。
- 运行命令：PLINE。

执行绘制多段线操作后，命令行提示如下：

```
指定起点:
```

此时可用鼠标拾取或输入起点坐标，以指定多段线的起点，然后命令行提示如下：

```
当前线宽为 0.0000
指定下一个点或 [圆弧(A)/半宽(H)/长度(L)/放弃(U)/宽度(W)]:
```

第一行提示显示了当前的多段线宽度。此时可以指定下一点或者输入对应的字母选择中括号里的选项，各选项的含义如下。

- 圆弧（A）：用于将弧线段添加到多段线中。选择该选项后，将绘制一段圆弧，之后的操作与绘制圆弧相同。
- 半宽（H）：用于指定从宽多段线线段的中心到其一边的宽度。选择该选项后，将提示指定起点的半宽宽度和端点的半宽宽度。
- 长度（L）：在与上一线段相同的角度方向上绘制指定长度的直线段。如果上一线段是圆弧，程序将绘制与该弧线段相切的新直线段。
- 放弃（U）：删除最近一次绘制到多段线上的直线段或圆弧段。
- 宽度（W）：用于指定下一段多段线的宽度。注意“宽度（W）”选项与“半宽（H）”选项的区别，如图 2-40 所示。

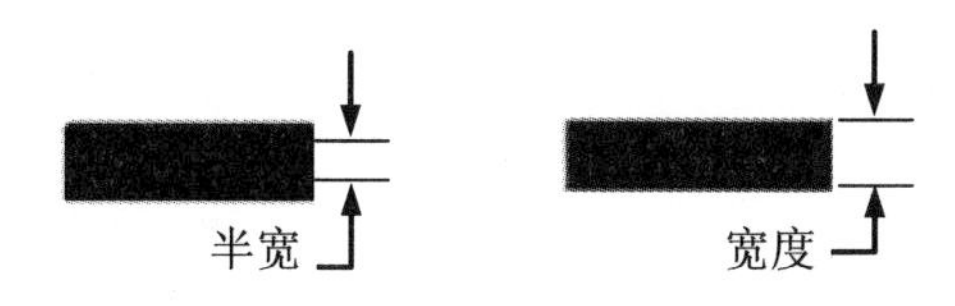

图 2-40　多段线的“半宽”与“宽度”

2.6.2　编辑多段线

AutoCAD 2012 也提供了专门的多段线编辑工具，其执行方式有如下 4 种。

- 功能区：单击“常用”选项卡→“修改”面板→“编辑多段线”按钮。
- 经典模式：选择菜单栏“修改”→“对象”→“多段线”命令。
- 经典模式：单击“修改”工具栏的“编辑多段线”按钮。
- 运行命令：PEDIT。

执行编辑多段线操作后，命令行提示如下：

```
选择多段线或 [多条(M)]:
```

此时可用鼠标选择要编辑的多段线，如果所选择的对象不是多段线，命令行将提示“选定的对象不是多段线。是否将其转换为多段线？<Y>:”，输入 Y 或 N 选择是否转换。“多条（M）”选项用于多个多段线对象的选择。

选择完多段线对象后，命令行提示如下：

```
输入选项 [打开(O)/合并(J)/宽度(W)/编辑顶点(E)/拟合(F)/样条曲线(S)/非曲线化(D)/线型生成(L)/放弃(U)]:
```

与编辑多线时弹出的对话框不同，此时只能输入对应字母选择各选项来编辑多段线，各选项的功能如下。

- 打开（O）/闭合（C）：如果选择的是闭合的多段线，则此选项显示为“打开（O）”；如果选择的多段线是打开的，则此选项显示为“闭合（C）”。“打开（O）/闭合（C）”选项分别用于将闭合的多段线打开及将打开的多段线闭合。打开和闭合的效果如图 2-41 所示。

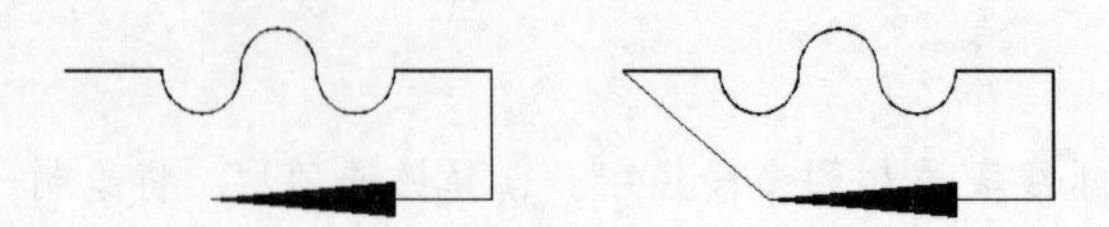

图 2-41 “打开”与“闭合”多段线

- 合并（J）：用于在开放的多段线的尾端点添加直线、圆弧或多段线。如果选择的合并对象是直线或圆弧，那么要求直线或圆弧与多段线是彼此首尾相连的，合并的结果是将多个对象合并成一个多段线对象，如图 2-42 所示；如果合并的是多个多段线，命令行将提示输入合并多段线的允许距离。

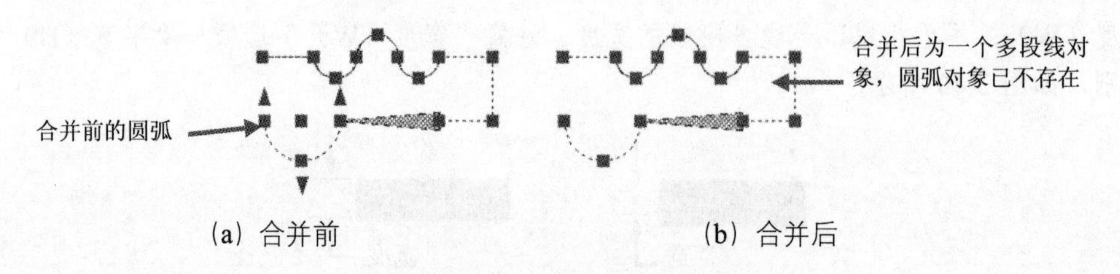

(a) 合并前　　(b) 合并后

图 2-42 多段线与圆弧的合并

- 宽度（W）：选择该选项可将整个多段线指定为统一宽度，如图 2-43 所示。

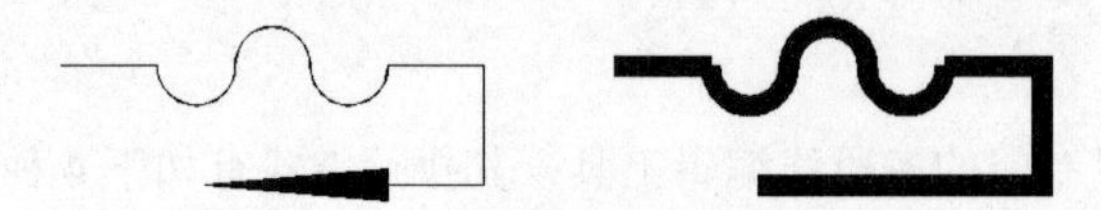

图 2-43 编辑多段线的宽度

- 编辑顶点（E）：该选项用于编辑多段线每个顶点的位置。选择该选项后，会在正在编辑的位置显示“×”标记，并提示如下顶点编辑选项：“[下一个（N）/上一个（P）/打断（B）/插入（I）/移动（M）/重生成（R）/拉直（S）/切向（T）/宽度（W）/退出（X）] <N>:”。
    - “下一个（N）/上一个（P）”选项用于移动“×”标记的位置，也就是可以通过这两个选项选择要编辑的顶点。
    - “打断（B）”选项用于删除指定两个顶点之间的线段。
    - “插入（I）”选项用于在标记顶点之后添加新的顶点。
    - “移动（M）”选项用于移动标记的顶点位置。
    - “重生成（R）”选项用于重生成多段线。
    - “拉直（S）”选项用于将两个指定顶点之间的多段线转换为直线。
    - “切向（T）”选项将切线方向附着到标记的顶点，以便用于以后的曲线拟合。
    - “宽度（W）”选项用于修改标记顶点之后线段的起点宽度和端点宽度。
    - “退出（X）”选项用于退出“编辑顶点”模式。
- 拟合（F）：表示用圆弧拟合多段线，即转化为由圆弧连接每对顶点的平滑曲线。转化后的曲线会经过多段线的所有顶点，如图 2-44（a）所示的多段线，其拟合效果如图 2-44（b）所示。
- 样条曲线（S）：该选项用于将多段线用样条曲线拟合，执行该选项后对象仍然为多段线对象，编辑效果如图 2-44（c）所示。

（a）原多段线　　（b）拟合后　　（c）样条曲线后

图 2-44　多段线的“拟合”与“样条曲线”

利用“样条曲线”与“拟合”选项产生的曲线有很大差别。“拟合”会构造通过每个控制点的圆弧对。而“样条曲线”将由第一个顶点的宽度平滑过渡到最后一个顶点的宽度，多段线的顶点并不都在拟合的样条曲线上。

- 非曲线化（D）：删除由拟合曲线或样条曲线插入的多余顶点，拉直多段线的所有线段。
- 线型生成（L）：用于生成经过多段线顶点的连续图案线型。选择该选项后，命令行将提示“输入多段线线型生成选项 [开（ON）/关（OFF）] <关>:”，输入 on 或 off 选项，即可打开或关闭。关闭此选项后，将在每个顶点处以点划线开始和结束生成线型。“线型生成”不能用于带变宽线段的多段线。
- 放弃（U）：还原操作，每选择一次“放弃（U）”选项，将取消上一次的编辑操作，可以一直返回到编辑任务开始时的状态。

2.7 样条曲线

样条曲线是经过或接近一系列给定点的光滑曲线。在 AutoCAD 2012 中，就是通过指定一系列点来绘制样条曲线。指定的点不一定在绘制的样条曲线上，而是根据设定的拟合公差分布在样条曲线附近。样条曲线主要用于切断线、波浪线等。

2.7.1 绘制样条曲线

在 AutoCAD 2012 中，可通过以下 4 种方式执行绘制样条曲线操作。

- 功能区：单击“常用”选项卡→“绘图”面板→“样条曲线拟合点”按钮或者“样条曲线控制点”。
- 经典模式：选择菜单栏“绘图”→“样条曲线”→“拟合点/控制点“命令。
- 经典模式：单击“绘图”工具栏的“样条曲线”按钮。
- 运行命令：SPLINE。

执行绘制样条曲线操作后，命令行提示如下：

```
指定第一个点或 [方式(M)/节点(K)/对象(O)]:
```

此时可用鼠标拾取或输入起点坐标来指定样条曲线的第一个点，“对象（O）”选项用于将多段线转换成等价的样条曲线。指定第一点之后，与绘制直线操作一样，命令行将不断提示指定下一点：

```
指定下一点:
指定下一点或 [起点切向(T)/公差(L)]:
```

此时可指定下一点，或输入 L，即选择“公差（L）”选项来指定样条曲线的拟合公差。公差值必须为 0 或正值，如果公差设置为 0，则样条曲线通过拟合点，如图 2-45（a）所示。输入大于 0 的公差时，将使样条曲线在指定的公差范围内通过拟合点，如图 2-45（b）所示。

所有的点均指定完毕，可按 Enter 键，结束命令。

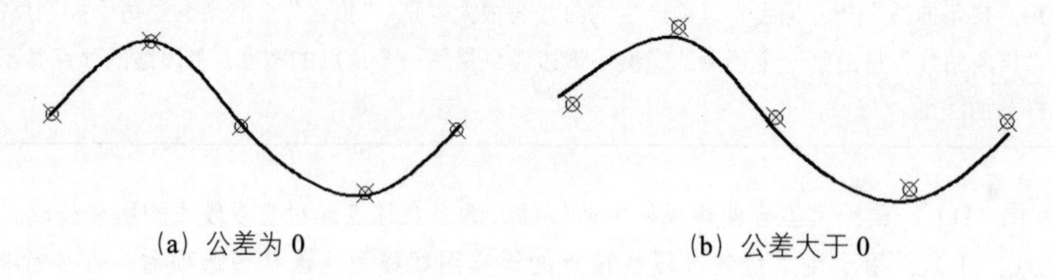

(a) 公差为 0　　(b) 公差大于 0

图 2-45　零公差与正公差

下面将通过实例进行说明，即绘制如图 2-46 所示的样条曲线。

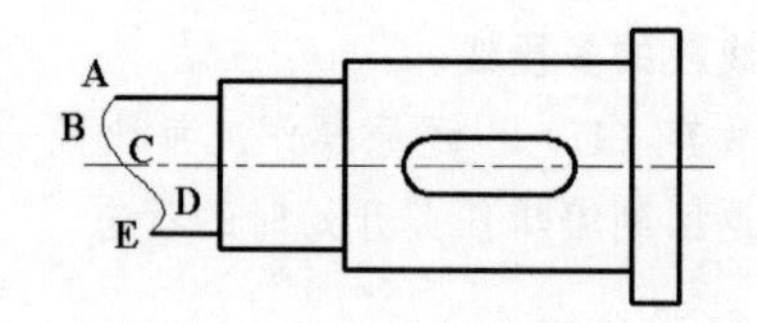

图 2-46　绘制样条曲线实例

01 单击“常用”选项卡→“绘图”面板→“样条曲线拟合点”按钮。

02 在命令行提示“指定第一个点或 [方式(M)/节点(K)/对象(O)]:”时，依次指定图 2-46 中的 A、B、C、D、E 点。

03 按 Enter 键结束命令。

2.7.2 编辑样条曲线

与多线、多段线一样，AutoCAD 2012 也提供了专门的编辑样条曲线的工具，其执行方式有 4 种。

- 功能区：单击“常用”选项卡→“修改”面板→“编辑样条曲线”按钮。
- 经典模式：选择菜单栏“修改”→“对象”→“样条曲线”命令。
- 经典模式：单击“修改”工具栏的“编辑样条曲线”按钮。
- 运行命令：SPLINEDIT。

执行编辑样条曲线操作后，命令行提示如下：

```
选择样条曲线:
```

选择要编辑的样条曲线，此时可选择样条曲线对象或样条曲线拟合多段线，选择后夹点将出现在控制点上。命令行继续提示：

```
输入选项 [闭合(C)/合并(J)/拟合数据(F)/编辑顶点(E)/转换为多段线(P)/反转(R)/放弃(U)/退出(X)]:
```

此时可输入对应的字母来选择编辑工具，各选项的功能如下。

- 闭合（C）：用于闭合开放的样条曲线，如果选定的样条曲线为闭合，则“闭合”选项将由“打开”选项替换。
- 合并（J）：用于将样条曲线的首尾相连。
- 拟合数据（F）：用于编辑样条曲线的拟合数据。拟合数据包括所有的拟合点、拟合公差及绘制样条曲线时与之相关联的切线。选择该选项后，命令行将提示如下：

```
输入拟合数据选项
[添加(A)/闭合(C)/删除(D)/扭折(K)/移动(M)/清理(P)/相切(T)/公差(L)/退出(X)]
<退出>:
```

  - 添加（A）：用于在样条曲线中增加拟合点。
  - 闭合（C）：用于闭合开放的样条曲线，如果选定的样条曲线为闭合，则“闭合”选项将由“打开”选项替换。样条曲线闭合的编辑效果如图 2-47 所示。

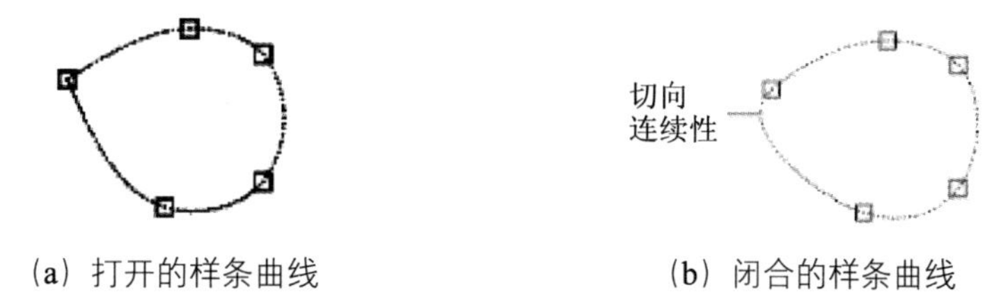

(a) 打开的样条曲线　　(b) 闭合的样条曲线

图 2-47　打开或闭合样条曲线

  - 删除（D）：用于从样条曲线中删除拟合点，并用其余点重新拟合样条曲线。
  - 移动（M）：用于把指定拟合点移动到新位置。
  - 清理（P）：从图形数据库中删除样条曲线的拟合数据。清理样条曲线的拟合数据，运行编辑样条曲线命令后，将不显示“拟合数据（F）”选项。
  - 相切（T）：编辑样条曲线的起点和端点切向。
  - 公差（L）：为样条曲线指定新的公差值并重新拟合。
  - 退出（X）：退出拟合数据编辑状态，返回到“输入选项 [拟合数据（F）/闭合（C）/移动顶点（M）/精度（R）/反转（E）/放弃（U）]:”。
- 编辑顶点（E）：用于精密调整样条曲线顶点。选择该选项后，命令行将提示如下：

```
输入顶点编辑选项
[添加(A)/删除(D)/提高阶数(E)/移动(M)/权值(W)/退出(X)] <退出>:
```

  - 添加（A）：增加控制部分样条的控制点数。
  - 删除（D）：增加样条曲线的控制点。
  - 提高阶数（E）：增加样条曲线上控制点的数目。
  - 移动（M）：对样条曲线的顶点进行移动。
  - 权值（W）：修改不同样条曲线控制点的权值。较大的权值会将样条曲线拉近其控制点。
- 转换为多段线（P）：用于将样条曲线转换为多段线。

- 反转（E）：反转样条曲线的方向。
- 放弃（U）：还原操作，每选择一次“放弃（U）”选项，将取消上一次的编辑操作，可一直返回到编辑任务开始时的状态。

2.8 知识回顾

本章主要介绍了如何创建直线、圆、椭圆、多边形等基本几何对象。在 AutoCAD 中创建基本的几何对象是很简单的，但要真正将这些命令组合起来灵活地、准确地创建各种复杂图形，其方法就是将单个命令与具体练习相结合，在练习过程中巩固已学习的命令及体会制图的方法。

第 3 章

选择与编辑机械图形

前面介绍了如何绘制简单的图形对象，如果要对所绘制的图形进行修改或删除，或者绘制较为复杂的图形时，还要借助图形编辑工具。AutoCAD 2012 中提供了强大的图形编辑工具，这些工具不仅能够修改已有图形元素的属性，还能够通过编辑生成新的对象，以提高工作效率。

AutoCAD 2012 还提供夹点编辑模式，这就要求先选择对象，再在对象上显示夹点，然后才能使用夹点编辑模式。在使用图形编辑工具的过程中，要注意各个编辑工具的适用对象，例如，“复制”和“镜像”命令通常是针对所有对象的，而“倒角”或“修剪”命令就只能针对特定对象。这些均需要在绘图的过程中不断实践，从而熟悉操作。

学习目标

- 熟悉各种选择图形对象的方法
- 学会使用夹点工具对对象进行编辑
- 熟练使用“修改”菜单和“修改”工具栏对图形对象进行编辑
- 熟练使用“特性”选项板编辑对象特性

3.1 选择对象

一张大型图纸的对象成千上万，怎样在这些对象中找到并选择出要编辑的对象呢？这就需要借助 AutoCAD 2012 选择对象的工具或命令进行操作。

3.1.1 使用鼠标单击或矩形窗口选择

在 AutoCAD 2012 中，最简单、最快捷的选择对象方法是使用鼠标单击，如图 3-1 所示，被选择的对象的组合叫做选择集。在无命令的状态下，对象选择后会显示其夹点。如果是在执行命令的过程中提示选择对象，此时光标显示为方框形状“□”，被选择的对象则亮显。

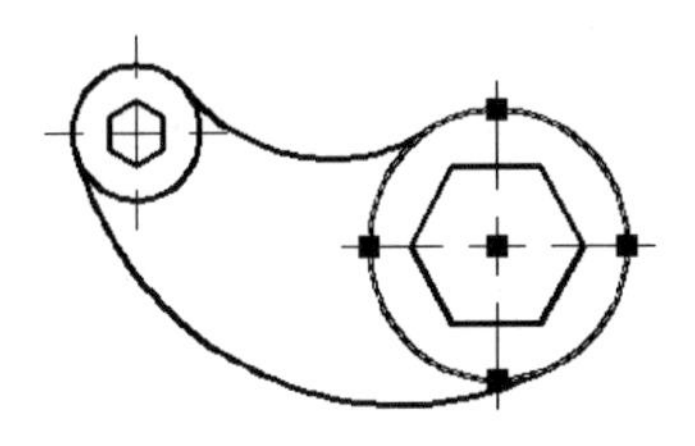

图 3-1　鼠标单击选择对象

将光标置于对象上时，将亮显对象，单击则选择该对象。当某处对象排列比较密集或有重叠的对象时，可

按住 Shift+Space 组合键在该处单击鼠标，以循环亮显此处的对象，当切换到要选择的对象时，按 Enter 键即可选择。

如要一次选择多个对象，可按住鼠标左键不放并拖动鼠标，此时将显示一个蓝色或绿色的矩形窗口，在另一处松开鼠标左键后，将选择窗口内的对象。

利用矩形窗口选择对象的时候，如果矩形窗口的角点是按从左到右的顺序构造的，那么矩形窗口将显示为蓝色，此时可选择全部在矩形内部的对象，即只有对象全部包含在矩形窗口中才会被选中，而不会选中只有一部分在矩形窗口中的对象；如果矩形窗口的角点是按从右到左的顺序构造的，则矩形窗口显示为绿色，此时选择与矩形窗口相交的对象，即不管对象是全部在窗口中还是只有一部分在窗口中，均会被选中。例如，在图 3-2 中，同样是如图 3-2（a）所示的矩形窗口，如果先指定 A 点，按住鼠标不放，在 B 点处松开，那么选择的对象如图 3-2（b）所示。如果先指定 B 点，按住鼠标不放后在 A 点处松开，那么选择的对象如图 3-2（c）所示。

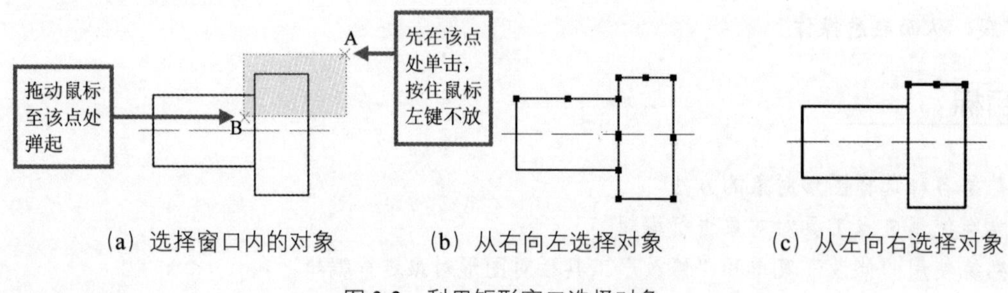

（a）选择窗口内的对象　（b）从右向左选择对象　（c）从左向右选择对象

图 3-2　利用矩形窗口选择对象

AutoCAD 小提示

选择“工具”→“选项”命令，在弹出的“选项”对话框中，切换到“选择集”选项卡，可设置拾取框的大小，还可以设置与选择对象相关的选项。

3.1.2　快速选择

通过鼠标单击和构造矩形窗口选择对象是最简单也是最快捷的，此外，AutoCAD 2012 也可以根据对象的类型和特性来选择对象。例如，只选择图形中所有红色的圆，而不选择其他对象，或者选择除红色圆以外的所有其他对象。

使用“快速选择”功能可以根据指定的过滤条件快速定义选择集。如图 3-3 所示为“快速选择”对话框。

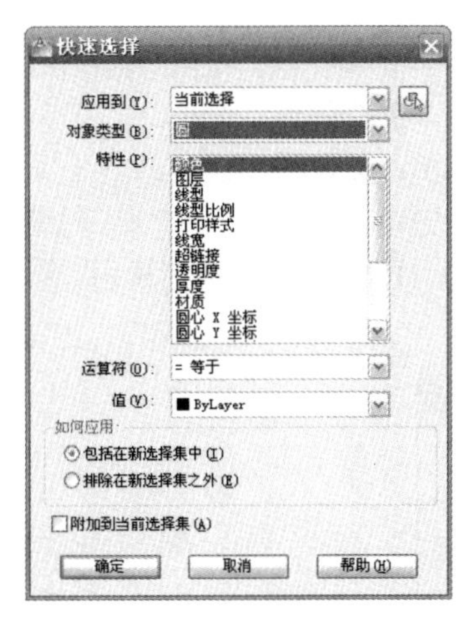

图 3-3 “快速选择”对话框

在 AutoCAD 2012 中打开“快速选择”对话框的方法有如下 3 种。

- 功能区：单击“常用”选项卡→“实用工具”面板→“快速选择”按钮。
- 经典模式：选择菜单栏“工具”→“快速选择”命令。
- 运行命令：QSELECT。

“快速选择”对话框实际上是通过定义一个过滤器来重新创建选择集，对话框中各选项的功能如下。

- “应用到”下拉列表框：用于选择过滤条件的应用范围。如果没有选择任何对象，则应用范围默认为“整个图形”，即在整个图形中应用过滤条件；如果选择了一定量的对象，则应用范围默认为“当前选择”，即在当前选择集中应用过滤条件，过滤后的对象必然为当前选择集中的对象。也可单击“选择对象”按钮来选择要对其应用过滤条件的对象。
- “对象类型”下拉列表框：用于指定要包含在过滤条件中的对象类型。如果过滤条件应用于整个图形，则“对象类型”下拉列表框包含全部的对象类型，包括自定义。否则，该列表只包含选定对象的对象类型。
- “特性”列表框：用于列出被选中对象类型的特性，单击其中的某个特性可指定过滤器的对象特性。
- “运算符”下拉列表框：用于控制过滤器中针对对象特性的运算，选项包括“等于”、“不等于”、“大于”和“小于”等。
- “值”下拉列表框：用于指定过滤器的特性值。“特性”、“运算符”和“值”这 3 个下拉列表框是联合使用的。
- “如何应用”选项组：用于指定是将符合给定过滤条件的对象包括在新选择集内还是排除在新选择集之外。选择“包括在新选择集中”单选按钮，将创建其中只包含符合过滤条件的对象的新选择集。选择“排除在新选择集之外” 单选按钮，将创建其中只包含不符合过滤条件的对象的新选择集，通过该单选按钮可排除选择集中的指定对象。
- “附加到当前选择集”复选框：用于指定是将创建的新选择集替换还是附加到当前选择集。

下面将通过实例进行说明，即选择整个图形中所有宽度大于 0.3 的直线。

01 单击“常用”选项卡→“实用工具”面板→“快速选择”按钮，弹出“快速选择”对话框，如图

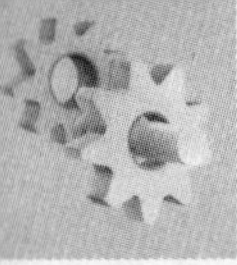

3-4（a）所示。

02 单击“应用到”下拉列表框，选择“整个图形”选项。

03 单击“对象类型”下拉列表框，选择“多段线”选项。

04 在“特性”列表框中选择“线型”选项。

05 单击“值”下拉列表框，选择 CENTER2 选项。最后单击 确定 按钮，所选择的对象如图 3-4（b）所示。

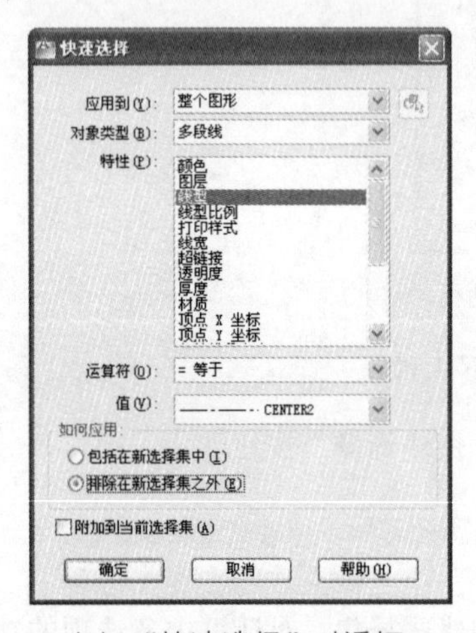

（a）“快速选择”对话框

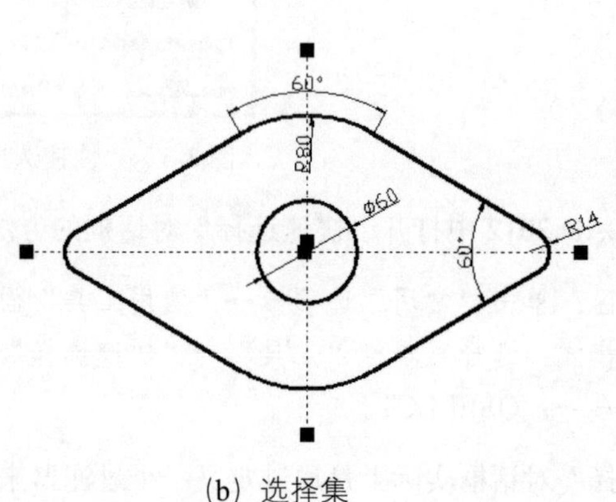

（b）选择集

图 3-4 使用“快速选择”选择对象

3.1.3 过滤选择

除了“快速选择”之外，AutoCAD 2012 还提供“过滤选择”用于创建一个要求列表，对象必须符合这些要求才能包含在选择集中。“过滤选择”可通过“对象选择过滤器”对话框进行定义，如图 3-5 所示。

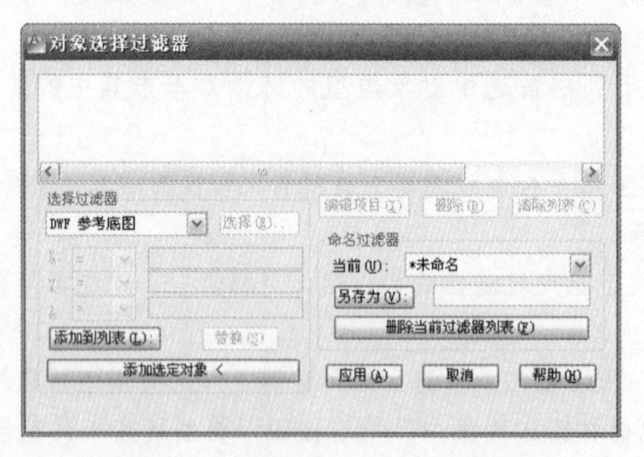

图 3-5 “对象选择过滤器”对话框

对话框上部的列表框中列出了当前定义的过滤条件。

“选择过滤器”选项组用于定义过滤器。“选择过滤器”下拉列表框用于选择过滤器所定义的对象类型及相关运算语句，选择其中的对象类型后，可在其下方的 X、Y、Z 三个下拉列表框中定义对象类型的过滤参数以及关系运算，有的对象类型的参数可在文本框中直接输入，有的需要单击 选择(E)... 按钮进行选择。单击 添加到列表(L): 按钮，可将定义的过滤器添加至上方的列表框中显示。 添加选定对象 < 按钮用于将指定

对象的特性添加到过滤器列表中。

编辑项目(I)、删除(D)和清除列表(C)这 3 个按钮用于对上部列表框中的过滤条件进行编辑、删除和清除操作。

“命名过滤器”选项组用于保存和删除过滤器。

在使用“对象选择过滤器”定义过滤器时，过滤的对象类型、对象参数及关系运算语句均在“对象选择过滤器”下拉列表框中。一般是先添加对象类型，然后再添加对象参数和关系运算语句。关系运算语句要成对使用，将运算对象置于“开始运算符”与“结束运算符”的中间，例如，以下过滤器选择了除半径大于或等于 1.0 之外的所有圆：

```
对象=圆
**开始 NOT
圆半径>= 1.00
**结束 NOT
```

3.2 夹点编辑模式

AutoCAD 2012 为每个图形对象均设置了夹点。夹点是一些实心的小方框，在无命令的状态下选择对象时，对象关键点上将出现夹点，如图 3-6 所示。需要注意的是，锁定图层上的对象不显示夹点。夹点编辑模式是一种方便快捷的编辑操作途径，可以拖动这些夹点，从而快速拉伸、移动、旋转、缩放或镜像对象。

图 3-6　显示对象上的夹点

要进入夹点编辑模式，只须在无命令的状态下，鼠标光标为┼时选择对象，将显示其夹点，然后在任意一个夹点上单击即可，此时命令行提示如下：

```
** 拉伸 **
指定拉伸点或 [基点(B)/复制(C)/放弃(U)/退出(X)]:
```

命令行的提示信息表明已进入夹点编辑模式。“** 拉伸 **”表示此时的夹点模式为拉伸模式。一共有 5 种夹点编辑模式，分别为“拉伸”、“移动”、“旋转”、“比例缩放”和“镜像”，按 Enter 或 Space 键可在这 5 种模式之间循环切换。

选择菜单栏“工具”→“选项”命令，在弹出的“选项”对话框中切换到“选择集”选项卡，可设置夹点的样式，包括颜色、大小等。

3.2.1 拉伸对象 

拉伸操作指的是将长度拉长，如直线的长度、圆的半径等。在夹点编辑模式下，是通过移动夹点位置来拉伸对象的。

在无命令的状态下选择对象，单击其夹点即可进入夹点拉伸模式，AutoCAD 2012 自动将被单击的夹点作为拉伸基点。此时命令行提示如下：

```
** 拉伸 **
指定拉伸点或 [基点（B）/复制（C）/放弃（U）/退出（X）]:
```

此时可通过鼠标移动或在命令行输入数值指定拉伸点，该夹点就会移动到拉伸点的位置。对于一般的对象，随着夹点的移动，对象会被拉伸；对于文字、块参照、直线中点、圆心和点对象，夹点将移动对象而不是拉伸对象，这是移动块参照和调整标注位置的好方法。中括号里的其他选项的含义如下。

- 基点（B）：重新指定拉伸的基点。
- 复制（C）：选择该选项后，将在拉伸点位置复制对象，被拉伸的原对象将不会删除。
- 放弃（U）：取消上一次的操作。
- 退出（X）：退出夹点编辑模式。

3.2.2 移动对象

移动是指对象位置的平移，而对象的方向和大小均不改变。在夹点编辑模式下，可通过移动夹点位置来移动对象。

单击夹点进入夹点编辑模式后，按 Enter 或 Space 键切换编辑模式至移动模式，或者在命令行下直接输入 mo 进入移动模式，AutoCAD 2012 自动将被单击的夹点作为移动基点。此时命令行提示如下：

```
** 移动 **
指定移动点或 [基点（B）/复制（C）/放弃（U）/退出（X）]:
```

通过鼠标拾取或输入移动点的坐标指定移动点后，可将对象移动到指定点。

3.2.3 旋转对象 

旋转对象是指对象绕基点旋转指定的角度。单击夹点进入夹点编辑模式后，按 Enter 或 Space 键切换编辑模式至旋转模式，或者在命令行下直接输入 ro 进入旋转模式，AutoCAD 2012 自动将被单击的夹点作为旋转基点。此时命令行提示如下：

```
** 旋转 **
指定旋转角度或 [基点（B）/复制（C）/放弃（U）/参照（R）/退出（X）]:
```

在某个位置上单击鼠标，即表示指定旋转角度为该位置与 X 轴正方向的角度，也可通过输入角度值来指定旋转的角度。选择“参照（R）”选项，可指定旋转的参照角度。

3.2.4　比例缩放对象

比例缩放是指对象的大小按指定比例进行扩大或缩小。单击夹点进入夹点编辑模式后，按 Enter 或 Space 键切换编辑模式至比例缩放模式，或者在命令行下直接输入 sc 进入比例缩放模式，AutoCAD 2012 自动将被单击的夹点作为比例缩放基点。此时命令行提示如下：

```
** 比例缩放 **
指定比例因子或 [基点（B）/复制（C）/放弃（U）/参照（R）/退出（X）]:
```

输入比例因子，即可完成对象基于基点的缩放操作。比例因子大于 1 表示放大对象，小于 1 表示缩小对象。

3.2.5　镜像对象

镜像对象是指对象沿着镜像线进行轴对称操作。单击夹点进入夹点编辑模式后，按 Enter 或 Space 键切换编辑模式至镜像模式，或者在命令行下直接输入 mi 进入镜像模式，AutoCAD 2012 自动将被单击的夹点作为镜像基点。此时命令行提示如下：

```
** 镜像 **
指定第二点或 [基点（B）/复制（C）/放弃（U）/退出（X）]:
```

此时指定的第二点与镜像基点构成镜像线，对象将以镜像线为对称轴进行镜像操作并删除原对象。

在使用夹点进行“移动”、“旋转”、“比例缩放”和“镜像”操作时，在命令行中输入 c 或者按住 Ctrl 键，可使编辑操作完成后不删除原对象。

3.2.6　夹点编辑实例

图 3-7（a）为编辑前的图形，图形包括一个圆和圆上的一个棘齿，使用夹点将其编辑成如图 3-7（b）所示的图形。编辑可分为 3 个大的步骤：先将图形放大 2 倍；然后旋转并复制棘轮；再对旋转后的棘轮进行镜像。

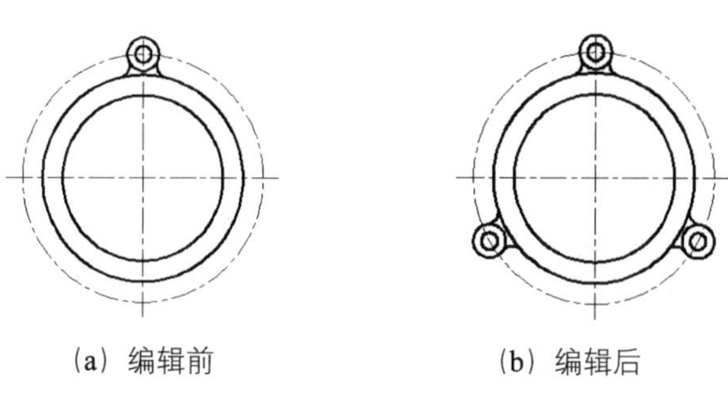

（a）编辑前　　（b）编辑后

图 3-7　使用夹点编辑图形实例

具体操作如下：

01 选择圆和棘轮，显示它们的夹点。单击圆的圆心进入夹点编辑模式。

02 在命令行输入 sc 进入比例缩放模式。

03 在命令行提示“指定比例因子或 [基点（B）/复制（C）/放弃（U）/参照（R）/退出（X）]:”下，输入 2，然后按 Enter 键完成放大操作。

04 选择棘轮，单击其中的一个夹点进入夹点编辑模式，输入 ro 进入旋转模式。

05 在命令行提示“指定旋转角度或 [基点（B）/复制（C）/放弃（U）/参照（R）/退出（X）]:”下，输入 b 选择基点。

06 在命令行提示“指定基点:”时，鼠标拾取圆的圆心。

07 命令行回到提示“指定旋转角度或 [基点（B）/复制（C）/放弃（U）/参照（R）/退出（X）]:”，此时输入 c，然后按 Enter 键。

08 命令行回到提示“指定旋转角度或 [基点（B）/复制（C）/放弃（U）/参照（R）/退出（X）]:”，此时输入 120，按 Enter 键完成旋转操作，或者将光标置于 120°的方向上，单击指定旋转角度为 120°，此时原棘轮仍然保留，如图 3-8 所示。

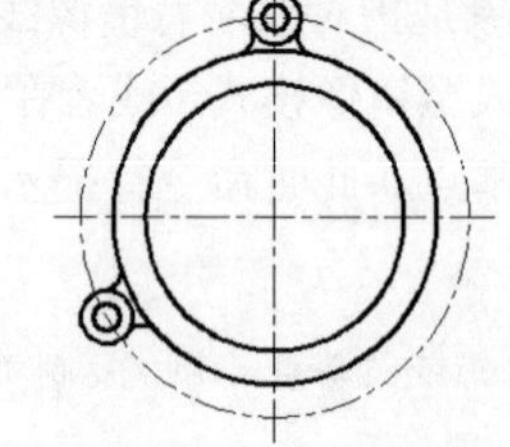

图 3-8　通过夹点旋转对象的操作过程

09 旋转上一步骤生成的新棘轮，在其任意一个夹点上单击，进入夹点编辑模式。

10 在命令行输入 mi 进入镜像模式。

11 在命令行提示“指定第二点或 [基点（B）/复制（C）/放弃（U）/退出（X）]:”下，输入 b 选择基点。

12 在命令行提示“指定基点:”时，鼠标拾取圆的圆心。

13 命令行回到提示“指定第二点或 [基点（B）/复制（C）/放弃（U）/退出（X）]:”，此时用鼠标拾取圆心正下方的 A 点，然后在按住 Ctrl 键的同时单击鼠标左键，完成镜像复制操作，如图 3-9 所示。注意拾取 A 点之前要按下状态栏中的“对象捕捉”按钮与“对象捕捉追踪”按钮。

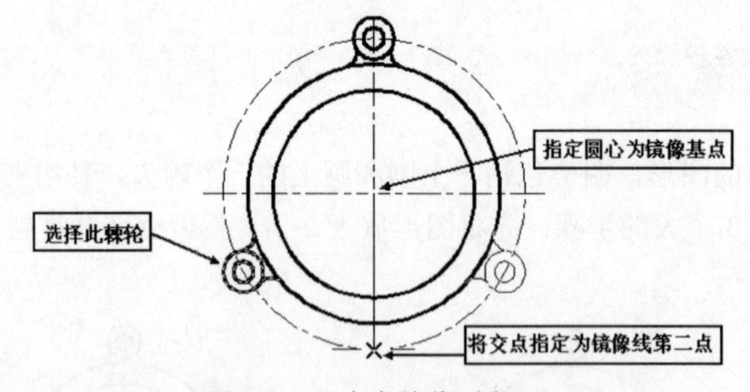

图 3-9　用夹点镜像对象

3.3 删除、移动、旋转和对齐对象

上节主要讲述了如何选择对象及如何利用夹点进行编辑，接下来主要讲述如何利用“修改”菜单和“修

改”工具栏的编辑命令来编辑图形。

3.3.1 删除对象

删除操作可将对象从图形中清除。AutoCAD 2012 中删除对象的方法有以下 4 种。

- 功能区：单击“常用”选项卡→“修改”面板→“删除”按钮。
- 经典模式：选择菜单栏“修改”→“删除”命令。
- 经典模式：单击“修改”工具栏的“删除”按钮。
- 运行命令：ERASE。

执行“删除”命令后，命令行提示“选择对象:”，此时选择要删除的对象后按 Enter 键，删除已选择的对象。

在使用“删除”命令的时候，要注意以下 3 点。

- 比“删除”命令更快捷的删除操作是选择对象后按 Delete 键。
- 运行 UNDO 命令可恢复上一次的操作，包括所有的操作。
- 运行 OOPS 命令可恢复由上一个 ERASE 命令删除的对象。

3.3.2 移动对象

移动对象是指对象位置的移动，而方向和大小不改变。AutoCAD 2012 可以将原对象以指定的角度和方向移动，配合坐标、栅格捕捉、对象捕捉和其他工具，可以精确移动对象。

在 AutoCAD 2012 中移动对象的方法有以下 4 种。

- 功能区：单击“常用”选项卡→“修改”面板→“移动”按钮。
- 经典模式：选择菜单栏“修改”→“移动”命令。
- 经典模式：单击“修改”工具栏的“移动”按钮。
- 运行命令：MOVE。

执行移动操作后，命令行提示“选择对象:”，此时选择要移动的对象后按 Enter 键，随后命令行提示如下：

```
指定基点或 [位移（D）] <位移>:
```

可通过基点方式或位移方式移动对象，默认为“指定基点”。此时可用鼠标单击绘图区的某一点，即指定为移动对象的基点。基点可在被移动的对象上，也可不在对象上，坐标中的任意一点均可作为基点。指定基点后，命令行继续提示：

```
指定第二个点或<使用第一个点作为位移>:
```

此时可指定移动对象的第二个点，该点与基点共同定义了一个矢量，指示了选定对象要移动的距离和方向。指定该点后，将在绘图区显示基点与第二点之间的连线，表示位移矢量，如图 3-10 所示。

如果在命令行提示“指定基点或 [位移（D）] <位移>:”时不指定基点，而是直接按 Enter 键选择“位移（D）”选项，那么命令行将提示“指定位移<0.0000, 0.0000, 0.0000>:”，输入的坐标值将指定相对距离

和方向。

虽然这里指的是一个相对位移，但在输入相对坐标时，无须像通常情况下那样包含@标记，因为这里的相对坐标是假设的。

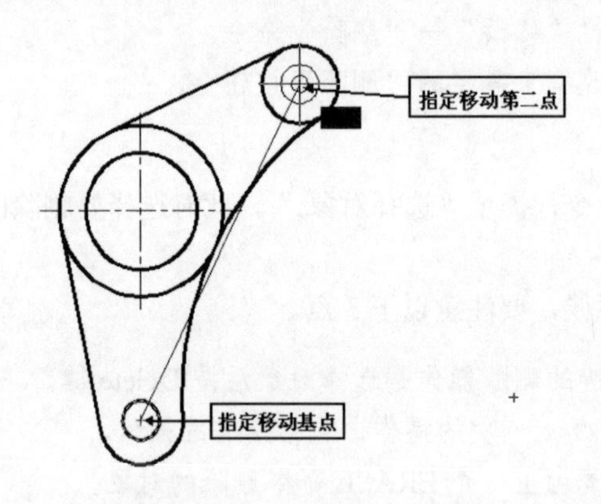

图 3-10 移动对象

3.3.3 旋转对象

旋转对象是指对象绕基点旋转指定的角度。

在 AutoCAD 2012 中旋转对象的方法有以下 4 种。

- 功能区：单击“常用”选项卡→“修改”面板→“旋转”按钮。
- 经典模式：选择菜单栏“修改”→“旋转”命令。
- 经典模式：单击“修改”工具栏的“旋转”按钮。
- 运行命令：ROTATE。

执行旋转操作后，命令行提示“选择对象:”，选择要移动的对象后按 Enter 键，随后命令行提示如下：

```
指定基点:
```

此时指定对象旋转的基点，即对象旋转时所围绕的中心点，可用鼠标拾取绘图区上的点，也可输入坐标值指定点。指定基点后，命令行继续提示：

```
指定旋转角度，或 [复制（C）/参照（R）] <0>:
```

此时可以用鼠标在某角度方向上单击，以指定角度，或输入角度值指定角度。注意用鼠标单击指定的角度是该点与基点之间的连线与 X 轴正方向的夹角，其过程如图 3-11 所示。

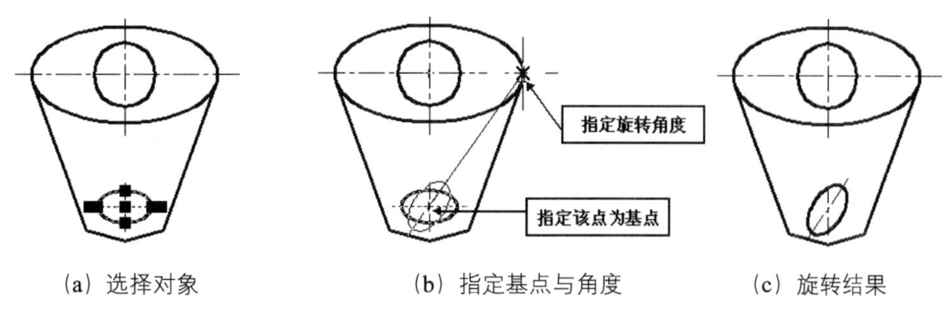

（a）选择对象　　（b）指定基点与角度　　（c）旋转结果

图 3-11　旋转对象

其他选项的功能说明如下。

- 复制（C）：用于创建要旋转对象的副本，旋转后原对象不会被删除。
- 参照（R）：用于将对象从指定的角度旋转到新的绝对角度。

下面将通过实例进行说明，即将对象旋转回编辑前的角度。

01 单击“修改”工具栏的“旋转”按钮，命令行提示“选择对象：”。

02 选择要旋转的图形后按 Enter 键。

03 在命令行提示“指定基点:”时，用鼠标拾取 A 点，指定其为旋转基点。

04 命令行继续提示“指定旋转角度，或[复制（C）/参照（R）] <0>:”，此时输入 r，然后按 Enter 键。

05 命令行继续提示“指定参照角<0>:”，此时鼠标依次单击 A 点和 B 点。命令行提示“指定新角度或 [点（P）] <0>:”，输入 0 后按 Enter 键或者在 X 轴正方向上任意一点单击，可将对象按照 A、B 两点间的直线旋转到 0º 方向。旋转过程如图 3-12 所示。

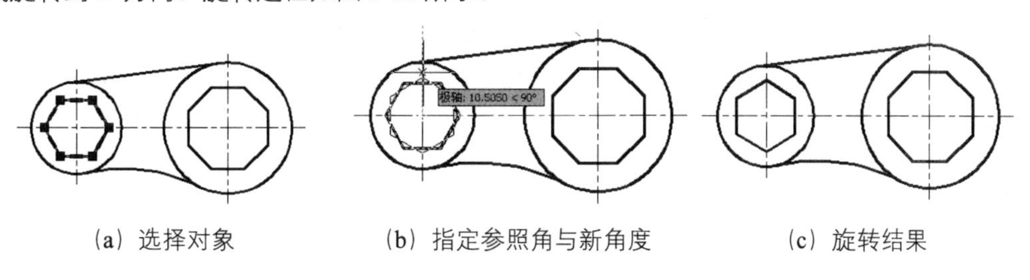

（a）选择对象　　（b）指定参照角与新角度　　（c）旋转结果

图 3-12　按参照角度旋转对象

3.3.4　对齐对象

对齐操作用于将对象与另一个对象对齐，包括线与线之间的对齐及面与面之间的对齐。对齐操作实际上是集成了移动、旋转和缩放等操作。AutoCAD 2012 是通过指定一对或多对源点和目标点来实现对象间的对齐。

在 AutoCAD 2012 中对齐对象的方法有以下 2 种。

- 经典模式：选择菜单栏“修改”→“三维操作”→“对齐”命令。
- 运行命令：ALIGN。

执行对齐操作后，命令行提示“选择对象:”，此时选择要对齐的对象后按 Enter 键完成对象选择，随后命令行依次提示：

```
指定第一个源点:
指定第一个目标点:
指定第二个源点:
指定第二个目标点:
指定第三个源点或<继续>:
指定第三个目标点:
```

如果只须通过一对源点和目标点对齐对象，如图 3-13 所示，可在命令行提示“指定第一个源点:”时指定 A 点，在提示“指定第一个目标点:”时指定 B 点，在命令行提示“指定第二个源点:”时按 Enter 键，这时对象将在二维或三维空间中从源点移动到目标点。

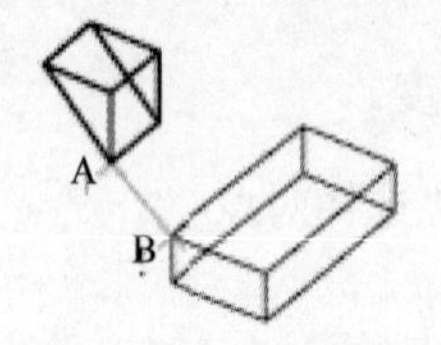

(a) 指定一对源点和目标点

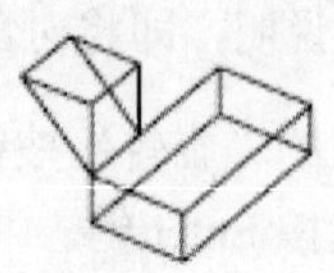

(b) 对齐结果

图 3-13　使用一对源点和目标点对齐对象

如果通过两对源点和目标点对齐对象，如图 3-14 所示，可依次指定 A、B、C、D 四点作为两对源点和目标点。在提示“指定第三个源点或<继续>:”时按 Enter 键，此时命令行提示“是否基于对齐点缩放对象？[是（Y）/否（N）] <否>:”，如选择“是（Y）”则表示在对齐时将根据两个源点的距离和两个目标点的距离的比例来缩放对象，使得源点和目标点重合，如图 3-14（c）所示。由此可见，对齐操作同时包含有移动、旋转和缩放操作。如果选择“否（N）”，将不进行缩放操作。

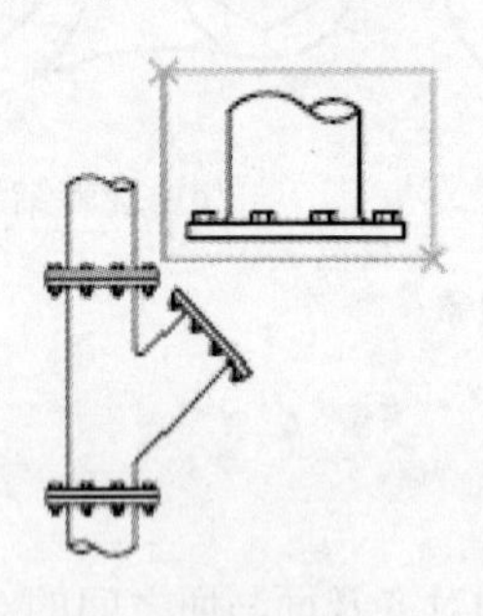

(a) 选择对象

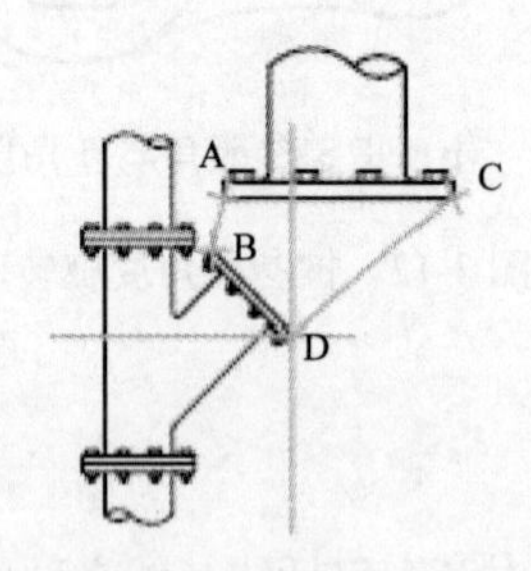

(b) 指定两对源点和目标点

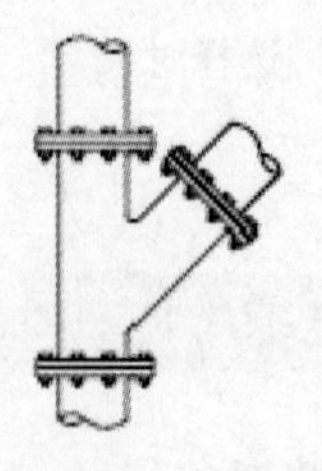

(c) 对齐结果

图 3-14　使用两对源点和目标点对齐对象

3.4 复制、镜像、阵列和偏移对象

在 AutoCAD 2012 中，复制、镜像、阵列和偏移操作用来创建与原对象相同的副本。

3.4.1 复制对象

复制操作可以将原对象以指定的角度和方向创建对象的副本，配合坐标、栅格捕捉、对象捕捉和其他工具，可以精确复制对象。

在 AutoCAD 2012 中复制对象的方法有以下 4 种。

- 功能区：单击“常用”选项卡→“修改”面板→“复制”按钮。
- 经典模式：选择菜单栏“修改”→“复制”命令。
- 经典模式：单击“修改”工具栏的“复制”按钮。
- 运行命令：COPY。

执行复制操作后，命令行提示“选择对象:”，此时选择要复制的对象后按 Enter 键，随后命令行提示：

```
当前设置： 复制模式 = 多个
指定基点或 [位移（D）/模式（O）] <位移>:
```

该提示信息的第一行显示了复制操作的当前模式为“多个”。复制的操作过程与移动的操作过程完全一致，也是通过指定基点和第二个点来确定复制对象的位移矢量。同样，也可通过鼠标拾取或输入坐标值来指定复制的基点，随后命令行将提示“指定第二个点或<使用第一个点作为位移>:”，这与移动操作的过程完全相同，区别只是在复制过程中原来的对象不会被删除，而是创建一个对象副本到指定的第二点位置。默认情况下，copy 命令将自动重复，指定第二个点之后命令行重复提示“指定第二个点或<使用第一个点作为位移>:”，若要退出该命令，可按 Enter 或 Esc 键。其操作过程如图 3-15 所示，在六边形的 3 个顶点处创建了圆的 3 个副本。

(a) 选择对象

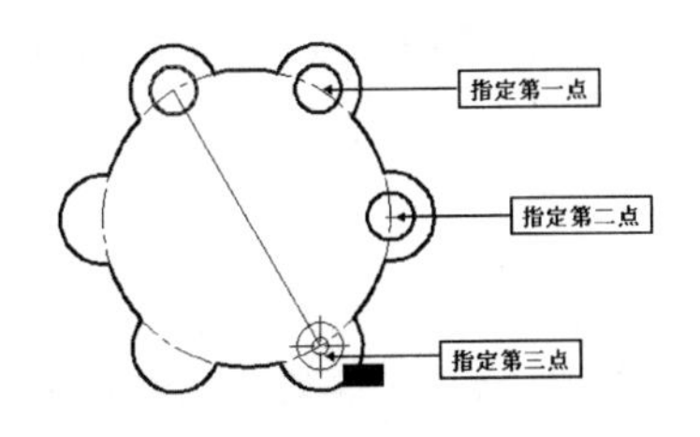

(b) 指定基点和第二点

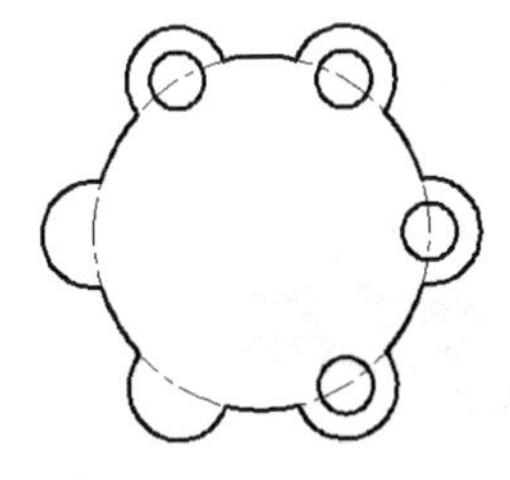

(c) 复制结果

图 3-15　复制对象

其他两个选项的功能说明如下。

- 位移（D）：与移动操作中的“位移（D）”选项功能相同，可用坐标值指定复制的位移矢量。
- 模式（O）：用于控制是否自动重复该命令。选择该选项后，命令行将提示“输入复制模式选项

[单个（S）/多个（M）] <多个>:”，默认模式为“多个（M）”，即自动重复复制操作。若输入s，即选择“单个（S）”选项，则执行一次复制操作只创建一个对象副本。

AutoCAD 小提示

“修改”菜单的“复制”命令与“编辑”菜单的“复制”命令的区别是：“编辑”菜单的“复制”命令是将对象复制到系统剪贴板，当另一个应用程序要使用对象时，可将其从剪贴板粘贴。例如，可将选择的对象粘贴到 Microsoft Word 或另外一个 AutoCAD 2012 图形文件中。

3.4.2 镜像对象

镜像操作用于将对象绕指定轴（镜像线）翻转并创建对称的镜像图像。镜像对绘制对称的图形非常有用，可以先绘制半个图形，然后将其镜像，而不必绘制整个图形。AutoCAD 2012 通过指定临时镜像线来镜像对象，镜像时可以选择删除原对象还是保留原对象。

在 AutoCAD 2012 中镜像对象的方法有以下 4 种。

- 功能区：单击“常用”选项卡→“修改”面板→“镜像”按钮。
- 经典模式：选择菜单栏“修改”→“镜像”命令。
- 经典模式：单击“修改”工具栏的“镜像”按钮。
- 运行命令：MIRROR。

执行镜像操作后，命令行提示“选择对象:”，选择要镜像的对象后按 Enter 键，随后命令行依次提示：

```
指定镜像线的第一点:
指定镜像线的第二点:
```

此时可根据命令行的提示依次指定镜像线上的两点以确定镜像线，随后命令行提示如下：

```
要删除源对象吗？[是（Y）/否（N）] <N>:
```

此时可选择是否删除被镜像的源对象。若选择“是（Y）”，则将镜像的图像放置到图形中并删除原始对象；若选择“否（N）”，则将镜像的图像放置到图形中并保留原始对象。

镜像操作过程如图 3-16 所示。

AutoCAD 小提示

默认情况下，镜像文字对象时，不会更改文字的方向。如果确实要反转文字，请将 mirrtext 系统变量设置为 1。

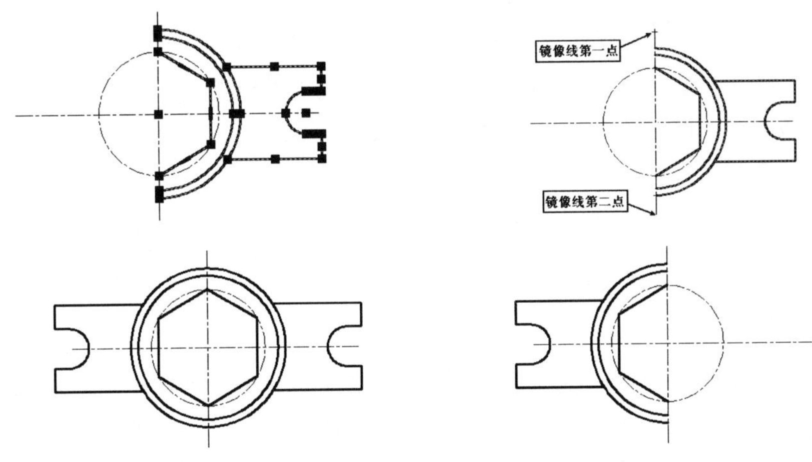

图 3-16　镜像对象

3.4.3　阵列对象

1. 矩形阵列

矩形阵列是按照矩形排列方式创建多个对象的副本。AutoCAD 2012 中矩形阵列对象的方法有以下 4 种。

- 功能区：单击“常用”选项卡→“修改”面板→“阵列”下拉列表→“矩形阵列”按钮。
- 经典模式：选择菜单栏“修改”→“阵列”→“矩形阵列”命令。
- 经典模式：单击“修改”工具栏的“阵列”下拉列表→“矩形阵列”按钮。
- 运行命令：ARRAYRECT。

执行矩形阵列操作后，命令行提示“选择对象:”，此时选择要移动的对象后按 Enter 键，随后命令行提示：

```
为项目数指定对角点或 [基点(B)/角度(A)/计数(C)] <计数>:
```

此时默认情况是“为项目数指定对角点”，该选项即表示指定矩形阵列的数目。其他各选项的含义如下。

- 基点（B）：用于指定矩形阵列的基点。
- 角度（A）：用于指定行轴的旋转角度，如图 3-17 所示。行和列轴保持相互正交。对于关联阵列，可以稍后编辑各个行和列的角度。
- 计数（C）：用于指定行和列的值。

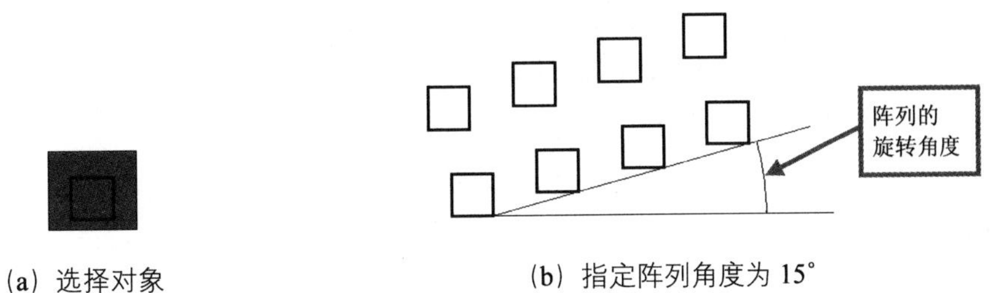

(a) 选择对象　　(b) 指定阵列角度为 15°

图 3-17　阵列的旋转角度

指定第一个对角点以后，命令行将提示：

```
指定对角点以间隔项目或 [间距(S)] <间距>:
```

此时的提示默认为“指定另一个对角点”，即用鼠标拾取或坐标指定矩形的另一个对角点，以完成间距的确定，或者输入间距，按 Enter 键即可完成间距的设置。

指定间距后，命令行将提示：

```
按 Enter 键接受或 [关联(AS)/基点(B)/行(R)/列(C)/层(L)/退出(X)] <退出>:
```

按 Enter 键完成矩形阵列操作。也可以根据不同的需要选择中括号里的选项来定义矩形阵列，如图 3-18 所示，其选项的含义如下。

- 关联（AS）：指定是否在阵列中创建项目作为关联阵列对象，或作为独立对象。输入 AS 后按下 Enter 键，命令行提示“创建关联阵列 [是(Y)/否(N)] <是>:”，选项的含义如下。
  - 是（Y）：包含单个阵列对象中的阵列项目，类似于块，使得可以通过编辑阵列的特性和源对象来快速传递修改。
  - 否（N）：创建阵列项目作为独立对象。更改一个项目不影响其他项目。
- 基点（B）：编辑阵列的基点。
- 行（R）：编辑阵列中的行数和行间距，以及它们之间的增量标高。输入 R 后按 Enter 键，命令行提示“输入行数或[表达式(E)]<2>: “；指定行数后，命令行提示”指定行数之间的距离或[总计(T)/表达式(E)] <-93.4754>: “；指定行间距后，命令行提示”指定行数之间的标高增量或[表达式(E)]<0>: “；指定增量后，完成阵列行数和间距的编辑。各选项的含义如下。
  - 表达式（E）：使用数学公式或方程式获取值。
  - 总计（T）：设置第一行和最后一行之间的总距离。
- 列（C）：编辑列数和列间距。输入 C 后按 Enter 键，命令行提示“输入列数或[表达式(E)]<2>: “；指定列数后，命令行提示”指定列数之间的距离或 [总计(T)/表达式(E)] <304>: “；指定列间距后，命令行提示”指定列数之间的标高增量或 [表达式(E)] <0>: “；指定增量后完成列数和列间距的编辑。
- 层（L）：可以指定层数和层间距。输入 L 后按 Enter 键，命令行提示“输入层数或 [表达式(E)] <1>:”；指定层数后，命令行提示“指定层之间的距离或 [总计(T)/表达式(E)] <1>:”。

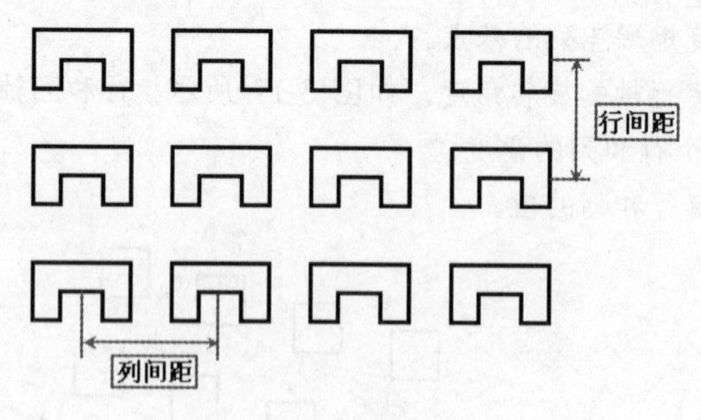

图 3-18 矩形阵列

2．路径阵列

路径阵列是沿路径或部分路径均匀创建对象副本。在 AutoCAD 2012 中路径阵列对象的方法有以下 4 种。

- 功能区：单击“常用”选项卡→“修改”面板→“阵列”下拉列表→“路径阵列”按钮。
- 经典模式：选择菜单栏“修改”→“阵列”→“路径阵列”命令。
- 经典模式：单击“修改”工具栏的“阵列”下拉列表→“路径阵列”按钮。
- 运行命令：ARRAYPATH。

执行路径阵列操作后，命令行提示“选择对象：”，此时选择要移动的对象后按 Enter 键，随后命令行提示：

```
选择路径曲线：
```

此时选择阵列路径后，命令行提示：

```
输入沿路径的项数或 [方向(O)/表达式(E)] <方向>:
```

阵列路径可以是直线、多段线、三维多段线、样条曲线、螺旋、圆弧、圆或椭圆。

此时的提示默认为“输入沿路径的项数”，输入阵列数量，按 Enter 键即可完成阵列项目数的设置。其选项含义如下。

- 方向（O）：控制选定对象是否将相对于路径的起始方向重定向（旋转），然后再移动到路径的起点。输入 O，按下 Enter 键，命令行提示“指定基点或 [关键点(K)] <路径曲线的终点>:”；选择基点或者输入 K，按下 Enter 键，命令行提示“指定源对象上的关键点作为基点:”；选择如图 3-19 所示的关键点后，系统弹出如图 3-20 所示的“选择集”对话框，选择“阵列（路径）”选项后，命令行提示“指定与路径一致的方向或 [两点(2P)/法线(NOR)] <当前>:”；指定另一点定义方向。也可以选择两点或者法线定义阵列项数方向。其他选项的含义如下。
  - 两点（2P）：指定两个点来定义与路径的起始方向一致的方向。
  - 法线（NOP）：对象对齐垂直于路径的起始方向。
- 表达式（E）：使用数学公式或方程式获取值，指定阵列项数。

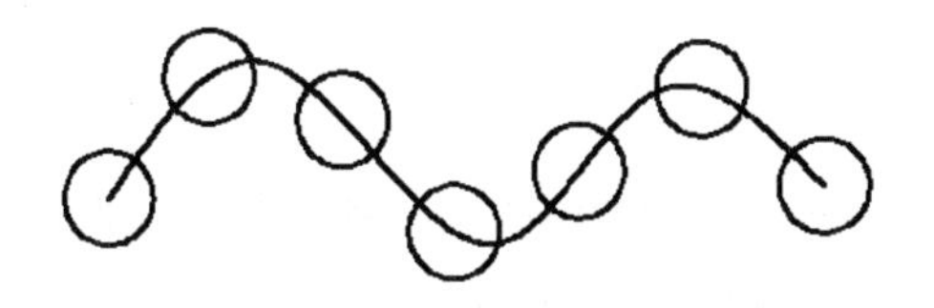

图 3-19　选择源对象上的关键点

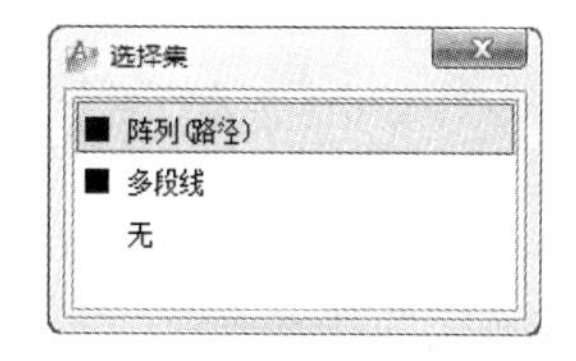

图 3-20　“选择集”对话框

指定项数后，命令行将提示：

```
指定沿路径的项目之间的距离或 [定数等分(D)/总距离(T)/表达式(E)] <沿路径平均定数等分(D)>:
```

此时的提示默认为“指定沿路径的项目之间的距离”，输入项目之间的距离，按下 Enter 键完成间距的设置。也可以根据不同的需要选择其他选项来定义阵列间距，其选项的含义如下。

- 定数等分（D）：沿整个路径长度平均定数等分项目。
- 总距离（T）：指定第一个和最后一个项目之间的总距离。

指定沿路径项目之间的距离之后，命令行提示如下：

```
按 Enter 键接受或 [关联(AS)/基点(B)/项目(I)/行(R)/层(L)/对齐项目(A)/Z 方向(Z)/退出(X)] <退出>:
```

此时的提示默认为“按 Enter 键接受”，按下 Enter 键，完成路径阵列的操作。也可以根据需要选择其他选项来定义阵列参数，其他选项的含义如下。

- 关联（AS）：指定是否在阵列中创建项目作为关联阵列对象，或作为独立对象。
- 基点（B）：编辑阵列的基点。
- 项目（I）：编辑阵列中的项目数。
- 行（R）：指定阵列中的行数和行间距，以及它们之间的增量标高。
- 层（L）：指定阵列中的层数和层间距。
- 对齐项目（A）：指定是否对齐每个项目以及与路径的方向相切，对齐相对于第一个项目的方向。

“对齐”选项用于控制是否保持起始方向还是继续沿着相对于起始方向的路径重定向项目。

- Z 方向（Z）：控制是否保持项目的原始 Z 方向或沿三维路径自然倾斜项目。

3. 环形阵列

环形阵列是通过指定环形阵列的中心点、阵列数量和填充角度等来创建对象副本。在 AutoCAD 2012 中环形阵列对象的方法有以下 4 种。

- 功能区：单击“常用”选项卡→“修改”面板→“阵列”下拉列表→“环形阵列”按钮。
- 经典模式：选择菜单栏“修改”→“阵列”→“环形阵列”命令。
- 经典模式：单击“修改”工具栏的“阵列”下拉列表→“环形阵列”按钮。
- 运行命令：ARRAYPOLAR。

执行环形阵列操作后，命令行提示“选择对象：”，此时选择要移动的对象后按 Enter 键，随后命令行提示如下：

```
指定阵列的中心点或 [基点(B)/旋转轴(A)]:
```

此时的提示默认为“指定阵列的中心点”，选择环形阵列的中心点，完成环形阵列中心的定义。也可以根据需要指定阵列的基点或者自定义旋转轴，其他选项的含义如下。

- 基点（B）：指定阵列的基点。对于关联阵列，在源对象上指定有效的约束（或关键点）以用作基点。如果编辑生成的阵列的源对象，阵列的基点将保持与源对象的关键点重合。
- 旋转轴（A）：指定由两个指定点定义的自定义旋转轴。

选择中心点后，命令行提示如下。

```
输入项目数或 [项目间角度(A)/表达式(E)] <4>:
```

此时的提示默认为“输入项目数”，输入阵列项目数后，按 Enter 键完成项目数的设定。也可以根据需要定义项目间的夹角，如图 3-21 所示，或者使用数学公式或方程式来获取值。

指定项目数后，命令行提示如下：

```
指定填充角度(+=逆时针、-=顺时针)或[表达式(EX)] <360>:
```

此时的提示默认为“指定填充角度(+=逆时针、-=顺时针)”，输入填充角度（正数表示逆时针填充；负数表示顺时针填充），按下 Enter 键，完成填充角度的设置，效果如图 3-22 所示，或者使用数学公式或方程式获取值。

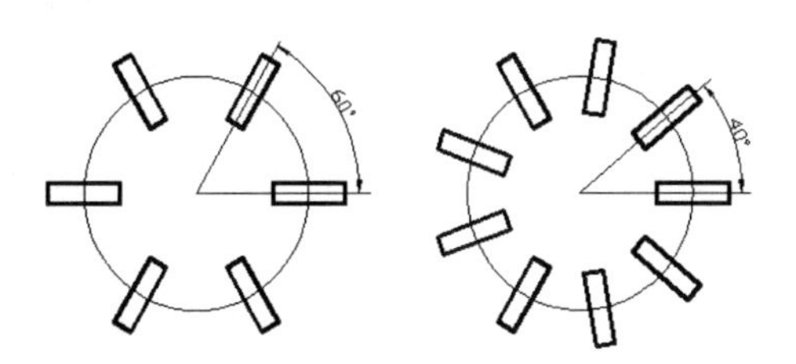

图 3-21　设置环形阵列的项目间角度

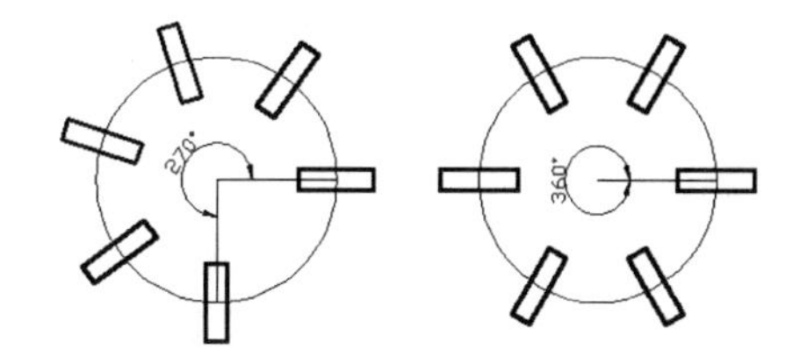

图 3-22　设置环形阵列的填充角度

命令行提示如下：

```
按 Enter 键接受或 [关联(AS)/基点(B)/项目(I)/项目间角度(A)/填充角度(F)/行(ROW)/层(L)
/旋转项目(ROT)/退出(X)]
```

此时的提示默认为“按 Enter 键接受”，按下 Enter 键完成环形阵列的创建。也可以根据需要选择其他选项来编辑环形阵列参数，其他选项的含义如下。

- 关联（AS）：指定是否在阵列中创建项目作为关联阵列对象，或作为独立对象。
- 基点（B）：编辑阵列的基点。
- 项目（I）：编辑阵列中的项目数。
- 项目间角度（I）：编辑项目之间的角度。
- 填充角度（F）：编辑阵列中第一个和最后一个项目之间的角度。
- 行（ROW）：编辑阵列中的行数和行间距，以及它们之间的增量标高。
- 层（L）：编辑阵列中的层数和层间距。
- 旋转项目（ROT）：控制在排列项目时是否旋转项目，效果如图 3-23 所示。

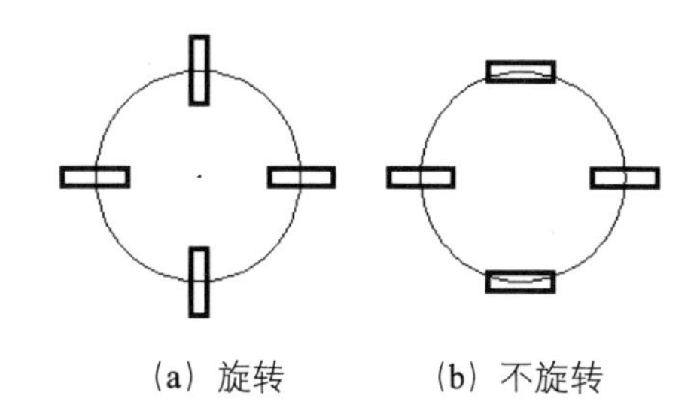

(a) 旋转　　(b) 不旋转

图 3-23　阵列时旋转项目

3.4.4　偏移对象

偏移用于创建其造型与原始对象造型平行的新对象，可以用“偏移”命令来创建同心圆、平行线和平行曲线等。

在 AutoCAD 2012 中偏移对象的方法有以下 4 种。

- 功能区：单击“常用”选项卡→“修改”面板→“偏移”按钮。
- 经典模式：选择菜单栏“修改”→“偏移”命令。
- 经典模式：单击“修改”工具栏的“偏移”按钮。

● 运行命令：OFFSET。

执行偏移操作后，命令行提示如下：

```
当前设置：删除源=否图层=源 OFFSETGAPTYPE=0
指定偏移距离或 [通过（T）/删除（E）/图层（L）] <1.0000>:
```

该信息的第一行显示了当前的偏移设置为“不删除偏移源、偏移后的对象仍在原图层，OFFSETGAPTYPE 系统变量的值为 0”。第二行提示如何进行下一步操作，此时可指定偏移距离或选择括号里的选项。

“指定偏移距离”用于指定偏移后的对象与现有对象的距离。输入距离的数值后，命令行将继续提示“选择要偏移的对象，或 [退出（E）/放弃（U）] <退出>:”，此时可选择要偏移的对象，按 Enter 键或右击鼠标，从而完成选择。偏移操作只允许一次选择一个对象，但是偏移操作会自动重复，可以偏移一个对象后再选择另一个对象。选择偏移对象后，命令行继续提示“指定要偏移的那一侧上的点，或 [退出（E）/多个（M）/放弃（U）] <退出>:”，此时在对象一侧的任意一点单击即可完成偏移操作，偏移距离如图 3-24 所示。

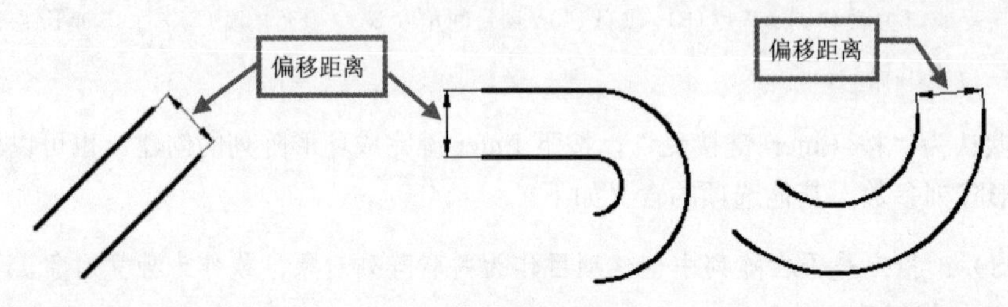

图 3-24 偏移距离

其他选项的含义如下。

● 通过（T）：通过指定通过点来偏移对象。选择该选项后，命令行将提示“选择要偏移的对象，或 [退出（E）/放弃（U）] <退出>:”，选择对象后将提示“指定通过点或 [退出（E）/多个（M）/放弃（U）] <退出>:”，此时可在要通过的点上单击，即可完成偏移操作。通过指定通过点偏移对象的操作过程如图 3-25 所示。

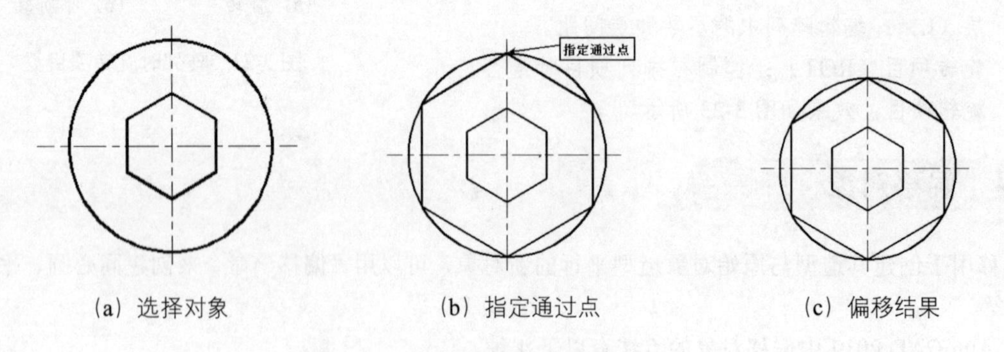

（a）选择对象　（b）指定通过点　（c）偏移结果

图 3-25 通过指定通过点偏移对象

● 删除（E）：用于设置是否在偏移源对象后将其删除。

● 图层（L）：用于设置将偏移对象创建在当前图层上还是源对象所在的图层上。

3.5 修改对象的形状和大小

前面几节介绍的编辑操作用于对象位置的平移或创建对象副本，编辑前后对象的形状和大小均未改变，本节介绍的 4 种编辑操作主要用于修改对象的形状和大小。缩放操作用于修改对象的大小；拉伸、修剪、延伸操作用于修改对象的形状。

3.5.1 缩放对象

在前面已经介绍了使用夹点进行比例缩放，本节将介绍使用“修改”菜单和“修改”工具栏的“缩放”命令对对象进行缩放操作。

在 AutoCAD 2012 中缩放对象的方法有以下 4 种。

- 功能区：单击“常用”选项卡→“修改”面板→“缩放”按钮。
- 经典模式：选择菜单栏“修改”→“缩放”命令。
- 经典模式：单击“修改”工具栏的“缩放”按钮。
- 运行命令：SCALE。

执行缩放操作后，命令行提示“选择对象:”，选择要缩放的对象后按 Enter 键，随后命令行提示：

```
指定基点:
```

此时指定缩放操作的基点，即选定对象的大小发生改变（从而远离静止基点）时位置保持不变的点。基点可以在选定对象上，也可不在选定对象上。指定基点后，命令行提示如下：

```
指定比例因子或 [复制 (C) /参照 (R) ] <1.0000>:
```

此时可指定缩放的比例因子，大于 1 表示放大，0～1 之间表示缩小。输入比例因子后按 Enter 键，即完成比例缩放操作。选择“复制（C）”选项，表示对象缩放后不删除原始对象，将创建要缩放的选定对象的副本；选择“参照（R）”选项，表示按参照长度和指定的新长度缩放所选对象，AutoCAD 2012 将根据参照长度与新长度的值自动计算比例因子。

下面将通过创建螺栓外径缩放实例来进行说明，即将图 3-26（a）中的轴外径缩放到 20mm，效果如图 3-26（b）所示。

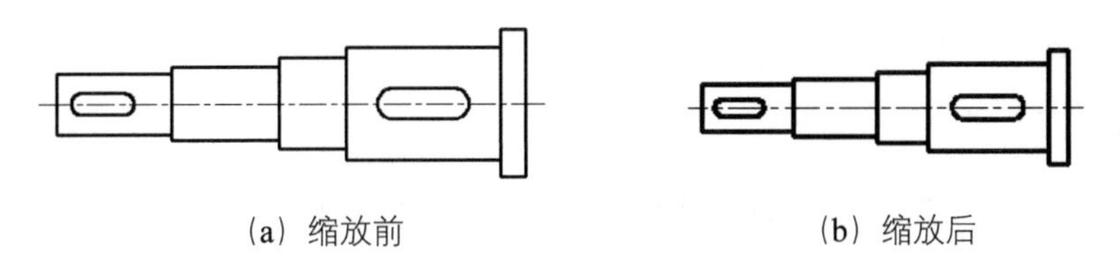

（a）缩放前　　（b）缩放后

图 3-26　参照缩放实例

01 单击“常用”选项卡→“修改”面板→“缩放”按钮。

02 命令行提示“选择对象:”，选择整个轴，然后用鼠标右击，以完成选择，如图 3-27（a）所示。

03 命令行继续提示“指定基点:”，此时单击轴上的 A 点作为缩放的基点，如图 3-27（b）所示。

04 命令行继续提示“指定比例因子或 [复制（C）/参照（R）] <1.0000>:”，输入 r，即选择“参照（R）”选项。

05 选择“参照（R）”选项后，命令行提示“指定参照长度<1.0000>:”。此时用鼠标拾取轴的 B 点，然后命令行提示“指定第二点:”，再拾取 C 点。B 点和 C 点之间的距离，即轴的外径参照长度，如图 3-27（c）所示。

06 命令行继续提示“指定新的长度或 [点（P）] <1.0000>:”，此时输入缩放后的尺寸 20，按 Enter 键，螺栓根据外径的缩放比例缩放成外径为 20mm 的轴。结果如图 3-26（b）所示。

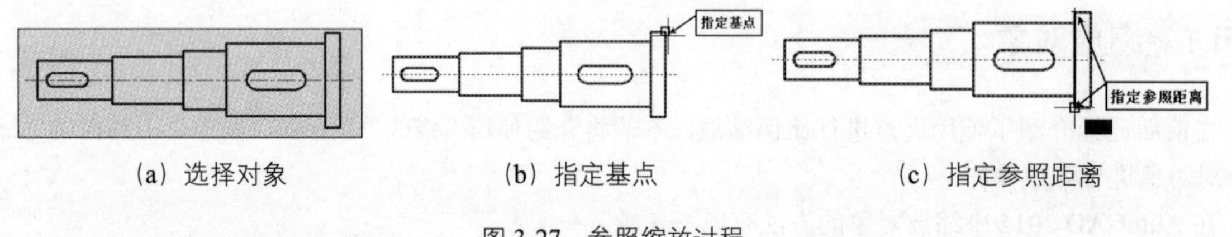

（a）选择对象　　（b）指定基点　　（c）指定参照距离

图 3-27　参照缩放过程

3.5.2　拉伸对象

拉伸操作用于重新定位交叉选择窗口部分的对象的端点。拉伸操作根据对象在选择窗口内状态的不同而进行不同的操作：被交叉窗口部分包围的对象将进行拉伸操作，对完全包含在交叉窗口中的对象或单独选定的对象进行移动操作而不是拉伸。

在 AutoCAD 2012 中，拉伸对象的方法有以下 4 种。

- 功能区：单击“常用”选项卡→“修改”面板→“拉伸”按钮。
- 经典模式：选择菜单栏“修改”→“拉伸”命令。
- 经典模式：单击“修改”工具栏的“拉伸”按钮。
- 运行命令：STRETCH。

执行拉伸操作后，命令行提示如下：

```
以交叉窗口或交叉多边形选择要拉伸的对象...
选择对象:
```

选择要拉伸的对象后按 Enter 键。注意此信息第一行的提示“以交叉窗口或交叉多边形选择”，如果以窗口形式选择或直接用鼠标单击选择，则意味着所选择的对象全部在选择窗口内，那么拉伸操作所执行的实际上是对所选对象的移动。选择要拉伸的对象后，命令行提示如下：

```
指定基点或 [位移（D）]:
```

此时指定拉伸的基点，随后命令行提示“指定第二个点或<使用第一个点作为位移>:”，指定拉伸的第二个点以完成对象从基点到第二个点之间的拉伸。

AutoCAD 小提示

拉伸仅移动位于交叉选择内的顶点和端点，不更改那些位于交叉选择外的顶点和端点。

下面将通过实例进行说明，如图 3-28 所示，操作步骤如下。

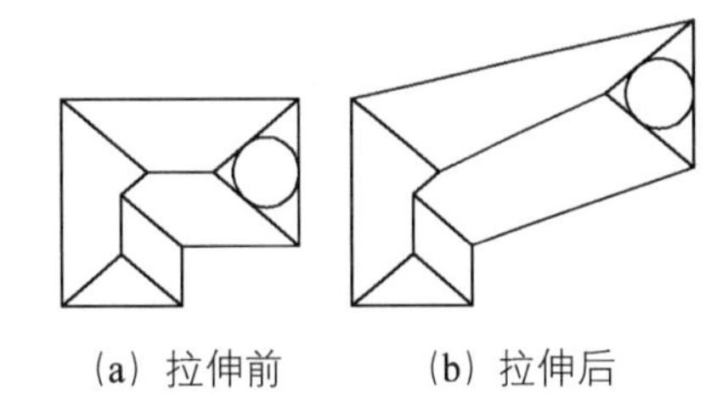

（a）拉伸前　　（b）拉伸后

图 3-28　拉伸对象实例

01 单击“常用”选项卡→“修改”面板→“拉伸”按钮。

02 在命令行提示“选择对象:”时，如图 3-29（a）所示，指定 A 点和 B 点，选择整个对象的右半部分为拉伸对象。注意从 A 点到 B 点选择为从右到左确定选择窗口，即交叉窗口选择。确定选择窗口后右击，以完成对象的选择。

03 在命令行提示“指定基点或 [位移（D）] <位移>:”时，指定 C 点为基点，如图 3-29（b）所示。

04 命令行继续提示“指定第二个点或<使用第一个点作为位移>:”，此时指定拉伸的第二点 D 点，如图 3-29（c）所示。

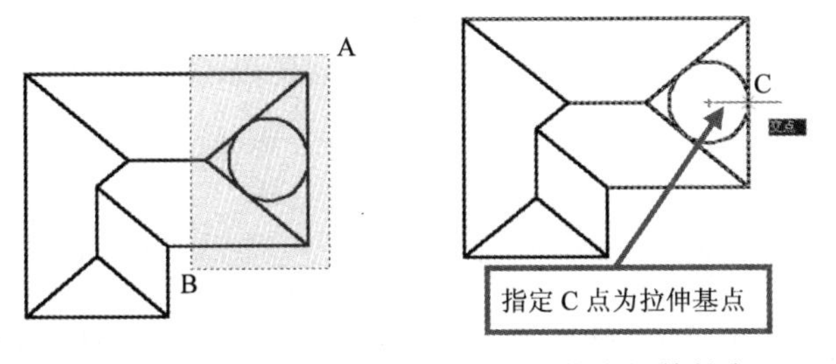

（a）用交叉窗口选择对象

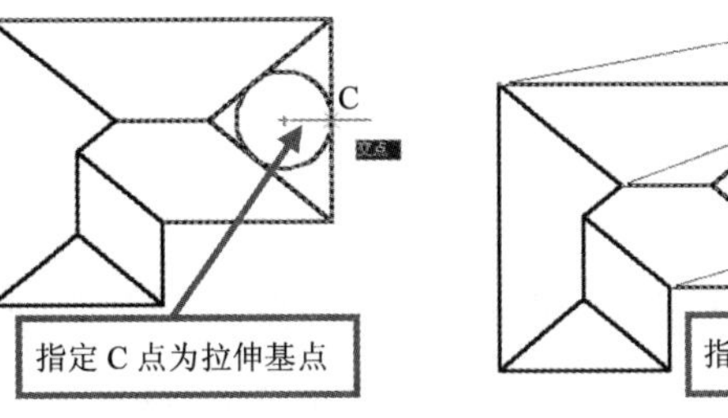

（b）指定拉伸基点

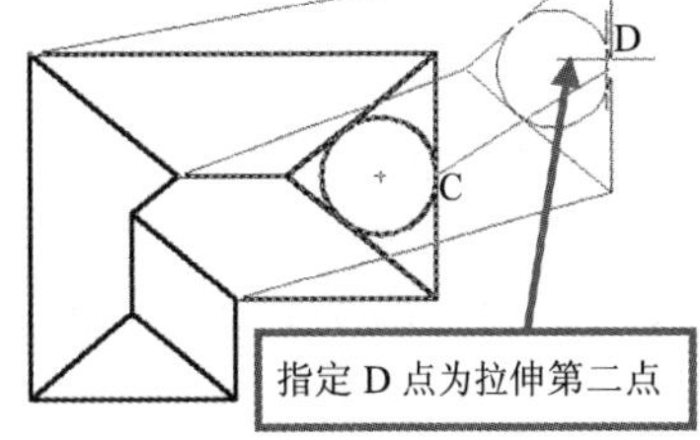

（c）指定拉伸的第二个点

图 3-29　拉伸操作过程

从以上拉伸实例来看，在图 3-29（a）中，交叉对象包括全部在其中的三角形、圆以及与之相交的 3 条平行线。三角形和圆均全部在交叉窗口中，因此在拉伸以后形状和大小均没有发生改变，只是位置上的移动；而 3 条平行线均与交叉窗口相交，只有一部分在窗口中，因此拉伸以后在窗口中的 3 个端点（即三角形的 3 个顶点）位置发生改变，而不在窗口中的 3 个端点位置不变。

3.5.3　修剪对象

修剪可以使对象精确地终止于由其他对象定义的边界。剪切边定义了被修剪对象的终止位置。需要注意什么是剪切边以及什么是被剪切的对象。在图 3-30 中，样条曲线是剪切边，而被剪切的是轴的两条轮廓线。

在 AutoCAD 2012 中修剪对象的方法有以下 4 种。

- 功能区：单击“常用”选项卡→“修改”面板→“修剪”按钮。
- 经典模式：选择菜单栏“修改”→“修剪”命令。
- 经典模式：单击“修改”工具栏的“修剪”按钮。
- 运行命令：trim。

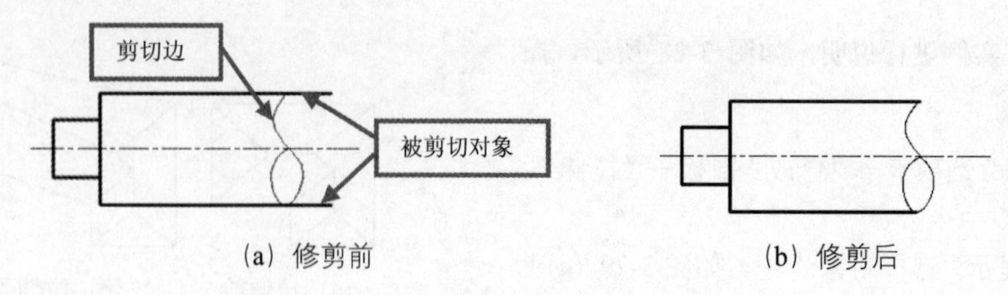

(a) 修剪前　　　(b) 修剪后

图 3-30　修剪对象

执行修剪操作后，命令行提示如下：

```
当前设置:投影=UCS, 边=无
选择剪切边...
选择对象或<全部选择>:
```

该信息的第一行提示当前的修剪设置；第二行提示现在选择的对象是剪切边；第三行提示选择对象。因为在 AutoCAD 2012 中，对象既可以作为剪切边，也可以作为被修剪的对象，因此直接按 Enter 键表示全部选择。对于一些较复杂或对象排列比较密集的图形，可快速选择。选择剪切边之后，命令行继续提示：

```
选择对象或<全部选择>:
选择要修剪的对象，或按住 Shift 键选择要延伸的对象，或
[栏选（F）/窗交（C）/投影（P）/边（E）/删除（R）/放弃（U）]:
```

此时选择的是要修剪的对象。由于选择对象的部位不同，其修剪效果也不同。选择修剪对象时会重复提示，因此可以选择多个修剪对象。按 Enter 键退出“修剪”命令。其他选项的功能如下。

- 栏选（F）：选择与选择栏相交的所有对象。
- 窗交（C）：选择矩形区域（由两点确定）内部或与之相交的对象。
- 投影（P）：指定修剪对象时使用的投影方式。
- 边（E）：用于设置对象是在另一对象的延长边处进行修剪，还是仅在三维空间中与该对象相交的对象处进行修剪。
- 删除（R）：删除选定的对象。此选项提供了一种用来删除不需要的对象的简便方式，而无须退出“修剪”命令。
- 放弃（U）：撤销由“修剪”命令所做的最近一次修改。

在选择被剪切对象时，按 Shift 键可在修剪和延伸两种操作之间切换。

下面将通过实例进行说明，如图 3-31 所示，利用“修剪”命令清除绘图过程中多余的线条。

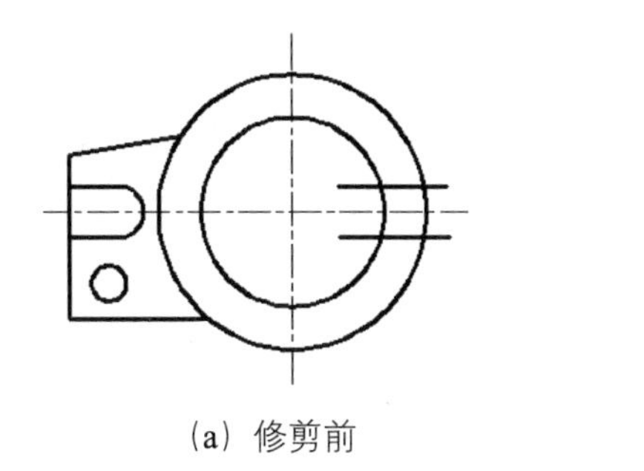

（a）修剪前

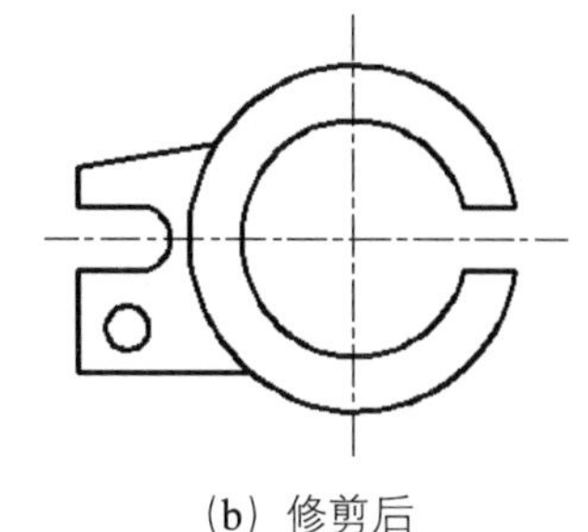

（b）修剪后

图 3-31　修剪对象实例

01 单击“常用”选项卡→“修改”面板→“修剪”按钮 。

02 命令行提示“选择对象或<全部选择>:”，此时选择剪切边。依次选择两条直线 a、b，两个圆 c、d，以及另外两条直线 e、f 为剪切边，如图 3-32（a）所示。被选择的对象亮显，对象选择完后右击或按 Enter 键完成选择。

03 选择剪切边后命令行提示“选择对象:选择要修剪的对象，或按住 Shift 键选择要延伸的对象，或[栏选（F）/窗交（C）/投影（P）/边（E）/删除（R）/放弃（U）]:”，此时依次在 A、B、C、D、E、F、G 点单击指定要剪切的对象及剪切部位，如图 3-32（b）所示。最后按 Enter 键完成修剪操作。

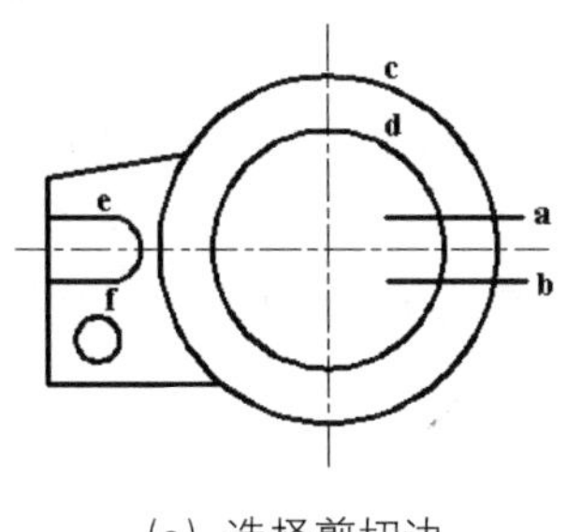

（a）选择剪切边

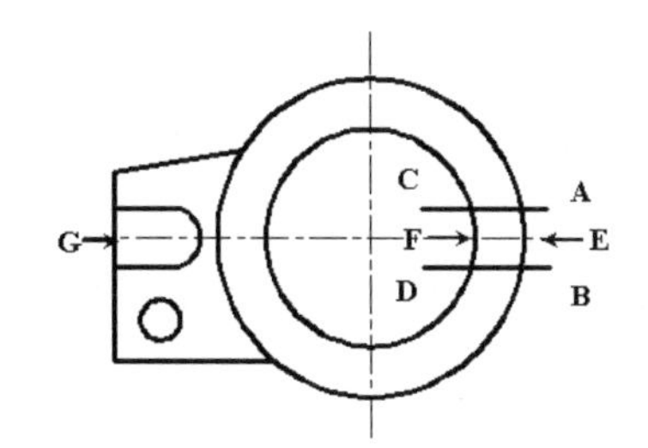

（b）选择被剪切的对象

图 3-32　修剪对象的操作过程

在本例的步骤 03 中，A 点和 C 点都在对象 a 上，同样，B 点和 D 点都在对象 b 上，但是修剪的效果不同。被剪切对象的被剪切边相交并截取成多段，鼠标单击在哪一段上，就剪切哪一段，对象的其他部分不剪切。

3.5.4　延伸对象

延伸是与修剪相对的操作，延伸是使对象精确地延伸至由其他对象定义的边界。同样，在使用延伸时，也要注意什么是延伸边界以及什么是被延伸的对象。

在 AutoCAD 2012 中延伸对象的方法有以下 4 种。

- 功能区：单击“常用”选项卡→“修改”面板→“延伸”按钮 。
- 经典模式：选择菜单栏“修改”→“延伸”命令。
- 经典模式：单击“修改”工具栏的“延伸”按钮 。
- 运行命令：EXTEND。

执行延伸操作后，命令行提示如下：

```
当前设置:投影=UCS，边=无
选择边界的边...
选择对象或<全部选择>:
```

延伸的操作过程与修剪相同，也是先选择延伸边界的边，然后选择要延伸的对象。因此在选择延伸边界之后，命令行提示如下：

```
选择对象:
选择要延伸的对象，或按住 Shift 键选择要修剪的对象，或
[栏选（F）/窗交（C）/投影（P）/边（E）/放弃（U）]:
```

此时选择的是要延伸的对象。同样，按住 Shift 键选择要修剪的对象。中括号中的各选项的含义与“修剪”命令相同，这里不再赘述。

下面将通过实例进行说明，如图 3-33 所示的两条多段线和一条直线，利用“延伸”命令使两条多段线与直线对齐。

01 单击“常用”选项卡→“修改”面板→“延伸”按钮--/。

02 在命令行提示“选择对象或<全部选择>:”时，选择直线为延伸边界的边，如图 3-34（a）所示。对象被选择后亮显，右击或按 Enter 键以完成选择。

03 指定了延伸边界后，命令行提示“选择对象:选择要延伸的对象，或按住 Shift 键选择要修剪的对象，或[栏选（F）/窗交（C）/投影（P）/边（E）/放弃（U）]:”。此时单击 A、B 两点，选择两条多段线为要延伸的对象及延伸的位置，如图 3-34（b）所示。最后按 Enter 键完成修剪操作，效果如图 3-33（b）所示。

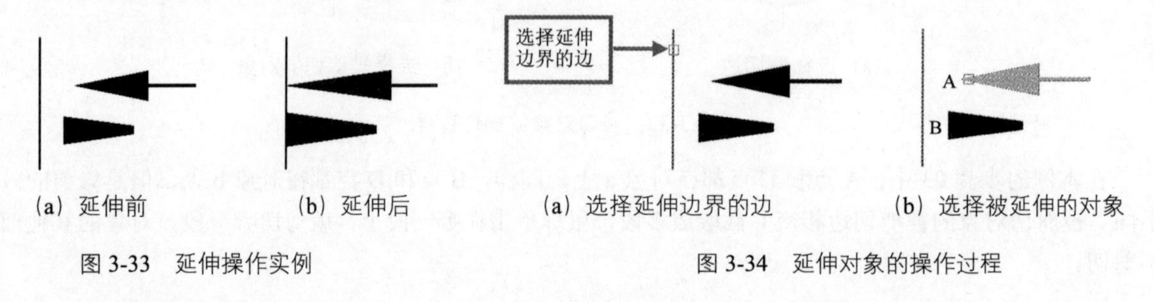

（a）延伸前　（b）延伸后

图 3-33　延伸操作实例

（a）选择延伸边界的边　（b）选择被延伸的对象

图 3-34　延伸对象的操作过程

3.6 倒角、圆角、打断、合并及分解

3.6.1 倒角

倒角操作可以连接两个对象，使它们以平角或倒角相接。在 AutoCAD 2012 中，能被倒角的对象一般为直线型对象，包括直线、多段线、射线、构造线和三维实体。通过指定两个被倒角的对象来绘制倒角。

在 AutoCAD 2012 中倒角对象的方法有以下 4 种。

- 功能区：单击“常用”选项卡→“修改”面板→“圆角”下拉列表→“倒角”按钮。
- 经典模式：选择菜单栏“修改”→“倒角”命令。
- 经典模式：单击“修改”工具栏的“倒角”按钮。
- 运行命令：CHAMFER。

执行倒角操作后，命令行依次提示：

```
_chamfer（“修剪”模式）当前倒角距离 1 = 0.0000，距离 2 = 0.0000
选择第一条直线或 [放弃（U）/多段线（P）/距离（D）/角度（A）/修剪（T）/方式（E）/多个（M）]:
```

第一行显示了当前的倒角设置。利用鼠标拾取指定倒角的第一条直线，完成后命令行继续提示“选择第二条直线，或按住 Shift 键选择要应用角点的直线:”，此时指定第二条直线即可完成倒角操作，其过程如图 3-35 所示。

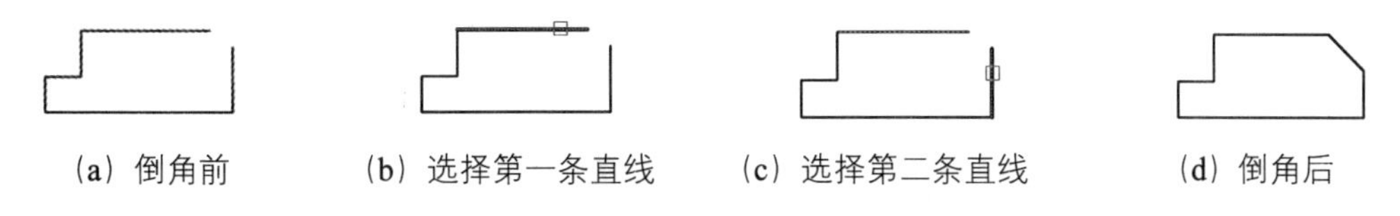

（a）倒角前　（b）选择第一条直线　（c）选择第二条直线　（d）倒角后

图 3-35　倒角操作过程

选择第一条直线时，命令行提示信息中的选项主要用于倒角设置，它们的功能如下：

- 放弃（U）：恢复在命令中执行的上一个操作。
- 多段线（P）：用于对整个二维多段线进行倒角。选择该选项后，可以一次对每个多段线顶点倒角。倒角后的多段线成为新线段。
- 距离（D）：设置倒角至选定边端点的两个距离。选择该选项后，命令行将依次提示指定两个倒角距离：“指定第一个倒角距离<0.0000>:\指定第二个倒角距离<0.0000>:”。这里的“第一个倒角距离”和“第二个倒角距离”对应于倒角操作过程中选择的第一个倒角对象和第二个倒角对象，如图 3-36 所示。

小提示

在进行倒角或圆角操作时，有时会发现操作后对象没有变化，此时应该查看是不是倒角距离或圆角半径为 0 或太小，因为在 AutoCAD 2012 中默认是将它们设置为 0。

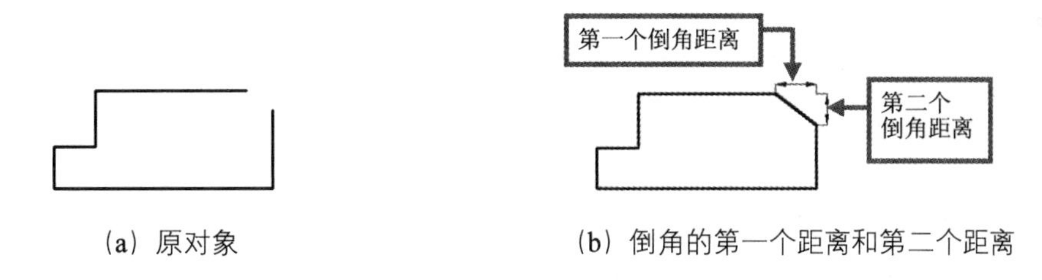

（a）原对象　（b）倒角的第一个距离和第二个距离

图 3-36　设置倒角的第一个距离和第二个距离

- 角度（A）：利用第一条线的倒角距离和第一条线的角度来设置倒角角度，如图 3-37 所示。选择该选项后，命令行将依次提示：“指定第一条直线的倒角长度 <0.0000>: \指定第一条直线的

倒角角度 <0>:”。

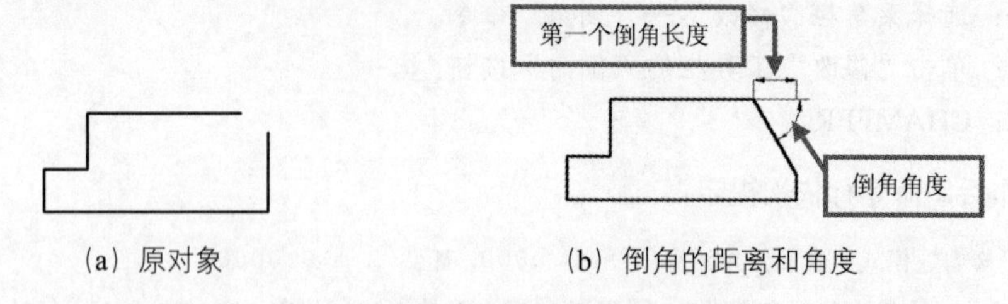

（a）原对象　　（b）倒角的距离和角度

图 3-37　设置倒角的距离和角度

- 修剪（T）：用于设置倒角是否将选定的边修剪到倒角直线的端点，如图 3-38 所示。
- 方式（E）：用于设置是使用两个距离还是一个距离和一个角度来创建倒角。
- 多个（M）：用于为多组对象的边倒角。选择该选项后，“倒角”命令将重复，直到用户按 Enter 键结束。

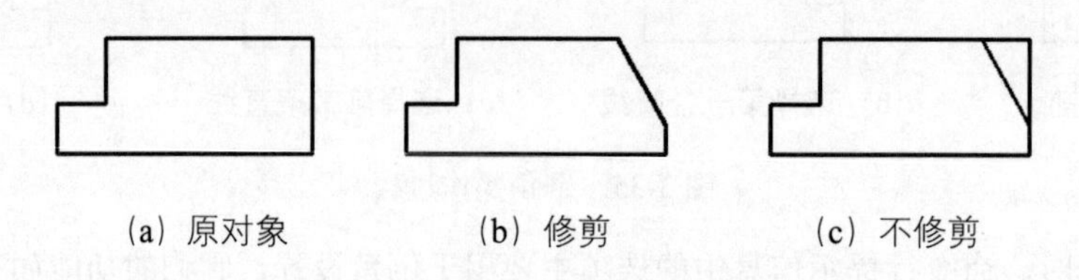

（a）原对象　　（b）修剪　　（c）不修剪

图 3-38　设置倒角是否修剪

在使用倒角的过程中，要注意以下两点。

- 倒角的两个对象可以相交，也可以不相交。如果不相交，在 AutoCAD 2012 中自动将对象延伸并用倒角相连接，但不能对两个相互平行的对象进行倒角操作。
- 如果对象过短，无法容纳倒角距离，则不能对这些对象倒角。

3.6.2　圆角

圆角可以用于对象相切并且具有指定半径的圆弧连接两个对象。在 AutoCAD 2012 中，可以被圆角的对象包括圆和圆弧、椭圆和椭圆弧、直线、多段线、射线、样条曲线、构造线和三维实体，既可以创建内圆角，也可以创建外圆角。

圆角一般应用于相交的圆弧或直线等对象。与倒角的操作相同，在 AutoCAD 2012 中也是通过指定圆角的两个对象来绘制圆角。

在 AutoCAD 2012 中圆角对象的方法有以下 4 种。

- 功能区：单击“常用”选项卡→“修改”面板→“圆角”按钮。
- 经典模式：选择菜单栏“修改”→“圆角”命令。
- 经典模式：单击“修改”工具栏的“圆角”按钮。
- 运行命令：FILLET。

执行圆角操作后，命令行依次提示如下：

```
_fillet 当前设置：模式 = 修剪，半径 = 0.0000
选择第一个对象或 [放弃（U）/多段线（P）/半径（R）/修剪（T）/多个（M）]:
```

第一行显示了当前的圆角设置为修剪模式，圆角半径为 0.0000。圆角的操作过程与倒角相同，此时也是选择圆角的第一个对象，随后命令行将提示"选择第二个对象，或按住 Shift 键选择要应用角点的对象:"。括号里的选项意义基本上与倒角的相同，区别只是"半径（R）"选项用于设置圆角的半径。

在使用圆角的过程中，需要注意以下两点。

- 圆角的两个对象可以相交也可以不相交。与倒角不同，圆角可以用于两个相互平行的对象。圆角在用于两个相互平行的对象时，无论圆角半径设置的是何值，都是用半圆弧将两个平行对象连接起来，如图 3-39 所示。
- 如果对象过短，无法容纳圆角半径，则不能对这些对象圆角。

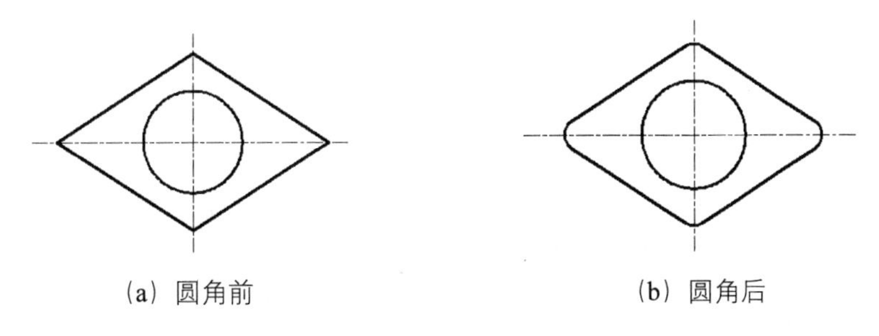

(a) 圆角前　　(b) 圆角后

图 3-39　对相交直线进行圆角

3.6.3　打断

打断操作可以将一个对象打断为两个对象。对象之间可以有间隙，也可以没有间隙。AutoCAD 2012 可以对几乎所有的对象进行打断，但不包括块、标注、多行和面域。

在 AutoCAD 2012 中，打断对象的方法有以下 4 种。

- 功能区：单击"常用"选项卡→"修改"面板→"修改"下拉列表→"打断"按钮。
- 经典模式：选择菜单栏"修改"→"打断"命令。
- 经典模式：单击"修改"工具栏的"打断"按钮。
- 运行命令：BREAK。

执行打断操作后，命令行提示如下：

```
_break 选择对象:
```

选择要打断的对象，命令行继续提示：

```
指定第二个打断点或 [第一点（F）]:
```

此时提示的是指定第二个打断点。AutoCAD 2012 默认第一个打断点为选择对象时所拾取的那个点，此时也可以选择"第一点（F）"重新选择第一个打断点。打断的操作过程如图 3-40 所示。

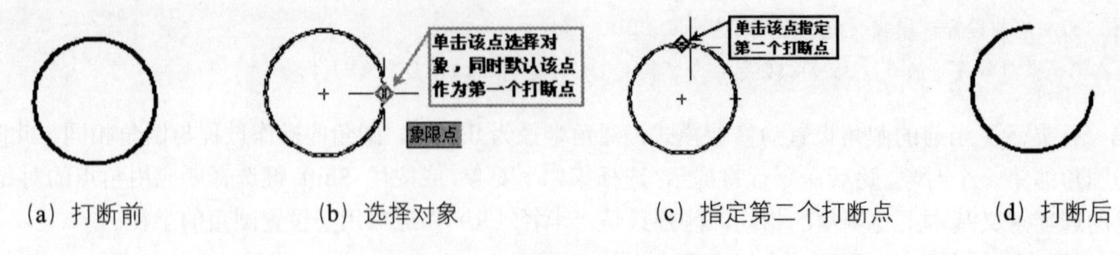

（a）打断前　（b）选择对象　（c）指定第二个打断点　（d）打断后

图 3-40　打断对象的操作过程

实际上，没有间隙的打断称为“打断”，有间隙的打断称为“打断于点”。在“修改”工具栏中有两个相应的按钮和，但是在“修改”菜单中只有一个“打断”命令。“打断于点”按钮是打断的一个派生按钮，即两个打断点重合的打断。其操作过程如图 3-41 所示。

单击“修改”工具栏的“打断于点”按钮后，命令行提示“_break 选择对象:”，此时选择要打断的对象，如图 3-41（b）所示。命令行继续提示：

```
指定第二个打断点或 [第一点（F）]: _f
指定第一个打断点:
```

命令行自动输入 f，此时只须指定一个打断点，如图 3-41（c）所示。打断前后的对象分别如图 3-41（a）和图 3-41（d）所示，由夹点可以看出直线在打断点处被打断成了两条直线。

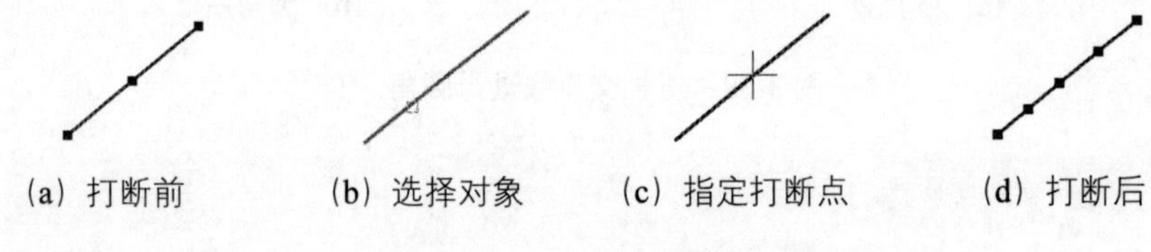

（a）打断前　（b）选择对象　（c）指定打断点　（d）打断后

图 3-41　打断于点的操作过程

3.6.4　合并

合并可以将相似的对象合并为一个对象。比如，将两条直线合并为一条，将多个圆弧合并成一个圆。合并可用于圆弧、椭圆弧、直线、多段线和样条曲线，但是合并操作对对象也有诸多限制。

在 AutoCAD 2012 中，合并对象的方法有以下 4 种。

- 功能区：单击“常用”选项卡→“修改”面板→“修改”下拉列表→“合并”按钮。
- 经典模式：选择菜单栏“修改”→“合并”命令。
- 经典模式：单击“修改”工具栏的“合并”按钮。
- 运行命令：join。

执行合并操作后，命令行提示如下：

```
_join 选择源对象:
```

此时可选择一条直线、多段线、圆弧、椭圆弧、样条曲线或螺旋对象作为合并操作的源对象。选择完成后，根据选择对象的不同，命令行的提示也不同，并且对所选择的合并到源的对象也有限制，否则合并操作不能进行。

1. 直线

如果所选的对象为直线，则命令行提示如下：

```
选择要合并到源的直线：
```

此时要求参与合并的直线对象必须共线（位于同一无限长的直线上），但是它们之间可以有间隙。如图 3-42 所示。图 3-42（a）中的 3 个直线对象位于同一条无限长的直线上，且它们有间隙。将它们合并成一个对象后，如图 3-42（b）所示。而如图 3-42（c）所示的这种不在同一条无限长直线上的直线对象不能合并。

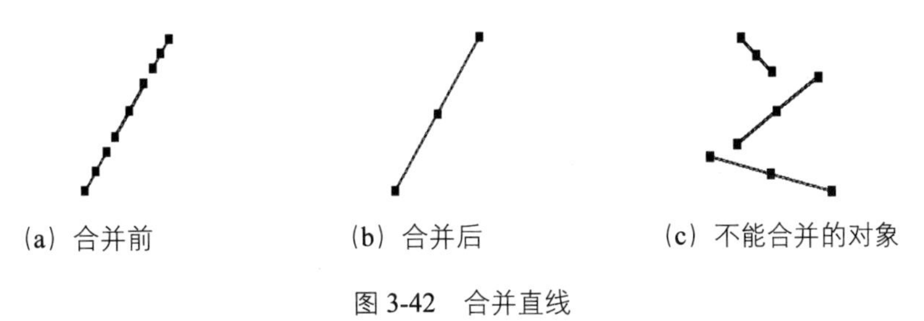

（a）合并前　（b）合并后　（c）不能合并的对象

图 3-42　合并直线

2. 多段线

如果所选的对象为多段线，则命令行提示如下：

```
选择要合并到源的对象：
```

可以将直线、多段线或圆弧等合并为多段线，要求对象之间不能有间隙，并且必须位于与 UCS 的 XY 平面平行的同一平面上。

3. 圆弧

如果所选的对象为圆弧，则命令行提示如下：

```
选择圆弧，以合并到源或进行［闭合（L）］：
```

和直线的要求一样，被合并的圆弧要求在同一个假想的圆上，但是它们之间可以有间隙。如图 3-43（a）所示的圆弧可以合并成一条圆弧，合并后如图 3-43（b）所示，而如图 3-43（c）所示的圆弧则不能合并。“闭合（L）”选项可将源圆弧转换成圆。

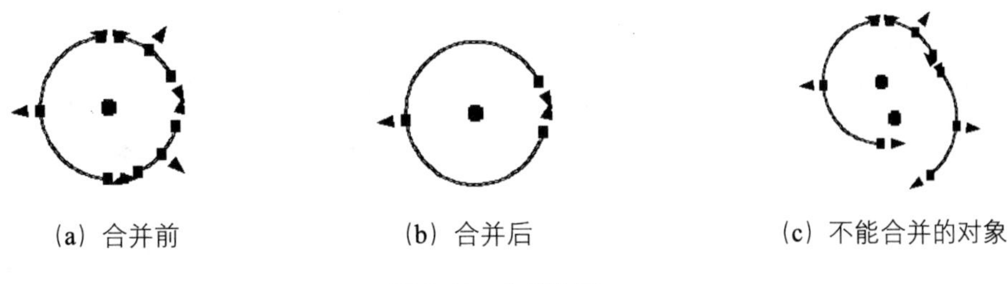

（a）合并前　（b）合并后　（c）不能合并的对象

图 3-43　合并圆弧

4. 椭圆弧

如果所选的对象为椭圆弧，则命令行提示：

选择椭圆弧，以合并到源或进行［闭合（L）］：

椭圆弧必须位于同一椭圆上，但是它们之间可以有间隙。“闭合”选项可将源椭圆弧闭合成完整的椭圆。

合并两条或多条圆弧、椭圆弧时，将从源对象开始按逆时针方向合并。

5. 样条曲线或螺旋对象

如果所选的对象为样条曲线或螺旋对象，则命令行提示如下：

选择要合并到源的样条曲线或螺旋：

样条曲线和螺旋对象必须相接（端点对端点），结果对象为单个样条曲线。

3.6.5 分解

分解可以将合并对象分解为其部件对象，与合并对象应用的诸多限制条件不同，任何合并的对象均可以被分解。例如：可将块分解为单独的对象；可将多线分解成直线和圆弧；可将标注分解成直线、多段线、文字等。

对象分解后，其颜色、线型和线宽会根据分解的合成对象类型的不同而有所不同。

在 AutoCAD 2012 中，分解对象的方法有以下 4 种。

- 功能区：单击“常用”选项卡→“修改”面板→“修改”下拉列表→“分解”按钮。
- 经典模式：选择菜单栏“修改”→“分解”命令。
- 经典模式：单击“修改”工具栏的“分解”按钮。
- 运行命令：EXPLODE。

执行分解操作后，命令行提示如下：

选择对象：

选择要分解的对象，然后按 Enter 键或右击，即可完成分解操作。如图 3-44 所示，从其夹点来看，直径标注分解后变成了文字、直线等对象，多线则分解成了直线和圆弧。

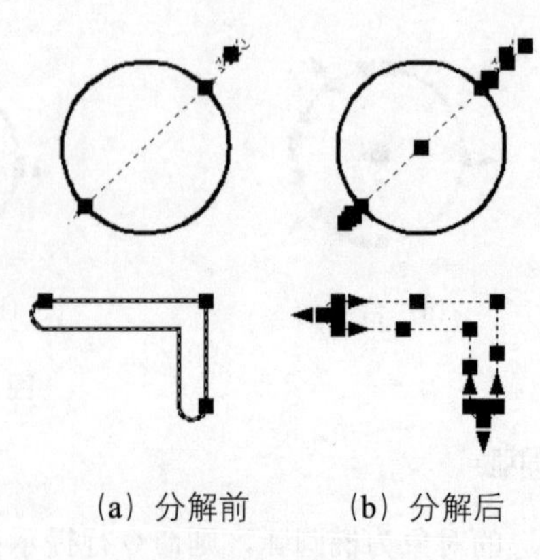

（a）分解前　（b）分解后

图 3-44　分解对象

3.7 编辑对象特性

AutoCAD 2012 中的每个图形对象均有其特有的属性，一般包括颜色、线型和线宽等，特殊的属性包括圆的圆心、直线的端点等。

3.7.1 “特性”选项板

在 AutoCAD 2012 中，所有对象的特性均可以通过打开“特性”选项板来查看并编辑，如图 3-45 所示为选择对象情况不同时显示不同的“特性”选项板。

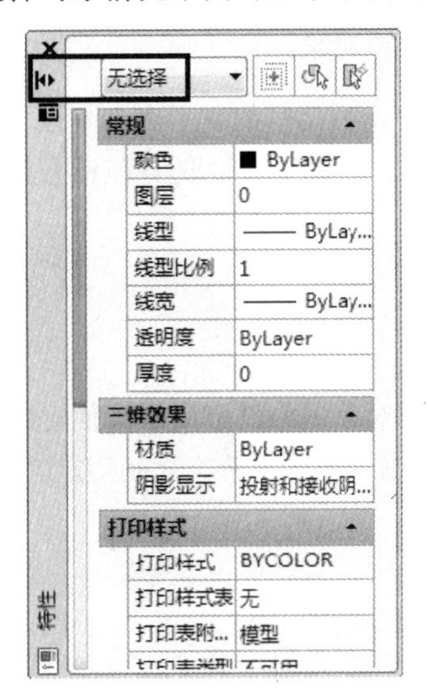

(a) 没有选择对象

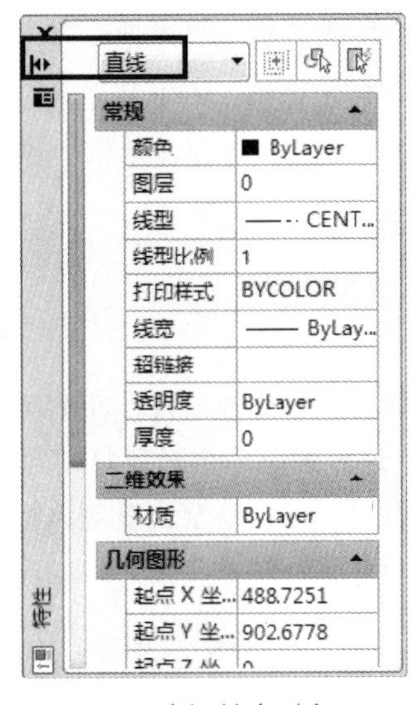

(b) 选择单个对象

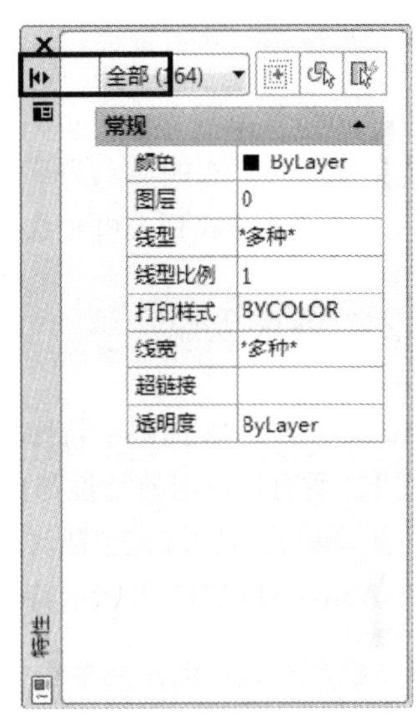

(c) 选择多个对象

图 3-45　“特性”选项板

在 AutoCAD 2012 中，可通过多种方式打开“特性”选项板。

- 经典模式：选择菜单栏“修改”→“特性”命令。
- 经典模式：单击“标准”工具栏的“特性”按钮。
- 运行命令：PROPERTIES。
- 选择要查看或修改其特性的对象，在绘图区右击，从弹出的快捷菜单中选择“特性”命令。
- 选择要查看或修改其特性的对象后，用鼠标双击。
- 如果未选择对象，“特性”选项板只显示当前图层的基本特性、图层附着的打印样式表的名称、查看特性及有关 UCS 的信息，如图 3-45（a）所示。
- 选择单个对象时，选项板中将显示该对象的所有特性，包括基本特性、几何位置等信息，如图 3-45（b）所示，当前选择的对象是直线，那么在“特性”选项板顶部的下拉列表框内显示为“直线”。

- 选择多个对象时，“特性”选项板只显示所有对象的公共特性，如图 3-45（c）所示，下拉列表框中显示为“全部”，括号内的数字表示所选对象的数量，单击该下拉列表框，可选择某一类型的所有对象，如图 3-46 所示。选择某类型后，将显示该类型的所有特性，这样可编辑同一类型的所有对象。

图 3-46　利用下拉列表框选择对象类型

对“特性”选项板中其他各个部分的功能说明如下。

- 按钮：用于改变 PICKADD 系统变量的值。打开 PICKADD 时，每个选定对象（无论是单独选择还是通过窗口选择的对象）都将添加到当前选择集中。关闭 PICKADD 时，选定对象将替换当前选择集。
- 按钮：用于选择对象。
- 按钮：单击该按钮，将弹出“快速选择”对话框，用于快速选择对象。

在“特性”选项板中显示的特性大多均可编辑。在要编辑的特性上单击后，有的显示出文本框，有的显示为拾取按钮，有的显示为下拉列表框。如此，可在文本框中输入新值，或者单击拾取按钮来指定新的坐标，或者在下拉列表框中选择新的选项。

3.7.2　特性匹配

AutoCAD 2012 提供了特性匹配工具来复制特性，特性匹配可将选定对象的特性应用到其他对象。默认情况下，所有可应用的特性都自动地从选定的第一个对象复制到其他对象。如果不希望复制特定的特性，可以在执行该命令的过程中随时选择“设置”选项来禁止复制该特性。

在 AutoCAD 2012 中指定特性匹配的方法有以下 3 种。

- 经典模式：选择菜单栏“修改”→“特性匹配”命令。
- 经典模式：单击“标准”工具栏的“特性匹配”按钮。
- 运行命令：MATCHPROP。

执行特性匹配后，命令行提示如下：

```
选择源对象：
```

此时选择要复制其特性的对象，且只能选择一个对象。选择完成后，命令行继续提示：

```
当前活动设置：  颜色图层线型线型比例线宽厚度打印样式标注文字填充图像多段线视口表格材质阴影显示多重引线
选择目标对象或 [设置（S）]：
```

第一行显示了当前要复制的特性，默认是所有特性均复制。此时可选择要应用源对象特性的对象，可选择多个对象，直到按 Enter 键或 Esc 键退出命令。输入 s，即选择“设置（S）”选项，可弹出“特性设置”对话框，如图 3-47 所示，从中可以控制要将哪些对象特性复制到目标对象。默认情况下，将选择“特性设置”对话框中的所有对象特性进行复制。

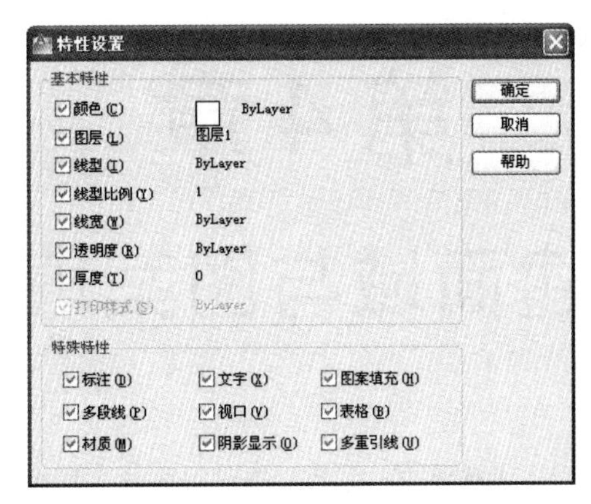

图 3-47　“特性设置”对话框

3.8 知识回顾

本章主要介绍了如何对二维图形进行编辑操作。AutoCAD 2012 的编辑功能非常强大，主要命令集中在“修改”子菜单中。由本章的一些实例操作可以看出，灵活编辑已有的图形元素而不是按部就班的绘制每一个对象通常能够极大地提高绘图效率。AutoCAD 提供了移动、复制、旋转、缩放、拉伸等丰富的编辑命令，熟练掌握这些命令是今后绘制复杂图形对象的基础。

第4章 创建面域与图案填充

面域是具有物理特性（例如形心或质量中心）的二维封闭区域。面域可由线段、多段线、圆弧或样条曲线等对象围成，可用于填充和着色，或使用 MASSPROP 分析特性（例如面积）、提取设计信息等。

图案填充是指使用预定义的图案填充区域，可以使用当前线型定义简单的线图案，也可以创建更复杂的填充图案。图案填充经常用于绘制机械图中的剖面，以区分不同的零件，还可用于建筑图或地质图中，以区分不同的材料或地层。

另外，还有两种特殊的图案填充：一种是实体填充，它使用实体颜色填充区域；另一种是渐变色填充，它是在一种颜色的不同灰度之间或两种颜色之间使用过渡，渐变色填充能模拟光源反射到对象的外观上，可用于增强演示图形。

学习目标

- 了解面域和图案填充两类图形对象
- 掌握创建面域的两种方法并能对面域进行逻辑运算
- 熟练掌握图案填充和渐变色填充的绘制和编辑
- 学会绘制圆环、宽线和二维填充图形

4.1 将图形转换为面域

面域是使用形成闭合环的对象创建的二维闭合区域。用于创建面域的闭合环可以是直线、多段线、圆、圆弧、椭圆、椭圆弧和样条曲线的组合，但要求组成闭合环的对象必须闭合，或是通过与其他对象共享端点而形成的闭合区域。

4.1.1 创建面域

面域属于二维对象，不但包括构成面域的边界，而且还包括了边界内的区域。所以，面域的创建必须依赖于一维闭合对象。

AutoCAD 2012 中一般可以通过两种方法创建面域，但都是基于闭合的一维对象组合。

1. 通过 REGION 命令创建面域

REGION 命令用于将闭合环转换为面域。

在 AutoCAD 2012 中执行 REGION 命令的方法有以下 4 种。

- 功能区：单击“常用”选项卡→“绘图”面板→“面域”按钮。
- 经典模式：选择菜单栏“绘图”→“面域”命令。
- 经典模式：单击“绘图”工具栏的“面域”按钮。
- 运行命令：REGION。

执行 REGION 命令后，命令行提示如下：

```
选择对象：
```

此时可选择有效的对象，然后按 Enter 键或右击，即可将所选对象转换为面域。能够转换为面域的有效对象包括：闭合的多段线、直线、圆弧、椭圆弧和样条曲线，以及本身就是闭合对象的圆、椭圆和多边形等，如图 4-1 所示。

有效对象不包括通过开放对象内部相交构成的闭合区域，例如，相交圆弧或自相交曲线，如图 4-2 所示。

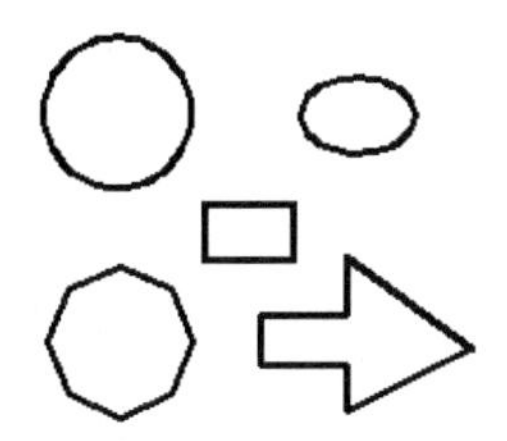

图 4-1　转换为面域的有效对象

图 4-2　无效的转换为面域的对象

2. 通过 BOUNDARY 命令创建面域

除了 REGION 命令，通过 BOUNDARY 命令也可以创建面域。BOUNDARY 命令可以由对象封闭的区域内的指定点来创建面域或者边界。

在 AutoCAD 2012 中执行 BOUNDARY 命令的方法有以下 3 种。

- 功能区：单击“常用”选项卡→“绘图”面板→“边界”按钮。
- 经典模式：选择菜单栏“绘图”→“边界”命令。
- 运行命令：BOUNDARY。

执行 BOUNDARY 命令后，将弹出“边界创建”对话框，如图 4-3 所示。要创建面域，需要将其中的“对象类型”下拉列表框选择为“面域”。

在“边界创建”对话框中，单击“拾取点“按钮，可以拾取闭合边界内的一点，AutoCAD 2012 会根据点的位置自动判断该点周围构成封闭区域的现有对象来确定面域的边界。“孤岛检测”复选框用于设置创建面域或边界时是否检测内部闭合边界，即孤岛。

图 4-3　“边界创建”对话框

只要对象间存在闭合的区域，就可以通过 BOUNDARY 命令创建面域。如图 4-2 所示的不能用 REGION 命令转换为面域的对象，通过 BOUNDARY 命令拾取内部点，也能创建基于闭合区域的面域。

3. 设置 DELOBJ 系统变量

如上所述，面域的创建必须基于闭合环或者闭合的区域，DELOBJ 系统变量用于设置在对象转换为面域之后是否将原对象删除。如果 DELOBJ 设置为 1，那么 AutoCAD 2012 在创建面域之后将删除原对象；如果 DELOBJ 设置为 0，那么 AutoCAD 2012 在创建面域之后将保留原对象，创建的面域覆盖原对象之后，将面域移动到其他位置，可见其原对象仍然保留着。

本案例通过闭合的区域创建面域。

如图 4-4 所示为两条相交的菱形，它们之间存在一个闭合的区域，现在将其闭合区域转换为面域。

01 单击“常用”选项卡→“绘图”面板→“图案填充”下拉列表→“边界”按钮，在弹出的“边界创建”对话框中，将“对象类型”下拉列表框设置为“面域”。

02 单击“拾取点”按钮，此时临时退出“边界创建”对话框返回到绘图区。单击两个菱形相交的区域，如图 4-5 所示。

03 按 Enter 键，或右键单击，在弹出的快捷菜单中选择“确定”命令，命令行提示如下：

```
已提取 1 个环。
已创建 1 个面域。
BOUNDARY 已创建 1 个面域
```

该提示说明创建面域成功，如图 4-6 所示为将面域移除以后的两个菱形和创建的面域。

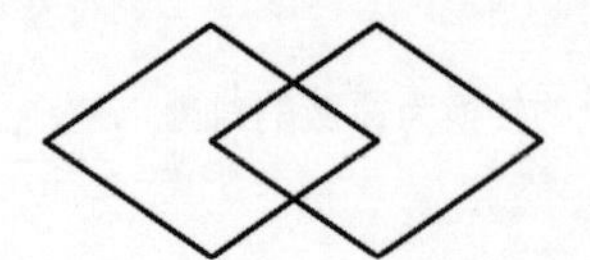

图 4-4　存在闭合区域的相交菱形

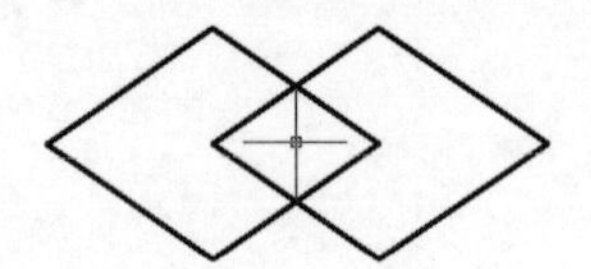

图 4-5　拾取内部点

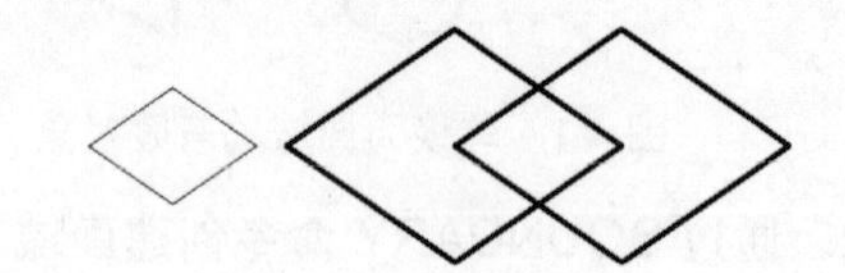

图 4-6　创建面域之后

4.1.2　对面域进行逻辑运算

在 AutoCAD 2012 中绘制面域时，对于复杂的面域，可以通过简单面域的并集、差集，以及交集等逻辑运算创建组合面域，如图 4-7 所示。

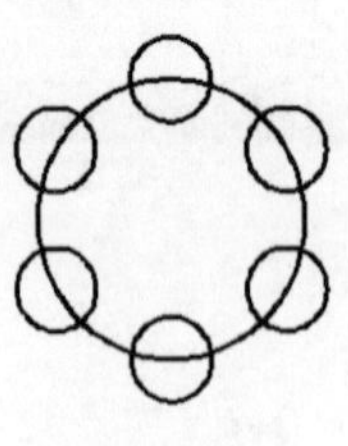

（a）原面域

（b）并集运算后

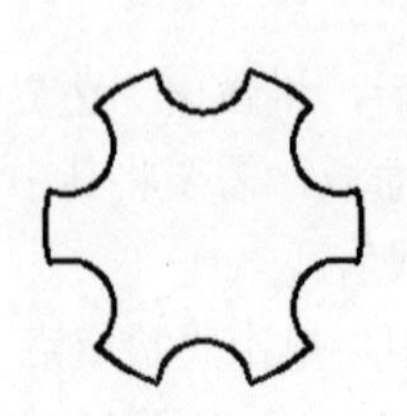

（c）差集运算后

（d）交集运算后

图 4-7　面域的逻辑运算

1. 并集运算

面域的并集运算用于将指定的面域合并为一个面域。在 AutoCAD 2012 中，执行并集运算的方法有以下 4 种。

- 经典模式：选择菜单栏“修改”→“实体编辑”→“并集”命令。
- 功能区：单击“实体”选项卡→“布尔值”面板→“并集”按钮，或者“常用”选项卡→“实体编辑”面板→“并集”按钮（三维建模模式）。
- 经典模式：单击“建模”工具栏的“并集”按钮。
- 运行命令：UNION。

执行并集运算后，命令行提示如下：

```
选择对象：
```

此时选择参与并集运算的所有面域之后，AutoCAD 2012 将自动计算出所选面域的并集，并创建一个合并后的面域。

2. 差集运算

面域的差集运算用于从一个面域中减去另一个面域或与另一个面域相交的部分区域。AutoCAD 2012 执行差集运算的方法有以下 4 种。

- 经典模式：选择菜单栏“修改”→“实体编辑”→“差集”命令。
- 功能区：单击“实体”选项卡→“布尔值”面板→“差集”按钮，或者“常用”选项卡→“实体编辑”面板→“差集”按钮（三维建模模式）。
- 经典模式：单击“建模”工具栏的“差集”按钮。
- 运行命令：SUBTRACT。

差集运算需要选择两组对象，然后对两组对象进行差集运算。

差集运算的结果与选择对象的顺序有关，正如数学算术中减法运算与两个参与运算的数字位置有关一样。

执行差集运算后，命令行提示如下：

```
subtract 选择要从中减去的实体或面域...
选择对象：
```

此时选择的是要从其中减去的实体或面域，选择后按 Enter 键或右击，以完成选择，命令行继续提示：

```
选择要减去的实体或面域...
选择对象：
```

此时选择的对象是从第一个对象中要减去的对象，选择后按 Enter 键或右击，以完成差集运算。

3. 交集运算

面域的交集运算用于将指定面域之间的公共部分创建为新的面域。在 AutoCAD 2012 中执行交集运算的方法有以下 4 种。

- 经典模式：选择菜单栏“修改”→“实体编辑”→“交集”命令。
- 功能区：单击“实体”选项卡→“布尔值”面板→“差集”按钮，或者“常用”选项卡→“实体编辑”面板→“差集”按钮（三维建模模式）。
- 经典模式：单击“建模”工具栏的“交集”按钮。
- 运行命令：INTERSECT。

执行交集运算后，命令行提示如下：

```
选择对象:
```

此时选择参与交集运算的所有面域之后，AutoCAD 2012 将自动计算出所选面域的交集，并创建一个新的面域。

并集、差集及交集等逻辑运算的操作对象为二维实体对象，只能应用于面域或二维实体，对于一维对象不能使用。

下面将通过实例进行说明，即不同选择顺序的差集运算操作步骤如下。

01 选择菜单栏“修改”→“实体编辑”→“差集”命令。

02 命令行提示“选择要从中减去的实体或面域...选择对象:”，此时选择 6 个较小的面域 a，如图 4-8（a）所示，然后按 Enter 键。

03 在命令行提示“_subtract 选择要减去的实体或面域...选择对象:”，此时选择中间较大的面域 b，如图 4-8（b）所示，然后按 Enter 键，完成差集运算，结果如图 4-8（c）所示。

04 重复步骤 01。

05 命令行提示“_subtract 选择要从中减去的实体或面域... 选择对象:”，此时选择面域 b，如图 4-9（a）所示，然后按 Enter 键。

06 命令行提示“_subtract 选择要减去的实体或面域...选择对象:”，此时选择面域 a，如图 4-9（b）所示，然后按 Enter 键，完成差集运算，结果如图 4-9（c）所示。

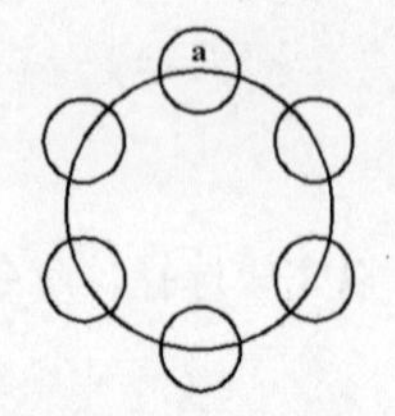

（a）选择要从中减去的面域

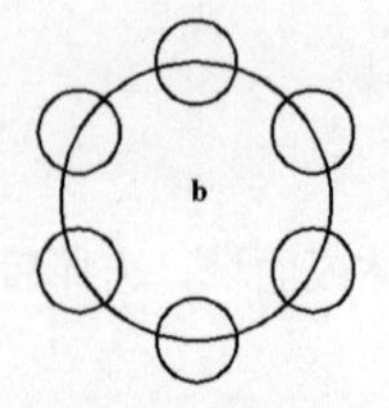

（b）选择要减去的面域

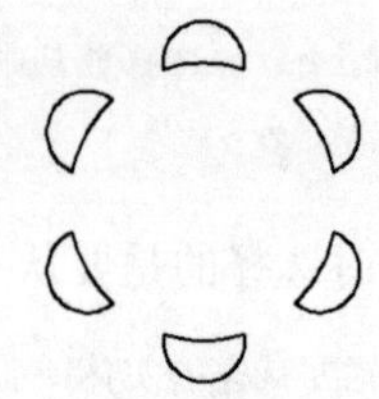

（c）运算结果

图 4-8　第 1 种选择顺序下的差集运算

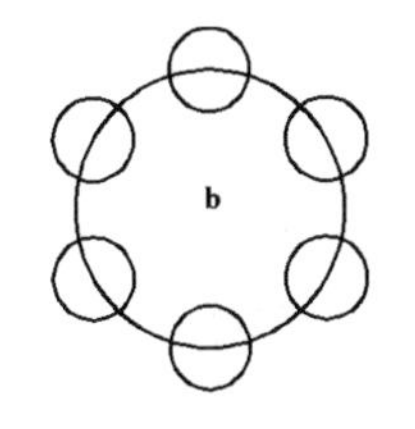

(a) 选择要从中减去的面域

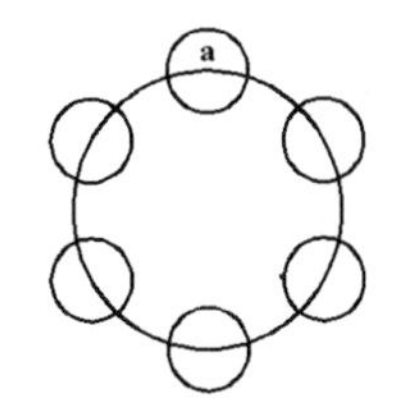

(b) 选择要减去的面域

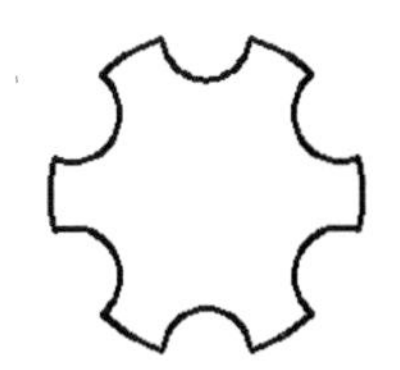

(c) 运算结果

图 4-9　第 2 种选择顺序下的差集运算

4.1.3　使用 MASSPROP 提取面域质量特性

从表面上看，面域和一般的闭合对象没什么区别，然而，实际上面域不但包含边界，还包含边界内的区域，属于二维对象。提取设计信息是面域的一大应用。

AutoCAD 2012 提供 MASSPROP 命令来提取面域的质量特性，可通过 3 种方法执行。

- 经典模式：选择菜单栏“工具”→“查询”→“面域/质量特性”命令。
- 经典模式：单击“查询”工具栏的“面域/质量特性”按钮。
- 运行命令：MASSPROP。

执行 MASSPROP 命令后，命令行提示如下：

```
选择对象：
```

此时选择要提取数据的面域对象，然后按 Enter 键或右击，系统将自动弹出“AutoCAD 文本窗口”来显示面域对象的质量特性，如图 4-10 所示，给出的质量特性包括面积、周长、边界框、质心、惯性矩、惯性积和旋转半径等信息。同时，命令行提示“是否将分析结果写入文件？[是（Y）/否（N）] <否>:”，输入 Y 后可以将数据保存为文件。

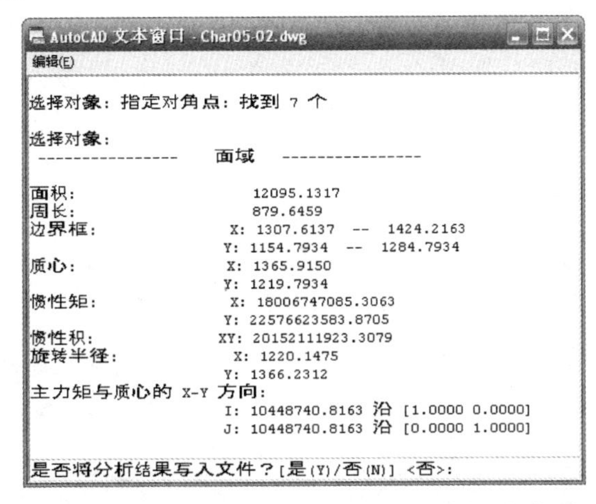

图 4-10　通过“AutoCAD 文本窗口”显示面域对象的质量特性

4.2 图案填充

AutoCAD 2012 的图案填充是绘图中的一个重要组成部分，其应用十分广泛。在机械图中，可以用来绘制剖面图；在建筑图中，不同的填充图案可以表达不同的材料种类；在地质图中，可以用来区分不同的地层结构等。

4.2.1 使用图案填充

本小节先介绍使用图案来填充区域或者闭合对象，这些图案被称为填充图案。填充图案可以使用 AutoCAD 2012 预设的图案，也可以使用当前线型定义的简单图案，甚至可以自定义复杂的填充图案。

在 AutoCAD 2012 中执行图案填充的方法有以下 4 种。

- 功能区：单击“常用”选项卡→“绘图”面板→“图案填充”按钮。
- 经典模式：选择菜单栏“绘图”→“图案填充”命令。
- 经典模式：单击“绘图”工具栏的“图案填充”按钮。
- 运行命令：HATCH。

执行命令后，命令行提示如下：

```
拾取内部点或 [选择对象(S)/设置(T)]:
```

此时提示默认为“拾取内部点”，拾取闭合区域的内部点，AutoCAD 2012 自动根据所拾取的点判断围绕该点构成封闭区域的现有对象，以确定填充边界。如图 4-11 所示，确定了的填充边界将预览填充效果。

拾取内部点后，命令行提示如下：

```
正在选择所有可见对象...
正在分析所选数据...
正在分析内部孤岛...
拾取内部点或 [选择对象(S)/设置(T)]:
```

此时提示继续选择填充图形的内部点，按 Enter 键完成图案的填充。也可以根据需要选择中括号中的其他选项来定义选择对象或者设置填充图案，其选项的含义如下。

- 选择对象（S）：根据构成封闭区域的选定对象确定边界。可通过选择封闭对象的方法来确定填充边界，但并不自动检测内部对象。如图 4-12 所示，通过选择对象确定的填充边界将亮显。

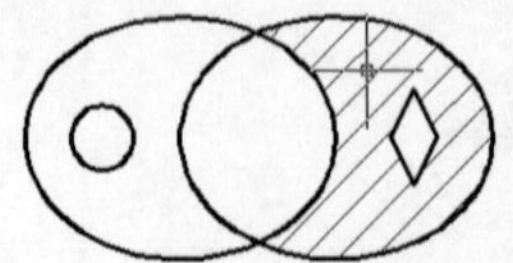

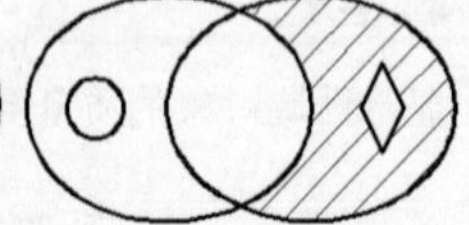

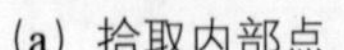

(a) 拾取内部点　(b) 填充结果

图 4-11　拾取内部点创建图案填充

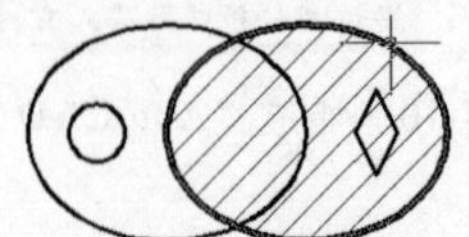

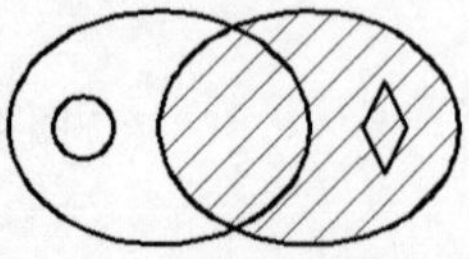

(a) 选择对象　(b) 填充结果

图 4-12　选择对象创建图案填充

- 设置（T）：用于设置填充的图案和渐变色。输入 T，按下 Enter 键，将弹出“图案填充和渐变色”对话框，如图 4-13 所示。该对话框主要包括“类型和图案”、“角度和比例”、“图案填充原点”、“边界”、“选项”这 5 个选项组。

图 4-13　“图案填充和渐变色”对话框

1. “类型和图案”选项组

可以设置图案的类型，各选项的功能说明如下。

- “类型”下拉列表框：用于设置填充图案的类型，包括“预定义”、“用户定义”和“自定义”3 个选项。如果选择“预定义”选项，可使用 AutoCAD 2012 附带的 ISO 标准和 ANSI 标准填充图案，以及其他 AutoCAD 2012 附带的图案；如果选择“用户定义”选项，则允许用户基于当前线型定义填充图案，如使用一组平行线或两组相交的平行线；如果选择“自定义”选项，则可以使用已添加到搜索路径（在“选项”对话框的“文件”选项卡中设置）中的自定义 PAT 文件列表。
- “图案”下拉列表框：列出可用的预定义图案，用于选择具体的填充图案。单击 ... 按钮，将弹出“填充图案选项板”对话框，如图 4-14 所示。通过该对话框，可直观地选择填充图案的具体种类。通过切换其上方的选项卡，可以选择不同类别的填充图案。
- “颜色”下拉列表框：使用填充图案和实体填充的指定颜色来替代当前颜色。
- “样例”：用于显示所选择填充图案的预览。也可单击“样例”预览图像，显示“填充图案选项板”对话框，重新选择填充图案。
- “自定义图案”下拉列表框：用于选择自定义图案。只有在“类型”下拉列表框中选择了“自定义”选项，此选项才可用。

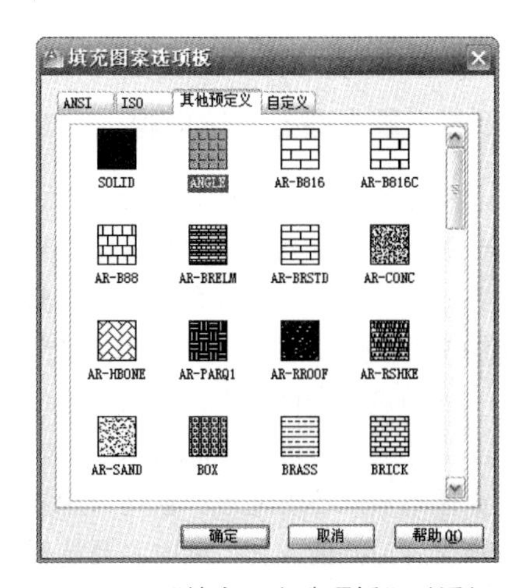

图 4-14　“填充图案选项板”对话框

SOLID 图案没有预览图像，并且也不能设置角度和比例，但可以选择填充颜色。

2. “角度和比例”选项组

可以设置图案填充的旋转角度和缩放比例，各选项的功能如下。

- “角度”下拉列表框：用于设置填充图案的角度（相对当前坐标系的 X 轴），也可在文本框中直接输入角度值。如图 4-15 所示为角度设置分别为 0° 和 90° 时的显示效果。
- “比例”下拉列表框：用于设置缩放预定义或自定义图案的比例，也可在文本框中直接输入比例值。只有将“类型”设置为“预定义”或“自定义”，此选项才可用。如图 4-16 所示为比例设置分别为 1 和 2 时的显示效果。在机械图中，经常通过设置填充图案的不同角度和比例来区分不同的零件或材料。
- “双向”复选框：只有在“图案填充”选项卡上将“类型”设置为“用户定义”时，此选项才可用。选择该复选框后，将绘制两组相互相交成 90° 的直线填充图案，从而构成交叉线填充图案。

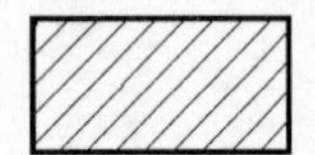
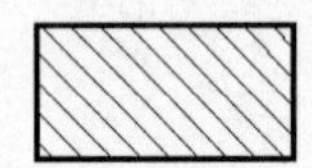
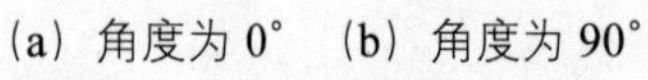

(a) 角度为 0°　(b) 角度为 90°

图 4-15　设置图案填充的角度

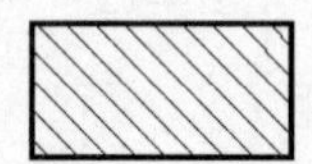
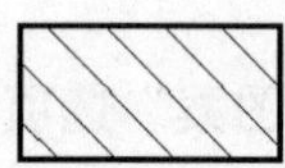

(a) 比例为 1　(b) 比例为 2

图 4-16　设置图案填充的比例

- “相对图纸空间”复选框：该选项仅适用于布局。用于设置相对于图纸空间单位缩放填充图案。使用此选项，可以很容易地以适合于布局的比例显示填充图案。
- “间距”文本框：只有将“类型”设置为“用户定义”，此选项才可用。用于输入平行线之间的间距，此文本框和“双向”复选框联合使用可共同设置用户定义图案。
- “ISO 笔宽”下拉列表框：设置基于选定笔宽缩放 ISO 预定义图案。只有将“类型”设置为“预定义”，并将“图案”设置为可用的 ISO 图案的一种，此选项才可用。

3. “图案填充原点”选项组

可以设置填充图案生成的起始位置。因为某些图案填充（例如砖块图案）需要与图案填充边界上的一点对齐。默认情况下，所有图案填充原点都对应于当前的 UCS 原点。选择“指定的原点”单选按钮之后，其他的选项变得可用。单击“单击以设置新原点”按钮之后，可设置新的原点，如图 4-17 所示。选定原点后，还可通过“默认为边界范围”下拉列表框设置原点的位置，此时需要选择边界范围的 4 个角点及其中心。选中“存储为默认原点”复选框后可将新图案填充原点指定为默认的图案填充原点。

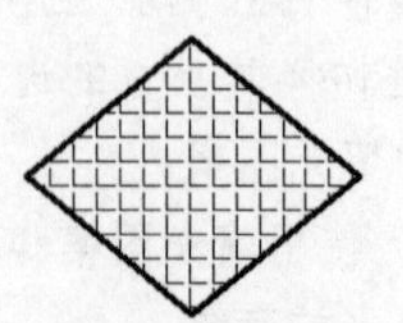
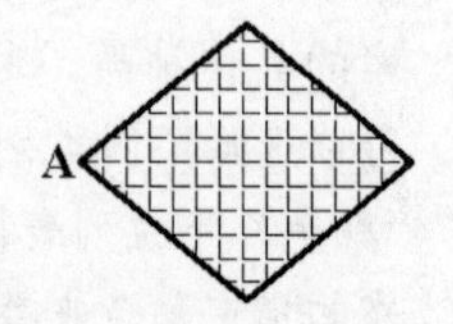

(a) 使用默认原点　(b) 指定 A 点为原点

图 4-17　设置图案填充的原点

4. “边界”选项组

可以定义图案填充的边界，各个按钮的功能如下。

- “添加：拾取点”按钮：单击该按钮可拾取闭合区域的内部点，AutoCAD 2012 自动根据所拾取的点判断围绕该点构成封闭区域的现有对象，以确定填充边界。单击该按钮后将返回到绘图区，命令行提示“拾取内部点或 [选择对象(S)/设置(T)]:”，可连续选择多个填充区域。
- “添加：选择对象”按钮：同样，单击该按钮将返回到绘图区，可通过选择封闭对象的方法确定填充边界，但并不自动检测内部对象。

小提示

“添加：选择对象”按钮一般用于选择闭合对象，如果选择多个对象组合，将出现意想不到的填充效果。如图 4-18 所示，图 4-18（a）是选择矩形时的填充效果，由于矩形是闭合对象，AutoCAD 2012 将填充其内部；而图 4-18（b）是选择 4 条直线的填充效果，AutoCAD 2012 并不像我们预想中的那样填充 4 条直线构成的闭合区域。

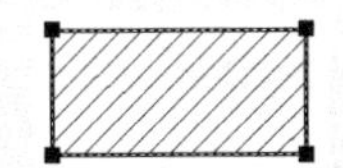

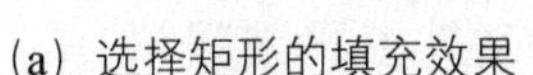

（a）选择矩形的填充效果

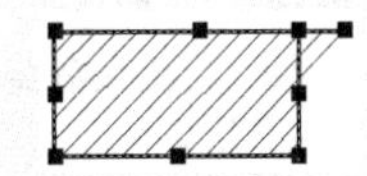

（b）选择 4 条直线的填充效果

图 4-18　选择对象时的注意事项

- “删除边界”按钮：从定义的边界中删除以前添加的对象。只有在拾取点或者选择对象创建了填充边界后才可用。如图 4-19 所示，通过删除边界可删除拾取点时自动生成的孤岛边界。

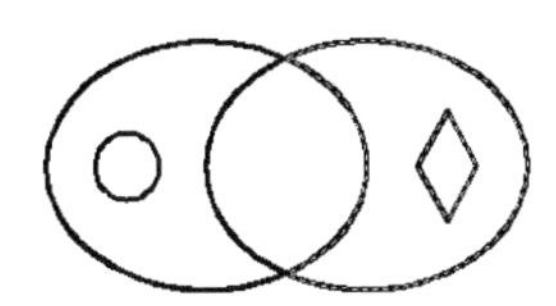

（a）拾取内部点

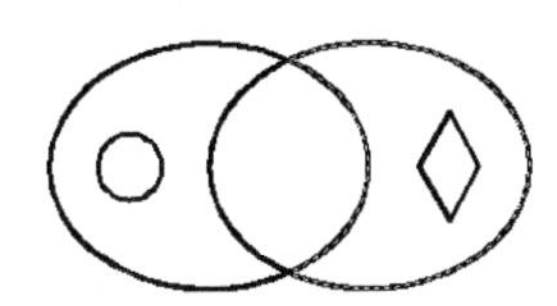

（b）删除边界

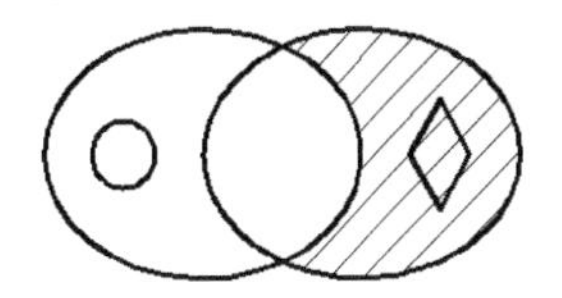

（c）填充结果

图 4-19　删除填充边界

- “重新创建边界”按钮：用于重新创建填充边界，只有在编辑填充边界时才可用。
- “查看选择集”按钮：单击该按钮可返回到绘图区查看已定义的填充边界，该边界将亮显。只有在拾取点或者选择对象创建了填充边界后才可用。

5. “选项”选项组

可设置其他的相关选项，如关联性等。

- “注释性”复选框：选择该复选框，可将填充图案指定为注释性对象。
- “关联”复选框：用于控制图案填充的关联性。关联的图案填充在用户修改其边界时将自动更新，如图 4-20 所示。

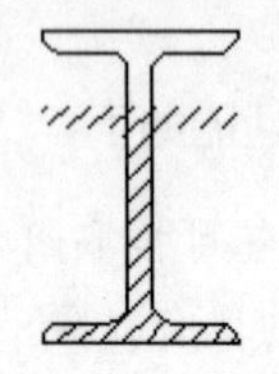

（a）原图案填充　（b）编辑非关联图案填充后的效果　（c）编辑关联图案填充后的效果

图 4-20　图案填充的关联性

- “创建独立的图案填充”复选框：用于设置当指定了几个单独的闭合边界时，是创建单个图案填充对象，还是创建多个图案填充对象。
- “绘图次序”下拉列表框：用于为图案填充指定绘图次序。图案填充可以放在所有其他对象之后、所有其他对象之前、图案填充边界之后或图案填充边界之前。
- “继承特性”按钮：相当于图案填充对象之间的特性匹配，可以使用选定对象的图案填充或填充特性来对指定的边界进行图案填充。

单击“图案填充和渐变色”对话框右下角的“扩展”按钮，将扩展该对话框，如图 4-21 所示。

图 4-21　扩展的“图案填充和渐变色”对话框

孤岛是在闭合区域内的另一个闭合区域。在“孤岛”选项组中，选择“孤岛检测”复选框后，其下方的 3 个单选按钮将变成可用状态，代表了 3 种孤岛检测方式，其设置效果如图 4-22 所示。

（a）“普通”方式　（b）“外部”方式　（c）“忽略”方式

图 4-22　孤岛的 3 种检测方式

- “普通”方式：从外部边界向内填充。如果遇到内部孤岛，将关闭图案填充，遇到该孤岛内的另一个孤岛后再继续填充。

- “外部”方式：从外部边界向内填充。如果遇到内部孤岛，将关闭图案填充。也就是只对结构的最外层进行图案填充，而结构内部保留空白。
- “忽略”方式：忽略所有内部的对象，填充图案时将通过这些对象。

当指定的填充边界内存在文本、属性或实体填充对象时，AutoCAD 2012 将按照孤岛的检测方法来处理它们，如图 4-23 所示。

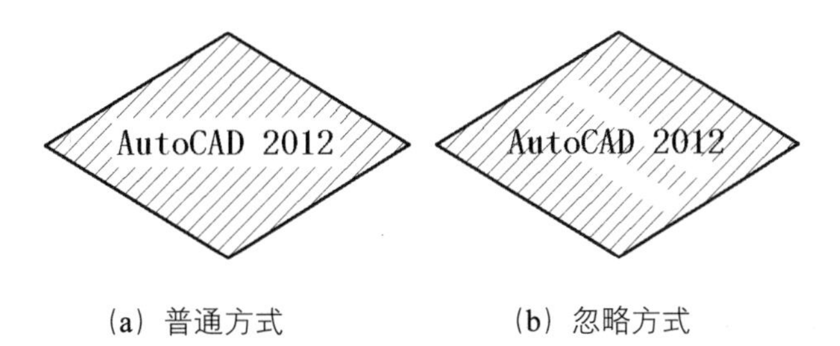

(a) 普通方式　　(b) 忽略方式

图 4-23　对文字对象的处理方式

小提示

孤岛检测方式仅适用于利用“添加：拾取点”的方法来指定填充边界。而当使用“添加：选择对象”的方法来指定填充边界时，将不检测孤岛，系统将填充所指定对象内的所有区域。

此外，扩展的“图案填充和渐变色”对话框还包括以下几个选项组。

- “边界保留”选项组：选择“保留边界”复选框后，可将填充边界保存为指定对象，通过“对象类型”下拉列表框可设置保留的类型为“多段线”或“面域”。
- “边界集”选项组：可以指定通过“添加：拾取点”或“添加：选择对象”定义填充边界时要分析的对象集。当使用“添加：选择对象”定义边界时，选定的边界集将无效。但在默认情况下，使用“添加：拾取点”来定义边界时，系统将分析当前视口范围内的所有对象。通过重定义边界集，可以在定义边界时忽略某些对象，而不必隐藏或删除这些对象。对于大图形，定义边界集可以加快生成边界的速度，因为系统只须检查边界集内的对象。
- “允许的间隙”选项组：可以通过“公差”文本框设置将对象用作图案填充边界时可以忽略的最大间隙。默认值为 0，通过此值指定的对象必须是封闭的区域而没有间隙。可以设置 0～5000 之间的数值。
- “继承选项”选项组：两个单选按钮用于选择使用“继承特性”创建图案填充时图案填充原点的位置。

下面将通过实例进行说明。本实例用于填充一个管件和一个封口法兰，管件上带有内螺纹以紧固法兰。

01 利用图案填充基于图 4-24（a）中的图形。单击“常用”选项卡→“绘图”面板→“图案填充”按钮。

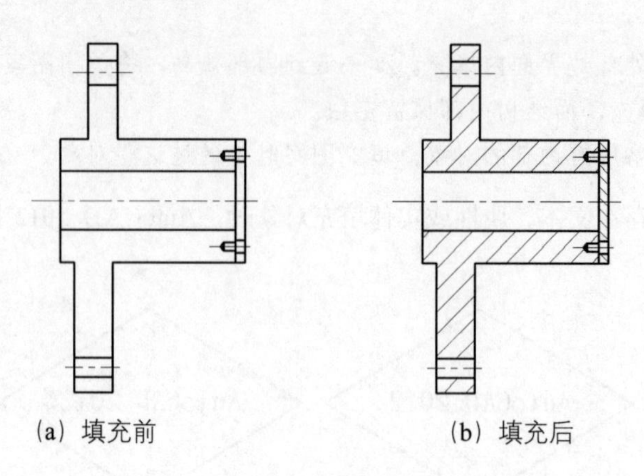

（a）填充前　　（b）填充后

图 4-24　图案填充实例

02 命令行提示“拾取内部点或 [选择对象(S)/设置(T)]:”，输入 T，按下 Enter 键，弹出如图 4-25（a）所示的“图案填充和渐变色”对话框。

03 单击“类型和图案”选项组中的[...]按钮，将弹出如图 4-25（b）所示的“填充图案选项板”对话框，切换到 ANSI 选项卡，选择 ANSI31 填充图案，单击[确定]按钮返回到“图案填充和渐变色”对话框。

04 在“图案填充和渐变色”对话框的“角度和比例”选项组中，将“角度”设置为 0，“比例”设置为 0.5。其他选项保持默认值。

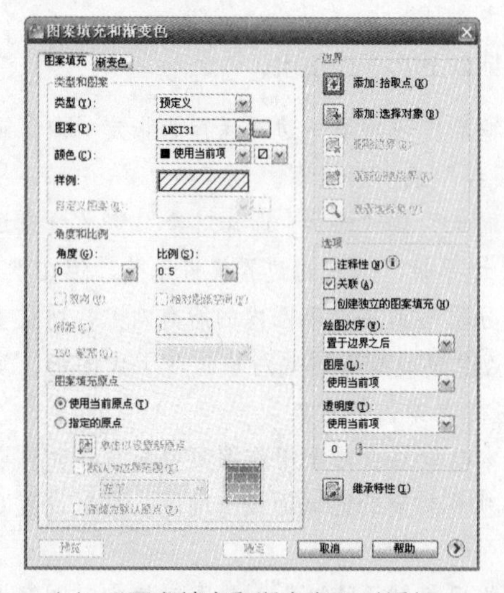

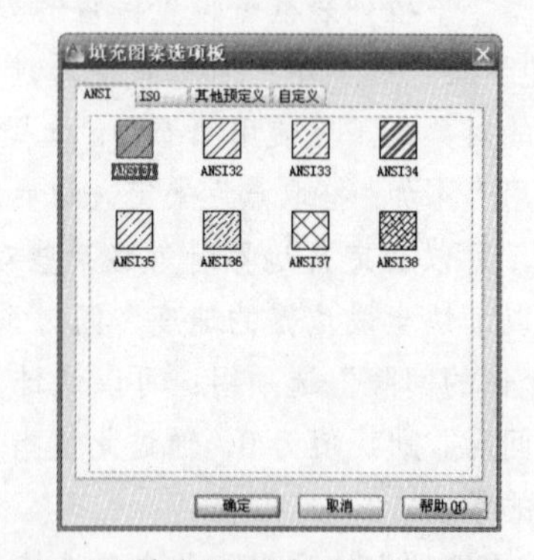

（a）“图案填充和渐变色”对话框　　（b）“填充图案选项板”对话框

图 4-25　设置“图案填充和渐变色”对话框

05 单击“边界”选项组的“添加：拾取点”按钮[+]，返回到绘图区，选择第一个零件填充区域，即左侧的带内螺纹的管件。拾取过程如图 4-26 所示，依次单击图 4-26（a）中的 A、B、C、D 四点。注意，对内螺纹填充时的拾取，可滚动鼠标滚轮放大后按如图 4-26（b）所示拾取。单击 E 点和 F 点，指定的填充边界将亮显。

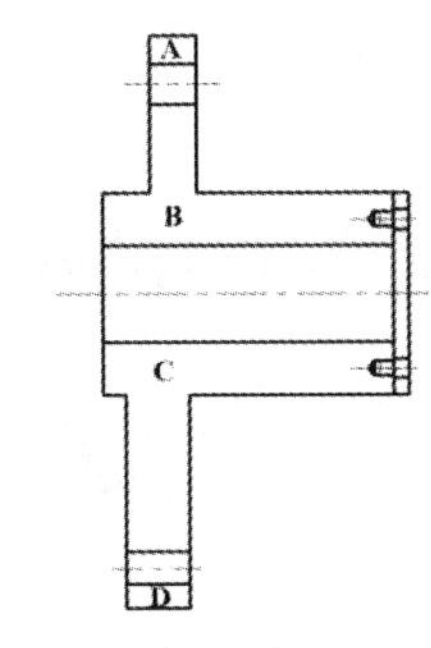

(a) 拾取主要边界

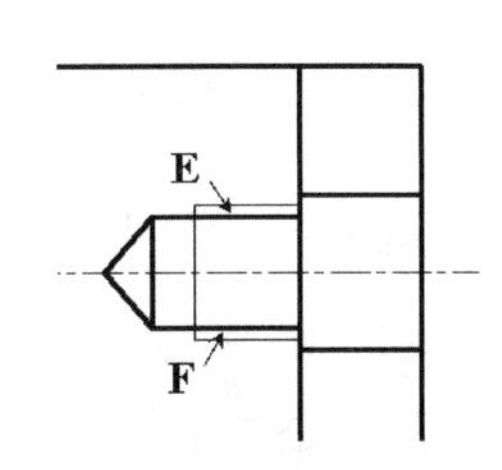

(b) 放大后拾取内部点，确定细微部分的边界

图 4-26　拾取内部点指定填充边界

06 拾取内部点，按 Enter 键完成第一个零件的填充，填充效果如图 4-27（a）所示。

07 重复步骤 01、02。

08 在弹出的“图案填充和渐变色”对话框中，此时默认的填充图案为 ANSI31。只须在“角度和比例”选项组中将“角度”设置为 90，“比例”设置为 0.5。

09 单击“添加：拾取点”按钮，返回到绘图区。拾取第二个零件的内部点，确定填充边界后按 Enter 键，以完成整个图案的填充。最终的填充效果如图 4-27（b）所示。

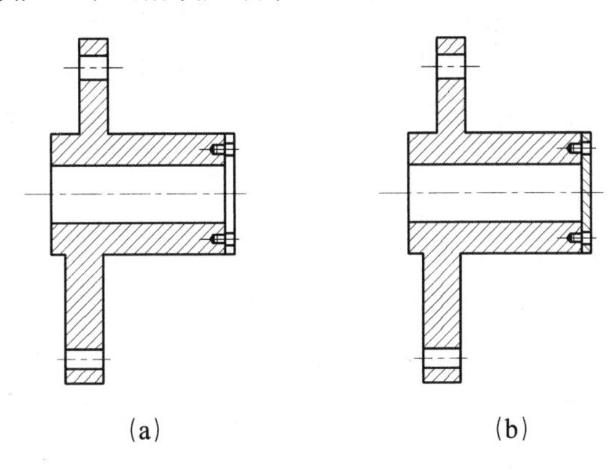

(a)　　　　(b)

图 4-27　零件的填充效果

4.2.2 使用渐变色填充

本小节主要介绍使用渐变的颜色来填充。渐变色填充实际上是一种特殊的图案填充，一般用于绘制光源反射到对象上的外观效果，可用于增强演示图形。

在 AutoCAD 2012 中，执行渐变色填充的方法有以下 4 种。

- 功能区：单击“常用”选项卡→“绘图”面板→“渐变色”按钮。
- 经典模式：选择菜单栏“绘图”→“渐变色”命令。
- 经典模式：单击“绘图”工具栏的“渐变色”按钮。
- 运行命令：GRADINT。

执行命令后，命令行提示如下：

```
拾取内部点或 [选择对象(S)/设置(T)]:
```

在命令行输入 T 后，按 Enter 键，将弹出“图案填充和渐变色”对话框，切换到“渐变色”选项卡，如图 4-28 所示。

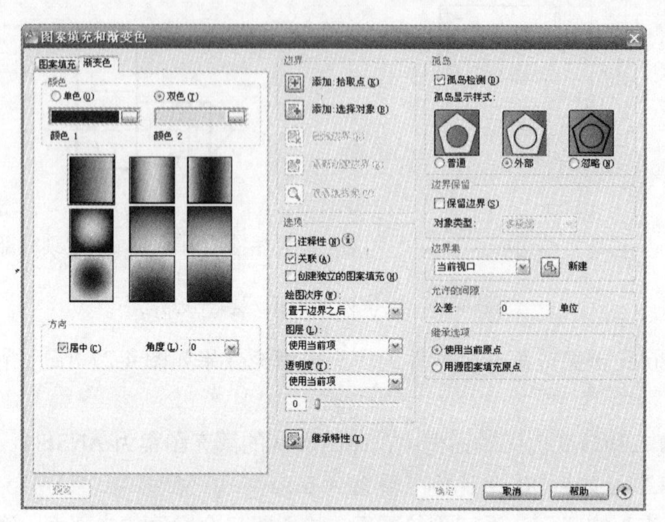

图 4-28 “图案填充和渐变色”对话框

同样，该对话框的“边界”、“选项”、“孤岛”、“边界保留”、“边界集”、“允许的间隙”、“继承选项”选项组的设置方法和含义与“图案填充”选项卡中的相同。所不同的是“渐变色”选项卡可以设置单色或双色渐变，有 9 种渐变样式可供选择，并且不能自定义颜色渐变样式。下面将一一介绍。

1. “颜色”选项组

“单色”和“双色”单选按钮用于选择单色填充还是双色填充。单色填充是指从较深着色到较浅色调平滑过渡的填充；双色填充是指在两种颜色之间平滑过渡的填充。

- 选择“单色”单选按钮后，可以单击[...]按钮，在“选择颜色”对话框中选择填充颜色。通过“暗——明”滑块，可以设置单色填充的渐浅（选定颜色与白色的混合）或着色（选定颜色与黑色的混合）程度，暗与明的设置效果如图 4-29 所示。

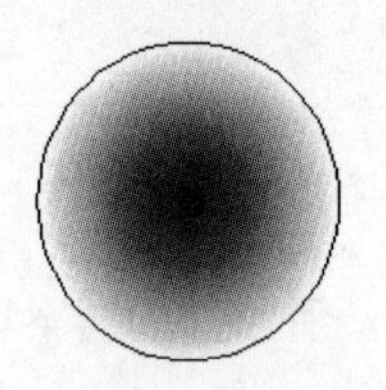

(a) 将滑块拉至“明”端

(b) 将滑块拉至“暗”端

图 4-29 设置单色填充的明与暗

- 选择“双色”单选按钮后，将出现两个颜色样本。分别单击后面的[...]按钮，可选择两种填充颜色。

“颜色”选项组的中部是 9 种固定样式，包括线性扫掠状、球状和抛物面状图案等。这些图案随着上述两个单选按钮的选择及颜色的选取而即时显示预览效果。单击其中的某一种图案，表示选择该渐变样式。

2. “方向”选项组

可设置填充的对称性及旋转角度。在此选项组中设置的内容也会在 9 种渐变样式上即时显示。

- “居中”复选框：用于指定对称的渐变配置。如果没有选定此选项，渐变填充将朝左上方变化，在对象左边的图案创建光源。
- “角度”下拉列表框：用于选择或直接输入渐变填充相对于当前 UCS 的角度。此选项与指定给图案填充的角度互不影响。

4.2.3　编辑图案填充和渐变色填充

AutoCAD 2012 中的图案填充是一种特殊的块，即它们是一个整体对象。与处理其他对象一样，图案填充边界可以被复制、移动、拉伸和修剪等，也可以使用夹点编辑模式拉伸、移动、旋转、缩放和镜像填充边界及和它们关联的填充图案。如果所做的编辑保持边界闭合，关联填充就会自动更新。如果编辑中生成了开放边界，图案填充将失去与任何边界的关联性，并保持不变。

利用“修改”菜单下的“分解”命令将它们分解后，图案填充对象将分解为单个直线、圆弧等对象，就不能用图案填充的编辑工具进行编辑。

对图案填充的编辑包括重新定义填充的图案或颜色、编辑填充边界，以及设置其他图案的填充属性等。如果要对多个填充区域的填充对象进行独立编辑，可以选中“创建独立的图案填充”复选框，这样可以对单个填充区域进行编辑。

在 AutoCAD 2012 中，编辑图案填充的方法有以下 5 种。

- 功能区：单击“常用”选项卡→“修改”面板→“编辑图案填充”按钮。
- 经典模式：选择菜单栏“修改”→“对象”→“图案填充”命令。
- 经典模式：单击“修改”工具栏的“编辑图案填充”按钮。
- 运行命令：HATCHEDIT。
- 在图案填充对象上双击，然后单击“图案填充编辑器”选项卡→“选项”面板→“图案填充设置”按钮。

执行“图案填充”命令后，命令行提示“选择图案填充对象:”后（注意必须选择图案填充对象，否则命令无法执行），将弹出“图案填充编辑”对话框，如图 4-30 所示。

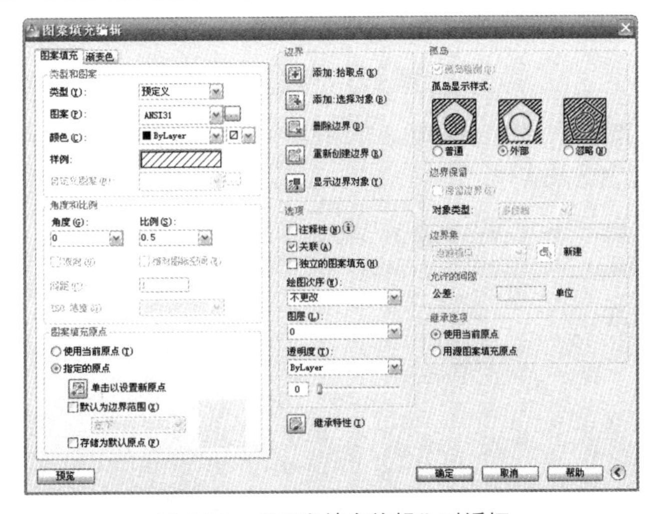

图 4-30　“图案填充编辑”对话框

由图 4-30 可知，“图案填充编辑”对话框与“图案填充和渐变色”对话框内容相同，但有的选项已不可用，如“孤岛检测”复选框、“边界保留”复选框、“边界集”下拉列表等，因此，只能编辑“图案填充编辑”对话框中可用的选项，如图案类型、角度、比例、关联性等，还可以通过“添加：拾取点”按钮和“删除边界”按钮等修改填充边界，其设置方法与创建图案填充相同，不再重复。

取消图案填充与边界的关联性后，将不可重建。要恢复关联性，必须重新创建图案填充或者创建新的图案填充边界，并将边界与此图案填充关联。

4.3 绘制圆环和二维填充图形

AutoCAD 2012 中的圆环与二维填充图形是一种特殊的二维对象，也属于填充型对象的范畴，可以使用系统变量控制其显示特性。

4.3.1 绘制圆环

圆环是填充的环或实体填充圆，实际上是带有宽度的闭合多段线。圆环在电气设计中使用较多，如图 4-31（a）所示。如图 4-31（b）所示为实体填充圆。

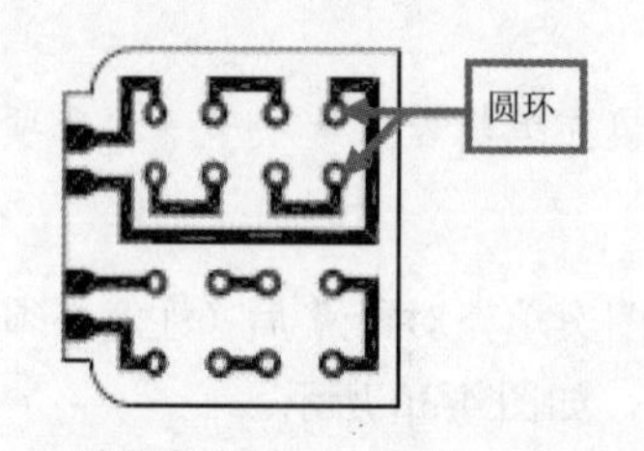

（a）圆环对象在电气设计中的应用

圆环

（b）实体填充圆

图 4-31　圆环对象

AutoCAD 2012 通过指定内、外直径和圆心来绘制圆环。如果要绘制实体填充圆，可将内径值指定为 0。绘制圆环可通过以下 3 种方法实现。

- 功能区：单击“常用”选项卡→“绘图”面板→“圆环”按钮。
- 经典模式：选择菜单栏“绘图”→“圆环”命令。
- 运行命令：DONUT。

执行绘制圆环操作后，命令行依次提示：

```
指定圆环的内径<10.0000>:
指定圆环的外径<20.0000>:
指定圆环的中心点或<退出>:
```

按照上述提示依次指定圆环的内径值、外径值和中心点。运行一次“圆环”命令，即可绘制多个圆环，只须指定多个中心点即可，绘制出来的一组圆环具有相同的内径和外径，直到按 Enter 键或 Esc 键退出。

在绘制圆环的过程中，命令行提示指定的内径或外径均是指直径值，而非半径值。

4.3.2　绘制二维填充图形

除了上述的实体圆环外，AutoCAD 2012 还支持绘制填充型的三角形和四边形，这时用到的是 SOLID 命令。

下面以图 4-32 中的 3 个图形绘制实例来说明 SOLID 命令的用法。

执行 SOLID 命令后，命令行提示如下：

```
solid 指定第一点:
```

此时可指定二维填充图形的第一点，如果要绘制图 4-32（a）中的图形，此时指定 A 点。随后命令行继续提示：

```
指定第二点:
```

此时指定第二点，即图 4-32（a）中的 B 点，命令行继续提示：

```
指定第三点:
```

此时指定第三点，即图 4-32（a）中的 C 点，命令行继续提示：

```
指定第四点或<退出>:
```

此时按 Enter 键即可完成绘制图 4-32（a）。

如果要绘制如图 4-32（b）所示的图形，运行 SOLID 命令后，命令行提示“_solid 指定第一点:”时指定 D 点，命令行提示“指定第二点:”时指定 E 点，命令行提示“指定第三点:”时，指定 F 点，此时不按 Enter 键，命令行提示“指定第四点或<退出>:”时指定 G 点。注意绘制二维填充四边形时，指定第三点和第四点的顺序不同将导致不同的绘制效果。如图 4-32（b）与图 4-32（c）所示，它们之间的 4 个点位置完全相同，只是在绘制图 4-32（c）时，是按照 H、I、J、K 的顺序绘制的。

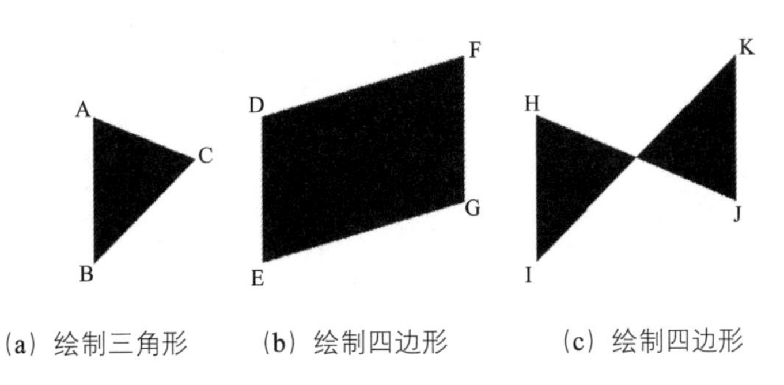

（a）绘制三角形　（b）绘制四边形　（c）绘制四边形

图 4-32　使用 SOLID 绘制二维填充图形

如上所述，绘制一个三角形或四边形后，命令并不会自动终止，而是继续提示“指定第三点:”，如继续指定“第三点”和“第四点”，将继续绘制三角形和四边形。例如，要绘制如图 4-33 所示的图形，只须在执行 SOLID 命令后按照字母顺序指定这 8 个点即可（当然，如果要绘制如此规则的图形，可先选择“绘图”→“点”→“多点”命令，先绘制出 8 个点，然后在绘制二维填充图形时依次拾取即可）。最后按 Enter 键或 Esc 键。

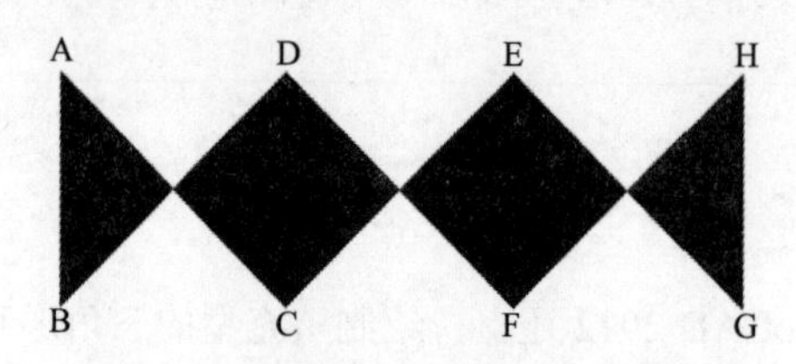

图 4-33　连续绘制二维填充图形

4.4 知识回顾

面域和图案填充与前面介绍的二维图形对象相比具有很大区别，它们依赖于其他的二维封闭图形对象而生成。面域是一个单独的实体对象，具有质量特性，可以对其进行逻辑运算；图案填充在机械制图、建筑制图和电气制图中均有广泛的应用，主要用于剖面的绘制。

由于行业的差别，图案填充的类型和比例要求均不一样，在相关标准中规定了各种材料的剖面图案类型，在绘图过程中要根据不同的图纸类型选择合适的图案填充图样。

第5章 操作机械工程图块

块是AutoCAD 2012组织对象的工具，是多个对象的组合，组合后的块是一个独立的块对象。对于组成块的各个对象，可以绘制在不同图层上，具有不同的颜色、线型和线宽等特性。虽然块总是在当前图层上，但块参照保存了包含在该块中的对象的原图层、颜色和线型特性的信息，当使用块时，可以控制块中的对象是保留其原特性，还是继承当前的图层、颜色、线型或线宽设置。另外，还可以在创建块时将数据附着到块上，以便于以后提取。

块的定义和使用可提高绘制重复图形的效率，大大减少重复工作。例如，要在图形中的不同位置绘制相同的标准件，只须将此标准件定义为块，然后在不同的位置插入块即可。当然，使用复制方法也可以在多个位置绘制相同的图形，但是，使用块与使用复制的区别在于，块只须保存一次图形信息，而复制时在多个位置均要保存图形信息。

学习目标

- 了解AutoCAD 2012中块的概念
- 学会创建、插入和编辑块
- 掌握块属性的应用
- 学会在图形中插入外部参照

5.1 创建与插入块

使用块可提高绘图效率，典型的步骤是先将要重复绘制的对象集合创建为块，然后在需要的位置处插入所定义的块。

5.1.1 创建块

AutoCAD 2012只能将已经绘制好的对象创建为块。每个块定义都包括块名、一个或多个对象、插入块的基点坐标值和所有相关的属性数据。在AutoCAD 2012中可通过以下5种方式来定义或创建块。

- 功能区：单击“常用”选项卡→“块”面板→“创建”按钮。
- 功能区：单击“插入”选项卡→“块”面板→“创建”按钮。
- 经典模式：选择菜单栏“绘图”→“块”→“创建”命令。

- 经典模式：单击“绘图”工具栏的“创建块”按钮。
- 运行命令：BLOCK。

执行“创建”命令后，将弹出“块定义”对话框，如图 5-1 所示。

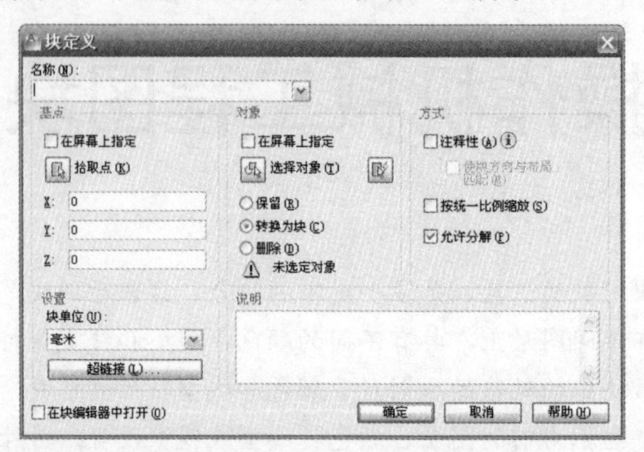

图 5-1 “块定义”对话框

在“块定义”对话框中定义了块名、基点，并指定组成块的对象后，就可完成块的定义。“块定义”对话框中各部分的功能说明如下所示。

1. “名称”下拉列表框

用于指定块的名称。

2. “基点”选项组

用于指定块的插入基点。基点的用途在于插入块时，将基点作为放置块的参照，此时块基点与指定的插入点对齐。基点的默认坐标为(0,0,0)，可通过“拾取点”按钮指定基点，也可通过 X、Y 和 Z 三个文本框来输入坐标值。

如选中“在屏幕上指定”复选框，那么在关闭对话框时，将提示用户指定基点。

3. “对象”选项组

用于指定新块中要包含的对象，以及创建块之后如何处理这些对象：是保留，是删除，或者是转换成块实例。

- “在屏幕上指定”复选框：选择该复选框后关闭对话框时，将提示用户指定对象。
- “选择对象”按钮：单击该按钮将返回到绘图区，此时可用选择对象的方法选择组成块的对象。完成选择对象后，按 Enter 键返回。
- “快速选择”按钮：单击该按钮将弹出“快速选择”对话框，可通过快速选择来定义选择集并指定对象。
- “保留”单选按钮：创建块以后，将选定对象保留在图形中作为区别对象。
- “转换为块”单选按钮：创建块以后，将选定对象转换成图形中的块实例。

- “删除”单选按钮：创建块以后，从图形中删除选定的对象。

4. “方式”选项组

用于指定块的定义方式。

- “注释性”复选框：将块定义为注释性对象。
- “使块方向与布局匹配”复选框：选择该复选框表示在图纸空间视口中的块参照方向与布局的方向匹配。如果未选择“注释性”复选框，则该选项不可用。
- “按统一比例缩放”复选框：用于指定是否阻止块参照不按统一比例缩放。
- “允许分解”复选框：用于指定块参照是否可以被分解。如选中，则表示插入块后，可用 explode 命令将块分解为组成块的单个对象。

5. “设置”选项组

用于设置块的其他设置。

- “块单位”下拉列表框：用于指定块参照的插入单位。
- “超链接”按钮：单击可打开“插入超链接”对话框，使用该对话框可将某个超链接与块定义相关联。

5.1.2　插入块

在创建了块之后，就可以使用“插入块”命令将创建的块插入到多个位置，以达到重复绘图的目的。在 AutoCAD 2012 中可通过以下 5 种方式来插入块。

- 功能区：单击“常用”选项卡→“块”面板→“插入块”按钮。
- 功能区：单击“插入”选项卡→“块”面板→“插入块”按钮。
- 选择“插入”→“块”命令。
- 经典模式：单击“绘图”工具栏的“插入块”按钮。
- 运行命令：INSERT。

执行“插入块”命令后，将弹出“插入”对话框，如图 5-2 所示。

通过“插入”对话框，可以对插入块的位置、比例及旋转等特性进行设置。

图 5-2　“插入”对话框

1. “名称”下拉列表框

在“块定义”对话框中创建块的名称将显示在该下拉列表框内。通过该下拉列表框可以指定要插入块的名称，或指定要作为块插入的文件的名称。单击[浏览(B)...]按钮还可以通过“选择图形文件”对话框将外部图形文件插入图形中。

块的名称应该从下拉列表框中选取，如果下拉列表框为空，则说明该图形没有定义块。

2. “插入点”选项组

可分别指定插入块的位置等。该点的位置与创建块时所定义的基点对齐。

“在屏幕上指定”复选框：如选择该复选框，将在单击[确定]按钮关闭“插入”对话框后提示指定插入点，可用鼠标拾取或使用键盘输入插入点的坐标。如没有选择“在屏幕上指定”复选框，那么X、Y和Z文本框将变为可用，可在其中输入插入点的坐标值。

3. “比例”选项组

可设置插入块时的缩放比例。同样，该区域也包含一个“在屏幕上指定”复选框，意义同前。

- X、Y和Z文本框：可分别指定三个坐标方向的缩放比例因子，如图5-3（a）所示为创建的块，图5-3（b）为将X方向比例设置为1、Y方向比例设置为2的显示效果，可见Y方向的长度放大了两倍，而X方向的长度仍然不变。
- “统一比例”复选框：为X、Y和Z坐标指定同一比例值，如图5-3（c）所示为插入统一比例为2的块。

如果指定负的X、Y和Z缩放比例因子，则插入块的镜像图像。

4. “旋转”选项组

可以指定插入块的旋转角度。同样，“在屏幕上指定”复选框意义同前。

“角度”文本框：用于指定插入块的旋转角度，如图5-3（d）所示是将旋转角度设置为45°时的显示效果。

（a）创建的块

（b）X方向比例为1、Y方向比例为2

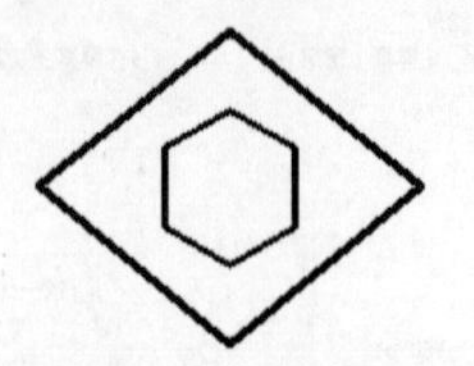

（c）统一比例为2

（d）旋转角度为45°

图5-3　设置插入比例和旋转角度提示

5. “分解”复选框

选择该复选框后，块将分解为各个部分，且只可以指定统一比例因子。

5.1.3 创建和插入块实例

将机械图中的螺栓图形创建为块，并插入到不同的位置，操作步骤如下。

01 先绘制用于创建块的图形，如图 5-4 所示。

02 单击“常用”选项卡→“块”面板→“创建块”按钮，弹出“块定义”对话框。

03 设置“块定义”对话框。在“名称”文本框内输入块的名称“螺栓”；将“基点”和“对象”选项组的“在屏幕上指定”复选框取消，此时，“拾取点”按钮和“选择对象”按钮均变为可用；单击“拾取点”按钮，返回到绘图区，单击螺栓中心线的基点，如图 5-5 所示；单击“选择对象”按钮，返回到绘图区，用窗口选择的方法选择整个螺栓，如图 5-6 所示。然后按 Enter 键返回到“块定义”对话框，其他选项保持默认。然后单击 确定 按钮，即完成块的定义，如图 5-7 所示。

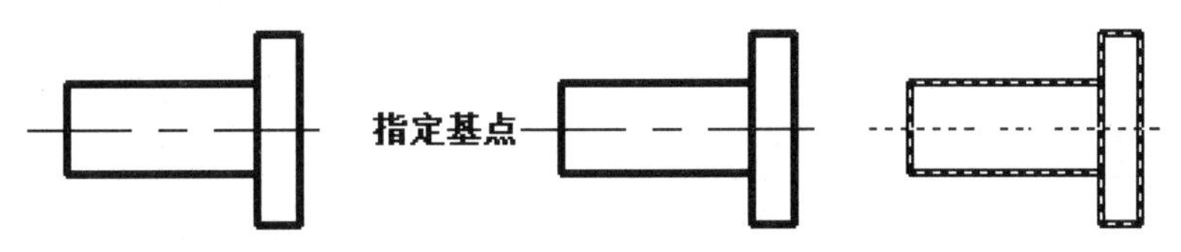

图 5-4　用于创建块的螺栓图形　　图 5-5　拾取基点　　图 5-6　选择对象

图 5-7　设置“块定义”对话框

通过步骤 02 和步骤 03 将步骤 01 里绘制的门的符号转换为块，由于在设置“块定义”对话框时，在“对象”选项组中选择了默认的“转换为块”创建方式，因此创建块后，原来的图形文件已经不存在，已转换为一个单独的整体对象——块。

04 单击“常用”选项卡→“块”面板→“插入块”按钮，弹出“插入”对话框。

05 在“名称”下拉列表框中选择“螺栓”；在“插入点”选项组中选中“在屏幕上指定”复选框；其他选项保持默认值，然后单击 确定 按钮，如图 5-8 所示。

06 由于在步骤 05 中选择了“插入点”选项组的“在屏幕上指定”复选框，因此单击 确定 按钮后，将提示“指定插入点或 [基点（B）/比例（S）/旋转（R）]:”，此时在绘图区指定 A 点为第 1 个插入点，如图 5-9 所示。

07 重复步骤 04，弹出“插入”对话框，然后重复步骤 05 设置“插入点”区域，“比例”选项组保持默认，如图 5-10 所示。单击 确定 按钮后，指定 B 点为第 2 个插入点，如图 5-11 所示。此时完成在两个不同的位置插入块。

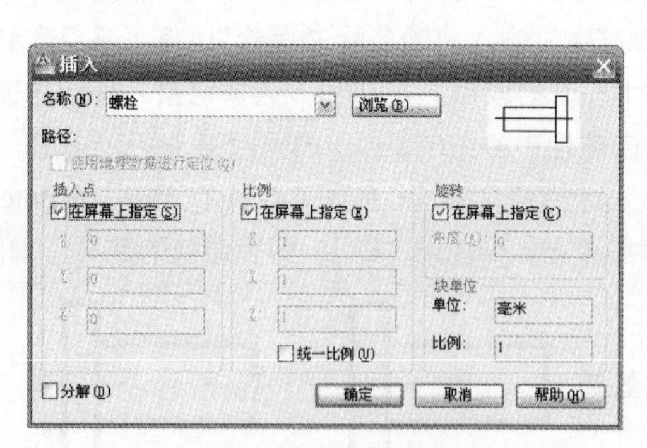

图 5-8　设置第 1 个块插入

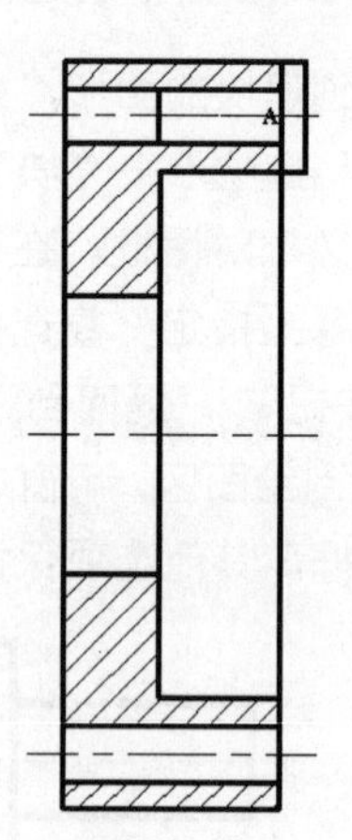

图 5-9　指定第 1 个块的基点

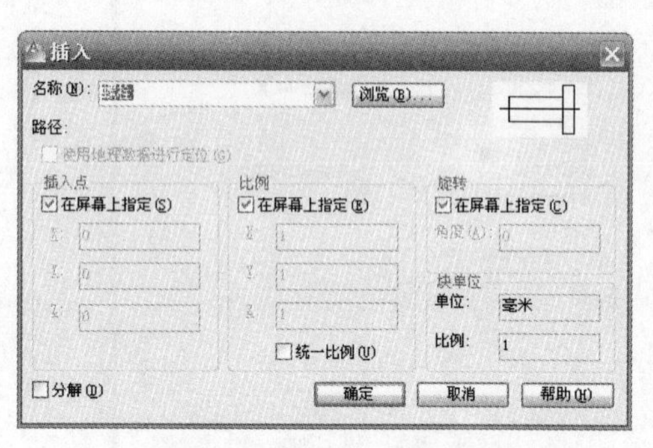

图 5-10　设置第 2 个块插入

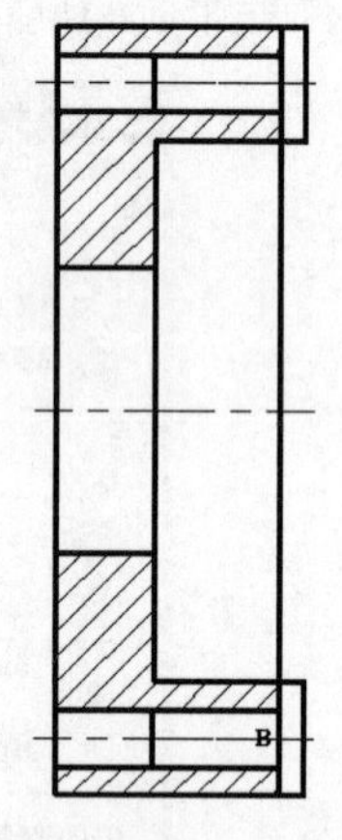

图 5-11　指定第 2 个块的基点

5.2 块属性

块属性是指将数据附着到块上的标签或标记，被附着的数据包括零件编号、价格、注释和物主的名称等。附着的属性可以提取出来用于电子表格或数据库，以生成零件列表或材质清单等。如果已将属性定义附着到块中，则插入块时将会用指定的文字串提示输入属性。该块后续的每个参照可以使用为该属性指定的不同的值。

5.2.1 创建块属性

创建块属性的一般步骤如下。

01 先定义属性。

02 创建块时，将属性定义选为对象，这样的块称为“块属性”。

步骤 01 是对属性进行定义，步骤 02 是在定义块时引用该属性，即将属性附着到块。步骤 02 的操作与块定义基本上一样，只须在块定义时将属性定义选择为对象即可。因此，本节只介绍属性的定义。

在 AutoCAD 2012 中可通过以下 4 种方式来定义属性。

- 功能区：单击“常用”选项卡→“块”面板→“定义属性”按钮。
- 功能区：单击“插入”选项卡→“块定义”面板→“定义属性”按钮。
- 经典模式：选择菜单栏“绘图”→“块”→“定义属性”命令。
- 运行命令：ATTDEF。

执行“定义属性”命令后，将弹出“属性定义”对话框，如图 5-12 所示。

图 5-12　“属性定义”对话框

通过“属性定义”对话框，可完成对属性的定义。该对话框包括“模式”、“插入点”、“属性”、“文字设置”4 个选项组，各个选项的功能如下。

1. “模式”选项组

可设置与块关联的属性值选项。该选项组的设置决定了属性定义的基本特性，且将影响到其他区域的设置情况。

- “不可见”复选框：指定插入块时不显示或不打印属性值。选择该选项后，当插入该属性块时，将不显示属性值，也不会打印属性值。
- “固定”复选框：在插入块时赋予属性固定值。选择该选项并创建块定义后，当插入块时将不提示指定属性值，而是使用属性定义时在“默认”文本框里所输入的值，并且该值在定义后不能被编辑。
- “验证”复选框：该选项的作用是插入块时将提示验证属性值是否正确。

- "预设"复选框：插入包含预置属性值的块时，将属性设置为默认值。
- "锁定位置"复选框：用于锁定块参照中属性的相对位置。解锁后，属性可以相对于使用夹点编辑的块的其他部分移动，并且可以调整多行属性的大小。
- "多行"复选框：该选项表示属性值可以包含多行文字。选定此选项后，可以指定属性的边界宽度。

在动态块中，由于属性的位置包括在动作的选择集中，因此必须将其锁定。

2. "属性"选项组

可设置属性数据。

- "标记"文本框：标识图形中每次出现的属性。可使用任何字符组合（空格除外）作为属性标记，小写字母会自动转换为大写字母。
- "提示"文本框：指定在插入包含该属性定义的块时显示的提示。如果不输入提示，属性标记将用于提示。如果在"模式"选项组中选择"固定"模式，"提示"选项将不可用。
- "默认"文本框：指定默认属性值。
- "插入字段"按钮：显示"字段"对话框。可以插入一个字段作为属性的全部或部分值。如果在"模式"选项组，选择属性为"多行"，那么该按钮将变为"多行编辑器"按钮，单击将弹出"文字编辑器"选项卡。

3. "插入点"选项组

可以指定属性的位置。

4. "文字设置"选项组

可设置属性文字的对正、样式、高度和旋转。

- "对正"下拉列表框：指定属性文字的对正。
- "文字样式"下拉列表框：指定属性文字的预定义样式，默认为当前加载的文字样式。
- "注释性"复选框：指定属性为注释性对象。
- "文字高度"文本框：指定属性文字的高度。
- "旋转"文本框：指定属性文字的旋转角度。
- "边界宽度"文本框：用于指定多行属性中文字行的最大长度。

文字高度、旋转角度和边界宽度也可以通过对应文本框后的拾取按钮在绘图区拾取。

5. "在上一个属性定义下对齐"复选框

将属性标记直接置于定义的上一个属性下面。如果之前没有创建属性定义，则此选项不可用。

5.2.2 创建剖切线符号

创建一个剖视图块属性的操作步骤如下。

01 先用绘图工具绘制剖视图符号，如图 5-13 所示。

02 单击“常用”选项卡→“块”面板→“定义属性”按钮，弹出“属性定义”对话框。选中“锁定位置”复选框；在“标记”文本框里输入属性的标记“PST”；在“提示”文本框内输入插入块时的提示信息“请输入剖切线符号”；在“默认”文本框内输入默认的符号 A；在“文字高度”文本框内输入文字的高度 5，如图 5-14 所示。

03 单击 确定 按钮，退出“属性定义”对话框。由于在步骤 02 中将“插入点”选项组的“在屏幕上指定”复选框勾选了，因此，在退出“属性定义”对话框时命令行将提示“指定起点:”，此时指定箭头的端点为插入点，如图 5-15 所示。完成属性的定义。

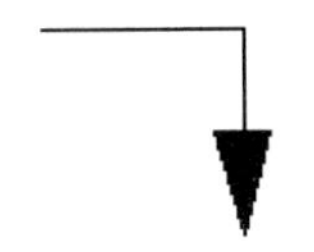

图 5-13　绘制剖视图符号

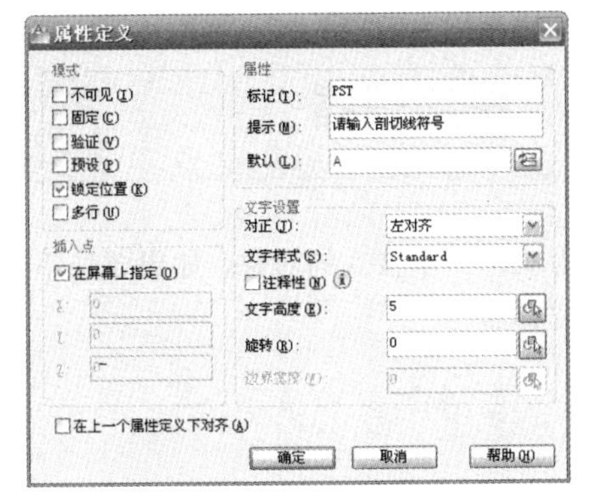

图 5-14　定义属性

图 5-15　指定 A 点为插入点

04 单击“常用”选项卡→“块”面板→“创建”按钮，弹出“块定义”对话框，将块的“名称”文本框中输入“剖切线符号”，单击“选择对象”按钮，然后将步骤 02 和步骤 03 中定义的属性和步骤 01 中绘制的剖切线符号选择为组成块的对象；指定剖切线符号的端点 B 为块的基点，如图 5-16 所示。最后，单击 确定 按钮，将弹出“编辑属性”对话框，如图 5-17 所示，可见在“编辑属性”对话框内显示了“提示”文本框和“默认文本框”中所输入的文字。

图 5-16　块定义时指定对象和基点

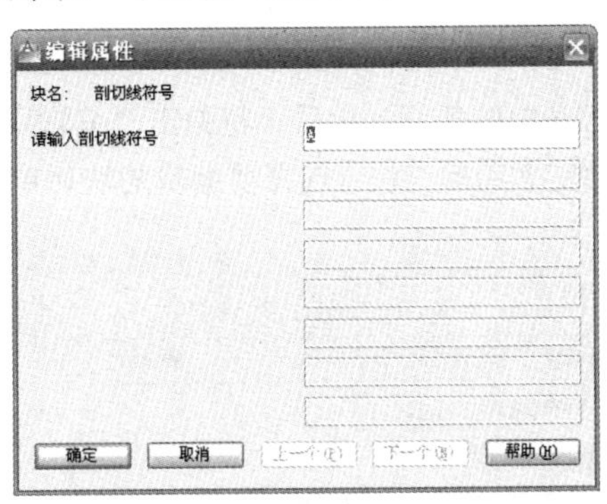

图 5-17　“编辑属性”对话框

05 单击“编辑属性”对话框中的 确定 按钮，即可完成块属性的定义，其结果如图 5-18 所示。

06 在步骤 01～步骤 05 中完成了块属性的定义，在以后的绘图过程中就可以插入该块。选择“插入”→“块”命令，选择插入名称为“剖切线符号”的块时，命令行将提示“请输入剖切线符号 <A>:”，如输入 B，那么所插入的块如图 5-19 所示。

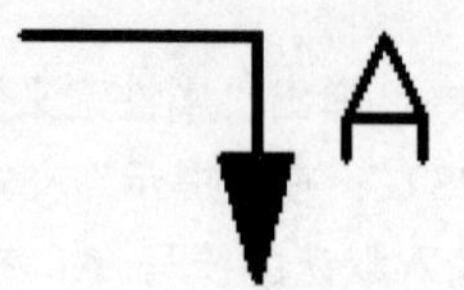

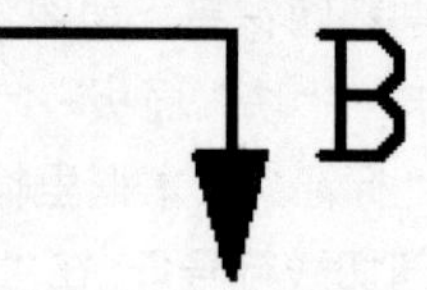

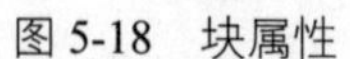

图 5-18　块属性　　　　图 5-19　插入块属性

本实例介绍了如何定义属性、创建块属性，以及如何插入块属性。就本例所介绍的剖切线符号的块属性来说，可以通过它来对不同剖视图标注不同的剖切线，应用起来很方便。

5.3 块编辑器

对于已经插入到图形中的块，因为块是一个独立的对象，如果要在不分解块的情况下修改组成块的某个对象，那么唯一的方法就是使用块编辑器。

5.3.1 打开块编辑器

在 AutoCAD 2012 中激活块编辑器的方法有如下 6 种。

- 功能区：单击“常用”选项卡→“块”面板→“编辑”按钮。
- 功能区：单击“插入”选项卡→“块”面板→“块编辑器”按钮。
- 经典模式：选择菜单栏“工具”→“块编辑器”命令。
- 经典模式：单击“标准”工具栏的“块编辑器”按钮。
- 快捷菜单：选择一个块参照，然后在绘图区右击，从弹出的快捷菜单中选择“块编辑器”命令。
- 运行命令：BEDIT。

执行以上方法中的任何一种后，将弹出“编辑块定义”对话框，如图 5-20 所示，在该对话框的列表中列出了图形中定义的所有块，选择要编辑的块后单击 确定 按钮，将进入块编辑器，如图 5-21 所示。

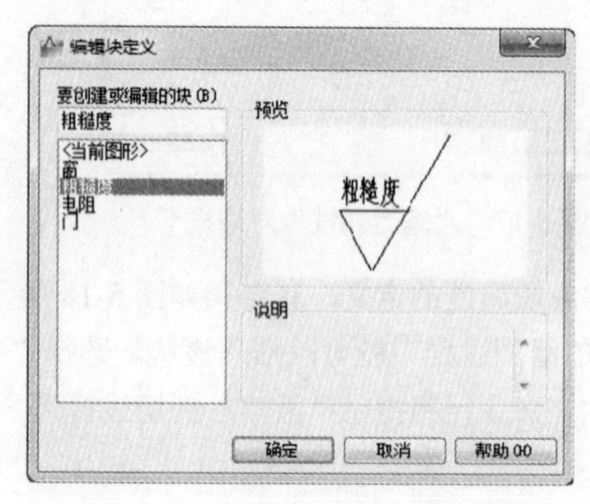

图 5-20　“编辑块定义”对话框

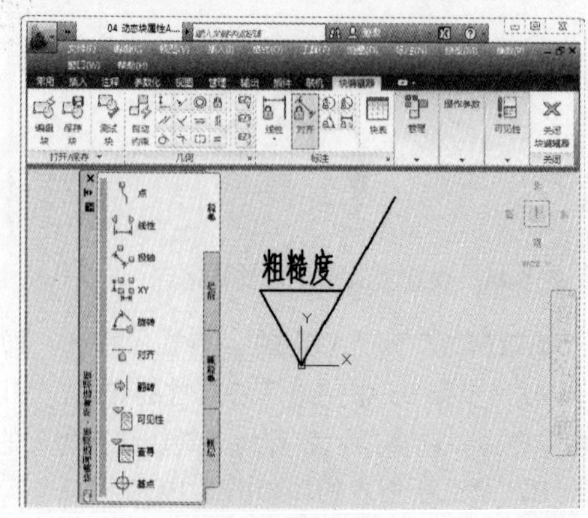

图 5-21　块编辑器

块编辑器主要包括绘图区、坐标系、功能区及选项板 4 个部分。在绘图区是所编辑的块，此时显示为各个组成块的单独对象，可以类似于编辑图形那样编辑块中的组成对象；块编辑器中的坐标原点为块的基点；通过功能区上的按钮，可以新建块或者保存块，单击✕按钮可退出块编辑器；块编辑器的选项板专门用于创建动态块，包括“参数”、“动作”、“参数集”和“约束”4 个选项板，如图 5-22 所示。

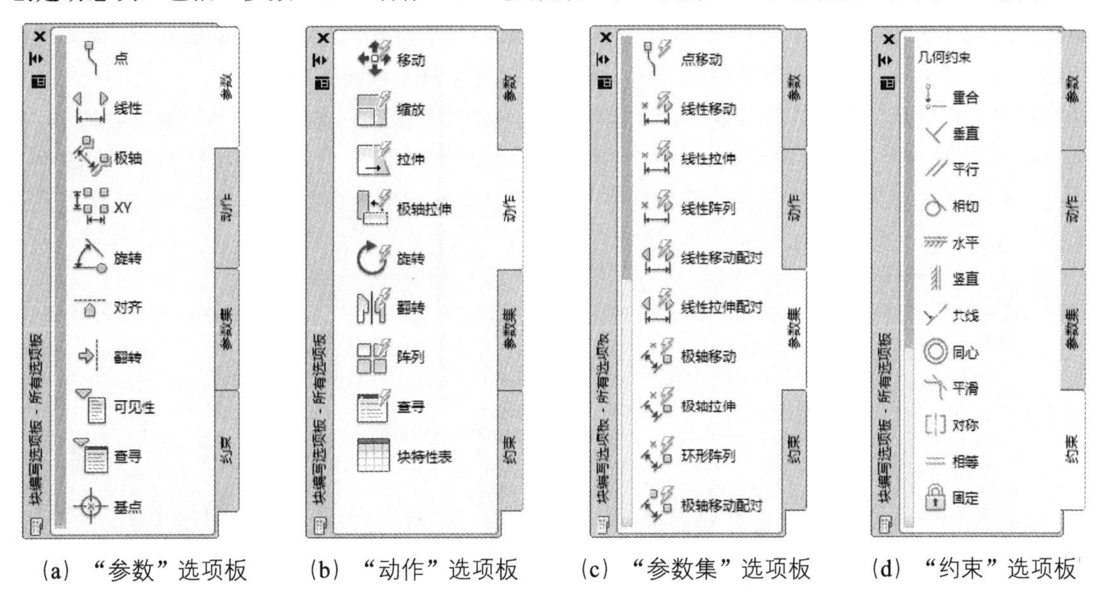

(a) “参数”选项板　(b) “动作”选项板　(c) “参数集”选项板　(d) “约束”选项板

图 5-22　块编辑器中的选项板

5.3.2　创建动态块

动态块是一种特殊的块。除几何图形外，动态块中通常还包含一个或多个参数和动作，它具有灵活性和智能性。动态块允许用户在操作时通过自定义夹点或自定义特性来操作几何图形。这使得用户可以根据需要在线调整块参照，而不用搜索另一个块以插入或重定义现有的块。

例如，在图形中插入一个“门”块参照，在编辑图形时可能需要更改门的开角。此时即可将该块定义为动态的，并定义为可调整大小，那么只须拖动自定义夹点或在“特性”选项板中指定不同的尺寸即可。

动态块包括两个基本特性——参数和动作。参数是指通过指定块中几何图形的位置、距离和角度来定义动态块的自定义特性；动作是指在图形中操作动态块参照时，定义该块参照中的几何图形将如何移动或修改。向动态块定义中添加动作后，必须将这些动作与对应的参数相关联。当然，动态块的定义也是通过动态块的参数和动作实现的，只能通过“块编辑器”实现。因此，定义动态块的一般步骤如下。

01 使用块定义的方法定义一个普通的块。

02 使用块编辑器在普通块中添加参数。

03 使用块编辑器在普通块中添加动作。

例如，在使用粗糙度符号的过程中，对于不同角度的表面，粗糙度符号必须与该表面垂直。那么，使用动态块无疑是最好的选择。下面将基于前面小节中创建的块定义一个附带旋转动作的动态块。

创建粗糙度符号的动态块的操作步骤如下。

01 接上面小节实例。单击“常用”选项卡→“块”面板→“编辑器”按钮，在弹出的“编辑块定义”

对话框的列表中选择“剖切线符号”，进入块编辑器。

02 在块编辑器中，单击“参数”选项板的“旋转参数”按钮，命令行提示“指定基点或 [名称（N）/标签（L）/链（C）/说明（D）/选项板（P）/值集（V）]:”，此时指定坐标原点 O 为旋转的基点；命令行继续提示“指定参数半径:”，此时拾取 A 点，指定 OA 为半径；命令行继续提示“指定默认旋转角度或 [基准角度（B）] <0>:”，此时直接按 Enter 键表示输入尖括号里的值 0，效果如图 5-23 所示。这一步完成了对动态块的参数定义，然后可以定义基于该参数的动作。

03 切换到“动作”选项板，如图 5-24 所示。单击“旋转动作”按钮，命令行提示“选择参数:”，此时选择在步骤 02 中定义的旋转参数；命令行继续提示“选择对象:”，此时选择粗糙度符号及文字；命令行继续提示“指定动作位置或 [基点类型（B）]:”，此时指定坐标原点 O 为动作的位置，完成动作的添加。

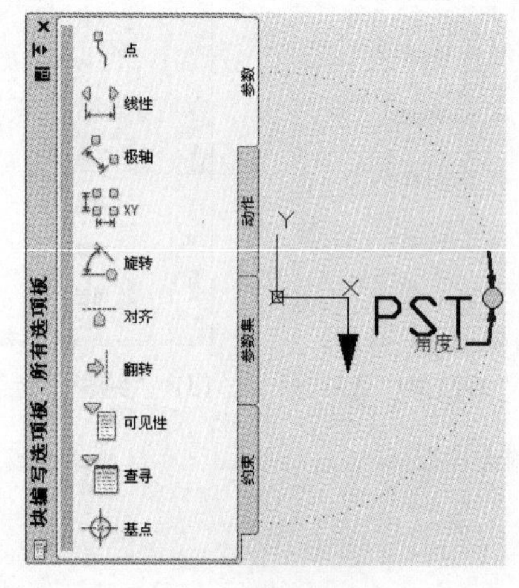

图 5-23　添加参数

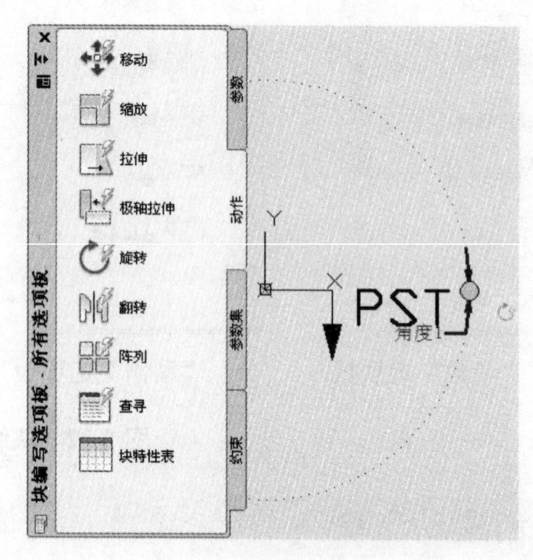

图 5-24　添加动作

04 以上 3 个步骤分别完成了为块添加参数和动作的操作，单击按钮后，将弹出确认对话框询问是否保存编辑结果，单击 将更改保存到 粗糙度(S) 按钮保存，如图 5-25 所示，然后退出块编辑器返回到绘图区。

05 定义动态块后，该块将具有特殊的夹点，如图 5-26 所示，通过该夹点可完成在块编辑器中所定义的动作。例如，可拖动该夹点将块旋转 90º，如图 5-27 所示。

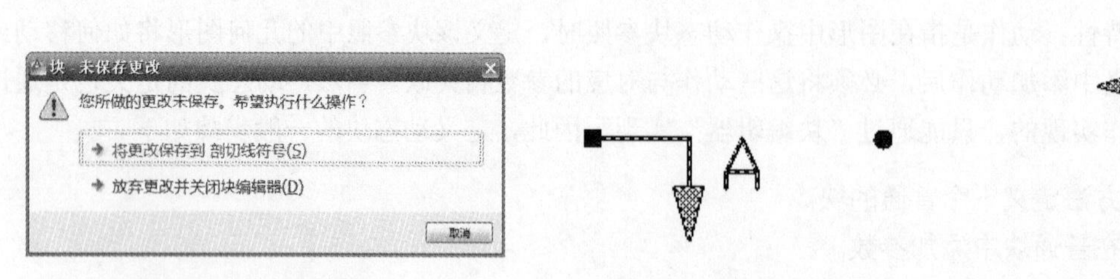

图 5-25　询问对话框　　图 5-26　动态块的夹点　　图 5-27　使用动态块完成旋转动作

由图 5-26 可知，动态块包含有特殊的夹点，默认显示为绿色，不同于一般对象的蓝色。不同的动态块的夹点显示不同，如表 5-1 所示。

表 5-1　不同类型动态块的夹点

夹点类型	显示	夹点在图形中的操作方式	关联参数
标准	■	平面内的任意方向	基点、点、极轴和 XY
线性	▶	按规定方向或沿某一条轴往返移动	线性
旋转	●	围绕某一条轴旋转	旋转
翻转	➡	单击以翻转动态块参照	翻转
对齐	▶	平面内的任意方向；如果在某个对象上移动，则使块参照与该对象对齐	对齐
查寻	▼	单击以显示项目列表	可见性、查寻

前面的实例介绍了动态块的旋转参数和动作的使用。在块编辑器的选项板中，还包括其他一些参数和动作，它们的功能如表 5-2 所示。注意，每个参数都有其所支持的动作。在定义动态块的动作时，需要对参数和动作联合定义。例如，先定义参数，然后定义基于该参数的动作。也可以使用块编辑器选项板的“参数集”选项卡，它提供用于在块编辑器中向动态块定义中添加一个参数和至少一个动作的工具。将参数集添加到动态块中时，动作将自动与参数关联。

表 5-2　动态块的参数和动作

参数类型	说明	支持的动作
点	在图形中定义一个 X 和 Y 位置。在块编辑器中，外观类似于坐标标注	移动、拉伸
线性	可显示出两个固定点之间的距离，约束夹点沿预置角度移动，在块编辑器中，外观类似于对齐标注	移动、缩放、拉伸和阵列
极轴	可显示出两个固定点之间的距离并显示角度值。可以使用夹点和“特性”选项板来共同更改距离值和角度值。在块编辑器中，外观类似于对齐标注	移动、缩放、拉伸、极轴拉伸和阵列
XY	可显示出距参数基点的 X 距离和 Y 距离。在块编辑器中，显示为一对标注（水平标注和垂直标注）	移动、缩放、拉伸和阵列
旋转	用于定义角度。在块编辑器中，显示为一个圆	旋转
翻转	可用于翻转对象。在块编辑器中，显示为一条投影线。可以围绕这条投影线翻转对象。将显示一个值，该值表示块参照是否已被翻转	翻转
对齐	可定义 X 和 Y 位置及一个角度。对齐参数总是应用于整个块，并且无须与任何动作相关联。对齐参数允许块参照自动围绕一个点旋转，以便与图形中的另一对象对齐。对齐参数会影响块参照的旋转特性。在块编辑器中，外观类似于对齐线	无（此动作隐含在参数中）
可见性	可控制对象在块中的可见性。可见性参数总是应用于整个块，并且无须与任何动作相关联。在图形中单击夹点，可以显示块参照中所有可见性状态的列表。在块编辑器中，显示为带有关联夹点的文字	无（此动作是隐含的，并受可见性状态的控制）
查寻	定义一个可以指定或设置为计算用户定义的列表或表中值的自定义特性。该参数可以与单个查寻夹点相关联。在块参照中单击该夹点可以显示可用值的列表。在块编辑器中，显示为带有关联夹点的文字	查寻
基点	在动态块参照中相对于该块中的几何图形定义一个基点。无法与任何动作相关联，但可以归属于某个动作的选择集。在块编辑器中，显示为带有十字光标的圆	无

5.4 外部参照

外部参照是将整个图形作为参照图形附着到当前图形中。通过外部参照，参照图形中所做的修改将反映在当前图形中。附着的外部参照链接至另一图形，而不是真正插入。因此，使用外部参照可以生成图形而不会显著增加图形文件的大小，从而节省资源。

外部参照的主要作用如下。

- 通过在图形中参照其他用户的图形协调用户之间的工作，从而与其他设计师所做的修改保持同步。用户也可以使用组成图形装配一个主图形，主图形将随工程的开发而被修改。
- 确保显示参照图形的最新版本。打开图形时，将自动重载每个参照图形，从而反映参照图形文件的最新状态。
- 当工程完成并准备归档时，将附着的参照图形和当前图形永久合并（绑定）到一起。

与块参照相同，外部参照在当前图形中以单个对象的形式存在。与块参照不同的是，块参照仅限于在本图形内部使用，而外部参照是调用或者附着本图形之外的文件，可加强各程序之间的交流和数据共享。

5.4.1 使用“参照”工具栏

AutoCAD 2012 为管理外部参照，在“插入”选项卡中专门配置了“参照”面板，并设置了“参照”工具栏和“参照编辑”工具栏，分别如图 5-28～图 5-30 所示。

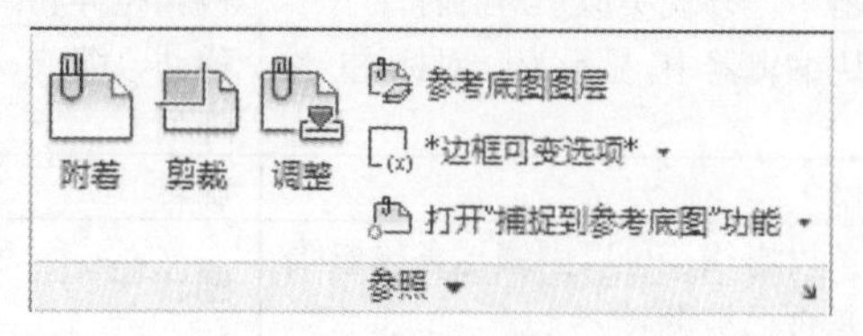

图 5-28 “参照”面板

图 5-29 “参照编辑”工具栏

图 5-30 “参照”工具栏

“参照”工具栏主要用于插入图形文件参照和图像文件参照，并对它们进行剪裁或绑定等操作。“参照编辑”工具栏主要用于对参照图形进行编辑，类似于块编辑器对块的编辑。

5.4.2 插入外部参照

附着外部参照又称为插入外部参照，是将参照图形附着到当前图形中。AutoCAD 2012 通过“外部参照”选项板管理外部参照，如图 5-31 所示。要打开“外部参照”选项板，可通过以下 5 种方法：

- 功能区：单击“插入”选项卡→“参照”面板→“外部参照”按钮。
- 经典模式：选择菜单栏“插入”→“外部参照”命令。
- 经典模式：选择菜单栏“工具”→“选项板”→“外部参照”命令。
- 经典模式：单击“参照”工具栏的“外部参照”按钮。

- 运行命令：EXTERNALREFERENCES。

执行“外部参照”命令，将弹出“选择参照文件”对话框（Windows 标准文件选择对话框），指定要插入的参照文件后，将弹出“外部参照”选项板。

单击“外部参照”选项板中的“附着”按钮，可附着 DWG、图像、DWF、DGN、PDF 共 5 种格式的外部参照，单击其中一种格式后，将弹出 Windows 标准打开对话框，选择文件后将弹出“附着外部参照”对话框，如图 5-32 所示。

“外部参照”对话框与插入块时使用的“插入”对话框类似，其插入的方法也类似。“插入点”、“比例”和“旋转”选项组分别用于设置插入外部参照的位置、比例和旋转角度。其他各个选项的功能说明如下。

- “名称”下拉列表框：附着了一个外部参照之后，该外部参照的名称将出现在下拉列表里。
- 浏览(B)... 按钮：单击可重新打开“选择参照文件”对话框。
- “附着型”和“覆盖型”单选按钮：用于指定外部参照为附着型还是覆盖型。与附着型的外部参照不同，当覆盖型外部参照的图形作为外部参照附着到另一图形时，将忽略该覆盖型外部参照。
- “路径类型”下拉列表框：用于指定外部参照的保存路径是“完整路径”、“相对路径”或“无路径”。将“路径类型”设置为“相对路径”之前，必须保存当前图形。对于嵌套的外部参照，相对路径始终参照其主机的位置，并不一定参照当前打开的图形。

图 5-31　“外部参照”选项板

图 5-32　“附着外部参照”对话框

5.4.3　剪裁外部参照

剪裁是指定义一个剪裁边界以显示外部参照和块插入的有限部分。剪裁既可以用于外部参照，也可以用于块。在 AutoCAD 2012 中，剪裁外部参照的方法有以下 3 种。

- 功能区：单击“插入”选项卡→“参照”面板→“剪裁”按钮。
- 经典模式：单击“参照”工具栏的“剪裁外部参照”按钮。
- 运行命令：XCLIP。

执行“剪裁外部参照”命令后，命令行将提示：

```
选择对象:
```

此时使用对象选择方法并在结束选择时按 Enter 键。命令行继续提示：

```
输入剪裁选项 [开(ON)/关(OFF)/剪裁深度(C)/删除(D)/生成多段线(P)/新建边界(N)] <新建>:
```

此时可输入剪裁的选项。

- “开（ON）”和“关（OFF）”选项用于选择在当前图形中显示或隐藏外部参照或块的被剪裁部分。
- “剪裁深度（C）”选项用于在外部参照或块上设置前剪裁平面和后剪裁平面，系统将不显示由边界和指定深度所定义的区域外的对象。
- “删除（D）”选项用于删除前剪裁平面和后剪裁平面。
- “生成多段线（P）”选项用于自动绘制一条与剪裁边界重合的多段线。
- “新建边界（N）”选项用于新建剪裁边界。
- “剪裁深度（C）”、“删除（D）”和“生成多段线（P）”选项均只能用于已存在剪裁边界的情况下，因此，第一次剪裁时一般选择“新建边界（N）”选项新建剪裁边界。选择“新建边界（N）”选项后，命令行继续提示：

```
[选择多段线(S)/多边形(P)/矩形(R)/反向剪裁(I)] <矩形>:
```

此时可选择剪裁边界的定义方式。

- “选择多段线（S）”选项：以选定的多段线定义边界。
- “多边形（P）”选项：指定的多边形顶点定义多边形边界。
- “矩形（R）”选项：使用指定的对角点定义矩形边界。
- “反向剪裁（I）”选项：“剪裁”命令默认为隐藏边界外的对象，而“反向剪裁（I）”选项用于反转剪裁边界的模式，即隐藏边界外（默认）或边界内的对象。

如图 5-33（a）所示附着了一个外部参照到当前图形；指定剪裁边界后，如图 5-33（b）所示；使用矩形边界剪裁之后，显示为如图 5-33（c）所示；如选择“反向剪裁（I）”选项，则显示为如图 5-33（d）所示。

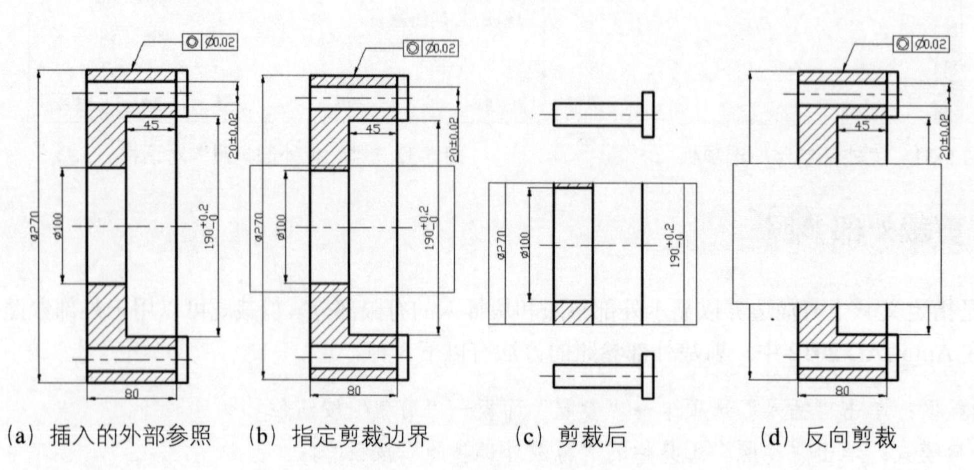

（a）插入的外部参照　（b）指定剪裁边界　（c）剪裁后　（d）反向剪裁

图 5-33　剪裁外部参照

5.4.4 更新和绑定外部参照

当图形打开时，所有的外部参照将自动更新。如要确保图形中显示外部参照的最新版本，可以使用“外部参照”选项板中的“重载”选项更新外部参照，选择要重载的外部参照后右击，在弹出的快捷菜单中选择“重载”命令即可，如图 5-34 所示。

“外部参照”选项板显示了当前图形中所有的已附着的外部参照。单击“参照”工具栏的“外部参照”按钮，可打开或关闭“外部参照”选项板。

默认情况下，如果修改了参照文件，则应用程序窗口右下角（状态栏托盘）的“管理外部参照”图标旁将显示一个气泡信息，如图 5-35 所示。单击气泡中的链接，可以重载所有修改过的外部参照。

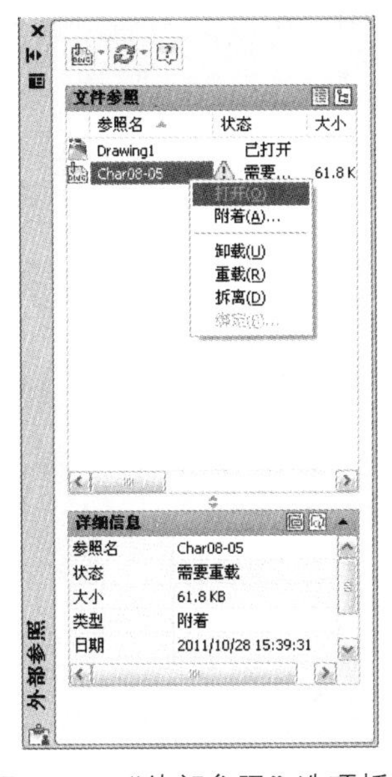

图 5-34 “外部参照”选项板

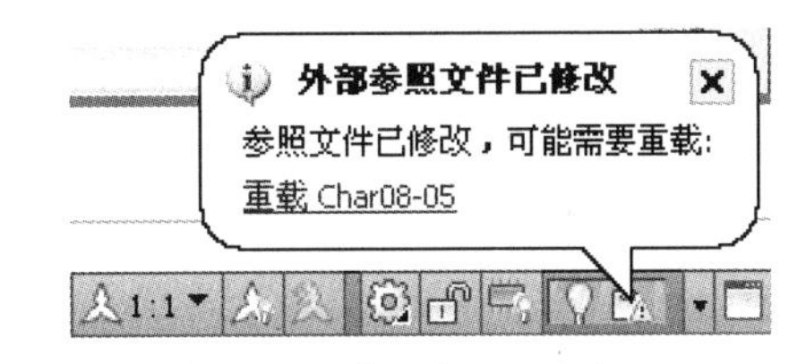

图 5-35 外部参照更新提示

如附着的外部参照已是最终版本，也就是说，不希望外部参照的修改再反映到当前图形，可以将外部参照与当前图形进行绑定。外部参照绑定到图形后，可使外部参照成为图形中的固有部分，而不再是外部参照文件。

绑定外部参照可执行下面的操作：在“外部参照”选项板中，选择要绑定的参照名称，然后右击，在弹出的快捷菜单中选择“绑定”命令。

5.4.5 编辑外部参照

外部参照在插入后也是一个整体的独立对象。如要对外部参照中的单个对象进行编辑，与块编辑相似，外部参照编辑也需要使用“在位参照编辑器”，打开方法是单击“参照编辑”工具栏的“在位编辑参照”按钮。进入在位参照编辑器后，界面上并没有不同，只是被编辑的外部参照不再显示为单独的对象，从

而可以对它们进行编辑操作。编辑完成后，单击“保存参照编辑”按钮，即可保存编辑结果。

5.5 知识回顾

本章主要介绍了块的应用，块的定义和使用可提高绘制重复图形的效率，大大减少重复工作。例如，要在图形中的不同位置绘制相同的标准件，只须将此标准件定义为块，然后在不同位置插入块即可。

当然，使用“复制”命令也可以在多个位置绘制相同的图形，但是，使用块与使用复制的区别在于：块只须保存一次图形信息，而复制时在多个位置均要保存图形信息。

第6章 使用文字和表格

图纸的标题栏、技术性说明等注释性文字对象是组成图纸不可或缺的部分。在 AutoCAD 2012 中，可创建单行文字和多行文字对象，这些文字对象可以表达多种非图形的重要信息，既可以是复杂的技术要求、标题栏信息、标签，也可以是图形的一部分。另外，在“绘图”工具栏中也提供了绘制表格的命令，表格是条理化文字数据的重要手段，AutoCAD2012 支持表格链接至 Microsoft Excel 电子表格中的数据。

AutoCAD 2012 为文字对象提供了“文字”工具栏，可执行添加与编辑文字对象的大多数命令。另外，绘制表格的命令安排在“绘图”菜单和“绘图”工具栏中。

学习目标

- 文字样式的设置
- 单行文字和多行文字的创建和编辑
- 表格样式的设置
- 表格的创建以及编辑

6.1 创建机械图纸的文字样式

在为图形添加文字对象之前，应先设置好当前的文字样式。AutoCAD 2012 默认的文字样式为 Standard。通过“文字样式”对话框，如图 6-1 所示，用户可以自己定制文字样式。打开“文字样式”对话框的方法有以下 5 种。

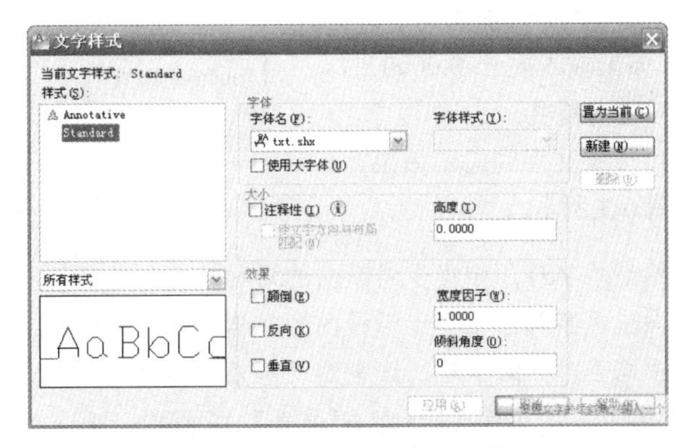

图 6-1 “文字样式”对话框

- 功能区：单击“常用”选项卡→“注释”面板→“文字样式”按钮。
- 功能区：单击“注释”选项卡→“文字”面板→“文字样式”按钮。
- 经典模式：选择菜单栏“格式”→“文字样式”命令。
- 经典模式：单击“文字”工具栏的“文字样式”按钮。
- 运行命令：STYLE。

如图 6-1 所示，“文字样式”对话框的“样式”列表框内列出了所有的文字样式，包括系统默认的 Standard 样式，以及用户自定义的样式。在“样式”列表框下方是文字样式预览窗口，可对所选择的样式进行预览。

“文字样式”对话框主要包括“字体”、“大小”和“效果”3 个选项组，分别用于设置文字的字体、大小和显示效果。单击置为当前(C)按钮，可将所选择的文字样式置为当前；单击新建(N)...按钮，用于新建文字样式，新建的文字样式将显示在“样式”列表框内；删除(D)按钮用于删除文字样式，不能删除 Standard 文字样式、当前文字样式，以及已经使用的文字样式。

要创建新的文字样式，可单击新建(N)...按钮，在弹出的“新建文字样式”对话框的“样式名”文本框内输入样式名称（如图 6-2 所示）。单击“确定”按钮后，新建的文字样式将显示在“样式”列表框内，并自动置为当前。

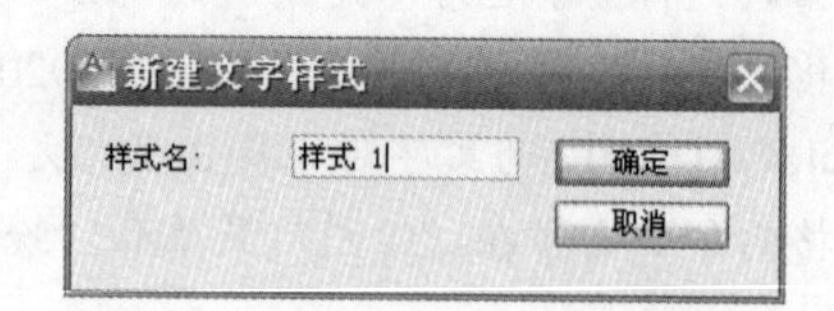

图 6-2 “新建文字样式”对话框

在“字体”选项组，可设置文字样式的字体。通过“字体名”下拉列表框可选择文字样式的字体。如果选中“使用大字体”复选框，那么可通过“SHX 字体”和“大字体”下拉列表框选择 SHX 文件作为文字样式的字体，选择后可在预览窗口预览显示效果。

AutoCAD 2012 的大字体是指专门为亚洲语言设计的特殊类型的定义。“大字体”下拉列表框中的 gbcbig.shx 为简体中文字体，chineset.shx 为繁体中文字体。

“大字体”下拉列表框只有在选中“使用大字体”复选框之后才可用。

在“大小”选项组，可设置文字的大小。文字大小通过“高度”文本框设置。默认为 0.0000。如果设置“高度”为 0.0000，则每次使用该样式输入文字时，文字高度的默认值均为 0.2；如果输入大于 0.0000 的高度值则为该样式设置固定的文字高度。

在“效果”选项组中，可设置文字的显示效果，共 5 个选项，其设置效果如图 6-3 所示。

图 6-3 设置文字样式的效果

- “颠倒”复选框：颠倒显示字符，相当于沿纵向的对称轴镜像处理。
- “反向”复选框：反向显示字符，相当于沿横向的对称轴镜像处理。
- “垂直”复选框：显示垂直对齐的字符，这里的“垂直”指的是单个文字的方向垂直于整个文字的排列方向。只有在选定字体支持双向时，“垂直”才可用。
- “宽度因子”文本框：设置字符间距。输入小于 1.0 的值将压缩文字，输入大于 1.0 的值则扩大文字，可参见图 6-3 中两个宽度因子分别设置为 0.5 与 2 的显示效果。

- “倾斜角度”文本框：设置文字的倾斜角。输入一个-85~85 之间的值，将使文字倾斜。

在“效果”选项组中设置的效果是可以叠加的，例如，将“颠倒”和“反向”两个复选框都选上后，文字既做纵向对称，也做横向对称，如图 6-4 所示。要使所设置的文字样式生效，请执行“绘图”→“重生成”命令。

图 6-4　文字效果的叠加

6.2 创建机械图纸的单行文字

对于不需要多种字体或多线的简短项，可以创建单行文字。单行文字对于标签而言非常方便。虽然名称为单行文字，但是在创建过程中仍然可以用 Enter 键来换行，“单行”的含义是每行文字都是独立的对象，可对其进行重定位、调整格式或进行其他修改。

在 AutoCAD 2012 中可通过以下 4 种方式创建单行文字。

- 功能区：单击“常用”选项卡→“注释”面板→“单行文字”按钮AI。
- 经典模式：选择菜单栏“绘图”→“文字”→“单行文字”AI命令。
- 经典模式：单击“文字”工具栏的“单行文字”按钮AI。
- 运行命令：TEXT。

执行“单行文字”命令后，命令行提示：

```
当前文字样式： “standard”文字高度： 2.5000  注释性： 否
指定文字的起点或 [对正（J）/样式（S）]：
```

此提示信息的第一行显示当前的文字样式，根据第二行提示，此时可以指定单行文字对象的起点或者选择中括号内的选项。

- “对正（J）”选项用于控制文字的对齐方式。
- “样式（S）”选项用于指定文字样式。

指定了单行文字的起点后，命令行继续提示（如果当前文字样式中的文字高度设置为 0，那么此时将提示“指定高度<0.0000>:”，此时可输入数字指定文字高度），命令行提示如下：

```
指定文字的旋转角度<0>：
```

此时可设置文字的旋转角度，既可以在命令行直接输入角度值，也可以将鼠标置于绘图区，将显示光标到文字起点的橡皮筋线，在相应的角度位置单击后可指定角度。注意，此时设置的是文字的旋转角度，即文字对象相对于 0° 方向的角度，要与 6.1 节中设置文字样式时所设置的文字倾斜角度区分开来，如图 6-5 所示。

图 6-5　文字的旋转角度与倾斜角度

指定文字的起点、旋转角度之后，进入单行文字编辑器，光标变为 I 型，如图 6-6（a）所示；可按 Enter 键换行，如图 6-6（b）所示；完成文字输入后，每一行都是一个单独的对象，如图 6-6（c）所示。按 Esc 键可退出单行文字编辑器。

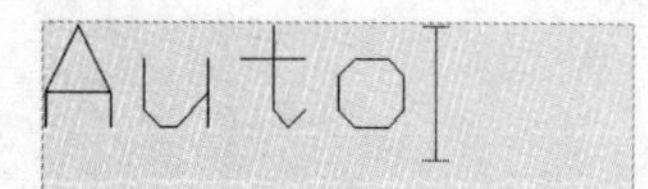

（a）单行文本输入器

（b）Enter 键换行

AutoCAD
按<ENTER>键换行

（c）单行文本

图 6-6　单行文字编辑器

6.3 创建机械图纸的多行文字

对于较长、较为复杂的内容，可以创建多行文字。多行文字是由任意数目的文字行或段落组成，布满指定的宽度，还可以沿垂直方向无限延伸。与单行文字不同的是，无论行数是多少，一个编辑任务中创建的每个段落集都是单个对象，用户可对其进行移动、旋转、删除、复制、镜像或缩放操作。

另外，多行文字的编辑选项比单行文字多。例如，可以将对下划线、字体、颜色和文字高度的修改应用到段落中的单个字符、单词或短语。

6.3.1 使用多行文字编辑器

在 AutoCAD 2012 中，可通过以下 4 种方式创建多行文字。

- 功能区：单击“常用”选项卡→“注释”面板→“多行文字”按钮A。
- 经典模式：选择菜单栏“绘图”→“文字”→“多行文字”命令。
- 经典模式：单击“绘图”或“文字”工具栏的“多行文字”按钮A。
- 运行命令：MTEXT。

执行“多行文字”命令后，命令行提示：

```
指定第一角点：
```

AutoCAD 2012 根据两个对角点确定多行文字对象。此时可指定多行文字的第一个角点，随后命令行继续提示：

```
指定对角点或 [高度（H）/对正（J）/行距（L）/旋转（R）/样式（S）/宽度（W）/栏（C）]：
```

此时可指定第二个角点或者选择中括号内的选项设置多行文字。指定对角点之后，将显示多行文字编辑器，如图 6-7 所示，可见多行文字编辑器比单行文字编辑器复杂，实现的功能也较多，包括给文字加上划线、下划线和设置行距等。如图 6-7（a）所示为“二维草图与注释”工作空间的多行文字编辑器，可见其已经集成在功能区，当执行 MTEXT 命令后，功能区最右侧多出一个名称为“多行文字”的选项卡，其下即为“多行文字编辑器”；如在“AutoCAD 经典”工作空间中，多行文字编辑器仍然以 AutoCAD 经典的界面出现，如图 6-7（b）所示。

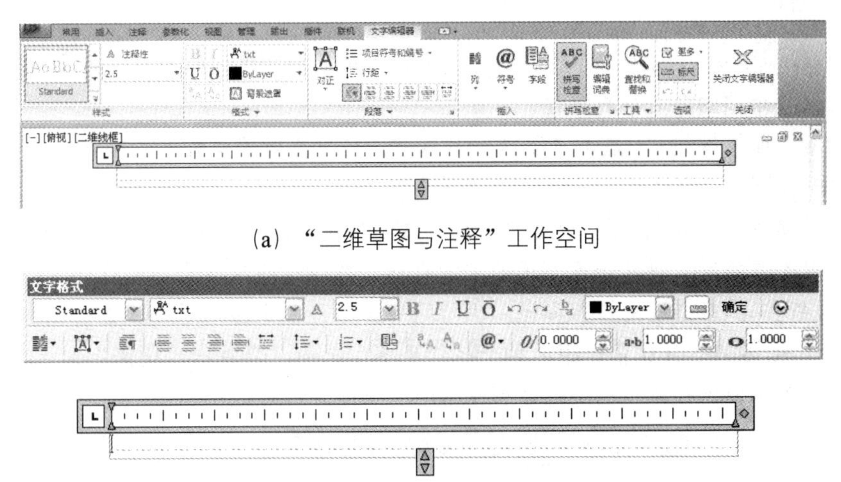

（a）“二维草图与注释”工作空间

（b）“AutoCAD 经典”工作空间

图 6-7　多行文字编辑器

1. “多行文字”功能区

“多行文字”功能区主要用于设置多行文字的格式，主要包括“样式”、“设置格式”、“段落”、“插入点”、“选项”和“关闭”6 个面板。各个面板上的控件既可以在输入文本之前设置新输入文本的格式，也可以设置所选择文本的格式。

（1）“样式”面板

- “样式”下拉列表框：用于向多行文字对象应用文字样式。下拉列表框将列出所有的文字样式，包括系统默认的样式和用户自定义的样式。
- “选择或输入文字高度”下拉列表框：按图形单位设置多行文字的高度。可以从列表中选取，也可以直接输入数值指定高度。

（2）“设置格式”面板

- “字体”下拉列表框：设置多行文字的字体。
- “粗体”按钮**B**、“斜体”按钮*I*、“下划线”按钮U、“上划线”按钮Ō：分别用于开关多行文字的粗体、斜体、下划线和上划线格式。
- “颜色”下拉列表框：用于指定多行文字的颜色。
- “倾斜角度”调整框：确定文字是向前倾斜还是向后倾斜。倾斜角度表示的是相对于 90° 方向的偏移角度。输入一个-85~85 之间的数值，使文字倾斜。倾斜角度的值为正时，文字向右倾斜；倾斜角度的值为负时，文字向左倾斜。

- "追踪"调整框：用于增大或减小选定字符之间的间距。1.0 是常规间距。设置大于 1.0 可增大间距，设置小于 1.0 可减小间距。
- "宽度因子"调整框：扩展或收缩选定字符。设置 1.0 代表此字体中的字母是常规宽度。可以增大该宽度（例如，设置宽度因子为 2 使宽度加倍）或减小该宽度（例如，设置宽度因子为 0.5 将使宽度减半）。注意该调整框调整的是字符的宽度，而"追踪"调整框调整的是字符间距的值。

（3）"段落"面板

- "对正"按钮：单击该按钮将显示多行文字的"对正"菜单，如图 6-8 所示，并且有 9 个对齐选项可用。各选项的含义不再赘述。
- 单击"段落"面板按钮，显示"段落"对话框，可设置段落格式，如图 6-9 所示。
- "默认"按钮、"左对齐"按钮、"居中"按钮、"右对齐"按钮、"两端对齐"按钮和"分散对齐"按钮：设置当前段落或选定段落的左、中或右文字边界的对正和对齐方式。设置对齐方式时，包含一行末尾输入的空格，并且这些空格会影响行的对正。
- "行距"按钮：单击该按钮，将显示"行距"菜单，其中显示了建议的行距选项，如图 6-10 所示。如 1.0x 即表示 1.0 倍行距；如选择"更多"选项，则弹出"段落"对话框，可在当前段落或选定段落中设置行距。行距是多行段落中文字的上一行底部和下一行顶部之间的距离。

图 6-8 "对正"菜单

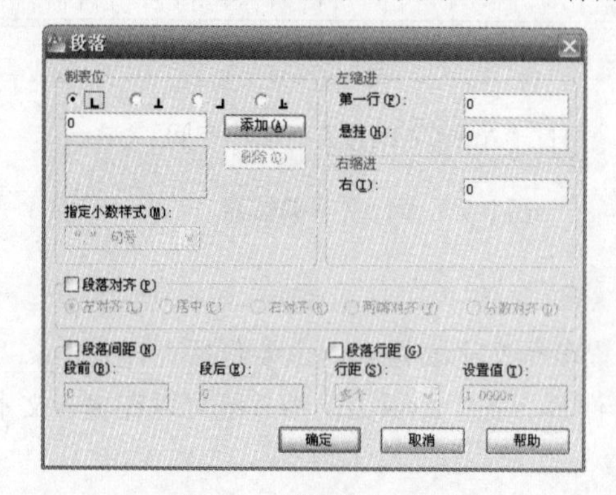

图 6-9 "段落"对话框

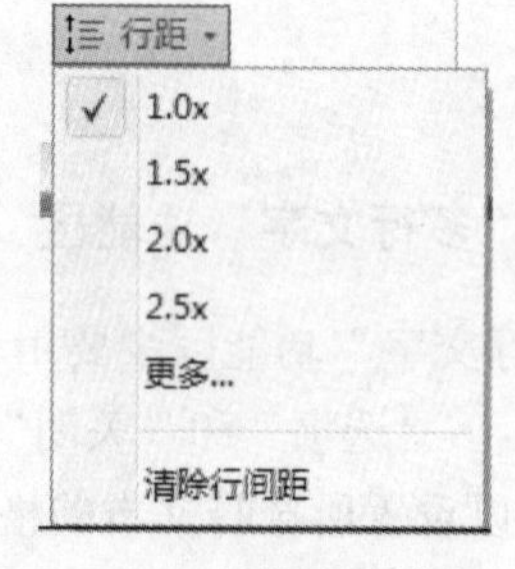

图 6-10 "行距"菜单

- "项目符号和编号"按钮：单击该按钮，将显示"项目符号和编号"菜单，如图 6-11 所示，用于创建项目符号或列表。可以选择"以字母标记"、"以数字标记"和"以项目符号标记"3 个选项，如图 6-12 所示为使用数字作为项目符号。

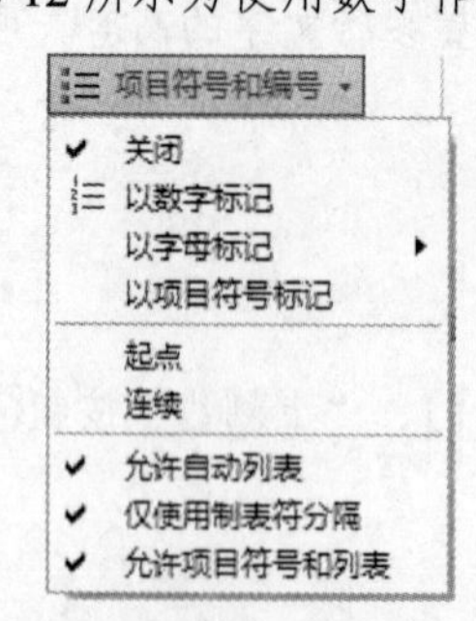

图 6-11 "项目符号和编号"菜单

图 6-12 使用数字作为项目符号

（4）“插入点”面板

- “符号”按钮@：单击该按钮，将显示“符号”菜单，如图 6-13 所示，可用于在光标位置插入符号或不间断空格。菜单中列出了常用符号及其控制代码或 Unicode 字符串，例如，度数符号、直径符号等。如果在“符号”菜单中没有要输入的符号，还可选择菜单中的“其他”选项，用“字符映射表”来插入所有的 Unicode 字符。
- “插入字段”按钮：单击该按钮，将弹出“字段”对话框，如图 6-14 所示，从中可以选择要插入文字中的特殊字段，例如，创建日期、打印比例等。

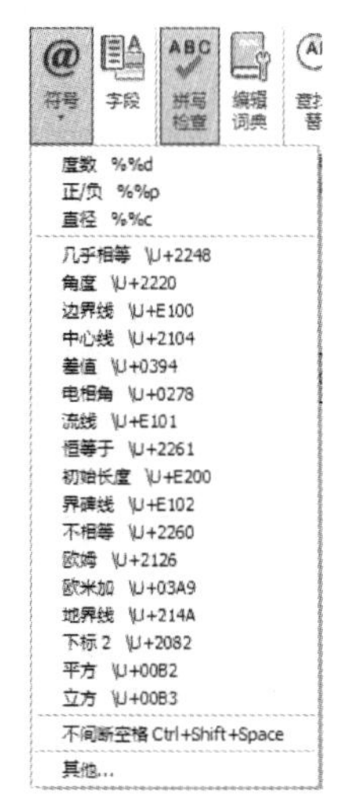

图 6-13　“符号”菜单

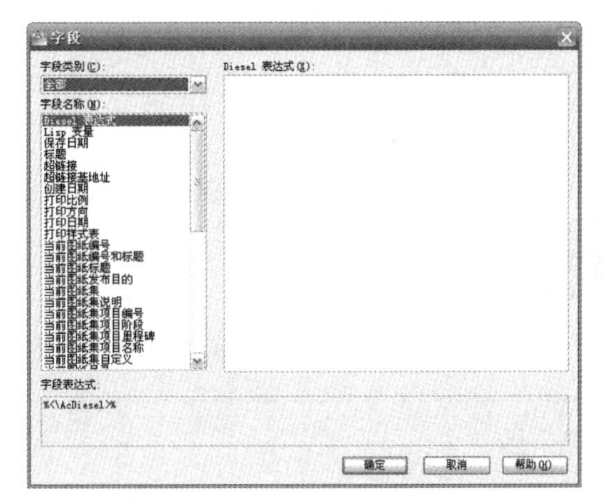

图 6-14　“字段”对话框

- “栏”按钮：单击该按钮，将显示“栏”菜单，如图 6-15 所示。该菜单提供了 3 个栏选项：“不分栏”、“静态栏”和“动态栏”。如图 6-16 所示为一个语句分为两个静态栏显示。

图 6-15　“栏”菜单

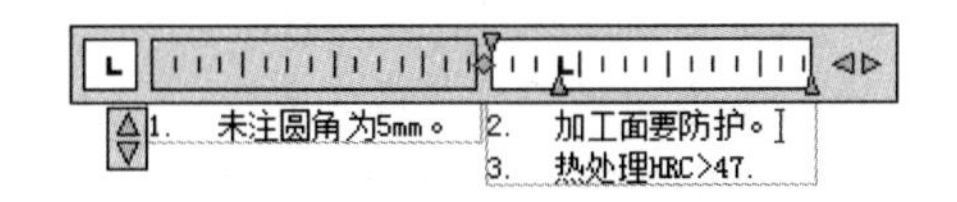

图 6-16　分栏显示

（5）“选项”面板

- “放弃”按钮与“重做”按钮：分别用于放弃和重做在多行文字编辑器中的操作，包括对文字内容或文字格式所做的修改。也可以使用 Ctrl+Z 和 Ctrl+Y 组合键。
- “标尺”按钮：单击该按钮，可在编辑器顶部显示标尺，如图 6-17 所示。拖动标尺上的箭头和，可以改变文字输入框的大小，还可通过标尺上的制表位控制符设置制表位。
- “选项”按钮：用于显示其他文字选项列表。单击该按钮，可弹出如图 6-18 所示的菜单，可插入符号、删除格式和编辑器设置等。

1. 未注圆角为5mm。
2. 加工面要防护。
3. 热处理HRC>47。

图 6-17 标尺

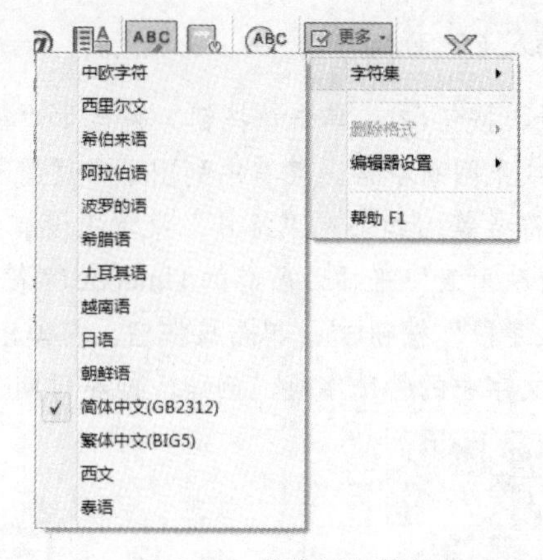

图 6-18 “选项”菜单

（6）“关闭”面板

该面板只有一个“关闭文字编辑器”按钮。单击该按钮，将关闭编辑器并保存所做的所有更改。

在按钮后面带有▾符号表示单击该按钮后将弹出菜单。

2. 文本输入区

主要用于输入文本，如果单击工具栏的“标尺”按钮，将显示标尺以辅助文本输入。通过拖动标尺上的箭头，还可调整文本输入框的大小，通过制表符可以设置制表位。

6.3.2 创建多行文字实例

使用多行文字编辑器创建以下文字，如图 6-19 所示。

01 执行创建多行文字命令。单击“常用”选项卡→“注释”面板→“多行文字”按钮A。

02 指定多行文字对象的大小。在命令行提示“指定第一角点:”时，输入第一角点的坐标(0,0)，随后命令行继续提示“指定对角点或 [高度（H）/对正（J）/行距（L）/旋转（R）/样式（S）/宽度（W）/栏（C）]:”，此时输入对角点坐标(150,80)。

03 指定两个角点后启动多行文字编辑器，在“多行文字”功能区，在“选择文字的字体”下拉列表框中选择“楷体”，在“选择或输入文字高度”下拉列表框中输入 12，其余选项保持默认。

04 单击文本输入区，然后输入 4 行文本，按 Enter 键换行，如图 6-20 所示。

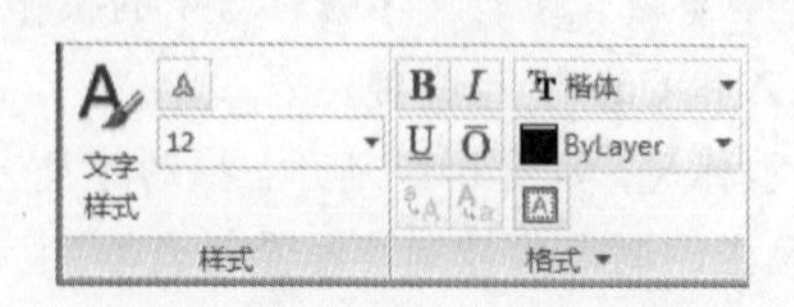

图 6-19 设置“文字格式”工具栏

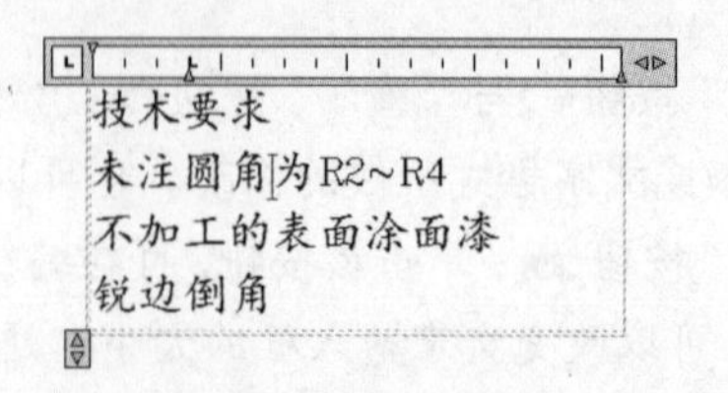

图 6-20 输入文本

05 选择第一行文本，单击“多行文字”功能区的“段落”面板下的“居中”按钮，如图 6-21 所示。

06 选择后 3 行文本，然后单击“多行文字”功能区的“段落”面板下的“编号”按钮☰，选择“以数字标记”命令，如图 6-22 所示。

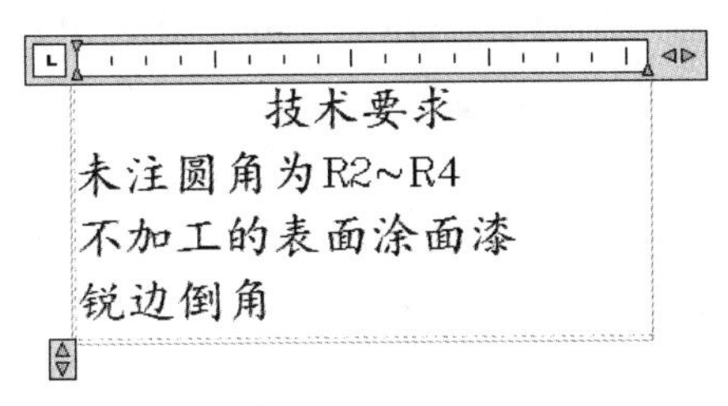

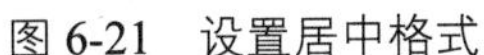
图 6-21　设置居中格式

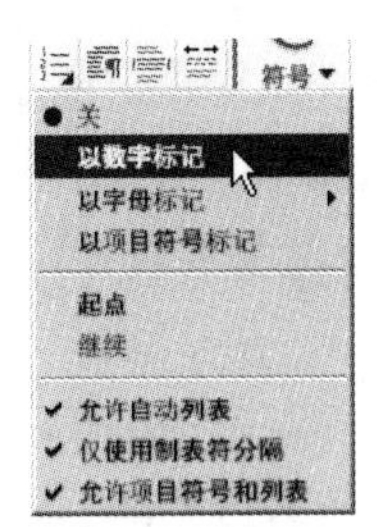

图 6-22　设置编号

07 由于多行文字对象的宽度设置不够，第二行文字分为了两行，此时可通过拖动标尺的横向箭头◁▷和纵向箭头进行调整。调整后的效果如图 6-23 所示。

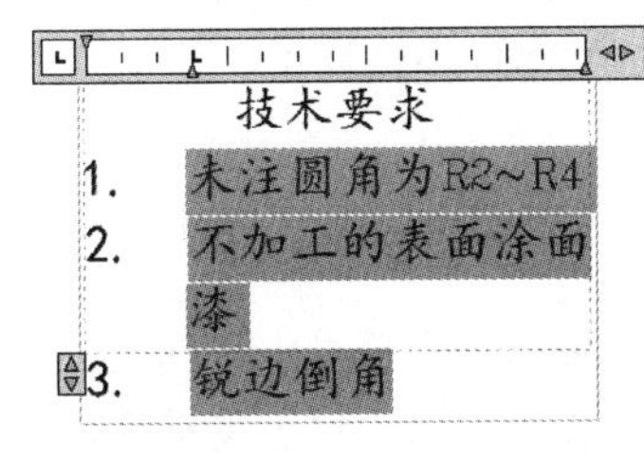

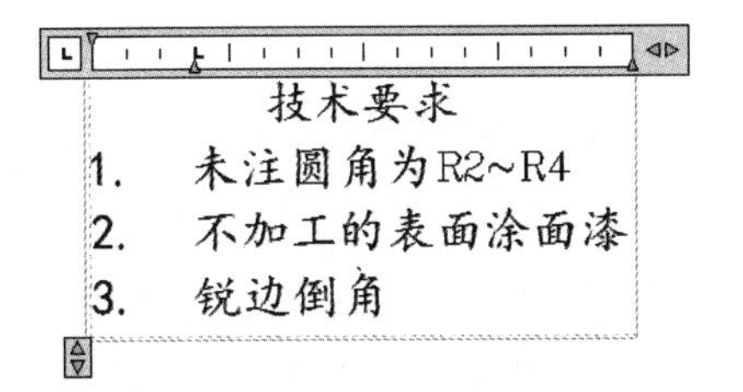

图 6-23　调整大小

08 单击“关闭”面板的“关闭文字编辑器”按钮，关闭编辑器并保存所做的所有更改。

6.4 编辑机械图纸的文字对象

如在创建文字对象（包括单行文字和多行文字）后，要对文字对象的特性进行修改，可使用 AutoCAD 2012 的文字对象编辑工具。

对文字对象的编辑包括修改内容和格式、对文字对象进行缩放、改变对正方式以及使用夹点编辑。

6.4.1 编辑文字内容和格式

要编辑已有文字对象的内容和格式，可通过以下 4 种方法实现。

- 经典模式：选择菜单栏“修改”→“对象”→“文字”→“编辑”命令。
- 经典模式：单击“文字”工具栏的“编辑”按钮。
- 双击要编辑的文字对象。
- 运行命令：ddedit。

执行“编辑”命令后，命令行提示“选择注释对象或 [放弃（U）]:”，此时只能选择文字对象、表格或其他注释性对象，单击后即可弹出单行文字编辑器或多行文字编辑器。在编辑器中，即可编辑文字的内容，也可重新设置文字的格式。其操作与创建文字对象时基本相同。

6.4.2 缩放文字对象

对文字对象的缩放操作，除了“修改”菜单的通用缩放功能以外，AutoCAD 2012 还针对文字对象提供了专门的缩放工具。可通过以下 4 种方式执行“缩放”命令。

- 功能区：单击“注释”选项卡→“文字”面板→“缩放”按钮。
- 经典模式：选择菜单栏“修改”→“对象”→“文字”→“比例”命令。
- 经典模式：单击“文字”工具栏的“缩放”按钮。
- 运行命令：SCALETEXT。

执行“缩放”命令后，命令行提示：

```
选择对象：
```

此时选择要缩放的文字对象，然后按 Enter 键或右击，命令行继续提示：

```
输入缩放的基点选项[现有（E）/左（L）/中心（C）/中间（M）/右（R）/左上（TL）/中上（TC）/右上（TR）/左中（ML）/正中（MC）/右中（MR）/左下（BL）/中下（BC）/右下（BR）] <现有>:
```

该信息提示指定文字对象上的某一点作为缩放的基点，可以从中括号中选择选项。这些选项与文字对正时的选项一致，但是即使所选择的选项与对正选项不同，文字对象的对正也不受影响。指定基点后，命令行继续提示：

```
指定新模型高度或 [图纸高度（P）/匹配对象（M）/缩放比例（S）]<2.5>:
```

这里的新模型高度即为文字高度，此时可输入新的文字高度。中括号内其他选项的含义如下。

- “图纸高度（P）”选项：根据注释特性缩放文字高度。
- “匹配对象（M）”选项：选择该选项，可以使两个文字对象的大小匹配。
- “缩放比例（S）”选项：可指定比例因子或参照缩放所选文字对象。

6.4.3 编辑文字对象的对正方式

AutoCAD 2012 还提供了专门的编辑文字对象对正方式的工具，可通过以下 4 种方式编辑文字对正。

- 功能区：单击“注释”选项卡→“文字”面板→“对正”按钮。
- 经典模式：选择菜单栏“修改”→“对象”→“文字”→“对正”命令。
- 经典模式：单击“文字”工具栏的“对正”按钮。
- 运行命令：JUSTIFYTEXT。

执行“对正”命令后，命令行提示：

```
选择对象：
```

此时选择要缩放的文字对象，然后按 Enter 键或右击，命令行继续提示：

```
输入对正选项[左（L）/对齐（A）/调整（F）/中心（C）/中间（M）/右（R）/左上（TL）/中上（TC）/右上（TR）/左中（ML）/正中（MC）/右中（MR）/左下（BL）/中下（BC）/右下（BR）] <左>:
```

此时可选择某个位置作为对正点。这些对正选项实际上是指定了文字对象上的某个点作为其对齐的基准点。对于 XxYy 的文字，各选项对应的点如图 6-24 所示。

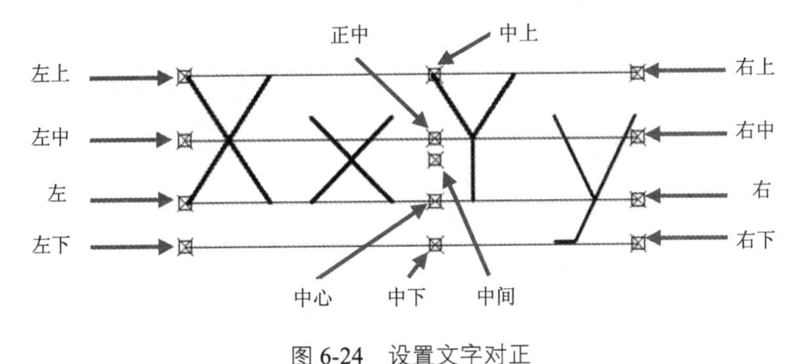

图 6-24 设置文字对正

6.5 创建机械图纸的表格样式

表格是在行和列中包含数据的对象。AutoCAD 2012 通过空表格或表格样式创建表格对象，但也支持将表格链接至 Microsoft Excel 电子表格中的数据。

表格创建完成后，用户可以单击该表格上的任意网格线以选中该表格，然后使用“特性”选项板或夹点来修改该表格。

6.5.1 创建表格样式

在创建表格之前，应该先定义表格的样式，包括表格的字体、颜色和填充等。AutoCAD 2012 默认的表格样式为 Standard 样式。通过“表格样式”对话框，如图 6-25 所示，用户可以自己定制表格样式。打开“表格样式”对话框的方法如下。

- 功能区：单击“注释”选项卡→“表格”面板→“表格样式”按钮
- 经典模式：选择菜单栏“格式”→“表格样式”命令。
- 经典模式：单击“样式”工具栏的“表格样式”按钮。
- 运行命令：TABLESTYLE。

如图 6-25 所示，“表格样式”对话框的“样式”列表框内列出了所有的表格样式，包括系统默认的 Standard 样式，以及用户自定义的样式。在“预览”窗口，可对所选择的表格样式进行预览。单击置为当前(U)按钮，可将所选择的表格样式置为当前；单击新建(N)...按钮，用于新建表格样式，新建的表格样式将显示在“样式”列表框内；删除(D)按钮用于删除表格样式，不能删除 Standard 表格样式、当前表格样式及已经使用的表格样式；单击修改(M)...按钮，可修改所选表格样式。

要创建新的表格样式，可单击新建(N)...按钮，在弹出的“创建新的表格样式”对话框的“新样式名”文本框中输入样式名称（如图 6-26 所示），并选择基础样式。单击继续按钮，可弹出“新建表格样式”对话框，可对新建的表格样式的各个属性进行设置，如图 6-27 所示。

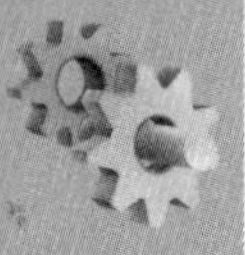

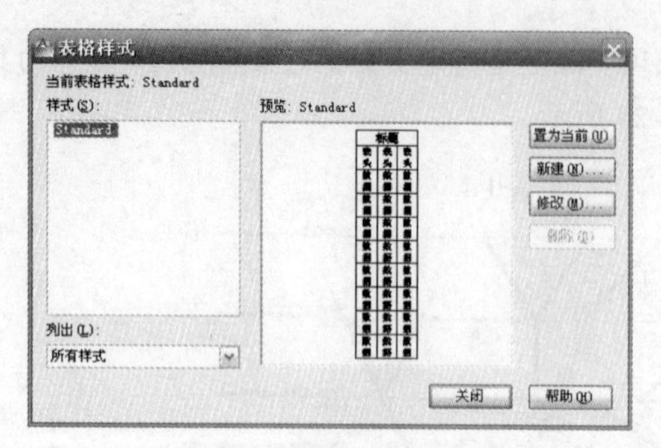
图 6-25 “表格样式”对话框

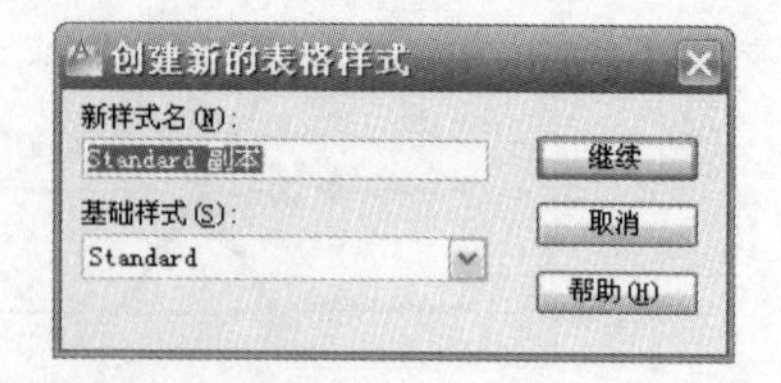
图 6-26 “创建新的表格样式”对话框

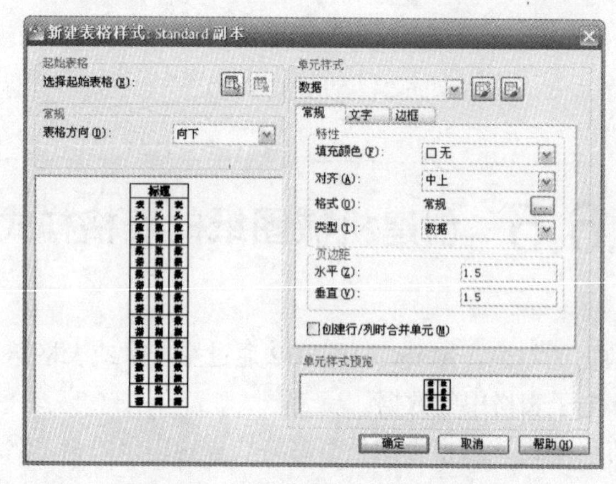
图 6-27 “新建表格样式”对话框

“新建表格样式”对话框也有一个表格样式的预览窗口，并且包括一个单元样式预览窗口。

6.5.2 选择单元类型

AutoCAD 2012 的表格包括 3 种单元类型，分别为标题单元、表头单元和数据单元。在“新建表格样式”对话框的“单元样式”选项组的下拉列表框中可选择要设置的单元类型，如图 6-28 所示。

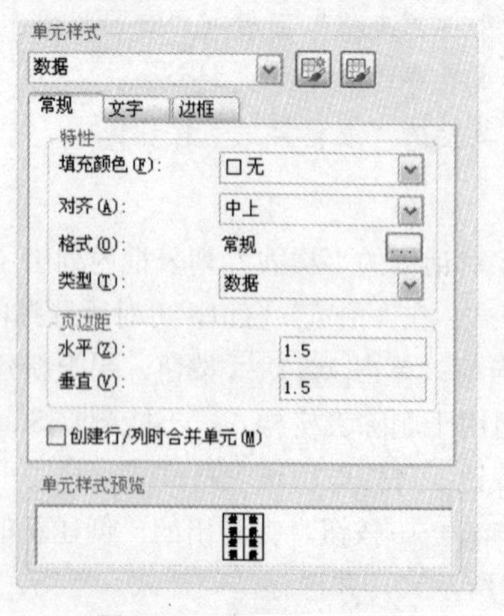

图 6-28 选择单元类型

6.5.3　设置表格方向

在“新建表格样式”对话框的“常规”选项组中，可通过“表格方向”下拉列表框选择表格的方向。“向下”表示创建的表格由上而下排列“标题”、“表头”和“数据”；“向上”则相反，如图 6-29 所示。“标题”和“表头”为标签类型单元，“数据”单元用于存放具体数据。

标题		
表头	表头	表头
数据	数据	数据
数据	数据	数据
数据	数据	数据

（a）向下

数据	数据	数据
数据	数据	数据
数据	数据	数据
表头	表头	表头
标题		

（b）向上

图 6-29　设置表格方向

6.5.4　设置单元特性

在 AutoCAD 2012 中，表格单元特性的定义包括“常规”、“文字”和“边框”3 个选项卡，如图 6-30 所示。

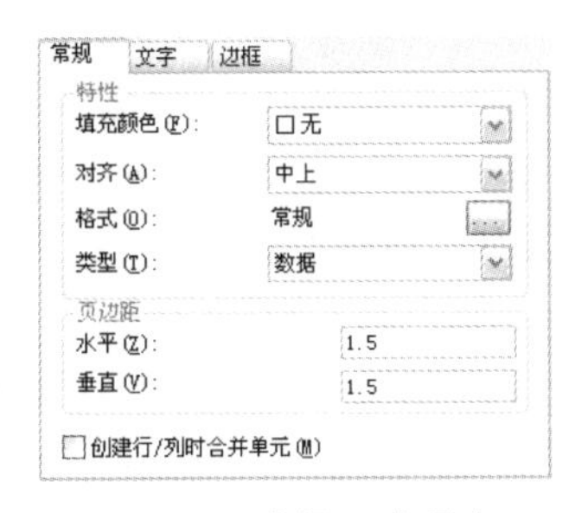

（a）“常规”选项卡

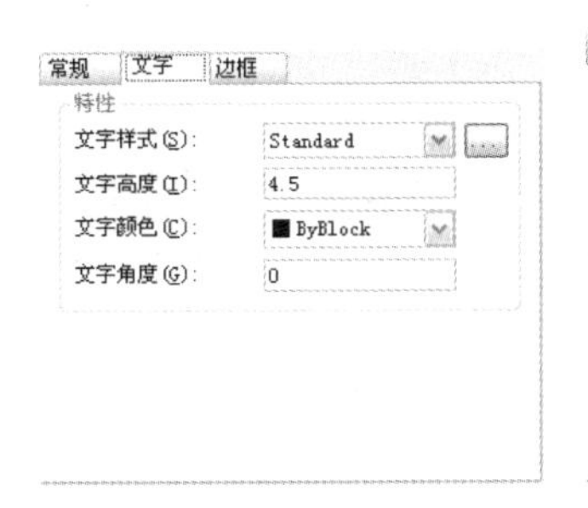

（b）“文字”选项卡

（c）“边框”选项卡

图 6-30　设置单元特性

1. 在“常规”选项卡

可设置单元的一些基本特性，如颜色、格式等。

- “填充颜色”下拉列表框：用于指定单元的背景色，默认值为“无”。可在下拉列表中选取颜色，也可选择“选择颜色”选项，以显示“选择颜色”对话框。
- “对齐”下拉列表框：用于设置表格单元中文字的对正和对齐方式。文字可相对于单元的顶部边框和底部边框进行居中对齐、上对齐或下对齐，也可相对于单元的左边框和右边框进行居中对正、左对正或右对正。这些对齐方式的含义基本上与文字对象的相同。
- “格式”按钮[...]：为表格中的“数据”、“列标题”或“标题”行设置数据类型和格式。单击该按钮，将显示“表格单元格式”对话框，从中可以进一步定义格式选项，如图 6-31 所示。
- “类型”下拉列表框：选择单元的类型，可选择为标签或数据。
- “水平”文本框：设置单元中的文字或块与左右单元边界之间的距离。

- “垂直”文本框：设置单元中的文字或块与上下单元边界之间的距离。
- “创建行/列时合并单元”复选框：将使用当前单元样式创建的所有新行或新列合并为一个单元。该选项一般用于在表格中创建标题行。

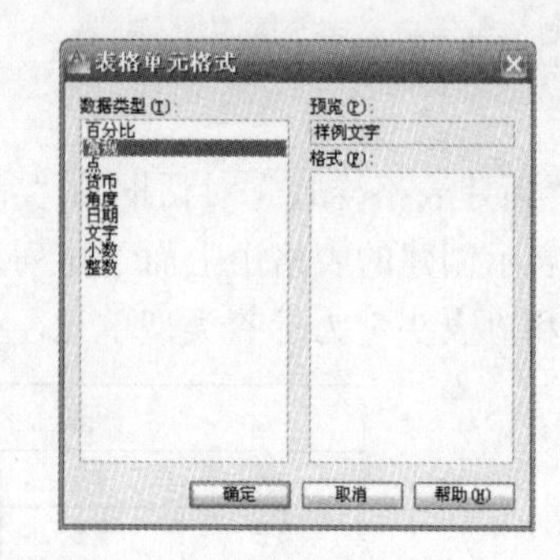

图 6-31 “表格单元格式”对话框

2. “文字”选项卡

可设置单元内文字的特性，如颜色、高度等。

- “文字样式”下拉列表框：列出图形中的所有文字样式。单击“文字样式”按钮[...]，将显示“文字样式”对话框，从中可以创建新的文字样式。
- “文字高度”文本框：设置文字高度。数据和列标题单元的默认文字高度为 0.1800，表标题的默认文字高度为 0.2500。
- “文字颜色”下拉列表框：指定文字颜色。选择列表底部的“选择颜色”选项，可显示“选择颜色”对话框。
- “文字角度”文本框：设置文字旋转角度。默认的文字角度为 0º。

3. “边框”选项卡

可设置表格的边框格式。

- “线宽”、“线型”和“颜色”下拉列表框：分别用来设置表格边框的线宽、线型和颜色。
- “双线”复选框：选择该复选框，可将表格边界显示为双线。通过“间距”文本框，可设置双线边界的间距。
- 边框按钮：用于控制单元边框的外观。单击其中的某一按钮，即表示将在“边框”选项卡中定义的线宽、线型等特性应用到对应的边框，如图 6-32 所示。

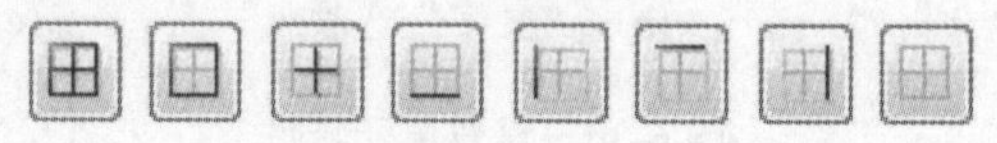

图 6-32 边框按钮

6.5.5 创建表格样式实例

创建符合国标的明细栏表格样式的操作步骤如下。

01 单击“注释”选项卡→“表格”面板→“表格样式”按钮↘。

02 单击[新建(N)...]按钮，弹出“创建新的表格样式”对话框，在“新样式名”文本框中输入样式名称“明细表”，如图 6-33 所示。选择基础样式为 Standard，单击[继续]按钮，弹出“新建表格样式”对话框。

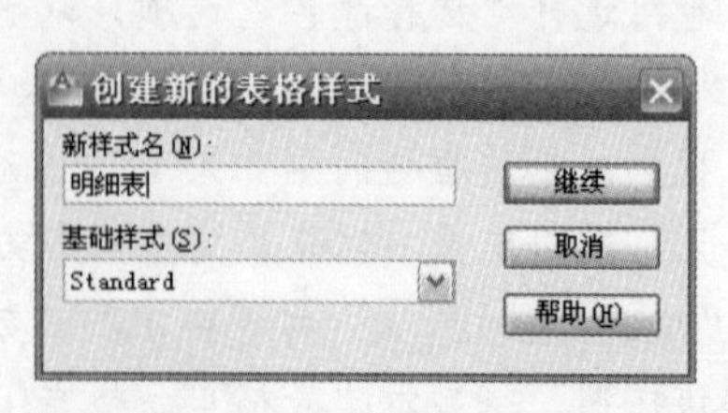

图 6-33 输入样式名称

03 在“新建表格样式”对话框的“常规”选项组中，

选择“表格方向”为“向上”。

04 选择单元类型为“标题”，切换到“边框”选项卡，将“线宽”设置为“0.5mm”，然后单击田按钮，如图 6-34（a）所示。

05 选择单元类型为“表头”，切换到“边框”选项卡，将“线宽”设置为 0.5mm，然后单击田按钮，如图 6-34（b）所示。

06 选择单元类型为“数据”，切换到“边框”选项卡，将“线宽”下拉列表框设置为 0.5mm，然后依次单击和按钮，如图 6-34（c）所示。完成单元格式设置后，可随时在预览窗口预览样式，如图 6-35 所示。从中可知，表格方向为向上，标题和表头的边框均为粗实线。

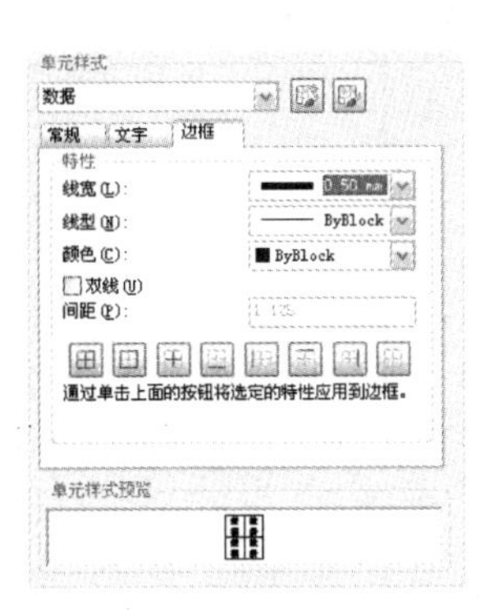

（a）设置“标题”

（b）设置“表头”

（c）设置“数据”

图 6-34　设置单元格式

07 单击 确定 按钮完成设置，返回到“表格样式”对话框，可见“明细表”样式列在了“样式”列表框内，选择“明细表”样式，然后单击 置为当前(U) 按钮，最后单击 关闭 按钮关闭该对话框返回到绘图区。

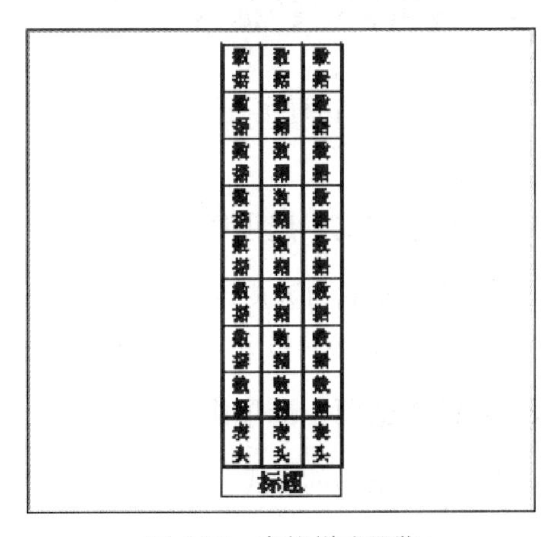

图 6-35　表格样式预览

6.6 创建机械图纸的表格

上面小节中介绍了如何设置表格的样式，本节将介绍如何在图形中插入表格。在 AutoCAD 2012 中插

入表格可通过以下 4 种方法实现。

- 功能区：单击“常用”选项卡→“注释”面板→“表格”按钮。
- 经典模式：选择菜单栏“绘图”→“表格”命令。
- 经典模式：单击“绘图”工具栏的“表格”按钮。
- 运行命令：TABLE。

执行插入表格操作后，将弹出“插入表格”对话框，如图 6-36 所示。表格的插入操作一般包括两个操作步骤：一为设置插入表格的插入格式，即设置“插入表格”对话框；二为选择插入点及输入表格数据。

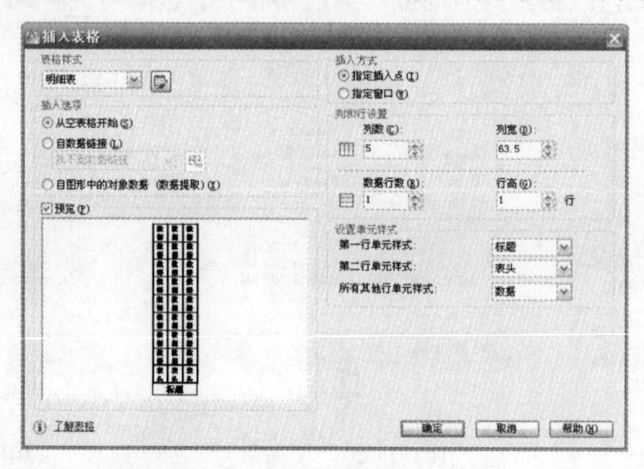

图 6-36 “插入表格”对话框

6.6.1 设置表格的插入格式

“插入表格”对话框主要包括“表格样式”、“插入选项”、“插入方式”等选项组，还包含一个预览窗口。

1. “表格样式”选项组

可选择插入表格时要应用的样式。下拉列表框内显示的是在“表格样式”对话框内置为当前的表格样式。单击按钮，还可打开“表格样式”对话框，以定义新的表格样式。

2. “插入选项”选项组

可指定插入表格的方式。

- “从空表格开始”单选按钮：选择该单选按钮，表示创建空表格，然后手动输入数据。
- “自数据链接”单选按钮：选择该单选按钮，可以从外部电子表格（如 Microsoft Excel）中的数据创建表格。
- “自图形中的对象数据（数据提取）”单选按钮：选择该单选按钮，然后单击 确定 按钮，将启动“数据提取”向导。

3. “插入方式”选项组

指定表格插入的方式为“指定插入点”还是“指定窗口”。

- “指定插入点”单选按钮：该选项表示通过指定表格左上角的位置插入表格。

- “指定窗口”单选按钮：该选项表示通过指定表格的大小和位置插入表格。选定此选项时，行数、列数、列宽和行高取决于窗口的大小，以及“列和行设置”。

4. “列和行设置”选项组

可以设置列和行的数目和大小。

- “列数”调整框：用于指定列数。
- “列宽”调整框：用于指定列的宽度。
- “数据行数”调整框：指定行数。注意这里设置的是“数据行”的数目，不包括“标题”和“表头”。
- “行高”调整框：按照行数指定行高。文字行高基于文字高度和单元边距，这两项均在表格样式中设置。

小提示

当在“插入方式”选项组中选择“指定窗口”时，对列只能设置“列数”和“列宽”中的一个；对行也只能设置“数据行数”和“行高”中的一个，通过单选按钮选择要设置的选项；另外一个选项为“自动”，即由表格的宽度和高度确定。

5. “设置单元样式”选项组

可选择标题、表头和数据行的相对位置。

- “第一行单元样式”下拉列表框：用于指定表格中第一行的单元样式。默认情况下，使用“标题”单元样式。
- “第二行单元样式”下拉列表框：用于指定表格中第二行的单元样式。默认情况下，使用“表头”单元样式。
- “所有其他行单元样式”下拉列表框：用于指定表格中其他行的单元样式。默认情况下，使用“数据”单元样式。

6.6.2 选择插入点以及输入表格数据

1. 选择插入点

如果在“插入表格”对话框中的“插入方式”选项组中选择为“指定插入点”，那么命令行将提示“指定插入点:”，并在光标处动态显示表格，此时只须在绘图区指定一个插入点即可完成空表格的插入。如图 6-37 所示为插入一个 3 行 5 列表格的情况。

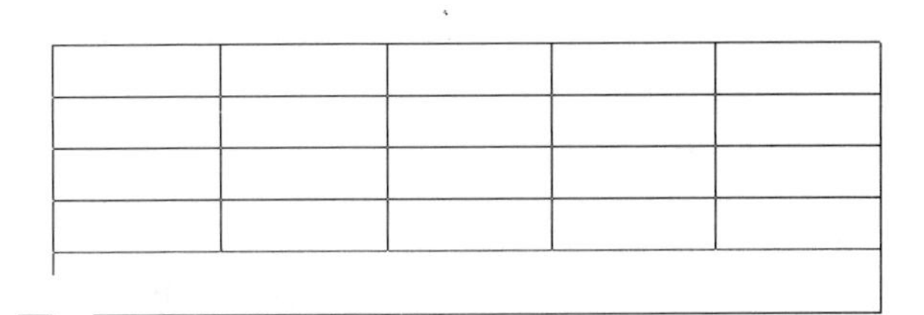

图 6-37　3 行 5 列表格的插入

如果在“插入表格”对话框的“插入方式”选项组中选择为“指定窗口”，则命令

行依次提示：

指定第一个角点：
指定第二角点：

此时的操作如同绘制矩形，可通过指定两个对角点插入表格。系统将自动根据“插入表格”对话框的设置配置行和列。

2. 输入表格数据

表格插入后，将自动打开多行文字编辑器，编辑器的文字输入区默认为表格的标题，如图 6-38 所示。此时可使用多行文字编辑器输入并设置文字格式。

图 6-38　输入表格数据

按 Tab 键可切换表格中文字的输入点。

6.6.3　编辑表格

1. 使用夹点编辑表格

和其他对象一样，在表格上单击即可显示出表格对象的夹点。通过表格的各个夹点可实现表格的拉伸、移动等操作。各个夹点的功能如图 6-39 所示。

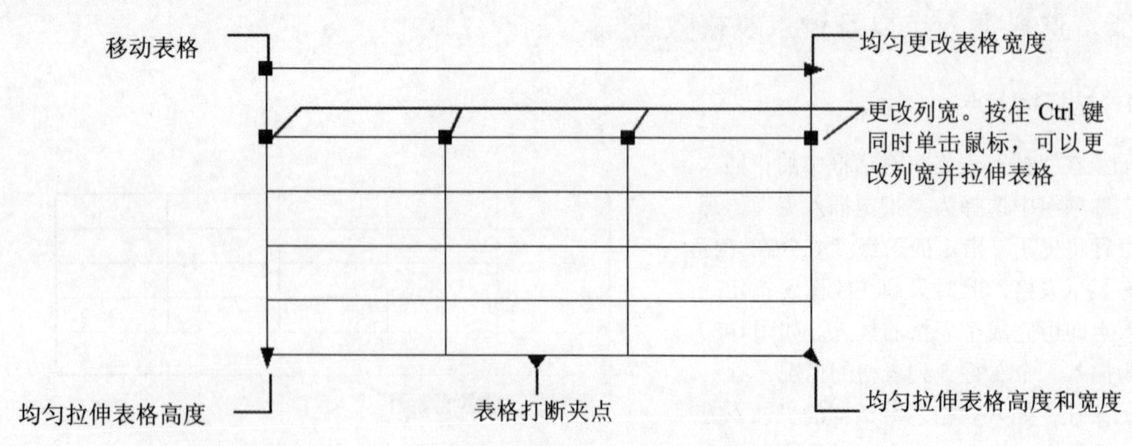

图 6-39　使用夹点编辑表格

2. 使用“表格”工具栏编辑表格

AutoCAD 2012 提供了专门的“表格单元”选项卡和“表格”工具栏来编辑表格，如图 6-40 所示。

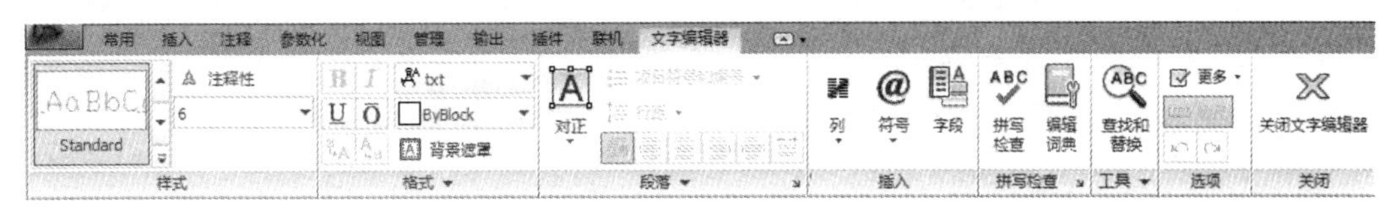

(a) “二维草图与注释”工作空间的“表格单元”选项卡

(b) “AutoCAD 经典”工作空间的“表格”工具栏

图 6-40　“表格单元”选项卡和“表格”工具栏

“表格单元”选项卡在默认情况下为关闭状态。要打开“表格单元”选项卡，可按以下步骤执行。

01 单击要编辑的表格，显示出夹点，如图 6-41 所示。

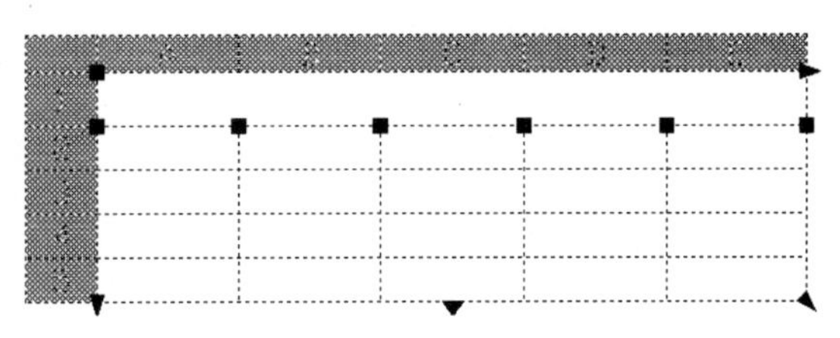

图 6-41　单击表格显示夹点

02 然后在表格的任意一个单元格内单击，即可显示“表格单元”选项卡，如图 6-42 所示。

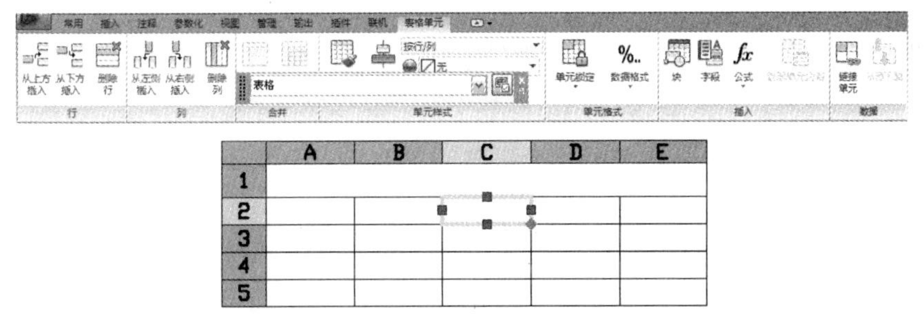

图 6-42　显示“表格单元”选项卡

通过“表格单元”选项卡，可添加行或列、删除行或列等。各个按钮的功能如下。

- 和 按钮：这两个按钮分别用于在所选单元格的上方、下方添加行。
- 按钮：单击该按钮，可删除所选单元格所在的行。
- 和 按钮：这两个按钮分别用于在所选单元格的左边、右边添加列。
- 按钮：单击该按钮，可删除所选单元格所在的列。
- 和 按钮：这两个按钮分别用于合并单元格和取消单元格的合并。合并单元格按钮在选择多个单元格时才可用。按住 Shift 键单击可选择多个单元格。

- 田按钮：单击该按钮，弹出“单元边框特性”对话框，可设置单元格的边框，如图 6-43 所示。
- 按钮：用于设置单元格的对齐方式。单击可弹出下拉菜单，如图 6-44 所示，可设置对齐方式为“左上”、“中上”等 9 种方式。
- 按钮：用于锁定单元格的内容或格式。通过其下拉菜单（如图 6-45 所示），可选择锁定单元格的内容或格式，或者两者均锁定。锁定内容后，则单元格的内容不能更改。

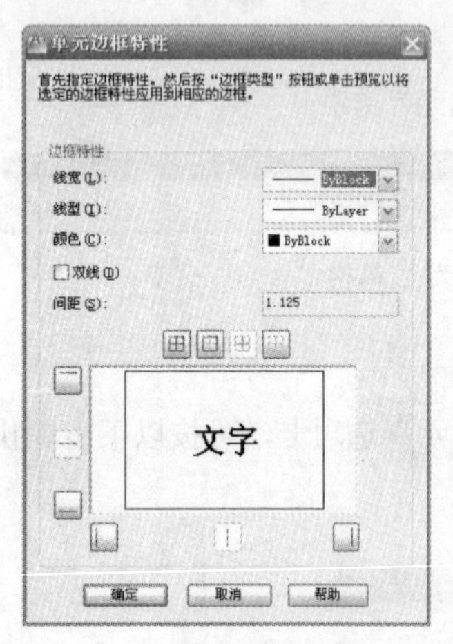

图 6-43 “单元边框特性”对话框

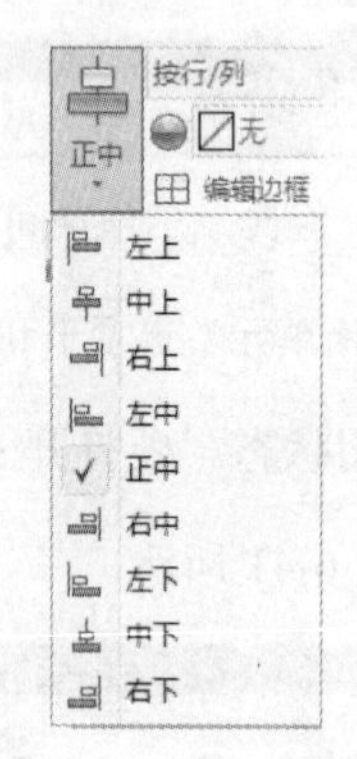

图 6-44 设置对齐方式

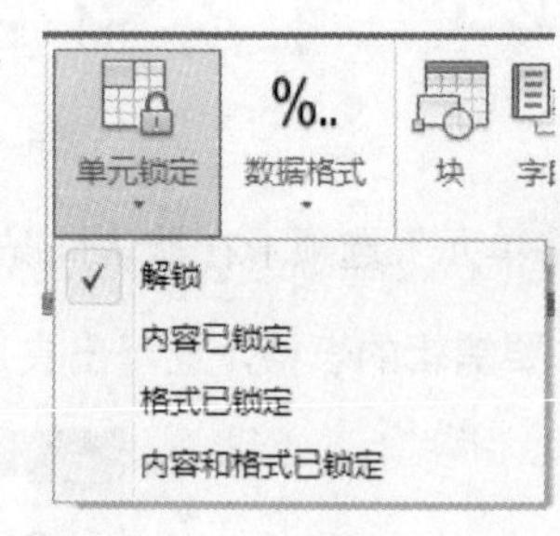

图 6-45 设置单元锁定

- %..按钮：用于设置单元格数据的格式，例如，日期格式、百分数公式等，如图 6-46 所示。
- 按钮：用于在单元格内插入块。
- 按钮：用于插入字段，如创建日期、保存日期等。
- *fx*按钮：用于使用公式计算单元格数据，包括求和、求均值等。如图 6-47 所示，选择“方程式”选项可输入公式。
- 按钮：用于单元格的格式匹配。

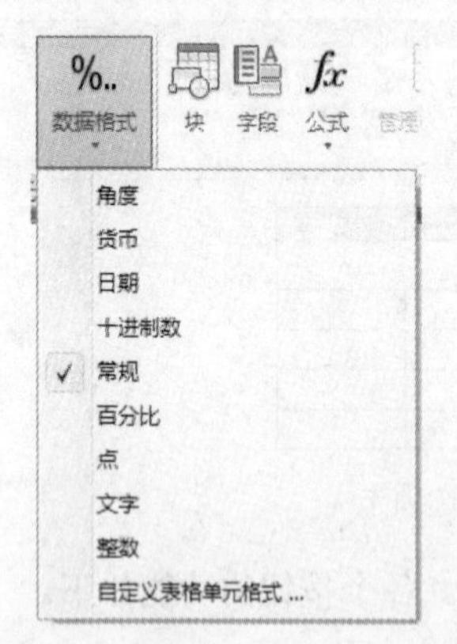

图 6-46 设置单元格的数据格式

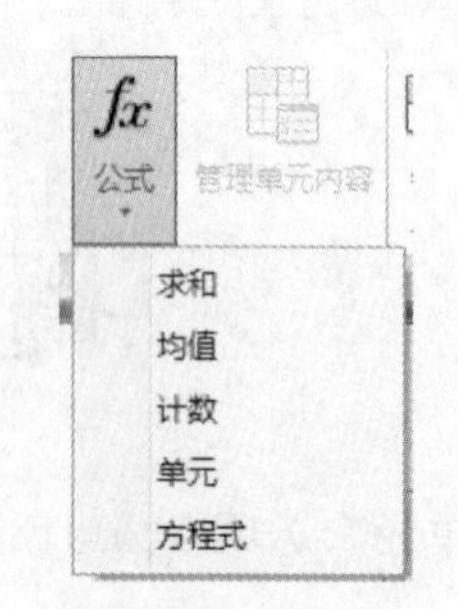

图 6-47 使用公式

6.6.4 插入表格实例

本实例接上面小节实例进行操作。插入符合国标的明细表的操作步骤如下。

01 单击“注释”选项卡→“表格”面板→“表格”按钮，弹出“插入表格”对话框。

02 由于在“表格样式”对话框中已经把“明细表”样式置为当前，所以这里默认即为该样式；选择“插入选项”为“从空表格开始”；选择“插入方式”为“指定插入点”；将“列数”设置为 5，将“列宽”设置为 40；将“数据行数”设置为 1；将“行高”设置为 1。设置完后，单击 确定 按钮，如图 6-48 所示。

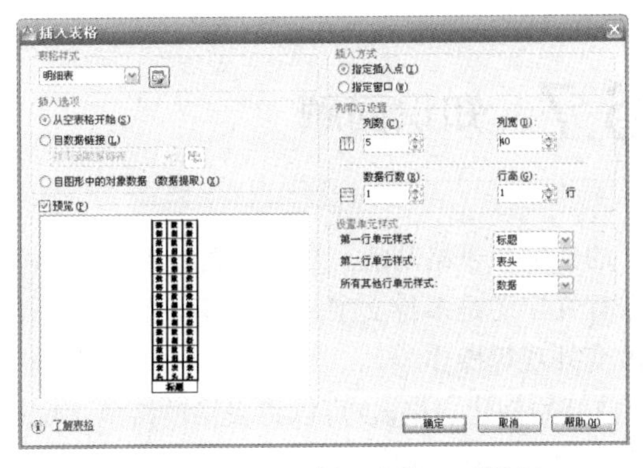

图 6-48　设置“插入表格”对话框

03 命令行提示“指定插入点:”，此时输入点的坐标(0,0)。

04 输入表格文本。指定输入点后，自动弹出多行文字编辑器。此时文本输入点在标题处，可输入表格的标题“明细表”；然后按 Tab 键切换输入点，依次输入表头数据，如图 6-49 所示。

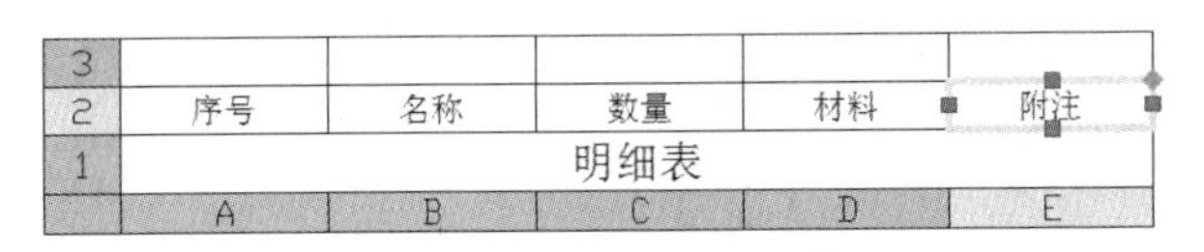

图 6-49　输入表格文本

05 单击“序号”单元格，按住 Shift 键，然后单击其上方的单元格即可选中该列，如图 6-50 所示。

06 选择“序号”列后右击，在弹出的快捷菜单中选择“特性”命令，弹出“特性”选项，在“单元宽度”文本框内输入 20，如图 6-51 所示。

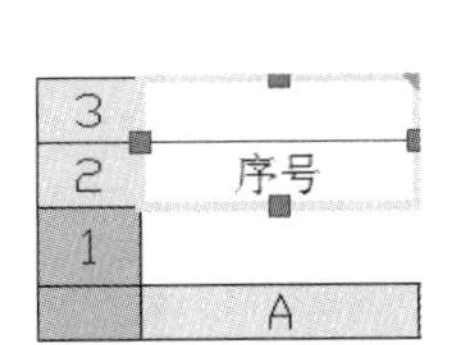

图 6-50　选择列

图 6-51　设置列宽

07 参考步骤 05 和步骤 06 的方法将“数量”列的宽度也设置为 20。完成后的表格如图 6-52 所示。

序号	名称	数量	材料	附注
明细表				

图 6-52　完成表格的插入

6.7 知识回顾

本章介绍了 AutoCAD 2012 的文字和表格功能。文字和表格主要用于添加一些注释功能的对象。用户可根据实际应用情况选择使用单行文字还是多行文字，一般多行文字的应用较多。单行文字和多行文字都可以进行复制、移动、旋转和改变外观等操作。

AutoCAD 2012 既可以从空白开始创建表格，也可以将表格链接至 Microsoft Excel 电子表格中的数据。表格的行数、列数及行列的数据类型、排列方式等可以通过表格的样式控制。在创建文字或表格样式对象之前，一般先对其样式进行设置。

第7章 标注机械工程图形尺寸

标注是图形中不可缺少的一部分，本章主要介绍标注样式、尺寸标注，以及形位公差标注等方面的内容。AutoCAD尺寸标注的内容很丰富，用户可以轻松创建出各种类型的尺寸，所有类型的尺寸都与尺寸样式有关。通过本章学习，读者要掌握标注样式的设置，以及长度、半径、直径、角度等标注方法，并掌握公差、粗糙度、形位公差等尺寸特征的标注。

学习目标

- 标注样式的创建和修改
- 熟练掌握各种尺寸标注的标注方法
- 掌握形位公差的标注方法
- 使用多重引线标注和设置多重引线样式

7.1 尺寸标注的规则与组成

7.1.1 尺寸标注的基本规则

GB/T 4458.4—2003《机械制图尺寸标注》规定了图样中的尺寸标注基本规则，主要内容如下：

- 机件的真实大小应以图样上所注的尺寸数值为依据，与图形的大小及绘图的准确度无关。
- 图样中（包括技术要求和其他说明）的尺寸，以mm为单位时，不须标注单位符号（或名称）；如采用其他单位，则应注明相应的单位符号。
- 图样中所标注的尺寸，为该图样所示机件的最后完工尺寸，否则应另行说明。
- 机件的每一尺寸，一般只标注一次，并应标注在反映该结构最清晰的图形上。

7.1.2 尺寸标注的组成

在机械制图或者其他工程制图中，尺寸标注必须采用细实线绘制，一个完整的尺寸标注应该包括以下几个部分（如图7-1所示）。

- 尺寸界线：从标注端点引出标明标注范围的直线。尺寸界线可由图形轮廓线、轴线或对称中心线引出，也可直接利用轮廓线、轴线或对称中心线作为尺寸界线。

- 尺寸线：尺寸线与尺寸界线垂直，其终端一般采用箭头形式。
- 标注文字：标出图形的尺寸值，一般标在尺寸线的上方，对非水平方向的尺寸，其文字也可水平标注在尺寸线的中断处。

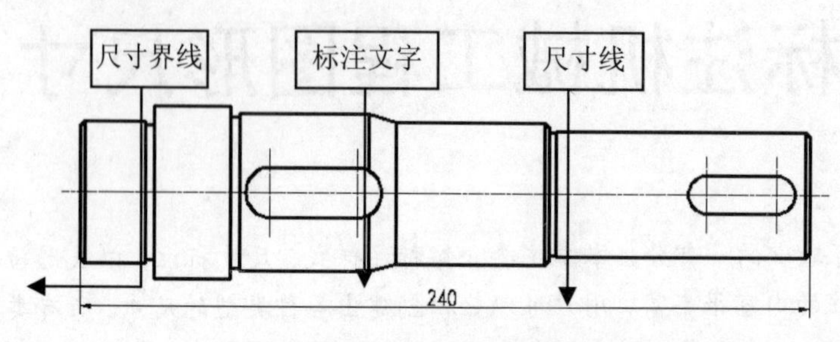

图 7-1　尺寸标注的组成

7.2 创建与设置标注样式

在 AutoCAD 2012 中，可通过标注样式控制标注格式，包括尺寸线线型、尺寸线箭头长度、标注文字的高度，以及排列方式等。

7.2.1 打开标注样式管理器

AutoCAD 2012 利用“标注样式管理器”对话框设置标注样式，如图 7-2 所示。用户可用 5 种方法打开“标注样式管理器”对话框。

- 功能区：单击“常用”选项卡→“注释”面板→“标注样式”按钮。
- 功能区：单击“注释”选项卡→“标注”面板→“标注样式”按钮。
- 经典模式：选择菜单栏“格式”→“标注样式”命令。
- 经典模式：经典模式：单击“标注”工具栏的“标注样式”按钮。
- 运行命令：DIMSTYLE。

AutoCAD 2012 系统提供了公制或英制的标注样式，这取决于初次启动时的设置和新建图形所选用的模板。

用户可以单击[新建(N)...]按钮创建新的标注样式，也可单击[修改(M)...]按钮对所选的标注样式进行修改。新建与修改标注样式所设置的选项相同。

[替代(O)...]按钮用来设置标注样式的临时替代，其设置的样式将作为未保存的更改结果显示在“样式”列表中的标注样式下。

单击[比较(C)...]按钮，可弹出“比较标注样式”对话框，如图 7-3 所示，从中可以比较两个标注样式或列出一个标注样式的所有特性。

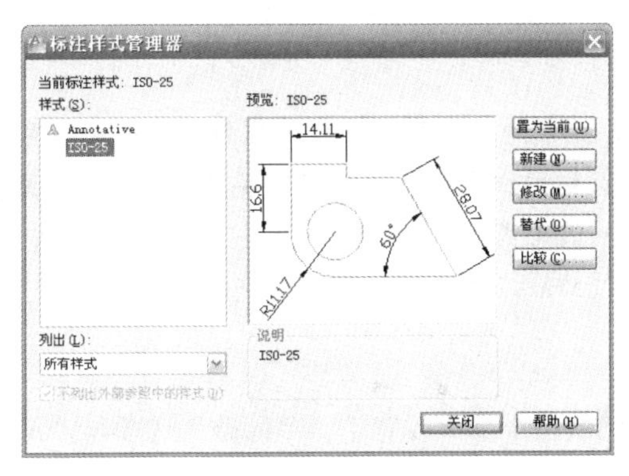

图 7-2　“标注样式管理器”对话框

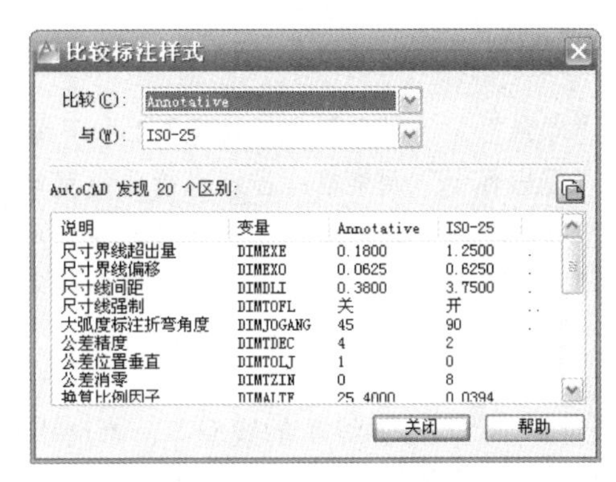

图 7-3　“比较标注样式”对话框

7.2.2　设置标注样式

单击“标注样式管理器”对话框右侧的 新建(N)... 按钮，打开“创建新标注样式”对话框，如图 7-4 所示。

在“新样式名”文本框中输入新建的样式名称，默认为“副本 MEP（公制）”；在“基础样式”下拉列表框中选择新建样式的基础样式，新建样式即在该基础样式的基础上进行修改而成，默认为“MEP（公制）”样式；“用于”下拉列表框指的是新建标注的应用范围，可以是“所有标注”、“线形标注”、“角度标注”、“半径标注”、“直径标注”、“坐标标注”和“引线与公差”等，默认为“所有标注”；“注释性”复选框是 AutoCAD 2012 的一个新功能，使用此特性，可以自动完成缩放注释的过程，从而使注释能够以正确的大小在图纸上打印或显示。

单击“创建新标注样式”对话框右侧的 继续 按钮，可弹出“新建标注样式”对话框，如图 7-5 所示。该对话框包括“线”、“符号和箭头”等 7 个选项卡，可设置标注的一系列元素的属性，在对话框右侧有所设置内容的预览。

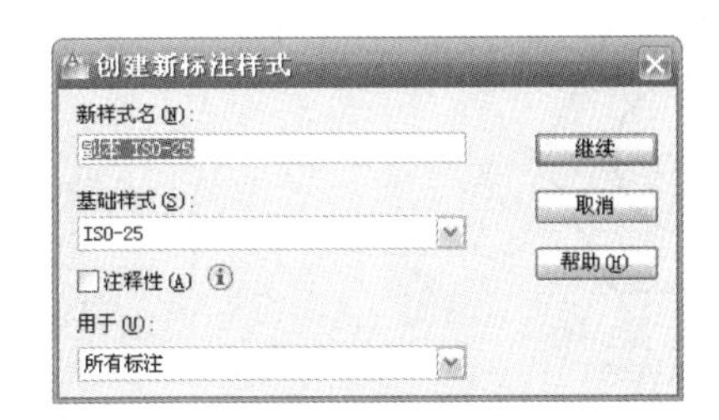

图 7-4　“创建新标注样式”对话框

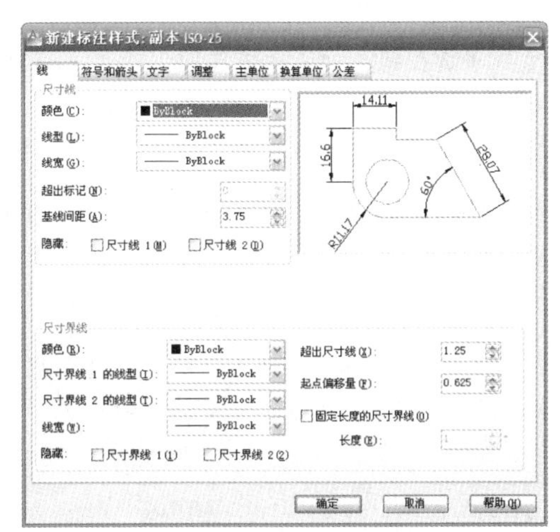

图 7-5　“新建标注样式”对话框

1. “线”选项卡

“线”选项卡包含“尺寸线”和“尺寸界线”两个选项，分别用于设置尺寸线、尺寸界线的格式和特性。

（1）“尺寸线”选项组

- “颜色”、“线型”、“线宽”3个下拉列表框：分别用于设置尺寸线的颜色、线型和线宽。
- “超出标记”调整框：指定当箭头使用倾斜、建筑标记和无标记时尺寸线超过尺寸界线的距离。
- “基线间距”调整框：设置基线标注的尺寸线之间的距离。
- “隐藏”复选框：选择某一复选框表示不显示该尺寸线，可用于半剖视图中的标注。

（2）“尺寸界线”选项组

“颜色”、“尺寸界线 1 的线型”、“尺寸界线 2 的线型”、“线宽”、“隐藏”选项与“尺寸线”选项组的对应选项含义相同，不同的是如下选项。

- “超出尺寸线”调整框：设置尺寸界线超出尺寸线的距离。
- “起点偏移量”调整框：设置自图形中定义标注的点到尺寸界线的偏移距离。
- “固定长度的尺寸界线”复选框：选择该复选框后将启用固定长度的尺寸界线，其长度可在“长度”调整框中设置。

2. “符号和箭头”选项卡

“符号和箭头”选项卡包含“箭头”、“圆心标记”和“弧长符号”等多个选项组，用于设置箭头、圆心标记、弧长符号和折弯半径标注等的格式和位置。

（1）“箭头”选项组

- “第一个”、“第二个”、“引线”3 个下拉列表框：分别用于设置第一个尺寸线箭头、第二个尺寸线箭头及引线箭头的类型。
- “箭头大小”调整框：设置箭头的大小。

（2）“圆心标记”选项组

- “无”单选按钮：如选择该选项，表示不创建圆心标记或中心线。
- “标记”单选按钮：表示创建圆心标记。
- “直线”单选按钮：创建中心线。

如图 7-6 所示为对直径为 40 的圆，设置大小为 2.5 的“圆心标记”和“中心线”。

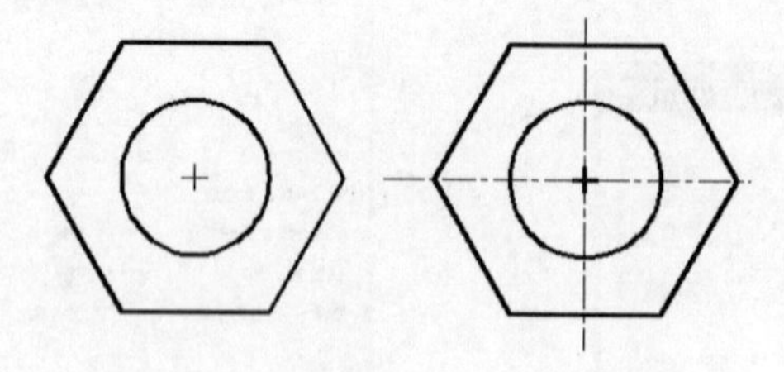

图 7-6 “圆心标记”和“中心线”

（3）“折断标注”选项组

“折断大小”调整框用于设置折断标注的间距大小。

（4）“弧长符号”选项组

“标注文字的前缀”、“标注文字的上方”和“无”3 个单选按钮用于设置弧长符号“⌒”在尺寸线上的位置，即在标注文字的前方、上方或者不显示。

（5）“半径折弯标注”选项组

“折弯角度”文本框用于设置在折弯半径标注中，尺寸线的横向线段的角度。

（6）“线性折弯标注”选项组

“折弯高度因子”调整框用于设置“折弯高度”表示形成折弯角度的两个顶点之间的距离。

3. “文字”选项卡

“文字”选项卡用于设置标注文字的格式、位置和对齐。

（1）“文字外观”选项组

- “文字样式”、“文字颜色”、“填充颜色”3 个下拉列表框：分别用于选择标注文字的样式、颜色和填充的颜色。
- “文字高度”调整框：设置当前标注文字样式的高度。
- “分数高度比例”调整框：仅当在“主单位”选项卡上选择“分数”作为“单位格式”时，此选项才可用。这个调整框用于设置相对于标注文字的分数比例。在此处输入的值乘以文字高度，可确定标注分数相对于标注文字的高度。
- “绘制文字边框”复选框：用于设置是否在标注文字周围绘制一个边框。

（2）“文字位置”选项组

- “垂直”和“水平”下拉列表框：分别用于设置标注文字相对尺寸线的垂直位置和标注文字在尺寸线上相对于尺寸界线的水平位置。
- “观察方向”下拉列表框：控制标注文字的观察方向，即按从左到右阅读的方式放置文字，还是按从右到左阅读的方式放置文字。
- “从尺寸线偏移”调整框：设置当尺寸线断开以容纳标注文字时，标注文字周围的距离。

（3）“文字对齐”选项组

该区域包括“水平”、“与尺寸线对齐”和“ISO 标准”3 个单选按钮，选择 3 个单选按钮的效果如图 7-7 所示。

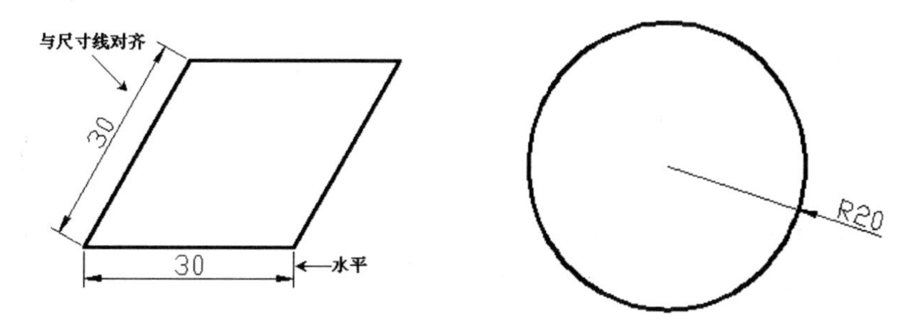

图 7-7　“水平”、“与尺寸线对齐”和“ISO 标准”的标注文字

4. “调整”选项卡

“调整”选项卡包含“调整选项”、“文字位置”等多个选项组，用于控制没有足够空间时的标注文字、箭头、引线和尺寸线的放置。

如果有足够大的空间，文字和箭头都将放在尺寸界线内。否则，将按照“调整选项”中的设置放置文字和箭头。

5. “主单位”选项卡

“主单位”选项卡用于设置主标注单位的格式和精度，并设置标注文字的前缀和后缀。

（1）“线性标注”选项组

- “单位格式”下拉列表框：设置除角度之外的所有标注类型的当前单位格式，包括“科学”、“小数”、“工程”、“建筑”、“分数”和“Windows 桌面”几种格式。用户可根据自己的行业类别和标注需要进行选择。在预览窗口可以预览标注效果。
- “精度”下拉列表框：设置标注文字中的小数位数。
- “分数格式”下拉列表框：设置分数格式。只有当“单位格式”设为“分数”格式时才可用。
- “小数分隔符”下拉列表框：设置用于十进制格式的分隔符。只有当“单位格式”设为“小数”格式时才可用。
- “舍入”调整框：为除“角度”之外的所有标注类型设置标注测量值的舍入规则。如果输入 0.25，则所有标注距离都以 0.25 为单位进行舍入。如果输入 1.0，则所有标注距离都将舍入为最接近的整数。小数点后显示的位数取决于“精度”设置。
- “前缀”文本框：在标注文字中包含前缀。可以输入文字或使用控制代码显示特殊符号。例如，若输入控制代码“%%c”显示直径符号，则当输入前缀时，将覆盖在直径和半径等标注中使用的任何默认前缀。
- “后缀”文本框：在标注文字中包含后缀。同样可以输入文字或使用控制代码显示特殊符号。例如，在标注文字中输入 mm 表示在所有标注文字的后面加上 mm。输入的后缀将替代所有默认后缀。
- “比例因子”调整框：设置线性标注测量值的比例因子，该值不应用到角度标注。例如，如果输入 2，则 1mm 直线的尺寸将显示为 2mm。建议不要更改此项的默认值 1。
- “消零”：不显示前导零和后续零。如“前导”复选框被勾选，则不输出所有十进制标注中的前导零，例如，0.5000 变成.5000。如“后续”复选框被勾选，则不输出所有十进制标注中的后续零，例如，12.5000 将变成 12.5。

（2）“角度标注”选项组

各个选项的含义与“线性标注”选项组的对应选项相同。

6. “换算单位”选项卡

“换算单位”选项卡用于指定标注测量值中换算单位的显示并设置其格式和精度。

7. “公差”选项卡

“公差”选项卡用于控制标注文字中尺寸公差的格式及显示。

（1）“公差格式”选项组

- “方式”下拉列表框：设置计算公差的方法，包括“无”、“对称”、“极限偏差”、“极限尺寸”和“基本尺寸”5个选项，默认为“无”。各个公差的方式如图7-8所示。
- “公差对齐”：当堆叠时，设置上偏差值和下偏差值的对齐方式。

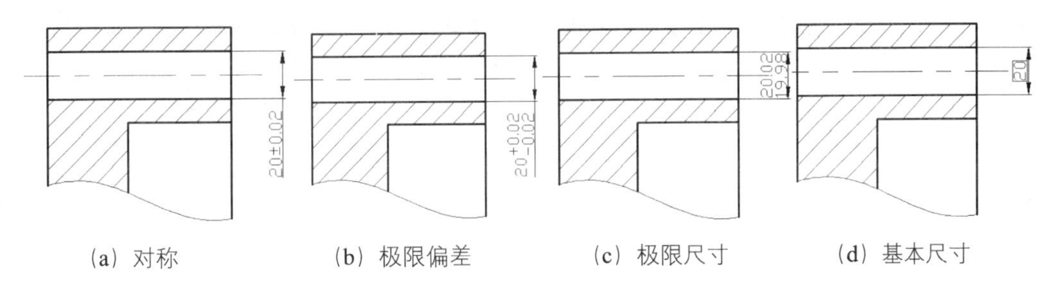

（a）对称　（b）极限偏差　（c）极限尺寸　（d）基本尺寸

图7-8　各种尺寸公差表示方式

设置公差的时候，注意将“精度”的小数点位数设置为等于或高于公差值的小数点位数，否则将会使所设的公差与预期的不相符。

（2）“换算单位公差”选项组

用于设置换算公差单位的格式。只有当“换算单位”选项卡中的“显示换算单位”复选框被选中后才可用。所有的选项卡都设置完成后，单击［确定］按钮返回到“标注样式管理器”对话框。

7.2.3　将标注样式置为当前

完成新建标注样式之后，在“标注样式管理器”对话框左侧会显示标注样式列表，包括新建的标注样式。选择其中一个标注样式，单击右侧的［置为当前(U)］按钮，可将该样式置为当前。AutoCAD 2012默认将新建的标注样式置为当前样式。

7.2.4　新建尺寸公差标注样式实例

新建一个尺寸公差标注样式：标注文字高度为1、箭头大小为1.5的对称公差，如图7-9所示。

01 单击“常用”选项卡→“注释”面板→“标注样式”按钮，打开“标注样式管理器”对话框，单击［新建(N)...］按钮，打开“创建新标注样式”对话框，在“新样式名”文本框中输入“尺寸公制”，其余选项默认，如图7-10所示。然后单击［继续］按钮，弹出“新建标注样式”对话框。

02 切换到“符号和箭头”选项卡，在“箭头大小”调整框中输入1.5，如图7-11（a）所示。

03 切换到“文字”选项卡，在“文字高度”调整框中输入1，在“文字对齐”选项组中选择“与尺寸线对齐”，如图7-11（b）所示。

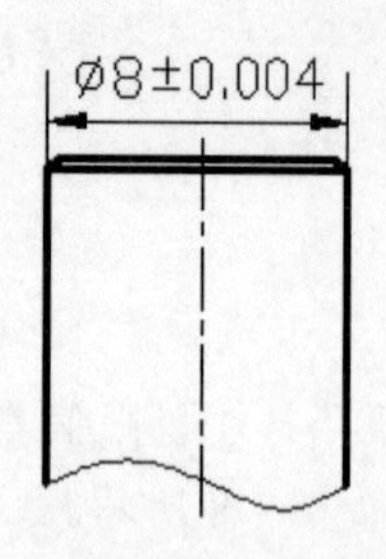

图 7-9　标注样式设置实例

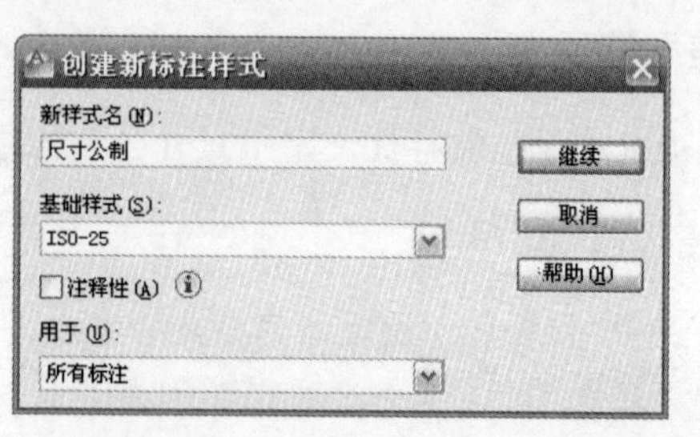

图 7-10　设置“创建新标注样式”对话框

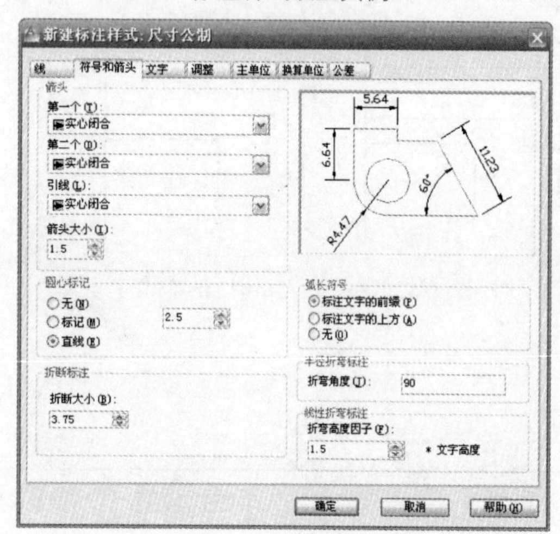

(a)“符号和箭头”选项卡

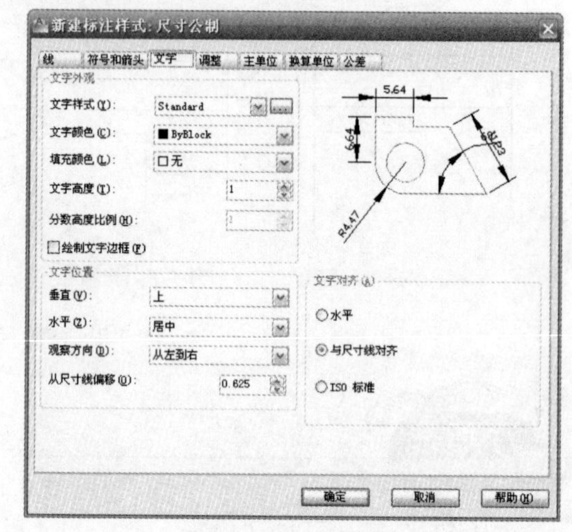

(b)“文字”选项卡

图 7-11　设置“符号和箭头”和“文字”选项卡

04 切换到“主单位”选项卡，在“前缀”文本框中输入“%%c”表示直径符号Φ，如图 7-12（a）所示。

05 切换到“公差”选项卡，在“方式”下拉列表框中选择“对称”，在“精度”下拉列表框中选择 0.00，在“上偏差”调整框中输入 0.004，如图 7-12（b）所示。单击 确定 按钮完成设置，标注后的效果如图 7-9 所示。

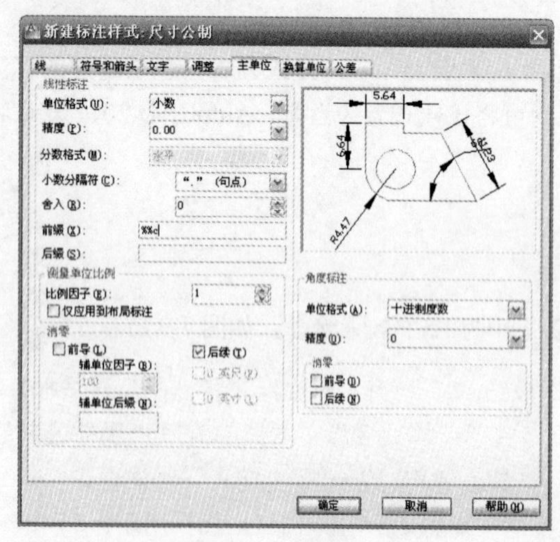

(a)“主单位”选项卡

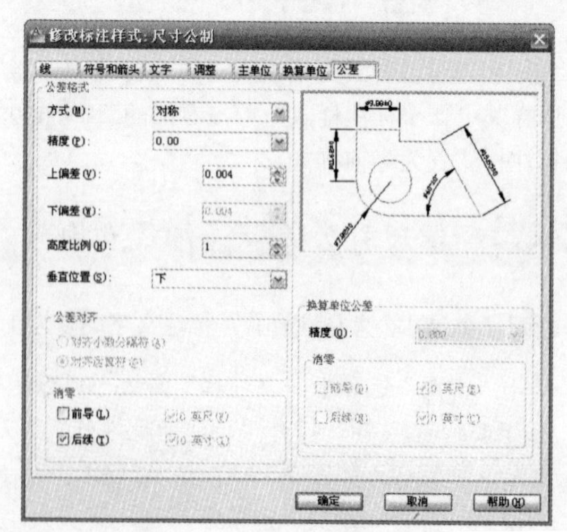

(b)“公差”选项卡

图 7-12　设置“主单位”和“公差”选项卡

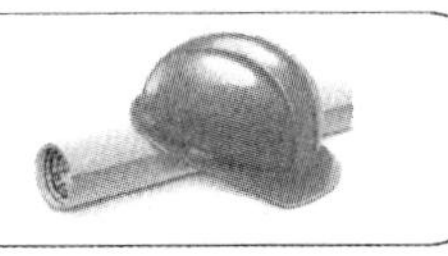

7.3 长度型尺寸标注

在机械制图中，长度型尺寸标注是最为常见的标注形式。AutoCAD 2012 中提供了线性标注和对齐标注来标注长度型尺寸。线性标注和对齐标注的区别和联系如图 7-13 所示。

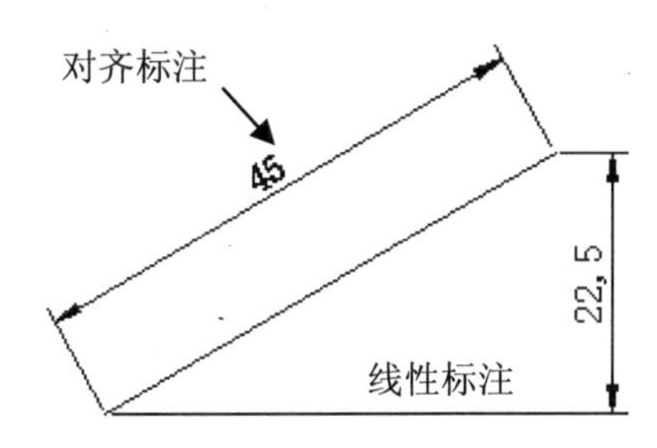

图 7-13　线性标注与对齐标注

7.3.1 线性标注

线性标注一般指的是尺寸线为垂直和水平的长度尺寸标注。在 AutoCAD 2012 中，可通过 5 种方式执行线性标注。

- 功能区：单击“常用”选项卡→“注释”面板→“线性”标注按钮⟝。
- 功能区：单击“注释”选项卡→“标注”面板→“线性”标注按钮⟝。
- 经典模式：选择菜单栏“标注”→“线性”命令。
- 经典模式：单击“标注”工具栏的“线性”标注按钮⟝。
- 运行命令：DIMLINEAR。

通过以上 5 种方式中的任何一种执行线性标注后，命令行提示如下信息：

```
指定第一条尺寸界线原点或<选择对象>:
```

可按以下步骤完成线性标注。

1. 指定标注的尺寸界线

一般情况下，指定标注的尺寸界线原点时，可利用“对象捕捉”功能，可先用鼠标指定第一条尺寸界线的原点，随后命令行将提示指定第二条尺寸界线的原点。

2. 指定标注的尺寸线和标注文字

两条尺寸界线的原点都指定后，命令行提示：

```
指定尺寸线位置或[多行文字(M)/文字(T)/角度(A)/水平(H)/垂直(V)/旋转(R)]:
```

此时在屏幕上显示系统测得的两个尺寸界线原点之间的水平/垂直距离，可用鼠标单击确定尺寸线的位置或在命令行输入相应字母选择命令行提示的选项，各个选项功能如下。

- 多行文字（M）：选择该选项后进入多行文字编辑器，可用它来编辑标注文字。
- 文字（T）：在命令行提示下，自定义标注文字。生成的标注测量值显示在尖括号中。
- 角度（A）：用于修改标注文字的旋转角度。例如，要将文字旋转 90°，请输入 90。
- 水平（H）/垂直（V）：这两项用于选择尺寸线是水平的或是垂直的。
- 旋转（R）：用于创建旋转线性标注。这一项用于旋转标注的尺寸线，而不同于“角度（A）”中的旋转标注文字。

“多行文字（M）”、“文字（T）”和“角度（A）”3 个选项存在于大多数标注中，其意义相同。

3. 确定线性标注

确定了标注的尺寸线和文字之后，利用鼠标在图形上指定标注的具体位置，单击后将生成线性标注。

如不用鼠标指定尺寸界线的原点，而直接按 Enter 键，则表示选择命令提示行中的<选择对象>，此时可用鼠标在图形中选择要标注的对象。

7.3.2 对齐标注

在对齐标注中，尺寸线平行于尺寸界线原点连成的直线（如图 7-13 所示）。在 AutoCAD 2012 中，可通过 5 种方式执行对齐标注操作。

- 功能区：单击“常用”选项卡→“注释”面板→“对齐”标注按钮。
- 功能区：单击“注释”选项卡→“标注”面板→“对齐”标注按钮。
- 经典模式：选择菜单栏“标注”→“对齐”命令。
- 经典模式：单击“标注”工具栏的“对齐”标注按钮。
- 运行命令：DIMALIGNED。

通过以上 5 种方式中的任何一种执行对齐标注后，命令行提示如下信息：

```
指定第一条尺寸界线原点或<选择对象>:
```

利用鼠标指定尺寸界线或按 Enter 键之后，命令行提示：

```
指定尺寸线位置或[多行文字(M)/文字(T)/角度(A)]:
```

命令行提示的选项与线性标注意义相同，其标注步骤也基本相同，可参照线性标注方法完成标注。

7.4 半径、直径和圆心标注

对于圆和圆弧的相关属性，AutoCAD 2012 提供了半径标注、直径标注、折弯标注、圆心标注和弧长标注等几种标注工具，如图 7-14 所示。

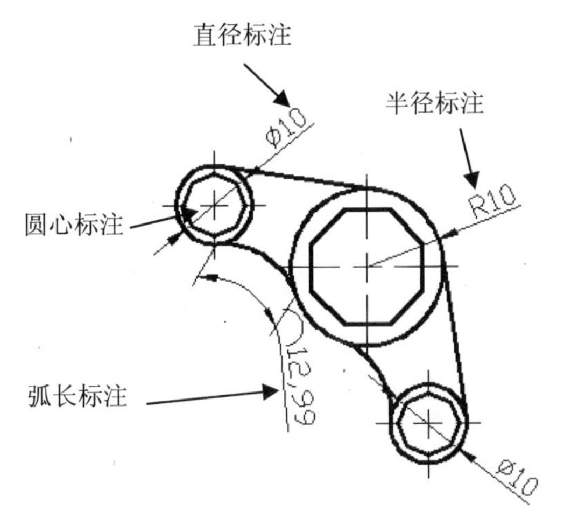

图 7-14　圆、圆弧的相关标注

7.4.1 半径标注

半径标注用于标注圆或圆弧的半径，在标注文字前加半径符号 R 表示，如图 7-14 所示。在 AutoCAD 2012 中可通过 5 种方式执行半径标注操作。

- 功能区：单击“常用”选项卡→“注释”面板→“半径标注”按钮。
- 功能区：单击“注释”选项卡→“标注”面板→“半径标注”按钮。
- 经典模式：选择菜单栏“标注”→“半径”命令。
- 经典模式：单击“标注”工具栏的“半径标注”按钮。
- 运行命令：DIMRADIUS。

执行半径标注后，命令行提示：

```
选择圆弧或圆:
```

此时 AutoCAD 2012 的光标变成选择对象时的方框“□”，鼠标单击要标注的圆或者圆弧之后，如图 7-14 中的内圆或者圆角，系统会自动测出圆或圆弧的半径，命令行提示：

```
指定尺寸线位置或 [多行文字 (M) /文字 (T) /角度 (A) ]:
```

"指定尺寸线位置"即表示默认系统测得的半径值，可直接单击"半径标注"位置后完成标注，如要更改标注文字的属性，可选择相应的选项"多行文字（M）"、"文字（T）"或"角度（A）"，然后输入属性值，如选择"文字（T）"，输入 T 后按 Enter 键，再输入 R10，完成的标注如图 7-15 所示。

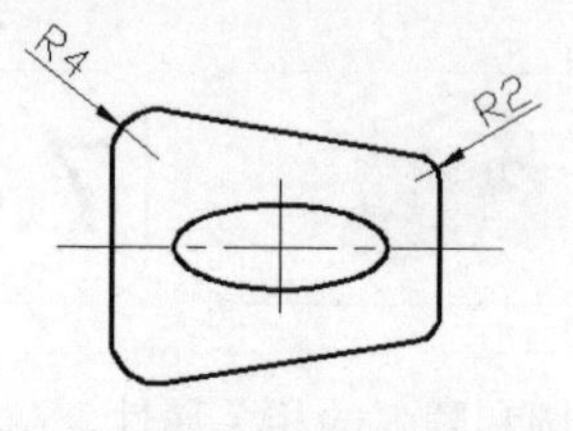

图 7-15 "半径标注"实例

7.4.2 直径标注

直径标注用于标注圆或圆弧的直径，在标注文字前加直径符号 ϕ 表示，如图 7-14 所示。在 AutoCAD 2012 中，可通过 5 种方式执行"直径标注"命令。

- 功能区：单击"常用"选项卡→"注释"面板→"直径标注"按钮。
- 功能区：单击"注释"选项卡→"标注"面板→"直径标注"按钮。
- 经典模式：选择菜单栏"标注"→"直径"命令。
- 经典模式：单击"标注"工具栏的"直径标注"按钮。
- 运行命令：DIMDIAMETER。

执行直径标注后，命令行提示与操作和半径标注大部分相同，这里不再赘述。

当选择"多行文字（M）"或"文字（T）"选项输入直径值时，要在数字前输入控制字符"%%c"代替直径符号"ϕ"，如选择要标注的圆或圆弧后，选择"文字（T）"，即输入 t 后按 Enter 键，然后输入"%%c20"，则完成的标注如图 7-16（a）所示。在机械制图中，有时需要对直线元素进行直径的标注，比如图 7-16（b）中的圆柱，此时需要借助线性标注来实现标注直径，其步骤为执行线性标注→指定标注的两个尺寸界线原点→选择"文字（T）"选项→输入"%%c22"→完成标注。其他控制字符如表 7-1 所示。

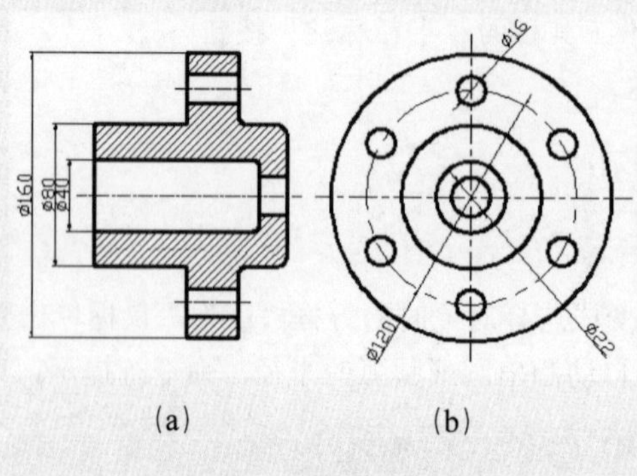

图 7-16 直径标注示例

表 7-1　具有标准 AutoCAD 文字字体的控制代码

控制代码	输出符号
%%d	角度符号（°）
%%p	正/负符号（±）
%%c	直径符号（φ）

在机械制图中，一般对圆角、圆弧等用半径来标注，而对于完整的圆，一般用直径来标注，这样便于零件的加工。

7.4.3　折弯标注

当圆弧或圆的中心位于布局之外并且无法在其实际位置显示时，使用折弯标注可以创建折弯半径标注，也称为“缩放的半径标注”，如图 7-17 所示。这种方法可以在更方便的位置指定标注的“原点”，这称为“中心位置替代”。

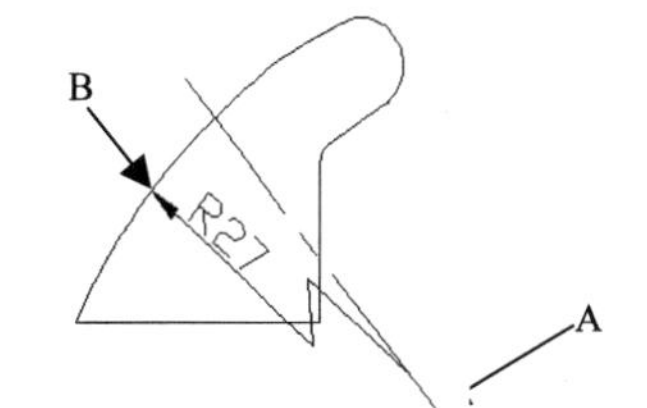

图 7-17　折弯标注示例

在 AutoCAD 2012 中，可通过 5 种方式执行“折弯标注”命令。

- 功能区：单击“常用”选项卡→“注释”面板→“折弯标注”按钮。
- 功能区：单击“注释”选项卡→“标注”面板→“折弯标注”按钮。
- 经典模式：选择菜单栏“标注”→“折弯”命令。
- 经典模式：单击“标注”工具栏的“折弯标注”按钮。
- 运行命令：DIMJOGGED。

执行折弯标注后，命令行提示：

```
选择圆弧或圆:
```

此时 AutoCAD 2012 的光标将变成选择对象时的方框“□”，鼠标单击要标注的圆或圆弧之后，命令行提示：

```
指定图示中心位置:
```

“中心位置”即折弯标注的尺寸线起点，如图 7-17 所示的 A 点。鼠标选择中心位置后，命令行提示：

```
指定尺寸线位置或 [多行文字(M)/文字(T)/角度(A)]:
```

利用鼠标指定尺寸线的位置或者选择括号里的选项配置标注文字，其中“多行文字（M）”、“文字（T）”和“角度（A）”选项的意义同前。完成后命令行提示：

```
指定折弯位置:
```

利用鼠标指定折弯的位置，即图 7-17 中的 B 点，完成标注。

7.4.4 圆心标注

圆心标注用于圆和圆弧的圆心标记，如图 7-14 所示。在 AutoCAD 2012 中，可通过 3 种方式执行“圆心标注”命令。

- 经典模式：选择菜单栏“标注”→“圆心标记”命令。
- 经典模式：单击“标注”工具栏的“圆心标记”按钮⊕。
- 运行命令：DIMCENTER。

执行圆心标注后，命令行提示：

```
选择圆弧或圆：
```

此时 AutoCAD 2012 的光标将变成选择对象时的方框“□”，鼠标单击要标注的圆或者圆弧，完成圆心标注。

圆心标注的外观可以通过“新建/修改标注样式”对话框的“符号和前头”选项卡进行设置。

7.4.5 弧长标注

弧长标注用于标注圆弧的长度，在标注文字前方或上方用弧长标记“⌒”表示，如图 7-14 所示。在 AutoCAD 2012 中，可通过 5 种方式执行“弧长标注”命令。

- 功能区：单击“常用”选项卡→“注释”面板→“弧长标注”按钮。
- 功能区：单击“注释”选项卡→“标注”面板→“弧长标注”按钮。
- 经典模式：选择菜单栏“标注”→“弧长”命令。
- 经典模式：单击“标注”工具栏的“弧长标注”按钮。
- 运行命令：DIMARC。

执行“弧长标注”命令后，命令行提示：

```
选择弧线段或多段线弧线段：
```

此时 AutoCAD 2012 的光标将变成选择对象时的方框“□”，利用鼠标单击要标注的圆弧（注意：“弧长标注”只能对“弧”进行标注，而不能对“圆”进行标注），命令行提示如下：

```
指定弧长标注位置或 [多行文字（M）/文字（T）/角度（A）/部分（P）/引线（L）]：
```

默认选项为“指定弧长标注位置”，即用鼠标选择弧长标注的位置，以完成标注。其他选项的说明如下。

- “多行文字（M）”、“文字（T）”和“角度（A）”：意义同前。
- “部分（P）”：用于指定弧长中某段的标注。
- “引线（L）”：用于对弧长标注添加引线，“引线（L）”选项只有当圆弧大于 90° 时才会出现，弧长的引线按径向绘制，指向所标注圆弧的圆心，如图 7-18 所示。

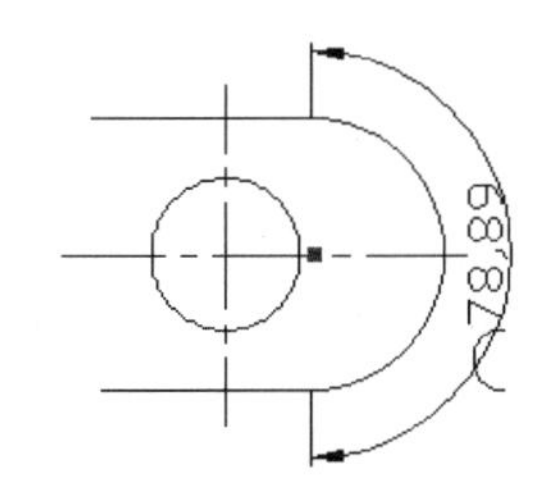

图 7-18 带引线的弧长标注

7.5 角度标注与其他类型的标注

Auto CAD 2012 提供了角度、基线、连续、坐标以及多重引线标注。角度标注是针对两条直线或者三点。对于一些特殊情况，如需要坐标、倒角、件号等，也可以通过坐标标注、多重引线标注轻松完成。

7.5.1 角度标注

角度标注用于标注两条直线或 3 个点之间的角度，可应用于两条直线间、圆弧或圆等图形对象。角度标注在标注文字后加“° ”表示，角度标注的尺寸线是一段圆弧，如图 7-19 所示。

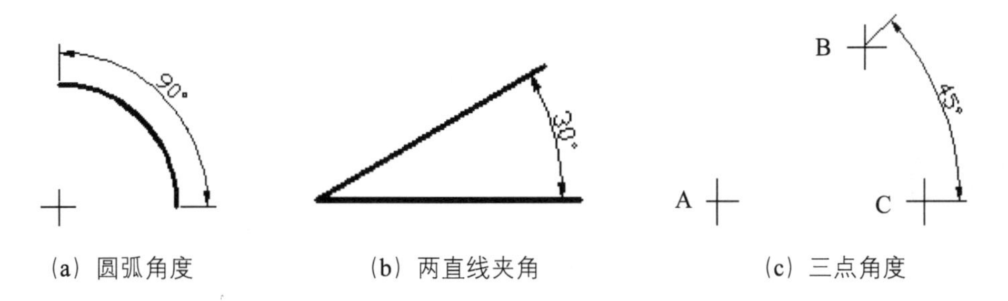

图 7-19 角度标注的多种形式

Auto CAD 小提示

可以相对于现有角度标注创建基线和连续角度标注。基线和连续角度标注小于或等于 180 °。要获得大于 180°的基线和连续角度标注，请使用夹点编辑拉伸现有基线或连续标注的尺寸界线的位置。

在 AutoCAD 2012 中，可通过 5 种方式执行“角度标注”命令。

- 功能区：单击“常用”选项卡→“注释”面板→“角度标注”按钮。
- 功能区：单击“注释”选项卡→“标注”面板→“角度标注”按钮。
- 选择“标注”→“角度”命令。
- 经典模式：单击“标注”工具栏的“角度标注”按钮。
- 运行命令：DIMANGULAR。

执行角度标注后，命令行提示：

```
选择圆弧、圆、直线或<指定顶点>:
```

此时可用鼠标单击选择多种对象标注角度，分为以下几种情况。

1．选择圆弧

如果鼠标单击的对象是一段圆弧，那么圆弧的圆心是角度的顶点，圆弧的两个端点作为角度标注的尺寸界线原点，命令行提示如下：

```
指定标注弧线位置或 [多行文字（M）/文字（T）/角度（A）/象限点（Q）]:
```

默认选项为“指定标注弧线位置”，即用鼠标选择角度标注的位置。对其他选项的说明如下。

- “多行文字（M）”、“文字（T）”和“角度（A）”：意义同前。
- “象限点（Q）”：用于将角度标注锁定在指定的象限，如一个 120° 的圆弧，随着鼠标位置的改变，可能标注出来 120° 或者 240° ，而正确的是 120° 。打开象限行为后，将标注文字放置在角度标注外时，尺寸线会延伸超过尺寸界线，其效果如图 7-20 所示。

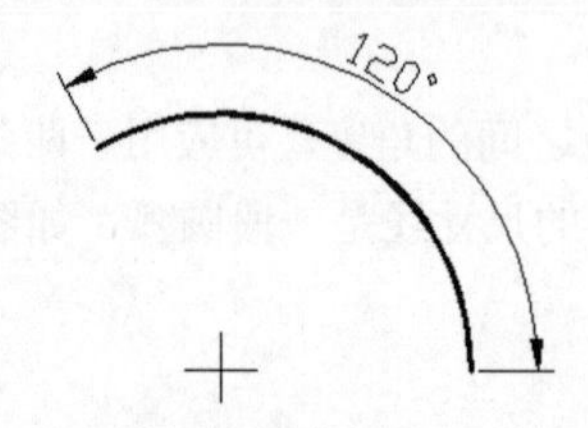

图 7-20　选择“象限点（Q）”后的角度标注效果说明

当选择“多行文字（M)”或“文字（T)”选项，输入角度值时，要在数字后输入“%%d”代替角度符号“°”。

2．选择圆

如果鼠标单击的对象是圆，那么角度标注第一条尺寸界线的原点，即选择圆时鼠标所单击的那个点，而圆的圆心是角度的顶点，命令行提示如下：

```
指定角的第二个端点:
```

鼠标单击任意一点作为角度标注的第二条尺寸界线的原点，这一点可以不在圆上。完成后命令行提示：

```
指定标注弧线位置或 [多行文字（M）/文字（T）/角度（A）/象限点（Q）]:
```

利用鼠标选择位置完成角度标注，各个选项的意义与“选择圆弧”相同。

3．选择直线

如果鼠标单击的对象是直线，那么将用两条直线定义角度，选择直线后，命令行提示为：

```
选择第二条直线:
```

选择另外一条直线后，命令行提示：

```
指定标注弧线位置或 [多行文字(M)/文字(T)/角度(A)/象限点(Q)]:
```

利用鼠标选择位置完成角度标注，各个选项的意义与“选择圆弧”相同。

4. 直接按 Enter 键

如果直接按 Enter 键，则创建基于指定 3 点的标注，命令行依次提示为：

```
指定角的顶点:
指定角的第一个端点:
指定角的第二个端点:
指定标注弧线位置或 [多行文字(M)/文字(T)/角度(A)/象限点(Q)]:
```

鼠标依次单击图 7-19（c）的 A、B、C 点指定为角度标注的顶点和两个端点，则可完成图 7-19（c）中的角度标注。

7.5.2 基线标注和连续标注

AutoCAD 2012 为批量标注提供了基线标注和连续标注工具。基线标注是指从上一个标注或选定标注的基线处创建线性标注、角度标注或坐标标注；连续标注是指从上一个标注或选定标注的第二条尺寸界线处创建线性标注、角度标注或坐标标注。两者的区别如图 7-21 所示，图中（a）、（b）为基线标注，（c）、（d）为连续标注。

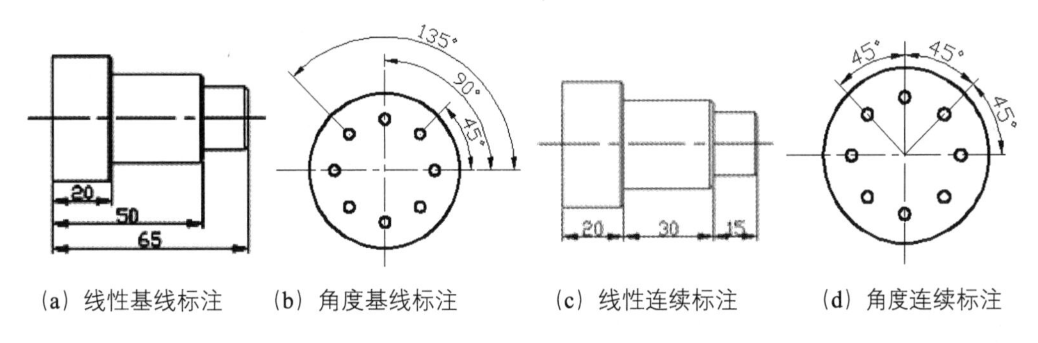

图 7-21　基线标注与连续标注

基线标注和连续标注都要求以一个现有的线性标注、角度标注或坐标标注为基础。如果当前任务中未创建任何标注，将提示用户选择线性标注、坐标标注或角度标注，以用于连续标注的基准。

在 AutoCAD 2012 中可通过 3 种方式执行“基线标注”命令。

- 经典模式：选择菜单栏“标注”→“基线”命令。
- 经典模式：单击“标注”工具栏的“基线标注”按钮。
- 运行命令：DIMBASELINE。

同样，在 AutoCAD 2012 中也可通过 4 种方式执行“连续标注”命令。

- 功能区：单击“注释”选项卡→“标注”面板→“连续”标注按钮。
- 经典模式：选择菜单栏“标注”→“连续”命令。

- 经典模式：单击“标注”工具栏的“连续”标注按钮。
- 运行命令：DIMCONTINUE。

如果任务中存在标注操作，执行基线标注和连续标注后，命令行提示：

```
指定第二条尺寸界线原点或 [放弃（U）/选择（S）] <选择>:
```

默认选项为“指定第二条尺寸界线原点”，即用鼠标单击第二个点进行基线标注或连续标注。对其他选项的说明如下。

- “放弃（U）”：放弃基线标注或连续标注。
- “选择（S）”：重新选择基线标注。

完成基线标注或连续标注，也可通过按 Esc 键或按两次 Enter 键实现操作。

7.5.3 坐标标注

坐标标注用于测量基准点到特征点（例如部件上一个孔的中心）的垂直距离，默认的基准点为当前坐标的原点。

坐标标注由 X 或 Y 值和引线组成：X 基准坐标标注沿 X 轴测量特征点与基准点的距离，尺寸线和标注文字为垂直方向；Y 基准坐标标注沿 Y 轴测量距离，尺寸线和标注文字为水平放置，其示例如图 7-22 所示。

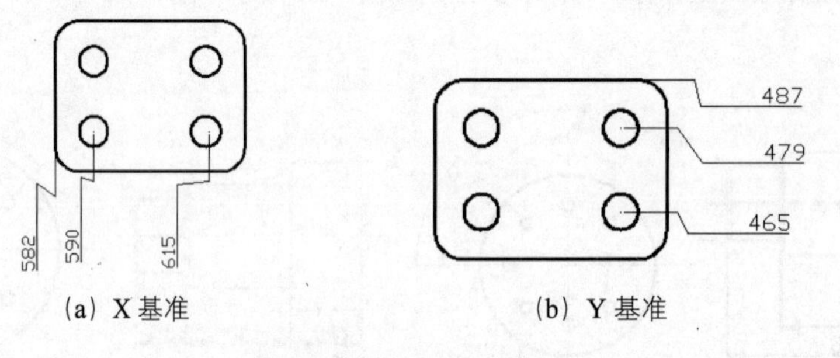

(a) X 基准　(b) Y 基准

图 7-22　坐标标注示例

AutoCAD 2012 中可通过 5 种方式执行坐标标注命令。

- 功能区：单击“常用”选项卡→“注释”面板→“坐标标注”按钮。
- 功能区：单击“注释”选项卡→“标注”面板→“坐标标注”按钮。
- 经典模式：选择菜单栏“标注”→“坐标”命令。
- 经典模式：单击“标注”工具栏的“坐标标注”按钮。
- 运行命令：DIMORDINATE。

执行坐标标注后，命令行提示：

```
指定点坐标:
```

“指定点坐标”即用鼠标选择要标注的点。选择后，命令行提示：

```
指定引线端点或 [X 基准（X）/Y 基准（Y）/多行文字（M）/文字（T）/角度（A）]:
```

默认选项为“指定引线端点”，即指定标注文字的位置，AutoCAD 2012 通过自动计算点坐标和引线端点的坐标差来确定它是 X 坐标标注还是 Y 坐标标注。如果 Y 坐标的坐标差较大，标注就测量 X 坐标，否则就测量 Y 坐标。

对其他选项的说明如下。

- “X 基准（X）”：确定为测量 X 坐标并确定引线和标注文字的方向。
- “Y 基准（Y）”：确定为测量 Y 坐标并确定引线和标注文字的方向。
- “多行文字（M）”、“文字（T）”和“角度（A）”：意义同前。

7.5.4　多重引线标注

在机械制图中，一些注释性的文字（如倒角）或者装配图中的零件序号标注通常需要借助于引线的标注。引线对象通常包含箭头、可选的水平基线、引线或曲线、多行文字对象或块。可以从图形中的任意点或部件创建引线并在绘制时控制其外观。引线可以是直线段或平滑的样条曲线。多重引线标注是 AutoCAD 2012 的新增功能之一，其示例如图 7-23 所示。

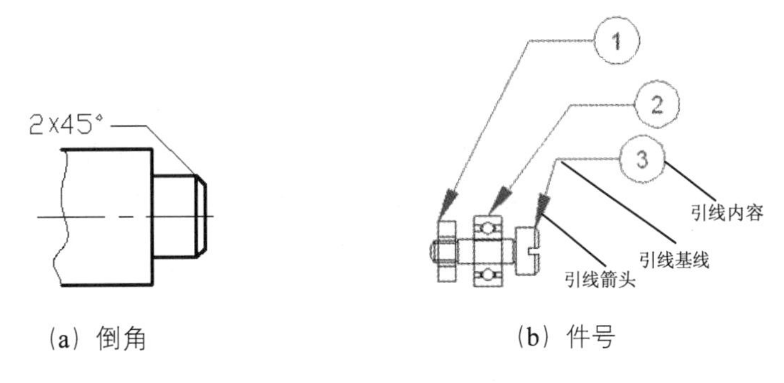

（a）倒角　　（b）件号

图 7-23　多重引线标注示例

AutoCAD 2012 在“注释”面板中专门设置了“引线”面板和“多重引线”工具栏，如图 7-24 所示。在“标注”菜单里面有“多重引线标注”命令，但是在“标注”工具栏没有“多重引线标注”按钮，“多重引线标注”按钮在“多重引线”工具栏内。

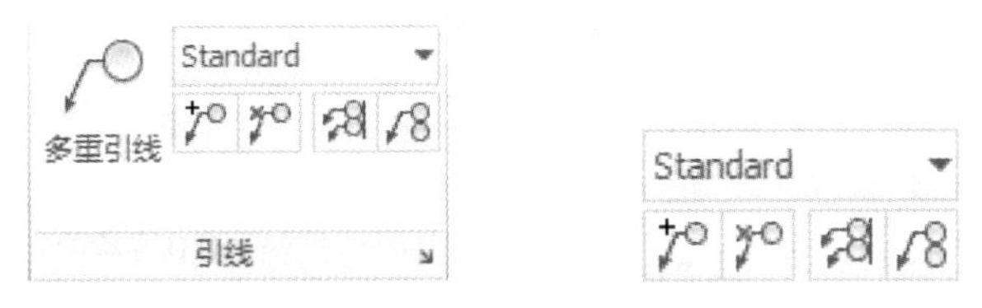

图 7-24　“多重引线”工具栏

1．设置多重引线标注

在 AutoCAD 2012 中可通过 5 种方式设置多重引线标注。

- 功能区：单击“常用”选项卡→“注释”面板→“多重引线样式”按钮。
- 功能区：单击“注释”选项卡→“引线”面板→“多重引线样式”按钮↘。
- 经典模式：选择“格式”→“多重引线样式”命令。
- 经典模式：单击“多重引线”工具栏的“多重引线样式”按钮。

- 运行命令：MLEADERSTYLE。

执行多重引线标注设置操作后，将弹出“多重引线样式管理器”对话框，如图 7-25 所示。

“多重引线样式管理器”对话框与“标注样式管理器”对话框类似，可单击 新建(N)... 按钮新建一个多重引线样式，或单击 修改(M)... 按钮修改已有的多重引线样式。单击 新建(N)... 按钮，弹出“创建新多重引线样式”对话框，如图 7-26 所示。

在“新样式名”文本框中输入新建的样式名称，默认为“副本 Standard”；在“基础样式”下拉列表框中选择新建样式的基础样式，新建样式即在该基础样式的基础上进行修改而成，默认为 Standard 样式；“注释性”复选框的意义同“标注样式”。完成后单击 继续(O) 按钮，弹出“修改多重引线样式”对话框，如图 7-27 所示。

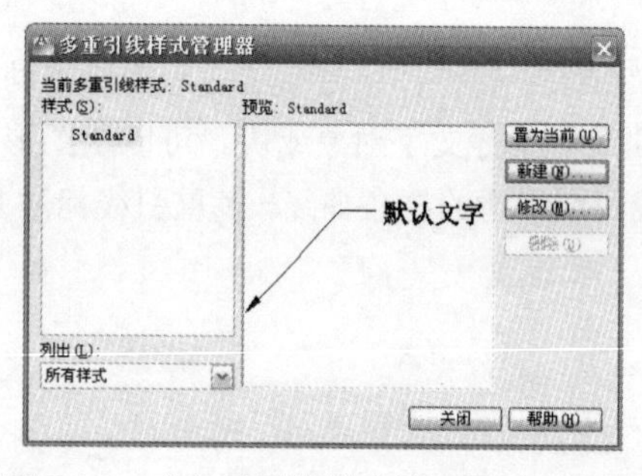

图 7-25　“多重引线样式管理器”对话框

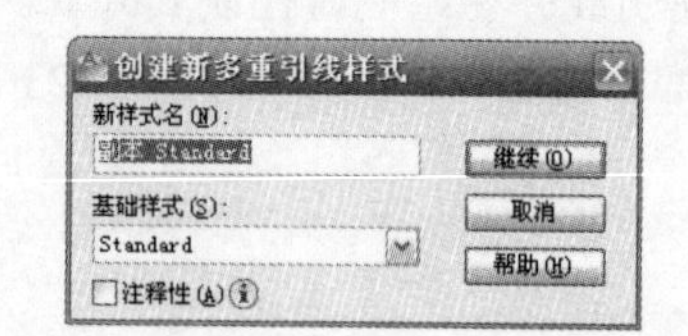

图 7-26　“创建新多重引线样式”对话框

“修改多重引线样式”对话框中各个选项卡中的设置内容如下。

（1）“引线格式”选项卡

设置多重引线基本外观和引线箭头的类型和大小，以及执行“标注打断”命令后引线打断大小，包括以下几个选项。

- “类型”、“颜色”、“线型”、“线宽”下拉列表框：分别用于设置引线类型、颜色、线型和线宽。
- “符号”下拉列表框：用于设置多重引线的箭头符号。
- “大小”调整框：设置箭头的大小。
- “打断大小”调整框：设置选择多重引线后用于“折断标注”（DIMBREAK）命令的折断大小。

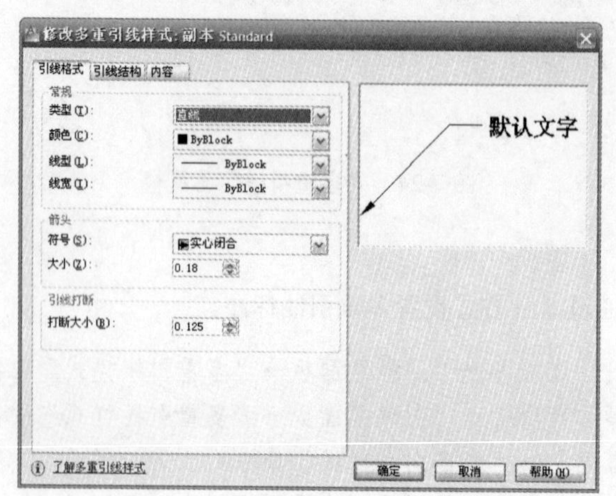

图 7-27　“修改多重引线样式”对话框

（2）“引线结构”选项卡

用于设置引线的结构，包括最大引线点数、第一段角度、第二段角度及引线基线的水平距离，包括以下几个选项。

- “最大引线点数”复选框：指定引线的最大点数。
- “第一段角度”复选框：指定多重引线基线中的第一个点的角度。
- “第二段角度”复选框：指定多重引线基线中的第二个点的角度。
- “自动包含基线”复选框：将水平基线附着到多重引线内容。
- “设置基线距离”调整框：为多重引线基线确定固定距离。
- “注释性”复选框：指定多重引线为注释性。
- “将多重引线缩放到布局”单选按钮：根据模型空间视口和图纸空间视口中的缩放比例确定多重引线的比例因子。
- “指定比例”单选按钮：指定多重引线的缩放比例。

（3）“内容”选项卡

设置多重引线是包含文字还是包含块。如果选择“多重引线类型”为“多行文字”，则下列选项可用。

- “默认文字”选项：为多重引线内容设置默认文字。单击[...]按钮，将启动多行文字编辑器。
- “文字样式”下拉列表框：指定属性文字的预定义样式。
- “文字角度”下拉列表框：指定多重引线文字的旋转角度。
- “文字颜色”下拉列表框：指定多重引线文字的颜色。
- “文字高度”调整框：指定多重引线文字的高度。
- “始终左对齐”复选框：指定多重引线文字始终左对齐。
- “文字加框”复选框：使用文本框对多重引线文字内容加框。
- “连接位置 - 左”和“连接位置 - 右”下拉列表框：用于控制文字位于引线左侧和右侧时基线连接到多重引线文字的方式。
- “基线间隙”调整框：指定基线和多重引线文字之间的距离。

如果选择“多重引线类型”为“块”，则下列选项可用。

- “源块”下拉列表框：指定用于多重引线内容的块。
- “附着”下拉列表框：指定块附着到多重引线对象的方式。可以通过指定块的范围、块的插入点或块的中心点来附着块。
- “颜色”下拉列表框：指定多重引线块内容的颜色。
- “比例”调整框：设置比例。

下面通过一个实例来设置多重引线样式，操作步骤如下。

01 通过上述方法打开“多重引线样式管理器”对话框。

02 单击[新建(N)...]按钮，在弹出的“创建新多重引线样式”对话框中的“新样式名”文本框中输入“零件序号标注样式”。单击“继续”按钮打开“修改多重引线样式”对话框。

03 切换到“内容”选项卡，选择“多重引线类型”为“块”，选择“源块”为“圆”，如图 7-28 所示。

04 单击[确定]按钮，返回到“多重引线样式管理器”对话框。系统默认将新建的“零件序号标注样式”置为当前，单击 确定 按钮，返回绘图窗口。

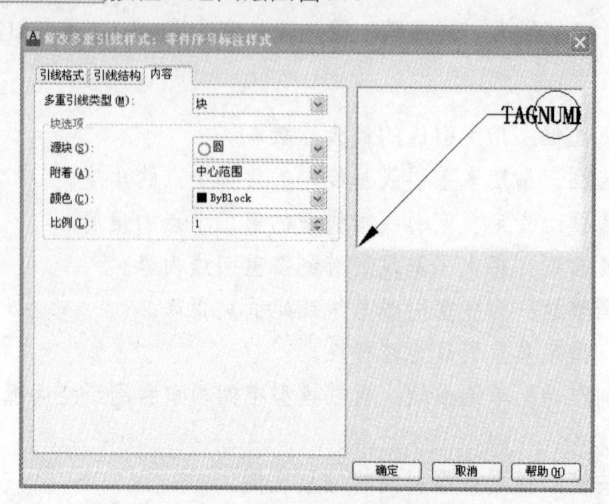

图 7-28　设置“内容”选项卡

2. 创建多重引线标注

下面以图 7-29 为例，说明 AutoCAD 2012 多重引线标注工具的使用方法。要实现图 7-29 中的标注样式，操作步骤如下。

（1）设置当前标注样式

在功能区“常用”选项卡的“注释”面板中将“零件序号标注样式”设为当前样式，如图 7-30 所示。

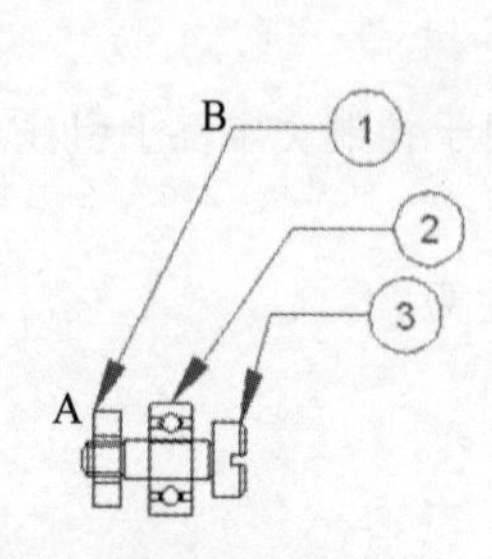

图 7-29　多重引线标注实例

图 7-30　设置当前多重引线标注样式

（2）执行“多重引线标注”命令

在 AutoCAD 2012 中可通过 5 种方式执行“多重引线标注”命令。

- 功能区：单击“常用”选项卡→“注释”面板→“多重引线标注”按钮。
- 功能区：单击“注释”选项卡→“引线”面板→“多重引线标注”按钮。
- 经典模式：选择菜单栏“标注”→“多重引线标注”命令。
- 经典模式：单击“多重引线”工具栏的“多重引线标注”按钮。
- 运行命令：MLEADER。

（3）指定引线箭头位置

执行多重引线标注命令后，命令行提示：

```
指定引线箭头的位置或［引线基线优先（L）/内容优先（C）/选项（O）］<选项>:
```

默认选项为“指定引线箭头的位置”，即用鼠标单击选择引线箭头的位置。对于本例，用鼠标单击图 7-29 中的 A 点。

其他选项的含义如下。

- “引线基线优先（L）”选项：表示创建引线基线优先的多重引线标注，即先指定引线基线位置中的引线基线，如选择此项命令行将提示如下。

```
指定引线基线位置:
```

- “内容优先（C）”选项：表示创建引线内容优先的多重引线标注，即先指定引线内容位置中的引线内容，如选择此项命令行将提示如下。

```
指定文字的第一个角点:
```

- “选项（O）”选项：表示对多重引线标注的属性进行相关设置。如选择此选项，命令行将提示如下。

```
输入选项［引线类型（L）/引线基线（A）/内容类型（C）/最大节点数（M）/
第一个角度（F）/第二个角度（S）/退出选项（X）］<退出选项>:
```

（4）指定引线基线位置

指定引线箭头的位置后，命令行提示：

```
指定引线基线的位置:
```

对于本例，操作为用鼠标单击图 7-29 中的 B 点。

（5）指定标注文字编号

指定引线基线后，对于本例，由于设置的是标注文字为块，因此命令行提示如下：

```
输入标记编号<TAGNUMBER>:
```

此时输入零件的编号 1，按 Enter 键后，完成 1 号零件的标注，2 号零件和 3 号零件的标注与 1 号的类似。

3. 编辑多重引线标注

AutoCAD 2012 的“注释”选项卡的“多重引线”面板和“多重引线”工具栏提供了“添加引线”、“删除引线”、“对齐引线”、“合并引线”4 个编辑工具，如图 7-31 所示。

图 7-31　“多重引线”工具栏

各按钮的功能如下（括号内为相应的命令格式）。

- “添加引线”（mleaderedit）：将一个或多个引线添加至选定的多重引线对象。
- “删除引线”（mleaderedit）：从选定的多重引线对象中删除引线。
- “对齐引线”（mleaderalign）：将各个多重引线对齐。对齐效果如图 7-32（a）、图 7-32（b）所示。
- “合并引线”（mleadercllect）：将内容为块的多重引线对象合并到一个基线。合并效果如图 7-32（c）、图 7-32（d）所示。

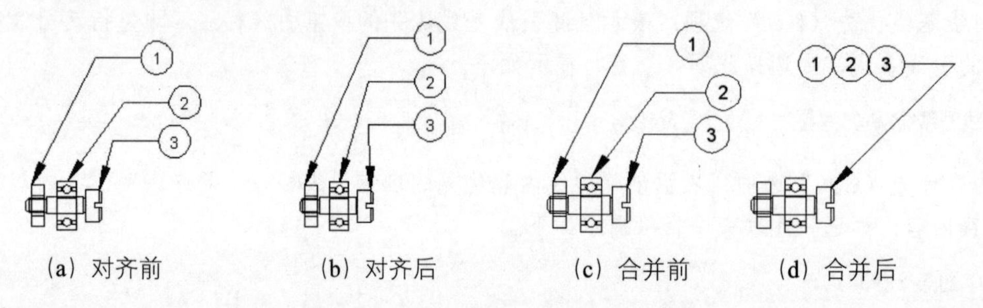

（a）对齐前　（b）对齐后　（c）合并前　（d）合并后

图 7-32　“对齐引线”与“合并引线”

7.5.5　设置多重引线样式实例

创建一种多重标注样式，在如图 7-33（a）所示的图形中标注零件件号，效果如图 7-33（b）所示。

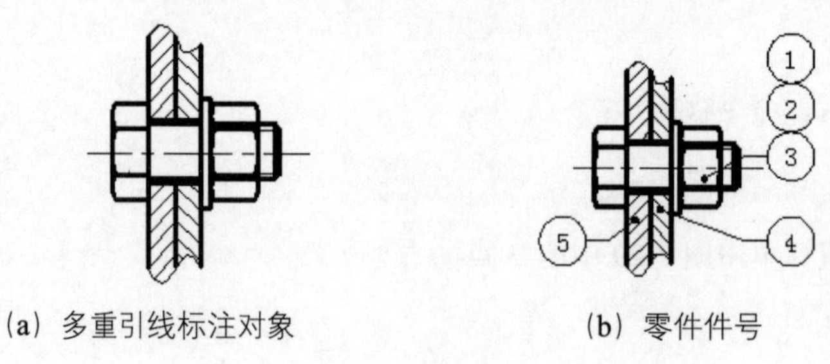

（a）多重引线标注对象　（b）零件件号

图 7-33　多重标注样式

1. 创建多重引线标注样式

01 单击“注释”选项卡→“引线”面板→“多重引线样式管理器”按钮，系统弹出如图 7-34 所示的“多重引线样式管理器”对话框。

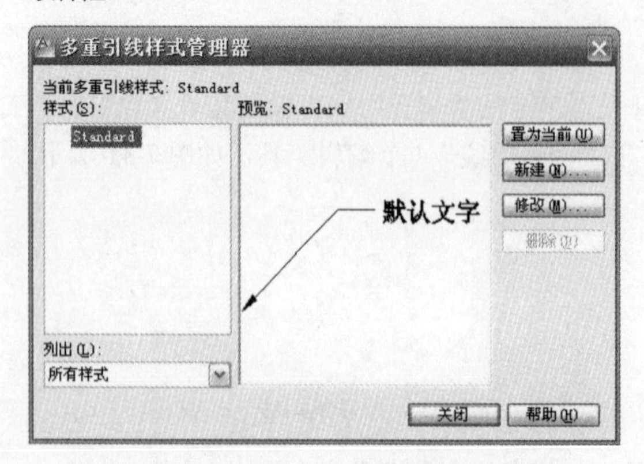

图 7-34　“多重引线样式管理器”对话框

02 单击[新建(N)...]按钮，系统弹出如图 7-35 所示的“创建新多重引线样式”对话框。

03 在“新样式名”文本框中输入“多重引线标注样式”，选择“基础样式”下拉列表框中的“Standard”选项。

04 单击[继续(O)]按钮，系统弹出如图 7-36 所示的“修改多重引线样式：多重引线标注样式”对话框。

05 选择“引线格式”选项卡→“箭头”选项组→“符号”下拉列表框→“点”选项，在“大小”微调框中输入 2。

图 7-35　“创建新多重引线样式”对话框

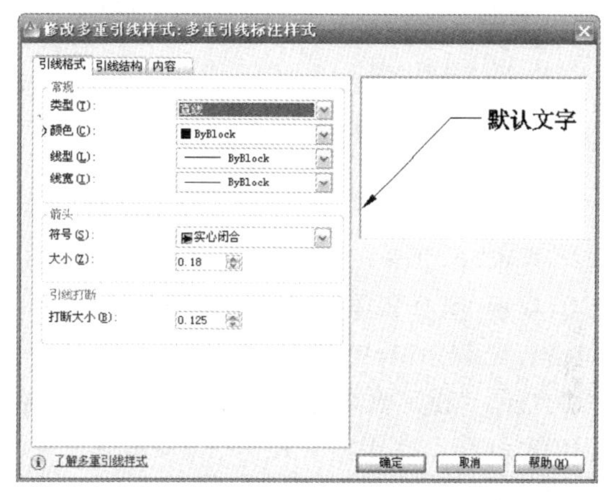

图 7-36　“修改多重引线样式：多重引线标注样式”对话框

06 选择“内容”选项卡→“多重引线类型”下拉列表框→“块”选项，选择“块选项”选项组→“圆”选项，在“比例”微调框中输入 2。

07 单击[确定]按钮，返回“多重引线样式管理器”对话框。

08 选中“样式”列表框中“多重引线标注样式”选项，单击[置为当前(U)]按钮。

09 单击[关闭]按钮，完成新样式的创建。

2. 标注零件序号

01 单击“注释”选项卡→“引线”面板→“多重引线”按钮，命令行提示“指定引线箭头的位置或 [引线基线优先(L)/内容优先(C)/选项(O)] <选项>:”，此时使用鼠标在如图 7-37（a）所示的 A 区单击，确定标注箭头的位置。

02 命令行提示“指定引线基线的位置:”，此时移动鼠标到放置标注的位置并单击，以确定序号的放置位置。

03 命令行提示：

```
输入属性值
输入标记编号<TAGNUMBER>:
```

此时，在命令行输入 1 并按下 Enter 键，完成件号 1 的标注，效果如图 7-37（b）所示。

04 重复步骤 01～03，标注其他零件的件号，效果如图 7-38 所示。

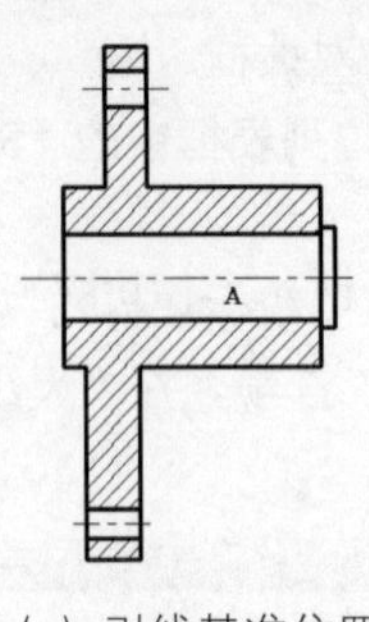

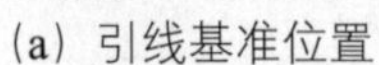
（a）引线基准位置

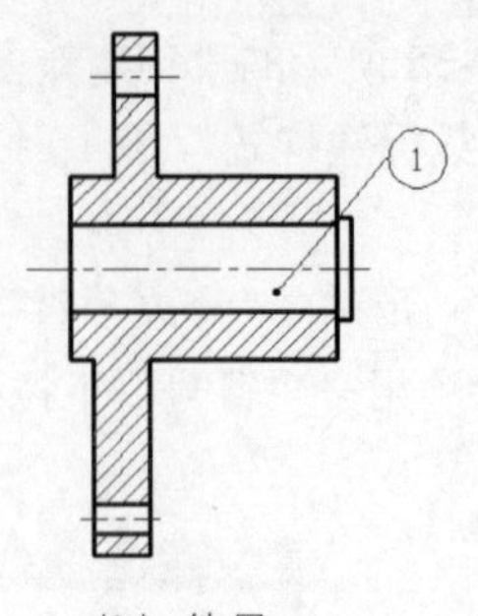

（b）件号

图 7-37　多重标注过程

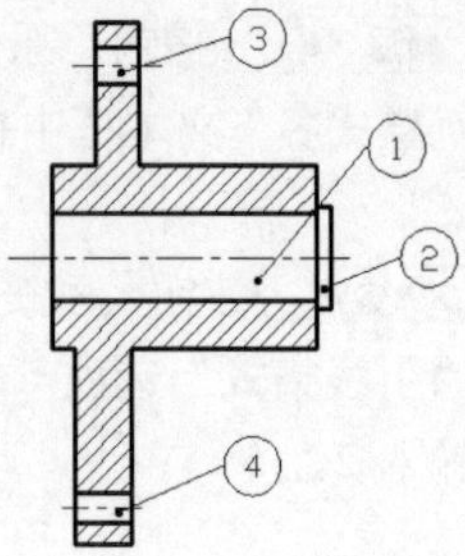

图 7-38　标注的件号

3. 整理零件序号

01 单击“注释”选项卡→“引线”面板→“合并”按钮，命令行提示“选择多重引线:”，此时依次选中件号 1、2，并单击右键完成件号的选取。

02 命令行提示“指定收集的多重引线位置或 [垂直(V)/水平(H)/缠绕(W)] <水平>:”，此时在命令行输入 V 并按下 Enter 键。

03 移动鼠标到合适位置单击，以确定放置位置，效果如图 7-39 所示。

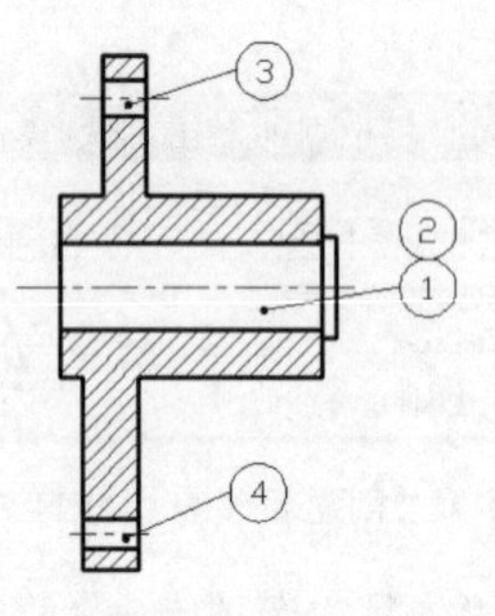

图 7-39　合并件号

04 单击“注释”选项卡→“引线”面板→“对齐”按钮，命令行提示“选择多重引线:”，此时选择件号 2、3，单击鼠标右键完成件号的选取。

05 按下 F8 键，打开正交功能，垂直移动鼠标到合适位置单击，确定件号 3 的放置位置，效果如图 7-40（a）所示。

06 重复步骤 04～05，将件号 4 与件号 1 对齐，效果如图 7-40（b）所示。

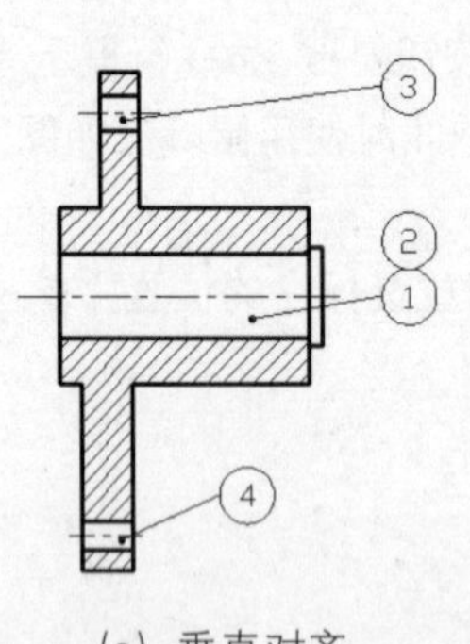

（a）垂直对齐

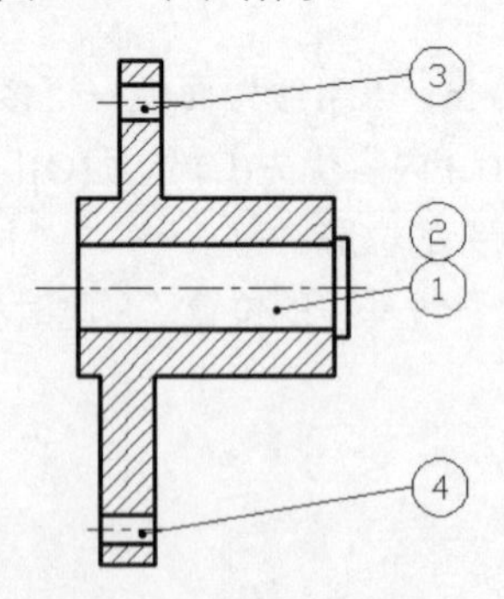

（b）水平对齐

图 7-40　件号对齐

7.6 形位公差标注

形位公差表示特征的形状、轮廓、方向、位置和跳动的允许偏差。在机械制图中，使用形位公差能保证加工零件之间的装配精度。

7.6.1 形位公差的组成和类型

AutoCAD 2012 通过特征控制框来添加形位公差，这些框中包含单个标注的所有公差信息。特征控制框至少由两个组件组成，它按以下顺序从左至右填写：

- 第一个特征控制框为一个几何特征符号，表示应用公差的几何特征，例如位置、轮廓、形状、方向或跳动，形状公差可以控制直线度、平面度、圆度和圆柱度，在图 7-41 中，特征符号表示位置。
- 第二个特征控制框为公差值及相关符号。公差值使用线性值，如公差带是圆形或圆柱形的，则在公差值前加注“ φ ”，如是球形的，则加注“S φ ”。
- 第三个及以后多个特征控制框为基准参照，由参考字母和包容条件组成。图 7-41 中的形位公差共标注了三个基准参照。

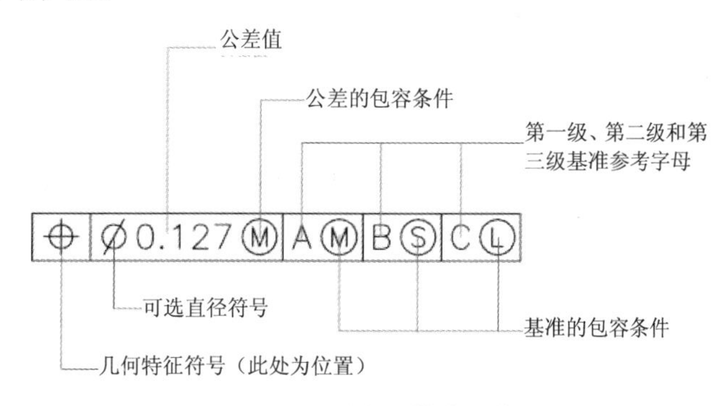

图 7-41　形位公差的组成

7.6.2 标注形位公差

在 AutoCAD 2012 中，能标注带或不带引线的形位公差。可通过以下 4 种方式执行形位公差标注命令。

- 功能区：单击“注释”选项卡→“标注”面板→“公差标注”按钮。
- 经典模式：选择菜单栏“标注”→“公差”命令。
- 经典模式：单击“标注”工具栏的“公差标注”按钮。
- 运行命令：TOLERANCE。

执行形位公差标注命令后，可打开“形位公差”对话框，如图 7-42 所示。

通过“形位公差”对话框，可添加特征控制框里的各个符号及公差值等。各个区域的意义如下。

- “符号”区域：单击“■”框，将弹出“特征符号”对话框，如图 7-43 所示，选择表示位置、方向、形状、轮廓和跳动的特征符号。各个符号的意义和类型如表 7-2 所示。单击“□”框，表示清空已填入的符号。

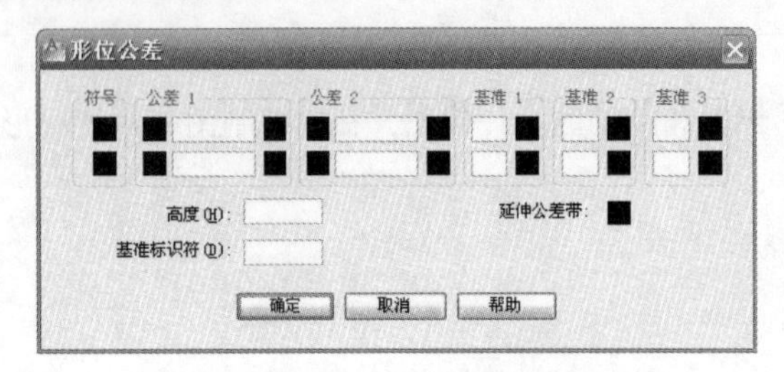

图 7-42 “形位公差”对话框

图 7-43 “特征符号”对话框

表 7-2 特征符号的意义和类型

符号	特征	类型	符号	特征	类型
⌖	位置	位置	▱	平面度	形状
◎	同轴（同心）度	位置	○	圆度	形状
⌯	对称度	位置	—	直线度	形状
//	平行度	方向	⌓	面轮廓度	轮廓
⊥	垂直度	方向	⌒	线轮廓度	轮廓
∠	倾斜度	方向	↗	圆跳动	跳动
⌭	圆柱度	形状	⌰	全跳动	跳动

- “公差 1”和“公差 2”区域：每个“公差”区域包含三个框。第一个为“■”框，单击可插入直径符号；第二个为文本框，可在框中输入公差值；第三个框也是“■”框，单击可弹出“附加符号”对话框，用来插入公差的包容条件。“附加符号”对话框如图 7-44 所示。

图 7-44 “附加符号”对话框

- “基准 1”、“基准 2”和“基准 3”区域：这 3 个区域用来添加基准参照，3 个区域分别对应于第一级、第二级和第三级基准参照。每一个区域包含一个文本框和一个“■”框。在文本框中输入形位公差的基准代号，单击“■”框可弹出如图 7-44 所示的“附加符号”对话框，选择包容条件的表示符号。
- “高度”文本框：输入特征控制框中的投影公差零值。
- “基准标识符”文本框：输入由参照字母组成的基准标识符。基准是理论上精确的几何参照，用于建立其他特征的位置和公差带。点、直线、平面、圆柱或者其他几何图形都能作为基准，在该框中输入字母。
- “延伸公差带”选项：在“延伸公差带”中插入延伸公差带符号。

设置完“形位公差”对话框后，单击 确定 按钮关闭该对话框，同时命令行提示：

```
输入公差位置:
```

利用鼠标指定公差的标注位置，以完成形位公差标注。

按上述步骤所标注的形位公差为不带引线，如要标注带引线的形位公差，可通过以下两种方法实现：①先执行 leader 命令，然后选择其中的“公差（T）”选项，实现带引线的形位公差并标注。②执行多重引线标注命令，不输入任何文字，然后运行形位公差并标注于引线末端。

7.6.3　形位公差标注实例

下面以图 7-45 中一段轴的形位公差标注实例来说明对 AutoCAD 2012 形位公差标注功能的应用。

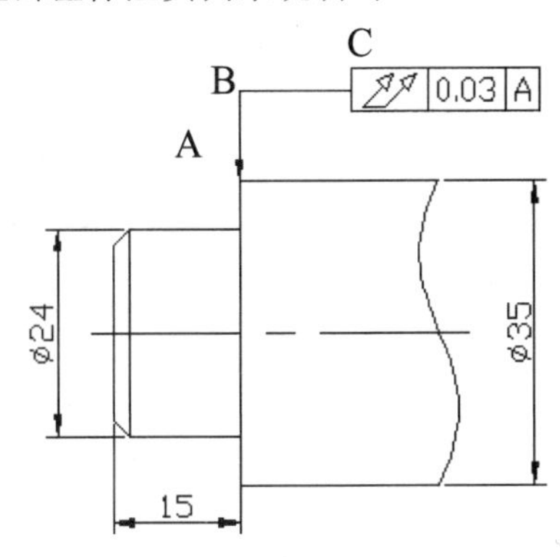

图 7-45　形位公差标注示例

01 在命令行下输入 leader 命令，按 Enter 键，系统提示指定引线起点、下一点。此时，用鼠标依次选取图 7-45 中的 A、B 和 C 点。

02 选取 A、B 和 C 点后，在命令行中依次选择“注释（A）”（输入 a 选择）→“<选项>”（直接按 Enter 键选择）→“公差（T）”（输入 t 选择），弹出“形位公差”对话框。

03 单击“形位公差”对话框中“符号”区域的“■”框，在弹出的“特征符号”对话框中选择“全跳动”符号 ⌰，在“公差 1”文本框中输入 0.03，在“基准 1”文本框中输入 A。单击“形位公差”对话框中的 确定 按钮完成标注。

7.7　知识回顾

本章主要介绍的是 AutoCAD 2012 的标注功能，包括尺寸标注、形位公差标注、多重引线标注等。此外，还通过实例讲述了怎样创建和编辑各种类型的尺寸。在学习标注图形之前要了解图形标注的基本要素，如什么是尺寸界线、尺寸线等，不然将混淆本章中的一些内容。

标注样式可以控制标注对象的样式，针对不同类型的标注，可以设置不同的标注样式。另外，针对不同行业的图纸，其标注方法往往有国标规定，图形标注应遵照国标进行正确标注。

第 8 章

规划与管理图层

在使用 AutoCAD 2012 的绘图过程中，图层相当于一组透明的重叠图纸，可以使用图层将图形对象按功能编组，对每组可方便地设置相同的线型、颜色和线宽等。

在 AutoCAD 2012 中，任何对象都必须存在于一个图层上。使用图层是管理图形时的强有力工具，对象的颜色有助于辨认图形中的相似实体，线型、线宽等特性可以轻易区分不同的图形。

例如，在绘制建筑用图时，可以将墙归为一层，电气归为一层，家具归为一层等；在绘制机械制图时，可以将轮廓线、中心线、文字、标注和标题栏等置于不同的图层，然后可以方便地控制颜色、线型、线宽和是否打印等。

学习目标

- 使用图层特性管理器新建、删除和编辑图层特性
- 使用图层状态管理器管理图层状态
- 在绘图过程中灵活使用图层

8.1 规划图层

为了能够清除表达图形和管理图形，可以通过规划合理的图层有效地控制图形几何元素的显示，以及变更等操作。图层的规划要符合国家标准，如基本线型的结构、尺寸、标记，绘制规则应符号 GB/T 17450，细实线应用于过渡线、尺寸线、尺寸界线、指引线、基准线、剖面线、重合断面的轮廓线、短中心线、螺纹牙底线等。

8.1.1 图层工具栏

AutoCAD 2012 在“二维草图与注释”工作空间的“常用”选项卡中提供了“图层”面板，如图 8-1 所示。

AutoCAD 还提供了两个与图层相关的工具栏，分别为“图层”工具栏和“图层 II”工具栏。“图层”工具栏用于图层的一般性操作，包括打开图层特性管理器、将图层置为当前等。“图层 II”工具栏主要用于对图层的管理，包括图层隔离、图层冻结等操作。两个工具栏上面的按钮名称如图 8-2 所示。

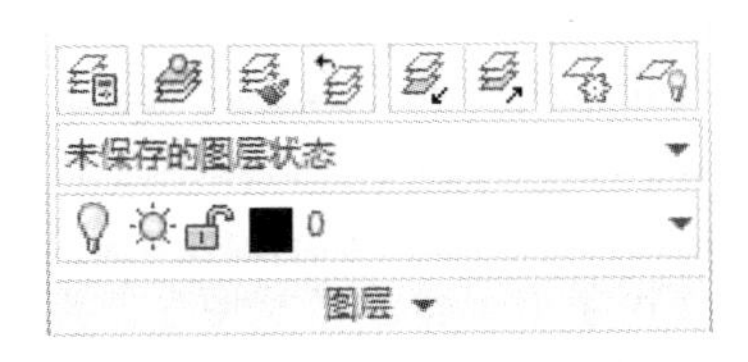

图 8-1　“图层”面板

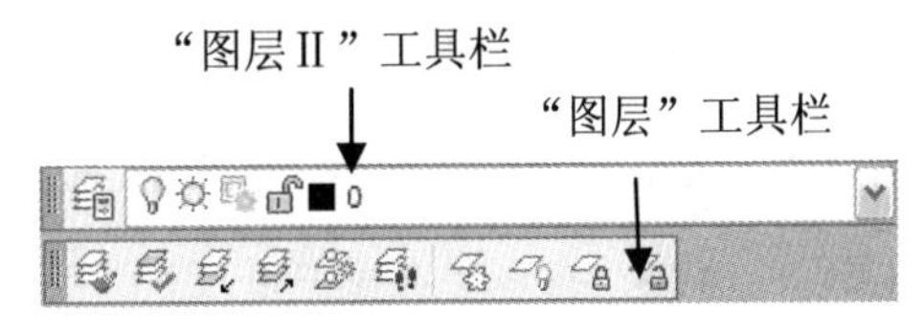

图 8-2　“图层”工具栏和“图层 II”工具栏

8.1.2　图层特性管理器

AutoCAD 2012 通过“图层特性管理器”对话框规划与管理图层，如图 8-3 所示。用户可以通过以下 4 种方式打开图层特性管理器。

- 功能区：单击“常用”选项卡→“图层”面板→“图层特性”按钮。
- 经典模式：选择菜单栏“格式”→“图层”命令。
- 经典模式：单击“图层”工具栏的“图层特性管理器”按钮。
- 运行命令：LAYER。

如图 8-3 所示，图层特性管理器包括“新建特性过滤器”按钮、“新建图层”按钮等 7 个功能按钮，各个按钮的功能如下。

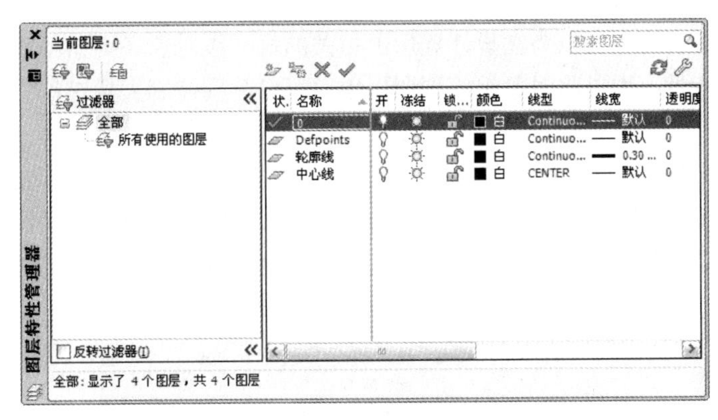

图 8-3　“图层特性管理器”对话框

- 新建特性过滤器：单击可显示“图层过滤器特性”对话框，从中可以根据图层的一个或多个特性创建图层过滤器。
- 新建组过滤器：创建图层过滤器，其中包含选择并添加到该过滤器的图层。
- 图层状态管理器：显示“图层状态管理器”对话框，从中可以将图层的当前特性设置保存到一个命名图层状态中，以后可以再恢复这些设置。
- 新建图层：单击该按钮，可以创建新图层。
- 新建冻结图层：创建新图层，然后在所有现有布局视口中将其冻结。
- 删除图层：将选定图层标记为要删除的图层。

AutoCAD 小提示

只能删除未被参照的图层。参照的图层包括图层 0 和 DEFPOINTS、包含对象（包括块定义中的对象）的图层、当前图层以及依赖外部参照的图层。

- 置为当前：将选定图层设置为当前图层，将在当前图层上绘制创建的对象。

“图层特性管理器”对话框其他各个部分的功能如下。

- “搜索图层”文本框：在该文本框中输入关键字，可按图层名称搜索匹配图层，搜索结果将即时显示在图层列表中。默认状态下，文本框内将保留通配符“*”。
- 左边的树状图窗格：用于显示图形中图层和过滤器的层次结构列表。
- 右边的列表视图窗格：用于显示图层和图层过滤器及其特性和说明。
- “设置”按钮：单击可弹出“图层设置”对话框，从中可以设置新图层通知设置、是否将图层过滤器更改应用于“图层”工具栏及更改图层特性替代的背景色。

图层 0 是 AutoCAD 2012 系统的保留图层，每个图形都包括名为 0 的图层，该图层不能删除或重命名。该图层的作用：首先是确保每个图形至少包括一个图层，其次是提供与块中的控制颜色相关的特殊图层。

8.1.3 创建图层

在 AutoCAD 2012 中，用户可以为在设计概念上相关的每一组对象（例如墙或标注）创建和命名新图层，并为这些图层指定特性。通过将对象组织到图层中，可以分别控制大量对象的可见性和对象特性，并进行快速更改。

AutoCAD 2012 通过“图层特性管理器”对话框中的“新建图层”按钮创建新图层。单击“新建图层”按钮，将在右侧的窗格中显示新建的图层，默认的名称为“图层 1”，其他的图层特性与上一个图层相同。如图 8-4 所示，“图层 1”除了名称外，其余的特性如颜色、线型和线宽等均与上一个图层——图层 0 相同。

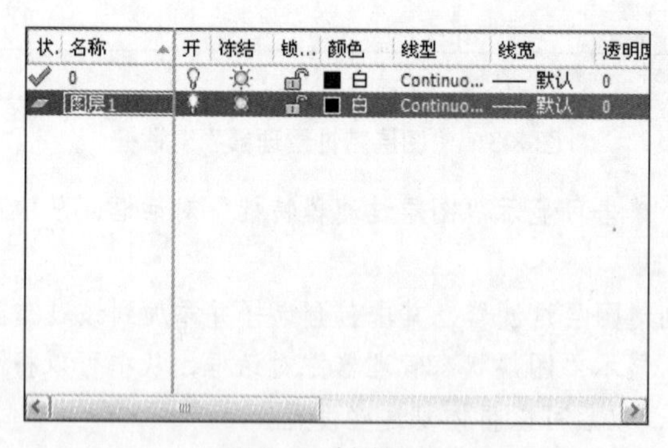

图 8-4　创建图层

创建图层之后，应该对图层的各个特性进行设置，以发挥图层的作用，提高绘图效率与图纸的可读性。通过单击各个特性列上的图标，可以设置各个特性。图层的名称、颜色、线型和线宽是图层的 4 个最基本特性，下面将详细阐述这 4 个特性的设置。

1．指定图层名称

图层名称是图层唯一的标识，在默认状态下，系统给定新建图层的名称为“图层 N”，N 为 1、2、3……。

图层的名称应该根据图层定义的功能、用途或者由企业、行业或客户标准规定来命名。使用共同的前缀来命名相关图形部件的图层，可以在需要快速查找图层时，在图层名过滤器中使用通配符。

AutoCAD 2012 的图层名最多可以包含 255 个字符（双字节或字母数字），但不能包含以下字符：<> / \ “ : ; ? * | = ‘。

单击图层特性管理器“名称”列下的图标，新建图层的名称变为可写，在此处输入新建图层的名称，如“轮廓线”层。

2. 设置图层颜色

单击图层特性管理器“颜色”列下的图标，将弹出“选择颜色”对话框，如图 8-5 所示，通过它可设置新建图层的颜色。

“选择颜色”对话框有 3 个选项卡，分别是“索引颜色”、“真彩色”和“配色系统”，都用来设置图层的颜色。每个选项卡都有颜色选择的预览。

（1）“索引颜色”选项卡

在“索引颜色”选项卡中，可使用 255 种 AutoCAD 颜色索引（ACI）颜色。鼠标单击某种颜色即可为图层指定该颜色，此时在“颜色”文本框内将显示所选颜色的 ACI 编号，将光标悬停在某种颜色上时，会指示其索引编号以及 RGB 值。如果熟悉某些常用颜色的 ACI 编号，可在“颜色”文本框内输入某颜色的 ACI 编号来直接指定某颜色。例如，粉红色的 ACI 编号为 210，可在“颜色”文本框内输入 210 进行快速指定。

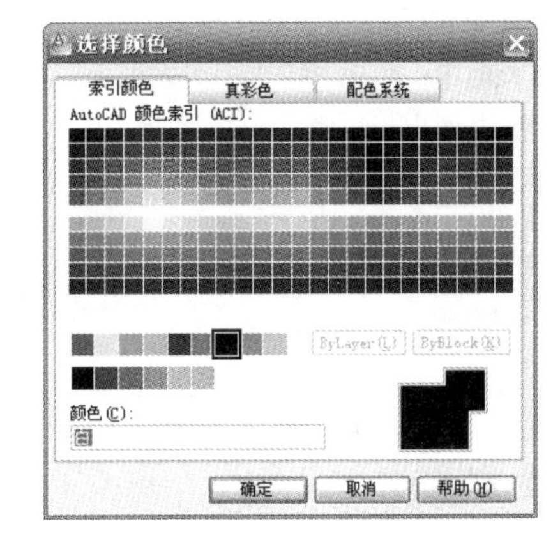

图 8-5 “索引颜色”选项卡

（2）“真彩色”选项卡

在“真彩色”选项卡中，可使用 HSL 颜色模式或者 RGB 颜色模式来设置图层的颜色，如图 8-6 所示。HSL 颜色模式是指通过色调、饱和度和亮度来选择颜色；RGB 颜色模式是指通过红、绿和蓝 3 种基色来选择颜色。“真彩色”选项卡中的“颜色模式”下拉列表框用于选择颜色模式，如选择 HSL 颜色模式，则可通过“色调”、“饱和度”和“亮度”这 3 个调整框来精确调整参数选择颜色，也可通过单击颜色区域和上下滑动颜色滑块来指定颜色，如选择 RGB 颜色模式，则通过“红”、“绿”和“蓝”3 个调整框调整三基色的颜色分量，同样，也可通过对应的滑块调整。

（3）“配色系统”选项卡

在“配色系统”选项卡中，可使用第三方配色系统（例如 DIC COLOR GUIDE(R)）或用户定义的配色系统来指定颜色，如图 8-7 所示。“配色系统”下拉列表框指定用于选择颜色的配色系统，列表中包括在“配色系统位置”（在“选项”对话框的“文件”选项卡上指定）中找到的所有配色系统。

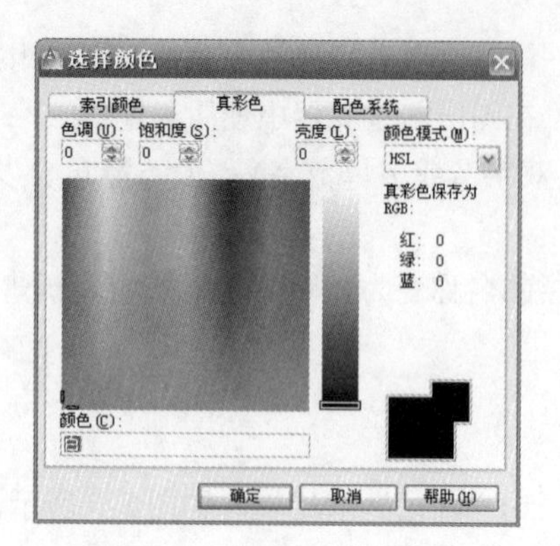

图 8-6 “真彩色”选项卡

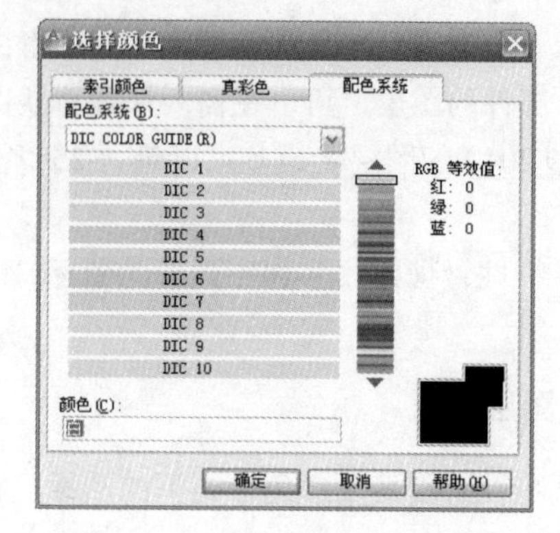

图 8-7 “配色系统”选项卡

3. 设置图层线型

单击图层特性管理器“线型”列的图标，将弹出“选择线型”对话框，如图 8-8 所示。“已加载的线型”列表框内列出了已经加载的线型，单击该列表框内的线型，然后单击 确定 按钮，可设置图层线型。系统默认只加载了 Continuous 线型。如要将图层设置为其他的线型，必须先将其他线型加载到“已加载的线型”列表框中。单击 加载(L)... 按钮，将弹出“加载或重载线型”对话框，如图 8-9 所示，在其“可用线型”列表框内列出了所有的可用线型，从中选择要加载的线型，然后单击 确定 按钮，则该线型将加载到“选择线型”对话框中的“已加载的线型”列表框中。

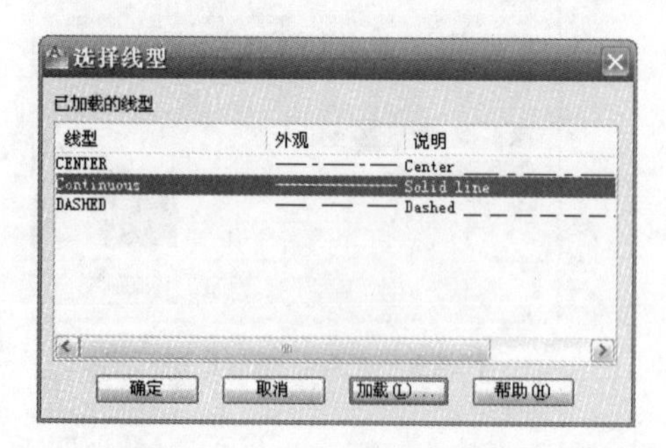

图 8-8 “选择线型”对话框

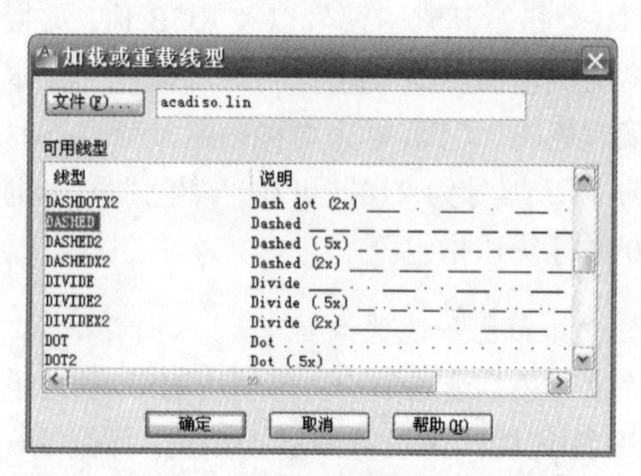

图 8-9 “加载或重载线型”对话框

通过“格式”→“线型”命令，打开“线型管理器”对话框，也可将线型加载到“已加载的线型”列表框中。

4. 设置图层线宽

单击图层特性管理器“线宽”列的图标，将弹出“线宽”对话框，如图 8-10 所示。

AutoCAD 2012 提供 0～2.11mm 的 20 多种规格的线宽。选择“线宽”列表框内的某一种线宽，然后单击 确定 按钮，即可为图层设置线宽。通过“格式”→“线宽”命令，打开“线宽设置”对话框，可设置线型的宽度，如图 8-11 所示。

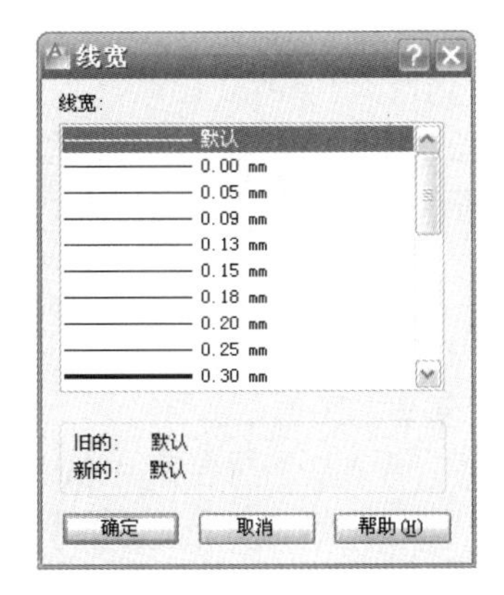

图 8-10　“线宽”对话框

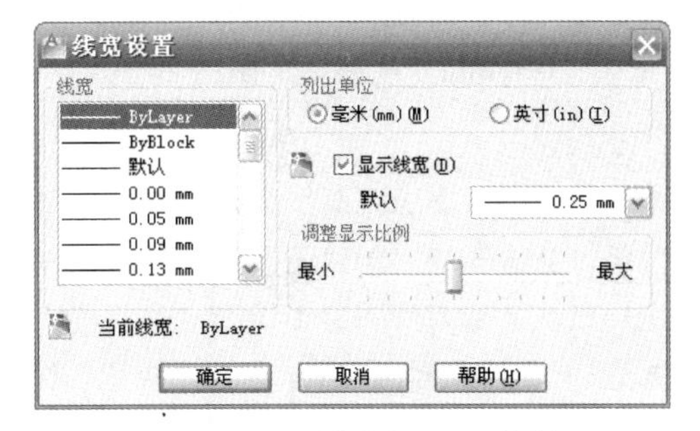

图 8-11　“线宽设置”对话框

设置了图层线宽以后，可单击状态栏上的按钮，控制是否显示线宽。

8.1.4　设置图层特性

前面讲解了新建图层以及对图层的名称、颜色、线型和线宽等基本特性的设置。除了这些基本的特性之外，一个图层还包括了图层状态、冻结、锁定和打印样式等其他特性，通过单击图层对应列上的图标，可设置图层的特性。各个特性的含义如下。

- 状态：显示项目的类型，即图层过滤器、正在使用的图层、空图层或当前图层。
- 名称：显示图层或过滤器的名称。按 F2 键，可输入新名称。
- 开：打开和关闭选定图层。如果灯泡为黄色，则表示图层已打开。当图层打开时，它可见并且可以打印。当图层关闭时，它不可见并且不能打印，不论“打印”选项是否打开。
- 冻结：冻结所有视口中选定的图层，包括“模型”选项卡。如果图标显示为，则表示图层被冻结，被冻结的图层上的对象不能显示、打印、消隐、渲染或重生成，因此可以通过冻结图层来提高 ZOOM、PAN 和其他若干命令的运行速度，提高对象选择性能并减少复杂图形的重生成时间。
- 锁定：锁定和解锁选定图层。如果图标显示为，则表示图层被锁定。被锁定的图层上的对象不能被修改，但可以显示、打印和重生成。
- 颜色：更改与选定图层关联的颜色。单击颜色名，可以显示“选择颜色”对话框。
- 线型：更改与选定图层关联的线型。单击线型名称可以显示“选择线型”对话框。
- 线宽：更改与选定图层关联的线宽。单击线宽名称可以显示“线宽”对话框。
- 打印样式：更改与选定图层关联的打印样式。单击打印样式，可以显示“选择打印样式”对话框。
- 打印：控制是否打印选定图层。即使关闭图层的打印，仍将显示该图层上的对象。不管“打印”列的设置如何，都不会打印已关闭或冻结的图层。
- 新视口冻结：在新布局视口中冻结选定图层。例如，在所有新视口中冻结 DIMENSIONS 图层，将在所有新创建的布局视口中限制该图层上的标注显示，但不会影响现有视口中的 DIMENSIONS 图层。如果以后创建了需要标注的视口，则可以通过更改当前视口设置来替代默认设置。

- 说明：用于描述图层或图层过滤器。

下面将通过实例进行说明，即创建两个图层，第一个名称为“轮廓线”层，颜色为“白色”，线型为“实线”，线宽为“0.35mm”；第二个图层名称为“中心线”层，颜色为“红色”，线型为“点划线”，线宽为“默认”。

01 单击“常用”选项卡→“图层”面板→“图层特性”按钮，打开图层特性管理器。

02 单击图层特性管理器的“新建图层”按钮，在右侧窗格显示新建的图层。

03 新建的图层默认名称为“图层 1”。单击“名称”列的图标 图层1 ，输入新图层名称“轮廓线”层。

04 单击“线宽”列的图标 — 默认 ，弹出“线宽”对话框，选择“0.35mm”的线宽，然后单击 确定 按钮，如图 8-12 所示。至此第一个图层设置完毕。

05 在图层特性管理器中重复步骤 02。

06 仿照步骤 03，输入新图层名称“中心线”层。

07 单击“颜色”列的图标 ■ 白 ，弹出“选择颜色”对话框，选择“红色”后单击 确定 按钮，如图 8-13 所示。

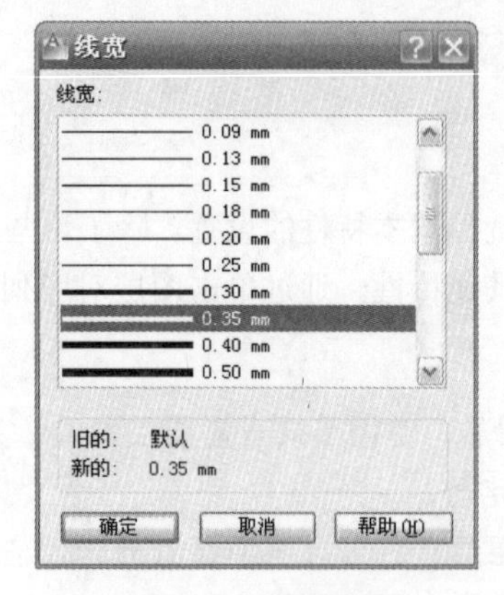

图 8-12　设置线宽

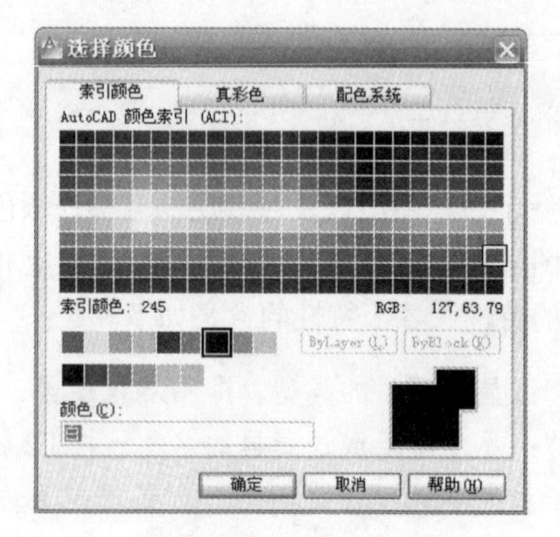

图 8-13　设置颜色

08 单击“线型”列的图标 Continuous ，弹出如图 8-14 (a) 所示的“选择线型”对话框。单击 加载(L)... 按钮，弹出如图 8-14 (b) 所示的“加载或重载线型”对话框，在“可用线型”列表框内选择 CENTER 线型，然后单击 确定 按钮返回到“选择线型”对话框，选择 CENTER 线型后单击 确定 按钮。至此第二个图层设置完毕。

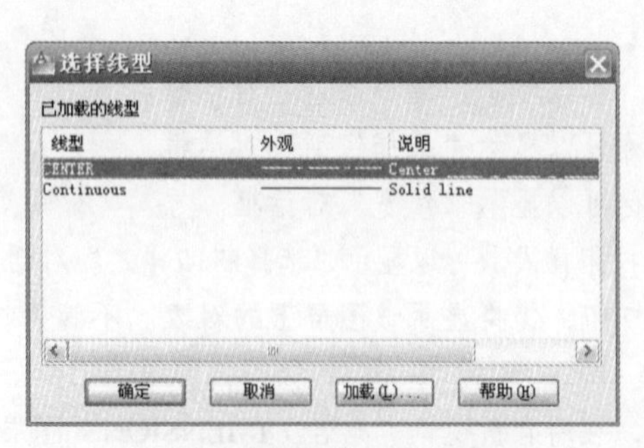

(a) “选择线型”对话框

(b) “加载或重载线型”对话框

图 8-14　设置线型

8.2 管理图层

一张大的图纸一般包括十多个图层，大型图纸甚至包括上百个图层，因此，对这么多图层的管理显得尤为重要。

8.2.1 将图层置为当前

将某一图层置为当前意为所绘制的对象均存在于该图层中，所绘制对象的特性与图层设置的特性一致。置为当前的图层，将显示在“图层”工具栏的“应用的过滤器”下拉列表框中。

要将某一图层置为当前，AutoCAD 2012 中有如下 4 种方法。

- 在功能区的“常用”选项卡→“图层”面板或“图层”工具栏上，单击“应用的过滤器”下拉列表框，可快速将某一图层置为当前。
- 选择某一对象，单击“图层”工具栏上的“置为当前”按钮，即可将该对象所在的图层置为当前。
- 在“图层特性管理器”对话框的图层列表中选择某一图层，然后单击上方的“置为当前”按钮✔。
- 运行命令：CLAYER，然后在命令行输入图层名称，即可将该图层置为当前。

8.2.2 使用图层特性过滤器和图层组过滤器

如果图纸的图层较少，可以在图层列表里很容易找到某一图层并对其进行修改。但当图纸包含的图层较多时，要修改一个图层就变得困难，这时就要用到图层过滤器。图层过滤器可以控制图层特性管理器中列出的图层名，并且可以按图层名或图层特性（例如，颜色或可见性）对其进行排序。图层过滤器可限制图层特性管理器和“图层”工具栏上的“图层”控件中显示的图层名。在大型图形中，利用图层过滤器，可以仅显示要处理的图层。

图层特性管理器中的树状图显示了图层过滤器列表，包括默认的过滤器和当前图形中创建并保存的过滤器。图层过滤器旁边的图标标明了过滤器的类型。

AutoCAD 2012 中有两种图层过滤器，分别为图层特性过滤器和图层组过滤器。

- 图层特性过滤器：用于过滤名称或其他特性相同的图层。例如，可以定义一个过滤器，其中包括图层颜色为“红色”并且名称中含有字符 mech 的所有图层。
- 图层组过滤器：这种过滤器不是基于图层的名称或特性，而是用户将指定的图层划入图层组过滤器，只须将选定图层拖到图层组过滤器，就可以从图层列表中添加选定的图层。

打开“图层特性管理器”后，单击“新建特性过滤器”按钮，将弹出“图层过滤器特性”对话框，通过它可新建图层特性过滤器，并设置过滤特性，如图 8-15 所示。

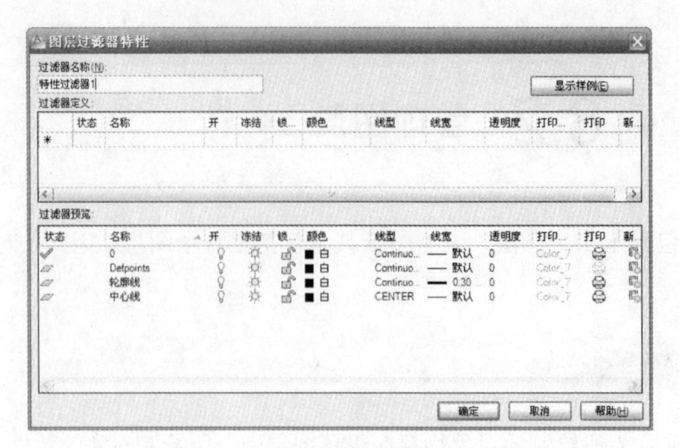

图 8-15 “图层过滤器特性”对话框

在“过滤器名称”文本框内可输入新建特性过滤器的名称，默认为“特性过滤器 1”。在“过滤器定义”列表中列出了图层的特性，与图层特性管理器中一一对应，可使用一个或多个特性来定义过滤器，定义时只须单击对应状态列下的图标即可，如定义一个过滤器，显示名称尺寸线、处于打开状态、被锁定且颜色为“绿色”的特性过滤器，如图 8-16 所示。

	状态	名称	开	冻结	锁...	颜色	线型	线宽	透明度	打印...	打印	新...
		尺寸线				绿						

图 8-16 定义图层特性过滤器

在“过滤器预览”列表框中列出了过滤器显示的所有图层。

在图层特性管理器中，单击“新建组过滤器”按钮，可创建图层组过滤器，并显示在图层特性管理器的树状图中，默认的名称为“组过滤器 1”，单击可输入组过滤器名称。在右边的图层列表框中，选定图层后将其拖到组过滤器上，即可将这些图层加入到该组过滤器中。如图 8-17 所示为将“标注层”、“辅助线层”和“剖面层”加入到“组过滤器 1”中。

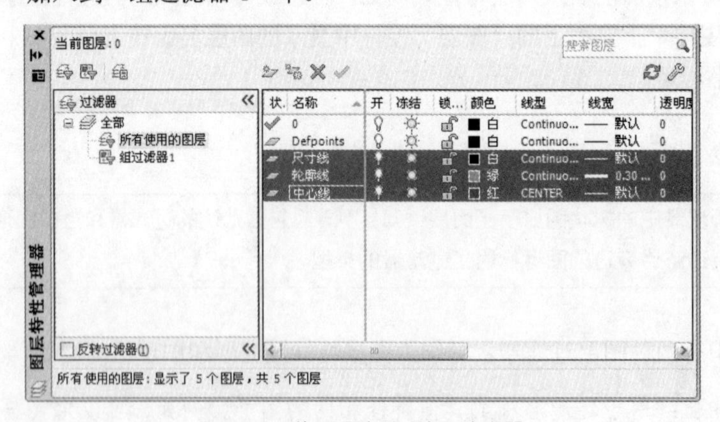

图 8-17 将图层加入到组过滤器

在“图层特性管理器”对话框中，左侧的树状图显示了默认的用户创建的过滤器，包括图层特性过滤器和组过滤器。单击任何一个过滤器，在右侧的图层列表内将显示符合过滤器设置的图层列表。选中下方的“反转过滤器”复选框，表示显示与过滤器设置相反的图层。

下面通过一个实例来说明创建图层特性过滤器的操作步骤。

创建一个名称为“红色锁定图层过滤”的图层特性过滤器，要求过滤颜色为“红色”且被锁定的图层。

01 单击“常用”选项卡→“图层”面板→“图层特性”按钮，打开图层特性管理器。

02 单击图层特性管理器的“新建特性过滤器”按钮，弹出“图层过滤器特性”对话框。

03 输入图层特性过滤器名称“红色锁定图层过滤”。

04 在“过滤器定义”列表框中，单击“锁定”列，在弹出的下拉列表框里选择锁定图标。

05 在“过滤器定义”列表框中，单击“颜色”列，在弹出的“选择颜色”对话框中选择红色。

06 设置完成后，在“过滤器预览”列表里将列出所过滤的图层列表，如图 8-18 所示。然后单击 确定 按钮，“红色锁定图层过滤”将显示在图层特性管理器的左侧树状图内。

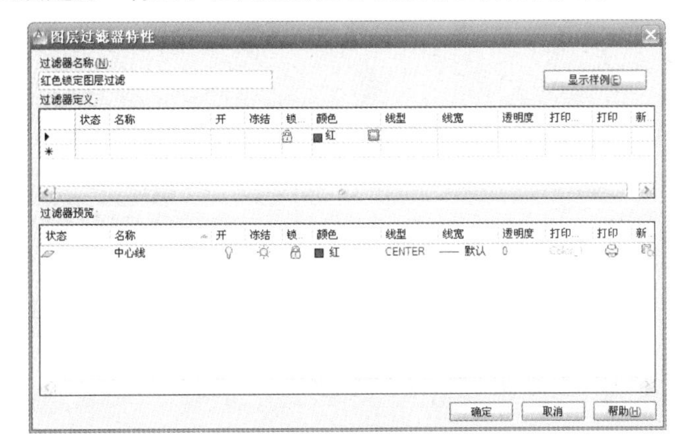

图 8-18　创建图层特性过滤器

8.2.3　修改图层设置

单击“图层特性管理器”对话框的“设置”按钮，弹出“图层设置”对话框，可对与图层相关的一些参数进行设置。

如图 8-19 所示，“图层设置”对话框包括三个选项组，一是“新图层通知”选项组，主要控制何时发出新图层通知；二是“隔离图层设置”选项组，用于设置图层的隔离方式等；三是“对话框设置”选项组，用于设置是否将图层过滤器应用到“图层”工具栏和图层特性管理器中视口的替代背景色。

在“新图层通知”选项组中，选择“评估添加至图形的新图层”复选框，这样在执行某些任务（例如打印、保存或恢复图层状态）之前，如果有新图层添加到图形中，用户将会收到通知。图层通知打开后，将在状态栏上显示“未协调的新图层”图标，如图 8-20 所示。

- “仅评估新外部参照图层”和“评估所有新图层”两个单选按钮用于选择检查已添加至附着的外部参照的新图层或者检查所有的新图层。
- “存在新图层时通知用户”复选框用于设置是否发出新图层通知。
- “打开”、“保存”、“附着/重载外部参照”、“插入”和“恢复图层状态”这 5 个复选框分别用于设置在进行这 5 种操作时是否发出新图层通知。

在“隔离图层设置”选项组，可选择图层隔离的方式为“锁定和淡入”或者“关闭”，分别通过单击对应的单选按钮实现。如果选择“关闭”，那么在执行隔离图层操作时，其他图层将关闭；如果选择“锁定和淡入”，那么在执行隔离图层操作时，其他图层将以淡入的形式隔离。

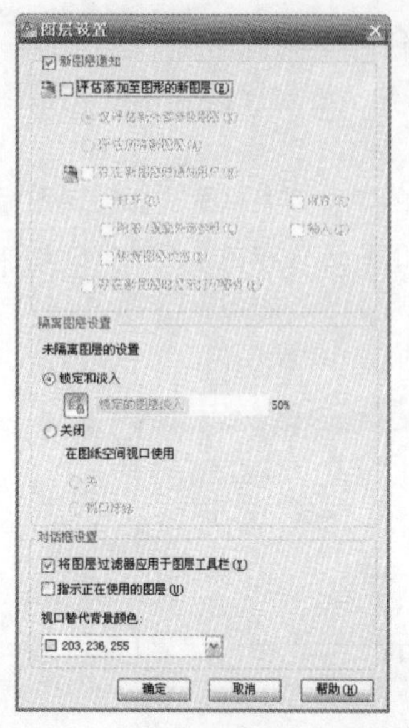

图 8-19 “图层设置”对话框

图 8-20 图层通知

8.2.4 使用图层状态管理器管理图层状态

图层状态用于保存当前图形中的图层设置，以后可恢复图层的设置。图层设置包括图层状态（例如开或锁定）和图层特性（例如颜色或线型）。如果在绘图的不同阶段或打印的过程中需要恢复所有图层的特定设置，保存图形设置会带来很大的方便。

在 AutoCAD 2012 中，可通过“图层状态管理器”对话框管理、保存和恢复图层设置，有以下 4 种方式可打开“图层状态管理器”对话框。

- 功能区：单击“常用”选项卡→“图层”面板→“图层状态”按钮。
- 经典模式：选择菜单栏“格式”→“图层状态管理器”命令。
- 经典模式：单击“图层”工具栏中的“图层状态管理器”按钮。
- 运行命令：LAYERSTATE。

如图 8-21 所示，“图层状态管理器”对话框包括“图层状态”列表，中间一列为图层状态操作按钮，右侧显示了图层特性。

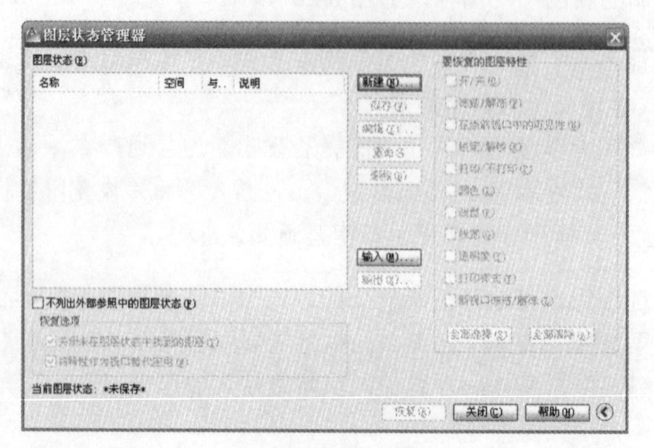

图 8-21 “图层状态管理器”对话框

“图层状态”列表框中列出了已保存在图形中的命名图层状态、保存它们的空间（模型空间、布局或外部参照）、图层列表是否与图形中的图层列表相同及可选说明，下方的“不列出外部参照中的图层状态”复选框用于控制是否显示外部参照的图层状态。

中间一列中各个操作按钮的功能如下。

- 新建(N)...：单击该按钮，弹出“要保存的新图层状态”对话框，从中可以输入新命名图层状态的名称和说明。
- 保存(V)：用于保存选定的命名图层状态。
- 编辑(I)...：弹出“编辑图层状态”对话框，从中可以修改选定的命名图层状态。
- 重命名：单击该按钮，修改图层状态名。
- 删除(D)：删除选定的图层状态。
- 输入(M)...：单击该按钮，将弹出 Windows 标准文件选择对话框，从中可以将先前输出的图层状态（LAS）文件加载到当前图形，也可输入 DWG、DWS 或 DWT 文件格式中的图层状态。如果选定 DWG、DWS 或 DWT 文件，将显示“选择图层状态”对话框，从中可以选择要输入的图层状态。
- 输出(X)...：单击该按钮，将弹出 Windows 标准文件选择对话框，从中可以将选定的命名图层状态保存到图层状态（LAS）文件中。

图层状态管理器右侧的一系列复选框对应着图层的一系列特性。在命名图层状态中，可以选择要在以后恢复的图层状态和图层特性。例如，可以选择只恢复图形中图层的“冻结/解冻”设置，而忽略所有其他设置。恢复该命名图层状态时，除了每个图层的冻结或解冻设置以外，其他设置都保持当前设置。

利用 恢复(R) 按钮可将图形中所有图层的状态和特性设置恢复为先前保存的设置，但仅恢复使用复选框指定的图层状态和特性设置。

单击 关闭(C) 按钮，可关闭图层状态管理器并保存更改。

8.2.5 转换图层

在使用 AutoCAD 2012 时，如果收到某些图形文件不符合用户定义的标准时（如每个公司可能定义的图层标准不一样），在这种情况下，可以使用图层转换器将收到图形的图层名称和特性转换为该公司的标准，实际上是将当前图形中使用的图层映射到其他图层，然后使用这些映射转换当前图层；也可以将图层转换映射保存在文件中，以便日后在其他图形中使用。

在 AutoCAD 2012 中，打开图层转换器的方式有以下 4 种。

- 功能区：单击“管理”选项卡→“CAD 标准”面板→“图层转换器”按钮。
- 经典模式：选择菜单栏“工具”→“CAD 标准”→“图层转换器”命令。
- 经典模式：单击“CAD 标准”工具栏的“图层转换器”按钮。
- 运行命令：LAYTRANS。

“图层转换器”对话框如图 8-22 所示，该对话框包括如下几个部分。

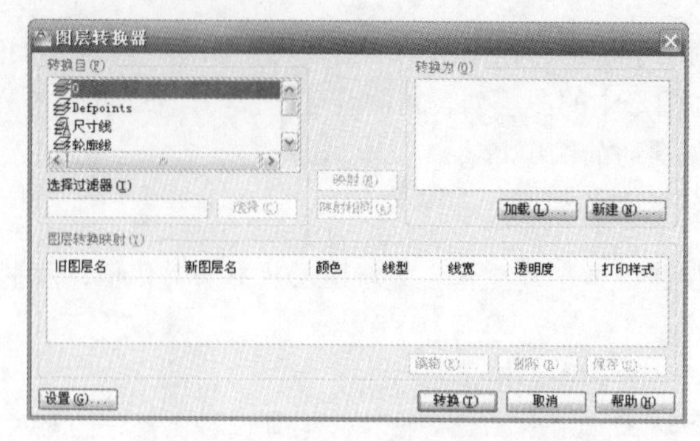

图 8-22 “图层转换器”对话框

- “转换自”列表框：列出当前图形中所包含的图层，在这里选择要转换的图层。如果图层数量较多，可以在下方的“选择过滤器”文本框中输入通配符选择图层。
- “转换为”列表框：列出可以将当前图形的图层转换为哪些图层。单击 加载(L)... 按钮，可以加载图形文件、图形样板文件和图层标准文件中的图层至“转换为”列表。单击 新建(N)... 按钮可创建图层的转换格式。
- 映射(M) 按钮：用于将“转换自”列表框中选定的图层映射到“转换为”列表框中选定的图层。结果将显示在“图层转换映射”列表框内。
- 映射相同(A) 按钮：用于映射在两个列表中具有相同名称的所有图层。
- “图层转换映射”列表框：列出要转换的所有图层以及图层转换后所具有的特性。单击下方的 编辑(E)... 按钮，弹出“编辑图层”对话框，可编辑转换后的图层特性，也可修改图层的线型、颜色和线宽。单击 删除(R) 按钮，将从“图层转换映射”列表中删除选定的映射。单击 保存(S)... 按钮，可将当前图层保存为一个文件，以便日后使用。
- 设置(G)... 按钮：用于自定义图层转换的过程，单击可打开“设置”对话框。

单击 转换(T) 按钮，开始对已映射图层进行图层转换。注意，转换之前要先将“转换自”和“转换为”列表框内的图层映射好，即通知“图层转换器”要转换的图形文件中的图层转换为怎样的目标图层。

如果未保存当前图层转换映射，程序将在转换开始之前提示保存。

下面通过图层转换的实例说明图层转换操作。通过图层转换器，将“轮廓线”图层的线宽转换为 0.5mm，图层名称不变。

01 在命令行输入 LAYTRANS，按 Enter 键，弹出“图层转换器”对话框。

02 单击“转换自”列表框内的“轮廓线”，选定该层。

03 单击“转换为”列表框下的 新建(N)... 按钮，弹出“新图层”对话框，并在其“名称”文本框内输入“轮廓线”，然后选择线宽为 0.5mm，最后单击 确定 按钮，如图 8-23 所示。

04 选定“转换为”列表框下的“轮廓线”，单击 映射(M) 按钮。

05 单击 转换(T) 按钮开始转换。由于未保存图层映射，将弹出“图层转换器-未保存更改”对话框，单击 → 转换并保存映射信息(T) 按钮，保存映射信息后完成转换，如图 8-24 所示。

图 8-23　“新图层”对话框

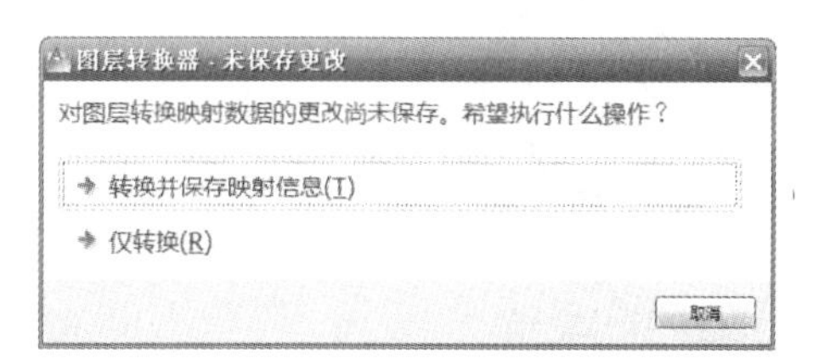

图 8-24　“图层转换器-未保存更改”对话框

8.2.6　图层匹配

图层匹配操作用于将一个图层上的对象的特性与目标图层匹配。在 AutoCAD 2012 中，可通过以下 4 种方式执行该项操作。

- 功能区：单击“常用”选项卡→“图层”面板→“匹配”按钮。
- 经典模式：选择菜单栏“格式”→“图层工具”→“图层匹配”命令。
- 经典模式：单击“图层 II”工具栏的“图层匹配”按钮。
- 运行命令：LAYMCH。

该操作需要拾取两组对象，执行该操作后，命令行将提示拾取第一组对象（即要更改的对象）：

```
选择要更改的对象:
```

此时用鼠标拾取要更改的对象，选择完成后右击或者按 Enter 键，命令行提示拾取目标对象：

```
选择目标图层上的对象或 [名称（N）]:
```

此时拾取一个目标图层上的对象，选择完成后右击或者按 Enter 键，则要更改的对象被移动到目标对象所在的图层。

图层匹配与图层转换的区别是：图层匹配是同一个图纸内部两个图层之间的操作，而图层转换是两个不同图形上图层之间的映射。

8.2.7　图层漫游与图层隔离

图层漫游用于动态显示图形中的图层，可在“图层漫游”对话框中选择需要临时显示的图层，其余图层将被暂时隐藏，图层漫游操作结束后，被隐藏的图层将重新显示，即图层漫游是一种临时的操作；图层隔离用于隐藏或锁定除选定对象所在图层外的所有图层，图层隔离操作结束后，其余图层仍然处于锁定状态。如图 8-25（a）所示，操作之前，红色的六边形在图层 1 上，蓝色的圆在图层 2 上，黑色的圆在图层 3 上。对六边形执行图层漫游操作时，其他的图层将被隐藏，如图 8-25（b）所示。对六边形执行图层隔离操作后，其他的两个图层被锁定，如图 8-25（c）所示。

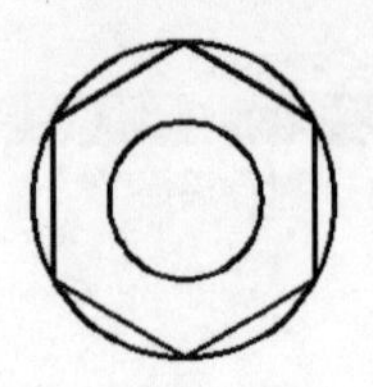

(a) 操作之前

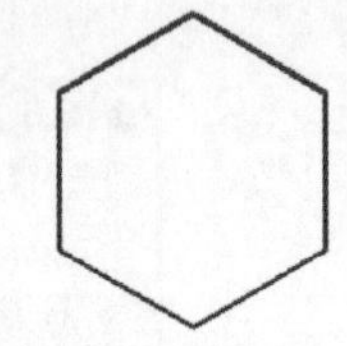

(b) 图层漫游

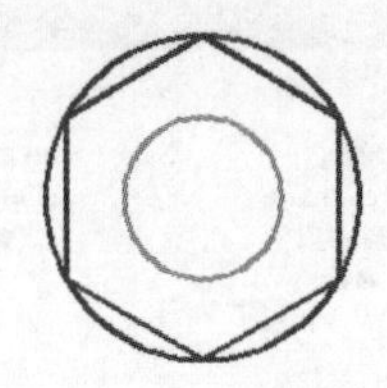

(c) 图层隔离

图 8-25　图层漫游与图层隔离

在 AutoCAD 2012 中，有以下 4 种方法可执行图层漫游操作。

- 功能区：单击“常用”选项卡→“图层”面板→“图层漫游”按钮。
- 经典模式：选择菜单栏“格式”→“图层工具”→“图层漫游”命令。
- 经典模式：单击“图层 II”工具栏的“图层漫游”按钮。
- 运行命令：LAYWALK。

执行图层漫游操作后，将弹出“图层漫游”对话框，如图 8-26 所示。对话框内列出了图形中的所有图层，选择其中的某些图层，即可对它们进行图层漫游。或者单击其中的选择对象按钮，可对某对象所在的图层进行漫游。单击关闭(C)按钮，退出图层漫游。

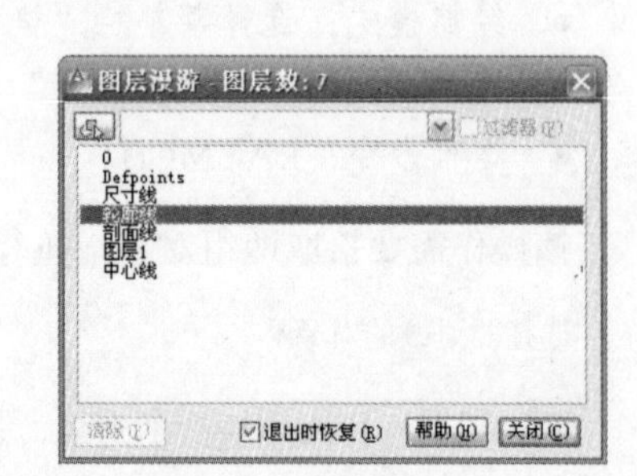

图 8-26　“图层漫游”对话框

同样，也有 4 种方法执行图层隔离操作。

- 功能区：单击“常用”选项卡→“图层”面板→“隔离”按钮。
- 经典模式：选择菜单栏“格式”→“图层工具”→“图层隔离”命令。
- 经典模式：单击“图层 II”工具栏的“图层隔离”按钮。
- 运行命令：LAYISO。

执行图层隔离操作以后，命令行将提示：

```
选择要隔离的图层上的对象或 [设置（S）]:
```

此时用鼠标拾取一个或多个对象后，按 Enter 键完成拾取。根据当前设置，除选定对象所在图层之外的所有图层均将关闭、在当前布局视口中冻结或锁定。输入 S 选择[设置（S）]项对图层隔离进行设置，可控制是否关闭、在当前布局视口中冻结或锁定图层。

8.2.8 使用图层组织对象

在绘图过程中，如果一个图形绘制在了一个错误的图层上，这时可以先用鼠标选择该对象，然后单击“图层”面板或“图层”工具栏的“图层”下拉列表框，即可快速地将该对象转移到指定图层，如图 8-27 所示。

如果未选取任何对象，而是直接在“应用的过滤器”下拉列表框中选择某一图层，即表示将该图层置为当前。

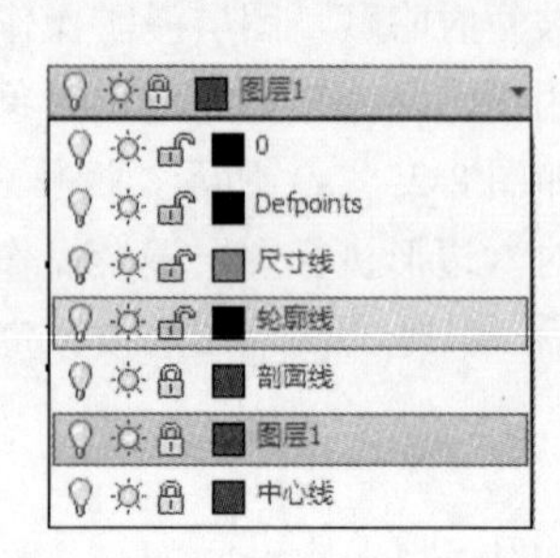

图 8-27　改变对象所在的图层

8.2.9 使用图层工具管理图层

在 AutoCAD 2012 中，除了两个图层工具栏以及与图层相关的命令外，在“格式”菜单中还专门提供了“图层工具”子菜单来执行与图层相关的操作，如图层漫游、图层匹配和图层锁定等，如图 8-28 所示。

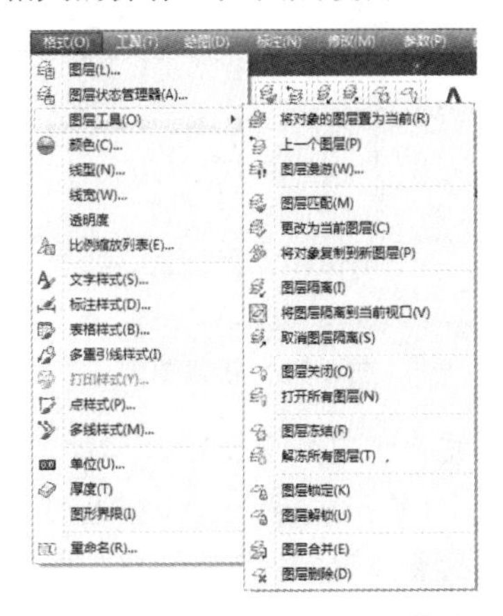

图 8-28　“图层工具”子菜单

8.3 工程中常用图层的设置

在不同的工程环境中，图层也不同。下面以最直观的方式设置图层，设置的图层如图 8-29 所示。

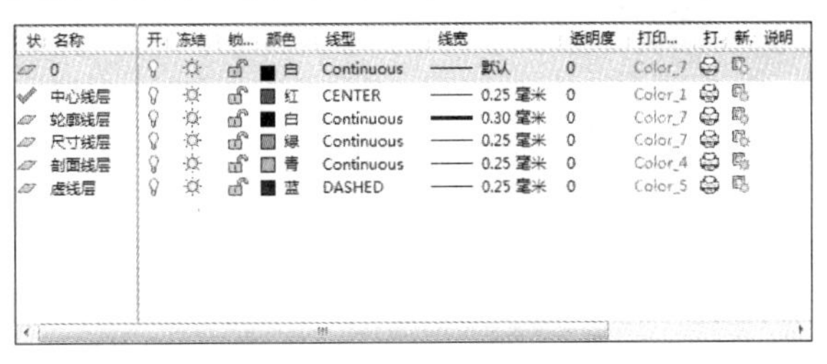

状	名称	开	冻结	锁...	颜色	线型	线宽	透明度	打印...	打.	新.	说明
	0				白	Continuous	默认	0	Color_7			
✓	中心线层				红	CENTER	0.25 毫米	0	Color_1			
	轮廓线层				白	Continuous	0.30 毫米	0	Color_7			
	尺寸线层				绿	Continuous	0.25 毫米	0	Color_7			
	剖面线层				青	Continuous	0.25 毫米	0	Color_4			
	虚线层				蓝	DASHED	0.25 毫米	0	Color_5			

图 8-29　设置的图形

01 单击“常用”选项卡→“图层”面板→“图层特性”按钮，系统弹出如图 8-30 所示的“图层特性管理器”对话框。

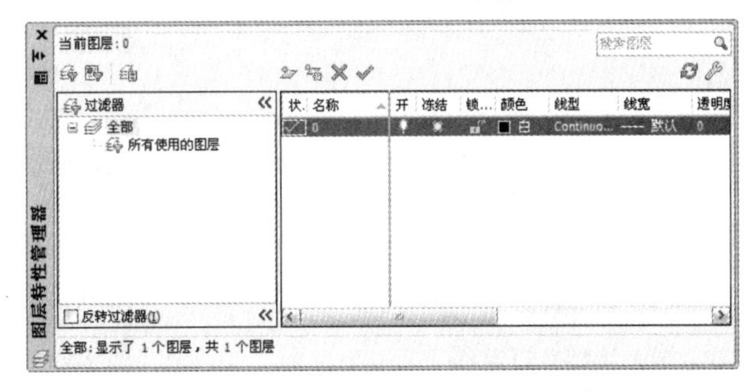

图 8-30　“图层特性管理器”对话框

02 单击“新建图层”按钮，一个图层生成并显示在列表框中，效果如图 8-31 所示。

03 在“名称”列表框中的“图层 1”文本框中输入“中心线”并按下 Enter 键。

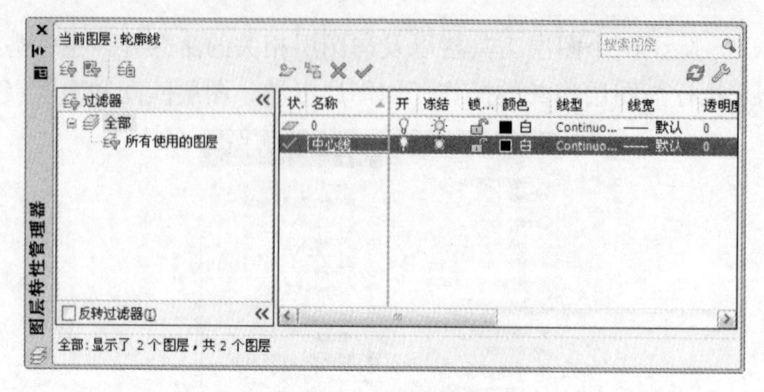

图 8-31　新建图层

04 双击“颜色”列表框中的白色，系统将弹出如图 8-32 所示的“选择颜色”对话框，选择“索引颜色”选项卡中的“索引颜色 9”按钮，单击 确定 按钮返回“图层特性管理器”对话框。

05 单击“线型”列表框中的 Continuous 按钮，系统将弹出如图 8-33 所示的“选择线型”对话框。

图 8-32　“选择颜色”对话框

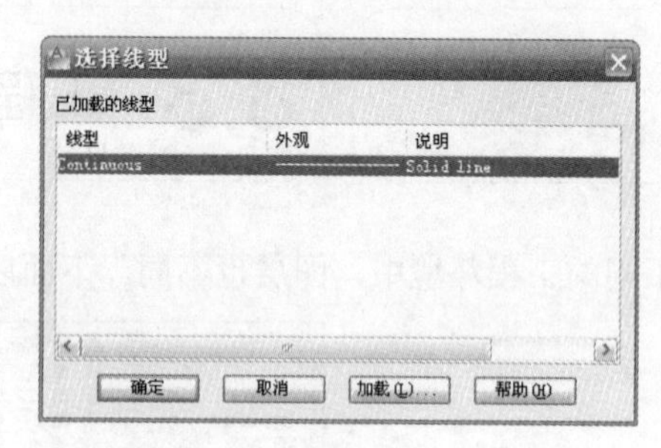

图 8-33　“选择线型”对话框

06 单击 加载(L)... 按钮，系统将弹出如图 8-34 所示的“加载或重载线型”对话框。

07 选择“可用线型”列表框中的“CENTER”线型，单击 确定 按钮，返回“选择线型”对话框。

08 选择“CENTER”线型，单击 确定 按钮，返回“图层特性管理器”对话框。

09 单击“线宽”列表框中的 —— 默认 按钮，系统弹出如图 8-35 所示的“线宽”对话框。

图 8-34　“加载或重载线型”对话框

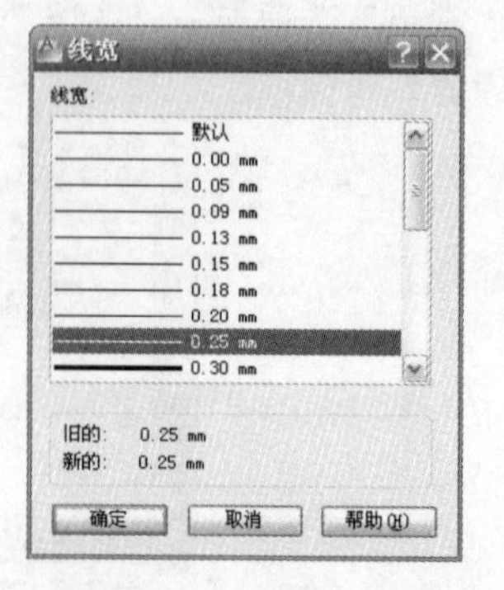

图 8-35　“线宽”对话框

10 选择“线宽”列表框中的 0.25，单击 确定 按钮，返回“图层特性管理器”对话框，完成双点划线的设置。

11 重复步骤 02～10，创建粗实线层、点划线层、细实线层、虚线层，设置参数如表 8-1 所示。

表 8-1　图层参数

名称	颜色	线型	线宽
中心线层	■	CENTER	0.25
轮廓线层	■	Continuous	0.3
尺寸线层	■	Continuous	0.25
剖面线层	■	Continuous	0.25
虚线层	■	DASHED	0.25

12 选择“名称”列表框中的“点划线层”图层，单击“置为当前”按钮✔，将“点划线层”设置为当前活动层。

13 单击“关闭”按钮✖，完成图层的创建。

8.4 知识回顾

与手工绘图相比，图层可以说是计算机绘图的最强大的组织工具，对这一工具的熟练掌握将大大提高图形绘制和修改的效率。本章虽然介绍了各种图层工具的运用，但要真正掌握，只有通过多多练习才行。在 AutoCAD 2012 安装目录下的 Help 目录中有很多图形文件，在本书配套光盘中也有很多图形实例。只要多对这些实例进行图层工具的练习，就能掌握如何合理地组织图层。

第9章
精确绘制机械图形

AutoCAD 系列软件最重要的特点之一，就是提供了相当多的工具，使用户能很容易绘制极其精确的图形。虽然输入点的坐标值可以精确地定位，但是坐标值的计算和输入有时候却是件很烦人的事情。

AutoCAD 2012 的精确绘图工具可以让大部分的坐标输入工作转移到鼠标的单击上来。虽然精确绘图工具不能直接绘制图形，但是通过这些工具，不但可以精确地定位所绘制实体之间的位置和连接关系，还可以显著提高绘图效率。

AutoCAD 2012 的精确绘图工具主要包括捕捉、栅格和正交、对象捕捉和对象追踪、极轴追踪及动态输入等，用户可通过状态栏的按钮来使用这些工具。

学习目标

- 各种精确绘图工具的使用
- 使用“草图设置”对话框设置精确绘图工具
- 学会使用“动态宏”
- 了解 CAL 命令和快速计算器
- 使用“查询”子菜单查询图形信息

9.1 捕捉与栅格

在使用 AutoCAD 2012 绘图的过程中，要提高绘图的速度和效率，可以显示并捕捉矩形栅格，还可以定义其间距、角度和对齐。

使用“正交”模式可将光标限制在水平或垂直方向上移动，配合直接距离输入方法可以创建指定长度的正交线或将对象移动指定的距离。

9.1.1 使用捕捉与栅格

捕捉模式用于限制十字光标，使其只按照定义的间距移动。当捕捉模式打开时，光标附着或捕捉到不可见的栅格。捕捉模式有助于使用方向键或定点设备来精确地定位点。

要打开或关闭捕捉模式，可使用以下 3 种方法。

- 单击状态栏的“捕捉模式”按钮▦。

- 按 F9 键。
- 经典模式：选择菜单栏“工具”→“绘图设置”命令（或者右键单击状态栏的“捕捉模式”按钮，选择“设置”命令），弹出“草图设置”对话框，切换到“捕捉和栅格”选项卡，选择“启用捕捉”复选框。

栅格是点或线的矩阵，遍布指定为栅格界限的整个区域。如图 9-1 所示为栅格的两种类型——点栅格与线栅格。如果用 vscurrent 命令将视觉样式设置为“二维线框”，则显示为点栅格，如设置为其他样式，则显示为线栅格。使用栅格相当于在图形下放置一张坐标纸，利用栅格可以对齐对象并直观显示对象之间的距离。

栅格只在屏幕上显示，不打印输出。

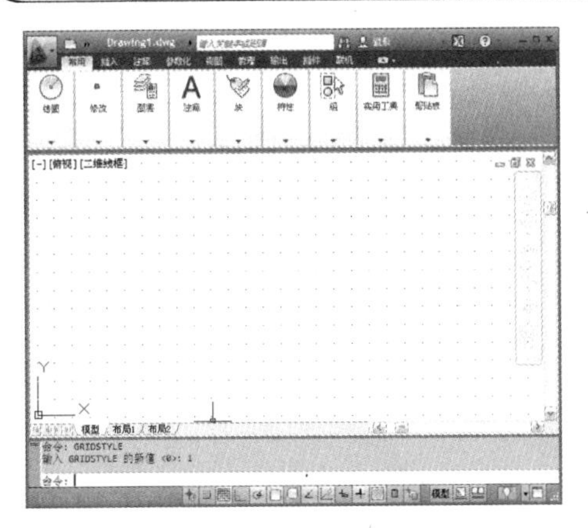

（a）点栅格

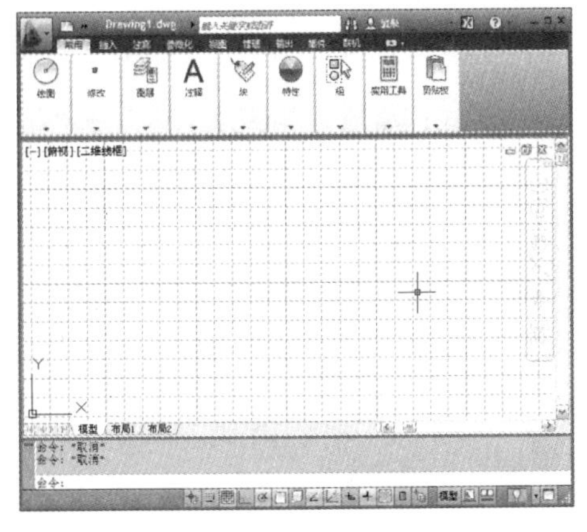

（b）线栅格

图 9-1 使用栅格模式

要打开或关闭栅格模式，可使用以下 3 种方法。

- 单击状态栏的“栅格显示”按钮。
- 按 F7 键。
- 经典模式：选择菜单栏“工具”→“绘图设置”命令（或者右键单击状态栏的“捕捉模式”按钮，选择“设置”命令），弹出“草图设置”对话框，切换到“捕捉和栅格”选项卡，选择“启用栅格”复选框。

栅格模式和捕捉模式各自独立。“独立”的意思是捕捉模式和栅格模式可以独立打开和关闭；捕捉模式打开时并不一定捕捉的就是定义的栅格上的点，而是根据捕捉模式的设置来捕捉。但是，这两者经常同时打开，配合使用。例如，可以设置较大的栅格间距用作参照，但使用较小的捕捉间距以保证定位点时的精确性。

9.1.2 设置捕捉与栅格

AutoCAD 2012 还可设置栅格间距，以及捕捉间距、角度和对齐。对栅格和捕捉的设置可以通过“草图设置”对话框的“捕捉和栅格”选项卡来实现，如图 9-2 所示。

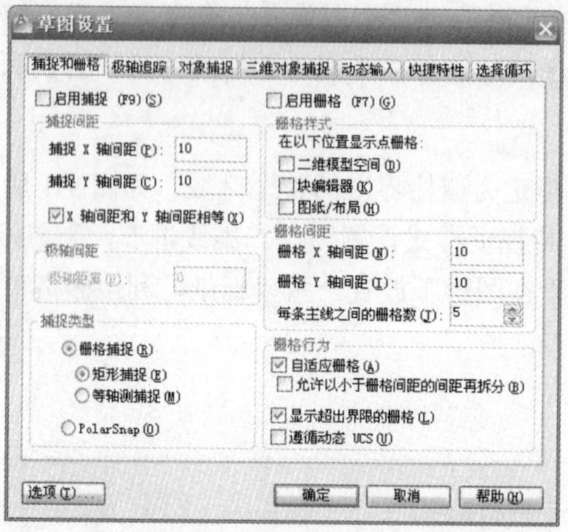

图 9-2 “草图设置”对话框的“捕捉和栅格”选项卡

在 AutoCAD 2012 中，打开“草图设置”对话框的方法如下。

- 经典模式：选择菜单栏“工具”→“绘图设置”命令。
- 在状态栏的精确绘图工具按钮上右击，在弹出的快捷菜单中选择“设置”命令。
- 运行命令：DSETTINGS。

“启用捕捉”和“启用栅格”复选框分别用于打开和关闭捕捉模式和栅格模式，括号内的 F9 和 F7 分别代表它们的快捷键。由图 9-2 可知，“草图设置”对话框主要分为两个部分，左侧用于捕捉设置，右侧用于栅格设置。

1. 捕捉设置

“草图设置”对话框左侧的捕捉设置部分主要包括“捕捉间距”、“极轴间距”和“捕捉类型”3 个选项组。

（1）在“捕捉间距”选项组

可设置捕捉在 X 轴和 Y 轴方向的间距。如果选择“X 轴间距和 Y 轴间距相等”复选框，可以强制 X 轴和 Y 轴间距相等。

（2）在“极轴间距”选项组

“极轴距离”文本框用于设置极轴捕捉增量距离，必须在“捕捉类型”选项组中选择 PolarSnap（极轴捕捉）后，该文本框才可用。如果该值为 0，则极轴捕捉距离采用“捕捉 X 轴间距”的值。“极轴距离”的设置需要与极坐标追踪、对象捕捉追踪结合使用。如果两个追踪功能都未启用，则“极轴距离”设置无效。

（3）在“捕捉类型”选项组

可以通过 3 个单选按钮分别选择“矩形捕捉”、“等轴测捕捉”与“栅格捕捉”3 种捕捉类型。“矩形捕捉”是指捕捉矩形栅格上的点，即捕捉正交方向上的点，如图 9-3（a）所示；“等轴测捕捉”用于将光标与 3 个等轴测轴中的两个轴对齐，并显示栅格，从而使二维等轴测图形的创建更加轻松；“极轴捕捉”需要与“极轴追踪”一起使用，当两者均打开时，光标将沿在“极轴追踪”选项卡上相对于极轴追踪起点设置的极轴对齐角度进行捕捉，如图 9-3（b）所示。

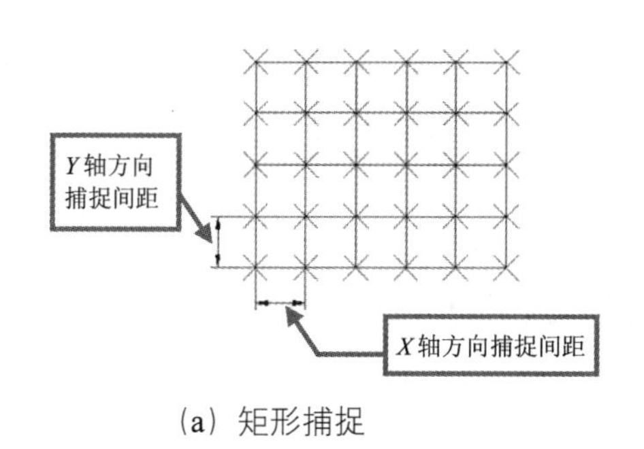

（a）矩形捕捉　　（b）极轴捕捉

图 9-3　捕捉类型

2．栅格设置

“草图设置”对话框右侧的栅格设置部分主要包括“栅格样式”、“栅格间距”和“栅格行为”三个选项组。

（1）在“栅格样式”选项组

通过选择“二维模型空间”、“块编辑器”和“图纸/布局”复选框，设置点栅格显示的位置，即点栅格可以显示在二维模型空间、块编辑器和图纸/布局中。

（2）在“栅格间距”选项组

通过“栅格 X 轴间距”和“栅格 Y 轴间距”文本框，设置栅格在 X 轴、Y 轴方向上的显示间距，如果它们设置为 0，那么栅格采用捕捉间距的值。“每条主线之间的栅格数”调整框用于指定主栅格线相对于次栅格线的频率，只有当栅格显示为线栅格时才有效，如图 9-4 所示。

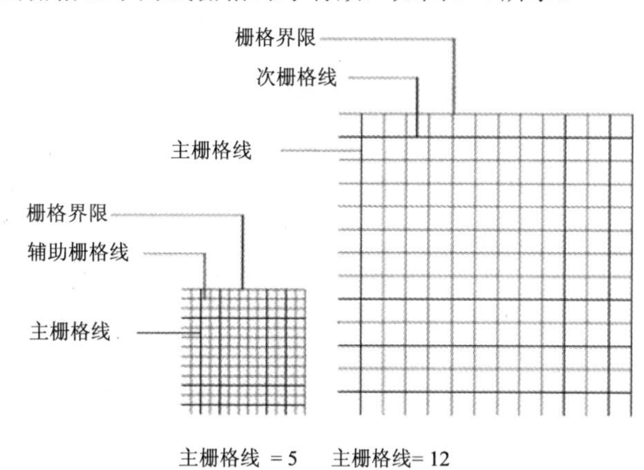

图 9-4　主栅格线相对于次栅格线

（3）在“栅格行为”选项组

选择“自适应栅格”复选框后，在视图缩小和放大时，自动控制栅格显示的比例。“允许以小于栅格间距的间距再拆分”复选框用于控制在视图放大时是否允许生成更多间距更小的栅格线。“显示超出界线的栅格”复选框用于设置是否显示超出 LIMITS 命令指定的图形界限之外的栅格。“遵循动态 UCS”复选框可更改栅格平面，以跟随动态 UCS 的 XY 平面。

除了“草图设置”对话框，还可以使用 snap 和 grid 命令设置捕捉和栅格。另外，在“选项”对话框中的“绘图”选项卡中，单击[颜色(C)...]按钮，可设置栅格线的颜色。

9.2 正交模式与极轴追踪

9.2.1 使用正交模式

使用正交模式可以将光标限制在水平或垂直方向上移动，以便于精确地创建和修改对象。打开正交模式后，移动光标时，不管是水平轴还是垂直轴，哪个离光标最近，拖动引线时将沿着该轴移动。这种绘图模式非常适合绘制水平或垂直的构造线以辅助绘图。如图 9-5 所示，在绘制直线时，如果不打开正交模式，可以通过指定 A 点和 B 点绘制一条如图 9-5（a）所示的直线；但是如果打开正交模式，再通过 A 点和 B 点绘制直线时，将绘制水平方向的直线，如图 9-5（b）所示。

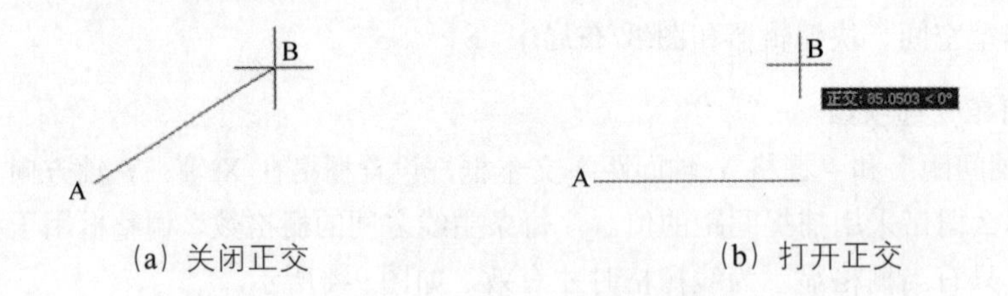

（a）关闭正交　　　　（b）打开正交

图 9-5　使用正交模式绘制直线

正交模式对光标的限制仅限于在命令的执行过程中，如绘制直线时。在无命令的状态下，鼠标仍然可以在绘图区自由移动。

要打开或关闭正交模式，可使用以下 3 种方法。

- 单击状态栏的“正交模式”按钮。
- 按 F8 键。
- 运行命令：ORTHO。

使用正交模式时，要注意以下两点。

- 在命令执行过程中可随时打开或关闭正交，输入坐标或使用对象捕捉时将忽略正交。要临时打开或关闭正交时，可按住临时替代键 Shift。
- 正交模式和极轴追踪不能同时打开，打开正交将关闭极轴追踪。

9.2.2 使用极轴追踪

在绘图过程中，使用 AutoCAD 2012 的极轴追踪功能，可以绘制由指定的极轴角度所定义的临时对齐路径，显示为一条橡皮筋线。

要打开或关闭极轴追踪，可使用以下 3 种方法。

- 单击状态栏的“极轴追踪”按钮。
- 按 F10 键。
- 经典模式：选择菜单栏“工具”→“草图设置”命令，弹出“草图设置”对话框，切换到“极轴追踪”选项卡，选择“启用极轴追踪”复选框。

打开极轴追踪之后，在绘制或编辑图形的过程中，当光标移动时，如果接近极轴角，将显示对齐路径和工具提示。

9.2.3　极轴追踪实例

利用极轴追踪绘制相互成 60° 的两条直线，如图 9-6 所示。

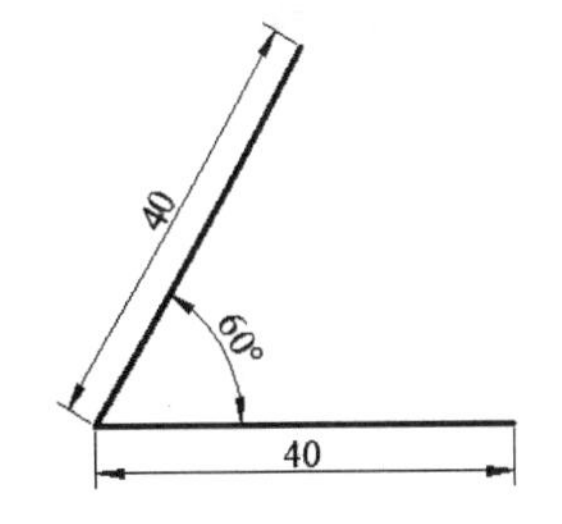

图 9-6　极轴追踪绘制实例

1. 打开极轴追踪

单击状态栏的“极轴追踪”按钮，使其处于按下状态。

2. 设置极轴追踪

01 在状态栏的“极轴追踪”按钮上右击，从弹出的快捷菜单中选择“设置”命令，打开“草图设置”对话框。

02 默认显示的是“极轴追踪”选项卡，单击“增量角”下拉列表框，选择 30。

03 单击 确定 按钮，完成极轴追踪的设置。

3. 绘制直线 AB

01 单击“常用”选项卡→“绘图”面板→“直线”按钮，在命令行提示“_line 指定第一点:”时，指定 A 点为直线的起点。

02 命令行继续提示“指定下一点或 [放弃（U）]:”时，将光标移动到 A 点的 0° 方向，此时将显示一条 0° 方向上的橡皮筋线，在橡皮筋线上停留几秒后将显示该橡皮筋线的方向及在该方向上的距离，如图 9-7（a）所示。

03 此时输入 40 后按 Enter 键，指定直线的长度为 40，而橡皮筋线的方向表示直线的方向，即为 0° 方向。这一步通过极轴追踪绘制了一条 0° 方向的直线 AB，完成后可按 Enter 键或 Esc 键退出“直线”命令。

4. 绘制直线 AC

01 单击“常用”选项卡→“绘图”面板→“直线”按钮，在命令行提示“_line 指定第一点:”时，仍然指定 A 点为直线的起点。

02 命令行继续提示“指定下一点或 [放弃（U）]:”时，将光标移动到 A 点的 60° 方向，此时将显示一条该方向上的橡皮筋线，如图 9-7（b）所示，输入 40 后按 Enter 键，指定直线长度为 40，然后按 Enter 键或 Esc 键退出“直线”命令。

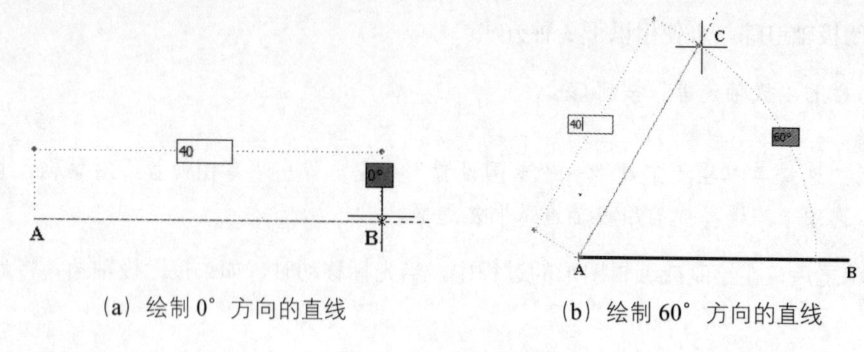

（a）绘制 0° 方向的直线　　（b）绘制 60° 方向的直线

图 9-7　使用极轴追踪

AutoCAD 小提示

因为在设置极轴追踪的过程中设置的增量角为 30°，所以在 30 的倍数角度方向均可显示极轴的橡皮筋线，包括 0° 方向和 60° 方向。

9.2.4　设置极轴追踪

极轴追踪也是在“草图设置”对话框里设置的，可以打开“草图设置”对话框，切换到“极轴追踪”选项卡，可设置极轴追踪的选项，如图 9-8 所示。

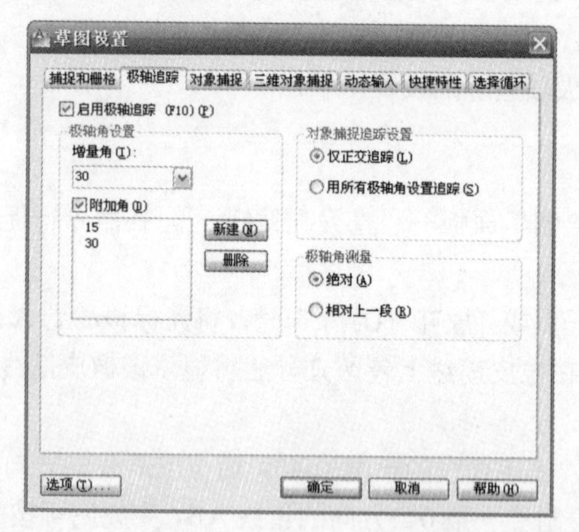

图 9-8　“草图设置”对话框的“极轴追踪”选项卡

1. 在“极轴角设置”选项组

可设置极轴追踪的增量角与附加角。

- “增量角”下拉列表框：用来选择极轴追踪对齐路径的极轴角增量。可输入任何角度，也可以从下拉列表中选择 90、45、30、22.5、18、15、10 或 5 这些常用角度。注意这里设置的是增量角，即选择某一角度后，将在这一角度的整数倍数角度方向显示极轴追踪的对齐路径（如选择的是 30° 增量角，则会在 0°、30°、60° 等方向上显示对齐路径）。
- “附加角”复选框：选中该复选框后，可指定一些附加角度。单击 新建(N) 按钮，新建增量角度，新建的附加角度将显示在左侧的列表框内；单击 删除 按钮，将删除选定的角度。最多可以添加 10 个附加极轴追踪对齐角度。注意，附加角设置的是绝对角度，即如果设置 28°，那么除了在增量角的整数倍数方向上显示对齐路径外，还将在 28° 方向上显示，如图 9-9 所示。

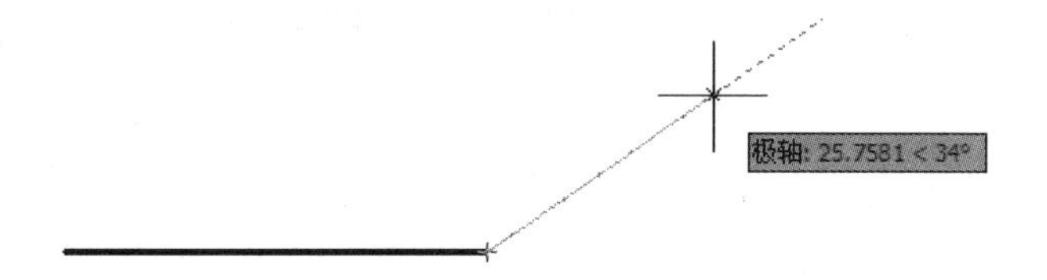

图 9-9　设置附加角

2. 在“对象捕捉追踪设置”选项组

可设置对象捕捉和追踪的相关选项，这一选项组的设置要求打开对象捕捉和追踪才能生效，这将在下一节进行详细介绍。

- “仅正交追踪”单选按钮：当对象捕捉追踪打开时，仅显示已获得的对象捕捉点的正交（水平/垂直）对象捕捉追踪路径。
- “用所有极轴角设置追踪”单选按钮：将极轴追踪设置应用于对象捕捉追踪。使用对象捕捉追踪时，光标将从获取的对象捕捉点起沿极轴对齐角度进行追踪。

3. 在“极轴角测量”选项组

可设置测量极轴追踪对齐角度的基准。

- “绝对”单选按钮：选中该单选按钮，表示根据当前用户坐标系（UCS）确定极轴追踪角度。如图 9-10（a）所示，在绘制完一条与 UCS 的 0° 方向成一定角度的直线后，极轴追踪的对齐角度仍然以 UCS 的 0° 方向为 0° 方向。
- “相对上一段”单选按钮：选中该单选按钮，表示根据上一个线段确定极轴追踪角度。如图 9-10（b）所示，在绘制完一条与 UCS 的 0° 方向成一定角度的直线后，极轴追踪的对齐角度以上一条直线的方向为 0° 方向。

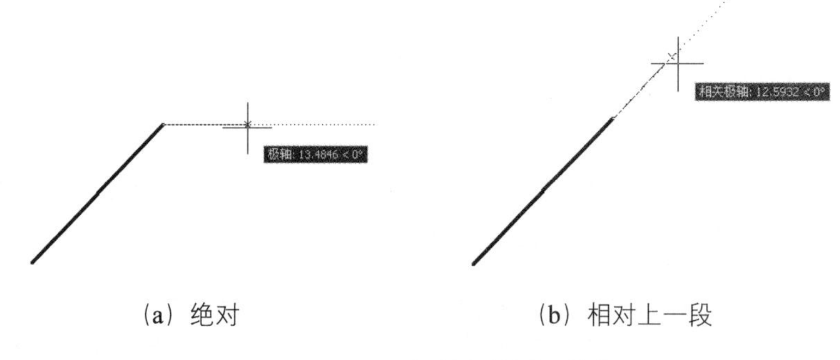

（a）绝对　　（b）相对上一段

图 9-10　设置极轴角的测量基准

9.3 对象捕捉与对象追踪

对象捕捉和对象追踪都是针对指定对象上的特征点的精确定位工具。

AutoCAD 2012 的对象捕捉功能可指定对象上的精确位置。例如，使用对象捕捉可以绘制到圆心或多段线中点的直线。而使用对象捕捉追踪，可以沿着基于对象捕捉点的对齐路径进行追踪。

使用对象捕捉和追踪可以快速而准确地捕捉到对象上的一些特征点，或捕捉到根据特征点偏移出来的一系列点。另外，还可以很方便地解决绘图过程中的一些解析几何问题，而不必一步一步地计算和输入坐标值。

9.3.1 使用对象捕捉

只要命令行提示输入点，都可以使用对象捕捉功能。默认情况下，当光标移到对象的捕捉位置时，光标将显示为特定的标记和工具栏提示。如图 9-11 所示分别为捕捉到直线的端点和椭圆的圆心，只须在命令行提示指定点时将光标移动到特征点附近即可。

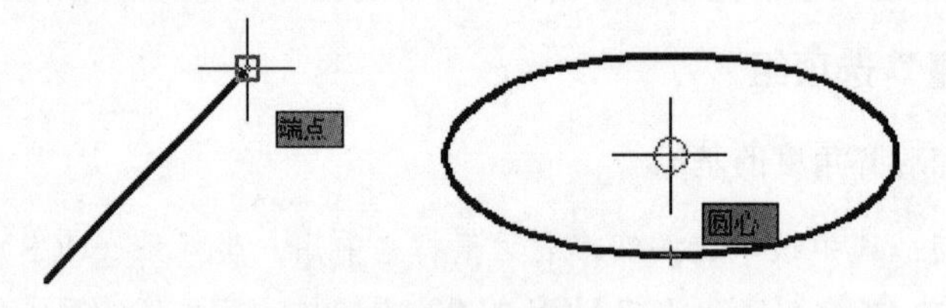

图 9-11 使用对象捕捉

要打开或关闭对象捕捉，可使用以下 5 种方法。

- 单击状态栏的“对象捕捉”按钮。
- 按 F3 键。
- 经典模式：选择菜单栏“工具”→“草图设置”命令，弹出“草图设置”对话框，切换到“对象捕捉”选项卡，选择“启用对象捕捉”复选框。
- 经典模式：单击“对象捕捉”工具栏中的“对象捕捉设置”按钮，弹出“草图设置”对话框，切换到“对象捕捉”选项卡，选择“启用对象捕捉”复选框。
- 在命令行提示指定点时，按住 Shift 键后在绘图区右击鼠标，选择快捷菜单中的“对象捕捉设置”命令，弹出“草图设置”对话框，切换到“对象捕捉”选项卡，选择“启用对象捕捉”复选框。

另外，AutoCAD 2012 还专门提供了“对象捕捉”工具栏和“对象捕捉”快捷菜单，以方便绘图过程中的使用，如图 9-12 和图 9-13 所示。“对象捕捉”工具栏在默认情况下不显示，可以在任意工具栏上右击，从弹出的快捷菜单中选择“对象捕捉”命令，打开该工具栏；“对象捕捉”快捷菜单是在命令行提示指定点时，按住 Shift 键后在绘图区右击鼠标打开。“对象捕捉”工具栏和“对象捕捉”快捷菜单一般在下面的情况中使用：对象分布比较密集或者特征点分布比较密集。这时打开对象捕捉后，捕捉到的可能不是用户需要的特征点，例如，本想要捕捉的是中点，但是由于对象太密集，有可能捕捉到的是另一个交点。这时，如果单击“对象捕捉”工具栏的中点按钮或选择“对象捕捉”快捷菜单的“中点”命令，就只捕捉对象的中点，从而避免捕捉到错误的特征点而导致绘图误差。

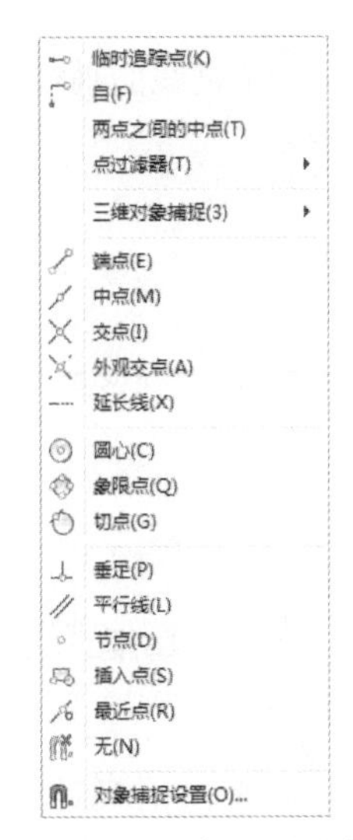

图 9-12　“对象捕捉”工具栏

图 9-13　“对象捕捉”快捷菜单

利用对象捕捉可方便地捕捉到 AutoCAD 2012 所定义的特征点，如端点、中点、象限点、切点和垂足等，在图 9-12 和图 9-13 所示的“对象捕捉”工具栏和快捷菜单中可以看到分别有对应的按钮或菜单项。如在绘图过程中要指定这些特征点，可利用“对象捕捉”工具栏和快捷菜单选择要捕捉的特征点。不同的特征点，捕捉时将显示为不同的对象捕捉标记。例如，捕捉端点时显示为方块，而捕捉圆心时显示为圆形。

除了对象特征点之外，还有其他的对象捕捉方法，“对象捕捉”工具栏和快捷菜单上的第一项均为“临时追踪点”，第二项为“捕捉自”。这两种对象捕捉方法均要求与对象追踪联合使用。

“捕捉自”按钮用于基于某个基点的偏移距离来捕捉点；而临时追踪点是为对象捕捉而创建的一个临时点，该临时点的作用相当于使用“捕捉自”按钮时的捕捉基点，通过该点可在垂直和水平方向上追踪出一系列点来指定一点。例如，图 9-14（a）中的一条直线 AB，如果要在其基础上绘制另一条直线 BC，C 点位置在 B 点的水平正方向 30 个单位，垂直位置正方向 60 个单位。在执行绘制直线命令后，命令行提示“_line 指定第一点:”时，指定 B 点，然后命令行提示“指定下一点或 [放弃（U）]:”，此时先不指定第二个点，单击“对象捕捉”工具栏的临时追踪点按钮，命令行将提示“_tt 指定临时对象追踪点:”，此时可用对象追踪的方法指定 D 点为临时追踪点，显示为一个小加号“+”，指定临时追踪点后，命令行继续提示“指定下一点或 [放弃（U）]:”，此时可在使用 D 点作为临时追踪点指定其垂直方向上的 C 点为直线的第二点。绘制过程如图 9-14（b）所示，结果如图 9-14（c）所示。

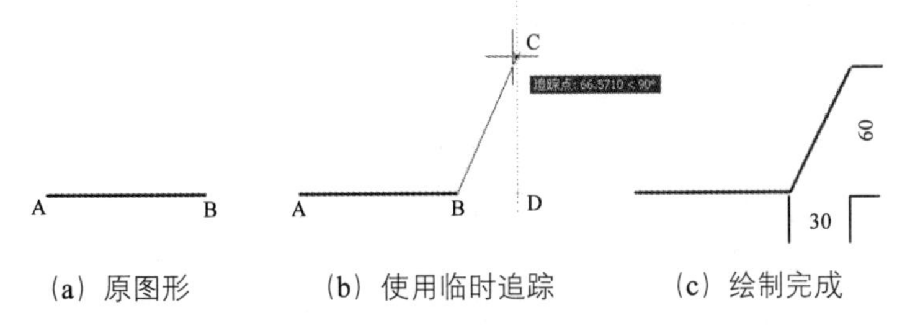

（a）原图形　（b）使用临时追踪　（c）绘制完成

图 9-14　使用“临时追踪点”

1. 绘制垂线实例

过一点绘制到一条直线的垂线，如图 9-15 所示。

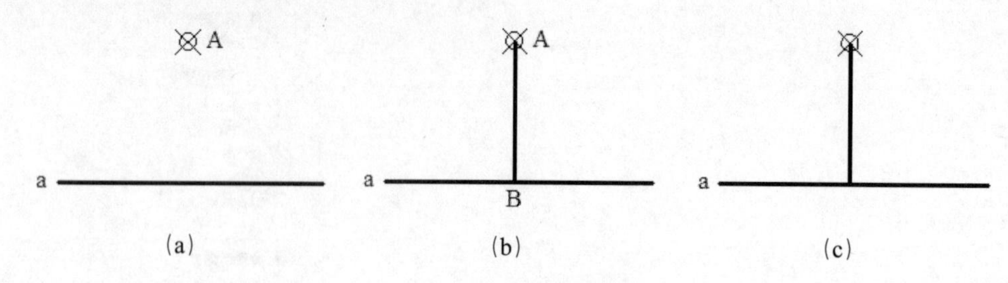

图 9-15　绘制垂线

如图 9-15（a）所示，已知直线 a 和直线外一点 A，要求过 A 点绘制一条直线垂直于直线 a，垂足为 B 点。可按以下步骤绘制。

01 单击“常用”选项卡→“绘图”面板→“直线”按钮。

02 当命令行提示“_line 指定第一点:”时，此时先不指定点。

03 单击“对象捕捉”工具栏的“捕捉到节点”按钮，然后将光标移至 A 点附近，光标自动磁吸 A 点并显示对象捕捉标记为⊠，此时单击 A 点指定其为直线的第一点。

04 指定第一点后，命令行继续提示“指定下一点或[放弃（U）]”，此时也先不指定点。

05 单击“对象捕捉”工具栏的“捕捉到垂足”按钮，然后将光标移至直线 a 附近，光标自动磁吸并显示对象捕捉标记为，此时单击鼠标即可指定 B 点（即显示为的地方）为直线的第二点，如图 9-15（b）所示，按 Enter 键或 Esc 键完成垂线绘制。绘制结果如图 9-15（c）所示。

2. 绘制公切线实例

绘制两个圆的公切线，如图 9-16 所示。

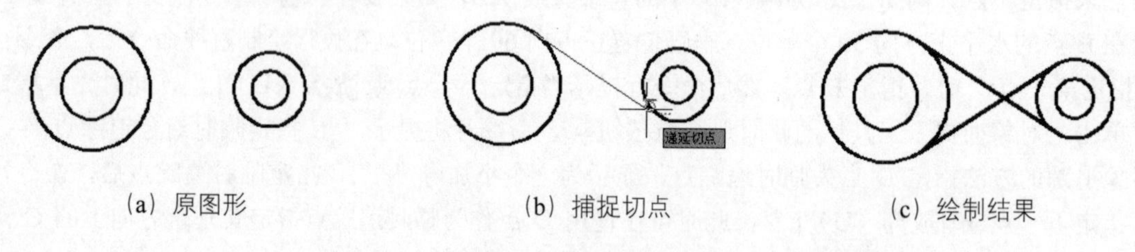

图 9-16　绘制公切线

如图 9-16（a）所示，两个相离的圆 a 与圆 b，它们的直径不相同，要求绘制它们的两条公切线。此时可用到捕捉切点的功能，可按以下的步骤完成。

01 单击“常用”选项卡→“绘图”面板→“直线”按钮。

02 当命令行提示“_line 指定第一点:”时，先不指定点。

03 单击“对象捕捉”工具栏的“捕捉到切点”按钮，然后将光标移至圆 a 附近，光标自动磁吸到圆 a 上并显示对象捕捉标记为，此时单击即可指定切点为直线的第一点。

04 指定第一点后，命令行继续提示“指定下一点或 [放弃（U）]:”，也先不指定点。

05 单击“对象捕捉”工具栏的“捕捉到切点”按钮，然后将光标移至圆 b 附近，光标自动磁吸到圆 b 上并显示对象捕捉标记为，此时单击即可指定切点为直线的第二点，如图 9-16（b）所示。

06 按 Enter 键或 Esc 键完成垂线绘制。

07 用同样的方法绘制第二条公切线，绘制结果如图 9-16（c）所示。

9.3.2 使用对象追踪

AutoCAD 2012 的对象追踪又称为自动追踪，该功能可以帮助用户按照指定的角度或按照与其他对象的特定关系绘制对象。当自动追踪打开时，临时对齐路径可以以精确的位置和角度创建对象。自动追踪经常与对象捕捉功能联合使用。默认情况下极轴追踪项是不打开的，即只追踪对象点在垂直和水平方向上的点；要打开该选项，可在“草图设置”对话框的“极轴追踪”选项卡上将“用所有极轴角设置追踪”单选按钮选上。

要打开或关闭自动追踪，可使用以下 3 种方法。

- 单击状态栏的“对象捕捉追踪”按钮。
- 按 F11 键。
- 经典模式：选择菜单栏“工具”→“草图设置”命令，弹出“草图设置”对话框，切换到“对象捕捉”选项卡，选择“启用对象捕捉追踪”复选框。

启用自动追踪后，当绘图过程中命令行提示指定点时，可将光标移动至对象的特征点上（类似于对象捕捉），但无须单击该特征点指定对象，只须将光标在特征点上停留几秒使光标显示为特征点的对象捕捉标记。然后移动鼠标至其他位置，将显示到特征点的橡皮筋线，表示追踪该特征点（如打开极轴追踪，将在各个极轴角度方向上显示）；显示橡皮筋线后，即可单击或输入坐标值指定点。例如，要在点 A 的 45° 方向上距离 90 个单位的地方为圆心绘制一个半径为 50 个单位的圆，可按以下步骤绘制。

01 单击状态栏中的极轴按钮、对象捕捉按钮和对象追踪按钮，打开这 3 种功能。

02 在“草图设置”对话框的“极轴追踪”选项卡中，将“增量角”设置为 45，并选中“用所有极轴角设置追踪”单选按钮。

03 在“草图设置”对话框的“对象捕捉”选项卡中，选中“节点”复选框。

04 选择菜单栏“绘图”→“圆”→“圆心、半径”命令。

05 在命令行提示“_circle 指定圆的圆心或 [三点（3P）/两点（2P）/相切、相切、半径（T）]:”时，将光标移至 A 点附近，捕捉到 A 点，但是不要单击 A 点。

06 当光标显示为⊠时，再将光标移动至 A 点 45° 方向上，此时对象追踪功能启用，显示一条从 A 点向 45° 方向上的橡皮筋线，如图 9-17（a）所示。

07 此时可在命令行输入 90，表示圆心到 A 点的距离，按 Enter 键指定圆心。

08 当命令行提示“指定圆的半径或 [直径（D）]:”时，输入 50 为圆的半径，完成绘制，结果如图 9-17（b）所示。

（a）使用对象追踪　　（b）绘制结果

图 9-17　使用对象追踪在指定位置绘制圆

由以上的绘图步骤可知，在绘制圆的过程中并没有绘制相关的辅助线。在步骤 03 中利用了对象追踪功能指定圆心，使用的是极轴角度追踪。

9.3.3 设置对象捕捉和追踪

对象捕捉和追踪的设置也可以在“草图设置”对话框的“对象捕捉”选项卡中设置，如图 9-18 所示。“启用对象捕捉”和“启用对象捕捉追踪”复选框分别用于打开和关闭对象捕捉与对象追踪功能。在“对象捕捉模式”选项组中，列出了可以在执行对象捕捉时捕捉的特征点，各个复选框前的图标显示的是捕捉该特征点时的对象捕捉标记。单击 全部选择 按钮，可以全部选择这些复选框；单击 全部清除 按钮，可全部清除。

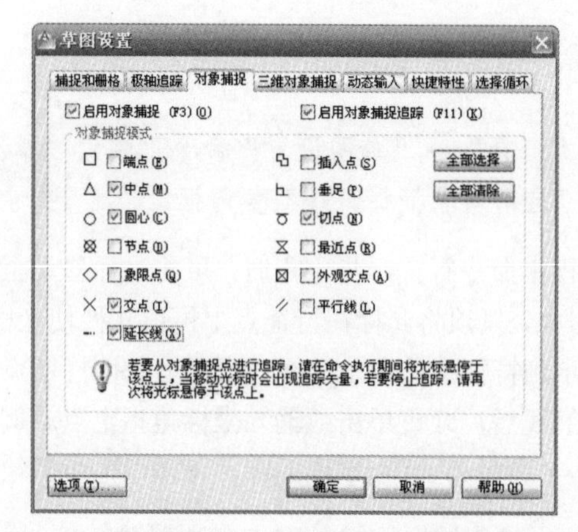

图 9-18 “草图设置”对话框的“对象捕捉”选项卡

在“草图设置”对话框中设置捕捉到的特征点后，绘图过程中，如果要捕捉特征点，则不需要单击“对象捕捉”工具栏上相应的按钮，AutoCAD 2012 会根据“草图设置”对话框中的设置自动捕捉相应的特征点。

选择“工具”→“选项”命令，在弹出的“选项”对话框中，切换到“草图”选项卡，可设置对象捕捉和追踪有关的选项，包括设置标记、磁吸的打开和关闭，以及标记的大小等。单击 颜色(C)... 按钮，还可以设置自动捕捉标记的颜色。

9.4 动态 UCS 与动态输入

在 AutoCAD 2012 中“动态”的含义为跟随光标。例如，动态 UCS 是指 UCS 自动移动到光标处，结束命令后又回到上一个位置；“动态输入”是指在光标附近显示一个动态的命令界面，可显示和输入坐标值等绘图信息。不管是动态 UCS 还是动态输入，均随着光标的移动即时更新信息。

9.4.1　使用动态 UCS

AutoCAD 2012 的动态 UCS 功能，可以在创建对象时使 UCS 的 XY 平面自动与实体模型上的平面临时对齐，而无须使用 UCS 命令。结束该命令后，UCS 将恢复到其上一个位置和方向。

要打开或关闭动态 UCS，可使用以下两种方法。

- 单击状态栏的“允许/禁止动态 UCS”按钮。
- 按 F6 键。

例如，有一个楔形体，要在楔形体的斜面上绘制一个圆，可打开动态 UCS。在图 9-19（a）中，UCS 还是在原点处；执行绘制圆的命令后，命令行提示“_circle 指定圆的圆心或 [三点（3P）/两点（2P）/相切、相切、半径（T）]:”，此时 UCS 自动转到光标处，如图 9-19（b）所示。绘制圆完成后，UCS 又自动恢复到原点处，如图 9-19（c）所示。

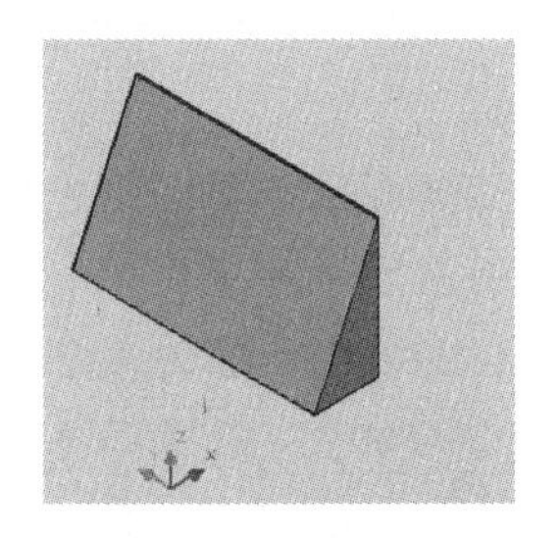

（a）动态 UCS 启动前

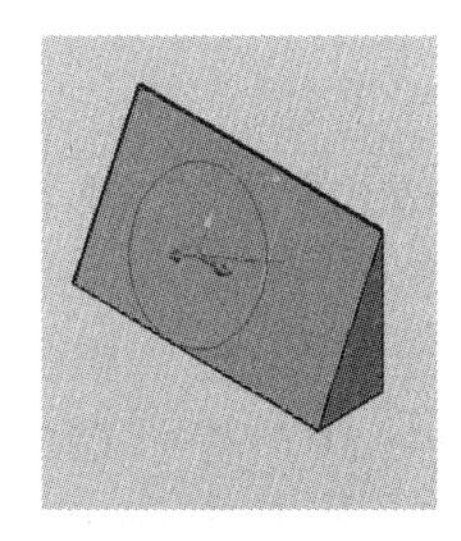

（b）显示动态 UCS

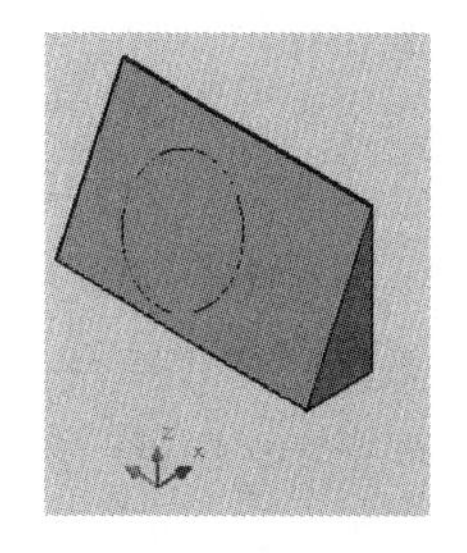

（c）UCS 恢复

图 9-19　使用动态 UCS

动态 UCS 一般用于创建三维模型，可以使用动态 UCS 的命令类型如下。

- 简单几何图形：直线、多段线、矩形、圆弧和圆。
- 文字：文字、多行文字和表格。
- 参照：插入和外部参照。
- 实体：原型和 POLYSOLID。
- 编辑：旋转、镜像和对齐。
- 其他：UCS、区域和夹点工具操作。

9.4.2　使用动态输入

启用动态输入后，将在光标附近显示工具提示信息，该信息会随着光标的移动而动态更新。动态输入信息只有在命令执行过程中显示，包括绘图命令、编辑命令和夹点编辑等。

要打开或关闭动态输入，可使用以下 3 种方法。

- 单击状态栏的“动态输入”按钮。
- 按 F12 键。
- 经典模式：选择菜单栏“工具”→“草图设置”命令，在弹出的“草图设置”对话框中切换到“动态输入”选项卡。

动态输入有 3 个组件：指针输入、标注输入和动态提示，如图 9-20 所示是绘制圆的过程中显示的动态输入信息。在“草图设置”对话框的“动态输入”选项卡中，可以设置启用动态输入时每个组件所显示的内容。

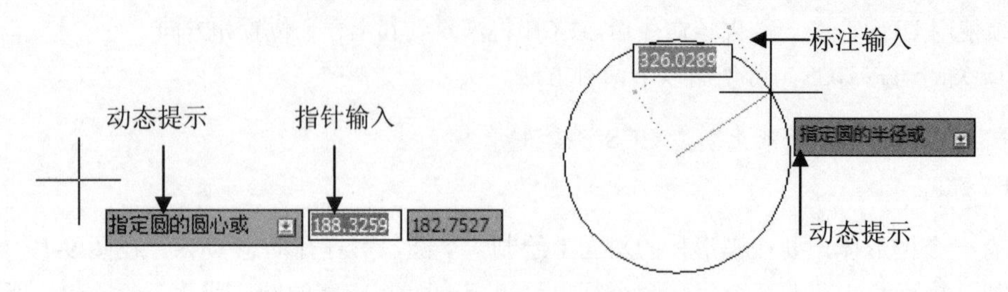

图 9-20　动态输入时的三个组件

- 指针输入：当启用指针输入且有命令在执行时，将在光标附近的工具提示中显示坐标。这些坐标值将随着光标的移动自动更新，并可以在此输入坐标值，而不用在命令行中输入。按 Tab 键，可以在两个坐标值之间切换。
- 标注输入：启用标注输入时，当命令提示输入第二点时，工具提示将显示距离和角度值，且该值将随着光标的移动而改变。一般地，指针输入是在命令行提示“指定第一个点”时显示，而标注输入是在命令行提示“指定第二个点时”显示。例如，执行绘制圆的命令时，当命令行提示“_circle 指定圆的圆心或 [三点（3P）/两点（2P）/相切、相切、半径（T）]:”时显示指针输入，此时可输入圆心的坐标值；而当命令行提示“指定圆的半径或 [直径（D）] <0.0000>:”时，此时显示的是标注输入，即命令行提示“第一个点”和“第二个点”，实际上是命令执行过程中的指定点的顺序。需要注意的是第二个点和后续点的默认设置为相对极坐标（对于 rectang 命令，为相对笛卡尔坐标），不需要输入“@”符号。如果需要使用绝对坐标，应使用“#”为前缀。例如，要将对象移到原点，在提示输入第二个点时，需输入(#0, 0)。
- 动态提示：启用动态提示后，命令行的提示信息将在光标处显示。用户可以在工具提示（而不是在命令行）中输入响应。按下箭头键“↓”，可以查看和选择选项。按上箭头键“↑”，可以显示最近的输入。

1. 绘制圆的内接六边形实例

利用动态输入绘制一个圆，其圆心为(0,0)，半径为 50 个单位，然后绘制该圆的外切正六边形。

01 按下状态栏的“动态输入”按钮，打开动态输入功能。

02 单击“常用”选项卡→“绘图”面板→“圆”→“圆心、半径”按钮。

03 命令行提示“_circle 指定圆的圆心或 [三点（3P）/两点（2P）/相切、相切、半径（T）]:”时，可见到光标处显示“动态提示”和“指针输入”，如图 9-21（a）所示，此时可直接输入 0。按 Tab 键，切换到 Y 坐标，也输入 0，然后按 Enter 键。这一步完成了圆心坐标的指定。

04 命令行提示“指定圆的半径或 [直径（D）] <0.0000>:”时，在光标处显示动态提示和“标注输入”，如图 9-21（b）所示，此时可直接输入 50，然后按 Enter 键，指定为圆的半径。这一步完成了圆的绘制，如图 9-21（c）所示。

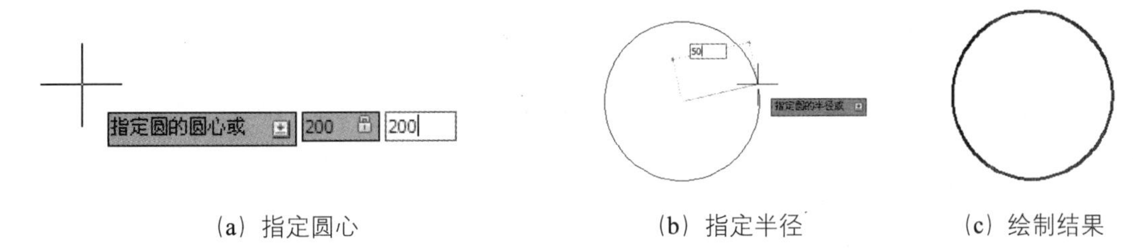

（a）指定圆心　　（b）指定半径　　（c）绘制结果

图 9-21　利用动态输入绘制圆

05 单击“常用”选项卡→“绘图”面板→“圆”→“正多边形”按钮。

06 命令行提示“_polygon 输入边的数目<4>:”的同时，光标处也显示提示信息，如图 9-22（a）所示，此时输入多边形的边数 6，然后按 Enter 键。

07 命令行提示“指定正多边形的中心点或 [边（E）]:”的同时，光标处也显示动态提示与指针输入，如图 9-22（b）所示，此时可参照步骤 03 的操作指定其中心点坐标为(0,0)。

08 命令行提示“输入选项 [内接于圆（I）/外切于圆（C）] <I>:”的同时，光标处也显示动态提示，此时可用鼠标单击“外切于圆”，如图 9-22（c）所示。

09 命令行提示“指定圆的半径:”时，光标处也显示动态提示与标注输入，如图 9-22（d）所示。此时可直接输入外接圆的半径 50，然后按 Enter 键完成绘制正六边形。绘制结果如图 9-22（e）所示。

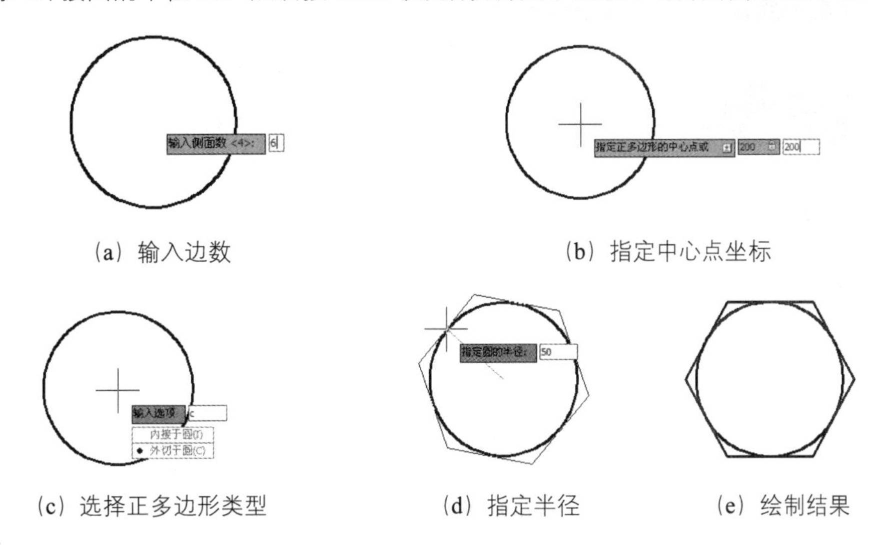

（a）输入边数　　（b）指定中心点坐标

（c）选择正多边形类型　　（d）指定半径　　（e）绘制结果

图 9-22　利用动态输入绘制正多边形

2. 设置动态输入

动态输入也可以通过“草图设置”对话框来设置，切换到“动态输入”选项卡即可，如图 9-23 所示。

“启用指针输入”、“可能时启用标注输入”和“在十字光标附近显示命令提示和命令输入”3 个复选框分别用于开启和关闭动态输入的 3 个组件。“动态输入”选项卡包括“指针输入”、“标注输入”和“动态提示”3 个选项组。

如果同时打开指针输入和标注输入，则标注输入在可用时将取代指针输入。

（1）“指针输入设置”对话框

单击“指针输入”选项组的“设置”按钮，可弹出“指针输入设置”对话框，如图 9-24 所示。通过该对话框可以设置输入坐标的格式和可见性。格式包括极坐标与笛卡尔坐标（即直角坐标），还有绝对坐标和相对坐标。可见性是指在什么样的命令状态下显示指针输入，可设置 3 种情况：“输入坐标数据时”，即仅当开始输入坐标数据时才显示工具提示；“命令需要一个点时”，即只要命令提示输入点就显示工具提示；“始终可见—即使未执行命令”，即不管有无命令请求，始终显示工具提示。

AutoCAD 小提示

在“指针输入设置”对话框中，所设置的坐标格式为第二个点及后继点的坐标格式，第一点将仍然使用默认的笛卡尔坐标格式。而且，当选择“可能时启用标注输入”复选框后，第二个点的坐标值往往被标注输入所代替。

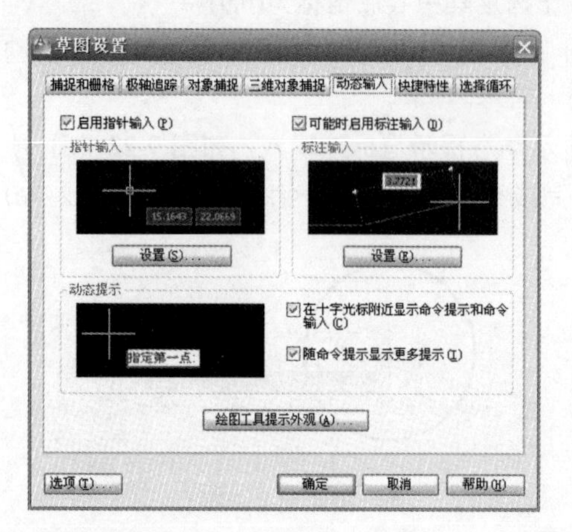

图 9-23 “草图设置”对话框的“动态输入”选项卡

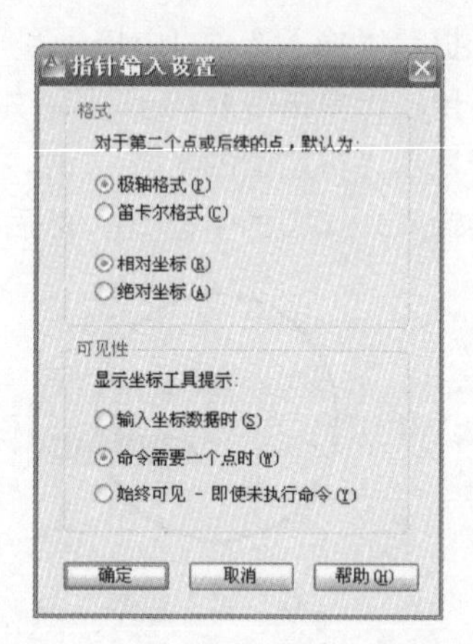

图 9-24 “指针输入设置”对话框

（2）“标注输入的设置”对话框

单击“标注输入”选项组的“设置”按钮，可弹出“标注输入的设置”对话框，如图 9-25 所示。通过该对话框，可设置标注输入的显示特性。可通过“每次仅显示 1 个标注输入字段”和“每次显示 2 个标注输入字段”单选按钮选择显示 1 个或 2 个标注输入字段。如果选择“同时显示以下这些标注输入字段”单选按钮，则其下方的多个复选框变为可用，可通过它们选择要显示的标注字段，包括“长度修改”和“圆弧半径”等。

（3）“工具提示外观”对话框

单击“草图工具提示外观”按钮，可弹出“工具提示外观”对话框，如图 9-26 所示，设置动态输入的外观显示。单击 颜色(C)... 按钮，可弹出“图形窗口颜色”对话框，从中可设置动态输入的颜色；在“大小”和“透明度”选项组，通过文本框和滑块可设置动态输入的大小和透明度；如果选择“替代所有绘图工具提示的操作系统设置”单选按钮，设置将应用于所有的工具提示，从而替代操作系统中的设置；如果选择“仅对动态输入工具提示使用设置”单选按钮，那么这些设置仅应用于动态输入中使用的绘图工具提示。

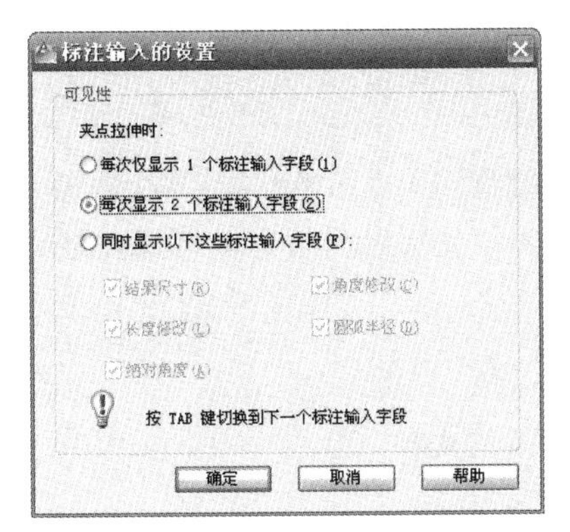

图 9-25　“标注输入的设置”对话框

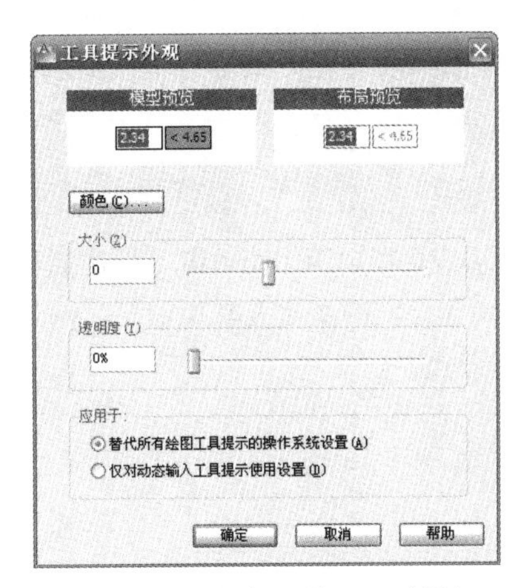

图 9-26　“工具提示外观”对话框

9.5　查询图形对象信息

前面介绍过使用 massprop 命令来提取面域的质量特性，实际上，AutoCAD 2012 的提取图形对象信息功能远不止于此。通过“工具”菜单下的“查询”子菜单（如图 9-27 所示）和“查询”工具栏（如图 9-28 所示）可提取一些图形对象的相关信息，包括两点之间的距离、对象的面积等。

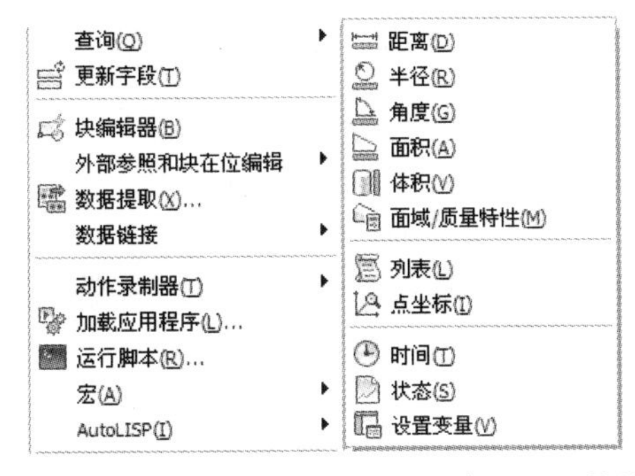

图 9-27　“工具”菜单下的“查询”子菜单

图 9-28　“查询”工具栏

图 9-27 中的“面域/质量特性”命令已经介绍过，本章只介绍其他几个命令。

9.5.1　查询距离

使用 AutoCAD 2012 的查询距离功能，可以获得两点之间的距离。可通过以下 4 种方法执行查询距离命令。

- 功能区：单击“常用”选项卡→“实用工具”面板→“距离”按钮。
- 经典模式：选择菜单栏“工具”→“查询”→“距离”命令。
- 经典模式：单击“查询”工具栏的“距离”按钮。
- 运行命令：DIST。

执行查询距离命令后，命令行依次提示如下：

```
dist 指定第一点:
指定第二点:
```

按照提示信息指定两个点，既可以用鼠标拾取，也可以从键盘输入点的坐标值。指定两点之后，命令行将显示出两点之间的距离及其他信息。例如，输入两个点坐标，分别为(0, 0, 0)和(30, 30, 40)，即图 9-29 中的 O 点和 C 点。

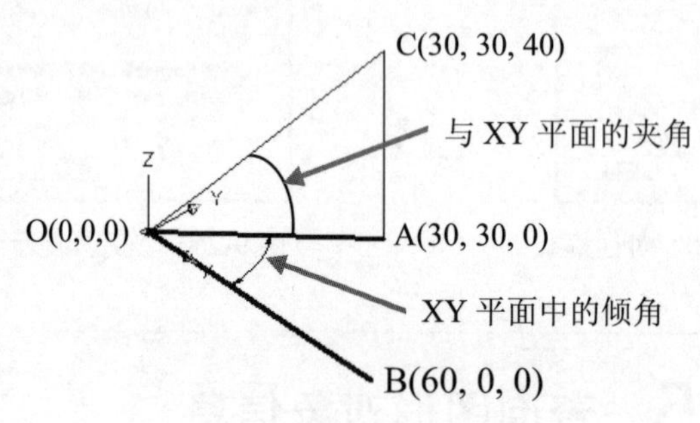

图 9-29　“XY 平面中的倾角”和“与 XY 平面的夹角”

命令行给出的距离信息如下：

```
距离 = 58.3095, XY 平面中的倾角 = 45, 与 XY 平面的夹角 = 43
X 增量 = 30.0000,   Y 增量 = 30.0000,    Z 增量 = 40.0000
```

在以上的显示信息中，“距离”表示两点之间的绝对距离；“XY 平面中的倾角”是指第一点和第二点之间的矢量在 XY 平面的投影与 X 轴的夹角，例子中的两点均在 XY 平面上，所以该值即为两点构成的矢量与 X 轴的夹角；“与 XY 平面的夹角”是指两点构成的矢量与 XY 平面的夹角。O 为坐标原点，A、B 两点在 XY 平面上，C 点坐标为(30, 30, 40)，OB 方向为 X 轴方向，OA 为 OC 在 XY 平面内的投影。那么 OA 与 OC 形成的夹角为 OC 矢量与 XY 平面的夹角，而 OA 与 OB 的夹角为 OC 矢量在 XY 平面中的倾角。“X 增量”、“Y 增量”和“Z 增量”分别是指两点的 X、Y 和 Z 坐标值的增量，即第二点的坐标值减去第一点的对应坐标值。

在图纸空间中的布局上绘图时，通常以图纸空间单位表示距离。但是，如果将 DIST 命令与显示在单个视口内的模型空间对象上的对象捕捉一起使用，则将以二维模型空间单位表示距离。在使用 DIST 命令测量三维距离时，建议切换到模型空间。

9.5.2　查询面积

使用 AutoCAD 2012 的查询面积功能可以计算由指定点定义的面积和周长。可通过以下 4 种方法执行查询面积命令。

- 功能区：单击“常用”选项卡→“实用工具”面板→“面积”按钮。

- 经典模式：选择菜单栏“工具”→“查询”→“面积”命令。
- 单击“查询”工具栏的“查询面积”按钮。
- 运行命令：area。

执行查询面积命令后，命令行提示如下：

```
指定第一个角点或 [对象(O)/增加面积(A)/减少面积(S)] <对象(O)>:
```

此时可指定计算面积的第一个角点。选择“对象（O）”选项可以计算圆、椭圆、样条曲线、多段线、多边形、面域、实体的面积和周长。“增加面积（A）”和“减少面积（S）”选项分别用于从总面积中加上或减去指定面积。指定第一个角点之后，命令行继续提示：

```
指定下一个点或 [圆弧(A)/长度(L)/放弃(U)/总计(T)] <总计>:
```

此时可指定下一个角点，直到完成所有角点的选择后按 Enter 键。

例如，如图 9-30（a）所示，依次指定 A、B、C、D 点后，将计算这 4 个点所构成的区域（如图 9-30（b）所示的阴影部分）的面积和周长。命令行给出如下信息：

```
面积 = 694.4409，周长 = 113.5417
```

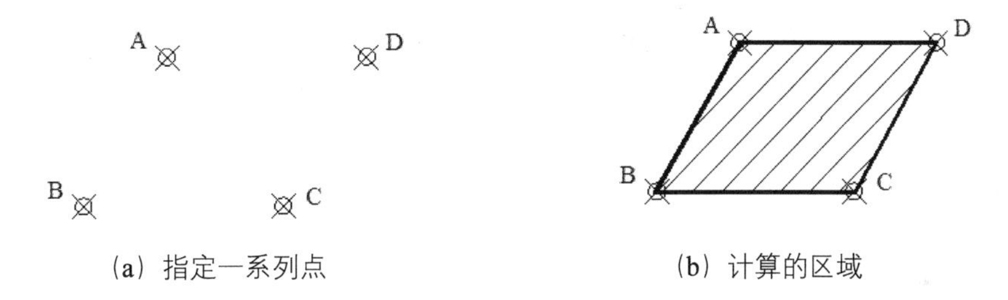

（a）指定一系列点　　（b）计算的区域

图 9-30　计算指定区域的面积

在指定点时，如果所选择的点不构成闭合多边形，那么系统将假设从最后一点到第一点绘制了一条直线，然后计算所围区域中的面积。计算周长时，该直线的长度也会计算在内。同样，当所选择的对象为不闭合对象时，例如开放的样条曲线或多段线，也做同样的处理。

9.5.3　查询列表

使用 AutoCAD 2012 的列表显示功能可以显示所选对象的类型、所在图层、相对于当前用户坐标系（UCS）的 X、Y、Z 位置，以及对象是位于模型空间还是图纸空间等信息；如果颜色、线型和线宽没有设置为“随层”，则还将显示这些项目的相关信息。

可通过以下 3 种方法执行列表显示命令。

- 经典模式：选择菜单栏“工具”→“查询”→“列表”显示命令。
- 经典模式：单击“查询”工具栏的“列表”按钮。
- 运行命令：LIST。

执行列表显示命令后，命令行提示如下：

```
选择对象:
```

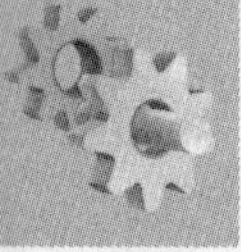

此时可选择一个或多个对象后按 Enter 键或右击，系统将自动弹出文本窗口显示所选对象的信息。如图 9-31 所示显示了所选的一条直线和一个点对象的相关信息。

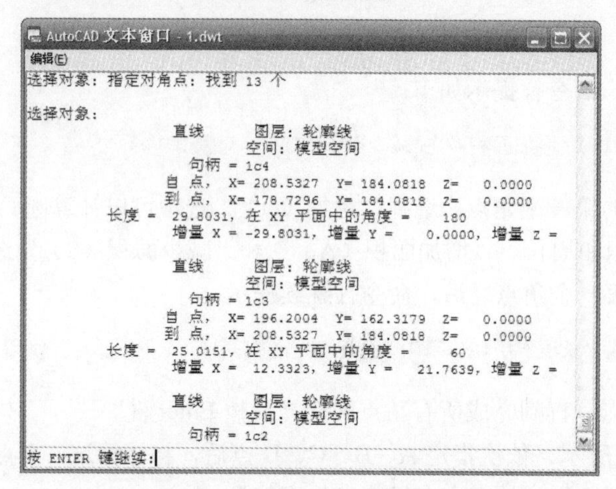

图 9-31　利用 LIST 命令显示对象信息

9.5.4　查询点坐标

使用 AutoCAD 2012 的查询点坐标功能，可查看指定点的 UCS 坐标。可通过以下 3 种方法执行查询点坐标命令。

- 经典模式：选择菜单栏“工具”→“查询”→“点坐标”命令。
- 经典模式：单击“查询”工具栏的“点坐标”按钮。
- 运行命令：id。

执行查询点坐标命令后，命令行提示如下：

```
_id 指定点：
```

此时用鼠标拾取一个点后，将在命令行显示该点在当前 UCS 的 X、Y、Z 坐标值。

9.5.5　查询时间

AutoCAD 2012 的查询时间命令用于查询时间信息，包括当前时间、使用计时器等。可通过以下两种方法执行查询时间命令。

- 经典模式：选择菜单栏“工具”→“查询”→“时间”命令。
- 运行命令：TIME。

执行查询时间命令后，将自动弹出文本窗口显示时间信息，如图 9-32 所示，同时在命令行显示如下提示：

```
>>输入选项 [显示（D）/开（ON）/关（OFF）/重置（R）]：
```

“显示（D）”选项，用于显示更新的时间；“开（ON）”和“关（OFF）”选项，分别用于启动和停止计时器；“重置（R）”选项，用于将计时器清零。

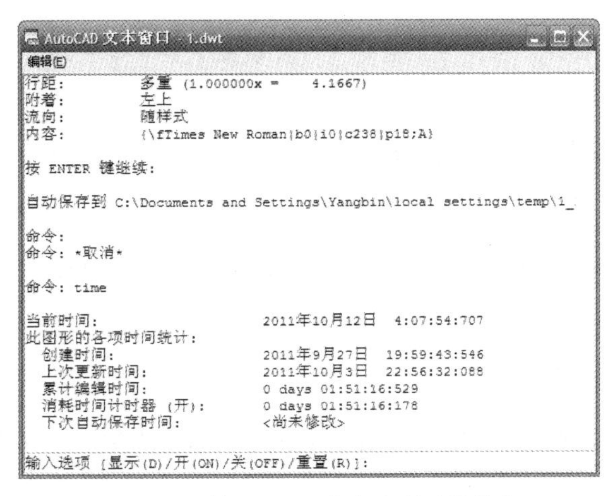

图 9-32　利用 TIME 命令查看时间信息

9.5.6　查询状态

通过 AutoCAD 2012 的查询状态功能可以查看图形的统计信息、模式和范围。可通过以下两种方法查询图纸状态。

- 经典模式：选择菜单栏“工具”→“查询”→“状态”命令。
- 运行命令：STATUS。

执行查询状态命令后，将自动弹出文本窗口显示状态信息，例如，对象总数、模型空间或图纸空间的图形界限等。利用 status 命令查看的信息相当丰富，如图 9-33 所示为显示的一页信息，按 Enter 键继续显示其他信息。

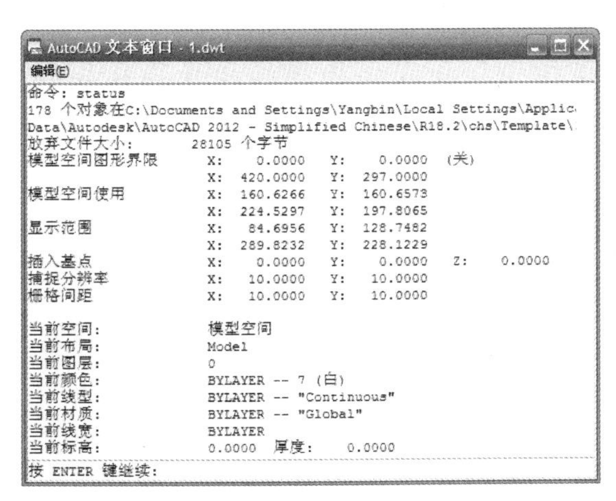

图 9-33　利用 status 命令查询图纸状态

9.5.7　查询设置变量

使用 AutoCAD 2012 的查询系统变量功能，可以列出或修改系统变量值。可通过以下两种方法查询系

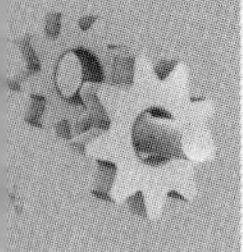

统变量。

- 经典模式：选择菜单栏“工具”→“查询”→“设置变量”命令。
- 运行命令：SETVAR。

执行查询系统变量命令后，命令行将提示：

```
输入变量名或 [?]：
```

此时输入需要查看或修改的系统变量名称，即可对该系统变量进行操作。如要显示所有的系统变量，可输入“?”或直接按 Enter 键，然后命令行将继续提示：

```
输入要列出的变量<*>：
```

此时可使用通配符指定要列出的系统变量，如要列出所有的系统变量，可直接按 Enter 键或者输入“*”。

9.6 知识回顾

本章主要介绍了 AutoCAD 2012 中的精确绘图工具。各种精确绘图工具可以借助光标实现点的精确定位，从而免去了通过坐标值的计算和输入来精确定位某点，甚至可以利用精确绘图工具生成一些复杂线条来解决解析几何问题。

每个精确绘图工具均有相对应的功能键来控制其开关，例如 F3 键用于控制对象捕捉工具的开关。利用这些功能键，可以方便地在命令执行过程中切换精确绘图工具的状态。

第10章 输入输出机械图形

前面几章主要介绍了如何在AutoCAD 2012的平台下建立模型，即存在于计算机内的图形。本章将介绍如何将计算机内的模型通过打印、Web发布等方式输出，还将介绍如何在AutoCAD 2012中输入其他格式的文件。

学习目标

- 学会在AutoCAD 2012中输入各种格式的文件
- 了解模型空间和布局空间
- 掌握布局的创建和管理
- 学会打印图形和打印预览

10.1 图形的输入

一般地，通过AutoCAD 2012创建的图形文件格式为DWG格式。除了DWG文件以外，AutoCAD 2012还支持利用其他应用程序创建的文件在图形中输入、附着或打开。

AutoCAD 2012支持的输入格式如下（括号内为相应的命令格式）。

1. 3DS文件（3DSIN）

3DS文件由3D Studio创建。输入3DS文件时，将读取 3D Studio 几何图形和渲染数据，包括网格、材质、贴图、光源和相机。

2. ACIS SAT文件（ACISIN）

使用ACISIN命令可以输入存储在SAT（ASCII）文件中的几何图形对象。输入时将模型转换为体对象、三维实体或面域（如果体是真正的实体或面域）。

3. WMF图元文件（WMFIN）

WMF（Windows 图元文件格式）文件经常用于生成图形所需的剪贴画和其他非技术性图像。AutoCAD 2012 在输入 WMF 文件时是将其作为块插入到图形文件中的。与位图不同的是，输入 WMF 文件包含其矢量信息，该信息在调整大小和打印时不会造成分辨率下降。

4. V8 DGN 图形文件（DGNIMPORT）

V8 DGN 图形文件由 MicroStation 创建。输入过程将基本 DGN 数据转换成相应的 DWG 数据，通过若干转换选项可以确定如何处理特定的数据（例如文字元素和外部参照）。交换和重复使用基本图形数据在进行工程协作时非常有用。例如，服务组织（如 AEC 和设计建造公司）可能需要将创建的贴图数据输入到基于 AutoCAD 产品创建的总设计图中。DGN 数据可以作为创建总设计图时的精确参照。

对于每种文件的输入命令，对应的菜单位置为“插入”下的各项，如图 10-1 所示。除此之外，这些格式的文件还可以统一通过选择“文件”→“输入”命令或者运行 IMPORT 命令，弹出“输入文件”对话框，可以选择输入文件的类型，如图 10-2 所示。

图 10-1 “插入”菜单

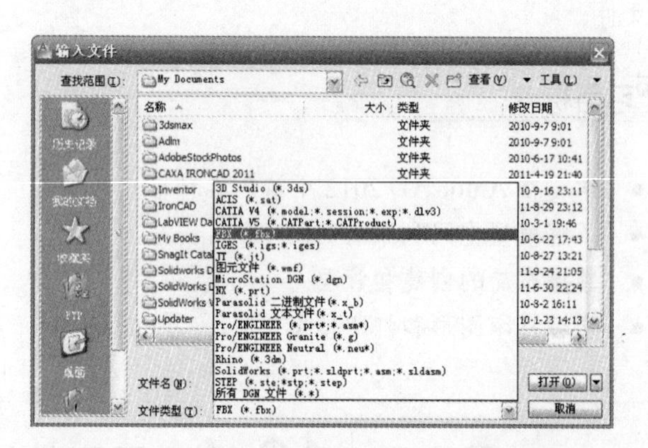

图 10-2 “输入文件”对话框

5. 嵌入 OLE 对象

与以上介绍的 AutoCAD 2012 文件输入不同，对象链接和嵌入（OLE）是 Windows 的一个功能，用于将不同应用程序的数据合并到一个文档中。例如，可以创建包含 AutoCAD 图形的 Adobe PageMaker 布局，或者创建包含全部或部分 Microsoft Excel 电子表格的 AutoCAD 图形。

利用 Microsoft Windows 的 OLE 功能，可以在应用程序之间复制或移动信息，同时不影响在原始应用程序中编辑信息。

在 AutoCAD 2012 中嵌入 OLE 对象的方法是选择“插入”→“OLE 对象”命令，其命令格式为 insertobj，运行插入 OLE 对象的命令后，将弹出“插入对象”对话框，如图 10-3 所示。通过“插入对象”对话框即可插入各种程序创建的文件，实现程序间的数据共享。

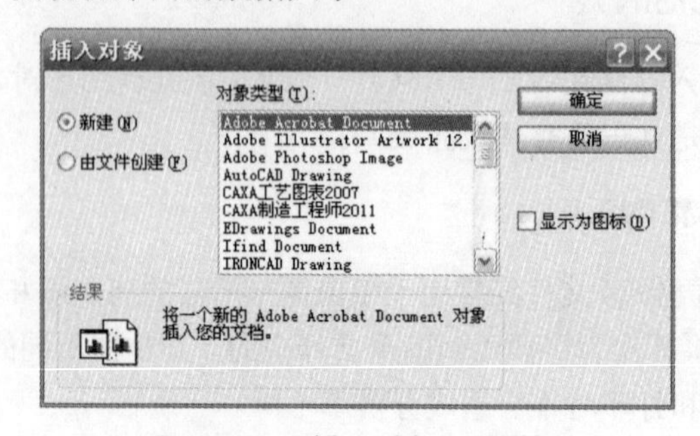

图 10-3 “插入对象”对话框

10.2 模型空间和图纸空间

AutoCAD 中有两种不同的工作环境，即“模型空间”和“图纸空间”。通过“模型”和“布局”选项卡或者状态栏的“模型”和“布局”按钮，可以在不同的工作环境中切换。“模型”和“布局”选项卡位于绘图区域底部附近的位置，如图 10-4 所示；“模型”和“布局”按钮则位于状态栏，如图 10-5 所示。单击状态栏的“模型”和“布局”按钮，将显示模型或布局的缩略图。

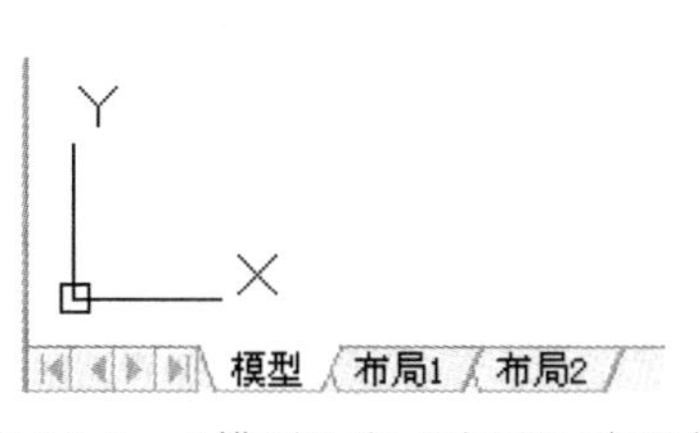

图 10-4　“模型”和“布局”选项卡

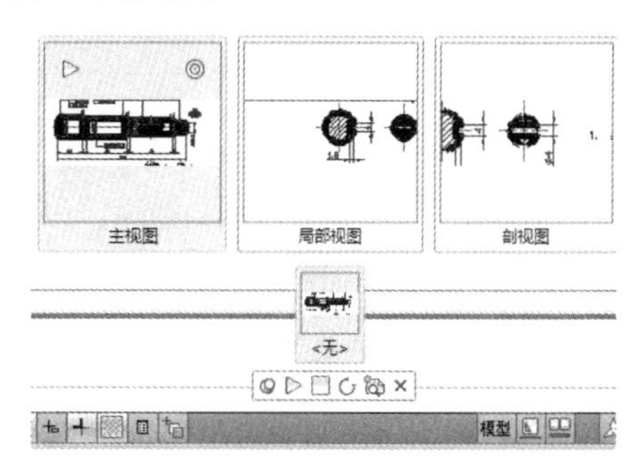

图 10-5　“模型”和“布局”按钮

AutoCAD 2012 启动后，会自动进入模型空间。在模型空间，可以完成图形的绘制及其注释。如果要创建具有一个视图的二维图形，则可以在模型空间中完整创建图形及其注释，而不使用“布局”选项卡。这是使用 AutoCAD 创建图形的传统方法。此方法虽然简单，但是却有很多局限，例如：

- 它仅适用于二维图形。
- 它不支持多视图和依赖视图的图层设置。
- 缩放注释和标题栏需要计算，除非用户使用注释性对象。

使用此方法，通常以实际比例 1∶1 绘制图形几何对象，并用适当的比例创建文字、标注和其他注释，从而在打印图形时正确显示大小。

图纸空间是图纸布局环境，可以在这里指定图纸大小、添加标题栏、显示模型的多个视图，以及创建图形标注和注释。图纸空间通常是为了打印图纸而设置。模型空间和图纸空间中的坐标系图标显示不同，如图 10-6 所示，模型空间的坐标系图标为十字形，图纸空间的坐标系图标为三角形。

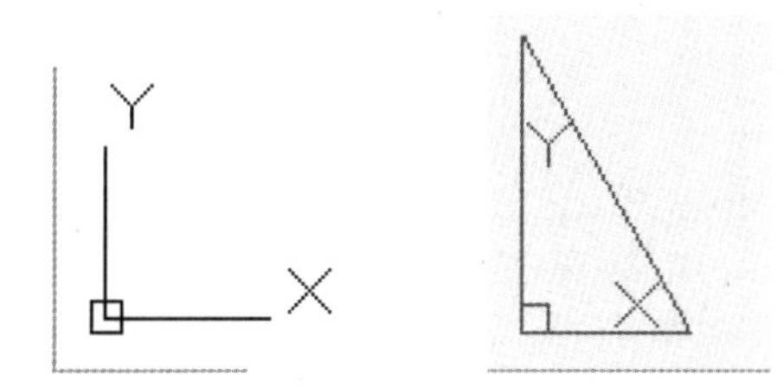

图 10-6　模型空间和图纸空间的坐标系图标

通常，先在模型空间按 1:1 的比例创建由几何对象组成的模型，然后在图纸空间创建一个或多个布局视口、标注、说明和一个标题栏，以表示图纸。

一个模型空间可以包含多个图纸空间，即一个“模型”选项卡，多个“布局”选项卡，每个布局对应于一张可打印的图纸，每个布局都可以包含不同的打印设置和图纸尺寸。

10.3 创建和管理布局

前面介绍了模型空间和图纸空间，本节将介绍如何创建和管理布局。模型空间主要用于绘制模型，图纸空间主要用于设置打印输出。但是，绘制与编辑图形的大部分命令在图纸空间中都可以使用。

使用布局打印图形时，其典型的步骤如下。

01 在“模型”选项卡上创建主题模型。

02 切换到“布局”选项卡，转换到图纸空间，指定布局页面设置，例如打印设备、图纸尺寸、打印区域、打印比例和图形方向。

03 将标题栏插入布局中，或者使用已具有标题栏的图形样板。

04 创建要用于布局视口的新图层，然后创建布局视口并将其置于布局中。

05 在每个布局视口中设置视图的方向、比例和图层可见性。

06 根据需要在布局中添加标注和注释。

07 关闭包含布局视口的图层。

08 打印布局。

10.3.1 创建布局

通过“插入”菜单的“布局”子菜单和“布局”工具栏，可以各种方式创建布局，如图 10-7 和图 10-8 所示。

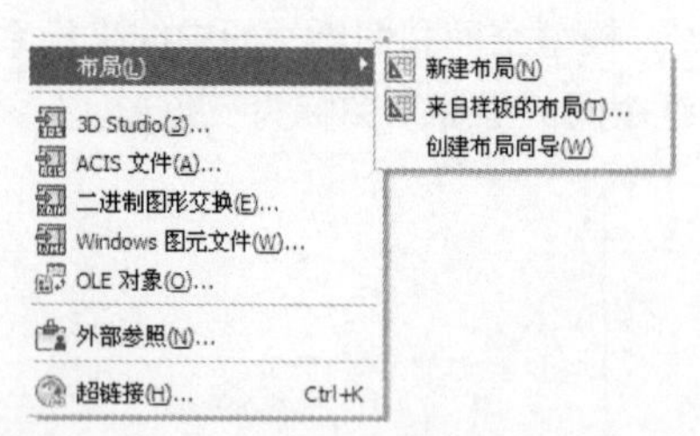

图 10-7 “布局”子菜单

图 10-8 “布局”工具栏

如图 10-7 所示，“新建布局”命令用于新建一个布局，但不做任何设置。默认情况下，每个模型允许创建 225 个布局。选择该选项后，将在命令行提示中指定布局的名称，输入布局名称后即可完成创建。

“来自样板的布局”命令用于将图形样板中的布局插入到图形中。选择该选项后，将弹出“从文件选择样板”对话框，默认为 AutoCAD 2012 安装目录下的 Template 子目录，如图 10-9 所示。在该对话框中选择要导入布局的样板文件后，将弹出“插入布局”对话框，如图 10-10 所示，该对话框将显示所选择样板文件中所包含的布局，选择一个布局后，单击 确定 按钮即可将布局插入。

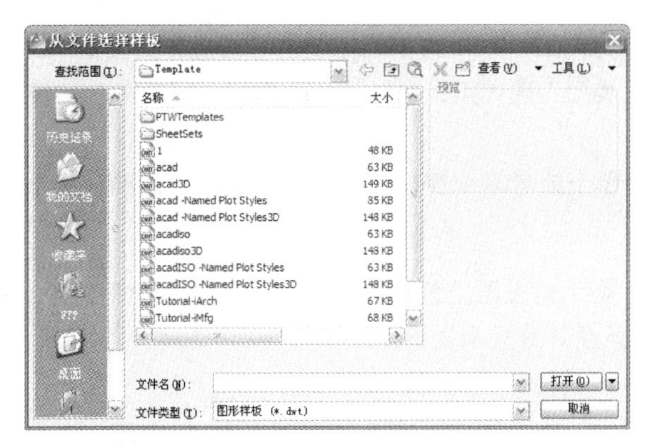

图 10-9　“从文件选择样板”对话框

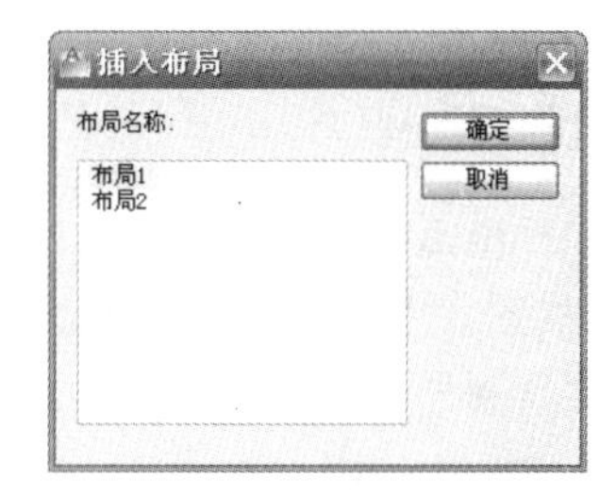

图 10-10　“插入布局”对话框

“创建布局向导”命令用于一步一步引导用户创建布局。布局向导包含一系列页面，这些页面可以引导用户逐步完成新建布局的过程。AutoCAD 2012 可通过以下两种方式开始布局向导。

- 选择“插入”→“布局”→“创建布局向导”命令。
- 输入命令：LAYOUTWIZARD。

执行创建布局向导命令后，将弹出“创建布局”对话框，该对话框将一步一步引导用户进行布局的创建和设置，如图 10-11～图 10-18 所示。如图 10-11 所示，第一步是为要创建的布局指定一个名称，例如“A4 横向”，该名称是布局的标识，将显示在布局选项卡上，然后单击下一步(N) >按钮，可转到如图 10-12 所示的页面。图 10-12 用于指定打印时的打印机；图 10-13 用于指定打印时的纸张大小及图形单位；图 10-14 用于指定打印时的方向为横向或纵向，可根据图形在图纸上的布置进行选择。

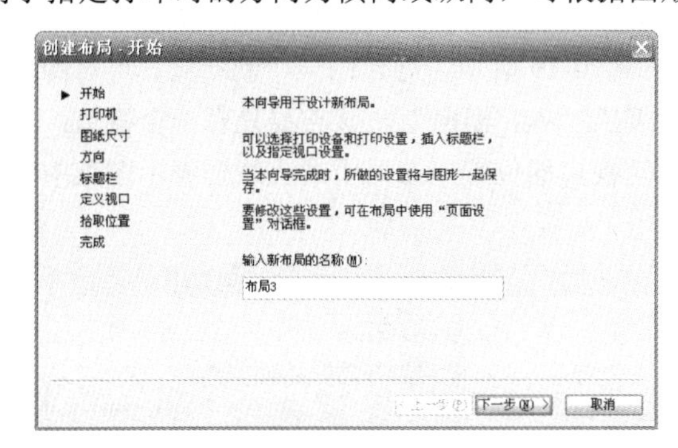

图 10-11　“创建布局”对话框（开始）

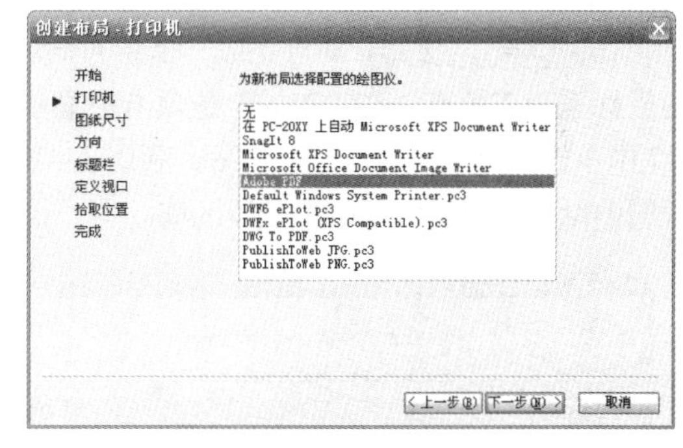

图 10-12　选择打印机

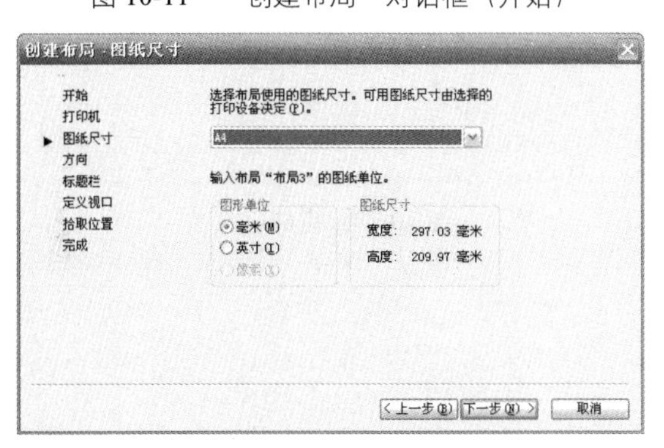

图 10-13　选择图纸尺寸

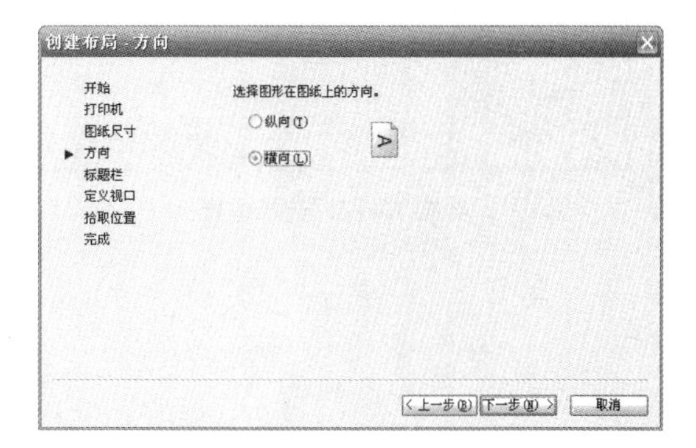

图 10-14　选择图纸方向

通过上述几个步骤指定了打印的图纸大小和方向后，以下将指定标题栏等信息。如图 10-15 所示，列表中列出了在设置路径下所提供的标题栏。在“类型”选项组，可以选择标题栏是以块外部参照的方式插入图形中。

图 10-16 用于定义布局显示的视口，可选择单个或者多个视口。多个视口提供“标准三维工程视图”视口和“阵列”视口。

- “标准三维工程视图”视口即 3 个视口，显示前视图、俯视图和左视图，另一个视口显示等轴测视图。“视口比例”下拉列表框可以选择视口的显示比例。
- “阵列”视口可通过行数、列数、行间距和列间距来定义视口阵列。

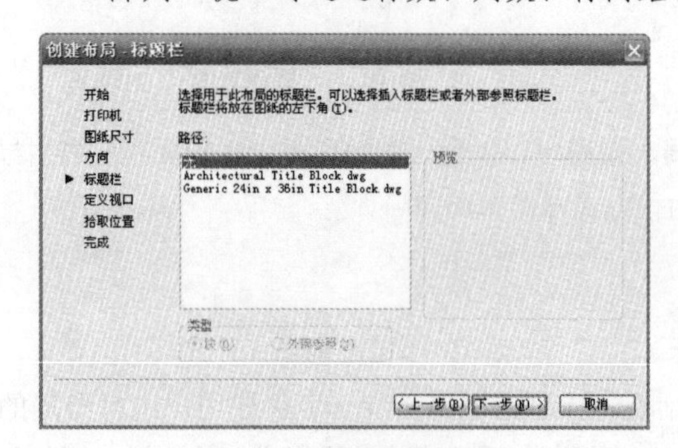

图 10-15　选择标题栏

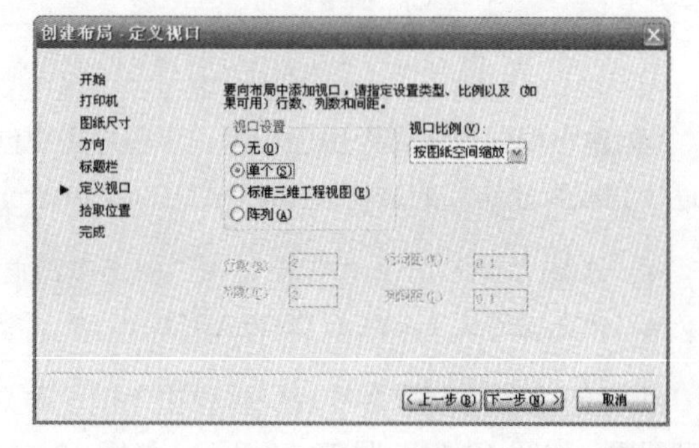

图 10-16　定义视口

在图 10-16 中单击 下一步(N) > 按钮，弹出如图 10-17 所示的选择位置页面。单击 选择位置(L) < 按钮，将回到布局空间，指定对角点后可指定视口在整个布局中的位置，然后将自动跳转到如图 10-18 所示的完成页面。

单击 完成 按钮，即可完成一个新布局的创建。如图 10-19 所示为创建的一个新布局，可见图纸空间的坐标系为三角形，在“布局”选项卡中显示了布局名称为“A4 横向”，该布局只有一个视口，在图 10-17 中单击 选择位置(L) < 按钮后，利用 A 点和 B 点指定视口的位置。布局中的虚线框表示图纸中当前配置的图纸尺寸和绘图仪的可打印区域。

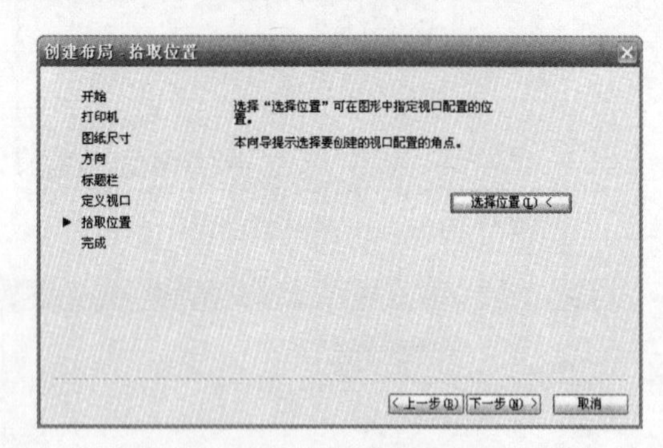

图 10-17　选择位置

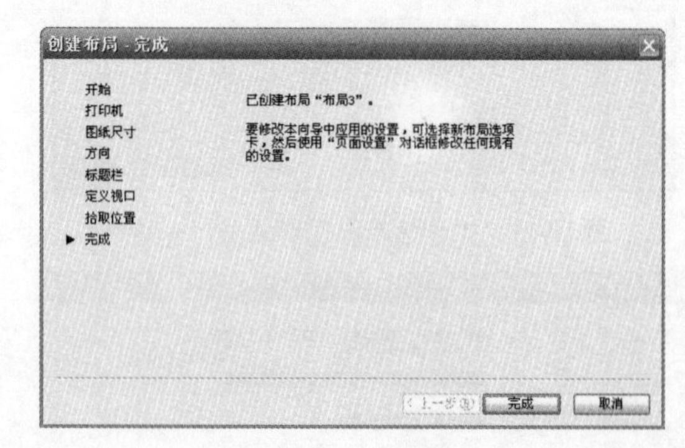

图 10-18　完成

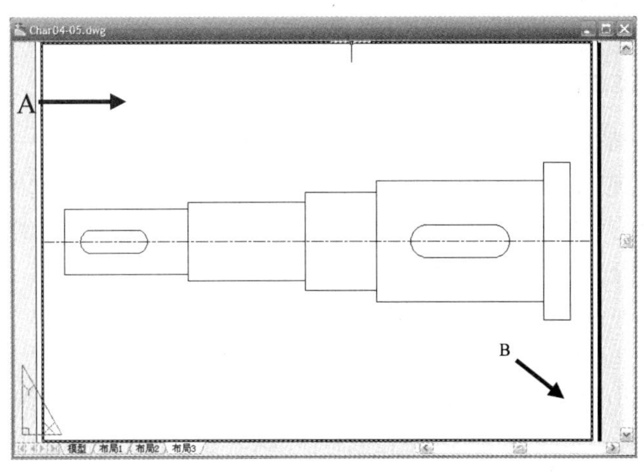

图 10-19　创建的新布局

10.3.2　管理布局

布局的管理可以通过两种方式实现，其一为“布局”选项卡上的右键快捷菜单，如图 10-20 所示；其二为 LAYOUT 命令。

在“布局”选项卡上右击，可弹出快捷菜单。通过该菜单，可对所选布局进行删除、重命名、移动或复制等操作。

同样，运行 LAYOUT 命令后，命令行将提示：

```
输入布局选项 [复制(C)/删除(D)/新建(N)/样板(T)/重命名(R)/另存为(SA)/设置(S)/?] <设置>:
```

输入对应选项，可对布局进行复制、删除和重命名等操作。

图 10-20　“布局”选项卡上的右键快捷菜单

10.3.3　布局的页面设置

设置了布局之后，就可以为布局的页面设置指定各种设置，包括打印设备设置和其他影响输出的外观和格式的设置。默认情况下，每个初始化的布局都有一个与其关联的页面设置。页面设置中指定的各种设置和布局一起存储在图形文件中。

通过“页面设置管理器”可以为当前布局或图纸指定页面设置，或者将其应用到其他布局中，或者创建命名页面设置、修改现有页面设置，或从其他图纸中输入页面设置。AutoCAD 2012 中可以通过以下 5 种方式打开页面设置管理器。

- 功能区：单击“输出”选项卡→“打印”面板→“页面设置管理器”按钮。
- 经典模式：选择菜单栏“文件”→“页面设置管理器”命令。
- 经典模式：单击“布局”工具栏中的“页面设置管理器”按钮。
- 在“模型”选项卡或某个“布局”选项卡上右击，从弹出的快捷菜单中选择“页面设置管理器”

命令。

- 运行命令：PAGESETUP。

打开的“页面设置管理器”对话框如图 10-21 所示。“页面设置管理器”对话框的“当前页面设置”列表中列出了可应用于当前布局的页面设置。单击 置为当前(S) 按钮，可将所选的页面设置置为当前；单击 新建(N)... 按钮，可以新建页面设置；单击 修改(M)... 按钮，可对所选设置进行修改；单击 输入(I)... 按钮，可导入 DWG、DWT、DXF 文件中的页面设置。

单击 新建(N)... 按钮后，将弹出“新建页面设置”对话框，如图 10-22 所示。输入页面名称并选择好基础样式之后，单击 确定 按钮，将弹出“页面设置”对话框，如图 10-23 所示。“页面设置”对话框分为“页面设置”、“打印机/绘图仪”、“图纸尺寸”、“打印区域”、“打印偏移”、“打印比例”、“打印样式表（画笔指定）”、“着色视口选项”、“打印选项”和“图形方向”10 个选项组。下面将详细介绍各个选项组的作用。

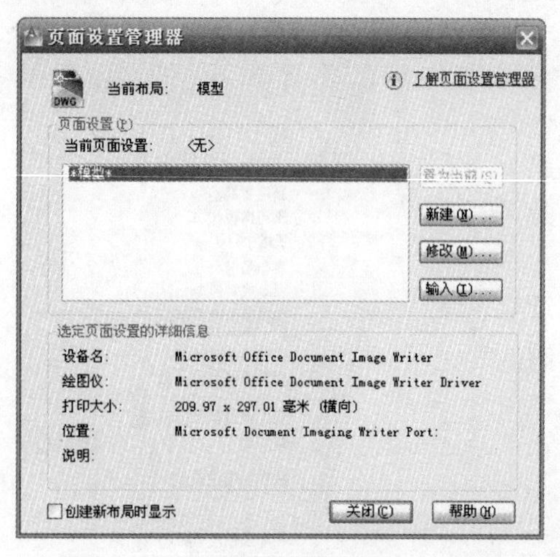

图 10-21 “页面设置管理器”对话框

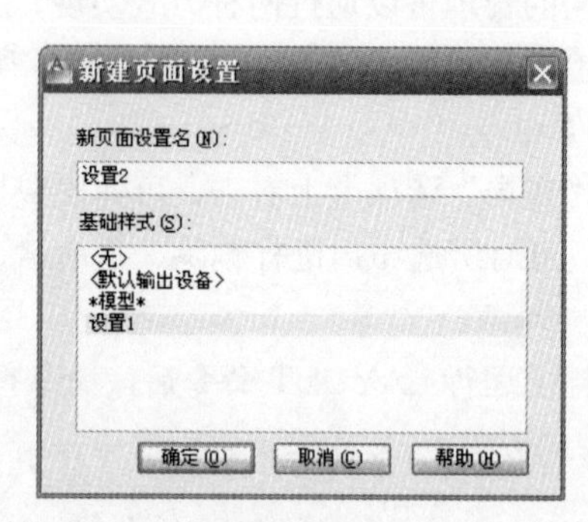

图 10-22 “新建页面设置”对话框

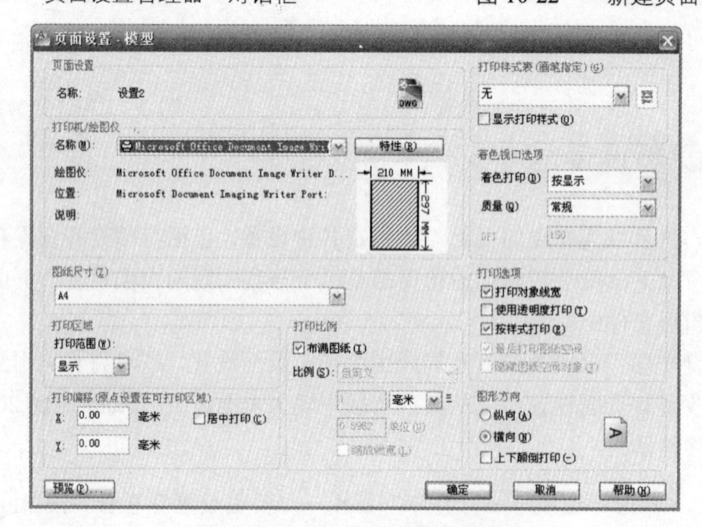

图 10-23 “页面设置”对话框

1. “页面设置”选项组

显示当前的页面设置名称和图标。如果是从布局中打开“页面设置”对话框，将显示 DWG 图标；如果是从图纸集管理器中打开“页面设置”对话框，将显示图纸集图标，分别如图 10-24 所示。

图 10-24　页面图标

2. “打印机/绘图仪”选项组

用于指定打印或发布布局或图纸时使用的已配置的打印设备。“名称”下拉列表框列出了可用的 PC3 文件或系统打印机，PC3 文件前的图标为，系统打印机的图标为。选择 PC3 文件，可将图纸打印到文件中，例如 DWF TO PDF.pc3；选择系统打印机，可将图纸通过打印机打印。

3. “图纸尺寸”选项组

显示所选打印设备可用的标准图纸尺寸。如果所选绘图仪不支持布局中选定的图纸尺寸，将显示警告，用户可以选择绘图仪的默认图纸尺寸或自定义图纸尺寸。

4. “打印区域”选项组

用于指定要打印的图形区域，通过“打印范围”下拉列表框可选择打印的范围，共有 4 个选项。

- “布局”选项：选择该选项将打印指定图纸尺寸的可打印区域内的所有内容，其原点从布局中的(0,0)点计算得出。从“模型”选项卡打印时，将打印栅格界限定义的整个图形区域。
- “窗口”选项：选择该选项可打印指定的图形部分，通过指定要打印区域的两个角点确定打印的图形部分。
- “范围”选项：选择该选项将打印包含对象的图形的部分当前空间，当前空间内的所有几何图形都将被打印。
- “显示”选项：选择该选项将打印“模型”选项卡当前视口中的视图，或“布局”选项卡上当前图纸空间视图中的视图。

5. “打印偏移”选项组

指定打印区域相对于“可打印区域”左下角或图纸边界的偏移。图纸的可打印区域由所选输出设备决定，在布局中以虚线表示。在“X”和“Y”文本框中输入正值或负值，可以偏移图纸上的几何图形。选择“居中打印”复选框，将自动计算 X 偏移值和 Y 偏移值，在图纸上居中打印。

6. “打印比例”选项组

用于控制图形单位与打印单位之间的相对尺寸。打印布局时，默认缩放比例设置为 1∶1。从“模型”选项卡打印时，默认设置为“布满图纸”。

Auto CAD 小提示

如果在“打印区域”中指定了“布局”选项，则无论在“比例”中指定了何种设置，都将以 1:1 的比例打印布局。

7. “打印样式表（画笔指定）”选项组

用于设置、编辑打印样式表，或者创建新的打印样式表。打印样式有两种类型，分别是颜色相关和命名。用户可以在两种打印样式表之间转换，也可以在设置了图形的打印样式表类型之后，修改所设置的类型。

相反，要控制对象的打印颜色，必须修改对象的颜色。例如，图形中所有被指定为红色的对象均以相同的方式打印。命名打印样式表使用直接指定给对象和图层的打印样式，使用这种打印样式表，可以使图形中的每个对象以不同颜色打印，与对象本身的颜色无关。

- 选择下拉列表框中的“新建”选项，将弹出“添加颜色相关打印样式表”对话框，如图 10-25 所示，可选择通过 CFG 文件或者其他方式创建新的打印样式。
- 如选择一个打印样式，然后单击编辑按钮，可在弹出的“打印样式表编辑器”对话框中对打印样式表进行编辑，如图 10-26 所示。通过“打印样式表编辑器”对话框，可设置打印样式，包括线条的颜色、线型等。

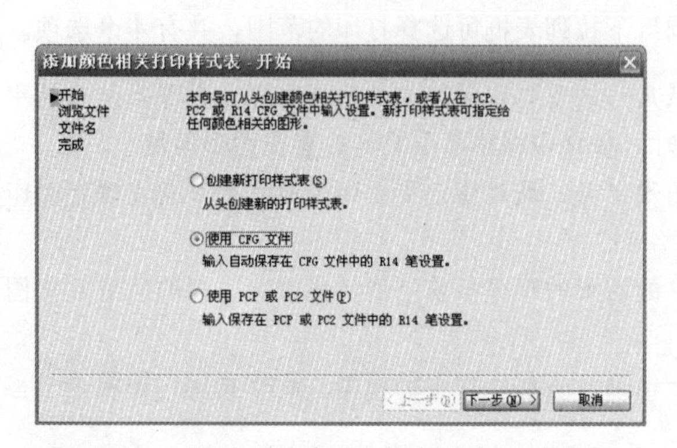

图 10-25 “添加颜色相关打印样式表”对话框

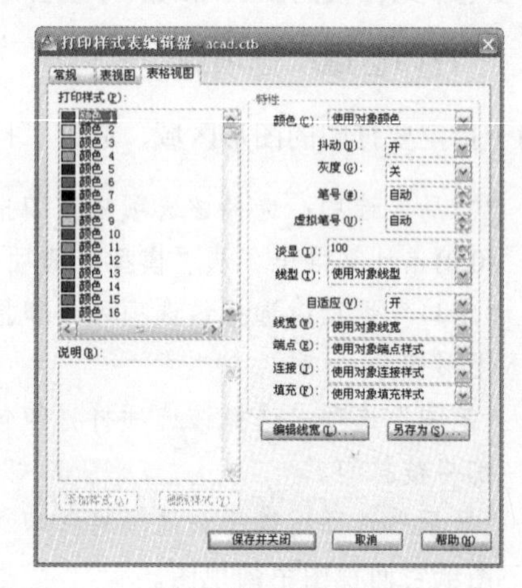

图 10-26 “打印样式表编辑器”对话框

如果打印样式被附着到布局或“模型”选项卡，并且修改了打印样式，那么，使用该打印样式的所有对象都将受影响。大多数的打印样式均默认为“使用对象样式”。

- “显示打印样式”复选框：用于控制是否在屏幕上显示指定给对象的打印样式的特性。

8. “着色视口选项”选项组

指定着色和渲染视口的打印方式，并确定它们的分辨率级别和每英寸点数（DPI）。

9. “打印选项”选项组

用于指定线宽、打印样式、着色打印和对象的打印次序等选项。

- “打印对象线宽”复选框：指定是否打印指定给对象和图层的线宽。如果选择“按样式打印”复选框，则该选项不可用。

- “按样式打印”复选框：指定是否打印应用于对象和图层的打印样式。如果选择该选项，也将自动取消选择“打印对象线宽”复选框。
- “最后打印图纸空间”复选框：选择该复选框，表示首先打印模型空间的几何图形。通常先打印图纸空间的几何图形，然后打印模型空间的几何图形。
- “隐藏图纸空间对象”复选框：设置 hide 命令是否应用于图纸空间视口中的对象。此选项仅在“布局”选项卡中可用。此设置的效果反映在打印预览中，而不反映在布局中。

10. “图形方向”选项组

用于指定图形在图纸上的打印方向。

- “纵向”单选按钮：使图纸的短边位于图形页面的顶部。
- “横向”单选按钮：使图纸的长边位于图形页面的顶部。
- “上下颠倒打印”复选框：上下颠倒地放置并打印图形。

10.4 使用浮动视口

在构造布局时，可以将浮动视口视为图纸空间的图形对象，可通过夹点对其进行移动和调整大小等操作。在图纸空间中无法编辑模型空间中的对象，如果要编辑模型，必须激活浮动视口，进入浮动模型空间。激活浮动视口的方法有多种，如可执行 MSPACE 命令、单击状态栏上的“图纸”按钮或双击浮动视口区域中的任意位置。

10.4.1 新建、删除和调整浮动视口

新建浮动视口的操作在前面已经介绍。只须切换到布局窗口，然后执行“视图”菜单的“视口”子菜单下的相应命令即可。执行“视图”→“视口”→“三个视口”命令，然后在命令行提示下选择“右（R）”选项，其创建的三个视口如图 10-27 所示。

在布局窗口，浮动视口被视为对象。选择浮动视口的边框后，将显示其夹点，拉伸其夹点，即可对视口的大小进行调整，如图 10-28 所示，如要删除浮动视口，按照删除对象的方法进行操作即可，例如，选择视口后按 Delete 键。

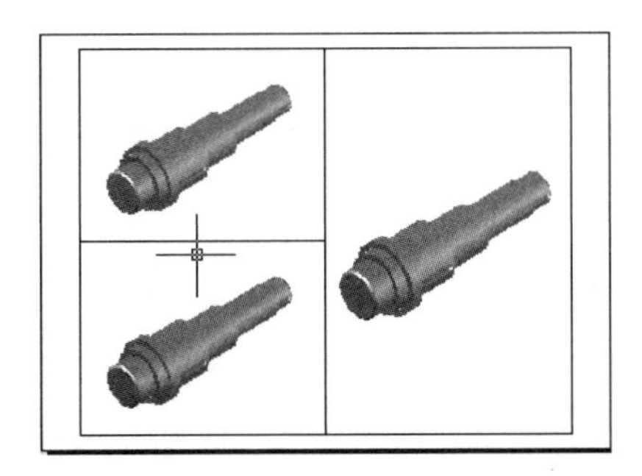

图 10-27　创建三个视口

图 10-28　调整视口大小

10.4.2　相对图纸空间比例缩放视图

如在布局中定义了多个视口，可以对每个视口设置不同的缩放比例，以便通过多个视口来表达图纸的多个细节结果。要定义浮动视口的缩放比例，可选择该视口，然后单击状态栏右下方的“视口比例”按钮，如图 10-29 所示。单击后将显示一系列的缩放比例，然后可为该浮动视口选择缩放比例。如选择“自定义”选项，将弹出如图 10-30 所示的“编辑图形比例”对话框，可对现有的缩放比例进行编辑。单击 添加(A)... 按钮将弹出“添加比例”对话框，如图 10-31 所示，通过它可创建用户定义比例，或设置在比例列表中的名称。在“图纸单位”和“图形单位”文本框中输入不同的值，那么缩放比例即可定义为“图纸单位/图形单位”。

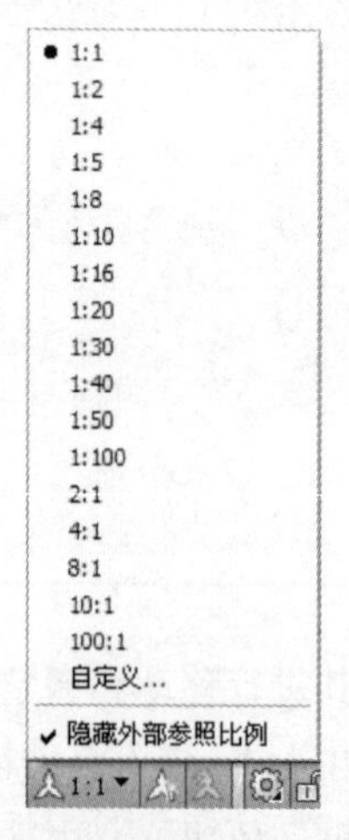

图 10-29　视口比例按钮与比例列表

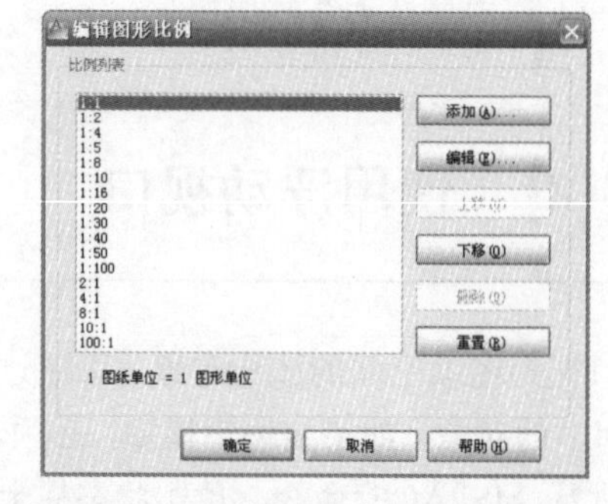

图 10-30　“编辑图形比例”对话框

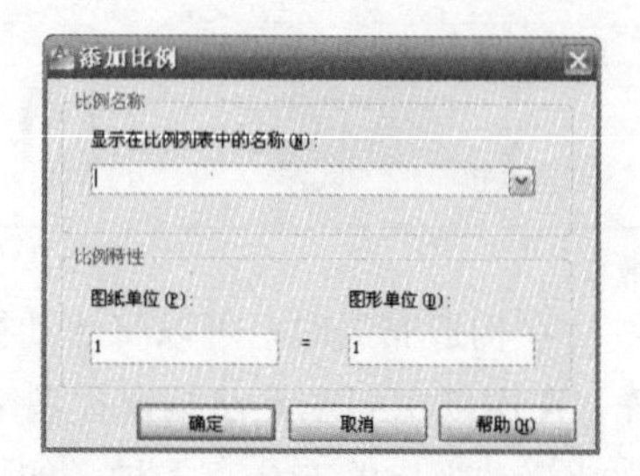

图 10-31　“添加比例”对话框

10.4.3　创建非矩形的浮动视口

除了矩形的视口外，AutoCAD 2012 还支持创建多边形或其他形状的视口。这种不规则的视口只能在布局窗口中创建，而不能在模型窗口中创建。一般地，有以下两种方式创建非矩形视口。

- 经典模式：选择菜单栏“视图”→“视口”→“多边形视口”命令。
- 运行 MVIEW 命令，将图纸空间中绘制的对象转换为布局视口。

对于第一种方式，选择“多边形视口”后，其命令提示与绘制多段线时相同，但最后如果多段线不闭合，系统会自动闭合，这种方法一般用于创建多边形的视口。对于第二种方式，运行 mview 命令后，命令行提示如下：

```
指定视口的角点或 [开(ON)/关(OFF)/布满(F)/着色打印(S)/锁定(L)/对象(O)/多边形(P)/恢复(R)/图层(LA)/2/3/4] <布满>:
```

输入 o，即选择“对象（O）”选项，然后命令行继续提示：

```
选择要剪切视口的对象:
```

此时选择一个闭合的对象，例如闭合的多段线、圆、椭圆和闭合的样条曲线等，按 Enter 键或右击即可完成创建视口，如图 10-32 所示。

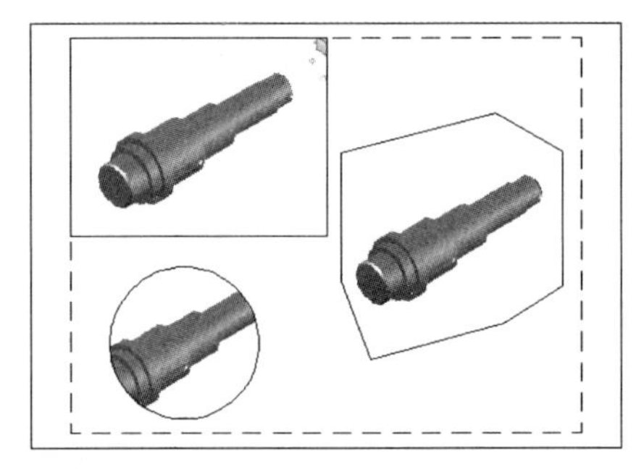

图 10-32　多边形视口与对象视口

小提示

将闭合对象创建为视口时，对象必须是闭合的，且对象必须是绘制在图纸空间。在图纸空间，绘制和编辑图形的命令仍然是可用的。

10.5 打印图形

以上各节介绍的设置，包括布局和页面设置，均是为了图形的打印或输出。根据布局和页面设置，打印命令就可以将模型输出到文件，或者通过打印机和绘图仪打印成实体图纸。当然，在模型空间也可以打印，只是需要对打印进行设置。

10.5.1 打印预览

在打印之前，可以先打印预览，即在预览窗口查看打印的效果，以便在打印前确定打印的视口是否正确，或是否有其他线型、线宽上的错误等。

在 AutoCAD 2012 中，可通过以下 4 种方法执行打印预览。

- 功能区：单击“输出”选项卡→“打印”面板→“预览”按钮。
- 经典模式：选择菜单栏“文件”→“打印预览”命令。
- 经典模式：单击“标准”工具栏的“打印预览”按钮。
- 运行命令：PREVIEW。

执行打印预览命令后，将弹出打印预览窗口，如图 10-33 所示。如果当前的页面设置没有指定绘图仪或打印机，那么命令行将提示：

```
未指定绘图仪。请用“页面设置”给当前图层指定绘图仪。
```

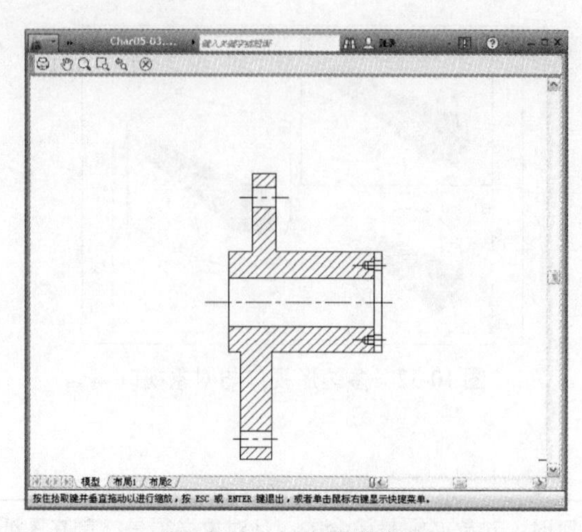

图 10-33　打印预览窗口

如提示该信息，可通过 PAGESETUP 命令打开“页面设置管理器”对话框，指定绘图仪或打印机后才能预览打印效果。

在打印预览窗口，光标的形状将变成🔍+，向上移动光标将放大图形，向下移动光标将缩小图形。打印预览窗口用于显示当前图形的全页预览，还包括一个工具栏，通过工具栏的各个按钮，可进行打印、缩放等操作。各个按钮的作用如下。

- “打印”按钮：用于打印预览中显示的整张图形，然后退出“打印预览”。
- “平移”按钮：单击该按钮，将显示平移光标，即手形光标，可以用来平移预览图像。
- “缩放”按钮：单击该按钮，将显示缩放光标，即放大镜光标，可以用来放大或缩小预览图像。
- “窗口缩放”按钮：用于缩放以显示指定窗口。
- “缩放为原稿”按钮：单击该按钮，将恢复初始整张浏览。
- “关闭预览窗口”按钮：单击该按钮，将关闭“预览”窗口。

10.5.2　打印输出

如预览无误后，即可打印图形。AutoCAD 2012 中可通过以下多种方法打印图形。

- 功能区：单击“输出”选项卡→“打印”面板→“打印”按钮。
- 经典模式：选择菜单栏“文件”→“打印”命令。
- 经典模式：单击“标准”工具栏的“打印”按钮。
- 快速访问工具栏的“打印”按钮。
- 运行命令：PLOT。
- 打印图形的快捷键 Ctrl+P。

执行“打印”命令后，将弹出“打印”对话框，如图 10-34 所示为单击按钮扩展后的“打印”对话框。

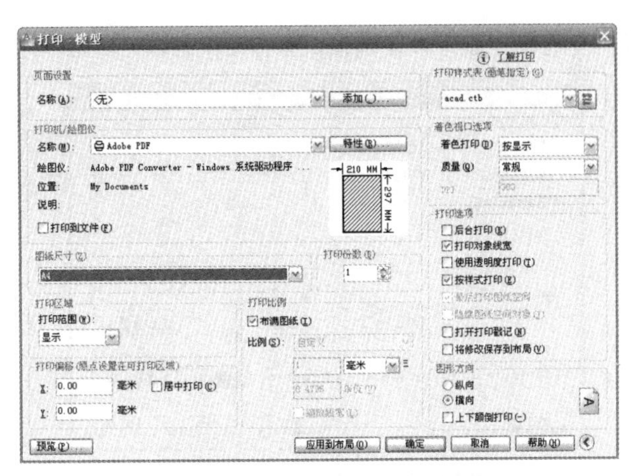

图 10-34　“打印”对话框

“打印”对话框与如图 10-23 所示的“页面设置”对话框相似。但通过“打印”对话框还可以设置其他的打印选项。

1. 在“页面设置”选项组

通过“名称”下拉列表框可以选择页面设置。因为对一张图纸可以有多个页面设置。选择下拉列表框的“上一个打印”选项可以导入上一次打印的页面设置；选择“输入”选项，可导入其他 DWG 文件中的页面设置。单击 添加(.)... 按钮，可以新建页面设置。

2. 在“打印机/绘图仪”选项组

还有一个“打印到文件”复选框。如选择该复选框，那么将把图形打印输出到文件而不是绘图仪或打印机。如果“打印到文件”选项已打开，单击“打印”对话框中的“确定”按钮，将显示“浏览打印文件”对话框。

打印文件的默认位置是在菜单“工具”→“选项”→“打印和发布”选项卡→“打印到文件操作的默认位置”选项中指定的。

3. 在“图纸尺寸”选项组

“打印份数”文本框可以设置每次打印图纸的份数。

4. 在“打印选项”选项组

还多了“后台打印”、“打开打印戳记”和“将修改保存到布局”3 个复选框，它们的作用如下。

- “后台打印”复选框：选择该复选框，表示在后台处理打印。
- “打开打印戳记”复选框：选择该复选框，表示打开打印戳记，即在每个图形的指定角点处放置打印戳记并（或）将戳记记录到文件中。选择该复选框后，将显示设置“设置打印戳记”按钮，单击可打开“打印戳记”对话框，如图 10-35 所示，打印戳记的设置将在后面介绍，这里不再赘述。

- “将修改保存到布局”复选框：选择该复选框，会将在“打印”对话框中所做的修改保存到布局。

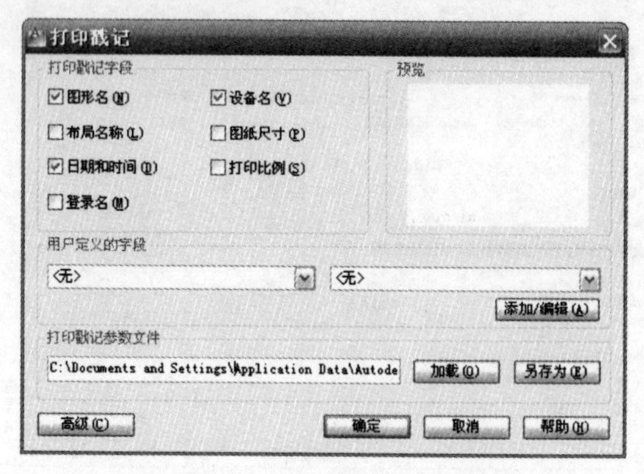

图 10-35 “打印戳记”对话框

10.6 知识回顾

本章主要介绍了 AutoCAD 2012 的图形输入/输出功能。AutoCAD 2012 的图形输入/输出功能强大，可以输入多种格式的文件，也可以输出除了 DWG 格式之外的各种格式的文件。在本章中，还应该了解模型空间和布局空间两者的区别，并掌握利用布局空间管理图纸的打印和输出。

第 11 章

机械图的基本知识

机械制图是用图样确切表示机械的结构形状、尺寸大小、工作原理和技术要求的学科。图样由图形、符号、文字和数字等组成，它是表达设计意图、制造要求以及交流经验的技术文件。机械工程制图的目的就是为了进行对机器或者零部件完整的表达，以使得在实际生产中方便进行设计或修改等操作。传统的图纸是采用铅笔绘制出来的，而现在多采用 CAD 软件来进行设计，方便图纸的存储以及修改等。本章主要介绍了机械工程图的基础知识，详细讲述了工程图设计的一些规范，如图纸的选取、字体样式以及标题框等。

学习目标

- 熟悉机械工程图的分类与特点
- 掌握机械工程 CAD 制图规范
- 掌握机械设计制图环境的设置
- 掌握机械制图图形显示控制
- 掌握机械制图图层的管理与使用

11.1 机械工程图的种类

工程师的想法是用图纸的形式表示出来的，所以从这个意义上说图纸就是工程师的语言。机械工程图作为图纸的重要组成部分，它的使用非常广泛，几乎遍布工业生产和日常生活的各个环节。本节根据机械工程的应用范围介绍机械工程的分类和应用特点。

11.1.1 机械工程的概述

机械工程就是以有关的自然科学和技术科学为理论基础，结合在生产实践中积累的技术经验，研究和解决在开发设计、制造、安装、运用和修理各种机械中的理论和实际问题的一门应用学科。

各个工程领域的发展都要求机械工程有与之相适应的发展，都需要机械工程提供所必需的机械。某些机械的发明和完善，又会导致新的工程技术和新的产业的出现和发展。

例如大型动力机械的制造成功，促成了电力系统的建立；机车的发明促进了铁路工程和铁路事业的兴起；内燃机、燃气轮机、火箭发动机等的发明和进步，以及飞机和航天器的研制成功促进了航空、航天事业的兴起；高压设备的发展促进了许多新型合成化学工程的成功等。

机械工程的服务领域广阔而多样，凡是使用机械、工具，以及能源和材料生产的部门，都需要机械工程的服务。概括来说，现代机械工程有 5 大服务领域：研制和提供能量转换机械、研制和提供用以生产各种产品的机械、研制和提供从事各种服务的机械、研制和提供家庭和个人生活中应用的机械、研制和提供各种机械武器。

机械的种类繁多，可以按几个不同方面分为多种类别，如：按功能可分为动力机械、物料搬运机械、粉碎机械等；按服务的产业可分为农业机械、矿山机械、纺织机械等；按工作原理可分为热力机械、流体机械、仿生机械等。

另外，机械在其研究、开发、设计、制造、运用等过程中都要经过几个工作性质不同的阶段。按这些不同阶段，机械工程又可划分为互相衔接、互相配合的几个分支系统，如机械科研、机械设计、机械制造、机械运用和维修等。

这些按不同方面分成的多种分支学科系统互相交叉，互相重叠，从而使机械工程可能划分成上百个分支学科。例如，按功能划分的动力机械，它与按工作原理划分的热力机械、流体机械、透平机械、往复机械、蒸汽动力机械、核动力装置、内燃机、燃气轮机，以及与按行业划分的中心电站设备、工业动力装置、铁路机车、船舶轮机工程、汽车工程等都有复杂的交叉和重叠关系。船用汽轮机是动力机械，也是热力机械、流体机械和透平机械，它属于船舶动力装置、蒸汽动力装置，可能也属于核动力装置等。

11.1.2　机械工程图的组成

一般而言，一项机械工程的机械图通常由以下几部分组成。

1．图框和图纸幅面

图纸幅面尺寸就是图纸的大小，以其长、宽的尺寸来确定。图框在图纸幅面中用粗实线画出。

2．标题栏

标题栏用以说明所表达的机件名称、比例、图号、设计者、审核者及机件重量、材料等，一般要求位于图样的右下角。如图 11-1 所示，图中包含了 A3 的图框和标题栏。

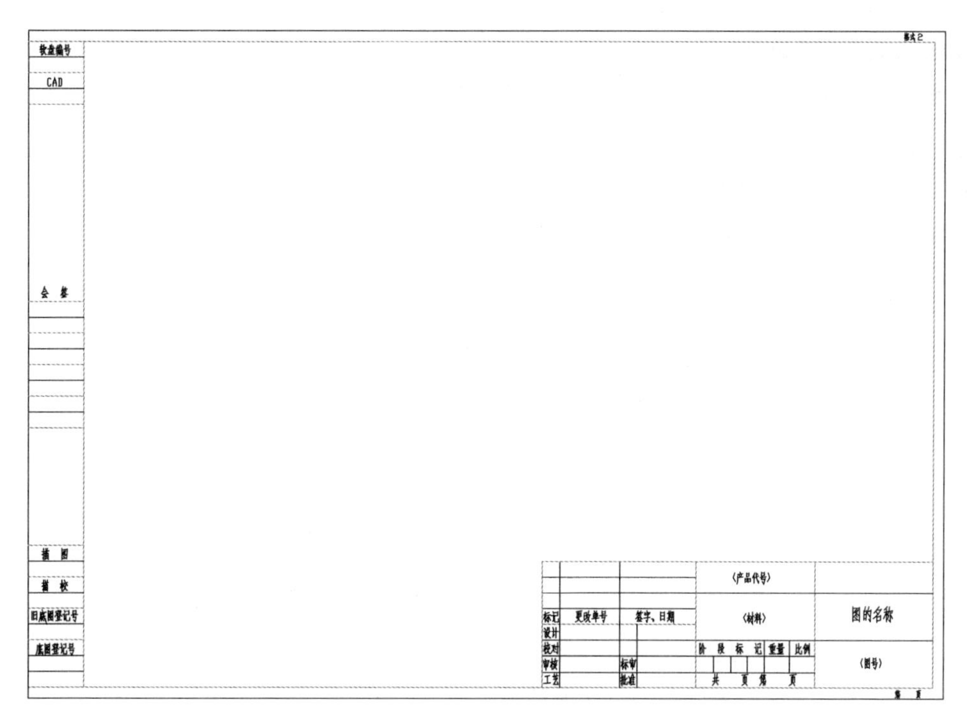

图 11-1　图框和标题栏

3．样图

样图的绘制是图形最主要的部分，缺少了它图形也就毫无意义。绘制零件图和装配图可以采用相同的方法，也可以采用不同的方法进行绘制，两者之间存在一定的差别，可视具体情况而定，如图 11-2 所示。

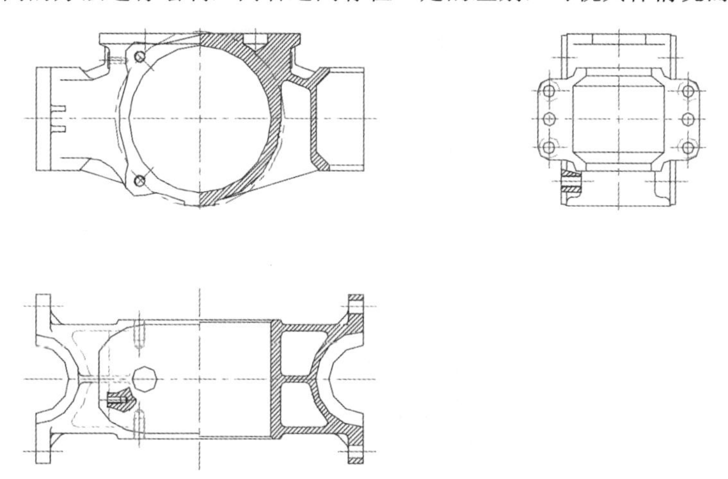

图 11-2　箱体零件

4．标注

（1）尺寸标注

尺寸标注的种类和要求比较多，应根据具体的情况标注。在零件图中，一般要求进行详细的标注，包括倒角、角度、长度等，以保证生产加工零件的精确度。装配图中则只须标注主要尺寸就可以。

（2）标注粗糙度和基准面

此类只要求对零件图进行标注，装配图中不需要进行此类标注。

（3）零件序号

零件序号只在需要的装配图中标出，主要是为了在零件明细表中说明对应的零件。其中如图 11-3 所示的是零件图的标注，如图 11-4 所示的是装配图的标注。

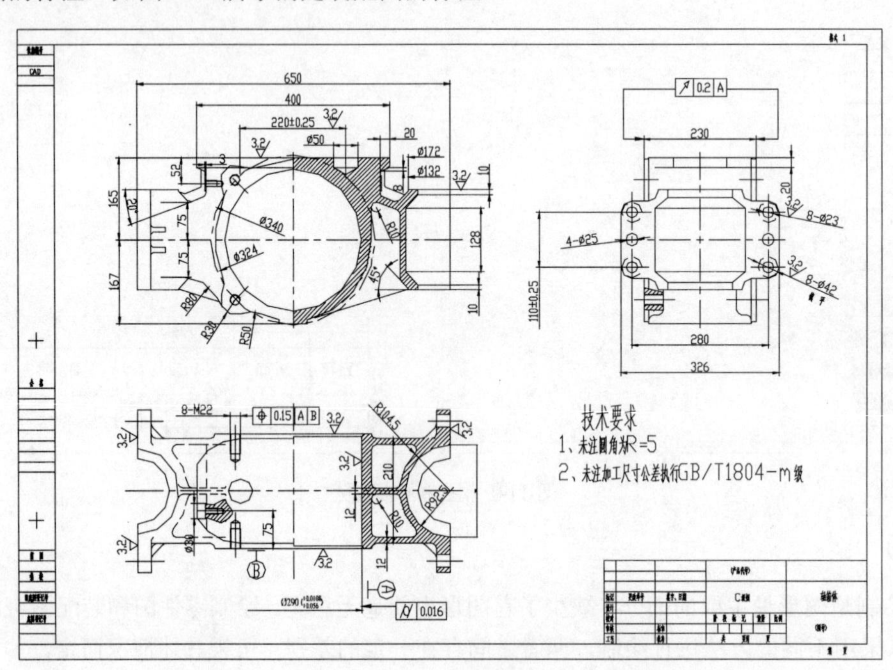

图 11-3　箱体零件示意图

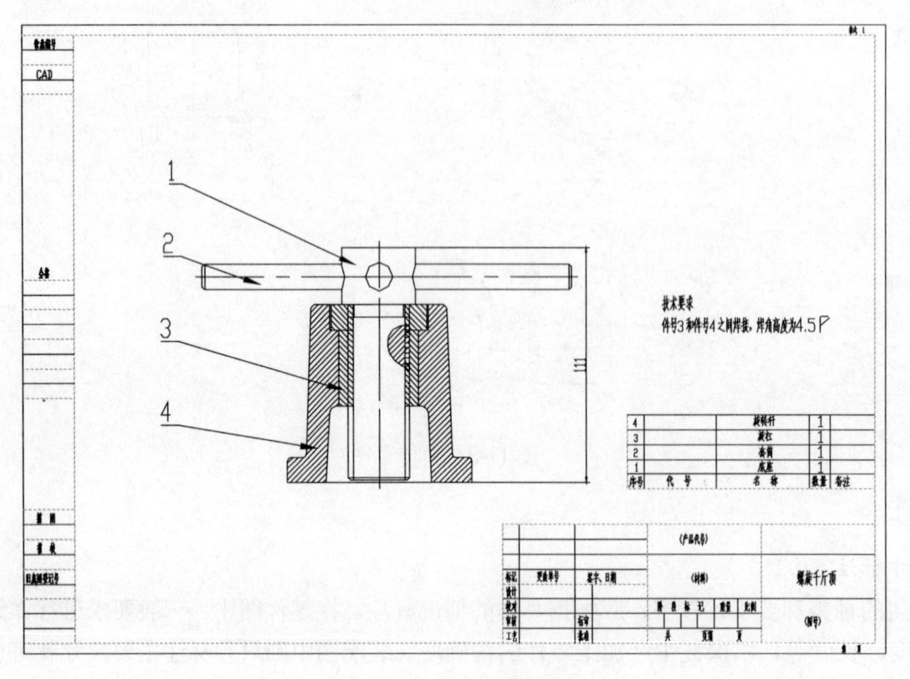

图 11-4　千斤顶装配图

5. 零件明细栏

对于装配图形绘制完成后，一般按照要求绘制零件明细栏，主要是对装配图中具体的零件进行详细的说明，内容包括对应的序号、零件使用的材料、使用数量、型号等，可方便阅读且对绘制零件图提供了必要的参考。

表格数量的多少可依据具体图形中使用零件的数量要求而确定，如图 11-5 所示。

4		旋转杆	1	
3		旋杠	1	
2		套筒	1	
1		底座	1	
序号	代　号	名　称	数量	备注

图 11-5　零件明细栏

6. 技术参数

在图形绘制完成后必须附有技术参数说明，技术参数是对图形的补充，包括未注明的零件材料、未注明的倒角、加工方法、精度等，以保证其加工精度。

11.2 机械工程 CAD 制图规范

本节主要介绍国家标准 GB/T18229-2000《机械工程 CAD 制图规则》中常用的有关规定，并对其引用的有关标准中的规定加以引用与解释。

11.2.1 机械设计图纸格式

图幅是指图纸幅面的大小，所有绘制的图纸都必须在图纸幅面以内。GB/T18229-2000《机械工程 CAD 制图规则》包含了机械工程制图图纸幅面及格式的有关规定，绘制机械工程图纸时都必须遵守此标准。

1. 图纸幅面

机械工程图纸采用的基本幅面有 5 种：A0、A1、A2、A3、A4，各图幅的相应尺寸如表 11-1 所示。图幅分为横式幅面和立式幅面。

表 11-1　图幅尺寸（单位：mm）

幅面	A0	A1	A2	A3	A4
长	1189	841	594	420	297
宽	841	594	420	297	210

2. 图框

（1）图框尺寸

在机械图中，确定图框线的尺寸（如表 11-2 所示）有两个依据：一是图纸是否需要装订；二是图纸幅面的大小。需要装订时，装订的一边就要留装订边。图 11-6 为不留装订边的图框，图 11-7 为留有装订边的图框。右下角矩形区域表示标题栏。

表 11-2　图纸图框尺寸（单位：mm）

<table>
<tr><th>幅面</th><th>A0</th><th>A1</th><th>A2</th><th>A3</th><th>A4</th></tr>
<tr><td>e</td><td colspan="2">20</td><td colspan="3">10</td></tr>
<tr><td>c</td><td colspan="3">10</td><td colspan="2">5</td></tr>
<tr><td>d</td><td colspan="5">25</td></tr>
</table>

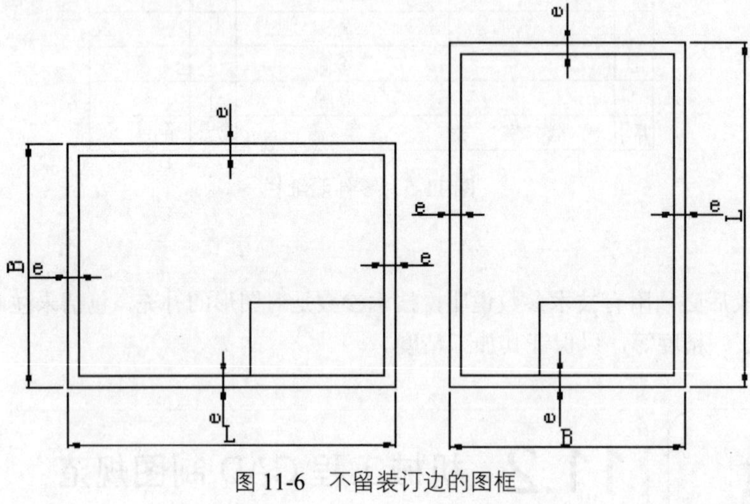

图 11-6　不留装订边的图框

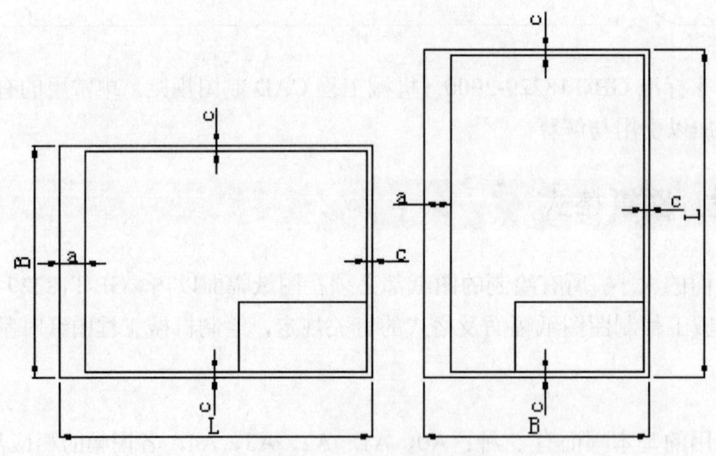

图 11-7　留装订边的图框

（2）图纸线宽

图纸的内框线应根据不同的幅面、不同的输出设备而采用不同的线宽，如表 11-3 所示。各种图幅的外框线均为 0.25mm 的实线。

表 11-3　图幅内框线宽（单位：mm）

<table>
<tr><th rowspan="2">幅面</th><th colspan="2">绘图机类型</th></tr>
<tr><th>喷墨绘图机</th><th>笔式绘图机</th></tr>
<tr><td>A0，A1</td><td>1.0</td><td>0.7</td></tr>
<tr><td>A2，A3，A4</td><td>0.7</td><td>0.5</td></tr>
</table>

3．标题栏

标题栏一般由名称及代号区、签字区、更改区及其他区组成，用于说明图的名称、编号、责任者的签名，以及图中局部内容的修改记录等。

各区的布置形式有多种，而且不同的单位，其标题栏也各有特色。本书根据幅面的大小分别推荐两种比较通用的格式，如图 11-8 和图 11-9 所示。

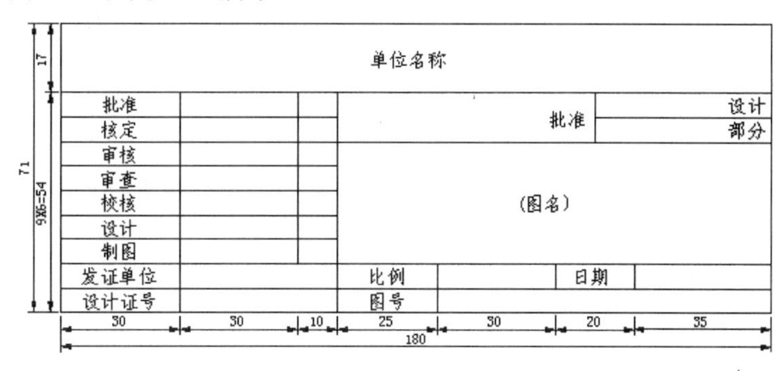

图 11-8　设计通用标题栏（A0 和 A1 幅面）

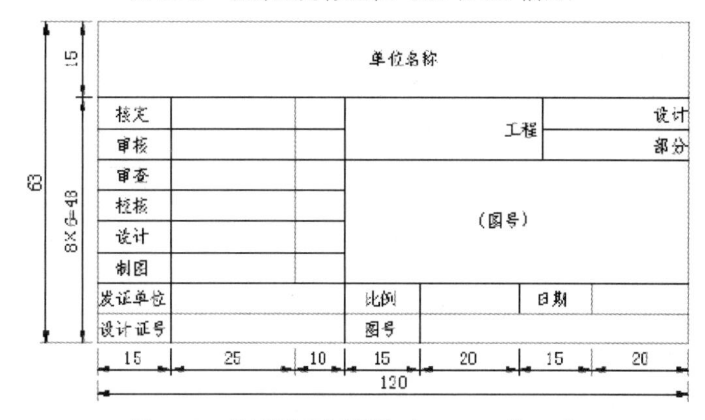

图 11-9　设计通用标题栏（A2、A3 和 A4）

11.2.2　机械设计使用图线

不同的机械图纸，对图线、字体和比例均有不同的要求。国标对机械工程图纸的图线、字体和比例做出了相应的规定。

1．基本图线

根据国标规定，在机械工程图纸中常用的线型有实线、虚线、点画线、波浪线、双折线等。

2．图线的宽度

图线的宽度应根据图纸的大小和复杂程度，在下列系数中选择：0.18mm，0.25mm，0.35mm，0.5mm，0.7mm，1mm，1.4mm，2mm。

在机械工程图纸上，图纸一般只用两种宽度，分别为粗实线和细线，其宽度之比为 2:1。在通常情况下，粗线的宽度采用 0.5mm 或 0.7mm，细线的宽度采用 0.25mm 或 0.35mm。

在同一图纸中，同类图纸的宽度应基本保持一致；虚线、点画线、双点画线的画长和间隔长度也应各自大致相等。

11.2.3 机械工程文字

1. 字体

机械工程图样和简图中的所选汉字应为长仿宋体。在 AutoCAD 2009 中，汉字字体可采用 Windows 系统自带的 TrueType“仿宋_GB2312”。

2. 文本尺寸高度

- 常用的文本尺寸宜在下列尺寸中选择：1.5、3.5、5、7、10、14 和 20，单位为 mm。
- 字符的宽高比约为 0.7。
- 各行文字间的行距不应小于 1.5 倍的字高。
- 图样中采用的各种文本尺寸如表 11-4 所示。

表 11-4 图样中各种文本尺寸

文本类型	中文		字母及数字	
	字高	字宽	字高	字宽
标题栏图名	7~10	5~7	5~7	3.5~5
图形图名	7	5	5	3.5
说明抬头	7	5	5	3.5
说明条文	5	3.5	3.5	1.5
图形文字标注	5	3.5	3.5	1.5
图号和日期	5	3.5	3.5	1.5

3. 表格中的文字和数字

- 数字书写：带小数的数值，按小数点对齐；不带小数点的数值，按各位对齐。
- 文本书写：正文按左对齐。

11.2.4 机械图纸比例

机械工程图中的图形与其实物相应要素的线性尺寸之比称为比例。需要按比例绘制图样时，应从表 11-5（推荐比例）中所规定的系列中选取适当的比例。

表 11-5 推荐比例

类别	推荐比例		
放大比例	50:1		
	5:1	2:1	
原值比例	1:1		
缩小比例	1:2	1:5	1:10
	1:20	1:50	1:100

为了能从图样上得到实物大小的真实概念，应尽量采用原值比例绘图。绘制大而简单的机件可采用缩小比例；绘制小而复杂的零件可采用放大比例。不论采用缩小或放大的比例绘图，图样中所标注的尺寸，

均为零件的实际尺寸。

对于同一张图样上的各个图形，原则上应采用相同的比例绘制，并在标题栏内的“比例”一栏中进行填写。比例符号以“:”表示，如 1:1 或 1:2 等。当某个图形需要采用不同比例绘制时，可在视图名称的下方以分数的形式标注出该图形所采用的比例。

11.3 机械图样样板图的创建

国家机械制图对机械图图纸都提供了一些标准，在用 AutoCAD 绘制机械图时应该严格按照制图标准来进行绘制。在绘制机械图时，一般应调用或手动在 CAD 绘图界面中绘制机械图的样板，如绘图幅面、幅框和标题栏。同时，还可以进行绘图设置，如绘图的单位格式、文字标注样式、尺寸标注样式以及图层设置等。利用绘制的样板图，用户可以简化绘制机械图前一些不必要的操作，以节约大量时间，从而提高绘图效率。

11.3.1 设置样板图的图层

在进行 AutoCAD 绘图时，一般先建立一系列的图层，用以将尺寸标注、轮廓线、虚线、中心线等区别开来，从而使得绘制更加有条理。在新建的每个图层中均有不同的线型、线宽及颜色等的设置，用以在绘图界面对不同的特性进行区分。设置时一般根据自己的习惯进行取名和颜色设定。

下面我们将利用 AutoCAD 的图层管理命令来进行各图层的设置。“图层特性管理器”对话框的打开方式一般有以下几种方法。

- 方法 1：单击“常用”选项卡→“图层”面板→图层特性按钮。
- 方法 2：单击界面下方的切换工作空间按钮，切换到“AutoCAD 经典”模式，执行主菜单栏中的“格式”→“图层”命令。
- 方法 3：直接在命令行中输入 LAYER 命令。

通过上述三种方法即可打开如图 11-10 所示的“图层特性管理器”对话框，从而进行相应的图层设置。

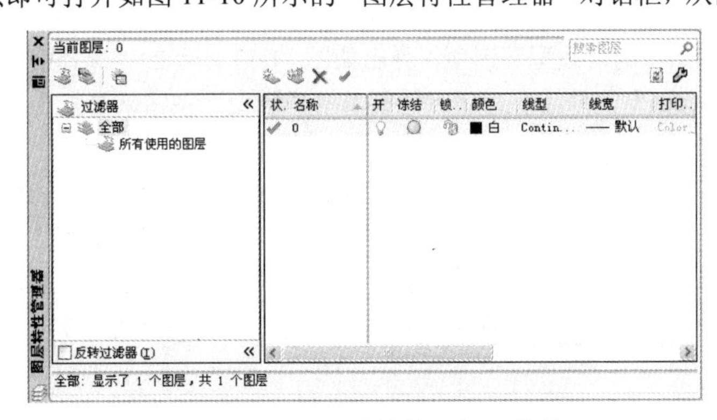

图 11-10　“图层特性管理器”对话框

下面对图层的具体设置步骤进行详细介绍：

01 单击“图层特性管理器”对话框中的“新建图层”按钮。此时，系统自动新建“图层 1”，颜色、线型、线宽均为默认状态。单击“图层 1”的名称栏，将新建的图层名称改为“粗实线”，如图 11-11 所示。

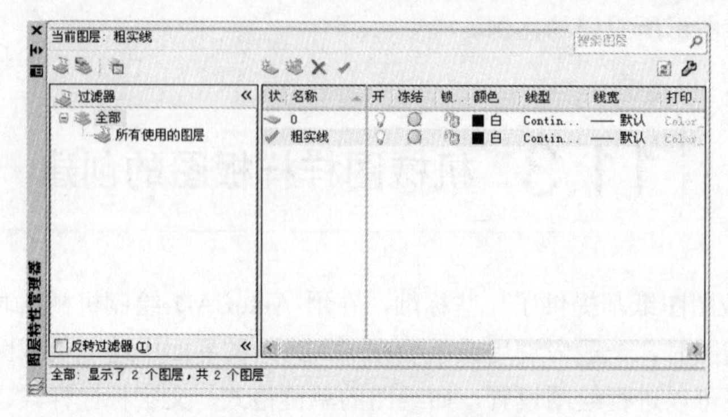

图 11-11　新建“粗实线”层

02 鼠标左键双击新建图层中的“颜色”选项，弹出如图 11-12 所示的“选择颜色”对话框。在“颜色”框中，选择颜色为黑色，单击“确定”按钮，即可完成粗实线颜色的选取。

03 鼠标左键双击新建图层中的“线宽”选项，弹出如图 11-13 所示的“线宽”对话框。选择线宽为 0.30 毫米，单击“确定”按钮完成粗实线线宽的设置。

图 11-12　选取粗实线颜色

图 11-13　选取粗实线线宽

04 鼠标左键双击新建图层中的“线型”选项，弹出如图 11-14 所示的“选择线型”对话框。初次设置时一般只有“Continuous”一种线型，所以需要单击“加载”按钮来寻找合适的线型。粗实线线型的设置使用默认的“Continuous”即可。

05 设置“中心线”图层时与以上设计“粗实线”图层大体相同，区别之处是需要的线型为点画线，所以要通过加载线型才能满足设置要求。一般单击如图 11-14 所示的“加载”按钮，弹出如图 11-15 所示的对话框。选择线型为“CENTER”选项，然后单击“确定”按钮。之后，CENTER 线型便出现在“选择线型”对话框中，选择该线型，单击“确定”按钮便完成了中心线线型的设置。

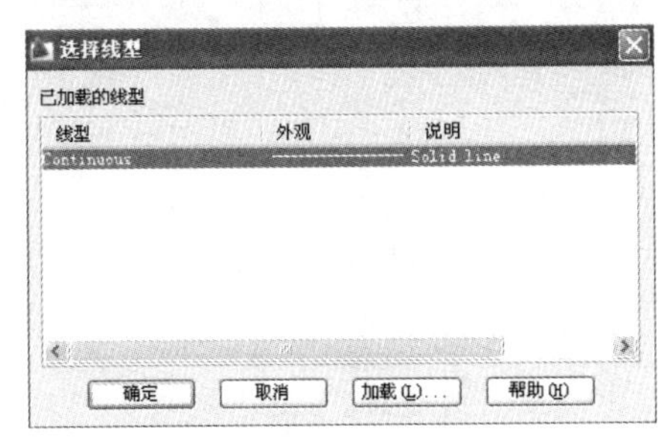

图 11-14　“选择线型”对话框

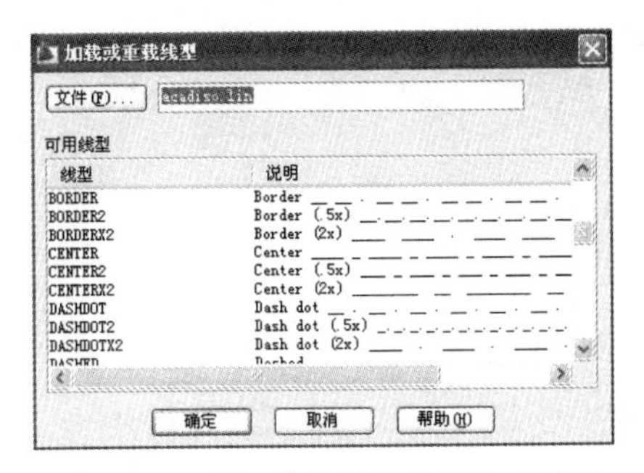

图 11-15　“加载或重载线型”对话框

采用上述步骤可以对其他各图层进行新建设置，最后设置完成的效果如图 11-16 所示。

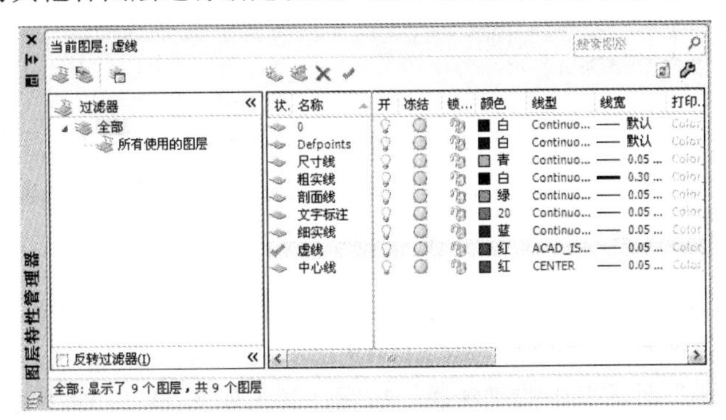

图 11-16　图层设置效果图

在设计图层时，图层的名称和图层的颜色可以根据自己的喜好自行确定，没有一定的标准。

11.3.2　设置文字样式

在不同的图纸上，国家制图标准对文字的样式也有不同的要求。对 A3、A4 的图纸一般采用 3.5 号字，文字一般采用长仿宋体。在 AutoCAD 中，一般采用符合国家标准的中文字体 gbcbig.shx，另外对夹有英文字体的时候，还提供了符合制图标准的 gbenor.shx 及 gbeitc.shx，其中前一种为正体，后一种为斜体。

下面将对文字样式的设置进行详细的介绍，具体步骤如下：

01 执行主菜单栏中的“格式”→“文字样式”命令，或者单击“绘图”工具栏中的 A（文字样式）按钮。此时，系统将弹出“文字样式”对话框。

02 单击“文字样式”对话框中的“新建”按钮，弹出如图 11-17 所示的“文字样式”对话框，在该对话框中输入“A3 样式”并单击“确定”按钮。

03 在“字体”选项组中，“字体名”下拉列表中选择“txt.shx”，“字体样式”下拉列表中选择“gbcbig.shx”。在“高度”数字输入框中输入 3.5，其他选项采用系统默认设置。设置情况如图 11-18 所示，单击“应用”按钮完成文字样式的设置。

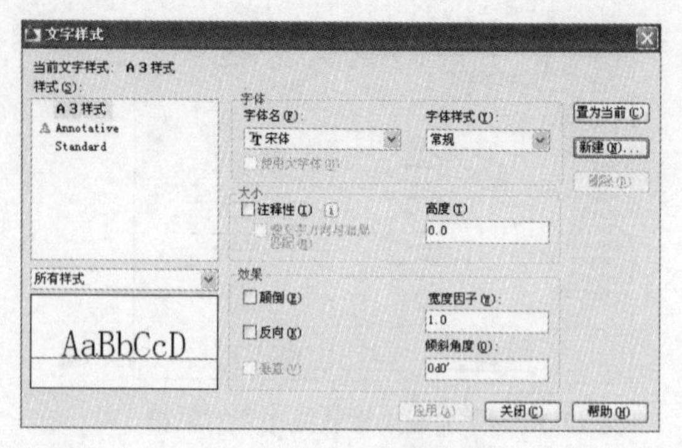

图 11-17　文字样式选框

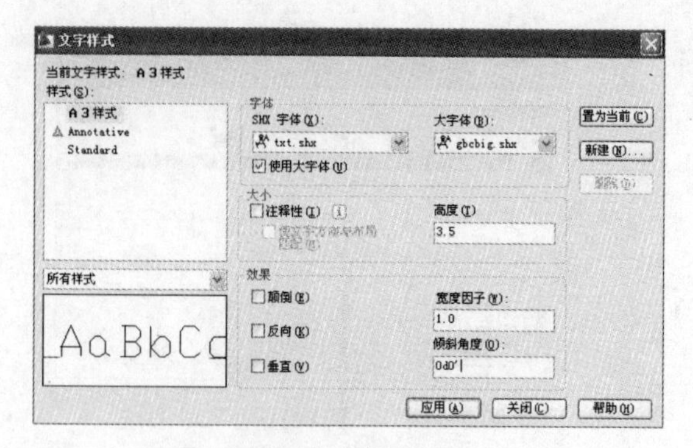

图 11-18　文字样式设置

11.3.3　设置尺寸标注样式

当绘制完成一张图之后，还需要对图进行尺寸的标注，所标注的箭头、文字与尺寸边线的间距都需要遵循一定的规范。在进行尺寸标注前，应将上一节中所设置的文字样式设为当前层。

下面将对尺寸标注样式的设置进行详细介绍，具体步骤如下：

01 执行主菜单栏中的“格式”→“标注样式”命令，或者单击“绘图”工具栏中的（标注样式）按钮，弹出“标注样式管理器”对话框，如图 11-19 所示。

02 单击“标注样式管理器”对话框中的“新建”按钮，弹出如图 11-20 所示的“创建新标注样式”对话框。在该对话框中输入“A3”并单击“继续”按钮。

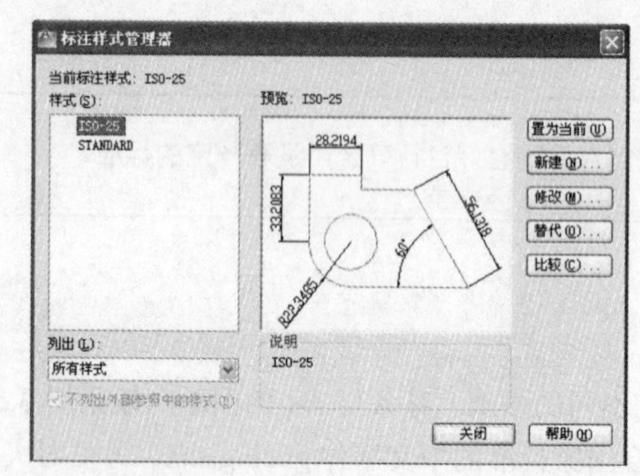

图 11-19　“标注样式管理器”对话框

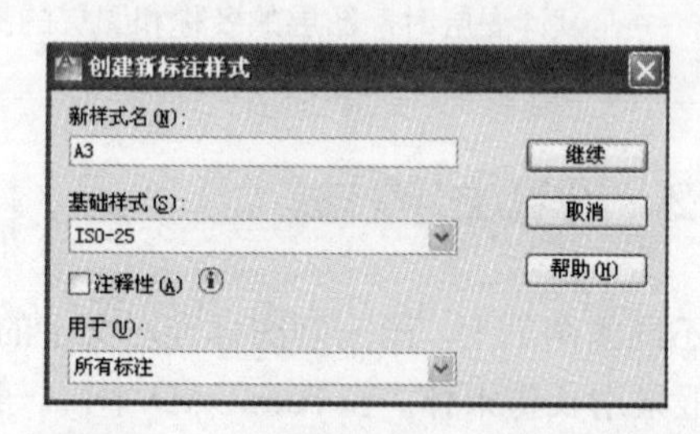

图 11-20　“创建新标注样式”对话框

03 系统弹出“新建标注样式：A3”对话框，如图 11-21 所示。

04 选中“线”选项卡，将“基线间距”设置为 6，将“超出尺寸线”设置为 2，将“起点偏移量”设置为 0，其余选项保持系统默认设置，相关设置如图 11-22 所示。

05 选择“符号和箭头”选项卡，将“箭头大小”设置为 3.5，将“圆心标记”中的大小设置为 3.5，将“弧长符号”设置为“无”，其余选项保持系统默认设置，相关设置如图 11-23 所示。

06 选择“文字”选项卡，将“文字样式”设置为“A3”，将“从尺寸线偏移”设置为 1，其余选项保持系统默认，相关设置如图 11-24 所示。

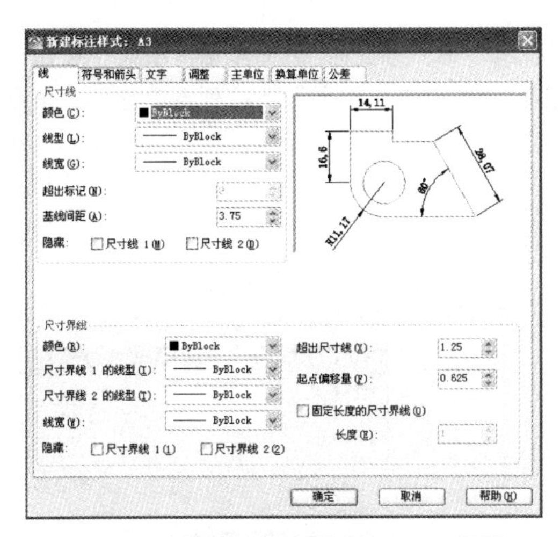

图 11-21　“新建标注样式：A3”对话框

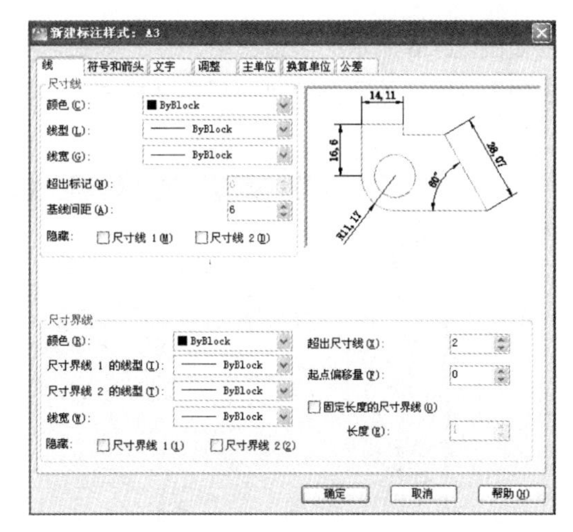

图 11-22　“线”选项卡

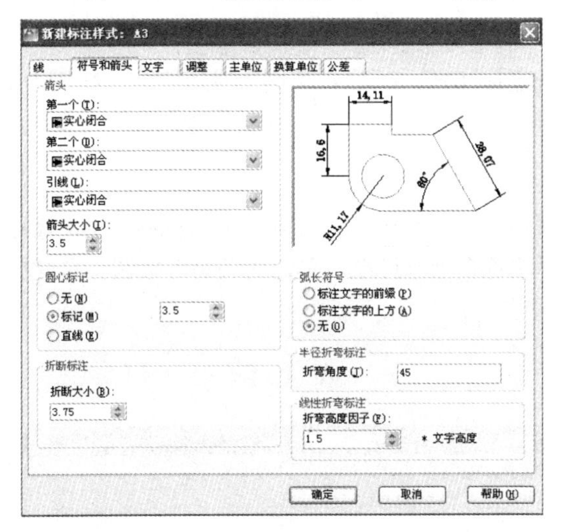

图 11-23　“符号和箭头”选项卡

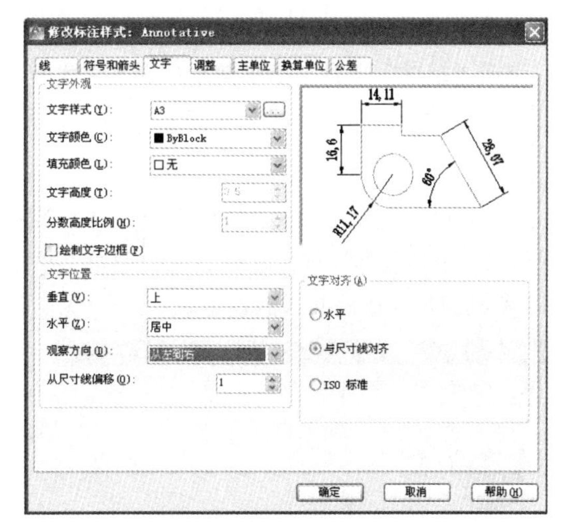

图 11-24　“文字”选项卡

07 切换到“主单位”选项卡，在该选项卡中将“线性标注”选项组下的“精度”设置为 0.00。“小数分隔符”设置为“.”句点，其余选项保持系统默认设置，相关设置如图 11-25 所示。

08 在如图 11-26 所示的“标注样式管理器”对话框中的“预览”框中可以发现，角度标注不符合机械制图规范。一般在规范的角度标注中，角度的数字一般为水平方向，而且数字位于尺寸线的中断处。为了设置符合国家规范的标注样式，在对 A3 尺寸样式设定完后还必须专门对角度进行设定。

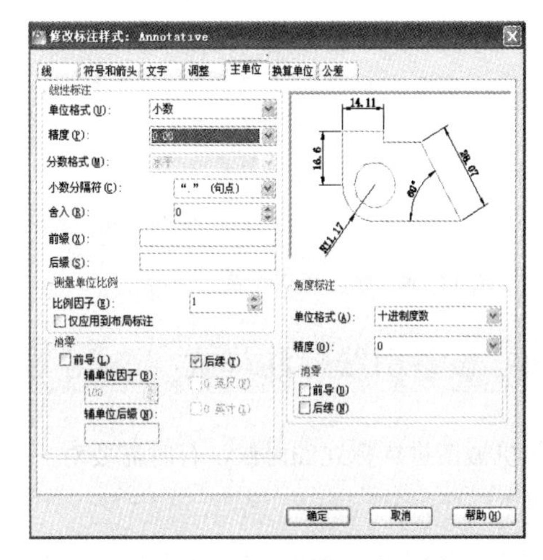

图 11-25　“主单位”选项卡

09 在如图 11-26 所示的对话框中，在“样式”列表框中选取“A3”选项，然后单击“新建”按钮，弹出如图 11-27 所示的“创建新标注样式”对话框，在对话框中的“用于”下拉列表中选择“角度标注”选项。

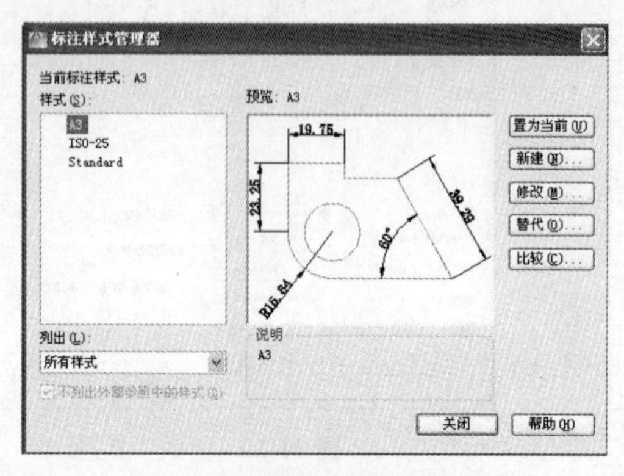

图 11-26　A3 尺寸样式预览框

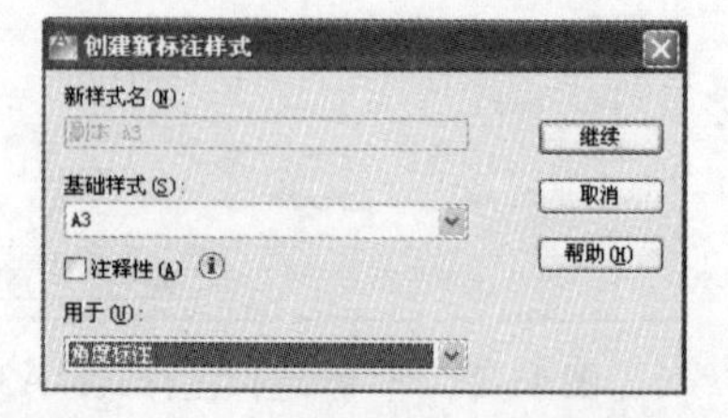

图 11-27　创建“角度标注”样式

10 单击“继续”按钮，系统弹出如图 11-28 所示的“新建标注样式：A3：角度”对话框，切换至“文字”选项卡，然后在“文字对齐”选项组中选中“水平”单选按钮，其余保持不变，单击“确定”按钮，完成对“角度标注”样式的设定。

此时可以发现，在如图 11-29 所示的“标注样式管理器”对话框中，“样式”列表框内的 A3 尺寸样式下多出一个角度标注样式，同时在“预览”框中角度标注符合国家标准。单击“关闭”按钮，自此完成对 A3 图纸的尺寸标注样式的设定。

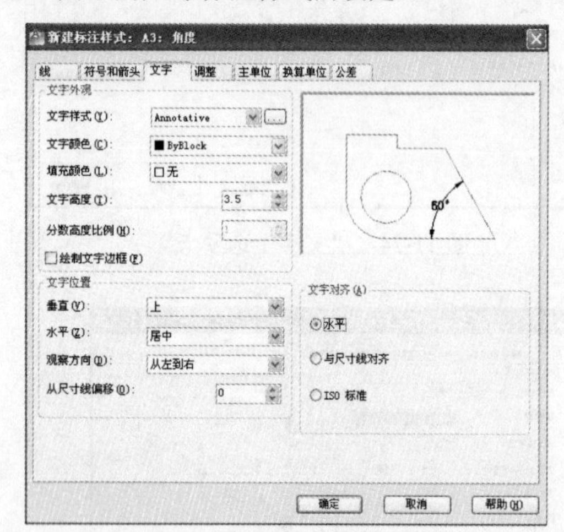

图 11-28　标注样式设置对话框

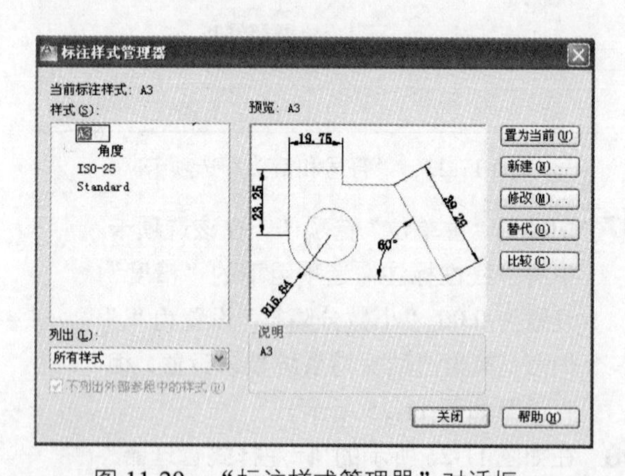

图 11-29　“标注样式管理器”对话框

11.3.4　设置引线标注样式

在对机械图进行标注的时候，有时需要对一些比较小的部位进行标注，一般采用引线来进行标注，具体步骤如下：

01 执行主菜单栏中的“格式”→“多重引线”命令，或者直接单击“样式”工具栏中的（多重引线）按钮。此时，系统弹出“多重引线样式管理器”对话框，然后单击“新建”按钮，弹出如图 11-30

所示的“创建新多重引线样式”对话框，在该对话框的“新样式名”中输入“引线 1”。

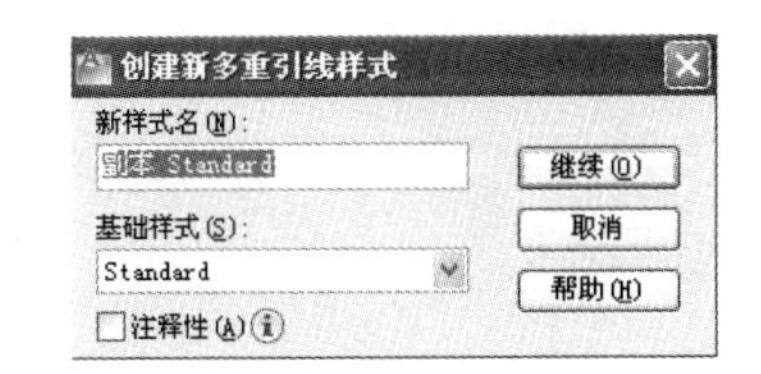

图 11-30　“创建新多重引线样式”对话框

02 单击“继续”按钮，弹出如图 11-31 所示的“引线 1”设置框。在“引线格式”选项卡中，将箭头的大小设定为 3.5，然后切换至“内容”选项卡，在该选项卡中将“文字样式”设定为“A3”样式，其余保持不变，单击“确定”按钮，完成对引线的设定。

03 返回到如图 11-32 所示的“多重引线样式管理器”对话框，可以看到在“样式”列表框中多出一个“引线 1”选项，“预览”框为所设定的引线样式，单击“关闭”按钮，完成引线的设置。

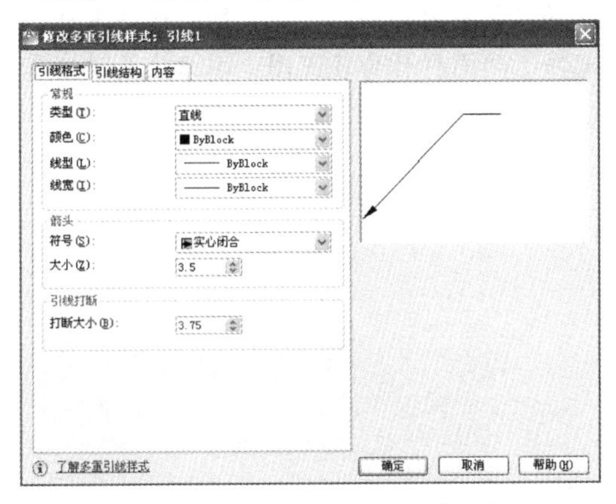

图 11-31　“引线格式”选项卡

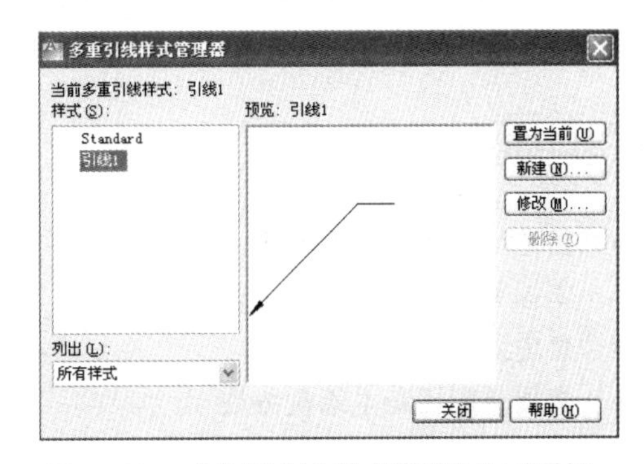

图 11-32　“多重引线样式管理器”对话框

11.3.5　插入样板文件

在利用 AutoCAD 进行机械图绘制时，一般利用已预先创建好的 A3 样板图直接在样板图上进行机械图的设计。

单击“标准”工具栏上的□（新建）按钮，或者执行主菜单栏中的“文件”→“新建”命令，或者使用 NEW 命令，系统将弹出“选择样板”对话框，从“名称”列表框中选择设定好的样板文件即可。

11.4　知识回顾

本章主要对绘制机械工程图的一些相关的基础知识进行详细讲解，如选择什么样的图纸幅面、采用什么样的图线来绘制以及怎样绘制标准样本文件等。通过对这些基础知识的了解将大大节约绘图的时间，同时也可以让所绘制的机械图更加明朗、清晰。读者可以将本章的标准图框作为今后绘制机械图的常用文件，从而省去绘图前大量的准备时间。

第 12 章

绘制零件图和装配图

一台机器（或部件）设备都是由一定数量的、互相联系的零件装配而成。生产、检验这些零件所依据的图样称为零件工作图，简称零件图。用来表达机器（或部件）的图样称为装配图。本章主要讲述零件图和装配图的基础知识以及应用 AutoCAD 绘制零件图和装配图的基本思路。

学习目标

- 熟悉零件图的基本知识
- 掌握零件图基本绘制方法
- 熟悉装配图的基本知识
- 掌握装配图基本绘制方法

12.1 零件图简介

零件图是表示零件结构、大小及技术要求的图样，是在制造、检验和测量机器零件时所用的图样，又称零件工作图。在生产过程中，根据零件图样和图样的技术要求进行生产准备、加工制造及检验。因此，它是指导零件生产的重要技术文件。绘制零件图时，应首先考虑看图方便，根据物体的结构特点选用适当的表达方法，在完整、清晰地表达物体形状的前提下，力求制图简便。

12.1.1 零件图的内容

为了满足生产需要，一张如图 12-1 所示的完整零件图应包括下列基本内容。

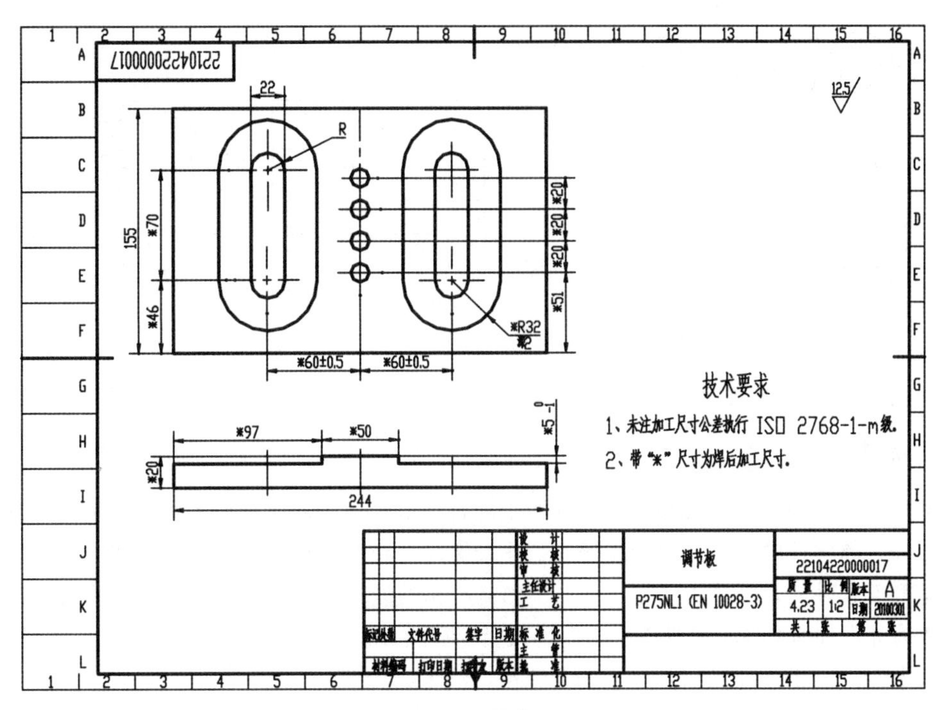

图 12-1　零件图

1．一组视图

要综合运用视图、剖视、剖面及其他规定和简化画法，选择能把零件的内、外结构形状正确、完整、清晰地表达的一组视图。

在绘图时，主视图的确定尤为重要，将直接影响其他视图的配置，所以必须慎重选择。主视图的安放位置应与工作位置或加工位置相一致，其投影方向应以反映零件的形状特征为依据。

对于安放位置与上述不一致时，如机器上运动的摇杆、连杆、手柄等没有固定位置的零件，此时可按习惯绘制主视图，如图 12-2 所示。

其他斜视图、断面视图或局部放大图等可根据需要进行选择，在把所绘零件表达清楚的前提下，所用的视图数量要尽可能少。

通常是选用基本视图或在基本视图上采用局部剖视图来表达零件的主要结构形状，用斜视图、断面或局部放大图等方法表达零件的局部形状和次要结构。还应注意以下三点：

- 在表达内容相同的情况下，优先选用左视图、俯视图等基本视图。
- 各视图最好按投影关系配置，以便看图。
- 为了看图和尺寸标注，一般不宜过多用虚线表示零件的结构形状，必要时可画虚线，如图 12-3 所示，俯视图虚线并不影响图形清晰。

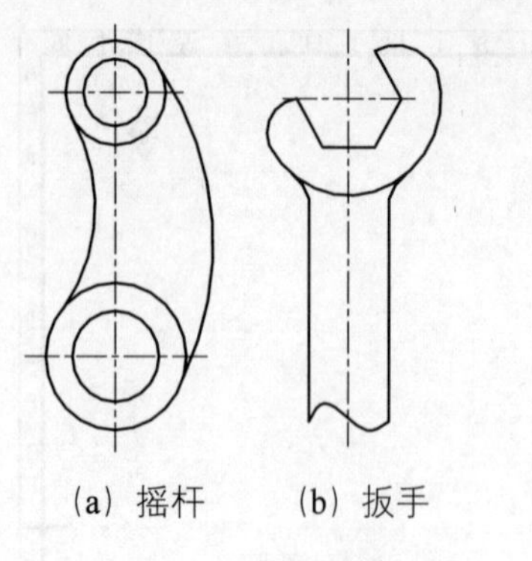

图 12-2 按习惯绘制主视图

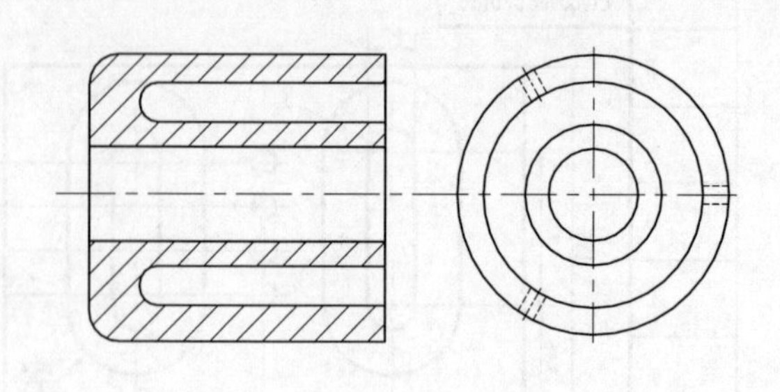

图 12-3 必要时可画虚线

2. 尺寸标注

用以确定零件各部分的大小和位置。零件图上应合理地标注出制造和检验零件所需的全部尺寸。按对零件功能的影响，将零件的尺寸分为功能尺寸、非功能尺寸和参考尺寸：零件上能够影响机器或部件的性能、工作精度和互换性的尺寸称为功能尺寸；不影响产品性能和零件间配合性质的结构尺寸称为非功能尺寸；参考尺寸为非零件所必须，为避免生产现场人员计算所提供，为了区分其他尺寸，标注时应加圆括号。

对零件图标注尺寸的基本要求是：正确、完整、清晰、合理。

- 正确：尺寸注法要符合国家标准（GB/4458.4—1984 和 GB/16675.2—1996）的有关规定。
- 完整：所注尺寸能完整地、唯一地确定各组成部分的大小和相对位置，尺寸既不能遗漏，又不能重复多余。确定各形体形状大小的尺寸称为定形尺寸，如图 12-4 所示；确定各形状间相对位置的尺寸称为定位尺寸，如图 12-5 所示。

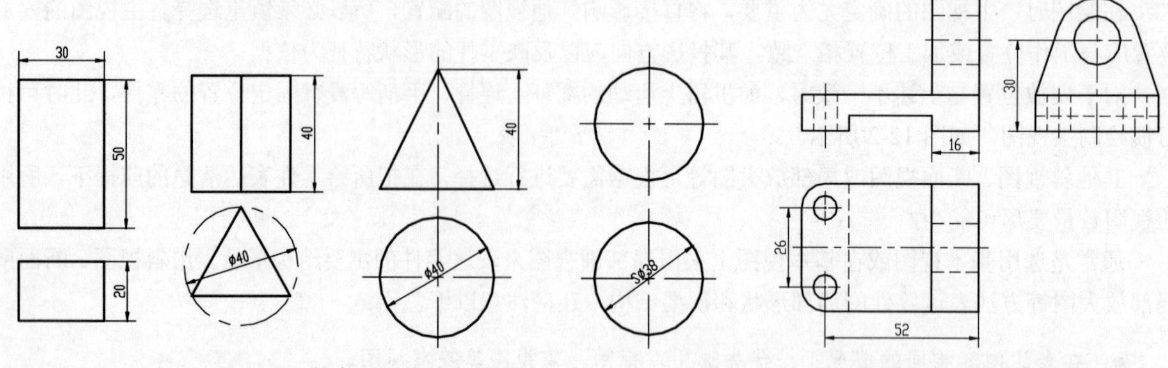

图 12-4 基本几何体的定形尺寸

图 12-5 零件图定位尺寸

- 清晰：所注尺寸布局整齐、醒目，便于看图。尺寸要尽量标注在形体特征明显的视图上，且定形、定位尺寸应尽量集中标注。
- 合理：所注尺寸在满足完整的情况下，在确定基准的同时，要有利于零件的加工，考虑测量方便，符合工艺要求等。

对于复杂零件图做到所标注的尺寸正确、完整、清晰、合理并非易事。在此总结一下标注尺寸的基本方法及步骤：

01 选择零件基准。

02 按设计要求标注功能尺寸。

03 按工艺要求标注非功能尺寸。

04 按正确、完整、清晰、合理的要求核对长、宽、高三方向的尺寸。

3. 技术要求

利用一些规定的符号、数字、字母和文字注解，简明、准确地给出零件在制造、检验和装配时应达到的技术要求，如表面粗糙度、尺寸公差、形位公差、材料的热处理和表面处理要求等。

4. 标题栏说明

注明零件的名称、材料、数量、比例、图号以及设计、描绘、审核人的签字、日期等。制图时应按标准绘制。

12.1.2 零件图的分类

根据零件的结构特点，零件图可分为轴套类、盘盖类、箱体类、叉架类 4 种。

1. 轴套类

轴类零件一般是用来支撑传动件（如齿轮、带轮、涡轮等）并传动动力；套类零件一般装在轴上，起轴向定位、传动和链接作用。为了满足设计和工艺上的要求，这类零件都带有圆角、倒角、键槽轴肩、螺纹退刀槽，砂轮越程槽、中心孔等结构。

画轴套类零件图时，主视图应尽量按零件加工时主要工序的位置或毛坯划线位置来安放，以便对照图样进行生产，此类零件多在车床上加工，所以一般轴线侧垂放置，如图 12-6 所示。

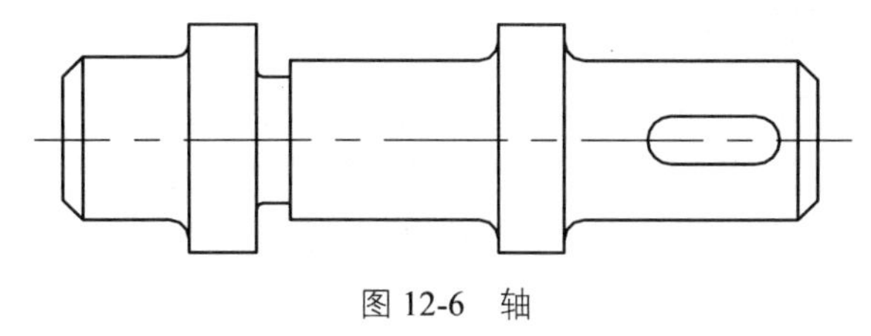

图 12-6 轴

2. 盘盖类

盘盖类零件主要用来传递动力和转矩；盘盖类零件主要起支撑、轴向定位、密封等作用。这类零件主要包括手轮、飞轮、带轮、端盖、法兰盘和分度盘等。该类零件的基本形状是扁平的盘状，主体部分是回转体。

绘制盘盖类零件图时，要明显表达零件的主要结构形状，如图 12-7 所示。

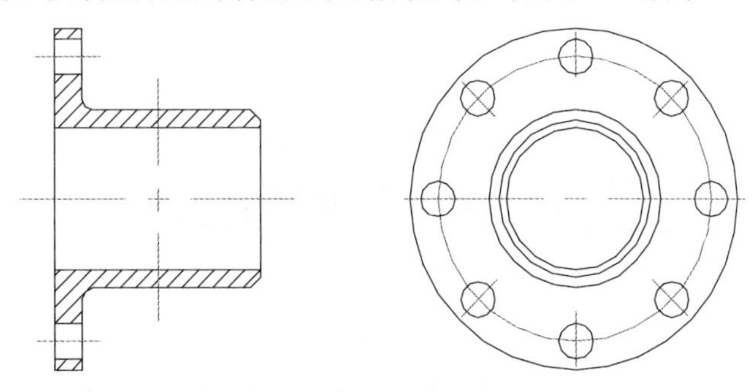

图 12-7 轴承端盖

3. 箱体类

箱体类零件一般起支撑、容纳、定位和密封的作用。此类零件主要包括阀体、泵体、减速箱体等，这类零件比较复杂，通常带有轴承孔、凸台、加强筋、安装板、光孔、密封、螺纹孔和密封等结构。

绘制箱体类零件图时，此类零件在机器或部件上都有一定的位置，应做到与零件图的工作位置相一致，如图 12-8 所示。

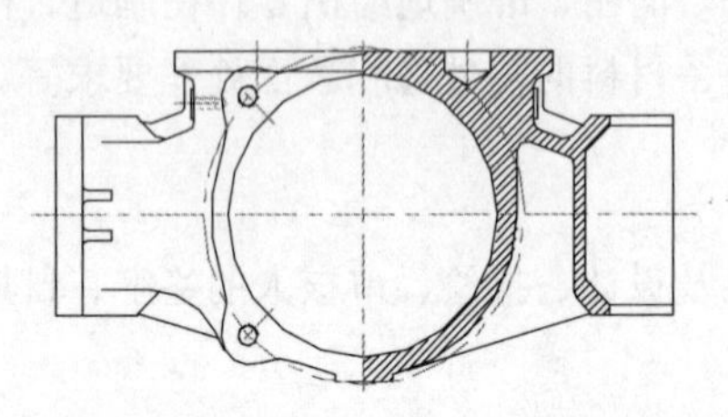
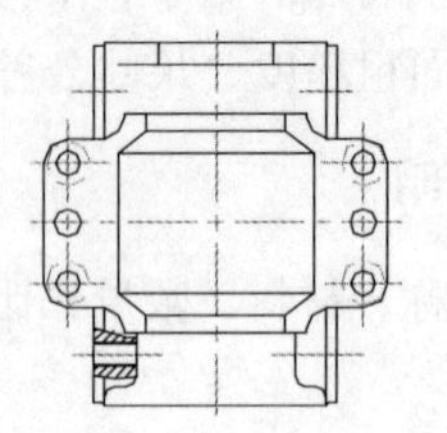
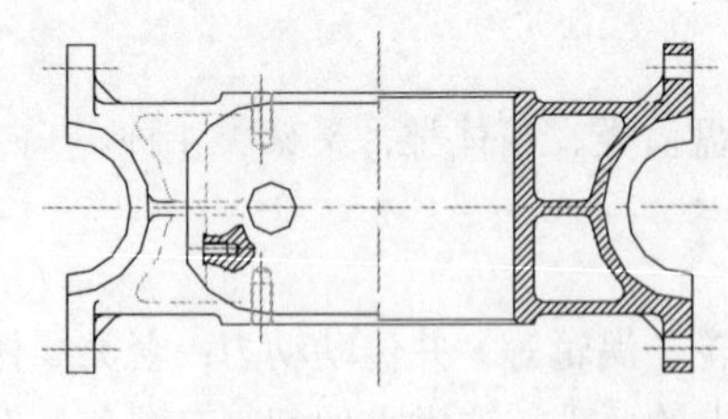

图 12-8 箱体

4. 叉架类

叉架类零件多用于机床、内燃机等机器中，起到操作、支撑、连接作用。此类零件包括各种用途的拨叉、支架、中心架、连杆和摇臂等。此类零件形状较复杂，多由筋板、耳片、底板、圆柱形轴、孔、实心杆等部分组成。大多数是锻造件，需要多种机械加工。

叉架类零件形状比较多变，如图 12-9 所示。

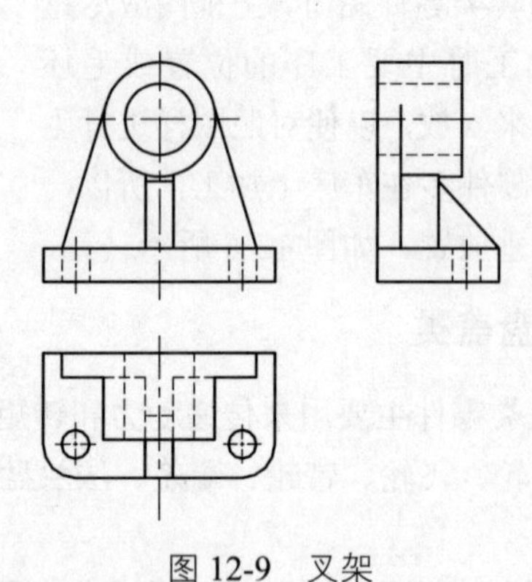

图 12-9 叉架

12.2 零件图的绘制方法

零件图是设计和生产部门的重要技术文件之一。零件的毛培制造、机械加工工艺路线的确定、毛坯图和工序图的制定、工夹具和量具的设计、技术革新和专用设备的设计等，都是根据零件图进行操作的。这就要求我们在绘制零件图时，必须认真对待，力求图样正确无误、清晰易懂。

本节将介绍 AutoCAD 绘制机械零件图的一般流程，使用户掌握综合运用 AutoCAD 精确绘制机械零件图的方法。在用户使用 AutoCAD 绘制零件图时，仅仅掌握绘图命令是远远不够的，要做到能够高效精确地绘图，还必须掌握计算机绘图的基本步骤，下面将阐述 AutoCAD 绘制零件图的一般操作流程。

1. 绘图环境的设置

根据图形大小、视图数量、选择适当的绘图比例，确定图幅大小。

- 图层设置：机械零件图一般需要用到轮廓粗实线、剖视分界线、剖面线和中心线 4 种图元，故首先创建 4 个用于放置这些不同图元的图层。
- 线型比例设置：为各种线型设置对应的参数值。

2. 分析零件的结构形状

了解零件的用途、结构特点、材料及相应的加工方法，确定零件的视图表达方案。

3. 绘制零件图

（1）绘制出图框和标题栏

效果如图 12-10 所示。

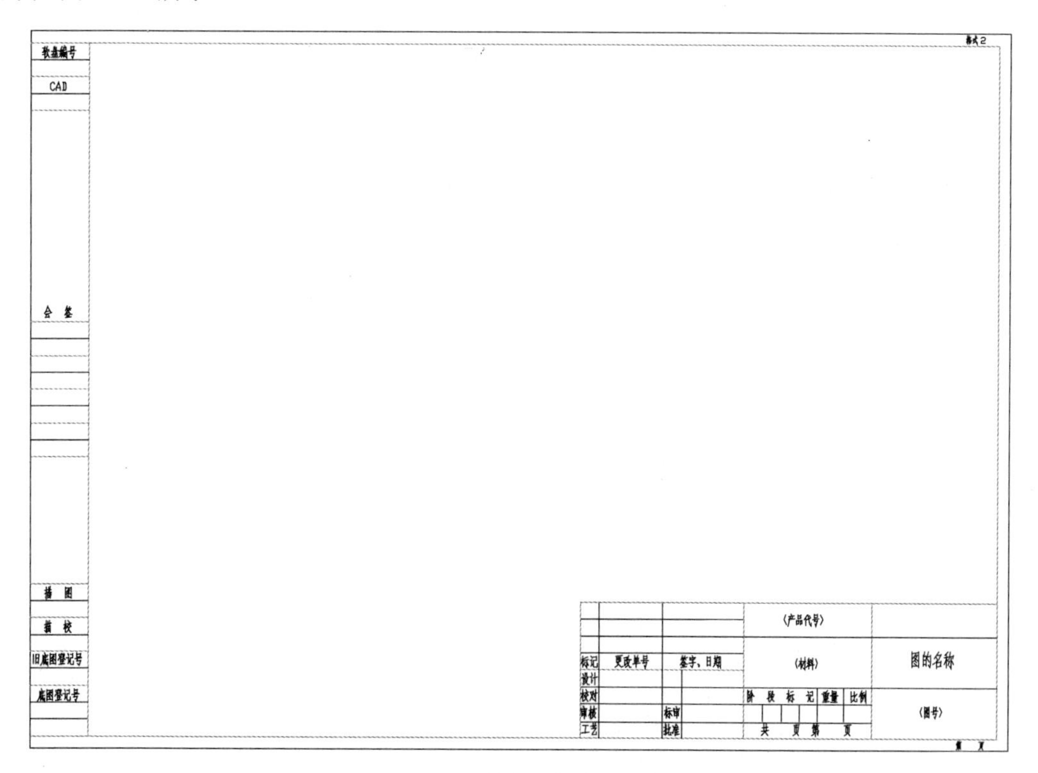

图 12-10　绘制图框和标题栏

（2）布置视图

根据各视图的轮廓尺寸，绘制出确定各视图位置的基准线、对称线、轴线、某一基面的投影线。注意：各视图之间要留出标注尺寸的位置，如图 12-11 所示。

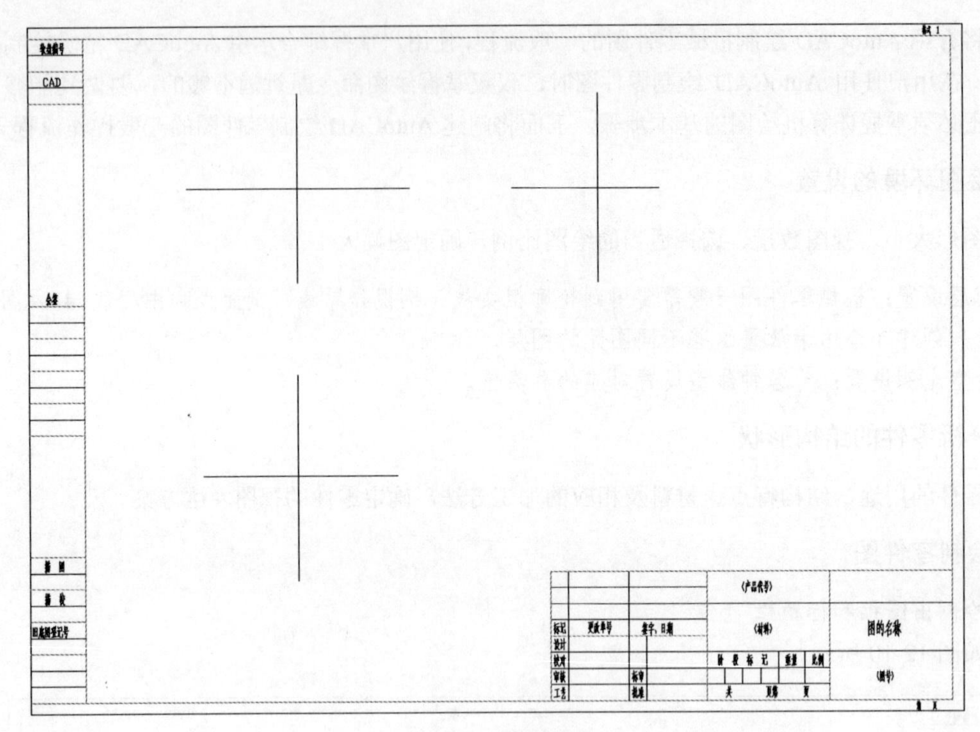

12-11　布置视图

（3）绘制底稿

按投影关系，逐个绘制出各个形体。具体步骤：先画主要形体；后画次要形体和画细节，如图 12-12 所示。

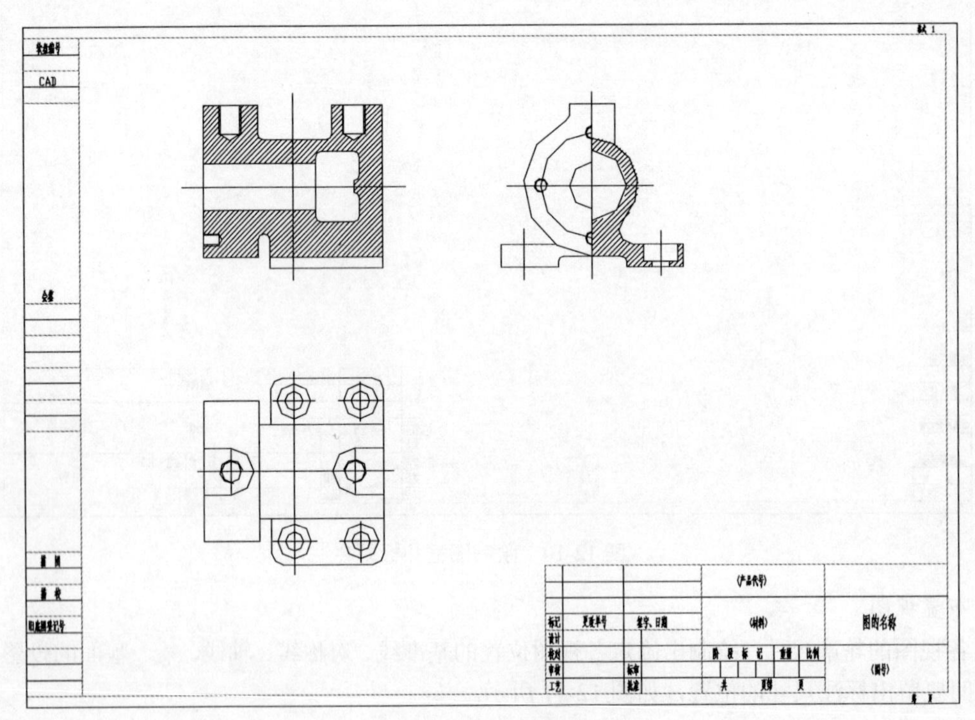

图 12-12　绘制底稿

（4）完成零件图

标注尺寸、表面粗糙度、尺寸公差等，填写技术要求和标题栏，如图 12-13 所示。

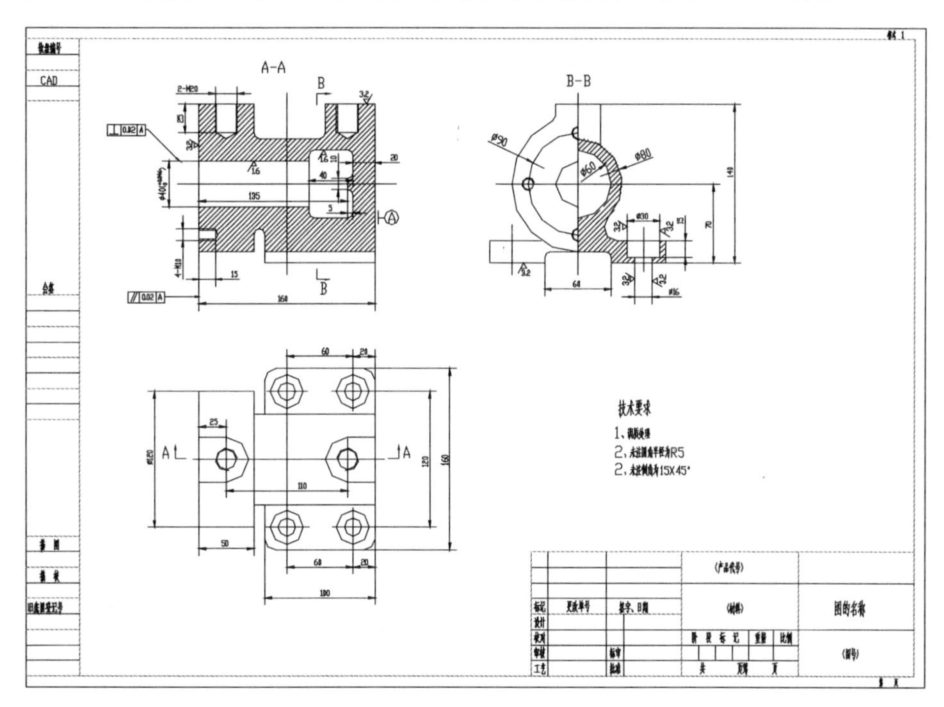

图 12-13　完成零件图

4. 检查、保存零件图

在绘制机械图后一定要养成检查的好习惯，要检查轮廓线是否绘制正确、尺寸标注是否完整、技术要求是否合理等。

12.3 装配图简介

装配图是用来表明机器或部件的装配关系、连接关系、工作原理、传动路线及主要形状的图样。在产品或部件的设计过程中，一般是先设计出装配图，然后再根据装配图进行零件设计，画出零件图；在产品或部件的制造过程中，先根据零件图进行零件加工和检验，再按照依据装配图所制定的装配工艺规程将零件装配成机器或部件。由于装配图一般比较复杂，绘制时应分清层次。

12.3.1 装配图的内容

从图 12-14 中可以看出，一张完整的装配图应具有以下内容：

- 一组视图：用一组视图完整、清晰、准确地表达出机器的工作原理、各零件的相对位置及装配关系、连接方式和重要零件的形状结构。
- 必要的尺寸：装配图上要有表示机器或部件的规格、装配、检验、安装和拆画零件图时所需要的一些尺寸。

- 技术要求：技术要求就是说明机器或部件的性能和装配、调整、试验等所必须满足的技术条件。
- 零件的序号、明细栏和标题栏：装配图中的零件编号、明细栏用于说明每个零件的名称、代号、数量和材料等。标题栏包括零部件名称、比例、绘图及审核人员的签名等。

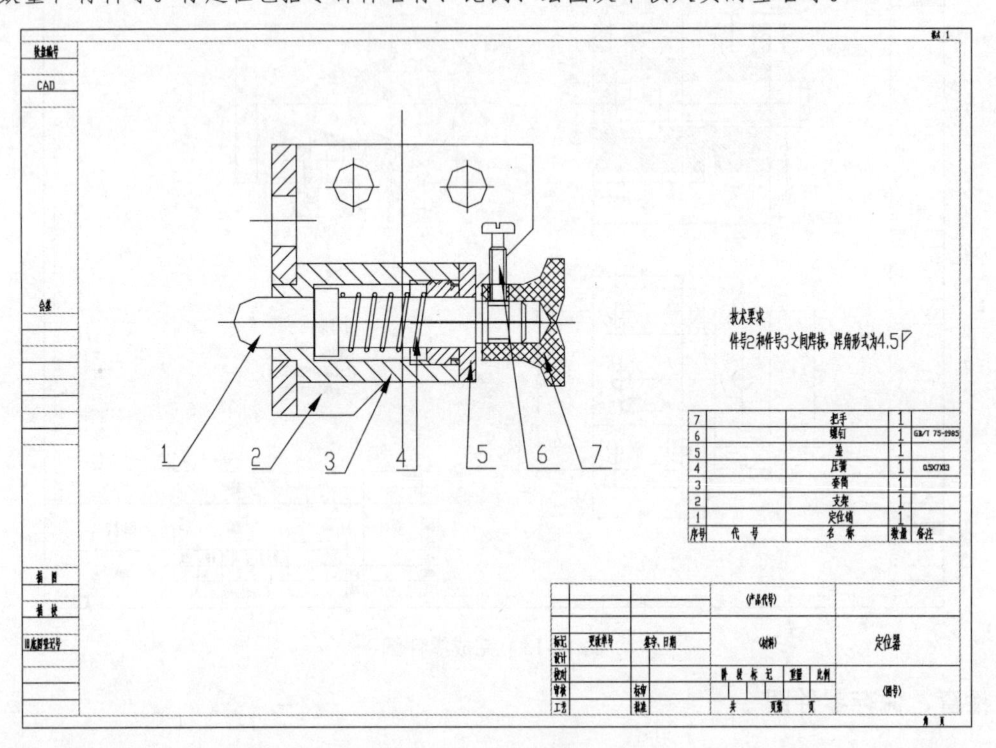

图 12-14　装配图

12.3.2　装配图的特殊表达方法

装配图是以表达机器或部件的工作原理和装配关系为中心，采取适当的表达方式把机器或部件的内外部结构完整、正确、清晰地予以表达。零件图的表达方法同样适用于装配图，同时装配图还制定了一些规定画法、特殊表达方法和简化画法。

1. 装配图画法的基本规定

两相邻零件的接触面和配合面只画一条线，但是，如果两相邻零件的基本尺寸不相同，即使间隙很小，也必须画成两条线，如图 12-15 所示。

相邻两个或多个零件的剖面线应有区别，或者方向相反，或者方向一致但间隔不等，相互错开，如图 12-16 所示。

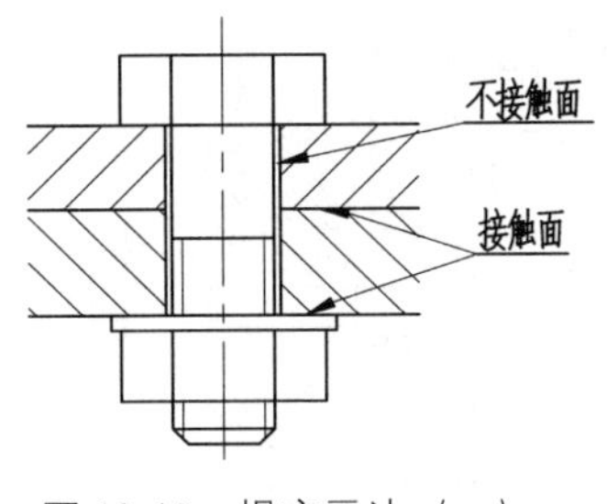

图 12-15　规定画法（一）

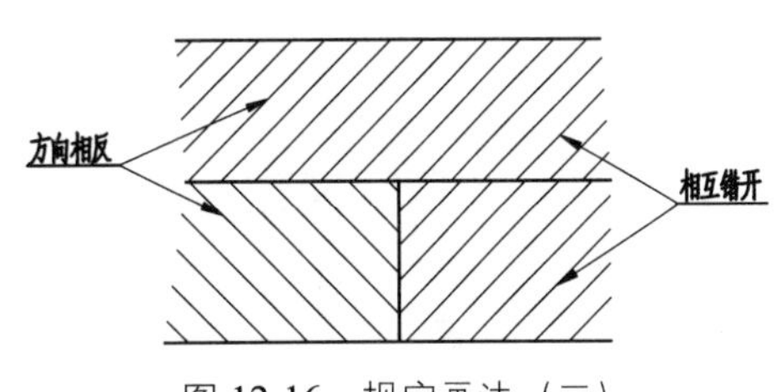

图 12-16　规定画法（二）

2．装配图画法的特殊规定

（1）拆卸画法

当某些零件的图形遮住了其后面需要表达的零件，或在某一视图上不需要画出某些零件时，可拆去某些零件后再画；也可选择沿零件结合面进行剖切的画法。

（2）单独表达某零件的画法

如所选择的视图已将大部分零件的形状、结构表达清楚，但仍有少数零件的某些方面还未表达清楚时，可单独画出这些零件的视图或剖视图，如图 12-17 所示的转子油泵中泵盖的 B 向视图。

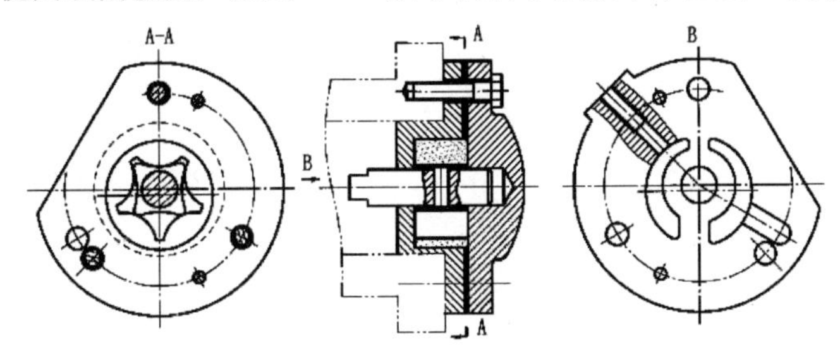

图 12-17　转子油泵

（3）假想画法

为表示部件或机器的作用、安装方法，可将其他相邻零件、部件的部分轮廓用细双点画线画出。当需要表示运动零件的运动范围或运动的极限位置时，可按其运动的一个极限位置绘制图形，再用细双点画线画出另一极限位置的图形，如图 12-18 所示。

（4）展开画法

为了表示传动机构的传动路线和装配关系，假想的按传动路线沿轴线剖切，一次展开在于选定的投影面平行的平面上，画出剖视图。

（5）夸大画法

在画装配图时，有时会遇到薄片零件、细丝零件、微小间隙、较小的斜度锥度等，允许该部分不按比例夸大画法。

3．装配图画法的简化画法

01 对于装配图中若干相同的零、部件组，如螺栓连接等，可详细地画出一组，其余只需用细点画线表示其位置即可，如图 12-19 所示。

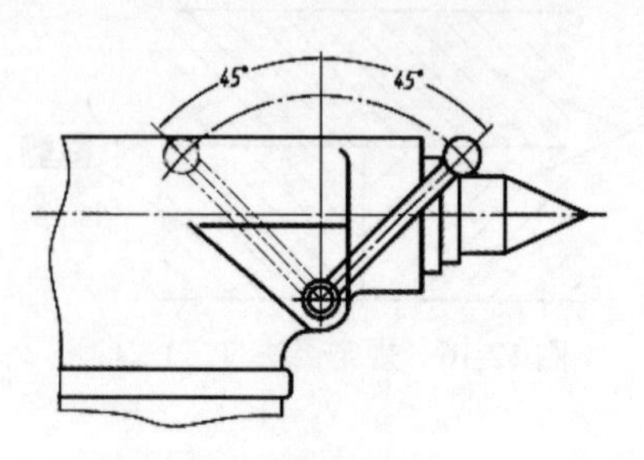

图 12-18　假想画法

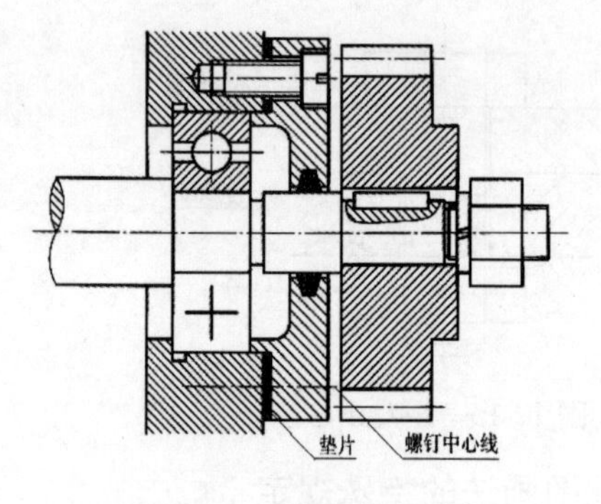

图 12-19　简化画法

02 在装配图中，对薄的垫片等不易画出的零件可将其涂黑。

03 在装配图中，零件的工艺结构，如小圆角、倒角、退刀槽、拔模斜度等可不画出。

04 当剖切平面通过某些零件的对称中心线或轴线时，该部分可按不剖绘制，如图 12-20 所示。

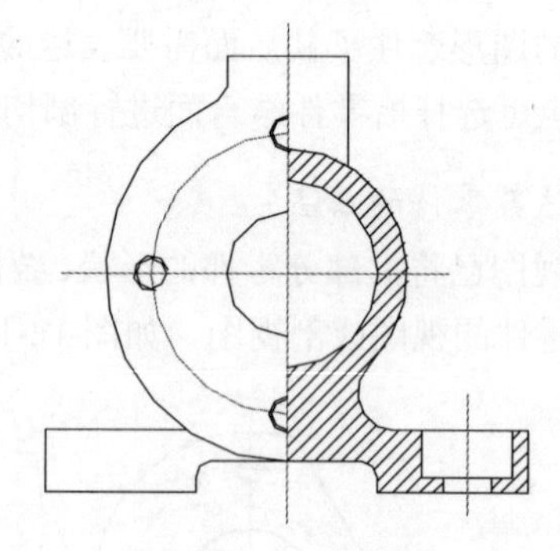

图 12-20　不剖绘制

12.4 装配图的绘制方法

装配图的绘制相对于零件图的绘制而言比较复杂，要想更好地学会利用 AutoCAD 进行装配图的绘制，首先我们要学会装配图的图块插入法、图形文件插入法和直接绘制三种基本方法。

12.4.1 图块插入法

图块插入法是将装配图中的各个零部件的图形先制作成图块，然后再按零件间的相对位置将图块逐个插入，拼画成装配图。

利用图块插入法，绘图前应当进行必要的设置，统一图层线型、线宽、颜色，各零件的比例应当一致，为了绘图方便，比例选择为 1:1。各零件的尺寸必须准确，可以暂不标注尺寸和填充剖面线；或在制作零件图块之前把零件上的尺寸层、剖面线层关闭，将每个零件定义为 DWG 文件。为方便零件间的装配，块的基点应选择在与其零件有装配关系或定位关系的关键点上。

12.4.2　图形文件插入法

图形文件可以在不同的图形中直接插入。如果已经绘制了机器或部件的所有图形，当需要一张完整的装配图时，也可考虑利用直接插入图形文件法来拼画装配图，这样既可以避免重复劳动，又提高了绘图效率。

为了使图形插入后能准确地放置到应在的位置，在绘制完零件图形后，先关闭尺寸层、标注层、剖面线层等，设置好插入基点，然后再存盘。

12.4.3　直接绘制法

该方法主要运用二维绘图、编辑、设置和层控制等功能，按照装配图的绘图步骤绘制出装配图。

12.5　知识回顾

本章主要介绍了零件图和装配图的基础知识，以及如何更好地利用 AutoCAD 完成绘制零件图和装配图的步骤和方法。零件图和装配图是制图的最终目的，只有掌握好前面所有基础知识，勤加练习，同时增强读图能力，才能达到精通的目的。

第 13 章
绘制常用件和标准件

螺栓、螺钉、螺母、轴承、弹簧是机械设备的常用件，也是构成机械设备的最基础零件。其中螺栓、螺钉、螺母为常用的紧固件，使用它们来紧固连接两个或两个以上带通孔或螺纹孔的零件，最终形成一台完整的机器。轴承是用于确定旋转轴与其他零件的相对运动位置，起支承或导向作用的零部件。而弹簧则是用来控制机件的运动、缓和冲击或震动、储蓄能量、测量力的大小的零件。本章主要介绍这几种常用件和标准件的画法。

学习目标

- 熟悉常用件和标准件的基本知识
- 掌握常用件和标准件的基本绘制方法
- 掌握螺栓、螺钉、螺母的绘制方法
- 掌握轴承的绘制方法
- 掌握弹簧的绘制方法
- 进一步熟悉零件图的标注

13.1 连接件设计

连接件也称紧固件，是用于连接和紧固零部件的元件，是将两个或两个以上的零件（或构件）紧固连接成为一个整体时所采用的一类机械零件的总称。它的特点是品种规格繁多，性能用途各异，而且标准化、系列化、通用化的程度极高。紧固件是应用最广泛的机械基础件。

13.1.1 螺栓设计

1. 绘制螺栓主视图

01 在“图层”面板的下拉列表框中，将“中心线”置为当前图层。单击“状态栏”上的“正交”按钮，打开正交方式。

02 单击“常用”选项卡→“绘图”面板→“直线”按钮，选择一点，在水平方向上绘制长度为 100mm 的直线。

03 重复步骤 02，在竖直方向上绘制长度为 80mm 的直线，效果如图 13-1 所示。

04 单击“常用”选项卡→“修改”面板→“偏移”按钮，通过对中心线的偏移绘制线条，如图 13-2 所示。

05 选中所绘制的线条，选择“粗实线”图层，效果如图 13-3 所示。

图 13-1　绘制中心线

对于复杂形状的绘制修剪，可以采用边绘制边修剪的方式，从而减少绘图过程中的错误。

06 单击“常用”选项卡→“修改”面板→“修剪”按钮，对如图 13-3 所示的粗实线条进行修剪，得到主视图的外轮廓形状，效果如图 13-4 所示。

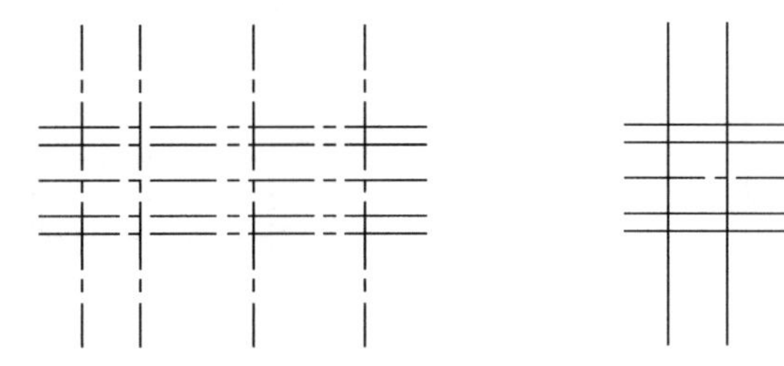

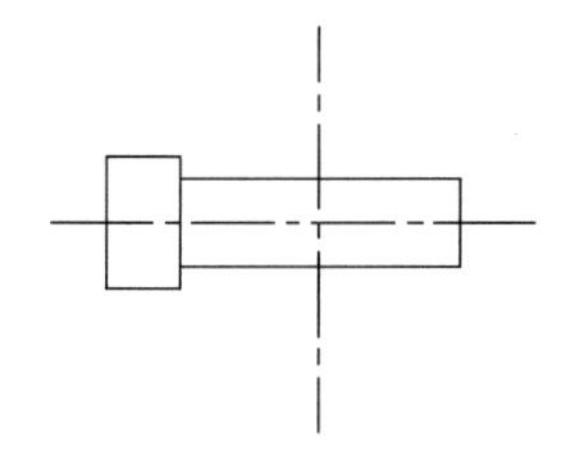

图 13-2　偏移直线图

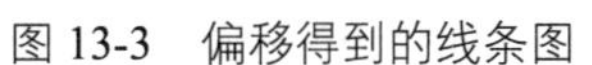

图 13-3　偏移得到的线条图

图 13-4　绘制的主视图外形轮廓

07 单击“常用”选项卡→“修改”面板→“偏移”按钮，通过对轮廓线 1 的偏移绘制螺纹终止线。

08 单击“常用”选项卡→“修改”面板→“偏移”按钮，分别对轮廓线 2、轮廓线 3 偏移绘制螺纹线。

09 单击“常用”选项卡→“修改”面板→“修剪”按钮，选择相应的边界，对（1）、（2）创建的线条进行修剪，修剪后的效果如图 13-5 所示。

10 选择螺纹线，并选择细实线图层，单击显示线宽按钮查看效果，如图 13-6 所示。

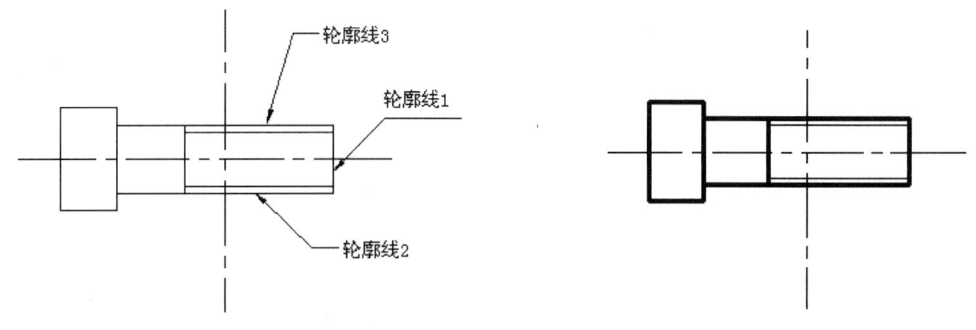

图 13-5　偏移得到的线条

图 13-6　查看线宽显示的效果图

11 单击“常用”选项卡→“修改”面板→“倒角”按钮，在命令行输入 A，按 Enter 键，输入倒角长度为 2mm，按 Enter 键，在命令提示行输入 45，按 Enter 键，然后选择轮廓线 1 和轮廓线 2。效果如图 13-7 所示。

12 重复步骤 11，选择轮廓线 1 和轮廓线 2 进行倒角，效果如图 13-8 所示。

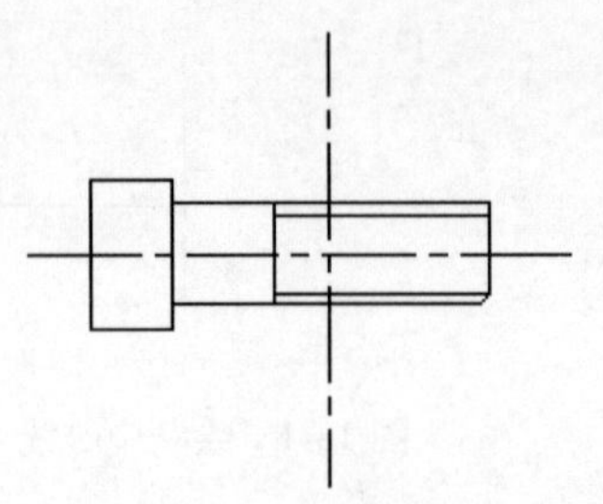

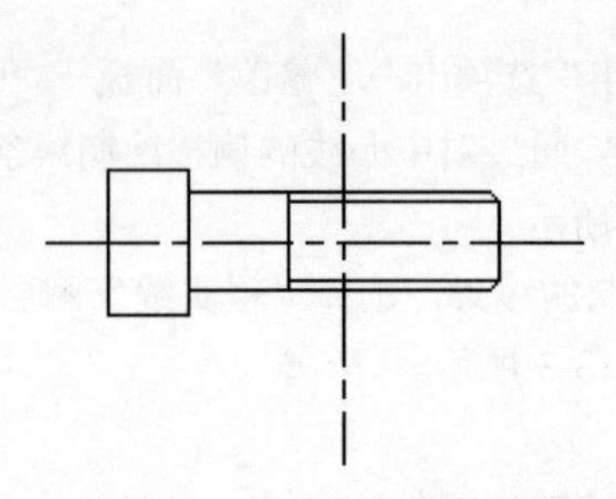

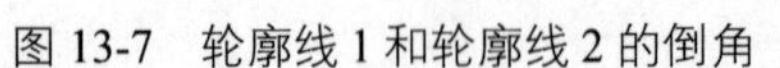
图 13-7　轮廓线 1 和轮廓线 2 的倒角　　　　图 13-8　两次倒角后的效果

13 单击“常用”选项卡→“绘图”面板→“直线”按钮。如图 13-9 所示选择 A 点，再选择 B 点，按 Enter 键。

14 通过“特性匹配”命令 matchprop 将绘制的线条转化成粗实线，效果如图 13-10 所示。

15 单击“常用”选项卡→“修改”面板→“偏移”按钮，通过对如图 13-11 所示的轮廓线 4、轮廓线 5 的偏移绘制六角头轮廓线，单击显示线宽按钮查看效果。

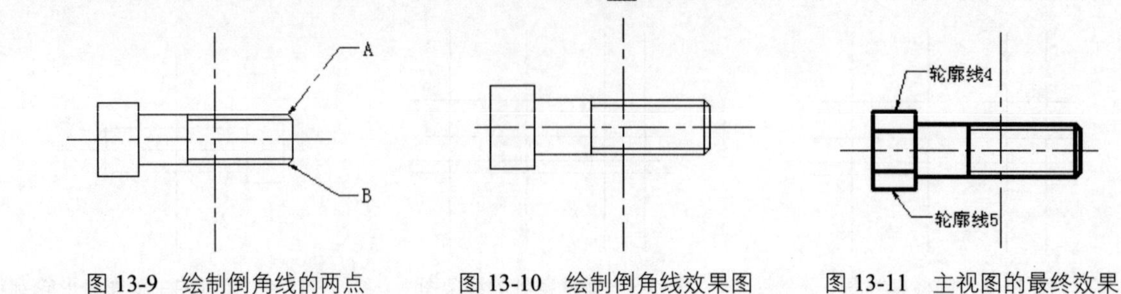

图 13-9　绘制倒角线的两点　　图 13-10　绘制倒角线效果图　　图 13-11　主视图的最终效果

2. 绘制螺栓左视图

01 在“图层”面板的下拉列表框中，将“中心线”层置为当前图层。单击“状态栏”上的“正交”按钮，打开正交方式。

02 单击“常用”选项卡→“绘图”面板→“直线”按钮，选择一点，在水平方向上绘制长度为 100mm 的直线。

03 重复步骤 02，在竖直方向上绘制长度为 80mm 的直线，效果如图 13-12 所示。

04 单击“常用”选项卡→“绘图”面板→“多边形”按钮，在命令行输入 6，按 Enter 键，选择两条中心线的交点并如图 13-13 所示选择内接于圆，在命令行中输入内切圆的半径，按 Enter 键，效果如图 13-14 所示。

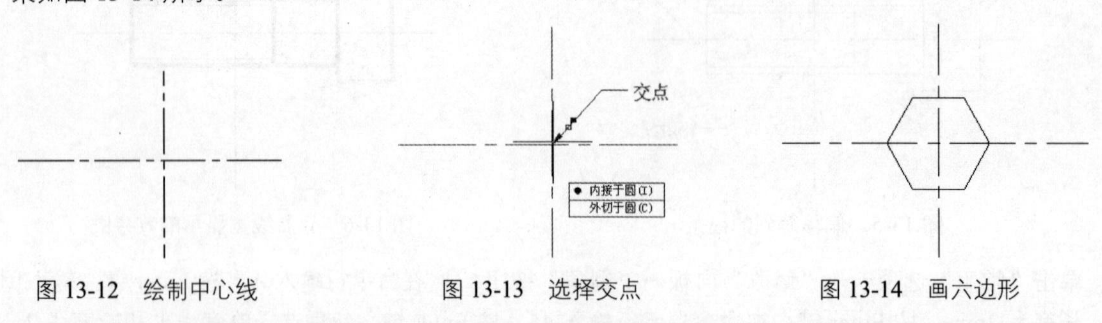

图 13-12　绘制中心线　　图 13-13　选择交点　　图 13-14　画六边形

05 单击“常用”选项卡→“修改”面板→“旋转”按钮，以中心线的交点为基点旋转 30º，效果如图 13-15 所示。

06 单击“常用”选项卡→“绘图”面板→“圆”按钮，单击中心线的交点，输入半径 10，按 Enter 键，效果如图 13-16 所示。

07 选择六边形，单击“粗实线”图层；选择圆，单击“虚线”图层，单击“显示线宽”按钮，效果如图 13-17 所示。

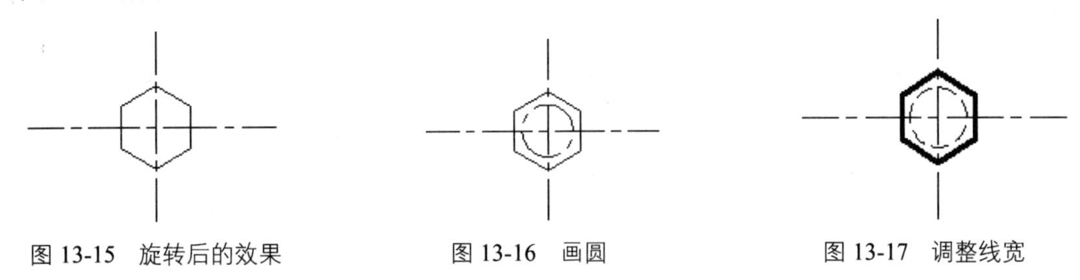

图 13-15　旋转后的效果　　图 13-16　画圆　　图 13-17　调整线宽

3．标注螺栓尺寸

01 在“图层”面板中，将工作图层切换到“标注层”。

02 输入 DIMSTYLE 命令，弹出“标注样式管理器”对话框。在“标注样式管理器”对话框中，单击“修改”按钮，弹出“修改标注样式”对话框。

03 在“修改标注样式”对话框中，选择“文字”选项卡，在“文字样式”下拉列表框中选择 TH_GBDIM 选项。

04 选择“主单位”选项卡→，选中“消零”区域中的“前导”和“后续”复选框，单击“确定”按钮完成标注样式的设置。

05 单击“注释”选项卡→“标注”面板→“线性”按钮。

06 选择需要标注线性尺寸的端点，完成对主视图、左视图的外形尺寸标注，如图 13-18 和图 13-19 所示。

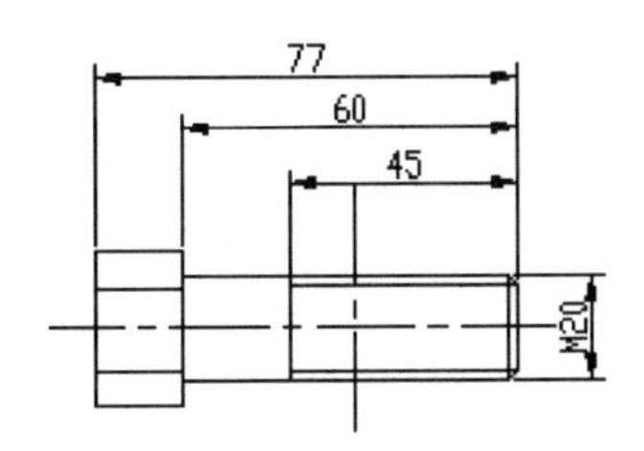

图 13-18　主视图尺寸标注

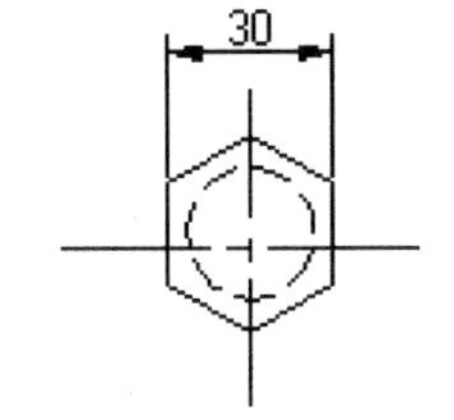

图 13-19　左视图尺寸标注

4．标注螺栓表面粗糙度

01 使用 INSERT 命令，或单击“插入”选项卡→“块”面板→“插入”按钮，弹出“插入”对话框。

02 选择随书光盘目录下的“\源文件\粗糙度.dwg”文件，单击“打开”按钮。

03 返回到“插入”对话框，选中插入点、比例、旋转 3 个区域中的“在屏幕上指定”复选框，单击“确定”按钮。

04 在屏幕上指定插入点，并设置好相关的参数，插入粗糙度符号，效果如图 13-20 所示。

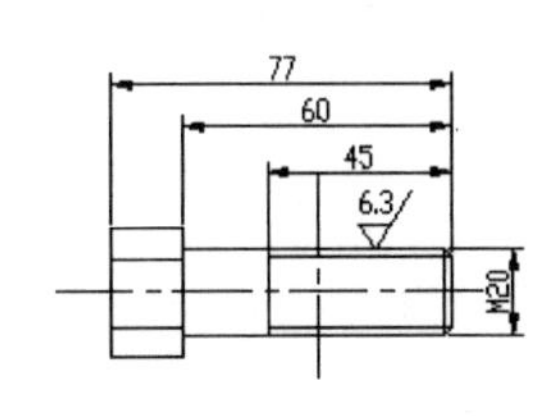

图 13-20　标注粗糙度

05 单击“注释”选项卡→“文字”面板→“多行文字”按钮A，对粗糙度等级进行标注。

5. 标注技术要求

在绘制零件的过程中需要注意的是，在视图上无法表达的部分可通过标注技术要求的方式表达出来。

01 使用 MTEXT 命令进行技术要求的标注，即输入 MTEXT 命令。

02 在屏幕上选择需要标注的位置，按住鼠标左键，确定文字插入位置并单击，弹出“文字编辑器”选项卡。

03 调整字体大小为 10，输入“技术要求”。

04 调整字体大小为 7，输入具体的技术要求内容，单击“确定”按钮完成技术要求的标注，效果如图 13-21 所示。

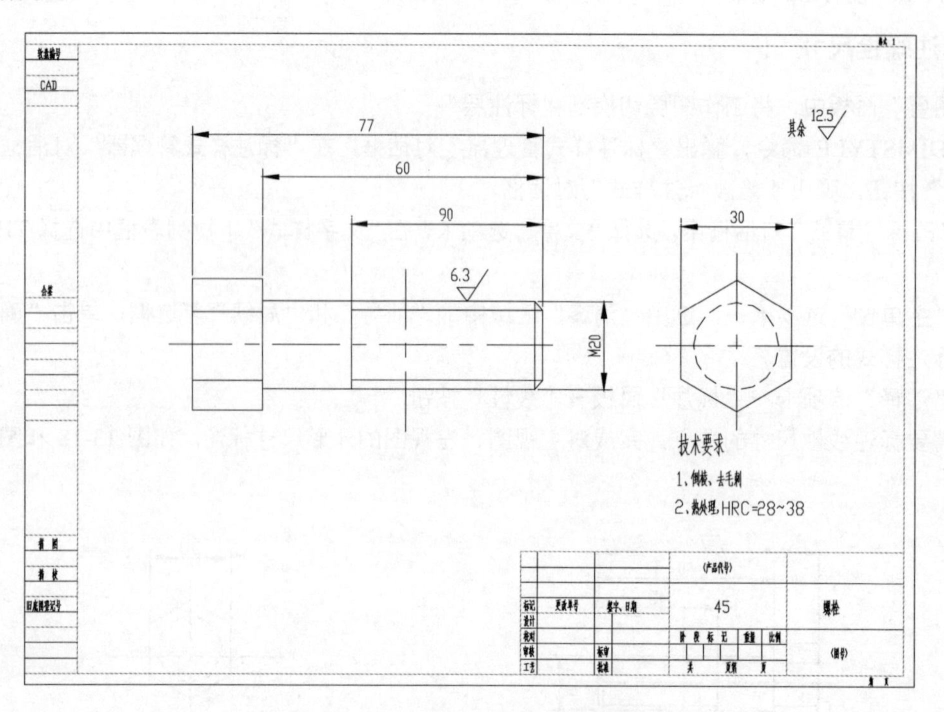

图 13-21 螺栓设计最终效果图

13.1.2 螺母设计

1. 绘制螺母主视图

01 在“图层”面板的下拉列表框中，将“中心线”置为当前图层。单击“状态栏”上的“正交”按钮，打开正交方式。

02 单击“常用”选项卡→“绘图”面板→“直线”按钮，选择一点，在水平方向上绘制长度为 40mm 的直线。

03 重复步骤 02，在竖直方向上绘制长度为 40mm 的直线，效果如图 13-22 所示。

04 单击“常用”选项卡→“绘图”面板→“多边形”按钮，在命令行输入 6，按 Enter 键，选择两条中心线的交点并如图 13-23 所示选择内接于圆，在命令行中输入内接圆的半径，按 Enter 键，效果如图 13-24 所示。

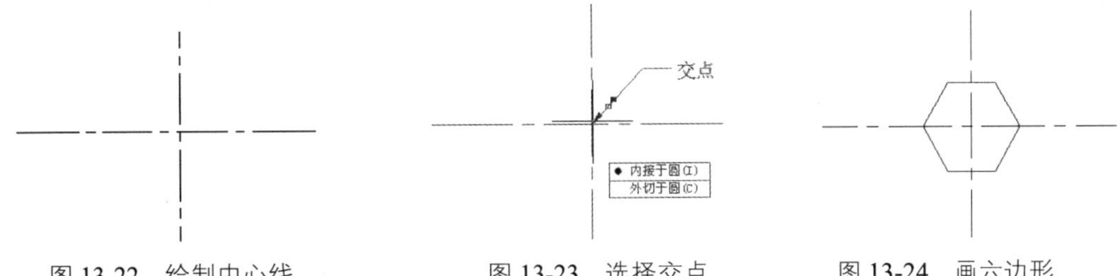

图 13-22　绘制中心线　　图 13-23　选择交点　　图 13-24　画六边形

05 单击“常用”选项卡→“绘图”面板→“圆”按钮，单击中心线的交点，输入半径，按 Enter 键，效果如图 13-25 所示。

06 选中六边形和圆，选择“粗实线”图层。

07 单击“常用”选项卡→“绘图”面板→“圆”按钮，单击中心线的交点，输入半径，按 Enter 键，绘制螺纹线。选中所绘螺纹线，选择“细实线”图层，效果如图 13-26 所示。

08 单击“常用”选项卡→“修改”面板→“打断”按钮，单击螺纹线的圆，打断掉 1/4 圆，如图 13-27 所示。

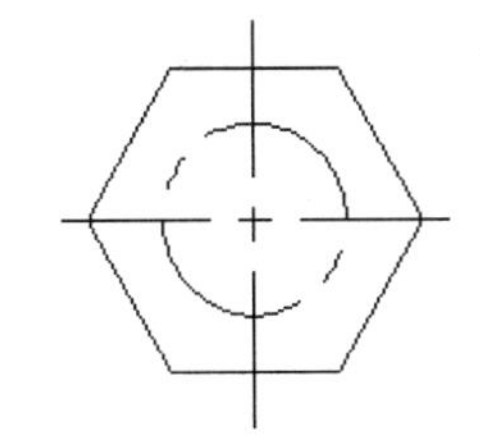

图 13-25　绘制主轮廓

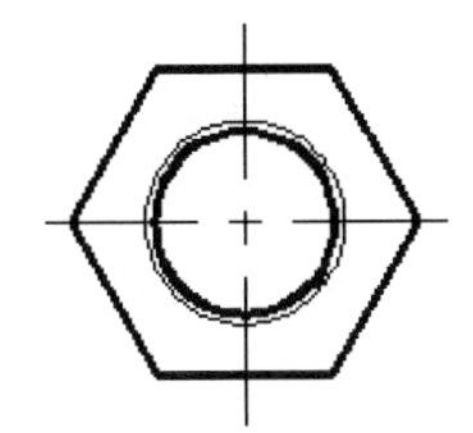

图 13-26　绘制螺纹线

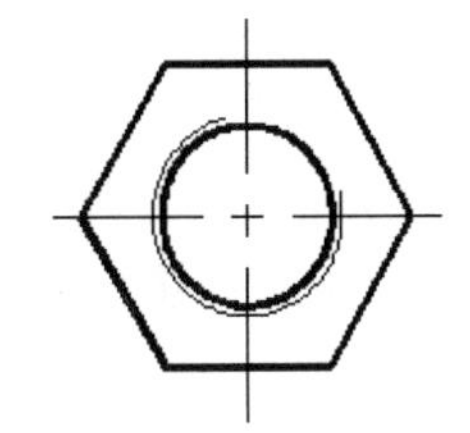

图 13-27　打断螺纹线

2．绘制螺母俯视图

01 在“图层”面板的下拉列表框中，将“中心线”置为当前图层。单击“状态栏”上的“正交”按钮，打开正交方式。

02 单击“常用”选项卡→“绘图”面板→“直线”按钮，选择一点，在水平方向上绘制长度为 40mm 的直线。

03 重复步骤 02，在竖直方向上绘制长度为 40mm 的直线。

04 单击“常用”选项卡→“修改”面板→“偏移”按钮，通过对两条中心线的偏移绘制螺母俯视图的外形轮廓，如图 13-28 所示。

05 单击“常用”选项卡→“修改”面板→“修剪”按钮，选择相应的边界，对步骤 04 创建的线条进行修剪，修剪后的效果如图 13-29 所示。选择这 4 条直线，选择“粗实线”层，效果如图 13-30 所示。

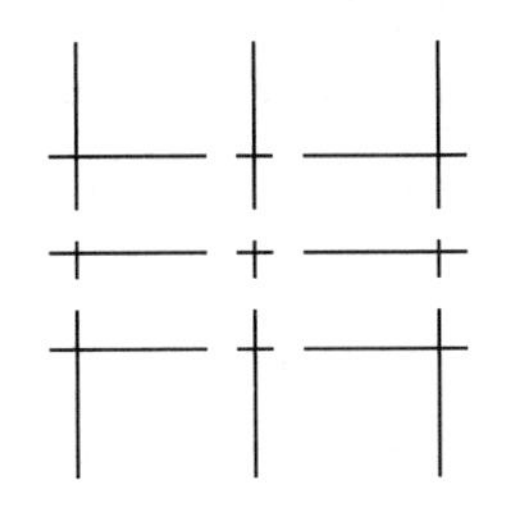

图 13-28　偏移得到的线条

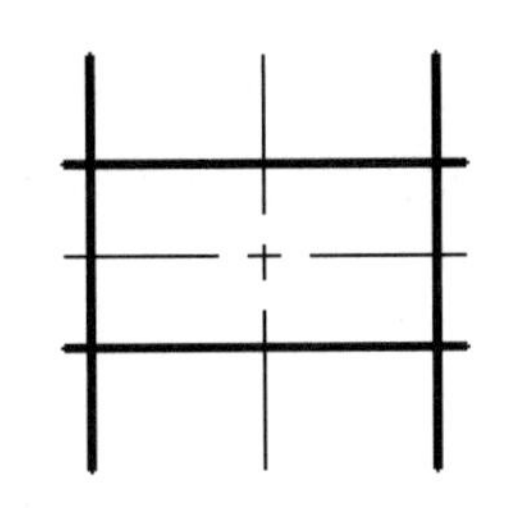

图 13-29　更改轮廓线型

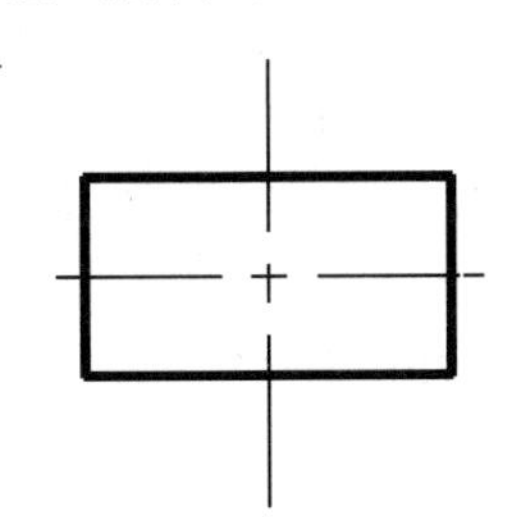

图 13-30　修剪得到的轮廓线

06 单击“常用”选项卡→“修改”面板→“偏移”按钮，对轮廓线 1 进行偏移得到螺母内轮廓，如图 13-31 所示。

07 单击“常用”选项卡→“修改”面板→“偏移”按钮，对轮廓线 2 进行偏移得到螺纹孔倒角线，如图 13-32 所示。

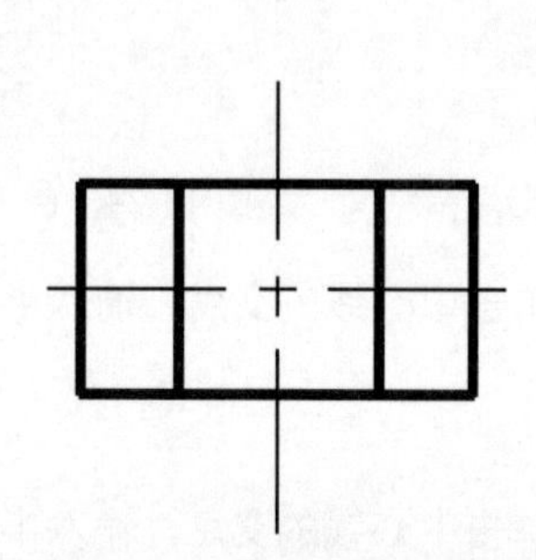
图 13-31　对轮廓 1 进行偏移

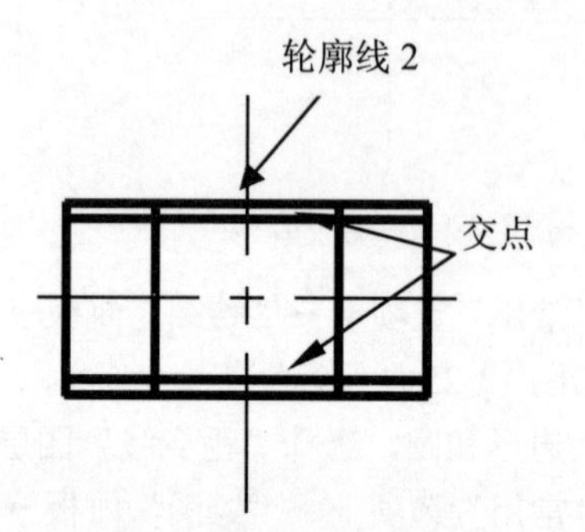

图 13-32　对轮廓 2 进行偏移

08 单击“常用”选项卡→“绘图”面板→“直线”按钮，选择如图 13-32 所示的交点，按 Tab 键，输入 60，按 Enter 键。

09 单击“常用”选项卡→“修改”面板→“延伸”按钮，选择如图 13-32 所示的轮廓线 2，按 Enter 键或单击右键，再单击如图 13-33 所示的轮廓线 3，按 Enter 键。

10 单击“常用”选项卡→“修改”面板→“镜像”按钮，选择步骤 09 延伸的直线，以水平方向的中心线为镜像线镜像出另一条直线，如图 13-34 所示。

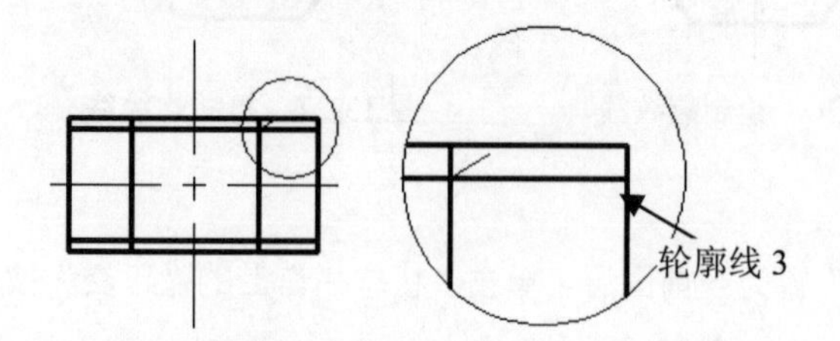

图 13-33　轮廓线 3 放大图

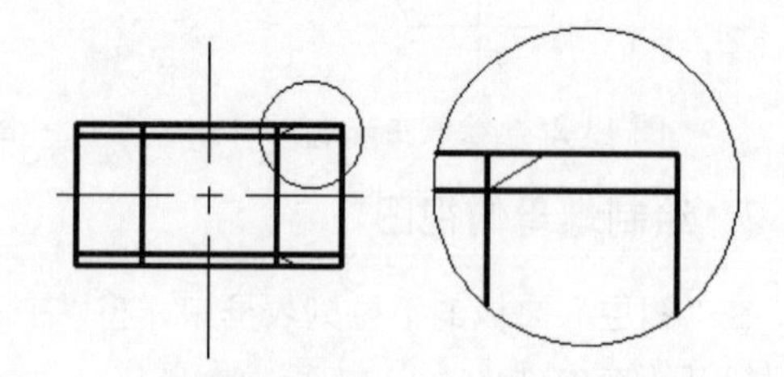
图 13-34　镜像完成后的效果图

11 通过“特性匹配”命令 matchprop 将步骤 09 和步骤 10 绘制的两条直线转化为粗实线。

12 单击“常用”选项卡→“修改”面板→“修剪”按钮，选择相应的边界，得到如图 13-35 所示的效果。

13 将图层切换到“细实线”层，单击“常用”选项卡→“绘图”面板→“图案填充”按钮，选择需要填充剖面线的图形区域，在命令提示行中输入“T”，弹出“图案填充和渐变色”对话框。

14 在该对话框的“图案填充”选项卡中的“图案”下拉列表中选择“ANSI31”，“角度”设置为 0，“比例”设置为 8。单击“关闭图案填充创建”按钮，完成剖面线的填充，效果如图 13-36 所示。

15 单击“常用”选项卡→“绘图”面板→“直线”按钮，绘制如图 13-36 所示的两个交点间的直线，并通过“特性匹配”命令 matchprop 将所绘制的直线转换成细实线，效果如图 13-37 所示。

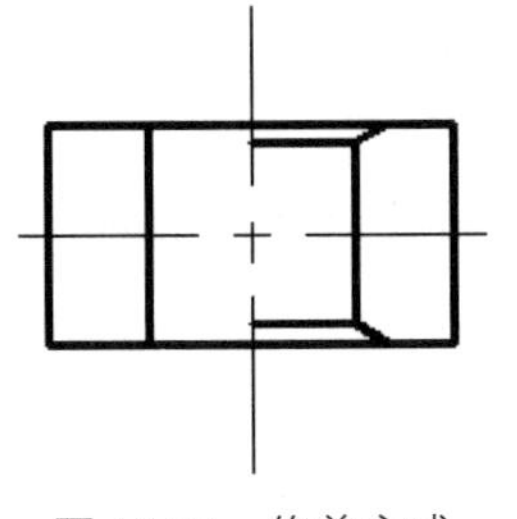

图 13-35　修剪完成

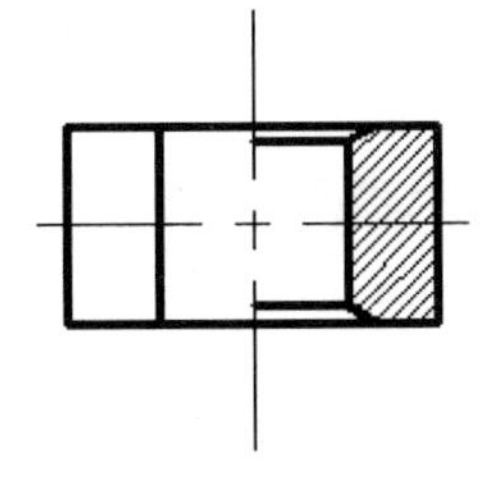

图 13-36　画剖面线

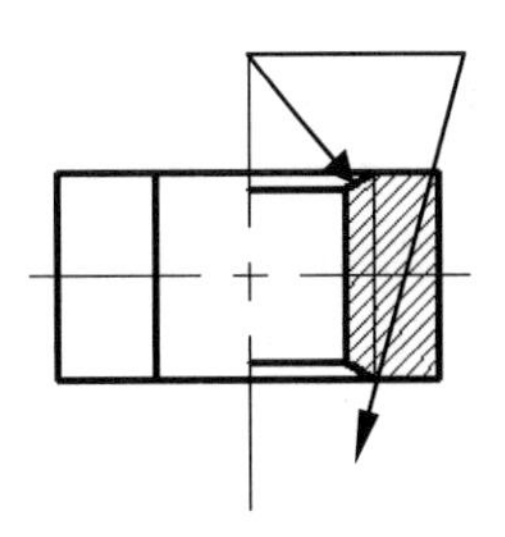

图 13-37　螺纹线绘制结束

3．标注螺母尺寸

01 在“图层”面板中，将工作图层切换到“标注”层。

02 输入 DIMSTYLE 命令，弹出“标注样式管理器”对话框。在“标注样式管理器”对话框中，单击“修改”按钮，弹出“修改标注样式”对话框。

03 在“修改标注样式”对话框中，选择“文字”选项卡，在“文字样式”下拉列表框中选择 TH_GBDIM 选项。

04 打开“主单位”选项卡，选中“消零”区域中的“前导”和“后续”复选框，单击“确定”按钮完成标注样式的设置。

05 单击“注释”选项卡→“标注”面板→“线性”按钮⊢⊣。

06 选择需要标注线性尺寸的端点，完成对主视图、俯视图外形尺寸的标注，如图 13-38 和图 13-39 所示。

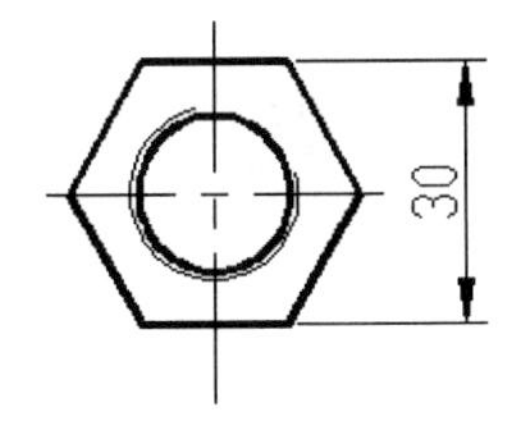

图 13-38　主视图尺寸标注

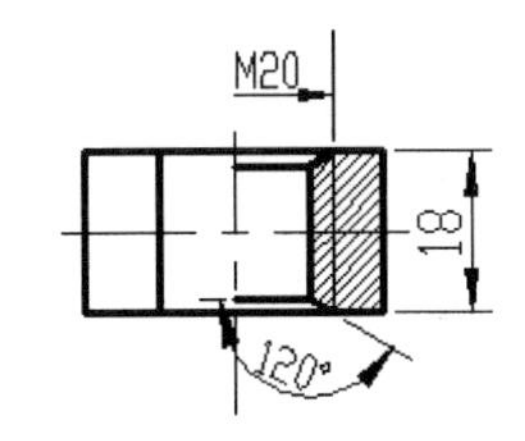

图 13-39　俯视图尺寸标注

4．标注螺母表面粗糙度

01 使用 insert 命令，或单击“插入”选项卡→“块”面板→“插入”按钮，弹出“插入”对话框。

02 选择随书光盘目录下的“\源文件\粗糙度.dwg”文件，单击“打开”按钮。

03 返回到“插入”对话框，选中插入点、比例、旋转 3 个区域中的“在屏幕上指定”复选框，单击“确定”按钮。

04 在屏幕上指定插入点，并设置好相关的参数，插入粗糙度符号，效果如图 13-40 所示。

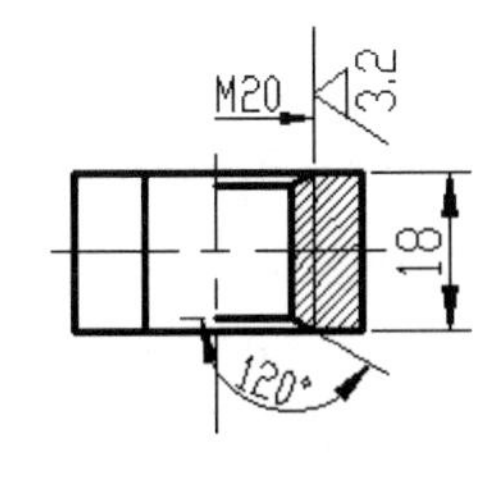

图 13-40　粗糙度标注

5．标注技术要求

在绘制零件的过程中需要注意的是，在视图上无法表达的部分可通过标注技术要求的方式表达出来。

01 使用 mtext 命令进行技术要求的标注，即输入 mtext 命令。

02 在屏幕上选择需要标注的位置，按住鼠标左键，确定文字插入位置并单击，弹出“文字编辑器”选

项卡。

03 调整字体大小为 10，输入“技术要求”。

04 调整字体大小为 7，输入具体的技术要求内容，单击“确定”按钮完成技术要求的标注，效果如图 13-41 所示。

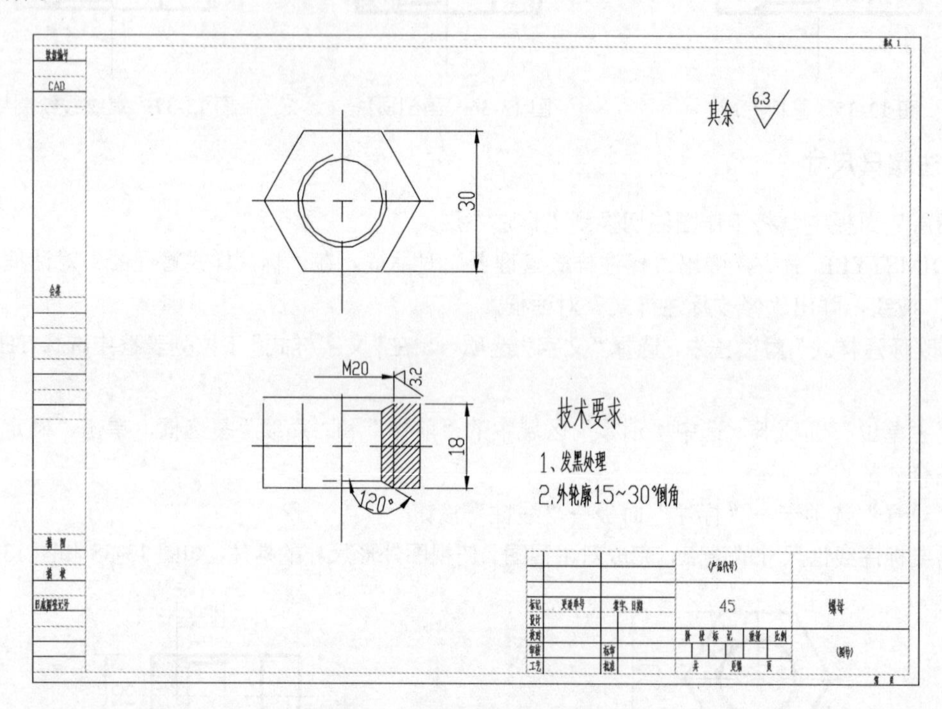

图 13-41　螺母设计最终效果图

13.1.3　螺钉设计

1. 绘制螺钉主视图

01 在“图层”面板中，将“中心线”置为当前图层。单击“状态栏”上的“正交”按钮，打开正交方式。

02 单击“常用”选项卡→“绘图”面板→“直线”按钮，选择一点，在水平方向上绘制长度为 80mm 的直线。

03 重复步骤 02，在竖直方向上绘制长度为 40mm 的直线，效果如图 13-42 所示。

04 单击“常用”选项卡→“修改”面板→“偏移”按钮，通过对中心线的偏移绘制线条，如图 13-43 所示。

05 选中所偏移的线条，选择“粗实线”图层，效果如图 13-44 所示。

图 13-42 绘制中心线　　图 13-43　偏移得到的线条　　图 13-44　将偏移的线条转换为粗实线

06 单击“常用”选项卡→“修改”面板→“修剪”按钮-/--，对如图 13-44 所示的粗实线进行修剪，得到主视图的外轮廓形状，效果如图 13-45 所示

07 单击“常用”选项卡→“修改”面板→“倒角”按钮⌐，在命令行输入 A，按 Enter 键，输入倒角长度 1.5mm，按 Enter 键，在命令提示行输入 45，按 Enter 键，然后选择轮廓线 1 和轮廓线 2。

08 重复步骤 07，选择轮廓线 2 和轮廓线 3，效果如图 13-46 所示。

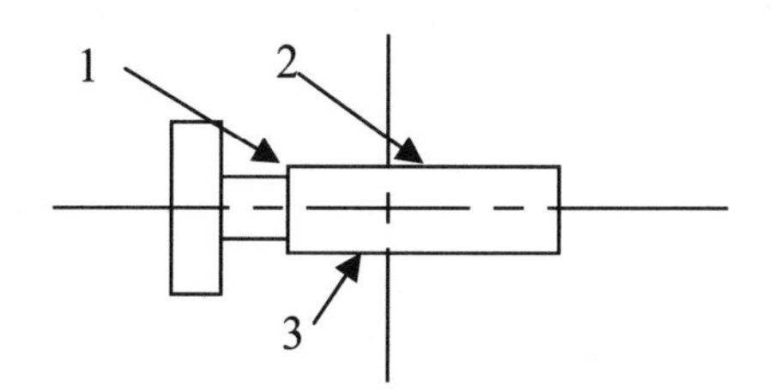

图 13-45 修剪完成的轮廓图

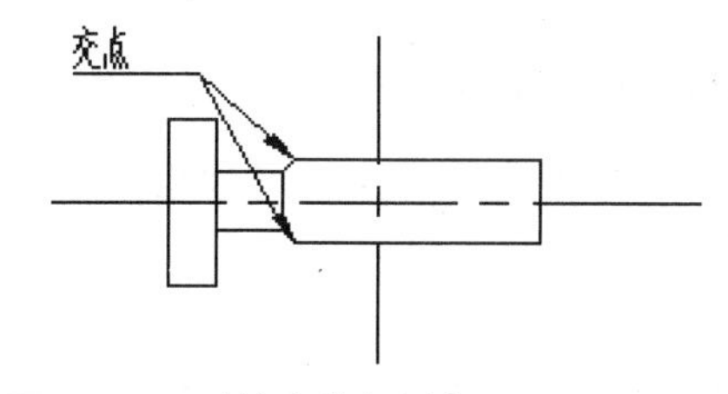

图 13-46 对轮廓进行倒角

09 单击“常用”选项卡→“绘图”面板→“直线”按钮╱，单击如图 13-46 所示的两个交点绘制出倒角轮廓线，如图 13-47 所示。

10 单击“常用”选项卡→“修改”面板→“偏移”按钮，分别对如图 13-45 所示的轮廓线 2、轮廓线 3 偏移绘制螺纹线。选择绘制的线条，选择“细实线”图层，效果如图 13-48 所示。

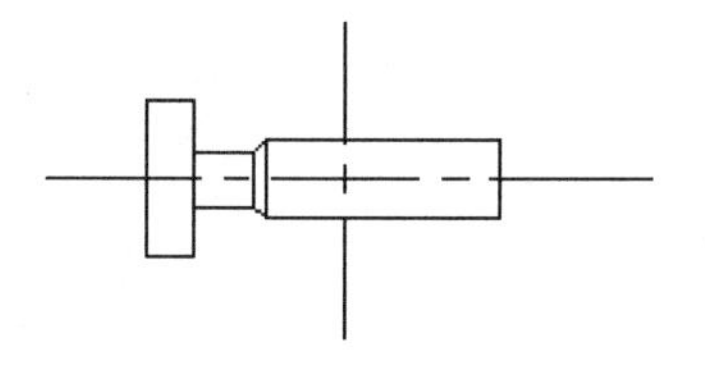

图 13-47 绘制倒角轮廓线

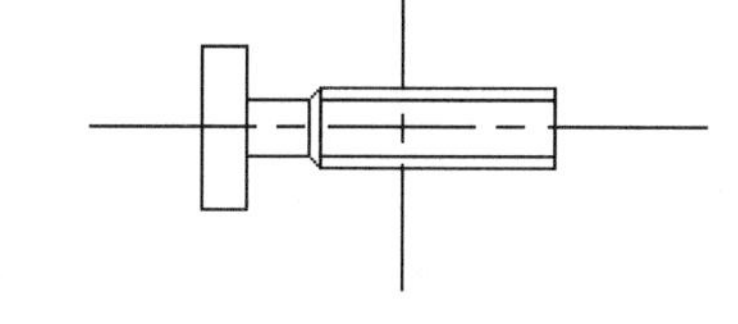

图 13-48 绘制螺纹线

11 单击“常用”选项卡→“修改”面板→“偏移”按钮，分别对如图 13-49 所示的轮廓线 4、轮廓线 5、轮廓线 6 进行偏移，绘制开槽轮廓线。

12 单击“常用”选项卡→“修改”面板→“修剪”按钮-/--，选择相应的边界，对步骤 11 偏移得到的线条进行修剪，效果如图 13-50 所示。

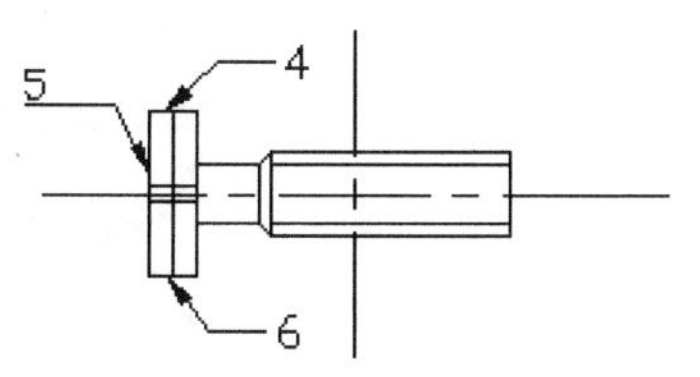

图 13-49 偏移得到的线条

图 13-50 修剪得到的轮廓

13 单击“常用”选项卡→“修改”面板→“圆角”按钮⌐，在命令提示行输入“R”，输入圆角半径 2mm，分别单击如图 13-49 所示的轮廓线 4、轮廓线 5。

14 重复步骤 13，分别单击如图 13-49 所示的轮廓线 5、轮廓线 6，效果如图 13-51 所示。

15 单击“显示线宽”按钮+查看效果，如图 13-52 所示。

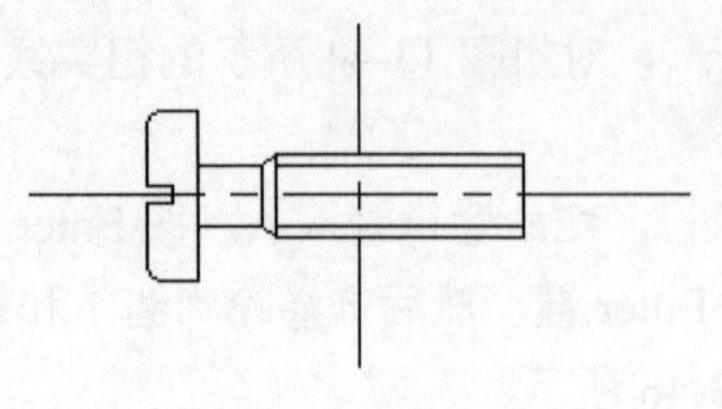

图 13-51 圆角

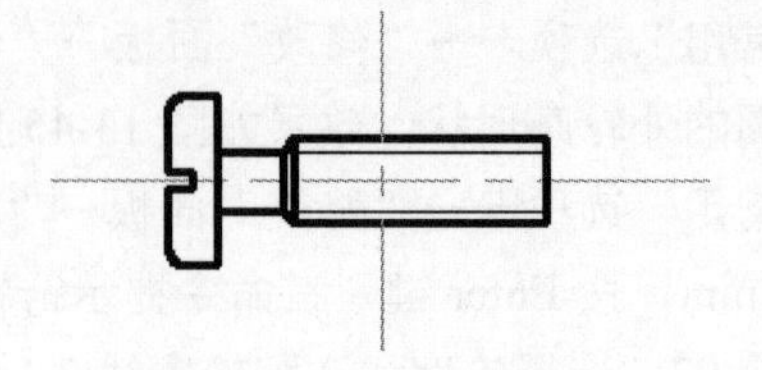

图 13-52 螺钉主视图的最终效果

2. 绘制螺钉左视图

01 单击“常用”选项卡→“绘图”面板→“直线”按钮，选择一点，在水平方向上绘制长度为 40mm 的直线。

02 重复步骤 01，在竖直方向上绘制长度为 40mm 的直线，效果如图 13-53 所示。

03 单击“常用”选项卡→“绘图”面板→“圆”按钮，单击中心线的交点，输入半径 10，按 Enter 键，效果如图 13-54 所示。

04 单击“常用”选项卡→“修改”面板→“偏移”按钮，通过对中心线的偏移绘制线条，如图 13-55 所示。

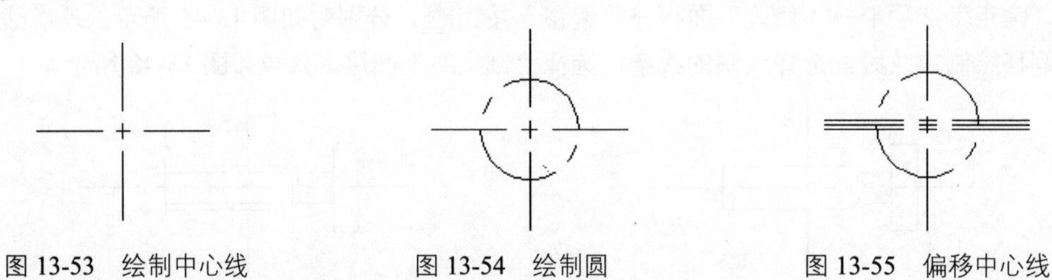

图 13-53 绘制中心线　　图 13-54 绘制圆　　图 13-55 偏移中心线

05 选中步骤 03 和步骤 04 所绘制的线条，选择“粗实线”图层，如图 13-56 所示。

06 单击“常用”选项卡→“修改”面板→“修剪”按钮，选择相应的边界进行修剪，效果如图 13-57 所示。

07 单击“显示线宽”按钮查看效果，如图 13-58 所示。

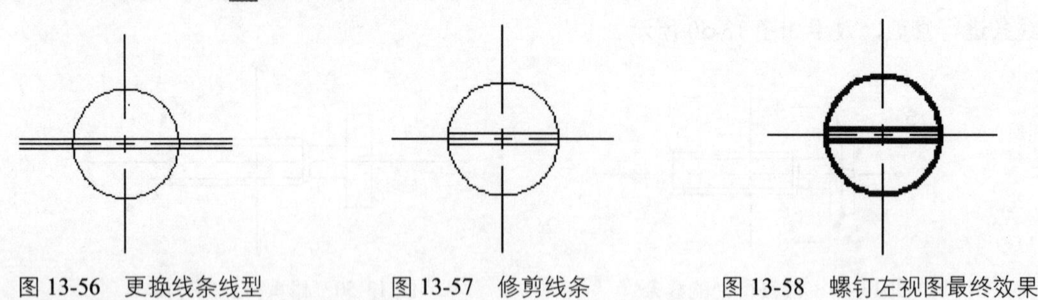

图 13-56 更换线条线型　　图 13-57 修剪线条　　图 13-58 螺钉左视图最终效果

3. 标注螺钉尺寸

01 在“图层”面板中，将工作图层切换到“标注”层。

02 输入 DIMSTYLE 命令，弹出“标注样式管理器”对话框。在“标注样式管理器”对话框中，单击“修改”按钮，弹出“修改标注样式”对话框。

03 在“修改标注样式”对话框中，选择“文字”选项卡，在“文字样式”下拉列表框中选择 TH_GBDIM 选项。

04 打开“主单位”选项卡，选中“消零”区域中的“前导”和“后续”复选框，单击“确定”按钮完成标注样式的设置。

05 单击“注释”选项卡→“标注”面板→“线性”按钮。

06 选择需要标注线性尺寸的端点，完成对主视图、左视图外形尺寸的标注，效果如图 13-59 所示。

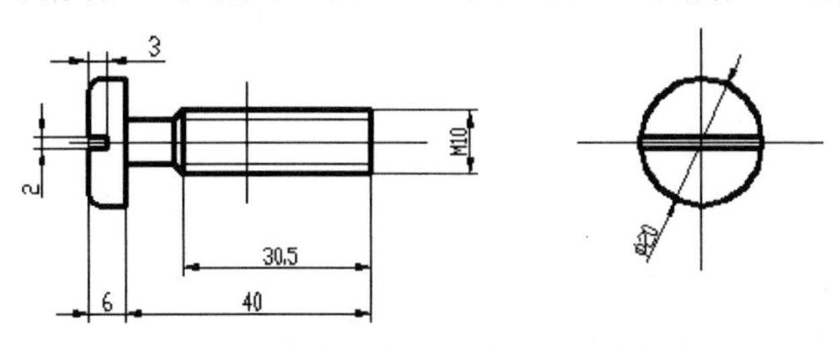

图 13-59　螺钉主视图、左视图尺寸标注

4. 标注螺钉表面粗糙度

01 使用 insert 命令，或单击“插入”选项卡→“块”面板→“插入”按钮，弹出“插入”对话框。

02 选择随书光盘目录下的“\源文件\粗糙度.dwg”文件，单击“打开”按钮。

03 返回到“插入”对话框，选中插入点、比例、旋转 3 个区域中的“在屏幕上指定”复选框，单击“确定”按钮。

04 在屏幕上指定插入点，并设置好相关的参数，插入粗糙度符号，效果如图 13-60 所示。

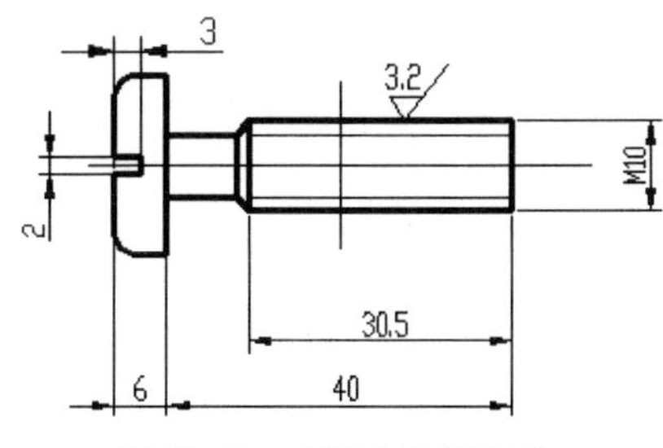

图 13-60　标注表面粗糙度

5. 标注技术要求

在绘制零件的过程中需要注意的是，在视图上无法表达的部分可通过标注技术要求的方式表达出来。

01 使用 mtext 命令进行技术要求的标注，即输入 mtext 命令。

02 在屏幕上选择需要标注的位置，按住鼠标左键，确定文字插入位置并单击，弹出“文字编辑器”选项卡。

03 调整字体大小为 7，输入“技术要求”。

04 调整字体大小为 5，输入具体的技术要求内容，单击“确定”按钮完成技术要求的标注，效果如图 13-61 所示。

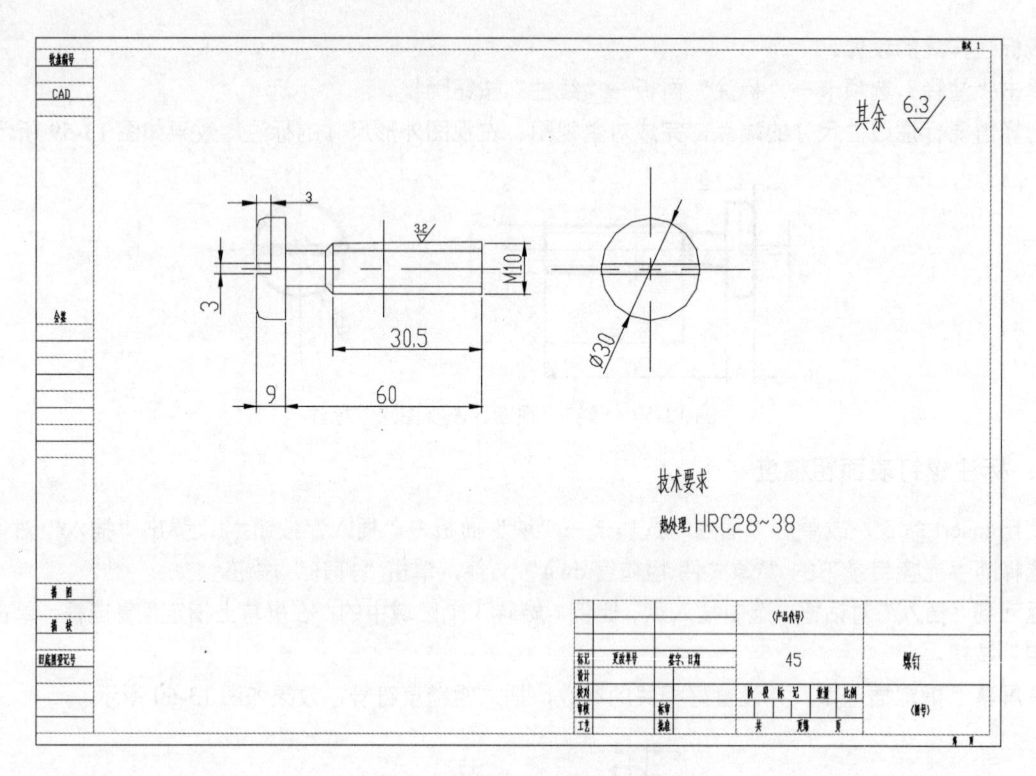

图 13-61　螺钉设计最终效果图

13.1.4　铆钉设计

1. 绘制铆钉主视图

01 在“图层”面板中，将“中心线”置为当前图层。单击“状态栏”上的“正交”按钮，打开正交方式。

02 单击“常用”选项卡→“绘图”面板→“直线”按钮，选择一点，在水平方向上绘制长度为 40mm 的直线。

03 重复步骤 02，在竖直方向上绘制长度为 15mm 的直线，效果如图 13-62 所示。

04 单击“常用”选项卡→“修改”面板→“偏移”按钮，通过对中心线的偏移绘制线条，如图 13-63 所示。

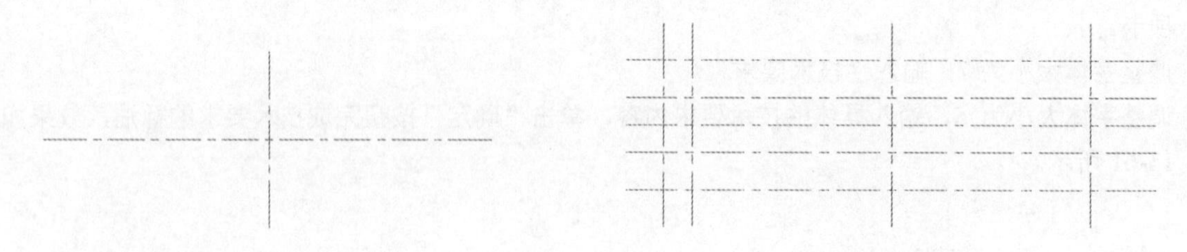

图 13-62　绘制中心线　　　　图 13-63　偏移线条

05 选中所绘制的线条，单出“图层”下拉列表框中的“粗实线”图层，效果如图 13-64 所示。

06 单击“常用”选项卡→“修改”面板→“修剪”按钮，对图 13-64 中的粗实线条进行修剪，得到主视图的外轮廓形状，效果如图 13-65 所示。

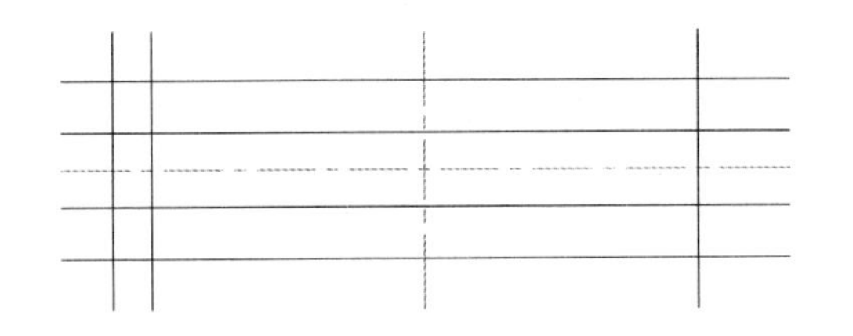

图 13-64　改变线条线型

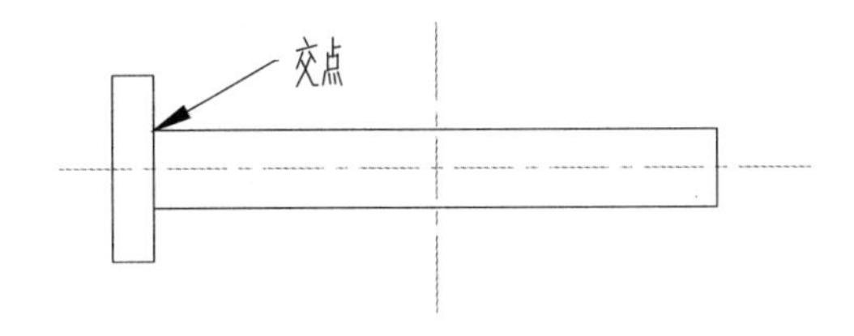

图 13-65　修剪线条

07 单击“常用”选项卡→“图层”面板→“图层”下拉列表框，选择“粗实线”图层。

08 单击“常用”选项卡→“绘图”面板→“直线”按钮，选择如图 13-65 所示的交点，将鼠标拖放到左上方，输入 5mm 后按 Tab 键，输入 120mm 后按 Enter 键，如图 13-66 所示。

09 单击“常用”选项卡→“修改”面板→“镜像” 按钮，单击步骤 08 中所绘制的直线，再选择水平方向上的中心线为镜像线，如图 13-67 所示。

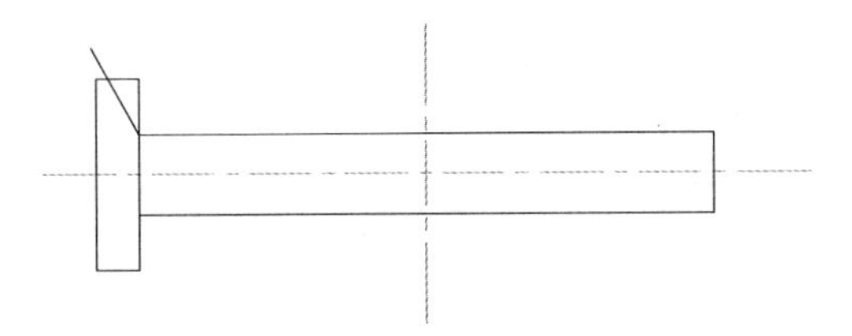

图 13-66　绘制直线

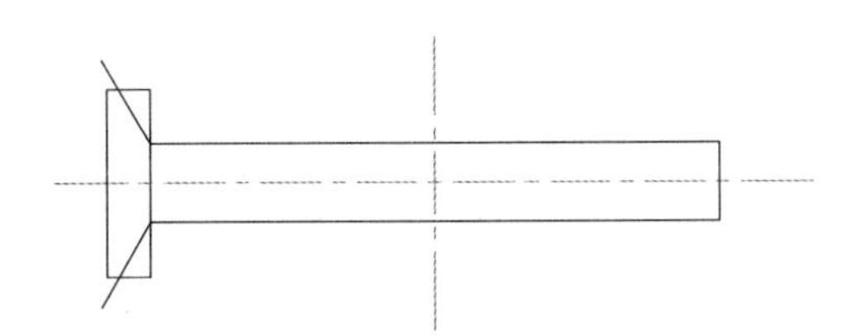

图 13-67　镜像线条

10 单击“常用”选项卡→“修改”面板→“修剪”按钮，选择要修剪线条的边界进行修剪，效果如图 13-68 所示。

11 单击“常用”选项卡→“绘图”面板→“直线”按钮，依次单击如图 13-68 所示的两个交点，绘制两点间的直线，如图 13-69 所示

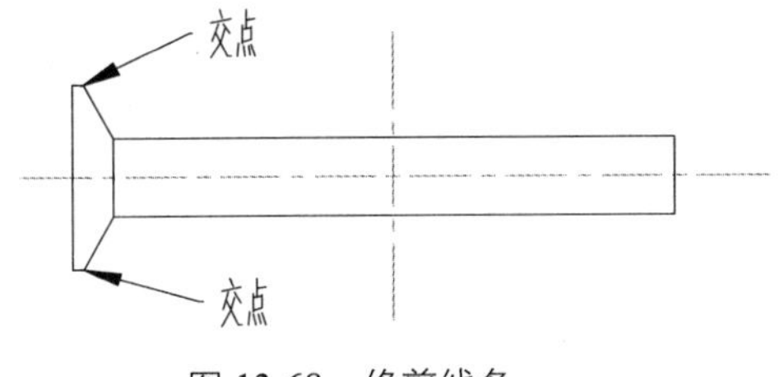

图 13-68　修剪线条

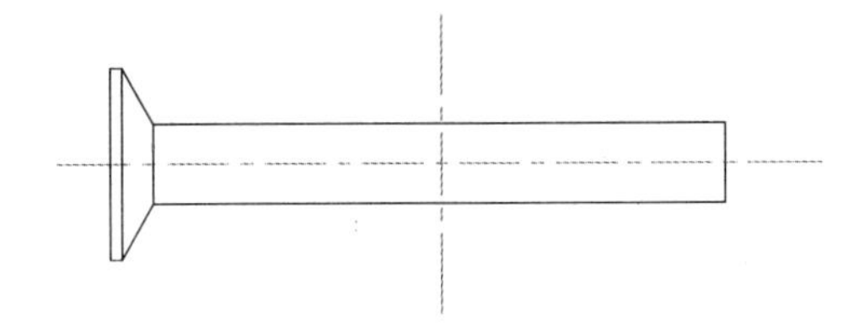

图 13-69　绘制沉头轮廓

2．标注铆钉尺寸

01 在“图层”面板中，将工作图层切换到“标注层”。

02 输入 DIMSTYLE 命令，弹出“标注样式管理器”对话框。在“标注样式管理器”对话框中，单击“修改”按钮，弹出“修改标注样式”对话框。

03 在“修改标注样式”对话框中，选择“文字”选项卡，在“文字样式”下拉列表框中选择 TH_GBDIM 选项。

04 打开“主单位”选项卡，选中“消零”区域中的“前导”和“后续”复选框，单击“确定”按钮完成标注样式的设置。

05 单击“注释”选项卡→“标注”面板→“线性”按钮。

06 单击“注释”选项卡“标注”面板→“角度”按钮。

07 选择需要标注线性尺寸的端点，完成对主视图外形尺寸的标注，如图 13-70 所示。

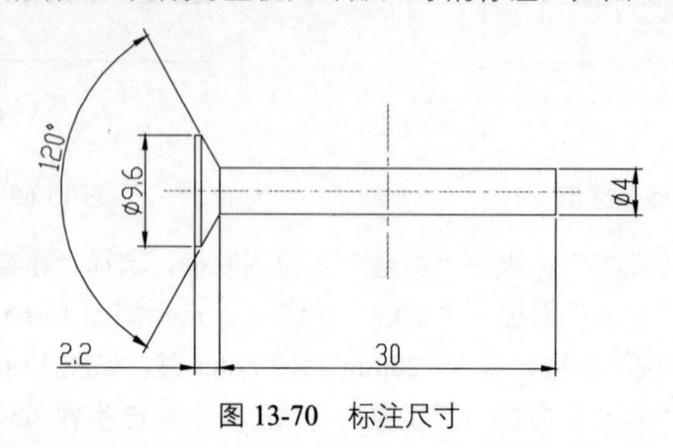

图 13-70 标注尺寸

3．标注铆钉表面粗糙度

01 使用 insert 命令，或单击“插入”选项卡→“块”面板→“插入”按钮，弹出“插入”对话框。

02 选择随书光盘目录下的“\源文件\粗糙度.dwg”文件，单击“打开”按钮。

03 返回到“插入”对话框，选中插入点、比例、旋转 3 个区域中的“在屏幕上指定”复选框，单击“确定”按钮。

04 在屏幕上指定插入点，并设置好相关的参数，插入粗糙度符号，效果如图 13-71 所示。

05 单击“注释”选项卡→“文字”面板→“多行文字”按钮A，对粗糙度等级进行标注。

06 在粗糙度符号上选择位置进行粗糙度等级的标注。

07 设置好文字的高度和旋转角度，输入文字完成粗糙度等级的标注。

08 重复步骤 05～07，完成所有粗糙度等级的标注，效果如图 13-72 所示。

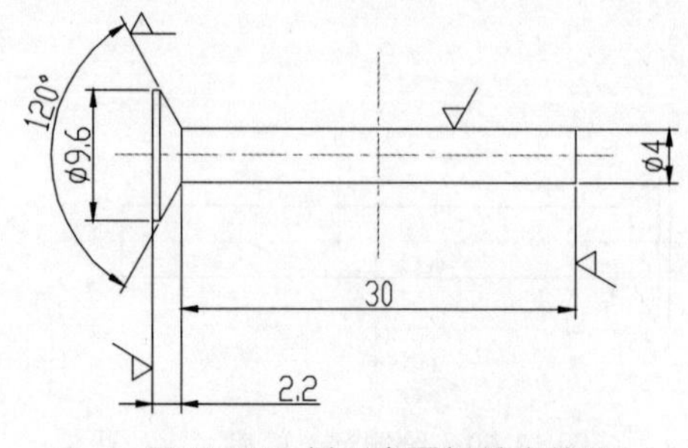

图 13-71 插入表面粗糙度符号

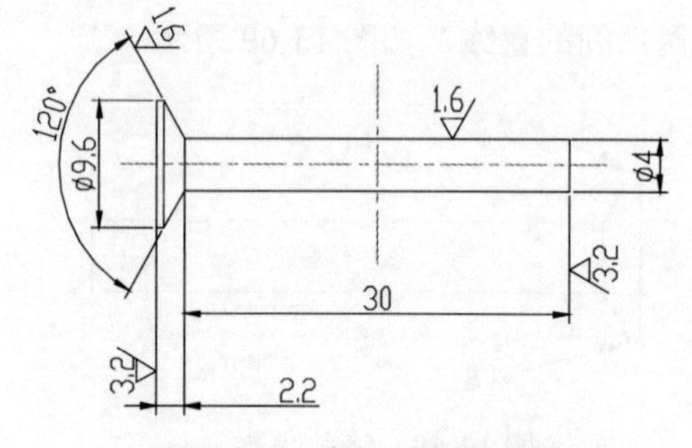

图 13-72 标注表面粗糙度

4．标注技术要求

01 使用 mtext 命令进行技术要求的标注，即输入 mtext 命令。

02 在屏幕上选择需要标注的位置，按住鼠标左键，以确定文字的插入位置并单击，弹出“文字编辑器”选项卡。

03 调整字体大小为 10，输入“技术要求”。

04 调整字体大小为 7，输入具体的技术要求内容，单击“确定”按钮完成技术要求的标注，效果如图 13-73 所示。

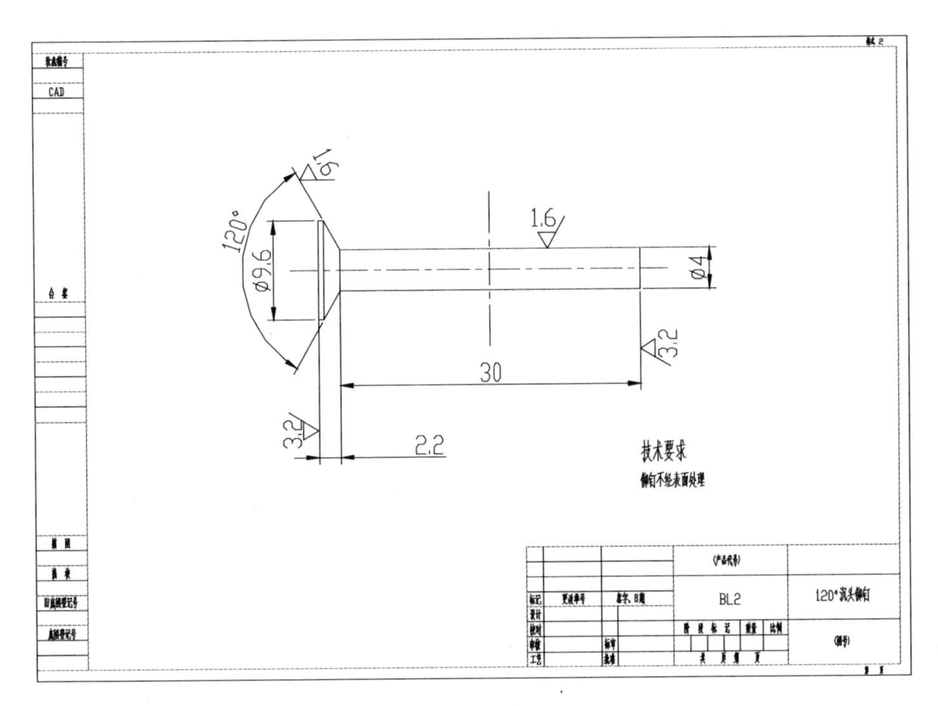

图 13-73　铆钉设计最终效果图

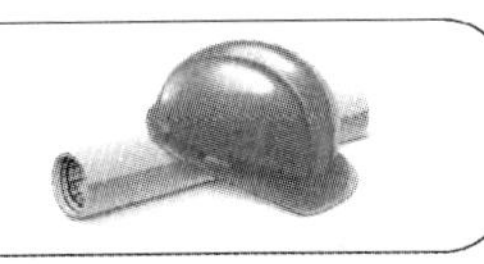

13.2 滚动轴承设计

滚动轴承相对于滑动轴承的区别是滚动轴承是将运转的轴与轴座之间的滑动摩擦变为滚动摩擦，从而减少摩擦损失，它是一种精密的机械元件。滚动轴承一般由外圈、内圈、滚动体和保持架组成。本节主要讲述滚动体的两种轴承，即向心球轴承和圆锥滚子轴承的画法。

13.2.1 向心球轴承设计

1. 绘制主视图

01 在“图层”面板中，将“中心线”置为当前图层。单击“状态栏”上的“正交”按钮，打开正交方式。

02 单击“常用”选项卡→“绘图”面板→“直线”按钮，选择一点，在水平方向上绘制长度为 30mm 的直线。

03 重复步骤 02，在竖直方向上绘制长度为 15mm 的直线，效果如图 13-74 所示。

04 单击“常用”选项卡→“修改”面板→“偏移”按钮，通过对中心线的偏移绘制线条，如图 13-75 所示。

05 选中所绘制的线条，选择“粗实线”图层，效果如图 13-76 所示。

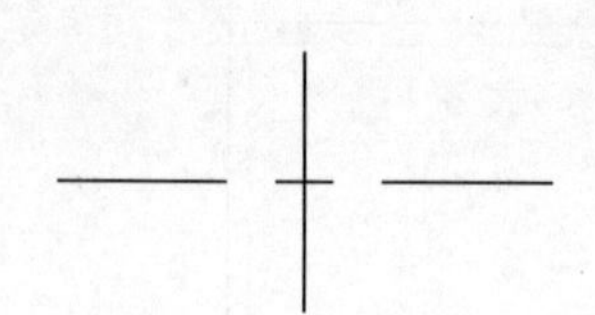

图 13-74　绘制中心线

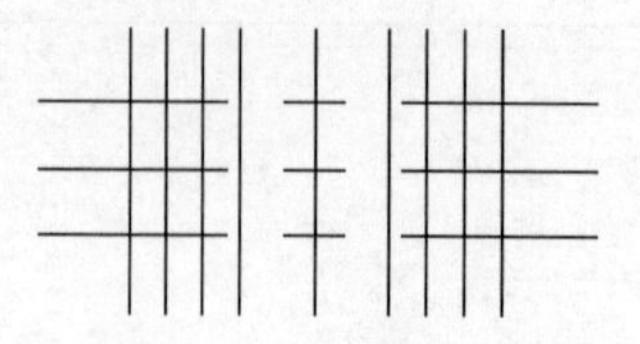

图 13-75　偏移得到的线条

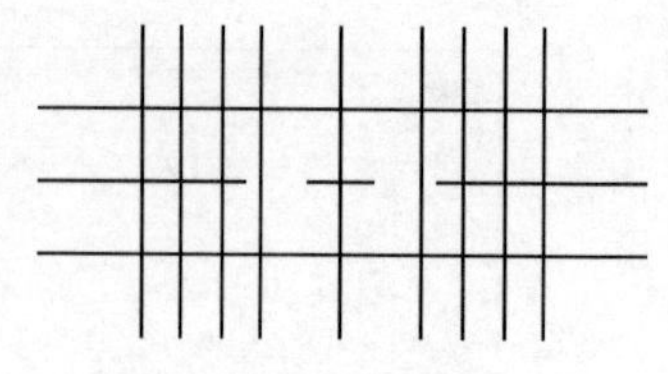

图 13-76　转换线型

06 单击“常用”选项卡→“修改”面板→“修剪”按钮，对图 13-76 中的线条进行修剪，得到主视图的外轮廓形状，效果如图 13-77 所示。

07 单击“常用”选项卡→“修改”面板→“偏移”按钮，通过对中心线的偏移绘制线条，如图 13-78 所示。

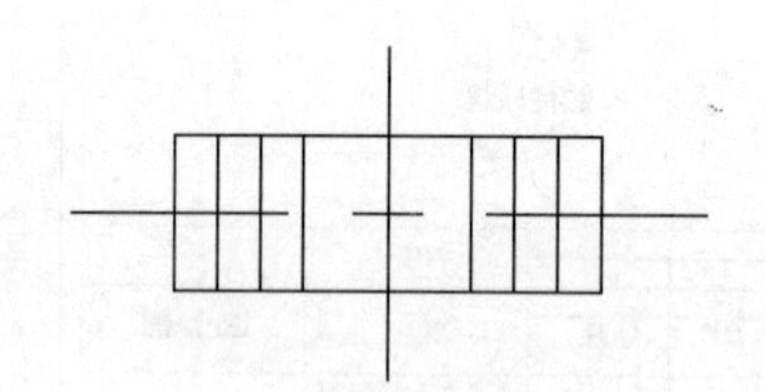

图 13-77　修剪线条

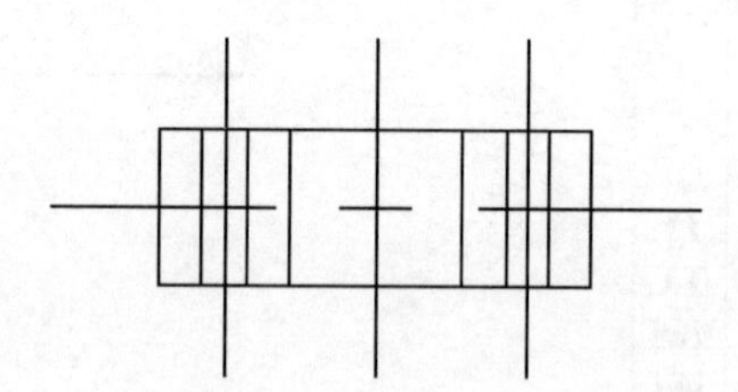

图 13-78　绘制滚珠中心线

08 单击“常用”选项卡→“绘图”面板→“圆”按钮，单击如图 13-79 所示的交点，输入半径，按 Enter 键，效果如图 13-80 所示。

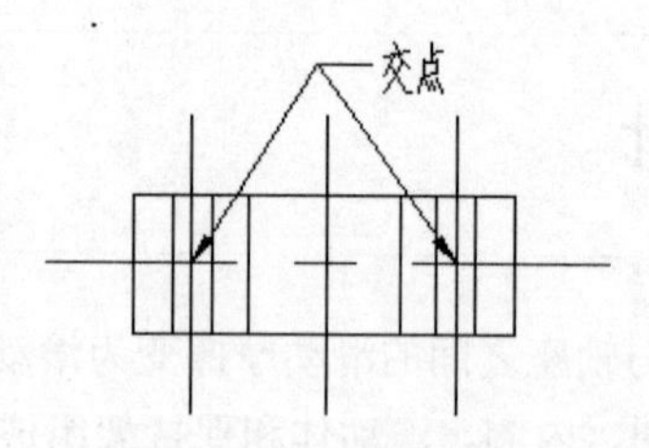

图 13-79　中心线的交点

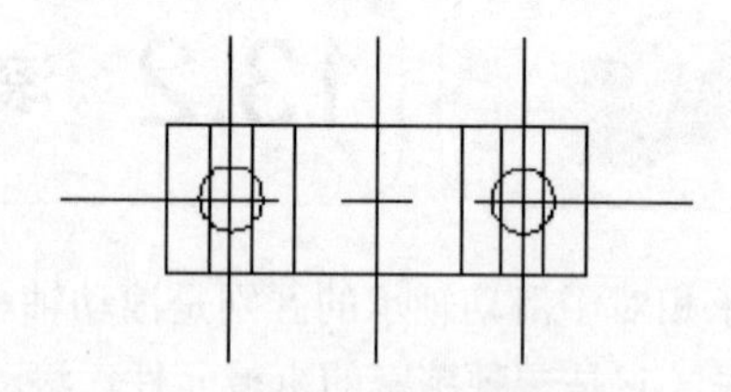

图 13-80　绘制圆

09 单击“常用”选项卡→“修改”面板→“修剪”按钮，选择相应的边界，对创建的线条进行修剪，修剪后的效果如图 13-81 所示。

10 单击“常用”选项卡→“修改”面板→“打断”按钮，对中心线进行修剪，效果如图 13-82 所示。

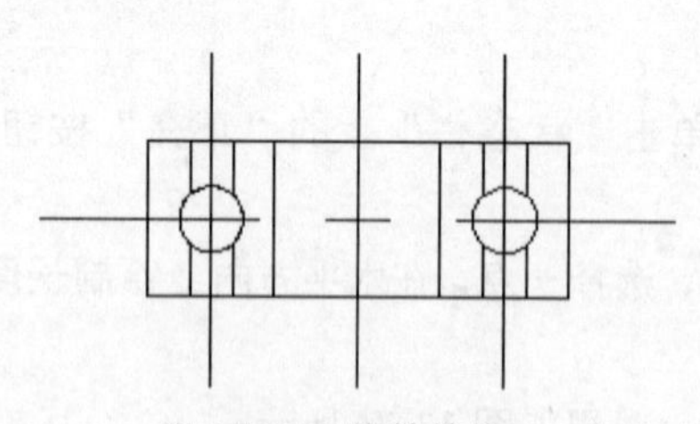

图 13-81　修剪轮廓

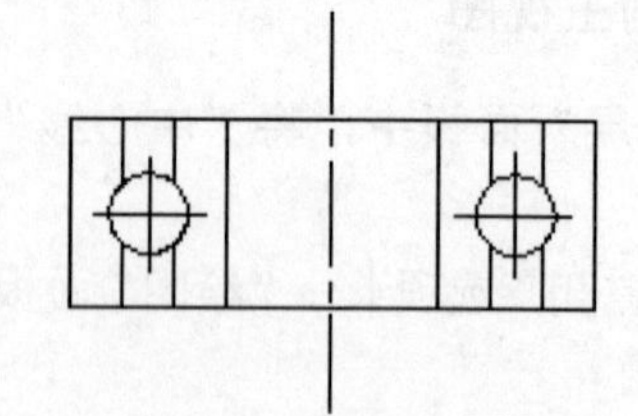

图 13-82　打断中心线

11 将图层切换到“细实线”层，单击“常用”选项卡→“绘图”面板→“图案填充”按钮，选择如图 13-83 所示的区域 1，在命令提示行中输入“T”，弹出“图案填充和渐变色”对话框。

12 在“图案填充”选项卡的“图案”下拉列表中选择“ANSI31”，“角度”设置为 0，“比例”设置为 5。单击“关闭图案填充创建”按钮，完成剖面线的填充，效果如图 13-83 所示。

13 单击“常用”选项卡→“绘图”面板→“图案填充”按钮，选择如图 13-84 所示的区域 2，在命令提示行中输入“T”，弹出“图案填充和渐变色”对话框。

14 在“图案填充”选项卡的“图案”面板中选择“ANSI31”，“角度”设置为 90，“比例”设置为 5。单击“关闭图案填充创建”按钮，完成剖面线的填充，效果如图 13-84 所示

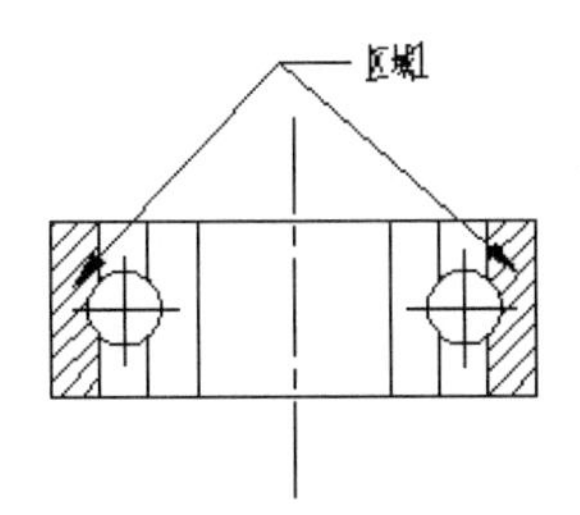

图 13-83　对区域 1 填充剖面线

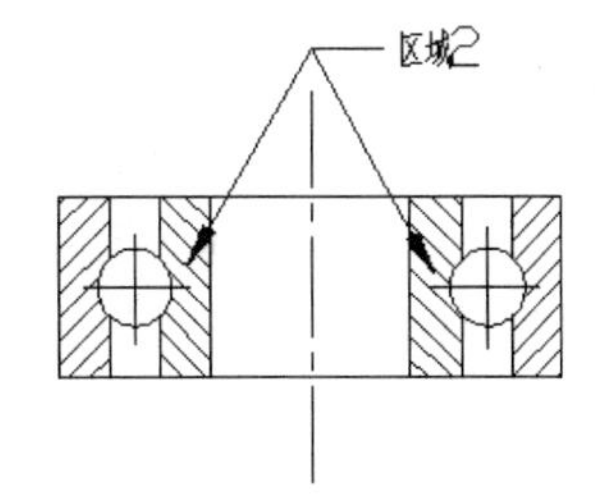

图 13-84　对区域 2 填充剖面线

2．标注轴承尺寸

01 在“图层”面板中选择“细实线”层，将工作图层切换到“细实线” 层。

02 输入 DIMSTYLE 命令，弹出“标注样式管理器”对话框。在“标注样式管理器”对话框中，单击“修改”按钮，弹出“修改标注样式”对话框。

03 在“修改标注样式”对话框中，打开“文字”选项卡，在“文字样式”下拉列表框中选择 TH_GBDIM 选项。

04 打开“主单位”选项卡，选中“消零”区域中的“前导”和“后续”复选框，单击“确定”按钮完成标注样式的设置。

05 单击“注释”选项卡→“标注”面板→“线性”按钮。

06 选择需要标注线性尺寸的端点，完成对主视图外形尺寸的标注，如图 13-85 所示。

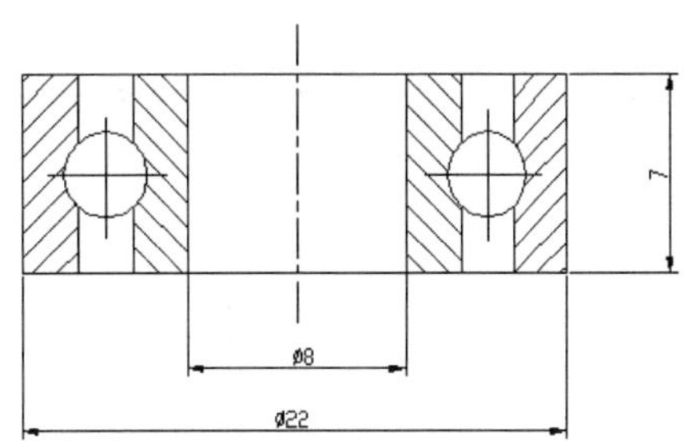

图 13-85　轴承尺寸标注

3．标注轴承表面粗糙度

01 使用 insert 命令，或单击“插入”选项卡→“块”面板→“插入”按钮，弹出“插入”对话框。

02 选择随书光盘目录下的“\源文件\粗糙度.dwg”文件，单击“打开”按钮。

03 返回到“插入”对话框，选中插入点、比例、旋转 3 个区域中的“在屏幕上指定”复选框，单击“确定”按钮。

04 在屏幕上指定插入点，并设置好相关的参数，插入粗糙度符号，效果如图 13-86 所示。

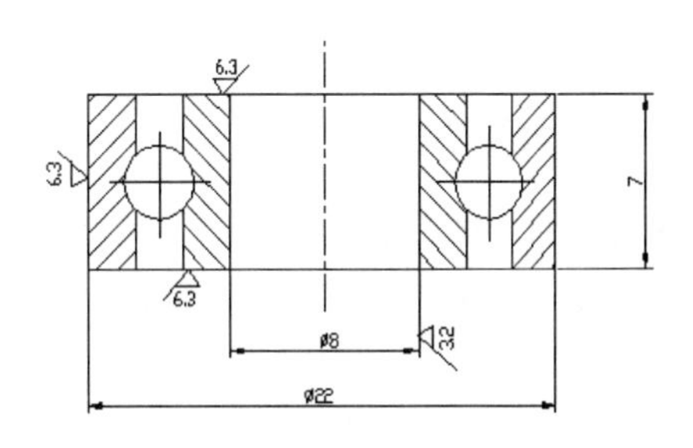

图 13-86　标注表面粗糙度

4．标注形位公差

采用上述标注粗糙度的方法，本例使用已有的基准代号的块，操作步骤如下：

01 使用 insert 命令，或单击“插入”选项卡→“块”面板→“插入”按钮，弹出“插入”对话框。

02 选择随书光盘目录下的“\源文件\基准代号.dwg”文件，单击“打开”按钮。

03 返回到“插入”对话框，选中插入点、比例、旋转 3 个区域中的“在屏幕上指定”复选框，单击“确定”按钮。

04 在屏幕上指定插入点，并设置好相关的参数，插入基准代号。

05 单击“注释”选项卡→“文字”面板→“多行文字”按钮A，完成对基准代号的标注。

06 单击“注释”选项卡→“标注”面板→“公差”按钮，弹出“形位公差”对话框。

07 单击“形位公差”对话框中“符号”下的黑框，弹出“特征符号”对话框，单击“同轴度”符号，自动关闭对话框。

08 在“公差 1”下的文本框中输入“0.02”，在“基准”文本框中输入 A，单击“确定”按钮。

形位公差的选用一般根据零件的使用场合来决定，并且所标识的数值需要根据零件的尺寸查阅相关手册来决定。

09 利用鼠标单击选择需要放置公差的位置。

10 单击“注释”选项卡→“引线”面板→“多重引线“按钮，将公差指向需要标注形位公差的表面，以完成形位公差标注，效果如图 13-87 所示。

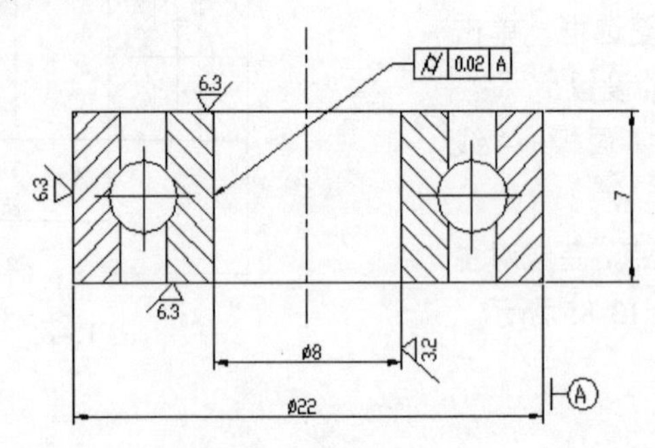

图 13-87　标注形位公差

5. 标注技术要求

01 使用 mtext 命令进行技术要求的标注，即输入 mtext 命令。

02 在屏幕上选择需要标注的位置，按住鼠标左键，确定文字插入位置并单击，弹出“文字编辑器”选项卡。

03 调整字体大小为 10，输入“技术要求”。

04 调整字体大小为 7，输入具体的技术要求内容，单击“确定”按钮完成技术要求的标注，效果如图 13-88 所示。

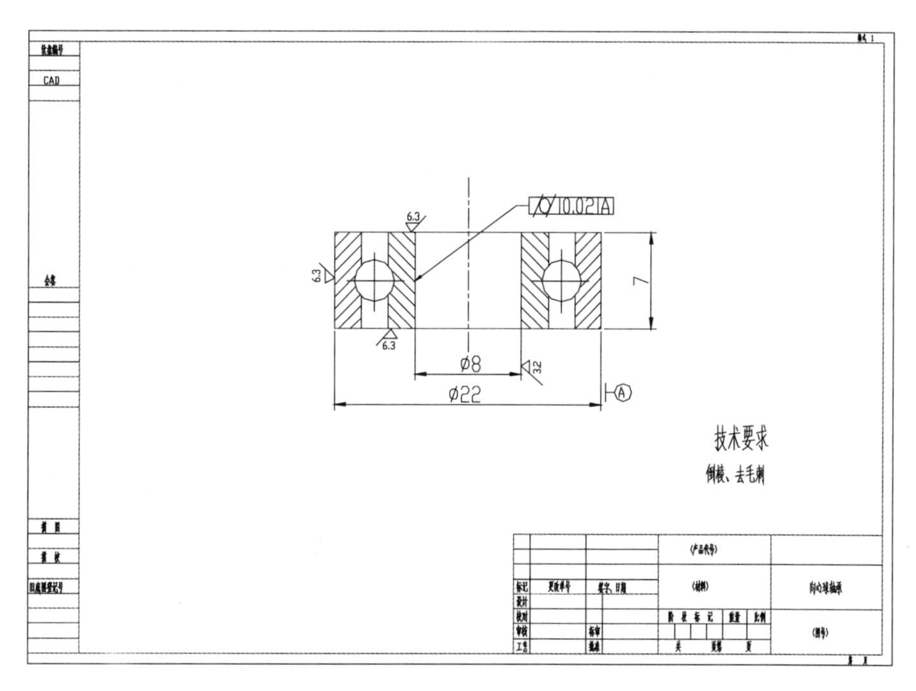

图 13-88　向心球轴承设计最终效果图

13.2.2　圆锥滚子轴承设计

1. 绘制轴承主视图

01 在“图层”面板中，将“中心线”置为当前图层。单击“状态栏”上的“正交”按钮，打开正交方式。

02 单击“常用”选项卡→“绘图”面板→“直线”按钮，选择一点，在水平方向上绘制长度为 50mm 的直线。

03 重复步骤 02，在竖直方向上绘制长度为 20mm 的直线，效果如图 13-89 所示。

04 单击“常用”选项卡→“修改”面板→“偏移”按钮，通过对中心线的偏移绘制线条，如图 13-90 所示。

05 选中所绘制的线条，选择“粗实线”图层，效果如图 13-91 所示。

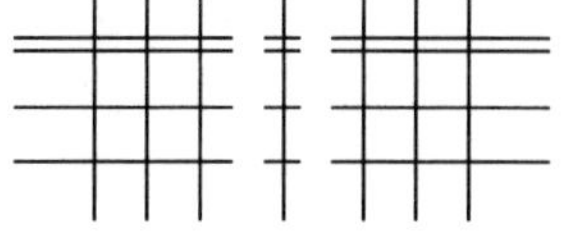
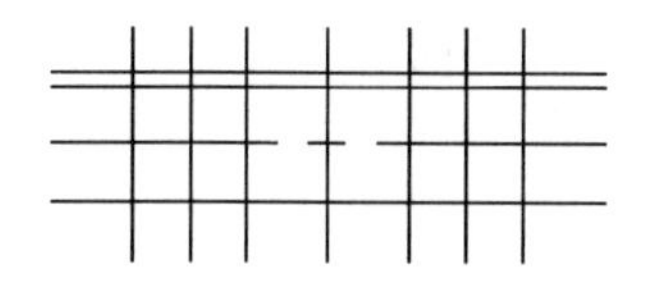

图 13-89　绘制中心线　　图 13-90　偏移中心线　　图 13-91　更改线条线型

06 单击“常用”选项卡→“修改”面板→“修剪”按钮，对图 13-91 中的线条进行修剪，得到主视图的外轮廓形状，效果如图 13-92 所示。

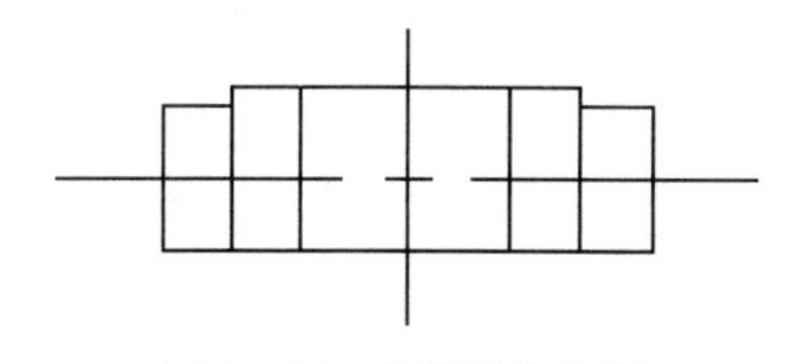

图 13-92　主视图外轮廓

07 单击“常用”选项卡→“修改”面板→“偏移”按钮，对轮廓线 1、轮廓线 2、轮廓线 3 进行偏移，效

果如图 13-93 所示。

08 单击“常用”选项卡→“修改”面板→“修剪”按钮，选择相应的边界，对步骤 07 创建的线条进行修剪，修剪后的效果如图 13-94 所示。

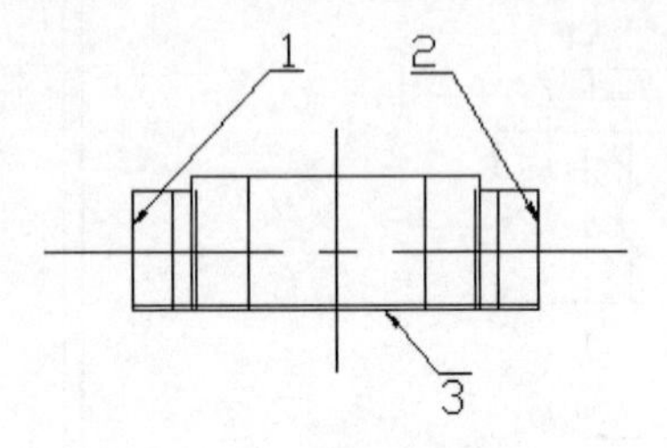

图 13-93　线条偏移图

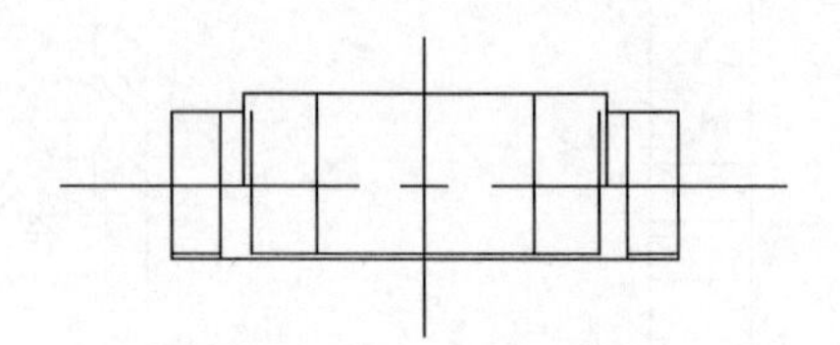
图 13-94　线条修剪图

09 将图层切换到“粗实线”层，单击“常用”选项卡→“绘图”面板→“多线段”按钮。单击如图 13-95 所示的交点，输入 9 后按 Tab 键，输入 100 后按 Enter 键，输入 4 后按 Tab 键，输入 5 后按 Enter 键，输入 8 后按 Tab 键，输入 90，再输入 5 后按 Tab 键，输入 175。

10 选中步骤 09 生成的多线段，单击“常用”选项卡→“修改”面板→“镜像”按钮。以竖直中心线为镜像线进行镜像，效果如图 13-96 所示

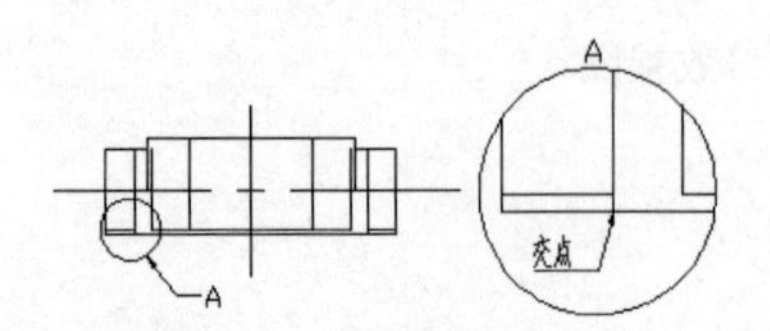

图 13-95　局部放大图

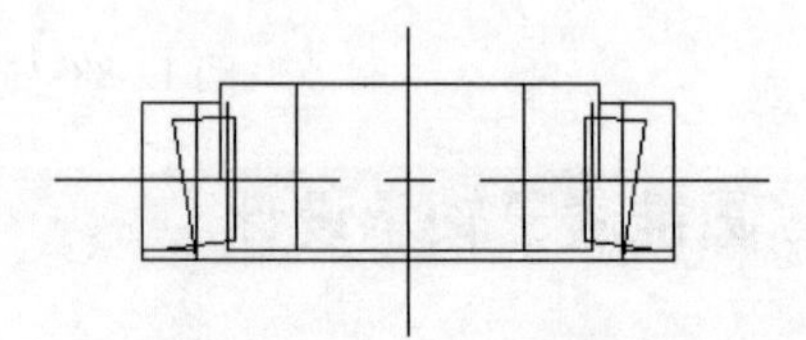
图 13-96　多线段镜像

11 单击“常用”选项卡→“修改”面板→“修剪”按钮，选择相应的边界进行修剪，修剪后的效果如图 13-97 所示。

12 将图层切换到“细实线”层，单击“常用”选项卡→“绘图”面板→“图案填充”按钮，选择如图 13-97 所示的区域 1、区域 2，在命令提示行中输入“T”，弹出“图案填充和渐变色”对话框。

13 在“图案填充”选项卡的“图案”下拉列表中选择“ANSI31”，“角度”设置为 0，“比例”设置为 1。单击“关闭图案填充创建”按钮，完成剖面线的填充。

14 单击“常用”选项卡→“绘图”面板→“图案填充”按钮，选择如图 13-97 所示的区域 3、区域 4，在命令提示行中输入“T”，弹出“图案填充和渐变色”对话框。

15 在“图案填充”选项卡中的“图案”下拉列表中选择“ANSI31”，“角度”设置为 90，“比例”设置为 1。单击“关闭图案填充创建”按钮，完成剖面线的填充，效果如图 13-98 所示。

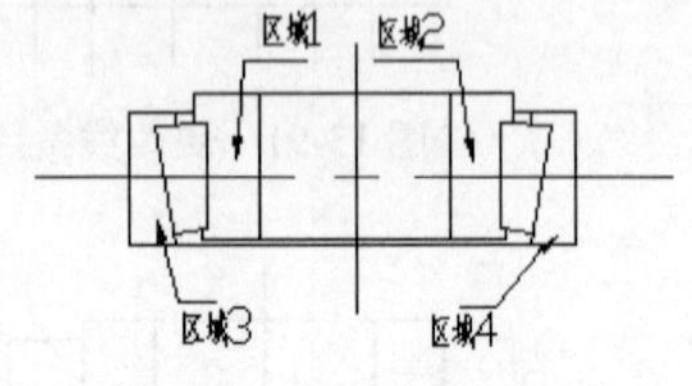

图 13-97　修剪线条

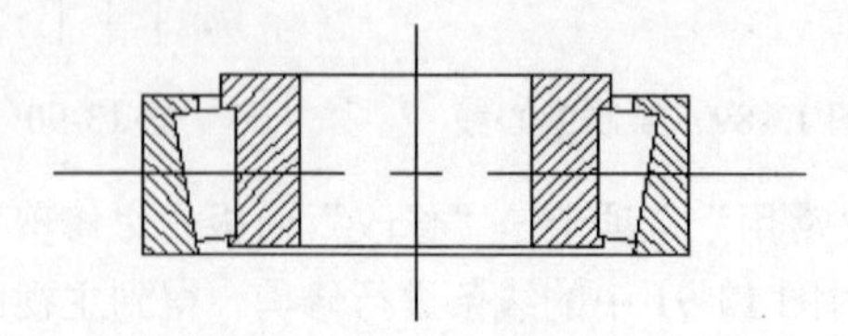
图 13-98　填充剖面线

2. 标注尺寸

01 输入 DIMSTYLE 命令，弹出“标注样式管理器”对话框。在“标注样式管理器”对话框中，单击“修改”按钮，弹出“修改标注样式”对话框。

02 在“修改标注样式”对话框中，打开“文字”选项卡，在“文字样式”下拉列表框中选择 TH_GBDIM 选项。

03 打开“主单位”选项卡，选中“消零”区域中的“前导”和“后续”复选框，单击“确定”按钮完成标注样式的设置。

04 单击“注释”选项卡→“标注”面板→“线性”按钮。

05 选择需要标注线性尺寸的端点，完成对主视图外形尺寸的标注，如图 13-99 所示。

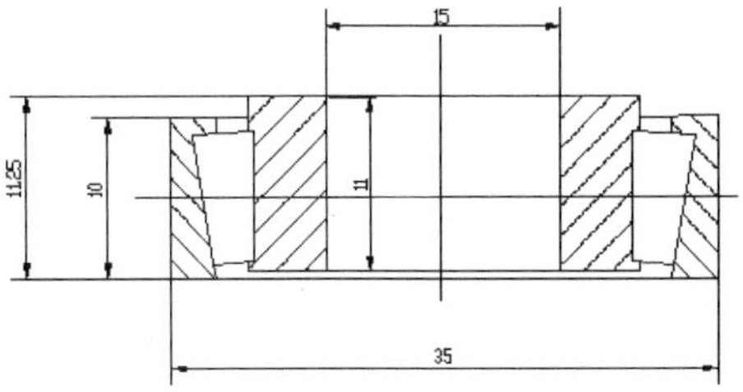

图 13-99　轴承尺寸标注

3. 标注表面粗糙度

01 使用 insert 命令，或单击“插入”选项卡→“块”面板→“插入”按钮，弹出“插入”对话框。

02 选择随书光盘目录下的“\源文件\粗糙度.dwg”文件，单击“打开”按钮。

03 返回到“插入”对话框，选中插入点、比例、旋转 3 个区域中的“在屏幕上指定”复选框，单击“确定”按钮。

04 在屏幕上指定插入点，并设置好相关的参数，插入粗糙度符号，效果如图 13-100 所示。

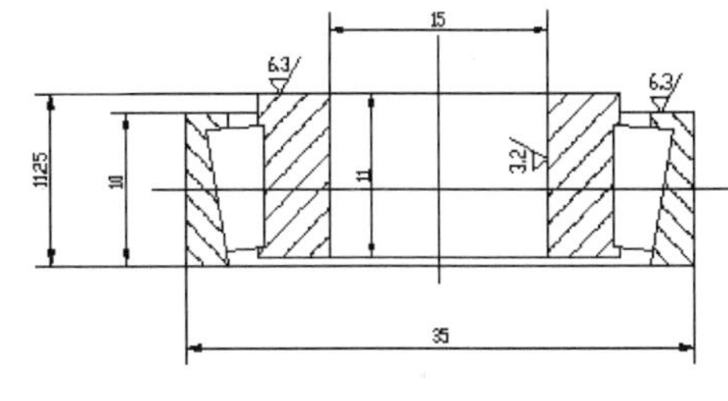

图 13-100　标注轴承表面粗糙度

5. 标注技术要求

01 使用 mtext 命令进行技术要求的标注，即输入 mtext 命令。

02 在屏幕上选择需要标注的位置，按住鼠标左键，确定文字插入位置并单击，弹出“文字编辑器”选项卡。

03 调整字体大小为 10，输入“技术要求”。

04 调整字体大小为 7，输入具体的技术要求内容，单击“确定”按钮完成技术要求的标注，效果如图 13-101 所示。

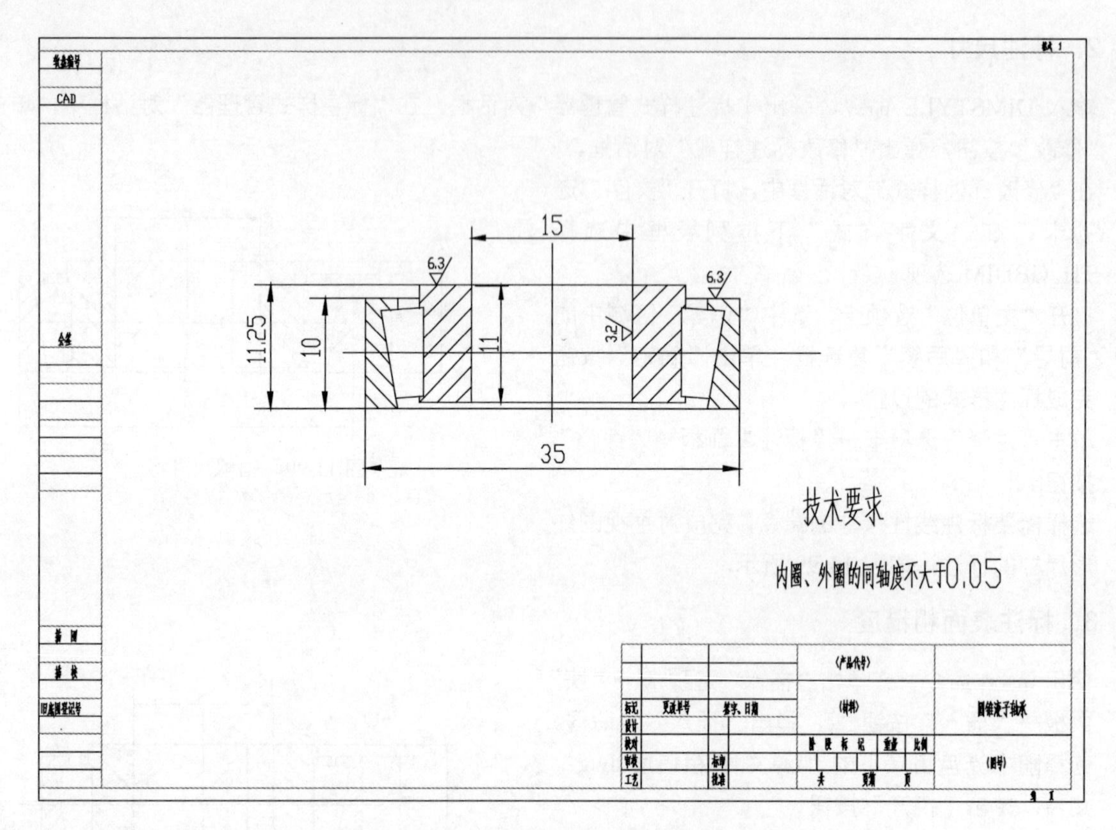

图 13-101　圆锥滚子轴承设计最终效果图

13.3 弹簧设计

弹簧是一种利用弹性来工作的机械零件。一般用弹簧钢制成，用于控制机件的运动、缓和冲击或震动、储蓄能量、测量力的大小等，广泛用于机器、仪表中。弹簧的种类复杂多样，按形状分，主要有螺旋弹簧、涡卷弹簧、板弹簧等，本节主要讲述螺旋弹簧的画法。

1. 绘制弹簧主视图

01 在“图层”面板中，将“中心线”置为当前图层。单击“状态栏”上的“正交”按钮，打开正交方式。

02 单击“常用”选项卡→“绘图”面板→“直线”按钮，选择一点，在水平方向上绘制长度为 10mm 的直线。

03 重复步骤 02，在竖直方向上绘制长度为 20mm 的直线，效果如图 13-102 所示。

04 单击“常用”选项卡→“修改”面板→“偏移”按钮，通过对中心线的偏移绘制线条，如图 13-103 所示。

05 将“粗实线”图层切换为当前图层，单击“常用”选项卡→“绘图”面板→“直线”按钮，效果如图 13-104 所示。

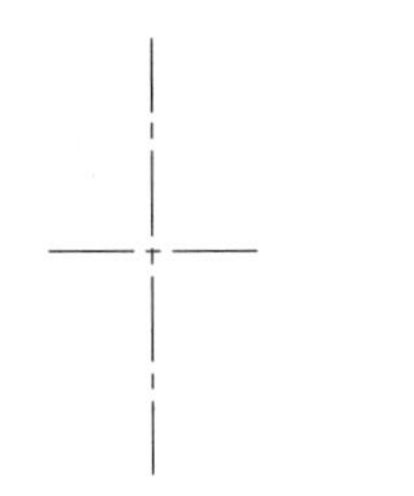

图 13-102　绘制基准线

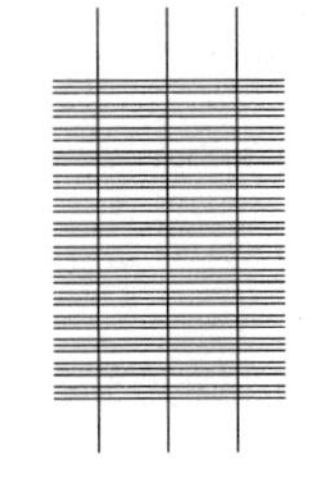

图 13-103　偏移基准线

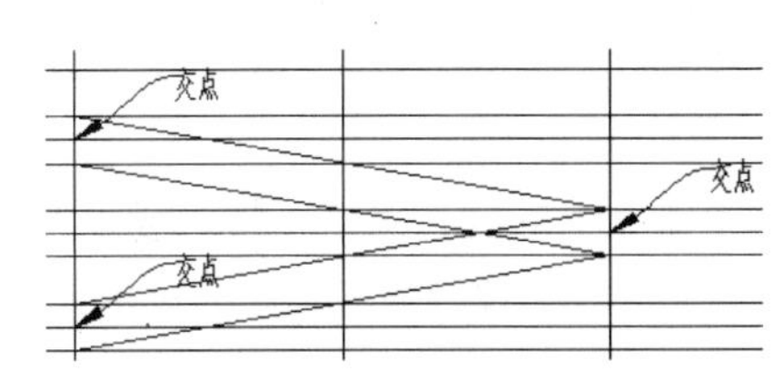

图 13-104　绘制螺旋线局部

06 单击“常用”选项卡→“绘图”面板→“圆”按钮，单击如图 13-104 所示的各个交点，输入半径，按 Enter 键，效果如图 13-105 所示。

07 单击“常用”选项卡→“修改”面板→“修剪”按钮，对线条进行修剪，得到主视图的外轮廓形状，效果如图 13-106 所示。

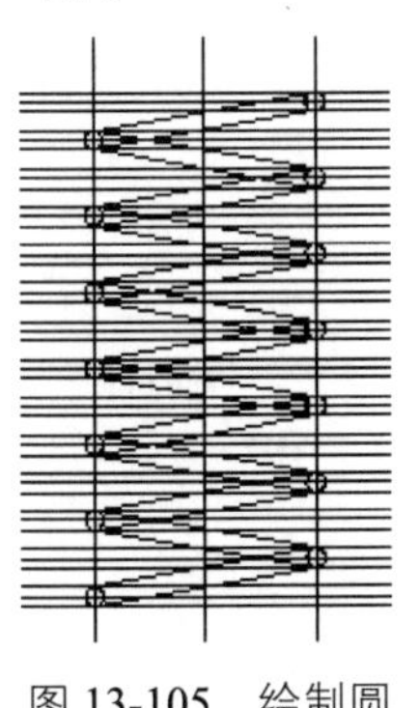

图 13-105　绘制圆

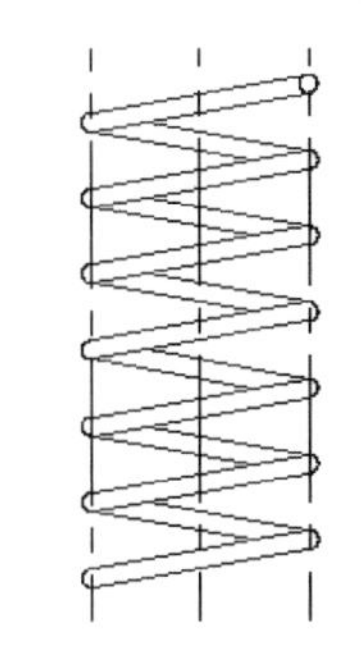

图 13-106　修剪线条

2. 标注弹簧尺寸

01 在“图层”面板中，将工作图层切换到“标注”层。

02 输入 DIMSTYLE 命令，弹出“标注样式管理器”对话框。在“标注样式管理器”对话框中，单击“修改”按钮，弹出“修改标注样式”对话框。

03 在“修改标注样式”对话框中，选择“文字”选项卡，在“文字样式”下拉列表框中选择 TH_GBDIM 选项。

04 打开“主单位”选项卡，选中“消零”区域中的“前导”和“后续”复选框，单击“确定”按钮完成标注样式的设置。

05 单击“注释”选项卡→“标注”面板→“线性”按钮。

06 选择需要标注线性尺寸的端点，完成对主视图外形尺寸的标注，效果如图 13-107 所示。

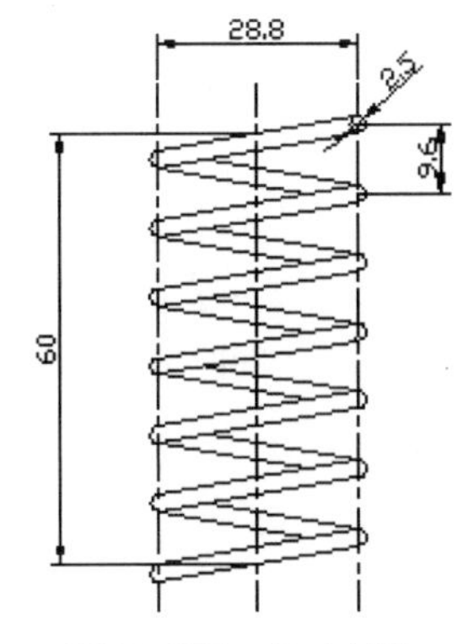

图 13-107　尺寸标注

3. 标注技术要求

在绘制零件的过程中需要注意的是，在视图上无法表达的部分可以通过标注技术要求的方式表达出来。

01 使用 mtext 命令进行技术要求的标注，即输入 mtext 命令。

02 在屏幕上选择需要标注的位置，按住鼠标左键，确定文字插入位置并单击，弹出“文字编辑器”选项卡。

03 调整字体大小为 10，输入“技术要求”。

04 调整字体大小为 7，输入具体的技术要求内容，单击“确定”按钮完成技术要求的标注，效果如图 13-108 所示。

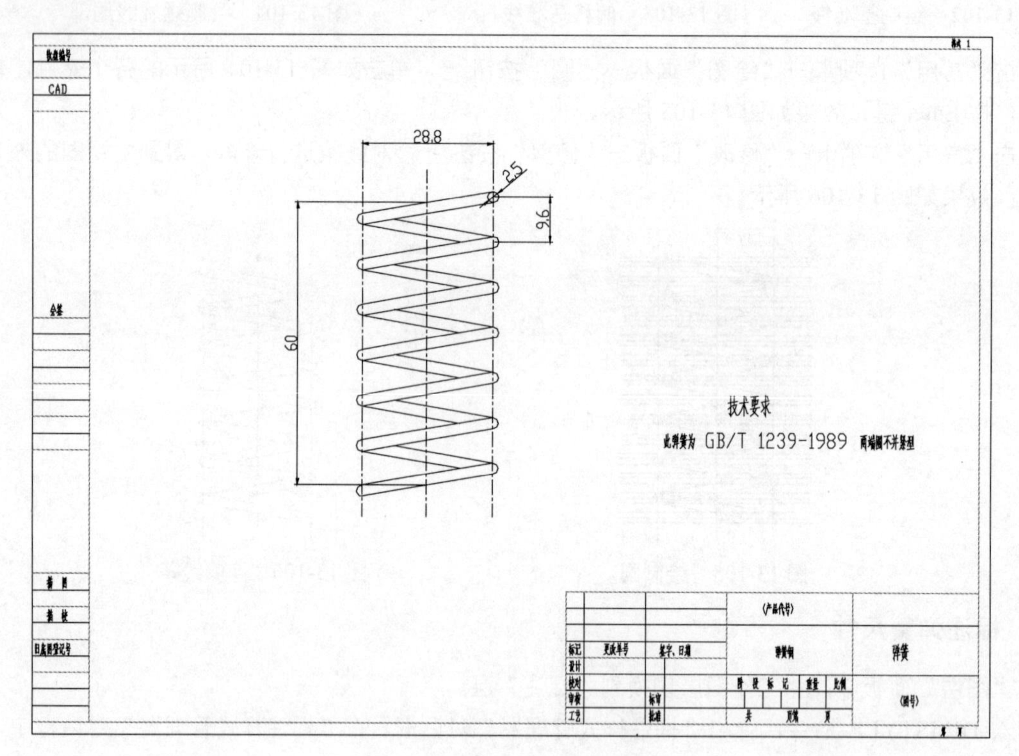

图 13-108　弹簧设计最终效果图

13.4 知识回顾

本章主要介绍了几种常用件和标准件的画法，用到了直线、多边形、圆、偏移、修剪、倒角、标注、多行文字、图案填充等几个常用命令。初学者需要熟练掌握常用命令的使用方法，从而有效加快制图速度。同时要特别注意绘制螺栓、螺母时粗实线和细实线的使用。

第 14 章 设计轮类零件

轮类零件在机械设备中应用广泛。由于它们主要用于机器的传动部分，且运动方式大都为转动，所以在运动的平稳性方面尤其要受到重视。在绘制轮类零件时，需要注意标注重要尺寸的极限偏差和形位公差，以获得足够的使用性能。

学习目标

- 熟悉轮类零件的基本知识
- 掌握轮类基本绘制方法
- 掌握直齿圆柱齿轮的绘制方法
- 掌握皮带轮的绘制方法
- 掌握蜗轮的绘制方法
- 进一步熟悉零件图的标注

14.1 直齿圆柱齿轮设计

齿轮是轮缘上有齿且能连续啮合传递运动和动力的机械元件，它在机械传动及整个机械领域中的应用极其广泛，现代齿轮技术已非常先进，已达到齿轮模数：0.004～100mm；齿轮直径 1mm～150m；传递功率可达十万千瓦；转速可达几十万转/分；最高的圆周速度可达 300m/s。本节主要讲述标准直齿圆柱齿轮的画法。

14.1.1 绘制中心线

01 在“图层”面板中，将“中心线”置为当前图层。单击“状态栏”上的“正交”按钮，打开正交方式。

02 单击“常用”选项卡→“绘图”面板→“直线”按钮，选择一点，在水平方向上绘制长度为 70mm 的直线。

03 重复步骤 02，在竖直方向上绘制长度为 70mm 的直线，效果如图 14-1 所示。

14.1.2 绘制同心圆

01 在“常用”选项卡的“图层”下拉列表框中，将“粗实线”置为当前图层。

02 单击“常用”选项卡→“绘图”面板→“圆”按钮，单击如图 14-2 所示的中心线的交点，输入半径 10，按 Enter 键，效果如图 14-3 所示。

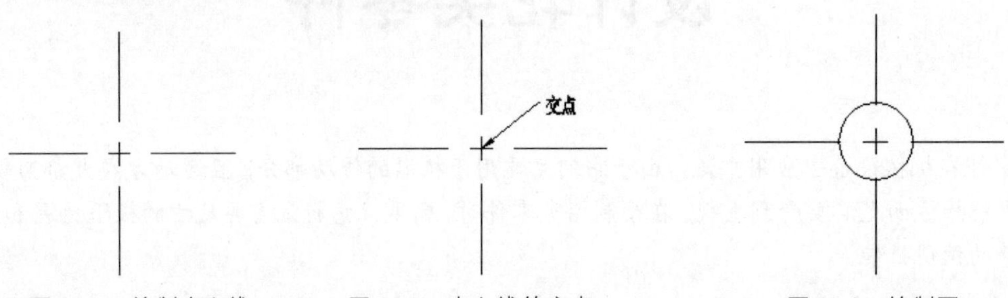

图 14-1 绘制中心线　　图 14-2 中心线的交点　　图 14-3 绘制圆

03 重复步骤 02，分别绘制半径为 11、22.5、25 的圆。

04 选中半径为 22.5 的圆，单击“常用”选项卡“图层”下拉列表框中的“中心线”图层，绘制分度线，效果如图 14-4 所示。

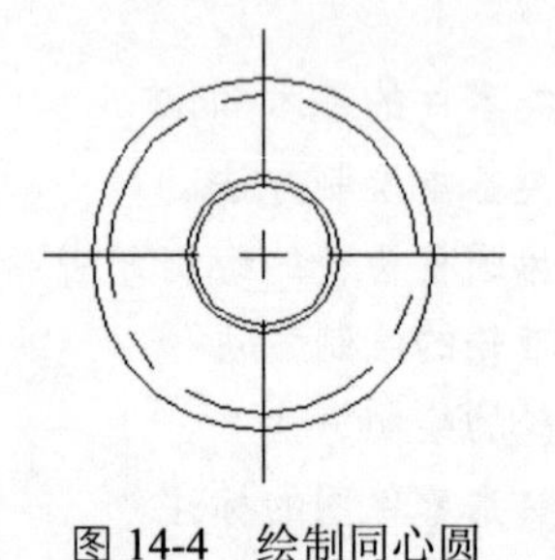

图 14-4 绘制同心圆

14.1.3 绘制键槽

01 单击“常用”选项卡→“修改”面板→“偏移”按钮，通过对中心线的偏移绘制线条，效果如图 14-5 所示。

02 选中所绘制的线条，单击“常用”选项卡中“图层”下拉列表框的“粗实线”，将所绘制的线条转换为粗实线，效果如图 14-6 所示。

03 单击“常用”选项卡→“修改”面板→“修剪”按钮，对所偏移的线条进行修剪，得到键槽形状，效果如图 14-7 所示。

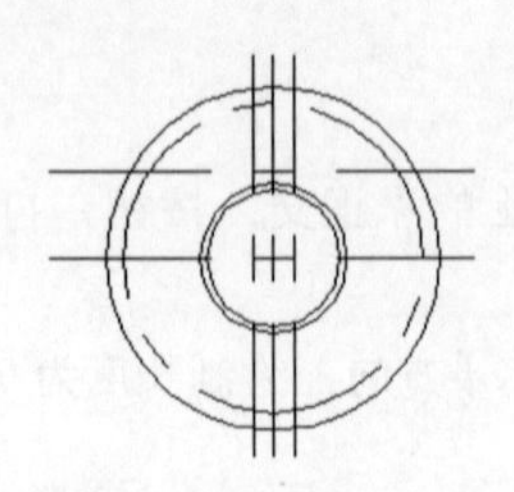

图 14-5 偏移中心线

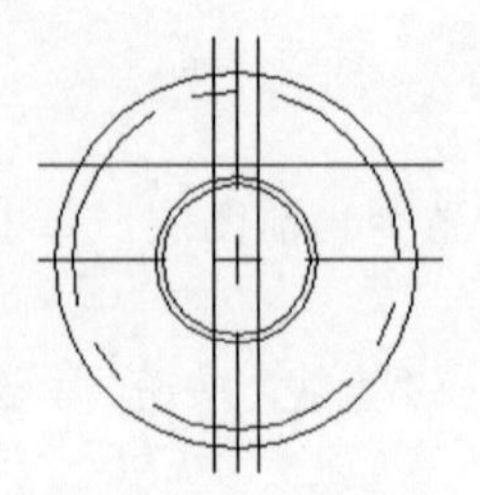

图 14-6 改变线条线型

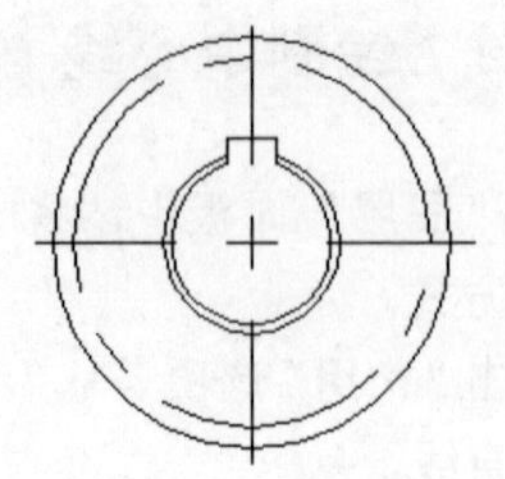

图 14-7 修剪线条

14.1.4　绘制左视图

01 在“图层”面板中，将“中心线”置为当前图层。单击“状态栏”上的“正交”按钮，打开正交方式。

02 单击“常用”选项卡→“绘图”面板→“直线”按钮，选择一点，在水平方向上绘制长度为 20mm 的直线。

03 重复步骤 02，在竖直方向上绘制长度为 70mm 的直线，效果如图 14-8 所示。

04 单击“常用”选项卡→“修改”面板→“偏移”按钮，通过对中心线的偏移绘制线条，如图 14-9 所示。

05 选中所绘制的线条，单击“常用”选项卡中“图层”下拉列表框的“粗实线”，将所绘制的线条转换为粗实线，效果如图 14-10 所示。

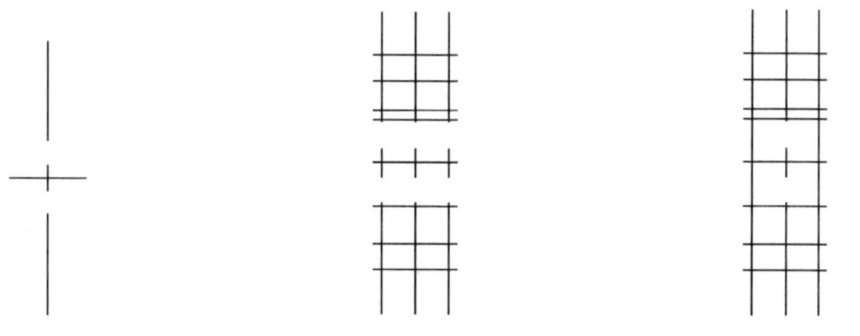

图 14-8　绘制中心线　　图 14-9　偏移中心线　　图 14-10　转换线型

06 单击“常用”选项卡→“修改”面板→“修剪”按钮，对偏移的线条进行修剪，得到主视图的外轮廓形状，效果如图 14-11 所示。

07 单击“常用”选项卡→“修改”面板→“偏移”按钮，通过对中心线的偏移绘制分度线，如图 14-12 所示。

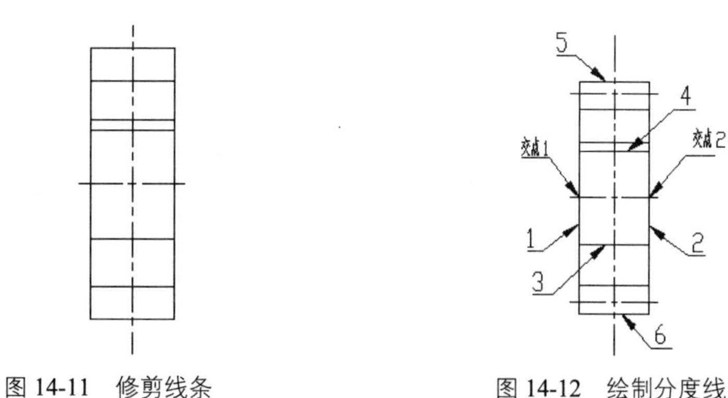

图 14-11　修剪线条　　图 14-12　绘制分度线

08 单击“常用”选项卡→“修改”面板→“打断于点”按钮，选择如图 14-12 所示的轮廓线 1，单击如图 14-12 所示的交点 1。

09 重复步骤 08，选择如图 14-12 所示的轮廓线 2，单击如图 14-12 所示的交点 2。

10 单击“常用”选项卡→“修改”面板→“倒角”按钮，在命令行输入 A 后按 Enter 键，在命令行输入 1 后按 Enter 键，在命令提示行中输入 45 后按 Enter 键，然后选择轮廓线 1 和轮廓线 4，效果如图 14-13 所示。

11 按 Enter 键，然后选择轮廓线 2 和轮廓线 4。

12 按 Enter 键，然后选择轮廓线 1 和轮廓线 5。

13 按 Enter 键，然后选择轮廓线 2 和轮廓线 5。

14 按 Enter 键，然后选择轮廓线 1 和轮廓线 3。

15 按 Enter 键，然后选择轮廓线 2 和轮廓线 3。

16 按 Enter 键，然后选择轮廓线 1 和轮廓线 6。

17 按 Enter 键，然后选择轮廓线 2 和轮廓线 6。效果如图 14-14 所示。

18 在“图层”下拉列表框中，将“粗实线”置为当前图层。单击“常用”选项卡→“绘图”面板→“直线”按钮。选择如图 14-14 所示的交点 2，单击如图 14-14 所示的交点 3，绘制交点 2 与交点 3 之间的直线。

19 重复步骤 18，绘制交点 1 与交点 4 之间的直线。

20 重复步骤 18，绘制交点 5 与交点 8 之间的直线。

21 重复步骤 18，绘制交点 6 与交点 7 之间的直线，效果如图 14-15 所示。

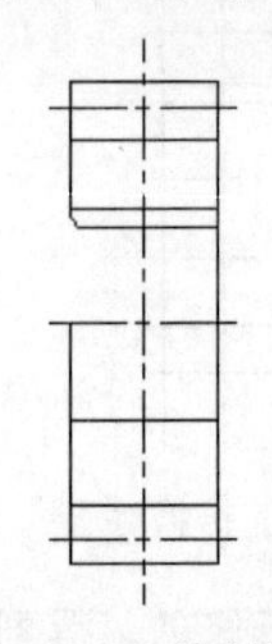
图 14-13　绘制倒角

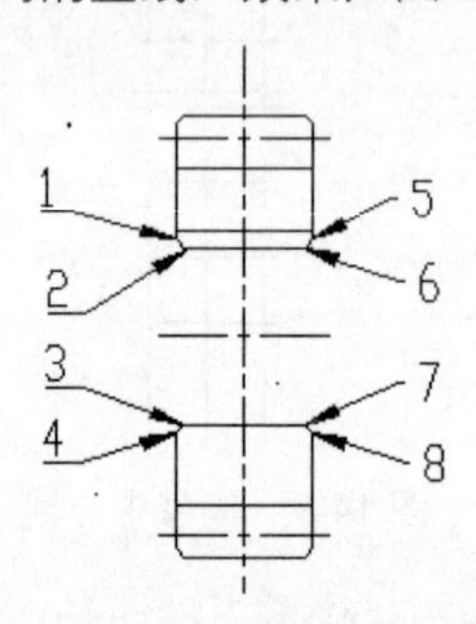

图 14-14　绘制其他倒角

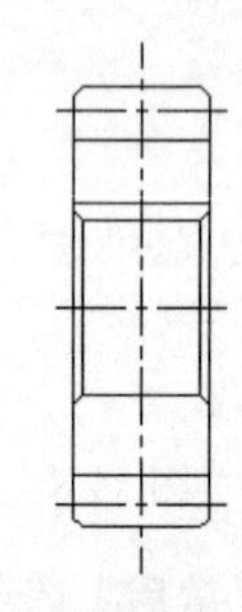
图 14-15　绘制倒角轮廓线

22 将“细实线”置为当前图层，单击“常用”选项卡→“绘图”面板→“图案填充”按钮，选择需要填充剖面线的图形区域，在命令提示行中输入“T”，弹出“图案填充和渐变色”对话框。

23 在“图案填充”选项卡中的“图案”下拉列表中选择“ANSI31”，“角度”设置为 0，“比例”设置为 0.5。单击“关闭图案填充创建”按钮，完成剖面线的填充，效果如图 14-16 所示。

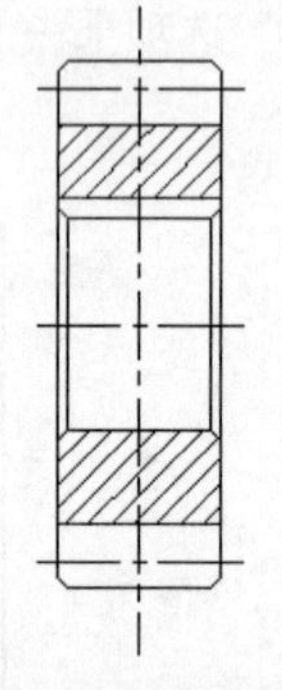
图 14-16　绘制剖面线

14.1.5　标注尺寸

01 在“图层”面板中选择“细实线”，将工作图层切换到“细实线”。

02 输入 DIMSTYLE 命令，弹出“标注样式管理器”对话框。在“标注样式管理器”对话框中，单击“修改”按钮，弹出“修改标注样式”对话框。

03 在“修改标注样式”对话框中，打开“文字”选项卡，在“文字样式”下拉列表框中选择 TH_GBDIM 选项。

04 打开“主单位”选项卡，选中“消零”区域中的“前导”和“后续”复选框，单击“确定”按钮完成标注样式的设置。

05 单击“注释”选项卡→“标注”面板→“线性”按钮。

06 选择需要标注线性尺寸的端点，完成对主视图、左视图外形尺寸的标注，如图 14-17 所示。

07 使用多行文字标注极限偏差尺寸。使用 dli 命令后，选择需要标注极限偏差尺寸的两个端点，在命令提示行中输入 M。

08 弹出“文字格式”对话框，输入“%%C50（0 ^-0.039）”。

09 选定公差部分，在弹出的文字编辑器选项卡中单击“格式”下拉列表框的“堆叠”按钮，效果如图 14-18 所示。

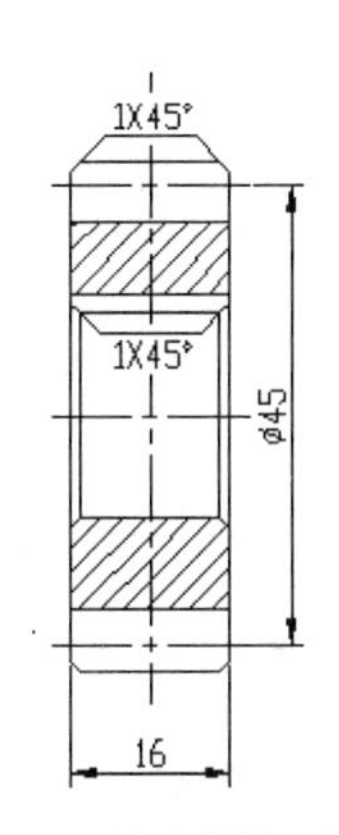

图 14-17　尺寸标注（一）

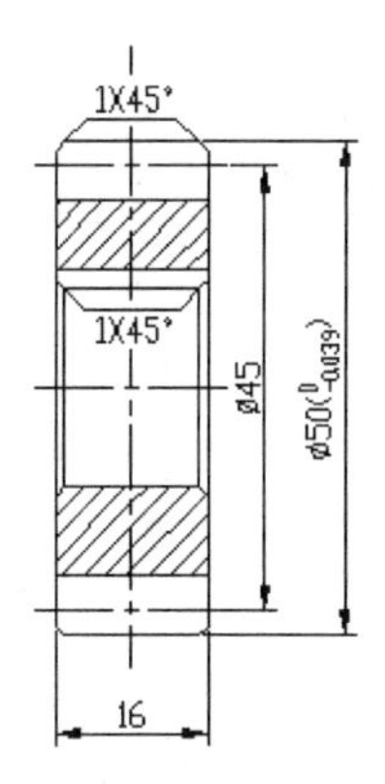

图 14-18　标注公差

10 重复步骤 07~09，完成主视图、左视图极限偏差尺寸的标注，如图 14-19 所示。

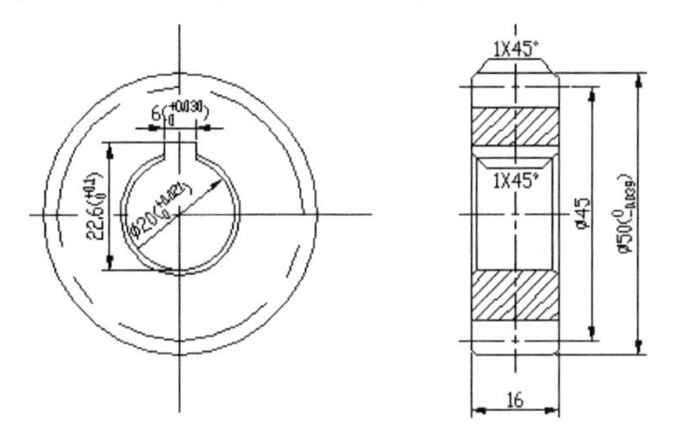

图 14-19　主视图、左视图尺寸标注

14.1.6　标注表面粗糙度

01 使用 insert 命令，或单击“插入”选项卡→“块”面板→“插入”按钮，弹出“插入”对话框。

02 选择随书光盘目录下的“\源文件\粗糙度.dwg”文件，单击“打开”按钮。

03 返回到“插入”对话框，选中插入点、比例、旋转 3 个区域中的“在屏幕上指定”复选框，单击“确定”按钮。

04 在屏幕上指定插入点，并设置好相关的参数，插入粗糙度符号，效果如图 14-20 所示。

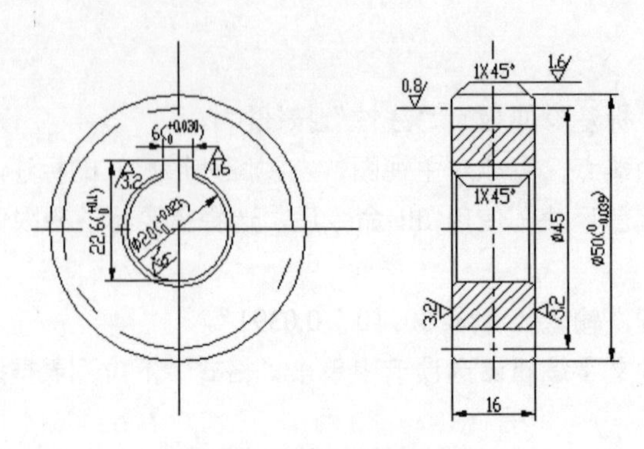

图 14-20　标注表面粗糙度

14.1.7　标注形位公差

01 使用 insert 命令，或单击“插入”选项卡→“块”面板→“插入”按钮，弹出“插入”对话框。

02 选择随书光盘目录下的“\源文件\基准代号.dwg”文件，单击“打开”按钮。

03 返回到“插入”对话框，选中插入点、比例、旋转 3 个区域中的“在屏幕上指定”复选框，单击“确定”按钮。

04 在屏幕上指定插入点，并设置好相关的参数，插入基准代号。

05 单击“注释”选项卡→“文字”面板→“多行文字”按钮A，完成对基准代号的标注。

06 单击“注释”选项卡→“标注”面板→“公差”按钮，弹出“形位公差”对话框，

07 单击“形位公差”对话框中“符号”下的黑框，弹出“特征符号”对话框，单击“圆跳动”符号，自动关闭对话框。

08 在“公差 1”文本框中输入“0.026”，在“基准”文本框中输入 A，单击“确定”按钮。

形位公差的选用一般应根据零件的使用场合来决定，并且所标识的数值需要根据零件的尺寸查阅相关手册来决定。

09 利用鼠标单击选择需要放置公差的位置。

10 单击“注释”选项卡→“引线”面板→“多重引线“按钮，将公差指向需要标注形位公差的表面。

11 重复步骤 06~10，在另一个面标注圆跳动为 0.04 的形位公差，效果如图 14-21 所示。

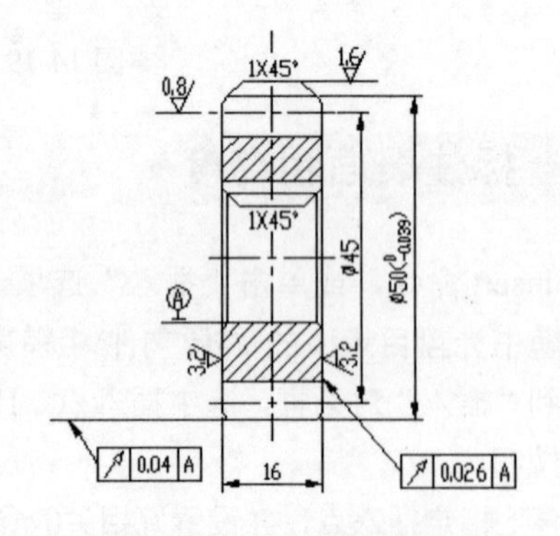

图 14-21　标注形位公差

14.1.8 标注技术要求

在绘制零件的过程中需要注意的是，在视图上无法表达的部分可以通过标注技术要求的方式表达出来。

01 单击“常用”选项卡→“注释”面板→“表格”按钮，插入一个 4 行 2 列的表格。

02 双击表格，在表格内填入齿轮参数，并设置字体高度为 7，如图 14-22 所示。

03 使用 mtext 命令进行技术要求的标注，即输入 mtext 命令。

04 在屏幕上选择需要标注的位置，按住鼠标左键，确定文字插入位置并单击，弹出“文字编辑器”选项卡。

模　数	25
齿　数	18
压力角	20°
精度等级	8FL

图 14-22　填写齿轮参数

05 调整字体大小为 10，输入“技术要求”。

06 调整字体大小为 7，输入具体的技术要求内容，单击“确定”按钮完成技术要求的标注，效果如图 14-23 所示。

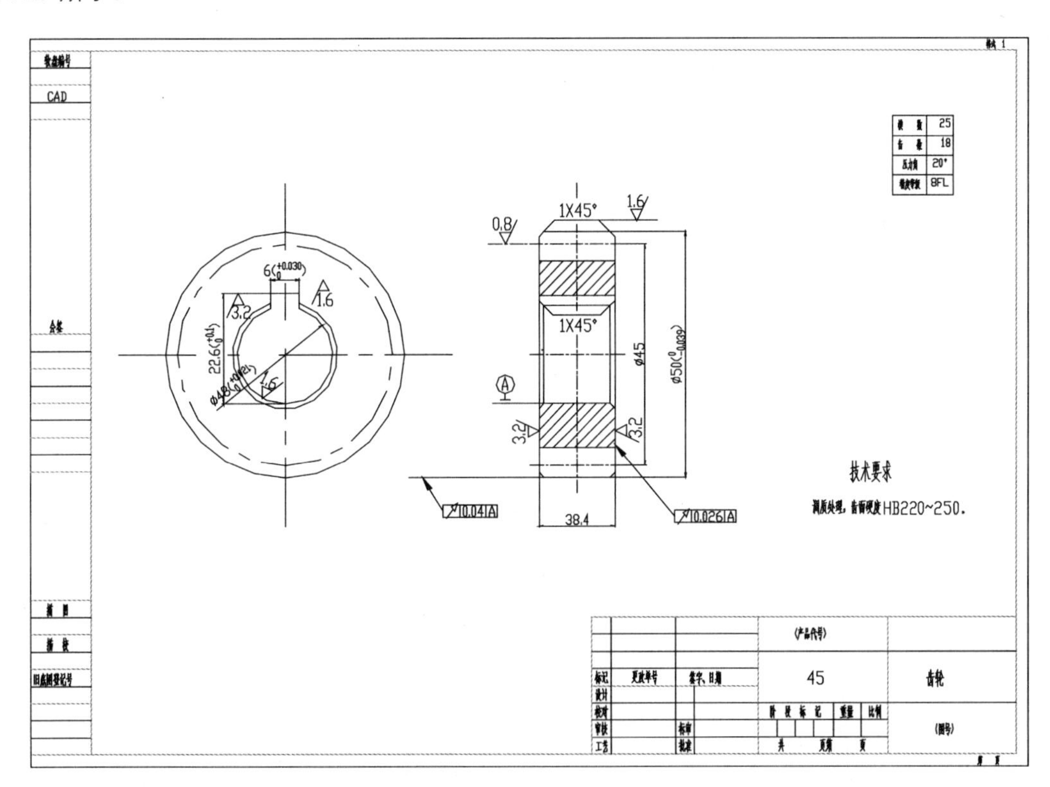

图 14-23　齿轮设计最终效果图

14.2 皮带轮设计

皮带轮，属于盘毂类零件，主要用于远距离传送动力的场合，例如小型柴油机动力的输出，农用车、拖拉机、汽车、矿山机械、机械加工设备、纺织机械、包装机械、车床、锻床、一些小马力摩托车动力的传动，农业机械动力的传送，空压机、减速器、减速机、发电机、轧花机等。正是由于皮带轮应用极为广泛，所以它也是机械设计时不得不重视的零件，本节将介绍一种常见的三角皮带轮的画法。

14.2.1 绘制主视图

01 在“图层”面板中，将“中心线”置为当前图层。单击“状态栏”上的“正交”按钮，打开正交方式。

02 单击“常用”选项卡→“绘图”面板→“直线”按钮，选择一点，在水平方向上绘制长度为 250mm 的直线。

03 重复步骤 02，在竖直方向上绘制长度为 250mm 的直线，效果如图 14-24 所示。

04 在“常用”选项卡的“图层”面板中，将“粗实线”置为当前图层。

05 单击“常用”选项卡→“绘图”面板→“圆”按钮，单击中心线的交点，输入半径 118mm，按 Enter 键，效果如图 14-25 所示。

06 重复步骤 05，分别绘制半径为 117、26、25 的一组同心圆，效果如图 14-26 所示。

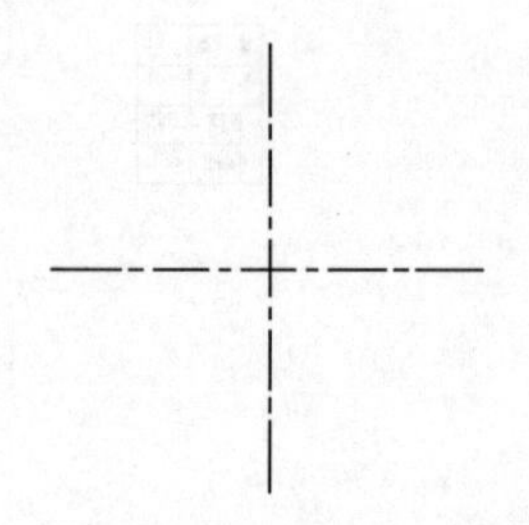

图 14-24　绘制中心线

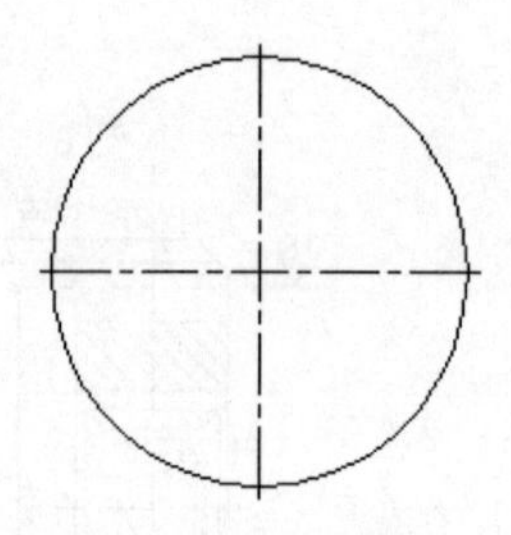

图 14-25　绘制圆

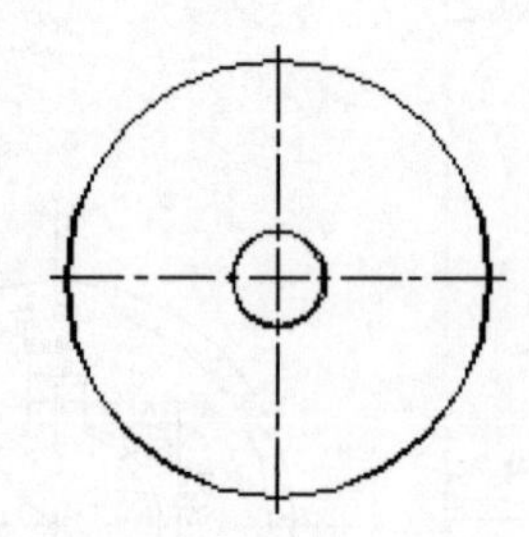

图 14-26　绘制同心圆

07 单击“常用”选项卡→“修改”面板→“偏移”按钮，通过对中心线的偏移绘制线条，效果如图 14-27 所示。

08 选中所绘制的线条，单击“常用”选项卡中“图层”面板中的“粗实线”，将所绘制的线条转换为粗实线。

09 单击“常用”选项卡→“修改”面板→“修剪”按钮，对所偏移的线条进行修剪，得到键槽形状，效果如图 14-28 所示。

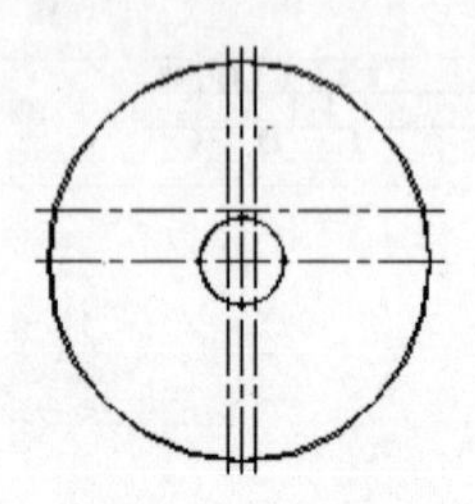

图 14-27　偏移线条

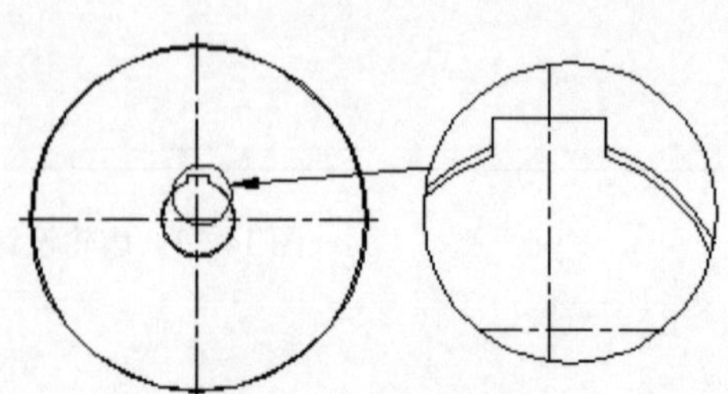

图 14-28　绘制键槽

14.2.2　绘制左视图

01 在“图层”面板中，将“中心线”置为当前图层。单击“状态栏”上的“正交”按钮，打开正交方式。

02 单击“常用”选项卡→“绘图”面板→“直线”按钮，选择一点，在水平方向上绘制长度为 100mm 的直线。

03 重复步骤 02，在竖直方向上绘制长度为 250mm 的直线，效果如图 14-29 所示。

04 单击“常用”选项卡→“修改”面板→“偏移”按钮，通过对中心线的偏移绘制线条，如图 14-30 所示。

05 选中所绘制的线条，单击“常用”选项卡中“图层”面板中的“粗实线”，将所绘制的线条转换为粗实线。

06 单击“常用”选项卡→“修改”面板→“修剪”按钮，对偏移的线条进行修剪，得到主视图的外轮廓形状，效果如图 14-31 所示。

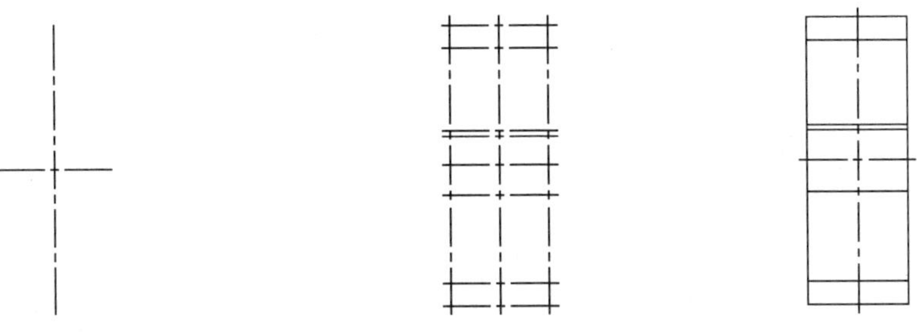

图 14-29　绘制中心线　　图 14-30　偏移线条　　图 14-31　修剪线条

07 单击“常用”选项卡→“修改”面板→“偏移”按钮，通过对中心线的偏移绘制辅助线，如图 14-32 所示。

08 单击“常用”选项卡→“绘图”面板→“直线”按钮，选择如图 14-32 所示的交点 1，输入 25 后按 Tab 键，输入 73 后按 Enter 键。

09 单击“常用”选项卡→“绘图”面板→“直线”按钮，选择如图 14-32 所示的交点 2，输入 25 后按 Tab 键，输入 107 后按 Enter 键，效果如图 14-33 所示。

10 单击“常用”选项卡→“修改”面板→“复制”按钮。选中步骤 08、步骤 09 绘制的线条，单击如图 14-33 所示的交点 3，再依次单击交点 4、交点 5，按 Enter 键，效果如图 14-34 所示。

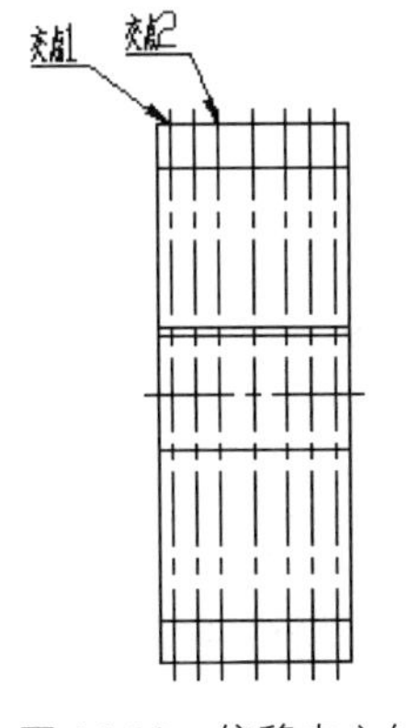

图 14-32　偏移中心线

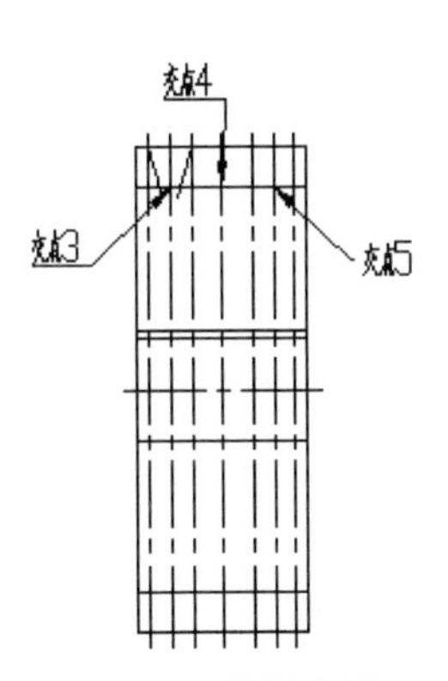

图 14-33　绘制直线

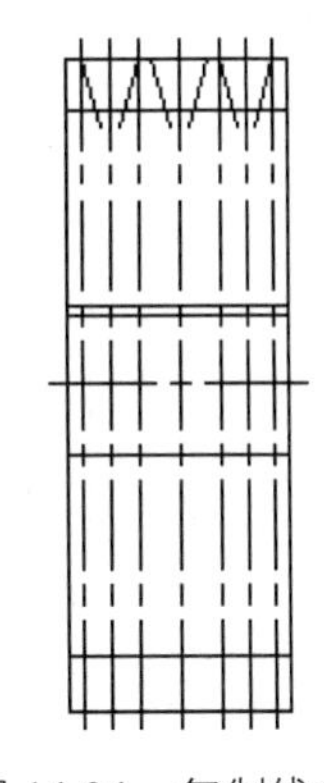

图 14-34　复制线条

11 选中步骤 08~步骤 10 所绘制的线条，单击“常用”选项卡→“修改”面板→“镜像”按钮，选择横向中心线为“镜像线”，按 Enter 键，效果如图 14-35 所示。

12 单击“常用”选项卡→“修改”面板→“修剪”按钮，对相应线条进行修剪，并删除步骤 07 所绘制的辅助线，效果如图 14-36 所示。

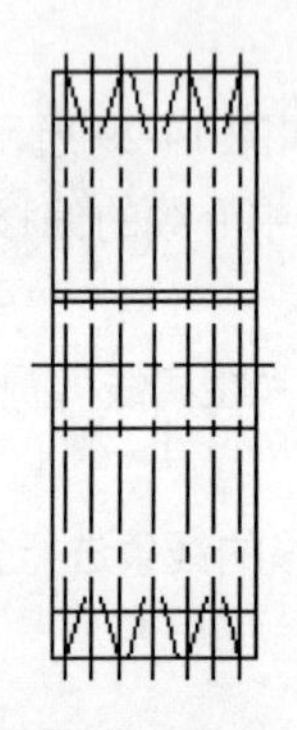

图 14-35　镜像线条

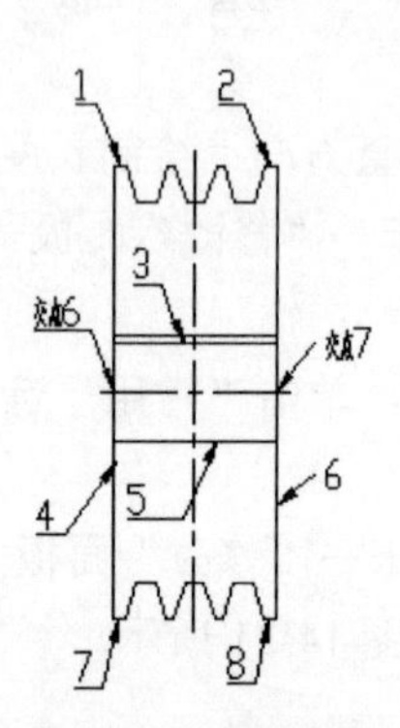

图 14-36　修剪线条

13 单击“常用”选项卡→“修改”面板→“打断于点”按钮，选择如图 14-36 所示的轮廓线 4，单击如图 14-36 所示的交点 6。

14 重复步骤 13，选择如图 14-36 所示的轮廓线 6，单击如图 14-36 所示的交点 7。

15 单击“常用”选项卡→“修改”面板→“倒角”按钮，在命令行输入 A 后按 Enter 键，在命令行输入 1 后按 Enter 键，在命令提示行输入 45 后按 Enter 键，然后选择轮廓线 1 和轮廓线 4。

16 按 Enter 键，然后选择轮廓线 2 和轮廓线 6。

17 按 Enter 键，然后选择轮廓线 3 和轮廓线 4。

18 按 Enter 键，然后选择轮廓线 3 和轮廓线 6。

19 按 Enter 键，然后选择轮廓线 4 和轮廓线 5。

20 按 Enter 键，然后选择轮廓线 5 和轮廓线 6。

21 按 Enter 键，然后选择轮廓线 4 和轮廓线 7。

22 按 Enter 键，然后选择轮廓线 6 和轮廓线 8。效果如图 14-37 所示。

23 在“图层”面板中，将“粗实线”置为当前图层。单击“常用”选项卡→“绘图”面板→“直线”按钮，选择相应交点，绘制倒角轮廓线，效果如图 14-38 所示。

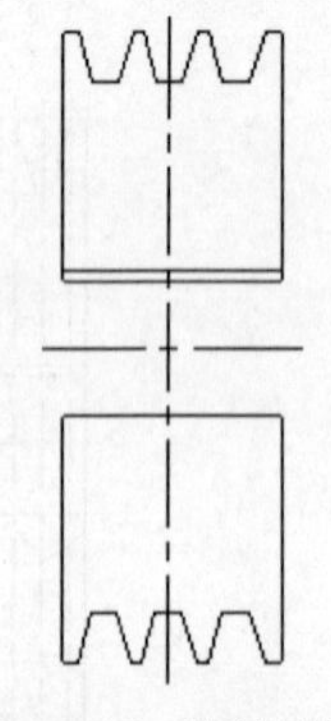

图 14-37　绘制倒角

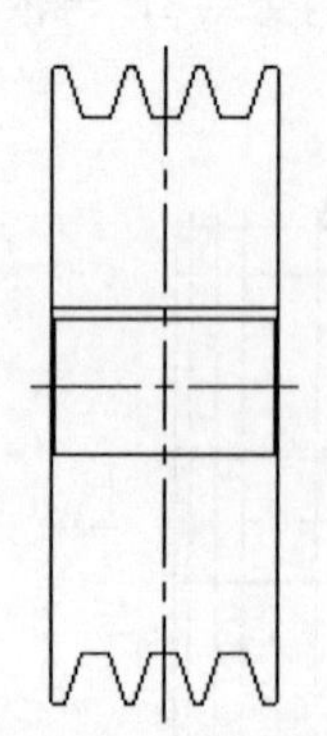

图 14-38　绘制倒角轮廓线

24 在“图层”面板中，将“细实线”置为当前图层，单击“常用”选项卡→“绘图”面板→“图案填充”按钮，选择需要填充剖面线的图形区域，在命令提示行中输入“T”，弹出“图案填充和渐变色”对话框。

25 在“图案填充”选项卡中的“图案”面板中选择“ANSI31”，“角度”设置为 0，“比例”设置为 2。单击“关闭图案填充创建”按钮，完成剖面线的填充，效果如图 14-39 所示。

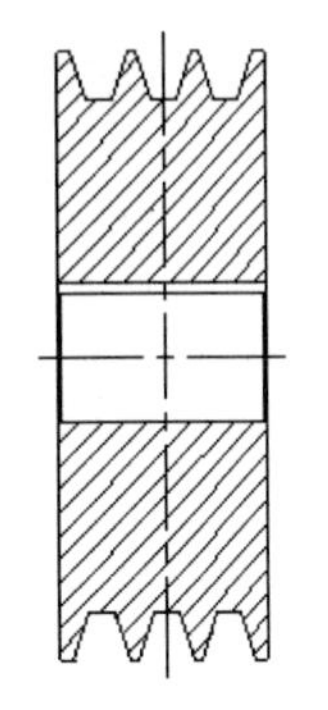

图 14-39　填充剖面线

14.2.3　标注尺寸

01 在“图层”面板中选择“细实线”，将工作图层切换到“细实线”。

02 输入 DIMSTYLE 命令，弹出“标注样式管理器”对话框。在“标注样式管理器”对话框中，单击“修改”按钮，弹出“修改标注样式”对话框。

03 在“修改标注样式”对话框中，选择“文字”选项卡，在“文字样式”下拉列表框中选择 TH_GBDIM 选项。

04 打开“主单位”选项卡，选中“消零”区域中的“前导”和“后续”复选框，单击“确定”按钮完成标注样式的设置。

05 单击“注释”选项卡→“标注”面板→“线性”按钮。

06 选择需要标注线性尺寸的端点，完成对主视图、左视图外形尺寸的标注，如图 14-40 所示。

07 使用多行文字标注极限偏差尺寸。使用 dli 命令后，选择需要标注极限偏差尺寸的两个端点，在命令提示行中输入 M。

08 弹出“文字格式”对话框，输入“%%C50（-0.02 ^-0.04）”。

09 选定公差部分，在弹出的“文字编辑器”选项卡中单击“格式”下拉列表框的“堆叠”按钮，效果如图 14-41 所示。

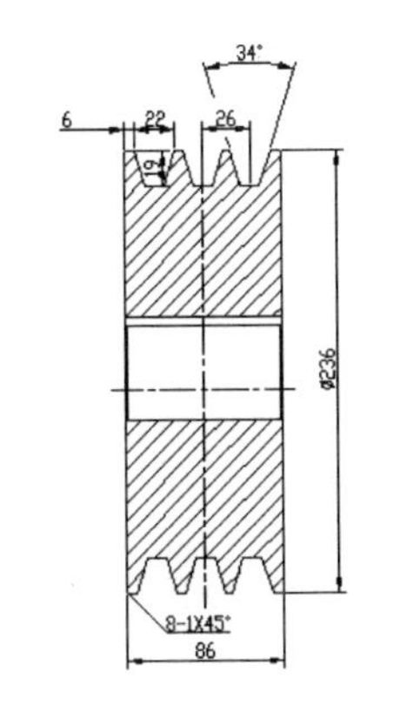

图 14-40　标注尺寸（一）

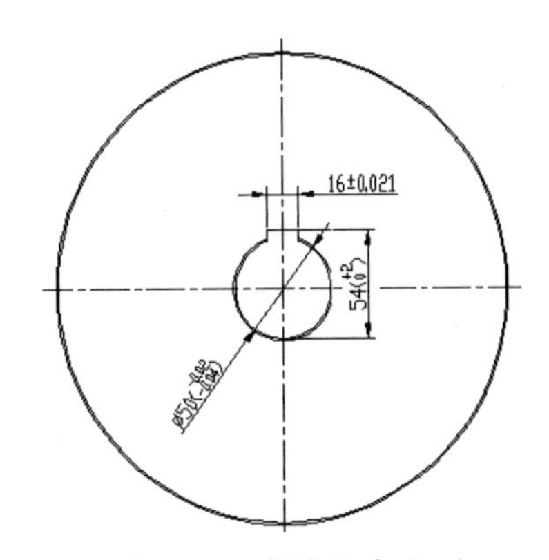

图 14-41　标注尺寸（二）

14.2.4 标注表面粗糙度

01 使用 insert 命令，或单击“插入”选项卡→“块”面板→“插入”按钮，弹出“插入”对话框。

02 选择随书光盘目录下的“\源文件\粗糙度.dwg”文件，单击“打开”按钮。

03 返回到“插入”对话框，选中插入点、比例、旋转 3 个区域中的“在屏幕上指定”复选框，单击“确定”按钮。

04 在屏幕上指定插入点，并设置好相关的参数，插入粗糙度符号，效果如图 14-42 所示。

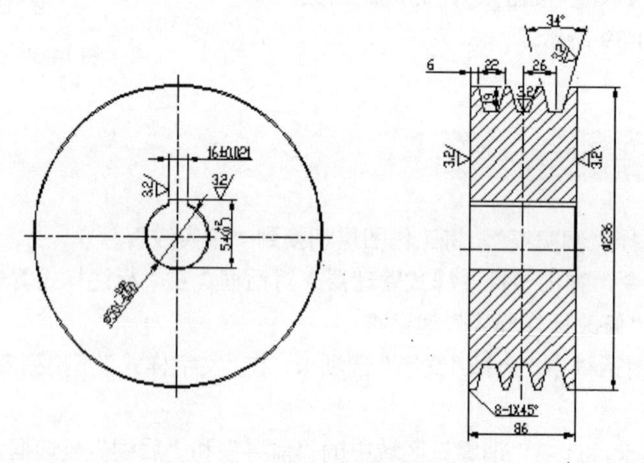

图 14-42　标注表面粗糙度

14.2.5 标注形位公差

01 使用 insert 命令，或单击“插入”选项卡→“块”面板→“插入”按钮，弹出“插入”对话框。

02 选择随书光盘目录下的“\源文件\基准代号.dwg”文件，单击“打开”按钮。

03 返回到“插入”对话框，选中插入点、比例、旋转 3 个区域中的“在屏幕上指定”复选框，单击“确定”按钮。

04 在屏幕上指定插入点，并设置好相关的参数，插入基准代号。

05 单击“注释”选项卡→“文字”面板→“多行文字”按钮A，完成对基准代号的标注。

06 单击“注释”选项卡→“标注”面板→“公差”按钮，弹出“形位公差”对话框。

07 单击“形位公差”对话框中“符号”下的黑框，弹出“特征符号”对话框，单击“圆跳动”符号，自动关闭对话框。

08 在“公差 1”文本框中输入“0.1”，在“基准”文本框中输入 A，单击“确定”按钮。

09 利用鼠标单击选择需要放置公差的位置。

10 单击“注释”选项卡→“引线”面板→“多重引线“按钮，将公差指向需要标注形位公差的表面，如图 14-43 所示。

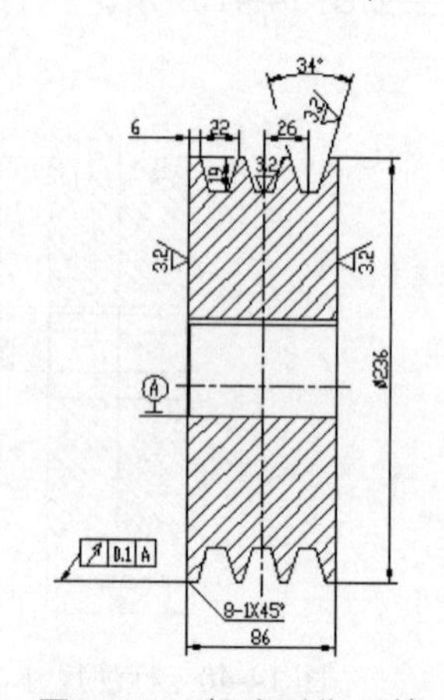

图 14-43　标注形位公差

14.2.6　标注技术要求

01 使用 mtext 命令进行技术要求的标注，即输入 mtext 命令。

02 在屏幕上选择需要标注的位置，按住鼠标左键，确定文字插入位置并单击，弹出“文字编辑器”选项卡。

03 调整字体大小为 10，输入“技术要求”。

04 调整字体大小为 7，输入具体的技术要求内容，单击“确定”按钮完成技术要求的标注，效果如图 14-44 所示。

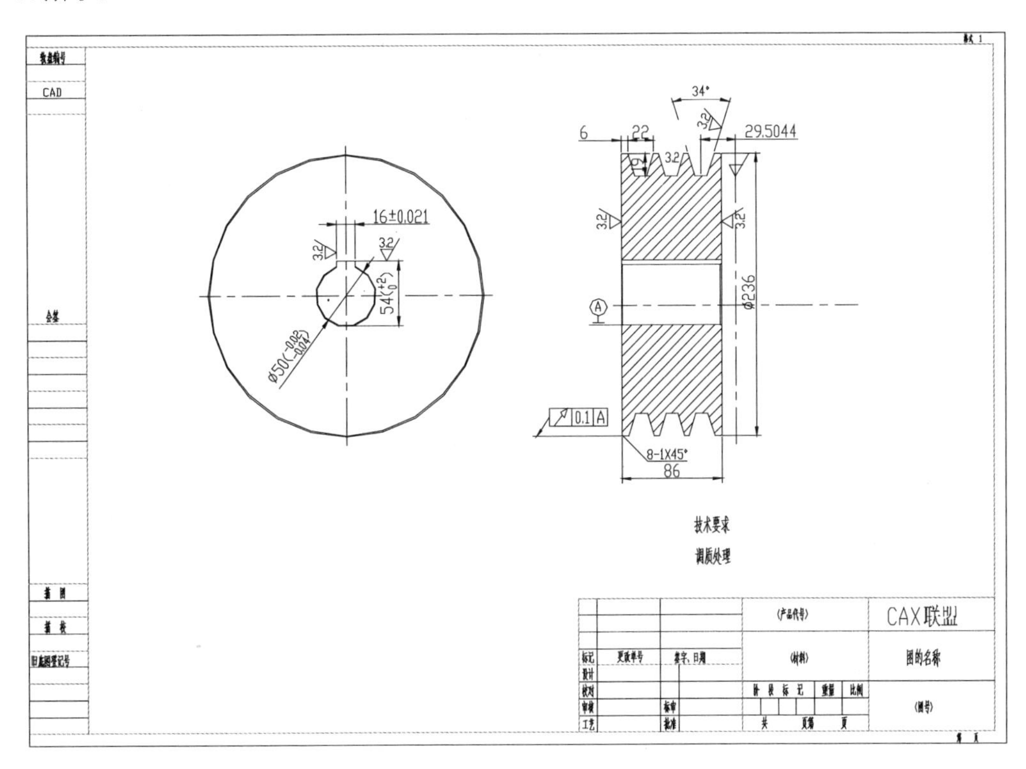

图 14-44　皮带轮设计最终效果图

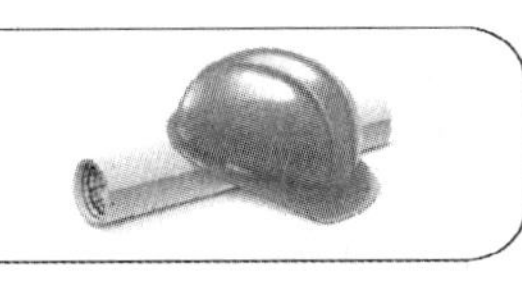

14.3　蜗轮设计

蜗轮常与蜗杆配合，它们组成的运动副常用于减速机构中，以传动两轴在空间成 90º 交错的运动。本节主要讲述一种通用蜗轮的画法。

14.3.1　绘制主视图

01 在“图层”面板中，将“中心线”置为当前图层。单击“状态栏”上的“正交”按钮，打开正交方式。

02 单击“常用”选项卡→“绘图”面板→“直线”按钮，选择一点，在水平方向上绘制长度为 30mm 的直线。

03 重复步骤 02，在竖直方向上绘制长度为 70mm 的直线，效果如图 14-45 所示。

04 单击“常用”选项卡→“修改”面板→“偏移”按钮，通过对中心线的偏移绘制线条，如图 14-46 所示。

05 选中所绘制的线条，单击“常用”选项卡中的“图层”面板中“粗实线”选项，将所绘制的线条转换为粗实线，效果如图 14-47 所示。

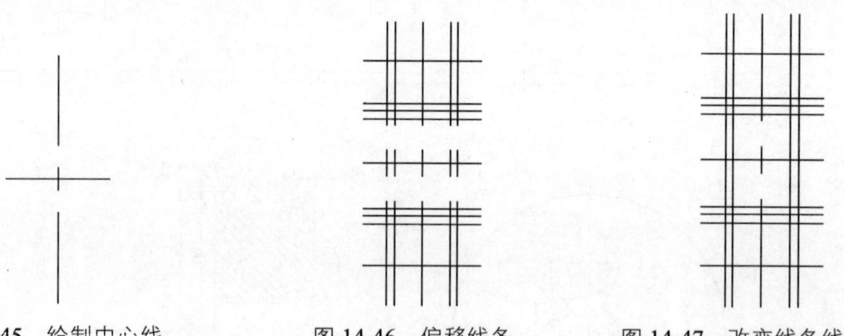

图 14-45　绘制中心线　　图 14-46　偏移线条　　图 14-47　改变线条线型

06 单击“常用”选项卡→“修改”面板→“修剪”按钮，对偏移的线条进行修剪，得到主视图的外轮廓形状，效果如图 14-48 所示。

07 单击“常用”选项卡→“修改”面板→“偏移”按钮，通过对中心线的偏移绘制基准线，如图 14-49 所示。

08 单击“常用”选项卡→“图层”面板，将“粗实线”层置为当前图层。单击“常用”选项卡→“绘图”面板→“圆”按钮，单击如图 14-49 所示的交点 1，在命令提示行输入半径 8.4，按 Enter 键，效果如图 14-50 所示。

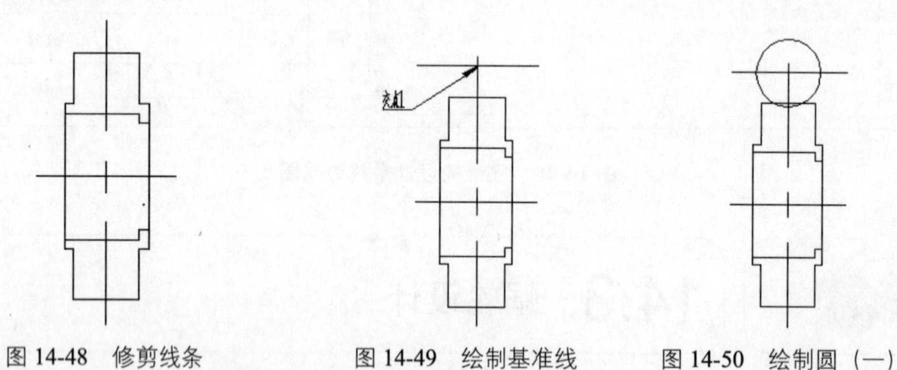

图 14-48　修剪线条　　图 14-49　绘制基准线　　图 14-50　绘制圆（一）

09 单击“常用”选项卡→“绘图”面板→“圆”按钮，单击如图 14-49 所示的交点 1，在命令提示行中输入半径 11.8，按 Enter 键，效果如图 14-51 所示。

10 选中步骤 08 和步骤 09 所绘制的两个圆，单击“常用”选项卡→“修改”面板→“镜像”按钮，选择横向中心线为镜像线，按 Enter 键，效果如图 14-52 所示。

11 单击“常用”选项卡→“修改”面板→“修剪”按钮，选择相应线条进行修剪，得到如图 14-53 所示的轮廓。

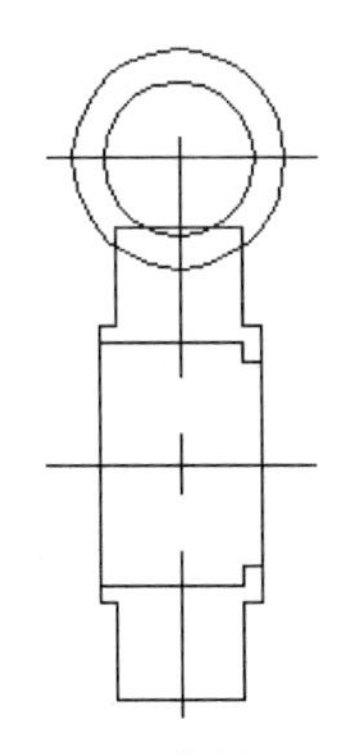

图 14-51 绘制圆（二）

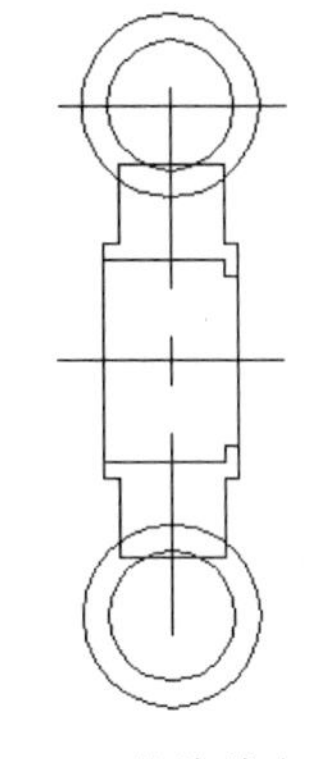

图 14-52 镜像线条

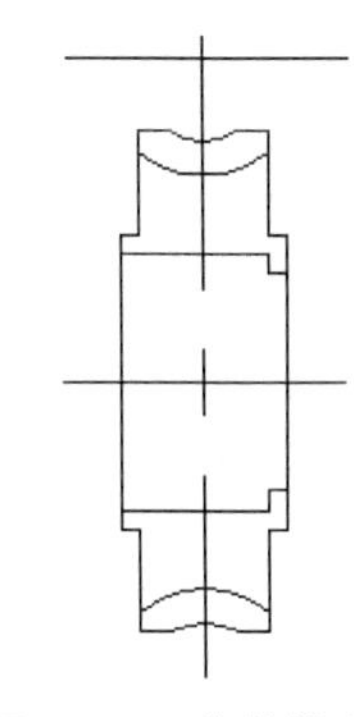

图 14-53 修剪线条

12 单击“常用”选项卡→“图层”面板，将“中心线”层置为当前图层。单击“常用”选项卡→“绘图”面板→“圆”按钮，单击如图 14-49 所示的交点 1，在命令提示行输入半径 9.75，按 Enter 键，效果如图 14-54 所示。

13 单击“常用”选项卡→“修改”面板→“打断”按钮，选择步骤 12 绘制的圆上的两点，效果如图 14-55 所示。

14 选中步骤 13 打断得到的线条，单击“常用”选项卡→“修改”面板→“镜像”按钮，选择横向中心线为镜像线，按 Enter 键，效果如图 14-56 所示。

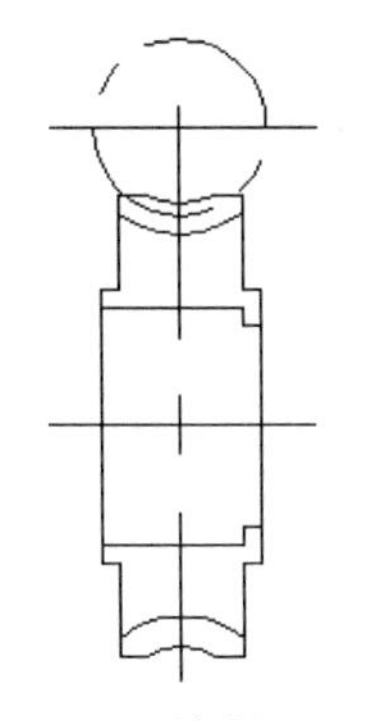

图 14-54 绘制圆（三）

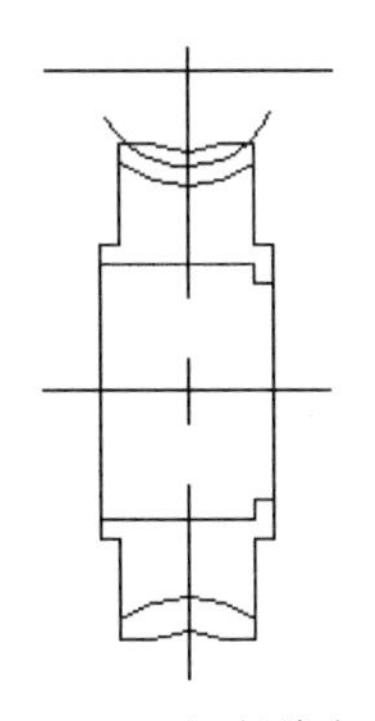

图 14-55 打断线条

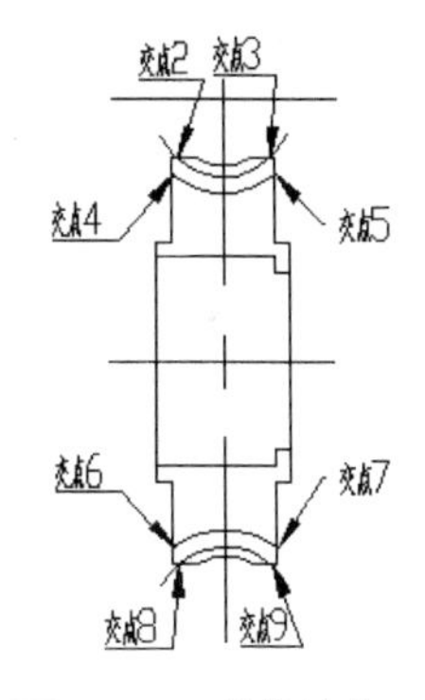

图 14-56 镜像线条

15 单击“常用”选项卡→“图层”面板，将“粗实线”层置为当前图层。单击“常用”选项卡→“绘图”面板→“直线”按钮，单击如图 14-56 所示的交点 2，然后单击交点 4，绘制一条交点 2 与交点 4 之间的直线。

16 重复步骤 15，绘制一条交点 3 与交点 5 之间的直线。

17 重复步骤 15，绘制一条交点 6 与交点 8 之间的直线。

18 重复步骤 15，绘制一条交点 7 与交点 9 之间的直线。效果如图 14-57 所示。

19 单击“常用”选项卡→“修改”面板→“修剪”按钮，对相应线条进行修剪，效果如图 14-58 所示。

20 在“图层”面板中，将“细实线”置为当前图层，单击“常用”选项卡→“绘图”面板→“图案填充”按钮，选择需要填充剖面线的图形区域，在命令提示行中输入“T”，弹出“图案填充和渐变色”对话框。

21 在“图案填充”选项卡中的“图案”面板中选择“ANSI31”，“角度”设置为 0，“比例”设置为 0.5。单击“关闭图案填充创建”按钮，完成剖面线的填充，效果如图 14-59 所示。

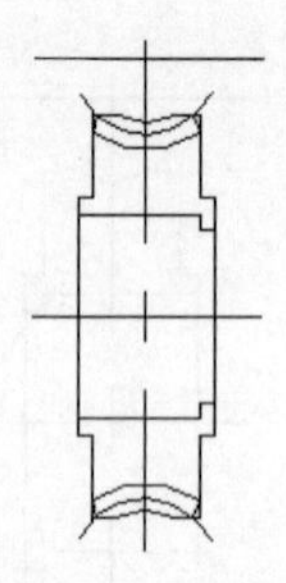

图 14-57 绘制直线

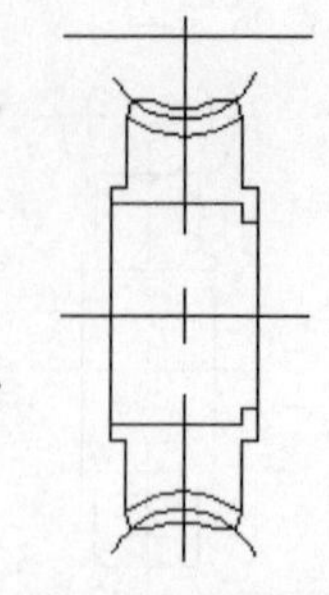

图 14-58 修剪线条

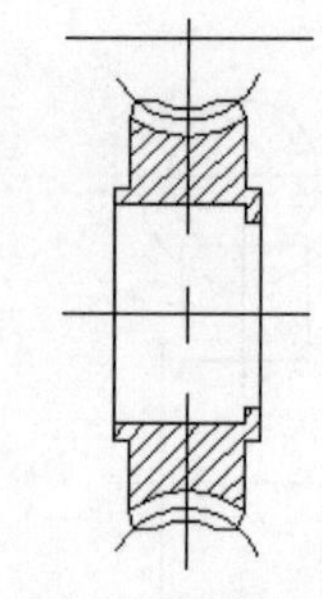

图 14-59 填充剖面线

14.3.2 标注尺寸

01 在“图层”面板中选择“细实线”，将工作图层切换到“细实线”。

02 输入 DIMSTYLE 命令，弹出“标注样式管理器”对话框。在“标注样式管理器”对话框中，单击“修改”按钮，弹出“修改标注样式”对话框。

03 在“修改标注样式”对话框中，选择“文字”选项卡，在“文字样式”下拉列表框中选择 TH_GBDIM 选项。

04 打开“主单位”选项卡，选中“消零”区域中的“前导”和“后续”复选框，单击“确定”按钮完成标注样式的设置。

05 单击“注释”选项卡→“标注”面板→“线性”按钮⊢⊣。

06 选择需要标注线性尺寸的端点，完成对主视图外形尺寸的标注，如图 14-60 所示。

07 使用多行文字标注极限偏差尺寸。使用 dli 命令后，选择需要标注极限偏差尺寸的两个端点，在命令提示行中输入 M。

08 弹出“文字格式”对话框，输入“%%C49.2 (0 ^-0.039)”。

09 选定公差部分，在弹出的“文字编辑器”选项卡中单击“格式”下拉列表框的“堆叠”按钮 堆叠，效果如图 14-61 所示。

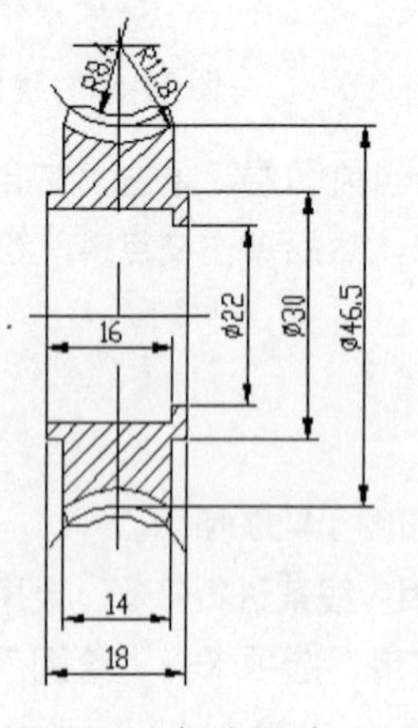

图 14-60 标注尺寸（一）

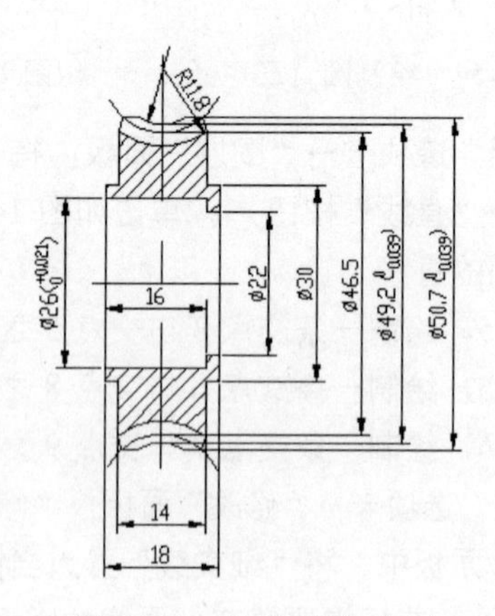

图 14-61 标注尺寸（二）

14.3.3　标注形位公差

01 使用 insert 命令，或单击“插入”选项卡→“块”面板→“插入”按钮，弹出“插入”对话框。

02 选择随书光盘目录下的“\源文件\基准代号.dwg”文件，单击“打开”按钮。

03 返回到“插入”对话框，选中插入点、比例、旋转 3 个区域中的“在屏幕上指定”复选框，单击“确定”按钮。

04 在屏幕上指定插入点，并设置好相关的参数，插入基准代号。

05 单击“注释”选项卡→“文字”面板→“多行文字”按钮A，完成对基准代号的标注。

06 单击“注释”选项卡→“标注”面板→“公差”按钮，弹出“形位公差”对话框。

07 单击“形位公差”对话框中的“符号”下的黑框，弹出“特征符号”对话框，单击“圆跳动”符号，自动关闭对话框。

08 在“公差 1”文本框中输入“0.026”，在“基准”文本框中输入 A，单击“确定”按钮。

形位公差的选用一般应根据零件的使用场合来决定，并且所标识的数值需要根据零件的尺寸查阅相关手册来决定。

09 利用鼠标单击选择需要放置公差的位置。

10 单击“注释”选项卡→“引线”面板→“多重引线“按钮，将公差指向需要标注形位公差的表面。

11 重复步骤 06~10，在另一个面标注圆跳动为 0.04 的形位公差，效果如图 14-62 所示。

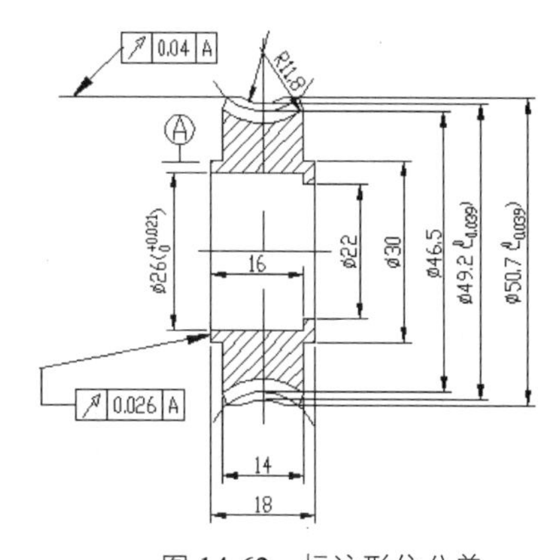

图 14-62　标注形位公差

14.3.4　标注技术要求

在绘制零件的过程中需要注意的是，在视图上无法表达的部分可以通过标注技术要求的方式表达出来。

01 单击“常用”选项卡→“注释”面板→“表格”按钮，插入一个 4 行 2 列的表格。

02 双击表格，在表格内填入齿轮参数，并设置字体高度为 7，如图 14-63 所示。

轴向模数	1.5
齿数	31
齿形角	20°
螺旋方向	左
变位系数	-0.1

图 14-63　填写参数

03 使用 mtext 命令进行技术要求的标注，即输入 mtext 命令。

04 在屏幕上选择需要标注的位置，按住鼠标左键，确定文字插入位置并单击，弹出“文字编辑器”选项卡。

05 调整字体大小为 10，输入“技术要求”。

06 调整字体大小为 7，输入具体的技术要求内容，单击“确定”按钮完成技术要求的标注，效果如图 14-64 所示。

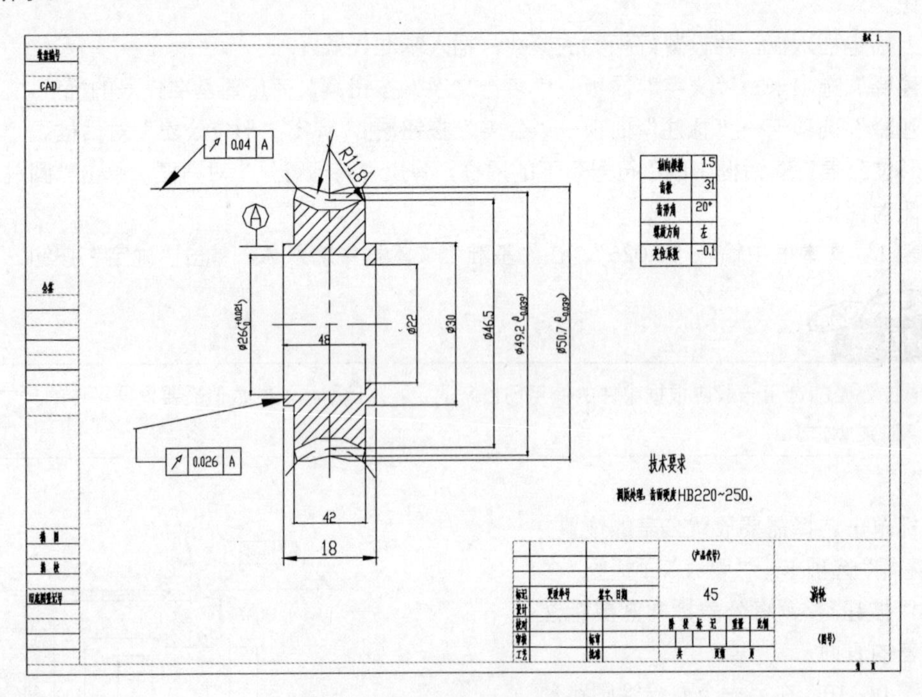

图 14-64　蜗轮设计最终效果图

14.4 链轮设计

链轮是一种与链条相啮合的带齿的轮形机械零件，被广泛应用于化工、纺织机械、食品加工、仪表仪器、石油等行业的机械传动等。本节主要讲述一种普通链轮的绘制方法，采用了剖视图方法来表达零件的结构。

14.4.1 绘制主视图

01 在“图层”面板中，将“中心线”置为当前图层。单击“状态栏”上的“正交”按钮，打开正交方式。

02 单击“常用”选项卡→“绘图”面板→“直线”按钮╱，选择一点，在水平方向上绘制长度为 50mm 的直线。

03 重复步骤 02，在竖直方向上绘制长度为 120mm 的直线，效果如图 14-65 所示。

04 单击“常用”选项卡→“修改”面板→“偏移”按钮，通过对中心线的偏移绘制线条，如图 14-66 所示。

05 选中所绘制的线条，单击“常用”选项卡中“图层”面板中的“粗实线”，将所绘制的线条转换为粗实线，效果如图 14-67 所示。

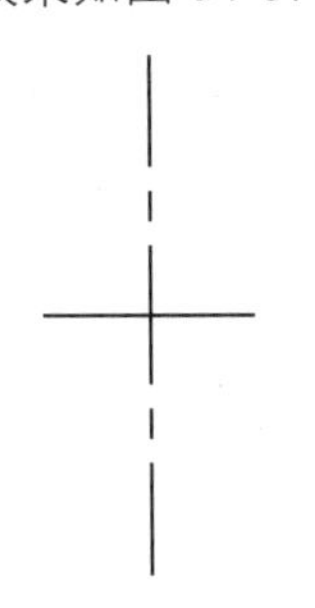

图 14-65 绘制中心线

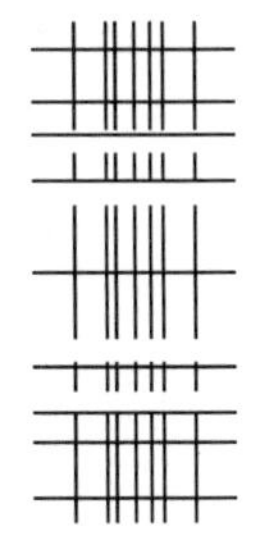

图 14-66 偏移线条

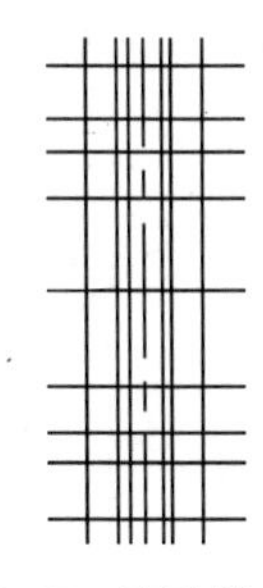

图 14-67 更改线条线型

06 单击“常用”选项卡→“修改”面板→“修剪”按钮，对偏移的线条进行修剪，得到主视图的外轮廓形状，效果如图 14-68 所示。

07 单击“常用”选项卡→“绘图”面板→“圆弧”按钮，选择“起点，端点，半径”，依次单击如图 14-68 所示的交点 1、交点 3，输入半径为 30，按 Enter 键。

08 重复步骤 07，依次单击如图 14-68 所示的交点 4、交点 2，输入半径为 30，按 Enter 键。

09 重复步骤 07，依次单击如图 14-68 所示的交点 5、交点 7，输入半径为 30，按 Enter 键。

10 重复步骤 07，依次单击如图 14-68 所示的交点 8、交点 6，输入半径为 30，按 Enter 键，效果如图 14-69 所示。

11 删除相应线条，效果如图 14-70 所示。

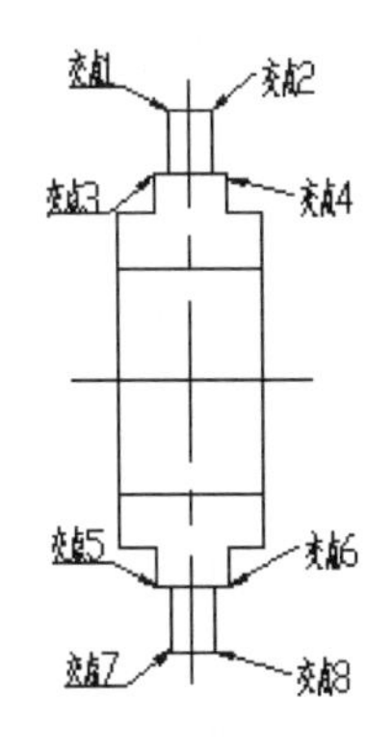

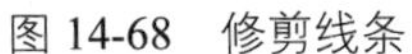

图 14-68 修剪线条

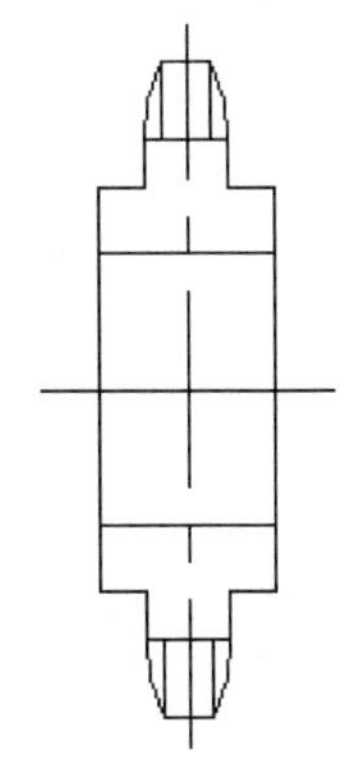

图 14-69 绘制圆弧

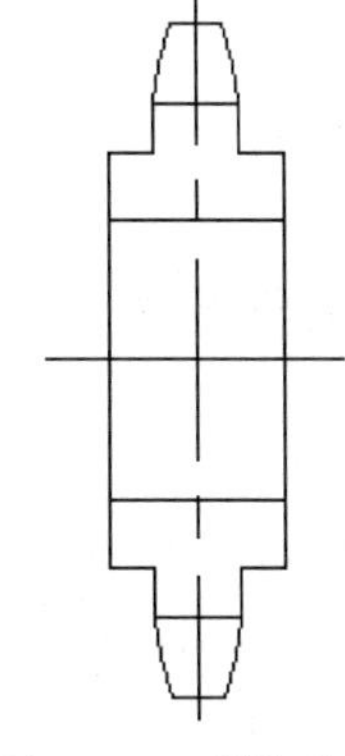

图 14-70 删除线条

12 单击“常用”选项卡→“修改”面板→“偏移”按钮，通过对中心线的偏移绘制分度线，如图 14-71 所示。

13 单击“常用”选项卡→“修改”面板→“倒角”按钮，在命令行输入 A 后按 Enter 键，在命令行输入 1 后按 Enter 键，在命令提示行中输入 45 后按 Enter 键，然后选择轮廓线 2 和轮廓线 3。

14 按 Enter 键，选择轮廓线 3 和轮廓线 4。

15 按 Enter 键，选择轮廓线 7 和轮廓线 8。

16 按 Enter 键，选择轮廓线 8 和轮廓线 9。效果如图 14-72 所示。

17 单击“常用”选项卡→“修改”面板→“圆角”按钮，在命令行输入 R 后按 Enter 键，在命令行输入 1 后按 Enter 键，然后选择轮廓线 1 和轮廓线 2。

18 按 Enter 键，选择轮廓线 4 和轮廓线 5。

19 按 Enter 键，选择轮廓线 6 和轮廓线 7。

20 按 Enter 键，选择轮廓线 9 和轮廓线 10。效果如图 14-73 所示。

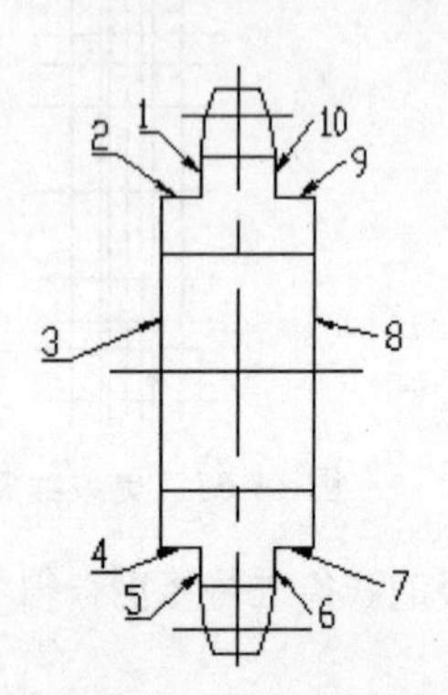

图 14-71 偏移线条

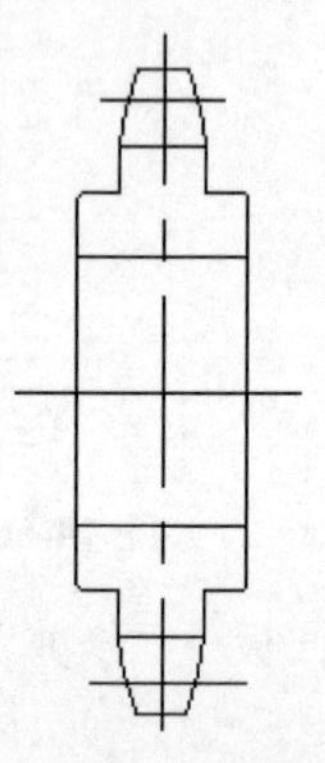

图 14-72 绘制倒角

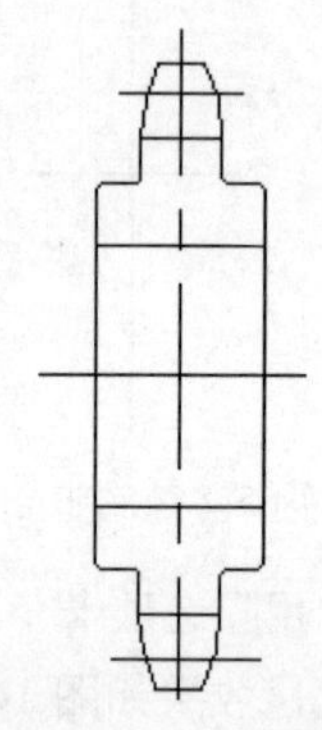

图 14-73 绘制圆角

21 在“图层”面板中，将“细实线”置为当前图层，单击“常用”选项卡→“绘图”面板→“图案填充”按钮，选择需要填充剖面线的图形区域，在命令提示行中输入“T”，弹出“图案填充和渐变色”对话框。

22 在“图案填充”选项卡中的“图案”面板中选择“ANSI31”，“角度”设置为 0，“比例”设置为 1。单击“关闭图案填充创建”按钮，完成剖面线的填充，效果如图 14-74 所示。

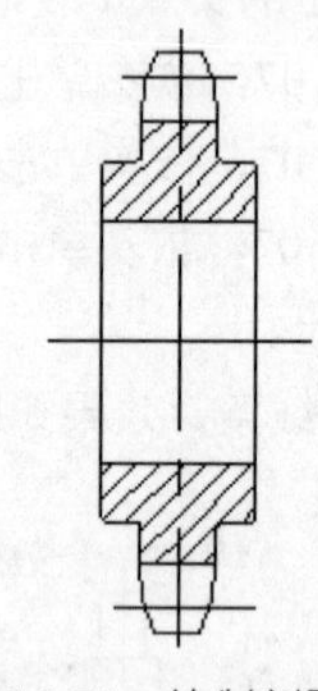

图 14-74 绘制剖面线

14.4.2 标注尺寸

01 在“图层”面板中选择“细实线”，将工作图层切换到“细实线”层。

02 输入 DIMSTYLE 命令，弹出“标注样式管理器”对话框。在“标注样式管理器”对话框中，单击“修改”按钮，弹出“修改标注样式”对话框。

03 在“修改标注样式”对话框中，打开“文字”选项卡，在“文字样式”下拉列表框中选择 TH_GBDIM 选项。

04 打开“主单位”选项卡，选中“消零”区域中的“前导”和“后续”复选框，单击“确定”按钮完成标注样式的设置。

05 单击“注释”选项卡→“标注”面板→“线性”按钮。

06 选择需要标注线性尺寸的端点，完成对主视图外形尺寸的标注，如图 14-75 所示。

07 使用多行文字标注极限偏差尺寸。使用 dli 命令后，选择需要标注极限偏差尺寸的两个端点，在命令提示行中输入 M。

08 弹出“文字格式”对话框，输入“%%C45（+0.021 ^0）”。

09 选定公差部分，在弹出的“文字编辑器”选项卡中单击“格式”下拉列表框的“堆叠”按钮，效果如图 14-76 所示。

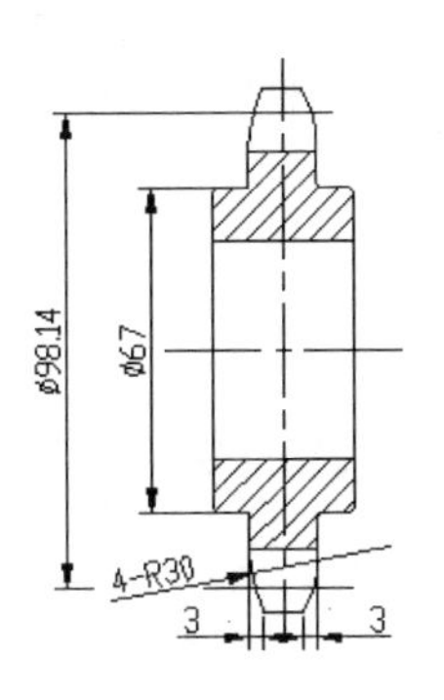

图 14-75　尺寸标注（一）

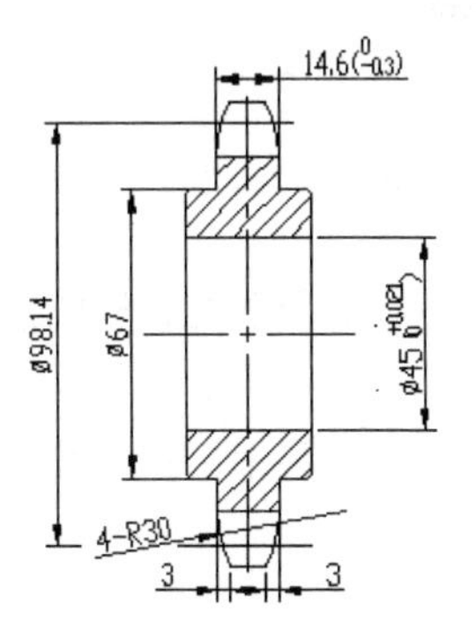

图 14-76　尺寸标注（二）

14.4.3　标注表面粗糙度

01 使用 insert 命令，或单击“插入”选项卡→“块”面板→“插入”按钮，弹出“插入”对话框。

02 选择随书光盘目录下的“\源文件\粗糙度.dwg”文件，单击“打开”按钮。

03 返回到“插入”对话框，选中插入点、比例、旋转 3 个区域中的“在屏幕上指定”复选框，单击“确定”按钮。

04 在屏幕上指定插入点，并设置好相关的参数，插入粗糙度符号，效果如图 14-77 所示。

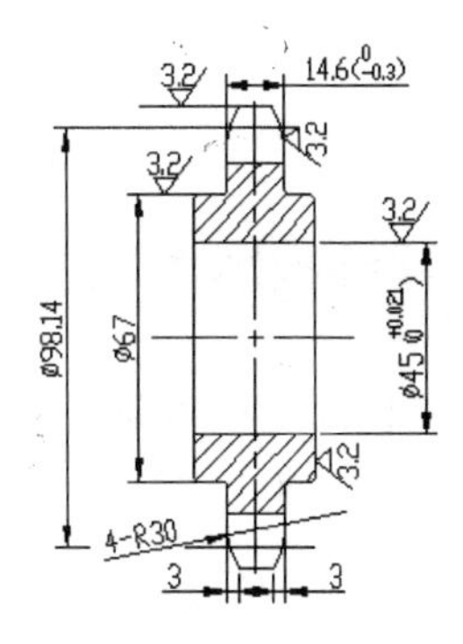

图 14-77　标注表面粗糙度

14.4.4　标注形位公差

01 使用 insert 命令，或单击“插入”选项卡→“块”面板→“插入”按钮，弹出“插入”对话框。

02 选择随书光盘目录下的“\源文件\基准代号.dwg”文件，单击“打开”按钮。

03 返回到“插入”对话框，选中插入点、比例、旋转 3 个区域中的“在屏幕上指定”复选框，单击“确定”按钮。

04 在屏幕上指定插入点，并设置好相关的参数，插入基准代号。

05 单击“注释”选项卡→“文字”面板→“多行文字”按钮**A**，完成对基准代号的标注。

06 单击“注释”选项卡→“标注”面板→“公差”按钮，弹出“形位公差”对话框。

07 单击“形位公差”对话框中“符号”下的黑框，弹出“特征符号”对话框，单击“圆跳动”符号，自动关闭对话框。

08 在“公差 1”文本框中输入“0.026”，在“基准”文本框中输入 A，单击“确定”按钮。

AutoCAD 小提示

形位公差的选用一般应根据零件的使用场合来决定，并且所标识的数值需要根据零件的尺寸查阅相关手册来决定。

09 利用鼠标单击选择需要放置公差的位置。

10 单击“注释”选项卡→“引线”面板→“多重引线“按钮，将公差指向需要标注形位公差的表面。

11 重复步骤 06~10，在另一个面标注圆跳动为 0.04 的形位公差，效果如图 14-78 所示。

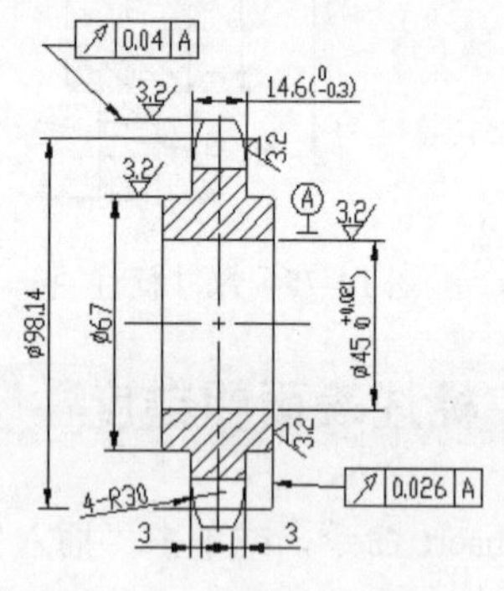

图 14-78 标注形位公差

14.4.5 标注技术要求

在绘制零件的过程中需要注意的是，在视图上无法表达的部分可以通过标注技术要求的方式表达出来。

01 单击“常用”选项卡→“注释”面板→“表格”按钮，插入一个 7 行 3 列的表格。

02 双击表格，在表格内填入链轮参数，并设置字体高度为 7，如图 14-79 所示。

适配链号		RS80
节 距	p	25.4
滚子外径	dr	15.88
齿 数	z	12
量柱测量矩	Mr	$114.02^{+0}_{-0.25}$
量柱直径	dR	$15.88^{+0.01}_{-0}$
齿 形	按3R GB1244-85	

图 14-79 填写链轮参数

03 使用 mtext 命令进行技术要求的标注，即输入 mtext 命令。

04 在屏幕上选择需要标注的位置，按住鼠标左键，确定文字插入位置并单击，弹出“文字编辑器”选项卡。

05 调整字体大小为 10，输入“技术要求”。

06 调整字体大小为 7，输入具体的技术要求内容，单击“确定”按钮完成技术要求的标注，效果如图 14-80 所示。

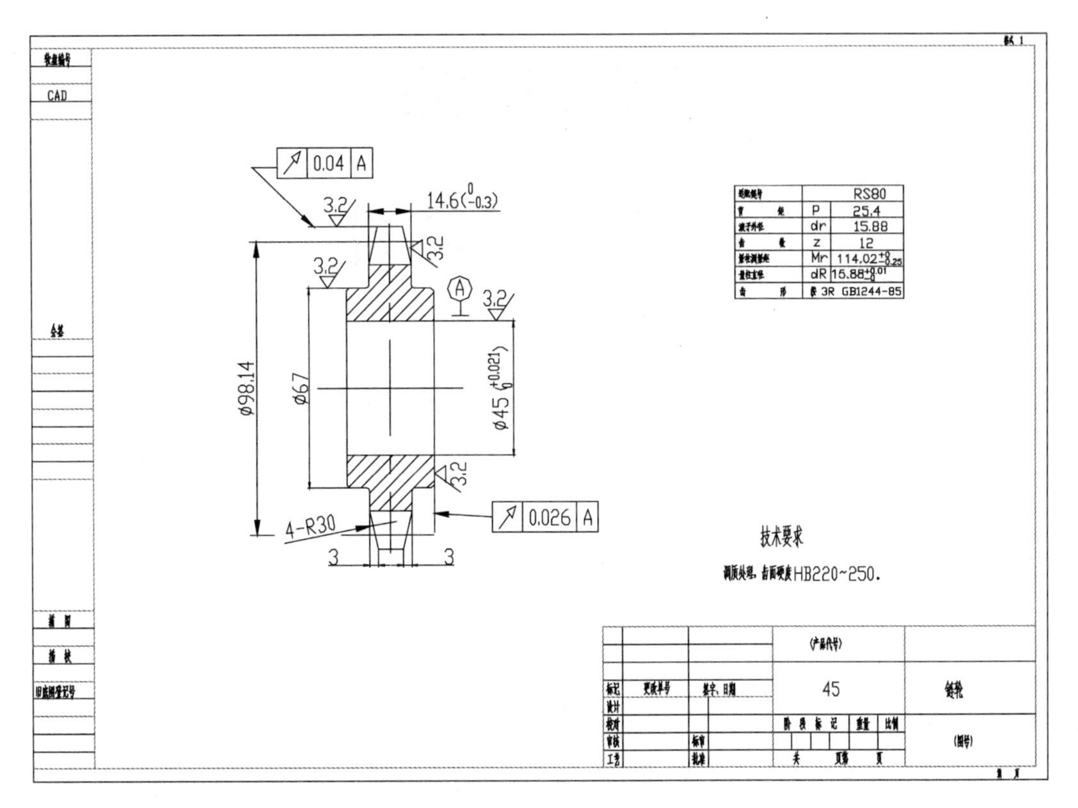

图 14-80　链轮设计最终效果图

14.5 知识回顾

本章主要介绍了几种轮类零件的画法，主要用到了直线、圆、偏移、修剪、倒角、圆角、标注、多行文字、图案填充等几个常用命令。由于轮类零件主要用于机械设备的传动部分，且一般与轴类零件配合使用，所以要非常注意它们与轴类零件配合的孔的极限偏差值，这需要根据零件的尺寸来查阅相关手册进行决定。

第 15 章
设计轴类零件

轴类零件是穿插在轴承中间、车轮中间或齿轮中间的圆柱形物件，它们是支承转动零件并与之一起回转以传递运动、扭矩或弯矩的机械零件。轴类零件一般与轮类零件过盈配合，所以在标注极限偏差时要查阅相关资料，以选择合适的公差带。

学习目标

- 熟悉轴类零件的基本知识
- 掌握轴类零件的基本绘制方法
- 掌握轮轴的绘制方法
- 进一步熟悉零件图的标注

15.1 轮轴设计

轮轴是由轮和轴组成的能绕共同轴线旋转的机械的统称，轮轴一般有两种：一种是一个零件包括轮和轴两部分；另一种是由轮和轴两个零件组成的部件，这种轴一般都带有键槽，用于与轮装配。本节主要讲述第二种轴的设计，绘制时要注意剖视图的使用。

15.1.1 绘制中心线

01 在“图层”面板中，将“中心线”置为当前图层。单击“状态栏”上的“正交”按钮，打开正交方式。

02 单击“常用”选项卡→“绘图”面板→“直线”按钮，选择一点，在水平方向上绘制长度为 300mm 的直线。

03 重复步骤 02，在竖直方向上绘制长度为 100mm 的直线，效果如图 15-1 所示。

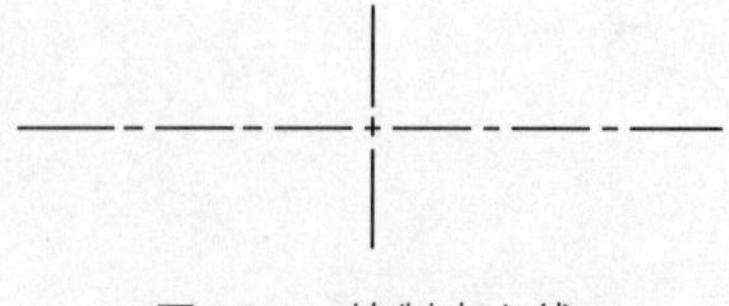

图 15-1　绘制中心线

15.1.2 绘制主视图

01 单击“常用”选项卡→“修改”面板→“偏移”按钮，通过对中心线的偏移绘制线条，如图 15-2 所示。

02 选中所绘制的线条，在“常用”选项卡中的“图层”面板中选择“粗实线”图层，效果如图 15-3 所示。

图 15-2 偏移线条

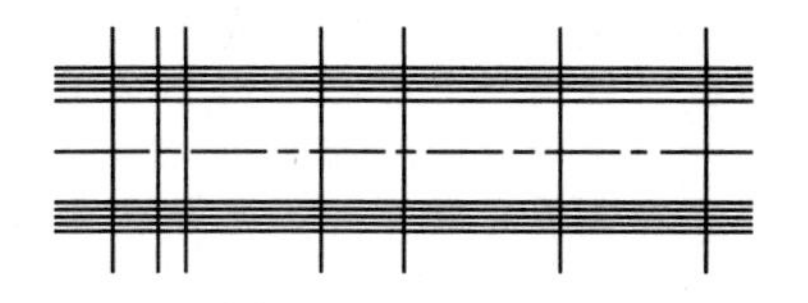

图 15-3 改变线条线型

03 单击“常用”选项卡→“修改”面板→“修剪”按钮，对如图 15-3 所示的粗实线条进行修剪，得到主视图的外轮廓形状，效果如图 15-4 所示。

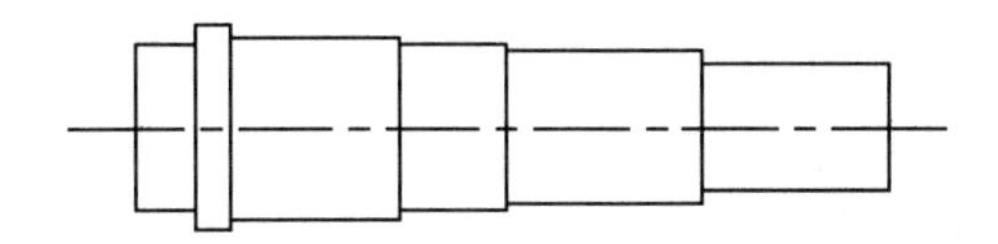

图 15-4 修剪线条

04 单击“常用”选项卡→“修改”面板→“打断于点”按钮，选择如图 15-5 所示的轮廓线 1，单击如图 15-5 所示的交点 1。

05 重复步骤 04，选择如图 15-5 所示的轮廓线 2，单击如图 15-5 所示的交点 2。

06 重复步骤 04，选择如图 15-5 所示的轮廓线 3，单击如图 15-5 所示的交点 3。

07 重复步骤 04，选择如图 15-5 所示的轮廓线 4，单击如图 15-5 所示的交点 4。

08 重复步骤 04，选择如图 15-5 所示的轮廓线 5，单击如图 15-5 所示的交点 5。

09 重复步骤 04，选择如图 15-5 所示的轮廓线 6，单击如图 15-5 所示的交点 6。

10 重复步骤 04，选择如图 15-5 所示的轮廓线 7，单击如图 15-5 所示的交点 7。

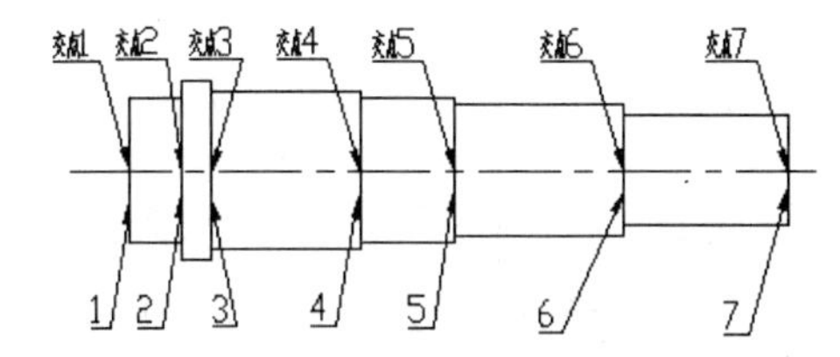

图 15-5 轮廓线和交点编号

11 单击“常用”选项卡→“修改”面板→“圆角”按钮，在命令行输入 R，按 Enter 键，输入圆角半径 1.5mm 后按 Enter 键，然后选择如图 15-6 所示的轮廓线 8 和如图 15-5 所示的轮廓线 2，按 Enter 键；然后选择如图 15-6 所示的轮廓线 10 和如图 15-5 所示的轮廓线 3，按 Enter 键；然后选择如图 15-6 所示的轮廓线 11 和如图 15-5 所示的轮廓线 4，按 Enter 键；然后选择如图 15-6 所示的轮廓线 12 和如图 15-5 所示的轮廓线 5，按 Enter 键；然后选择如图 15-6 所示的轮廓线 13 和如图 15-5 所示的轮廓线 6。效果如图 15-7 所示。

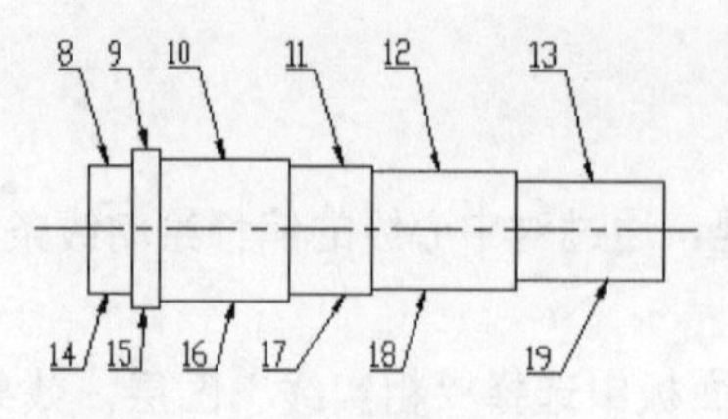

图 15-6　轮廓线编号

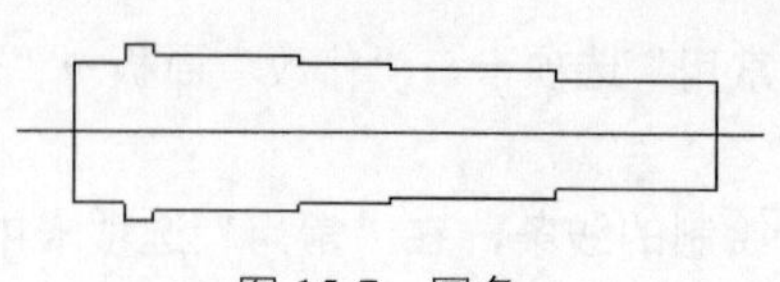

图 15-7　圆角

12 单击“常用”选项卡→“绘图”面板→“直线”按钮，选择相应两点，绘制轴的轮廓线，效果如图 15-8 所示。

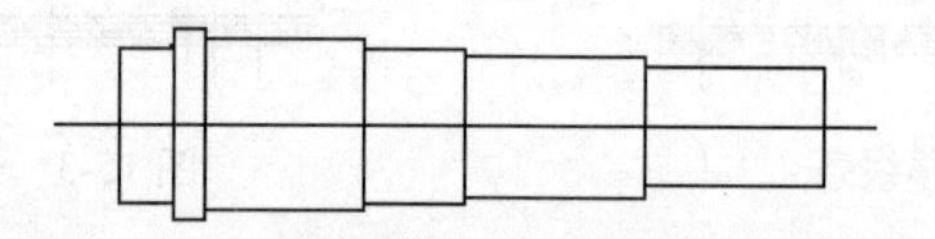

图 15-8　绘制轮廓线

13 单击“常用”选项卡→“修改”面板→“倒角”按钮，在命令行输入 A 后按 Enter 键，在命令行输入 1.5 后按 Enter 键，在命令提示行输入 45 后按 Enter 键，然后选择如图 15-6 所示的轮廓线 8 和如图 15-5 所示的轮廓线 1，然后按 Enter 键；选择如图 15-6 所示的轮廓线 14 和如图 15-5 所示的轮廓线 1，然后按 Enter 键；选择如图 15-6 所示的轮廓线 13 和如图 15-5 所示的轮廓线 7，然后按 Enter 键；选择如图 15-6 所示的轮廓线 19 和如图 15-5 所示的轮廓线 7，效果如图 15-9 所示。

14 单击“常用”选项卡→“绘图”面板→“直线”按钮，选择相应两点，绘制倒角轮廓线，效果如图 15-10 所示。

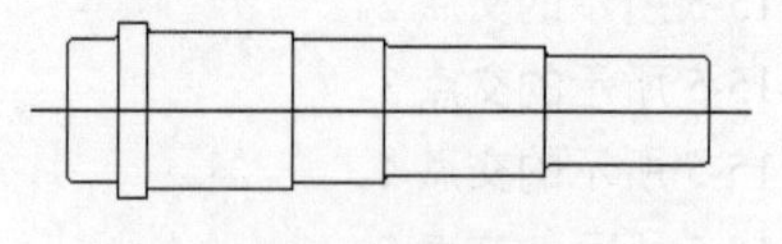

图 15-9　绘制倒角

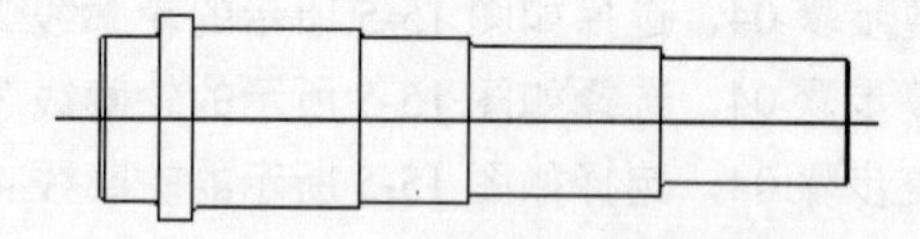

图 15-10　绘制倒角轮廓线

15.1.3　绘制螺纹孔局部剖视图

01 单击“常用”选项卡→“修改”面板→“偏移”按钮，通过中心线的偏移绘制螺纹孔中心线，如图 15-11 所示。

02 单击“常用”选项卡→“修改”面板→“偏移”按钮，通过中心线的偏移绘制螺纹孔轮廓线，通过对如图 15-5 所示的轮廓线 1 的偏移绘制螺纹终止线，如图 15-12 所示。

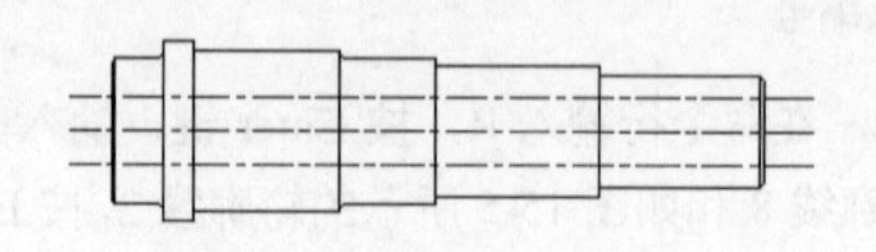

图 15-11　偏移线条（一）

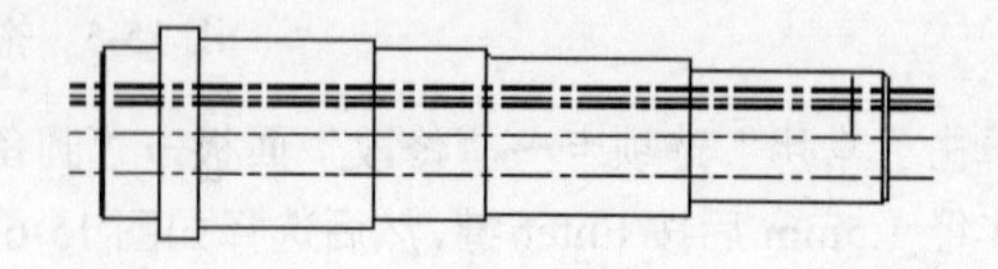

图 15-12　偏移线条（二）

03 单击“常用”选项卡→“修改”面板→“修剪”按钮，对步骤 01 中创建的线条进行修剪，得到螺纹孔的外轮廓，效果如图 15-13 所示。

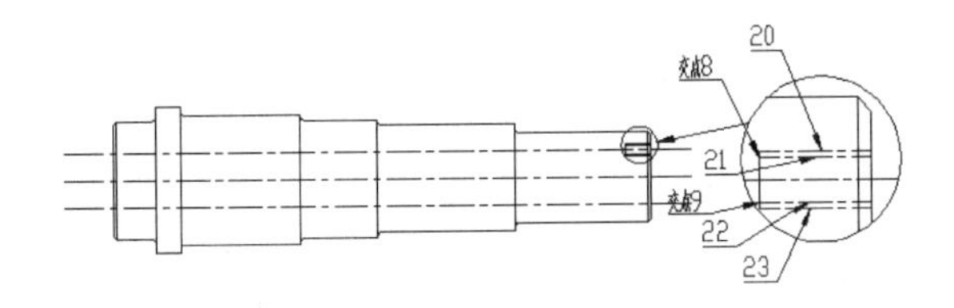

图 15-13　绘制螺纹孔外轮廓

04 单击“常用”选项卡→“修改”面板→“打断”按钮，对步骤 02 中创建的螺纹终止线进行修剪，效果如图 15-14 所示。

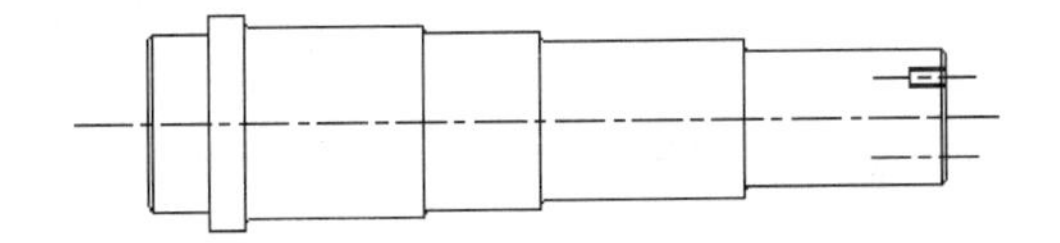

图 15-14　修剪螺纹终止线

05 选中如图 15-13 所示的轮廓线 20 和轮廓线 23，在“图层”下拉列表框中选择“细实线”图层。

06 选中如图 15-13 所示的轮廓线 21 和轮廓线 22，在“图层”下拉列表框中选择“粗实线”图层。

07 单击“常用”选项卡→“绘图”面板→“直线”按钮，选择如图 15-13 所示的交点 8，将鼠标拖到左下方，输入 20，按 Tab 键，输入 120，按 Enter 键。

08 单击“常用”选项卡→“绘图”面板→“直线”按钮，选择如图 15-13 所示的交点 9，将鼠标拖到左上方，输入 20，按 Tab 键，输入 120，按 Enter 键。

09 单击“常用”选项卡→“修改”面板→“修剪”按钮，对步骤 07、步骤 08 绘制的线条进行修剪，效果如图 15-15 所示。

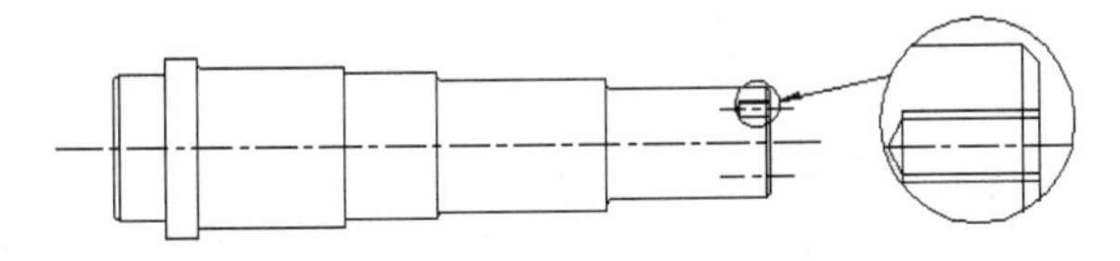

图 15-15　修剪线条

10 单击“常用”选项卡→“绘图”面板→“样条曲线拟合”按钮。选择相应的点，绘制局部剖视的区域。

11 单击“常用”选项卡→“修改”面板→“修剪”按钮，对局部剖视的轮廓进行修剪。

12 在“图层”面板中，将“细实线”置为当前图层，单击“常用”选项卡→“绘图”面板→“图案填充”按钮，选择需要填充剖面线的图形区域，在命令提示行中输入“T”，弹出“图案填充和渐变色”对话框。

13 在“图案填充”选项卡中的“图案”面板中选择“ANSI31”，“角度”设置为 0，“比例”设置为 0.5。单击“关闭图案填充创建”按钮，完成剖面线的填充，效果如图 15-16 所示。

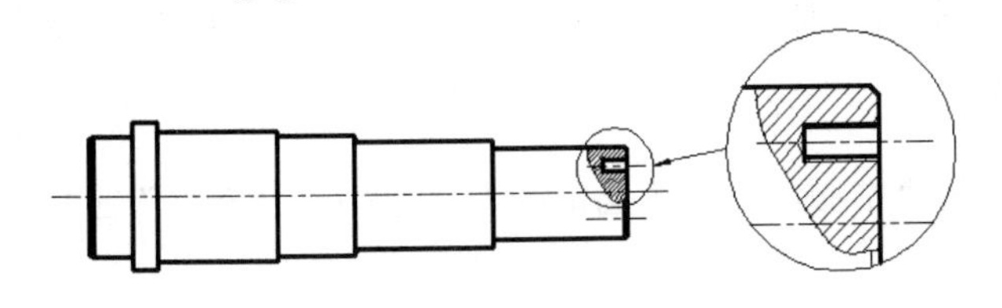

图 15-16　绘制局部剖视图

15.1.4 绘制键槽

1. 绘制键槽主视图

01 单击“常用”选项卡→“修改”面板→“偏移”按钮，通过对中心线的偏移绘制键槽主轮廓。通过对如图 15-5 所示的轮廓线 4 进行偏移绘制辅助线。选择所绘制的线条，在“图层”下拉列表框中选择“粗实线”层。

02 在“图层”下拉列表框中，将“粗实线”层置为当前图层。单击“常用”选项卡→“绘图”面板→“圆”按钮，单击步骤 01 绘制的水平方向和竖直方向上的线条之间的交点，输入半径，效果如图 15-17 所示。

03 单击“常用”选项卡→“修改”面板→“修剪”按钮，对步骤 01 和步骤 02 生成的线条进行修剪，效果如图 15-18 所示。

图 15-17 绘制圆　　图 15-18 修剪线条

2. 绘制剖切符号

本例采用自定义的不带属性的块与“文字”工具相结合的方式进行绘制。

01 单击“插入”选项卡→“块”面板→“插入”按钮，弹出“插入”对话框。

02 选择随书光盘目录下的“\源文件\剖切符号.dwg”文件，单击“打开”按钮。

03 返回到“插入”对话框，选中插入点、缩放比例、旋转 3 个区域中的“在屏幕上指定”复选框，单击“确定”按钮。

04 在屏幕上指定插入点，并设置好相关的参数，插入剖切符号，效果如图 15-19 所示。

05 单击“注释”选项卡→“文字”面板→“多行文字”按钮A，对剖切进行标注，第一个剖切符号用 A 表示。

06 在屏幕上选择需要标注的剖切位置，按住鼠标左键，确定文字插入位置并单击，弹出“文字编辑器”选项卡。

07 设置好文字格式，完成一个剖切符号的标注。

08 重复步骤 05～07，完成其他符号标注，效果如图 15-20 所示。

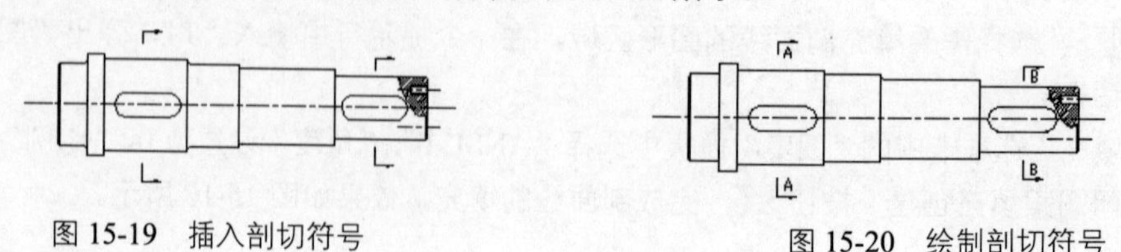

图 15-19 插入剖切符号　　图 15-20 绘制剖切符号

3. 绘制键槽剖视图

01 在“图层”面板中，将“中心线”置为当前图层。单击“状态栏”上的“正交”按钮，打开正交方式。

02 单击“常用”选项卡→“绘图”面板→“直线”按钮，选择一点，在水平方向上绘制长度为 70mm

的直线。

03 重复步骤 02，在竖直方向上绘制长度为 70mm 的直线，效果如图 15-21 所示。

04 单击“常用”选项卡→“绘图”面板→“圆”按钮，单击中心线的交点，输入半径，按 Enter 键，效果如图 15-22 所示。

05 单击“常用”选项卡→“修改”面板→“偏移”按钮，通过对中心线的偏移绘制线条，如图 15-23 所示。

图 15-21　绘制中心线　　图 15-22　绘制圆　　图 15-23　偏移线条

06 选择步骤 04 和步骤 05 所绘制的线条，在“常用”选项卡中的“图层”面板中选择“粗实线”图层，如图 15-24 所示。

07 单击“常用”选项卡→“修改”面板→“修剪”按钮，对步骤 04～06 中创建的线条进行修剪，效果如图 15-25 所示。

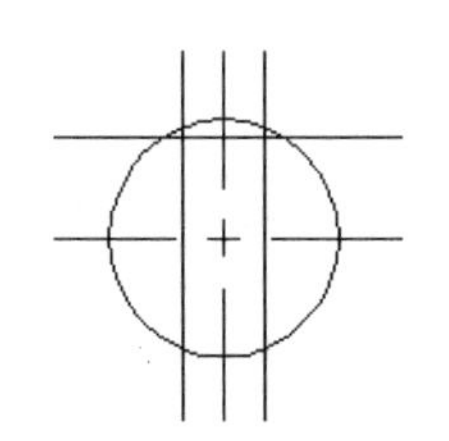

图 15-24　改变线条线型

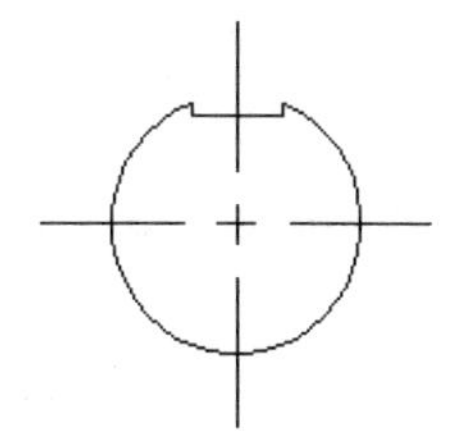

图 15-25　修剪线条

08 在“图层”面板中，将“细实线”置为当前图层，单击“常用”选项卡→“绘图”面板→“图案填充”按钮，选择需要填充剖面线的图形区域，在命令提示行中输入“T”，弹出“图案填充和渐变色”对话框。

09 在“图案填充”选项卡中的“图案”面板中选择“ANSI31”，“角度”设置为 0，“比例”设置为 0.5。单击“关闭图案填充创建”按钮，完成剖面线的填充，效果如图 15-26 所示。

10 单击“注释”选项卡→“文字”面板→“多行文字”按钮，对剖视图进行标注，第一个剖视图对应其剖切符号用 A-A 表示，如图 15-27 所示。

11 重复步骤 01~10 绘制 B-B 剖视图，如图 15-28 所示。

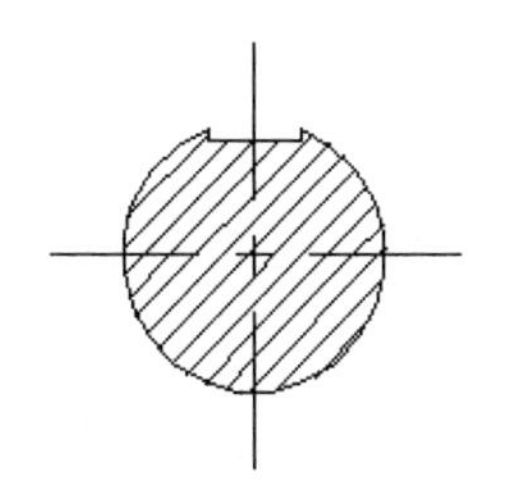

图 15-26　填充剖面线

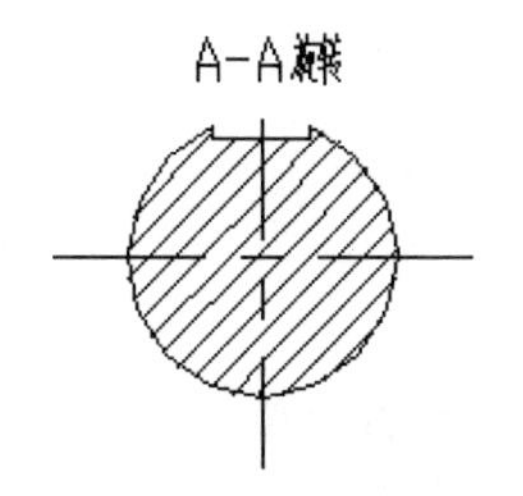

图 15-27　A-A 剖视图

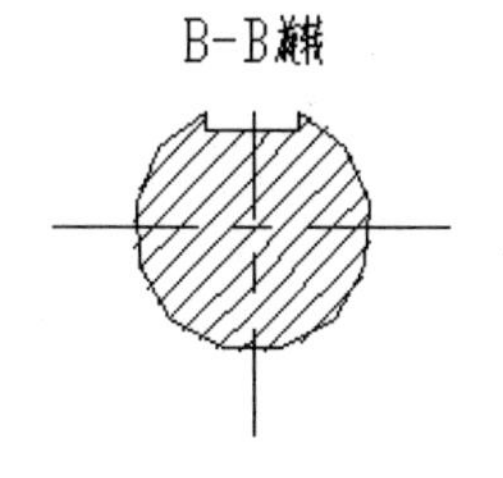

图 15-28　B-B 剖视图

15.1.5 标注轮轴尺寸

01 在“图层”面板中选择“细实线”，将工作图层切换到“细实线”。

02 输入 DIMSTYLE 命令，弹出“标注样式管理器”对话框。在“标注样式管理器”对话框中，单击“修改”按钮，弹出“修改标注样式”对话框。

03 在“修改标注样式”对话框中，选择“文字”选项卡，在“文字样式”下拉列表框中选择 TH_GBDIM 选项。

04 打开“主单位”选项卡，选中“消零”区域中的“前导”和“后续”复选框，单击“确定”按钮完成标注样式的设置。

05 单击“注释”选项卡→“标注”面板→“线性”按钮⊢⊣。

06 选择需要标注线性尺寸的端点，完成对主视图、剖视图外形尺寸的标注，如图 15-29 所示。

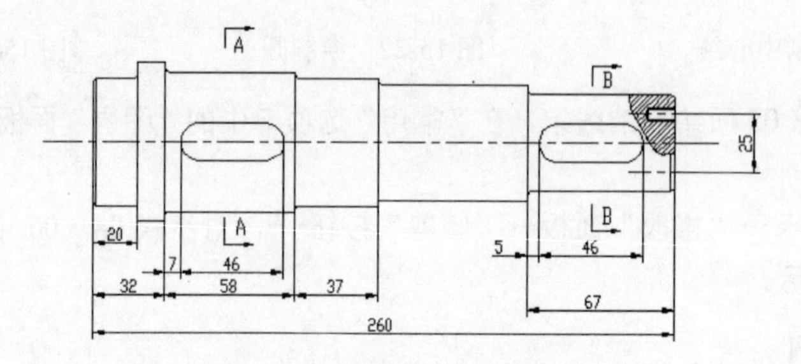

图 15-29　线性尺寸标注

07 使用多行文字标注极限偏差尺寸。使用 dli 命令后，选择需要标注极限偏差尺寸的两个端点，在命令提示行中输入 M。

08 弹出“文字格式”对话框，输入“19（0 ^-0.020）”。

09 选定公差部分，在弹出的“文字编辑器”选项卡中单击“格式”下拉列表框的“堆叠”按钮 堆叠。

10 重复步骤 07~09，绘制需要标注的极限偏差尺寸，效果如图 15-30 所示。

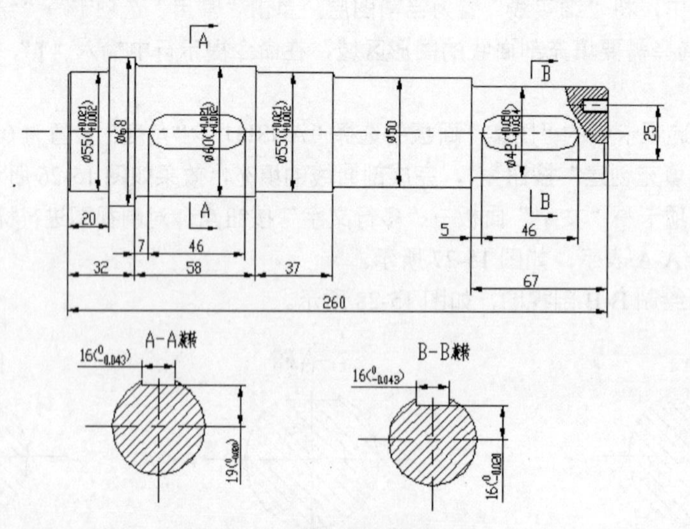

图 15-30　标注极限偏差尺寸

11 单击“注释”选项卡→“标注”面板→“引线”按钮，标注螺纹孔尺寸，如图 15-31 所示。

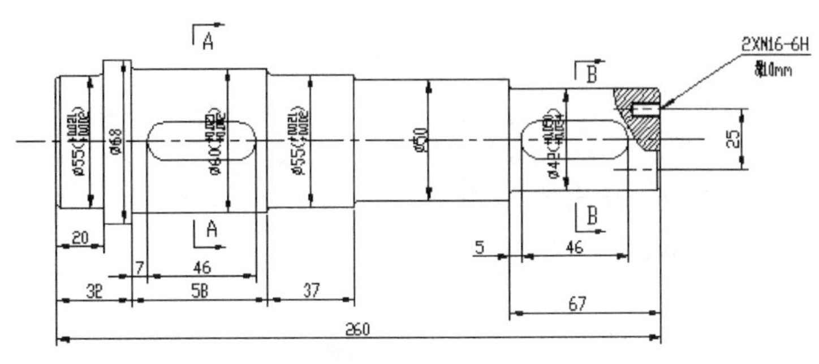

图 15-31　标注螺纹孔尺寸

15.1.6　标注表面粗糙度

01 使用 insert 命令，或单击“插入”选项卡→“块”面板→“插入”按钮，弹出“插入”对话框。

02 选择随书光盘目录下的“\源文件\粗糙度.dwg”文件，单击“打开”按钮。

03 返回到“插入”对话框，选中插入点、比例、旋转 3 个区域中的“在屏幕上指定”复选框，单击“确定”按钮。

04 在屏幕上指定插入点，并设置好相关的参数，插入粗糙度符号，效果如图 15-32 所示。

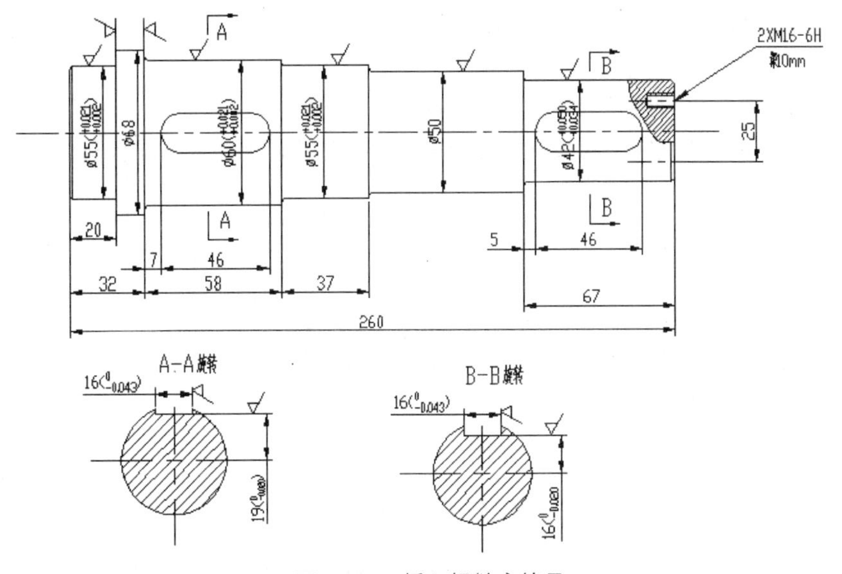

图 15-32　插入粗糙度符号

05 单击“注释”选项卡→“文字”面板→“多行文字”按钮A，对粗糙度等级进行标注。

06 在粗糙度符号上选择位置，进行粗糙度等级的标注。

07 设置好文字的高度和旋转角度，输入文字完成粗糙度等级的标注。

08 重复步骤 05～07 完成所有粗糙度等级的标注，效果如图 15-33 所示。

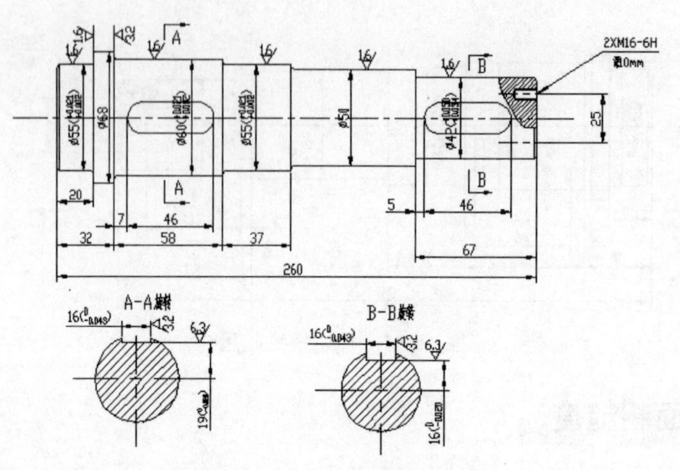

图 15-33　标注表面粗糙度

15.1.7　标注形位公差

01 使用 insert 命令，或单击“插入”选项卡→“块”面板→“插入”按钮，弹出“插入”对话框。

02 选择随书光盘目录下的“\源文件\基准代号.dwg”文件，单击“打开”按钮。

03 返回到“插入”对话框，选中插入点、比例、旋转 3 个区域中的“在屏幕上指定”复选框，单击“确定”按钮。

04 在屏幕上指定插入点，并设置好相关的参数，插入基准代号。

05 单击“注释”选项卡→“文字”面板→“多行文字”按钮A，完成对基准代号的标注，如图 15-34 所示。

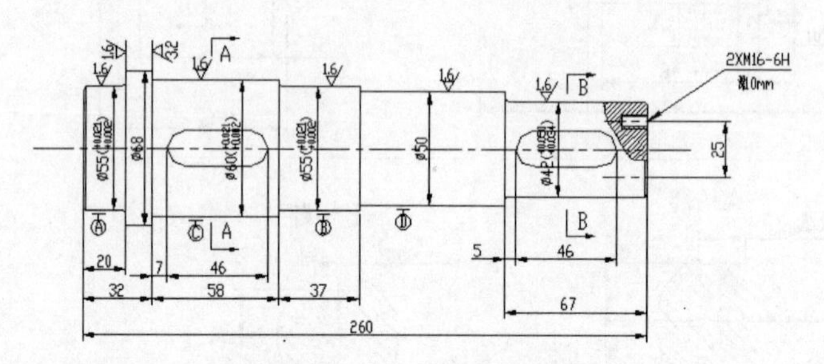

图 15-34　插入基准代号

06 单击“注释”选项卡→“标注”面板→“公差”按钮，弹出“形位公差”对话框。

07 单击“形位公差”对话框中“符号”下的黑框，弹出“特征符号”对话框，单击“圆跳动”符号，自动关闭对话框。

08 在“公差 1”文本框中输入“0.15”，在“基准”文本框中输入 A，单击“确定”按钮。

09 利用鼠标单击选择需要放置公差的位置。

10 单击“注释”选项卡→“引线”面板→“多重引线“按钮，将公差指向需要标注形位公差的表面。

11 重复步骤 07~10，标注所需要的形位公差，效果如图 15-35 所示。

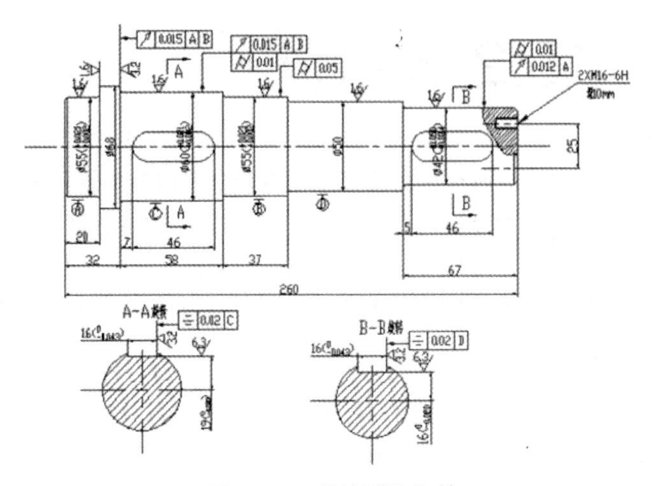

图 15-35　标注形位公差

15.1.8　标注技术要求

01 使用 mtext 命令进行技术要求的标注，输入 mtext 命令。

02 在屏幕上选择需要标注的位置，按住鼠标左键，确定文字插入位置并单击，弹出“文字编辑器”选项卡。

03 调整字体大小为 10，输入“技术要求”。

04 调整字体大小为 7，输入具体的技术要求内容，单击“确定”按钮完成技术要求的标注，效果如图 15-36 所示。

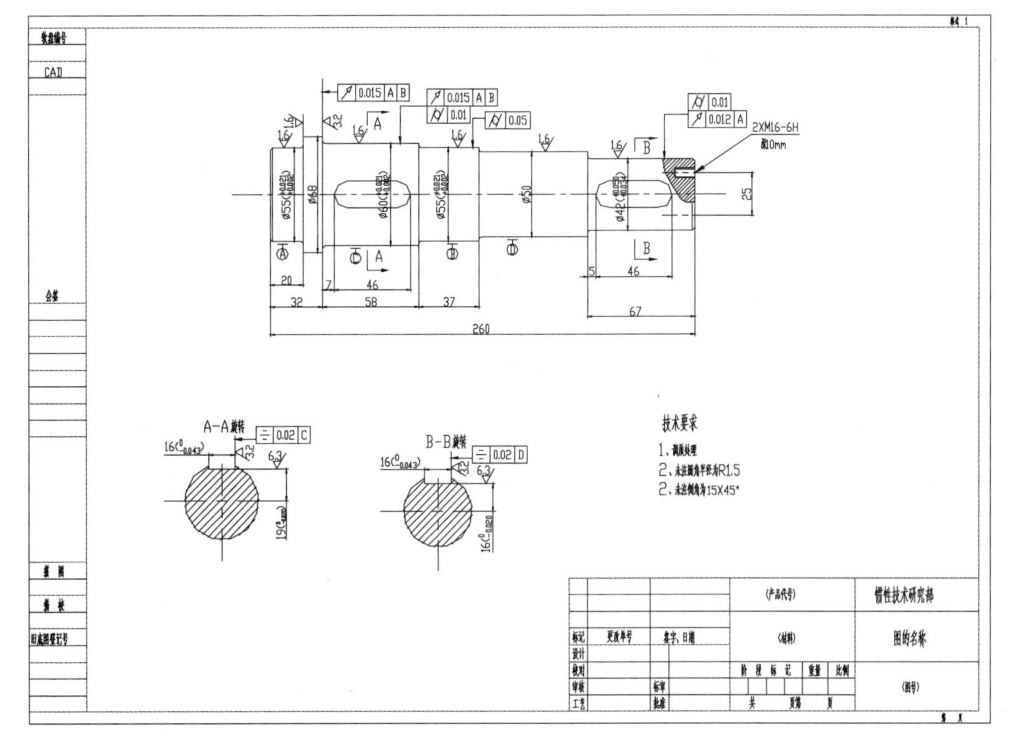

图 15-36　轮轴设计最终效果图

15.2 空心轴设计

空心轴是在轴体的中心有一通孔，轴体的外表面加工有阶梯形圆柱的轴。空心轴占用的空间体积比较大，但可以降低重量。根据材料力学的分析，在转轴传递扭矩时，从径向截面看，越向外的地方传递有效力矩的作用越大。在转轴需要传递较大力矩时，就需要较粗的轴径。而由于在轴心部位传递力矩的作用较小，所以一般采用空心的，以减少转轴的自重。本节在绘制空心轴时主要用到了剖视图和向视图。

15.2.1 绘制中心线

01 在“图层”面板中，将“中心线”置为当前图层。单击“状态栏”上的“正交”按钮，打开正交方式。

02 单击“常用”选项卡→“绘图”面板→“直线”按钮 ／，选择一点，在水平方向上绘制长度为 300mm 的直线。

03 重复步骤 02，在竖直方向上绘制长度为 100mm 的直线，效果如图 15-37 所示。

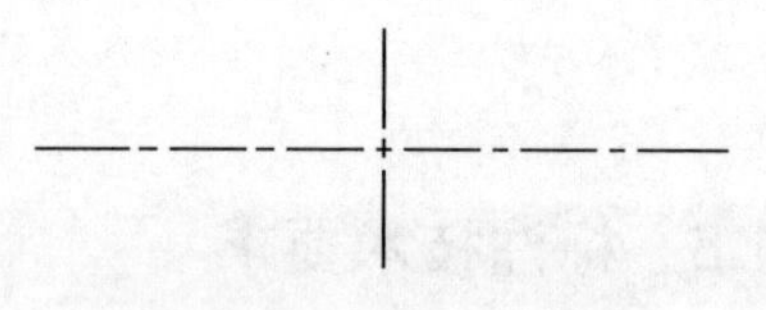

图 15-37 绘制中心线

15.2.2 绘制主视图

01 单击“常用”选项卡→“修改”面板→“偏移”按钮，通过对中心线的偏移绘制线条，如图 15-38 所示。

02 选中所绘制的线条，在“常用”选项卡中的“图层”面板中选择“粗实线”图层，效果如图 15-39 所示。

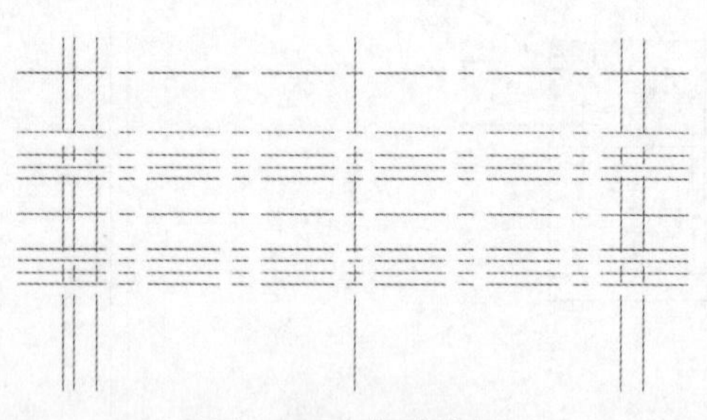

图 15-38 偏移线条

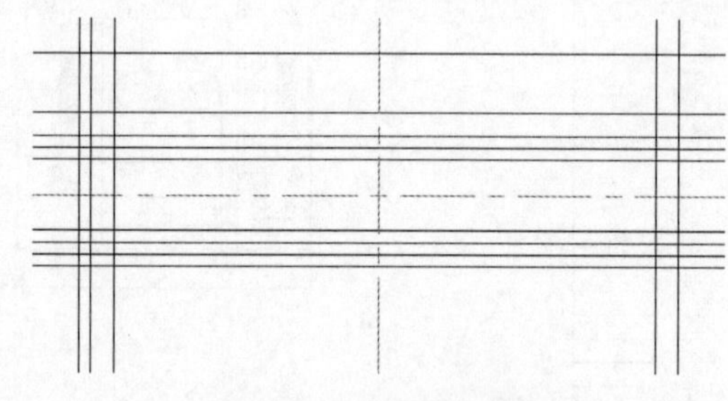

图 15-39 改变线条线型

03 单击“常用”选项卡→“修改”面板→“修剪”按钮 -/--，对图 15-40 中的粗实线条进行修剪，得到主视图的外轮廓形状。

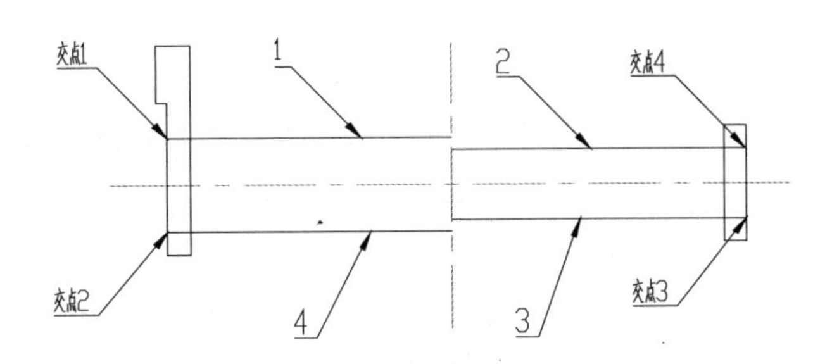

图 15-40　修剪线条

04 单击“常用”选项卡→“绘图”面板→“直线”按钮，选择如图 15-40 所示的交点 1，单击交点 4，绘制两点之间的直线。

05 重复步骤 04，选择如图 15-40 所示的交点 2，单击交点 3，绘制两点之间的直线，如图 15-41 所示。

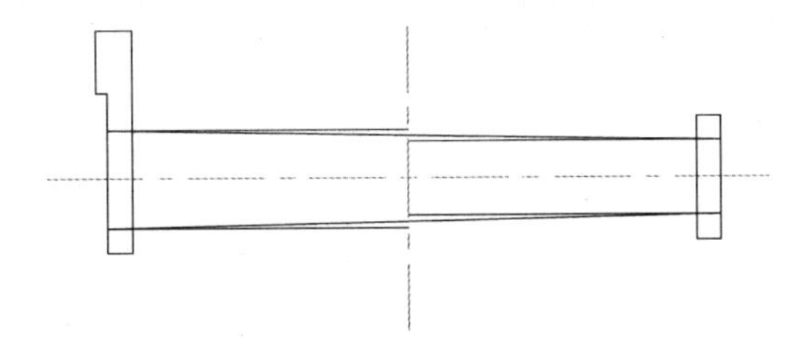

图 15-41　绘制直线

06 选择如图 15-40 所示的轮廓线 1~4，单击 Delete 键。

07 单击“常用”选项卡→“修改”面板→“修剪”按钮，选择相应线条进行修剪，效果如图 15-42 所示。

08 单击“常用”选项卡→“修改”面板→“偏移”按钮，通过对如图 15-42 所示的轮廓线 5、轮廓线 6 进行偏移绘制线条。

09 选中步骤 08 中偏移得到的线条，通过夹点编辑将线条两端交于主视图轮廓的两端，如图 15-43 所示。

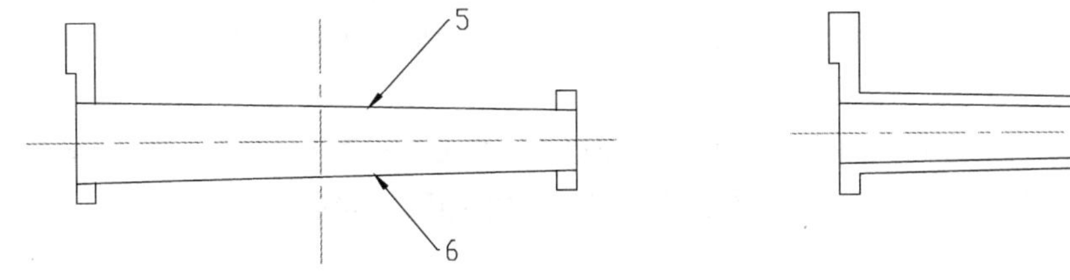

图 15-42　修剪线条

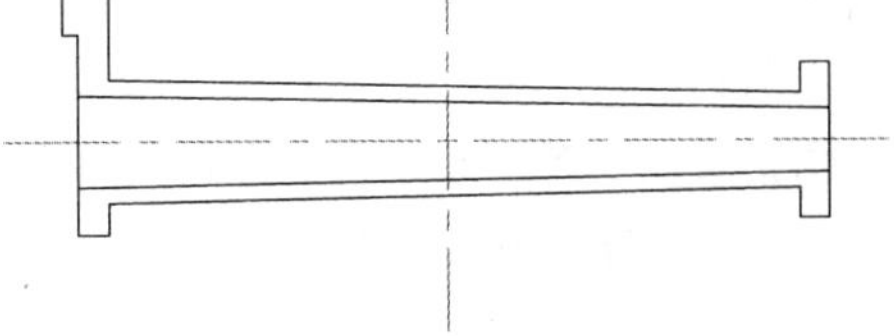

图 15-43　偏移并修剪线条

10 单击“常用”选项卡→“修改”面板→“偏移”按钮，通过对中心线的偏移绘制通孔和螺纹孔轮廓。

11 选中步骤 10 所绘制的线条，在“常用”选项卡中的“图层”面板中选择“粗实线”图层，效果如图 15-44 所示。

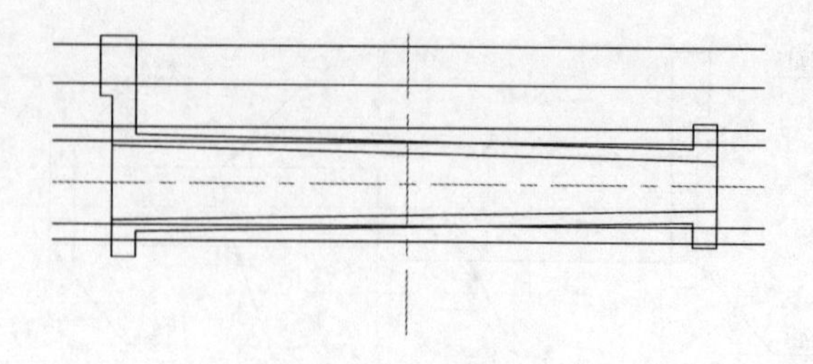

图 15-44 偏移线条

12 单击“常用”选项卡→“修改”面板→“修剪”按钮，对图 15-45 中的粗实线条进行修剪，得到通孔和螺纹孔轮廓形状。

13 单击“常用”选项卡→“修改”面板→“偏移”按钮，通过对如图 15-45 所示的轮廓线 7~10 的偏移绘制螺纹孔螺纹线，效果如图 15-46 所示。

14 选中步骤 13 绘制的螺纹线，单击“图层”下拉列表框，选择“细实线”图层。

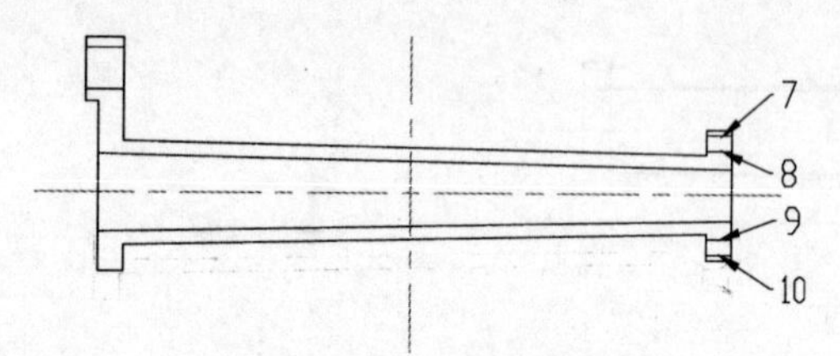

图 15-45 修剪线条

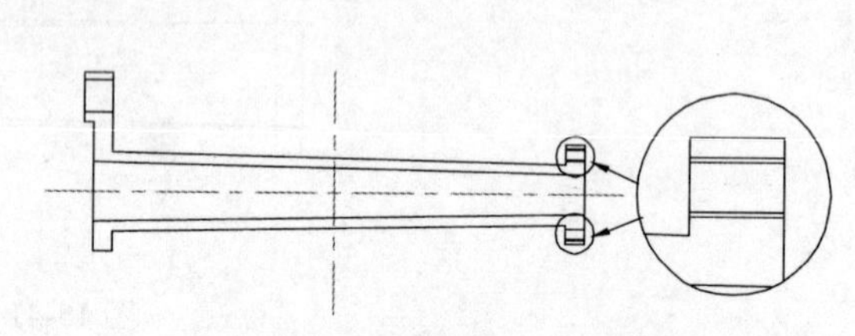

图 15-46 绘制螺纹孔螺纹线

15 单击“常用”选项卡→“修改”面板→“圆角”按钮，在命令行输入 R，按 Enter 键，输入圆角半径为 3mm，按 Enter 键，选择需要倒角的相应轮廓线进行倒角，效果如图 15-47 所示。

16 单击“常用”选项卡→“修改”面板→“偏移”按钮，通过对中心线的偏移绘制螺纹孔、通孔中心线。

17 单击“常用”选项卡→“修改”面板→“打断”按钮，对步骤 16 所创建的中心线进行修剪。

18 在“图层”面板中，将“细实线”置为当前图层，单击“常用”选项卡→“绘图”面板→“图案填充”按钮，选择需要填充剖面线的图形区域，在命令提示行中输入“T”，弹出“图案填充和渐变色”对话框。

19 在“图案填充”选项卡中的“图案”面板中选择“ANSI31”，“角度”设置为 0，“比例”设置为 0.5。单击“关闭图案填充创建”按钮，完成剖面线的填充，效果如图 15-48 所示。

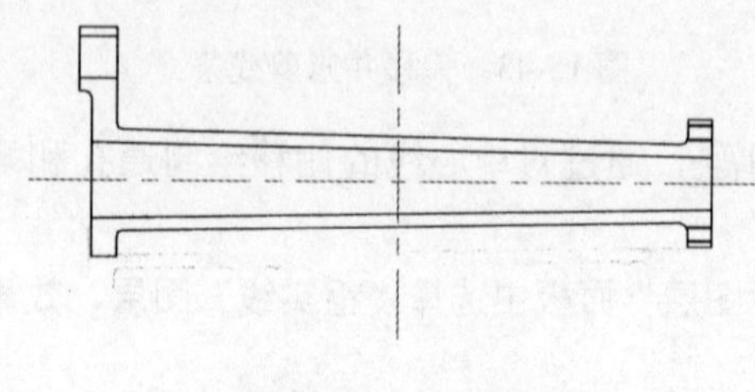

图 15-47 绘制倒角

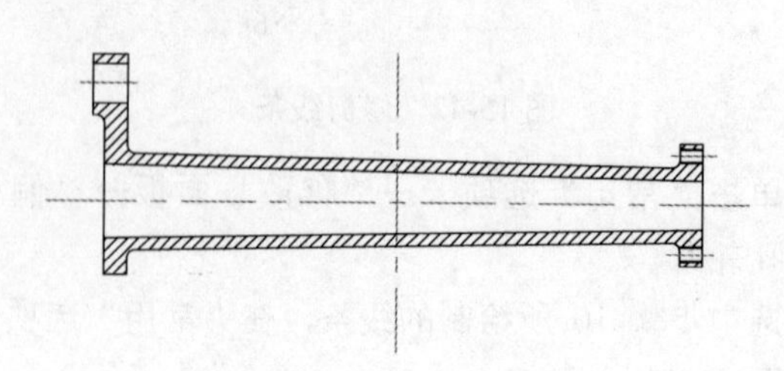

图 15-48 填充剖面线

15.2.3　绘制 B 向视图

01 在“图层”面板中，将“中心线”置为当前图层。单击“状态栏”上的“正交”按钮，打开正交方式。

02 单击“常用”选项卡→“绘图”面板→“直线”按钮，选择一点，在水平方向上绘制长度为 150mm 的直线。

03 重复步骤 02，在竖直方向上绘制长度为 150mm 的直线，效果如图 15-49 所示。

04 单击“常用”选项卡→“绘图”面板→“圆”按钮，单击步骤 03 所绘制的中心线的交点，输入半径，绘制一组同心圆，如图 15-50 所示。

05 选中除如图 15-50 所示的基准圆以外的其他圆，单击“图层”下拉列表框中的“粗实线”图层，如图 15-51 所示。

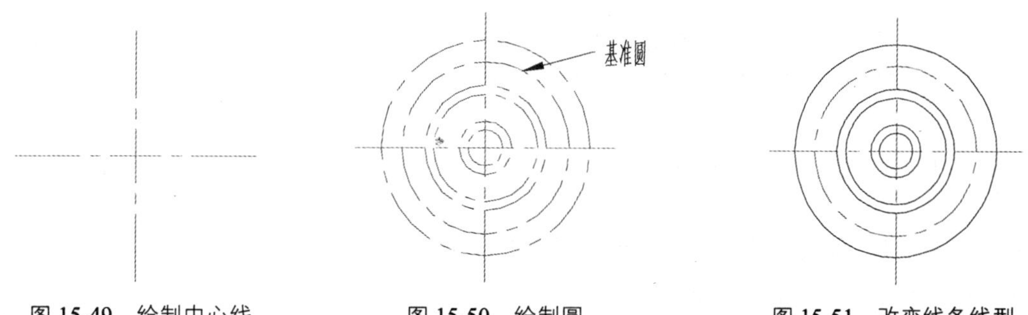

图 15-49　绘制中心线　　图 15-50　绘制圆　　图 15-51　改变线条线型

06 单击“常用”选项卡→“修改”面板→“偏移”按钮，通过对中心线的偏移绘制线条，如图 15-52 所示。

07 选中步骤 06 所绘制的线条，在“图层”下拉列表框中单击“粗实线”图层，如图 15-53 所示。

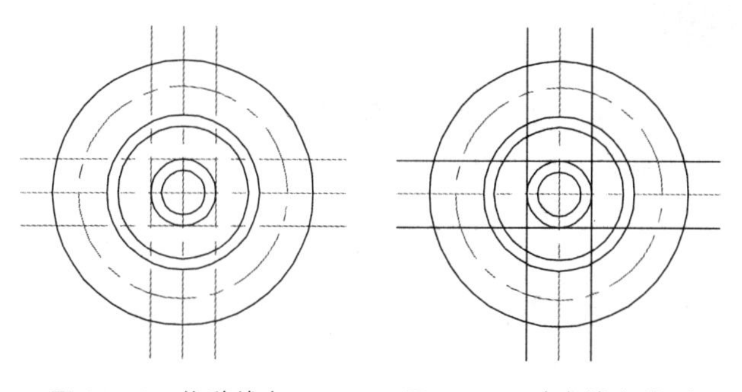

图 15-52　偏移线条　　图 15-53　改变线条线型

08 单击“常用”选项卡→“修改”面板→“修剪”按钮，对图 15-53 中的粗实线条进行修剪，效果如图 15-54 所示。

09 单击“常用”选项卡→“修改”面板→“圆角”按钮，在命令行中输入 R，按 Enter 键，输入圆角半径后按 Enter 键，选择需要倒角的相应轮廓线，如图 15-55 所示。

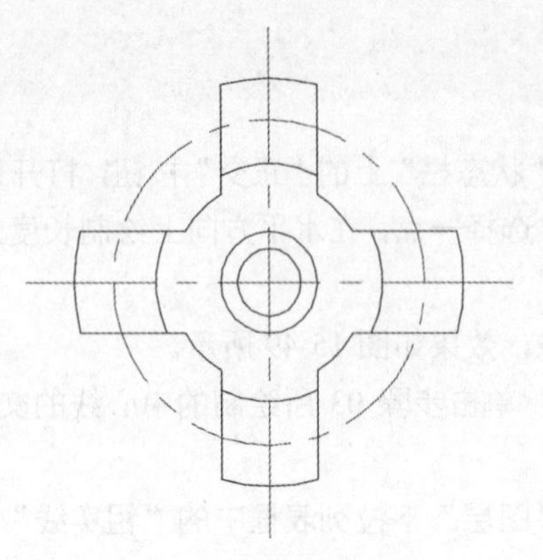

图 15-54 修剪线条

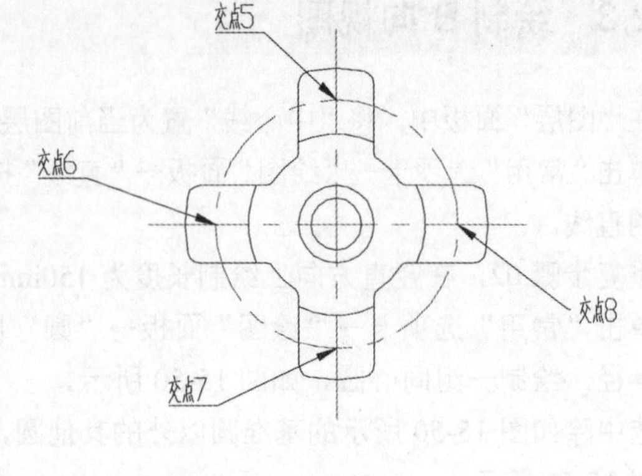

图 15-55 绘制倒角

10 单击“常用”选项卡→“绘图”面板→“圆”按钮，单击如图 15-55 所示的交点 5，输入半径，绘制通孔轮廓。

11 重复步骤 10，分别以交点 6、交点 7、交点 8 为圆心绘制圆。

12 选中步骤 10~11 所绘制的圆，在“图层”下拉列表框中单击“粗实线”图层，如图 15-56 所示。

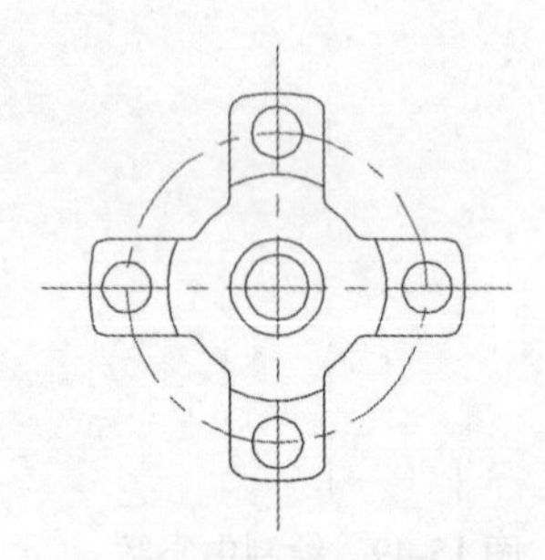

图 15-56 绘制通孔轮廓

15.2.4 绘制 C 向视图

01 在“图层”面板中，将“中心线”置为当前图层。单击“状态栏”上的“正交”按钮，打开正交方式。

02 单击“常用”选项卡→“绘图”面板→“直线”按钮，选择一点，在水平方向上绘制长度为 150mm 的直线。

03 重复步骤 02，在竖直方向上绘制长度为 150mm 的直线，效果如图 15-57 所示。

04 单击“常用”选项卡→“绘图”面板→“圆”按钮，单击步骤 03 所绘制的中心线的交点，输入半径，绘制一组同心圆，如图 15-58 所示。

05 选中除如图 15-58 所示的基准圆以外的其他圆，单击“图层”下拉列表框中的“粗实线”图层，如图 15-59 所示。

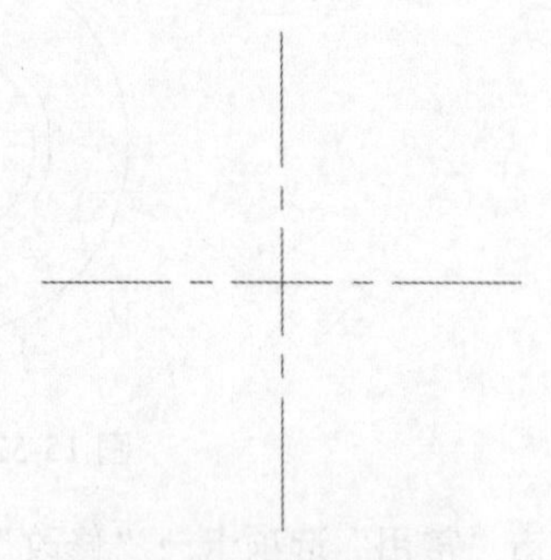

图 15-57 绘制中心线

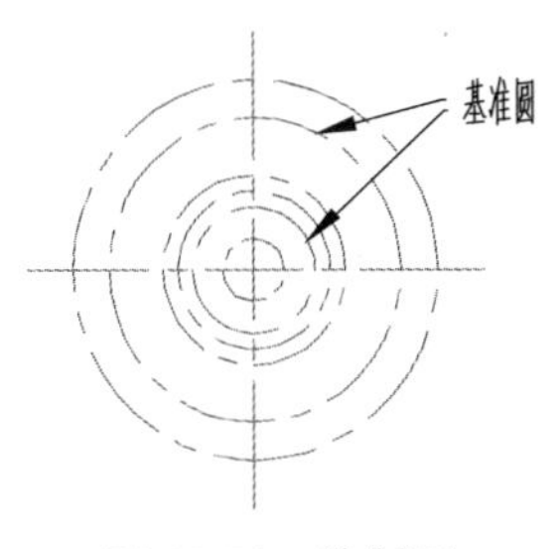

图 15-58　绘制圆

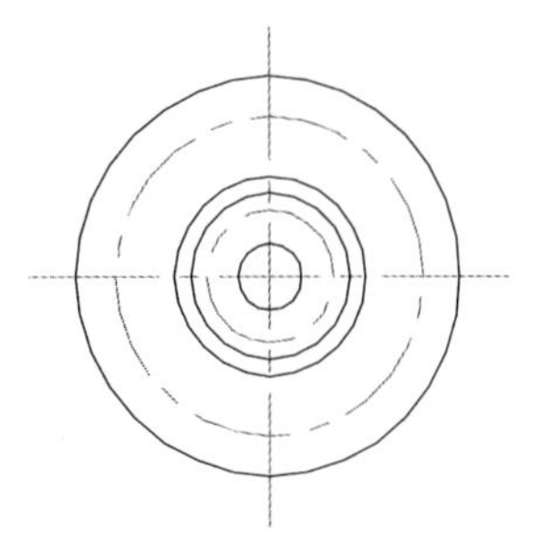

图 15-59　改变线条线型

06 单击“常用”选项卡→“修改”面板→“偏移”按钮，通过对中心线的偏移绘制线条，如图 15-60 所示。

07 选中步骤 06 所绘制的线条，在“图层”下拉列表框中单击“粗实线”图层，如图 15-61 所示。

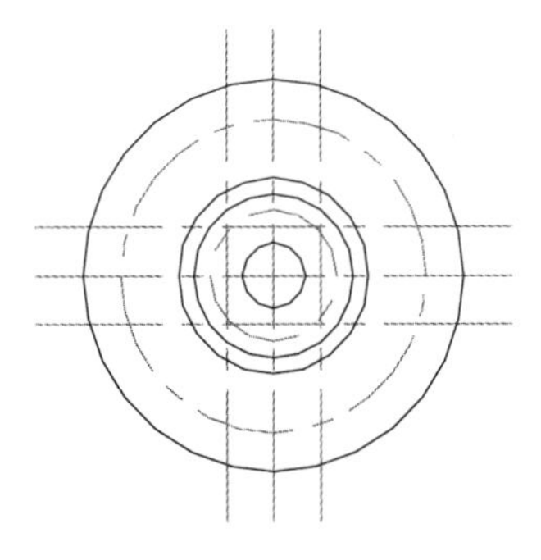

图 15-60　偏移线条

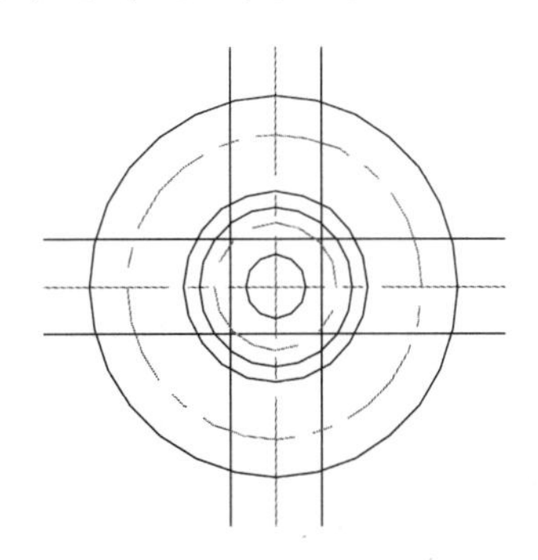

图 15-61　改变线条线型

08 单击“常用”选项卡→“修改”面板→“修剪”按钮，对图 15-54 中的粗实线条进行修剪，效果如图 15-62 所示。

09 单击“常用”选项卡→“修改”面板→“圆角”按钮，在命令行输入 R，按 Enter 键，输入圆角半径后按 Enter 键，选择需要倒角的相应轮廓线，如图 15-63 所示。

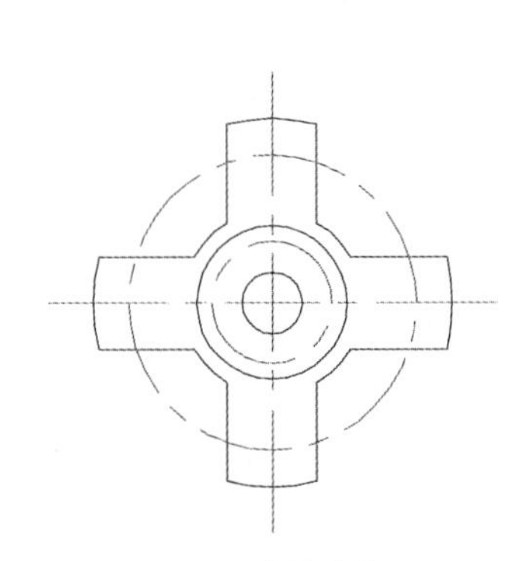

图 15-62　修剪线条

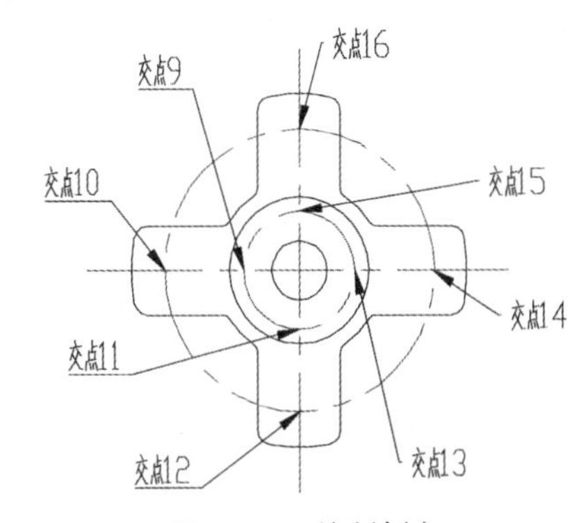

图 15-63　绘制倒角

10 单击“常用”选项卡→“绘图”面板→“圆”按钮，单击如图 15-63 所示的交点 9，输入半径，绘制通孔轮廓。

11 重复步骤 10，分别以交点 10~16 为圆心绘制圆。

12 选中步骤 10~11 所绘制的圆，在“图层”下拉列表框中单击“粗实线”图层，如图 15-64 所示。

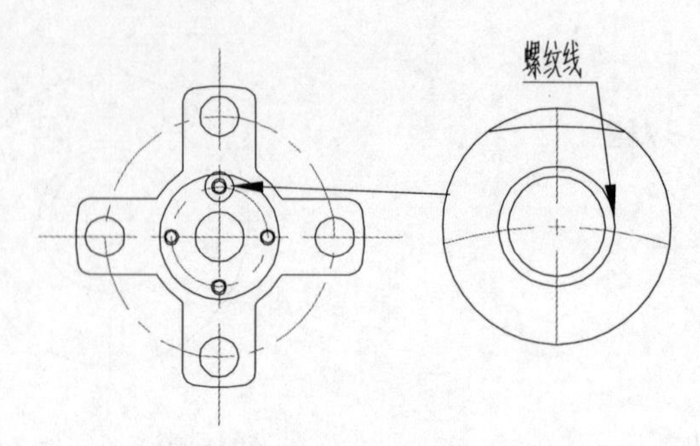

图 15-64　绘制圆

13 单击“常用”选项卡→“修改”面板→“打断”按钮，对如图 15-64 所示的螺纹线进行修剪。打断掉 1/4 圆，并在“图层”下拉列表框中单击“细实线”，将螺纹线转换为细实线，效果如图 15-65 所示。

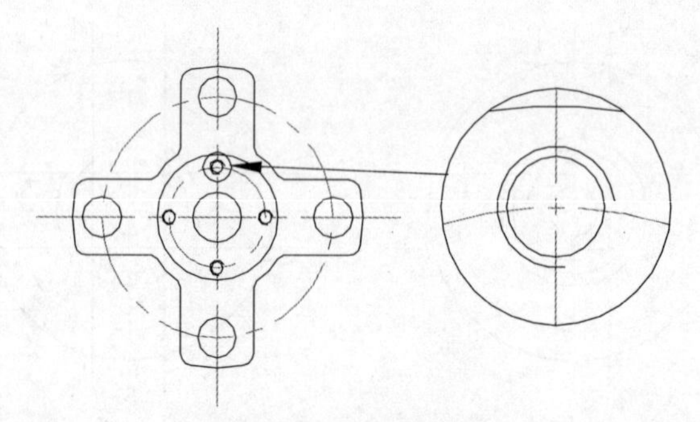

图 15-65　修剪螺纹线

15.2.5　绘制剖切及向视图符号

本例采用自定义的不带属性的块与“文字”工具相结合的方式进行绘制，操作步骤如下：

01 单击“插入”选项卡→“块”面板→“插入”按钮，弹出“插入”对话框。

02 选择随书光盘目录下的“\源文件\剖切符号.dwg”文件，单击“打开”按钮。

03 返回到“插入”对话框，选中插入点、缩放比例、旋转 3 个区域中的“在屏幕上指定”复选框，单击“确定”按钮。

04 在屏幕上指定插入点，并设置好相关的参数，插入剖切符号和向视图符号。

05 单击“注释”选项卡→“文字”面板→“多行文字”按钮A，对剖切进行标注，第一个剖切符号用 A 表示。

06 在屏幕上选择需要标注的剖切位置，按住鼠标左键，确定文字插入位置并单击，弹出“文字编辑器”选项卡。

07 设置好文字格式，完成一个剖切符号的标注。

08 重复步骤 05～07，完成其他符号标注，效果如图 15-66 所示。

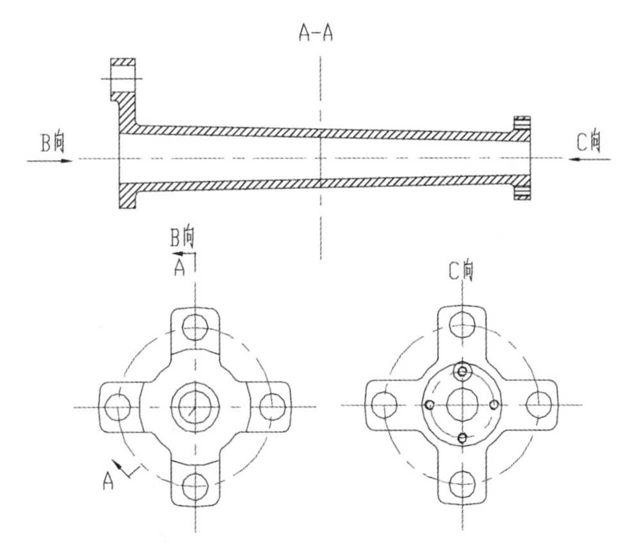

图 15-66　绘制剖切和向视图符号

15.2.6　标注尺寸

01 在“图层”面板中选择“细实线”，将工作图层切换到“细实线”。

02 输入 DIMSTYLE 命令，弹出“标注样式管理器”对话框。在“标注样式管理器”对话框中，单击“修改”按钮，弹出“修改标注样式”对话框。

03 在“修改标注样式”对话框中，打开“文字”选项卡，在“文字样式”下拉列表框中选择 TH_GBDIM 选项。

04 打开“主单位”选项卡，选中“消零”区域中的“前导”和“后续”复选框，单击“确定”按钮完成标注样式的设置。

05 单击“注释”选项卡→“标注”面板→“线性”按钮。

06 单击“注释”选项卡→“标注”面板→“直径”按钮，选择需要标注线性尺寸的端点，完成对主视图的标注。

07 单击“注释”选项卡→“标注”面板→“角度”按钮，选择需要标注线性尺寸的端点，完成对主视图的标注。

08 单击“注释”选项卡→“标注”面板→“引线”按钮，选择需要说明的部位进行标注，如图 15-67 所示。

09 使用多行文字标注极限偏差尺寸。使用 dli 命令后，选择需要标注极限偏差尺寸的两个端点，在命令提示行中输入 M。

10 弹出“文字格式”对话框，输入“%%C30（+0.021 ^0）”。

11 选定公差部分，在弹出的“文字编辑器”选项卡中单击“格式”下拉列表框的“堆叠”按钮 堆叠。

12 重复步骤 09~11，绘制需要标注的极限偏差尺寸，效果如图 15-68 所示。

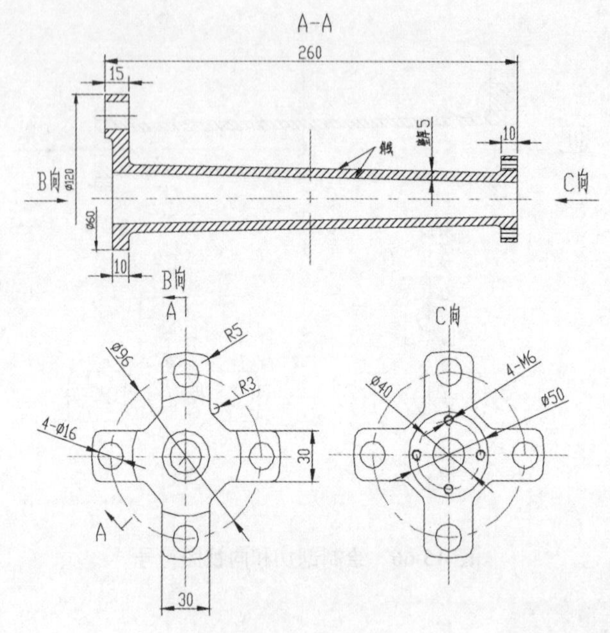

图 15-67　标注尺寸

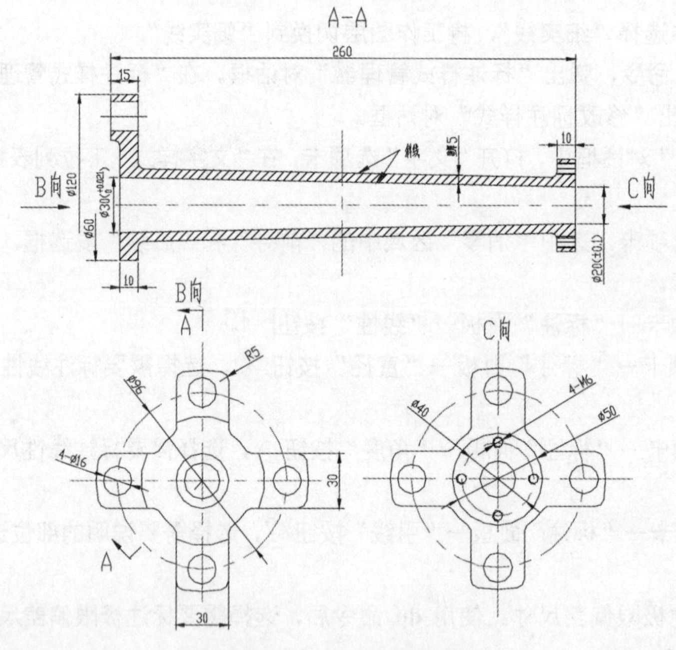

图 15-68　标注极限偏差

15.2.7　标注表面粗糙度

01 使用 insert 命令，或单击“插入”选项卡→“块”面板→“插入”按钮，弹出“插入”对话框。

02 选择随书光盘目录下的“\源文件\粗糙度.dwg”文件，单击“打开”按钮。

03 返回到“插入”对话框，选中插入点、比例、旋转 3 个区域中的“在屏幕上指定”复选框，单击“确定”按钮。

04 在屏幕上指定插入点，并设置好相关的参数，插入粗糙度符号，效果如图 15-69 所示。

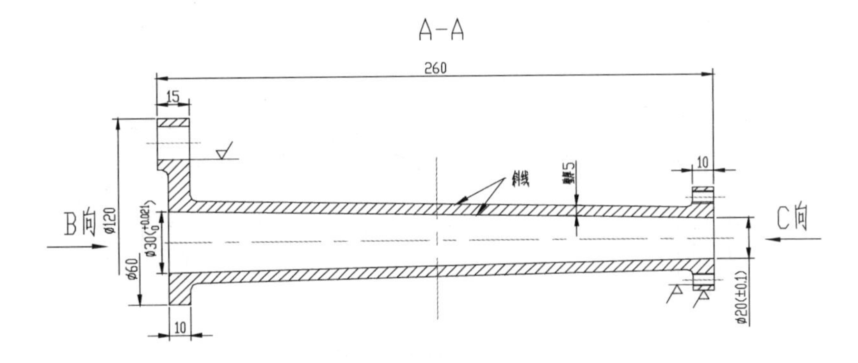

图 15-69　插入表面粗糙度符号

05 单击“注释”选项卡→“文字”面板→“多行文字”按钮A，对粗糙度等级进行标注。

06 在粗糙度符号上选择位置，进行粗糙度等级的标注。

07 设置好文字的高度和旋转角度，输入文字完成粗糙度等级的标注。

08 重复步骤 05～07 完成所有粗糙度等级的标注，效果如图 15-70 所示。

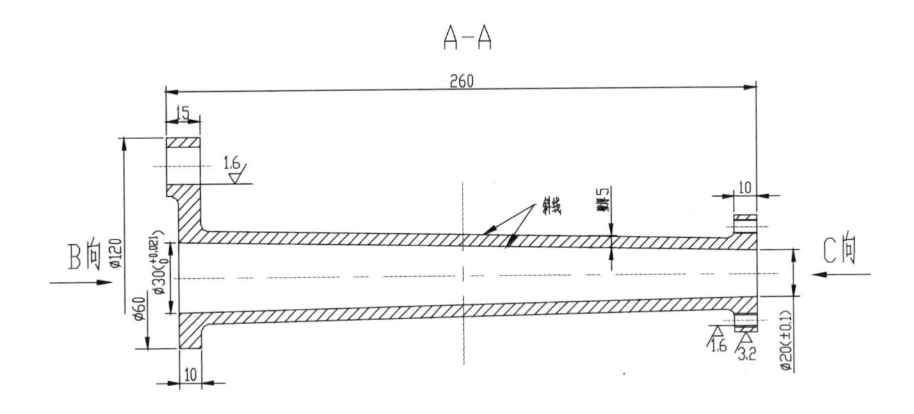

图 15-70　标注表面粗糙度

15.2.8　标注形位公差

01 使用 insert 命令，或单击“插入”选项卡→“块”面板→“插入”按钮，弹出“插入”对话框。

02 选择随书光盘目录下的“\源文件\基准代号.dwg”文件，单击“打开”按钮。

03 返回到“插入”对话框，选中插入点、比例、旋转 3 个区域中的“在屏幕上指定”复选框，单击“确定”按钮。

04 在屏幕上指定插入点，并设置好相关的参数，插入基准代号。

05 单击“注释”选项卡→“文字”面板→“多行文字”按钮A，完成对基准代号的标注，如图 15-71 所示。

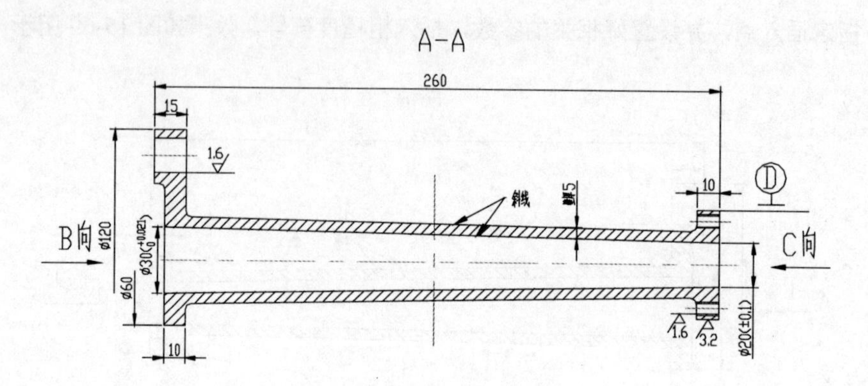

图 15-71　插入基准符号

06 在“公差 1”文本框中输入“0.15”，在“基准”文本框中输入 A，单击“确定”按钮。

07 利用鼠标单击选择需要放置公差的位置。

08 单击“注释”选项卡→“引线”面板→“多重引线“按钮，将公差指向需要标注形位公差的表面。

09 重复步骤 06~08，标注所需要的形位公差，效果如图 15-72 所示。

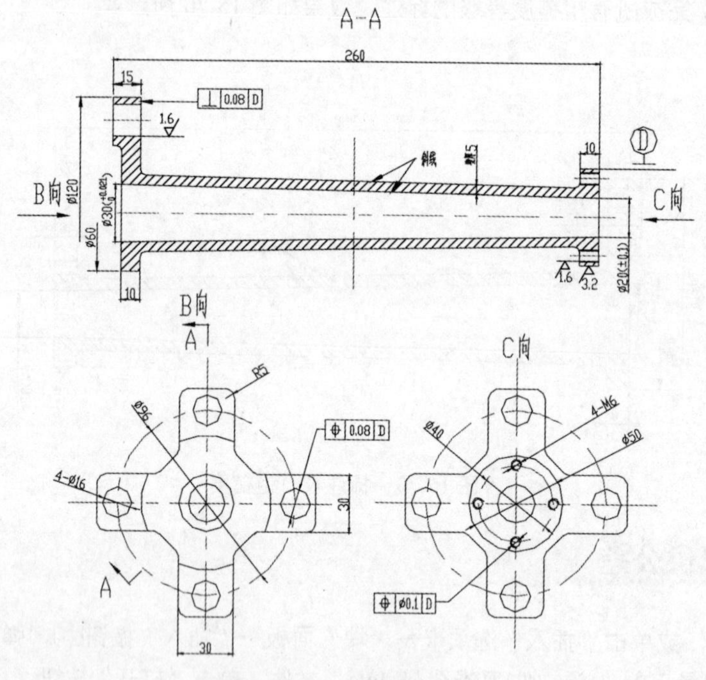

图 15-72　标注形位公差

15.2.9　标注技术要求

01 使用 mtext 命令进行技术要求的标注，即输入 mtext 命令。

02 在屏幕上选择需要标注的位置，按住鼠标左键，确定文字插入位置并单击，弹出“文字编辑器”选项卡。

03 调整字体大小为 10，输入“技术要求”。

04 调整字体大小为 7，输入具体的技术要求内容，单击“确定”按钮完成技术要求的标注，效果如图 15-73 所示。

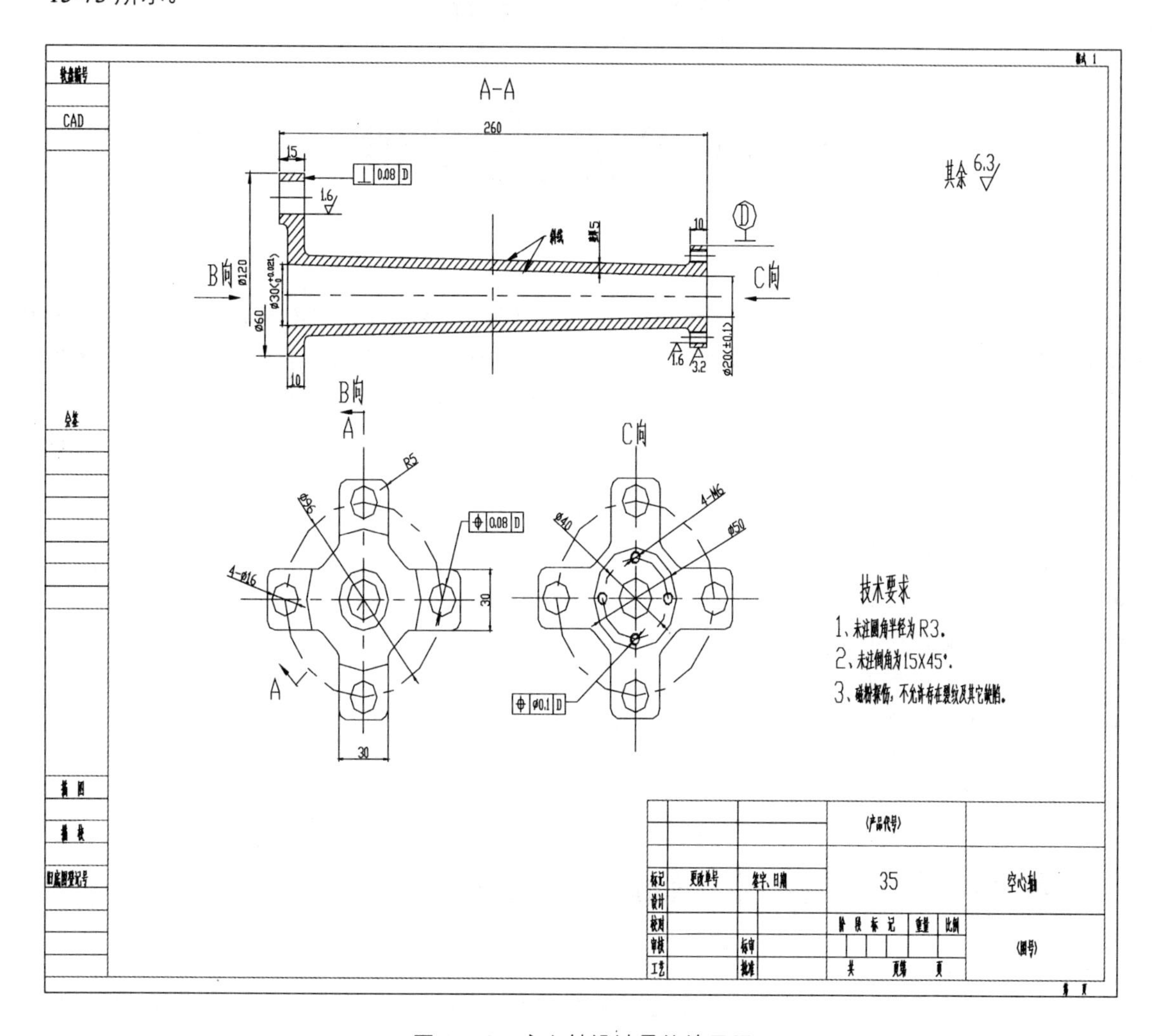

图 15-73　空心轴设计最终效果图

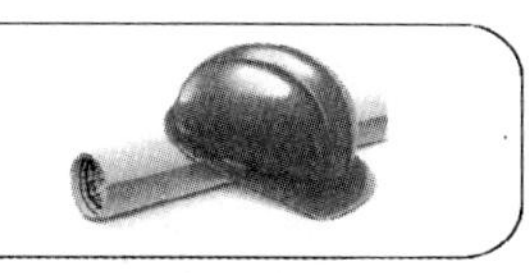

15.3 知识回顾

本章主要介绍了两种轴类零件的画法，因为轴是传递运动和力的零件，它的精度一般要求较高，所以绘制时要特别注意极限偏差的标注。在绘制空心轴时，要灵活运用辅助线来绘制斜线，这种方法在多数情况下都是通用的。

第16章

设计盘盖类零件

盘盖类主要起传动、连接、支承、密封等作用，如各种端盖、法兰盘、手轮等。在绘制这类零件时，一般都会采用剖视图来表达零件的内部结构。有时单一的剖切面不能完全表达零件的内部结构，这时就需要使用旋转剖视图。本章主要讲解轴承端盖、法兰盘、手轮、阀盖的绘制。

学习目标

- 熟悉盘盖类零件的基本知识
- 掌握盘盖类基本绘制方法
- 掌握轴承端盖的绘制方法
- 掌握法兰盘的绘制方法
- 掌握手轮的绘制方法
- 进一步熟悉零件图的标注

16.1 轴承端盖设计

轴承端盖主要是起支撑作用，它一般与轴承配合共同支撑轴的转动，所以绘制这类零件时仍然要注意公差带的选取和标注。另外在端盖不与其他任何零件装配的面一般都是不经过加工的，因此在绘制表面粗糙度时，要选取不去除材料的符号。

16.1.1 绘制主视图

01 在“图层”面板中，将“中心线”置为当前图层。单击“状态栏”上的“正交”按钮，打开正交方式。

02 单击“常用”选项卡→“绘图”面板→“直线”按钮，选择一点，在水平方向上绘制长度为100mm的直线。

03 重复步骤02，在竖直方向上绘制长度为100mm的直线，效果如图16-1所示。

04 单击“常用”选项卡→“绘图”面板→“圆”按钮，单击中心线的交点，输入半径，按Enter键。

05 重复步骤04，绘制第二个基准圆，效果如图16-2所示。

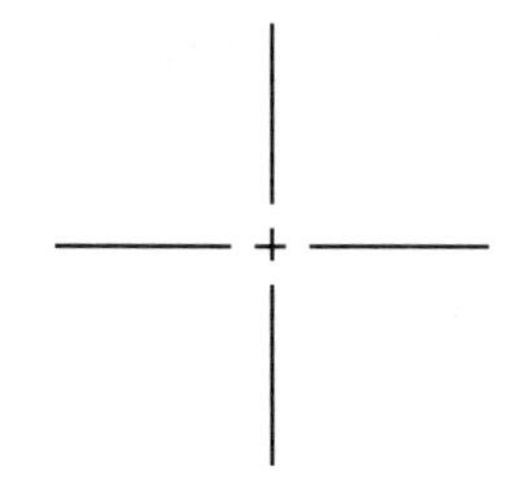
图 16-1　绘制中心线

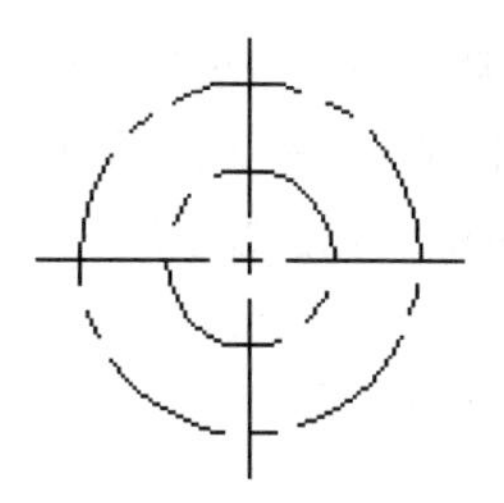
图 16-2　绘制基准圆

06 在“常用”选项卡中的“图层”面板中，将“粗实线”置为当前图层。

07 单击“常用”选项卡→“绘图”面板→“圆”按钮，单击中心线的交点，输入半径，按 Enter 键。绘制轴承端盖主视图轮廓线，如图 16-3 所示。

08 选择竖直方向上的中心线，单击“常用”选项卡→“修改”面板→“旋转”按钮，单击中心线的交点，在命令提示行输入 C，再在命令提示行输入 45，按 Enter 键。

09 重复步骤 08，将竖直方向上的中心线旋转 135°，效果如图 16-4 所示。

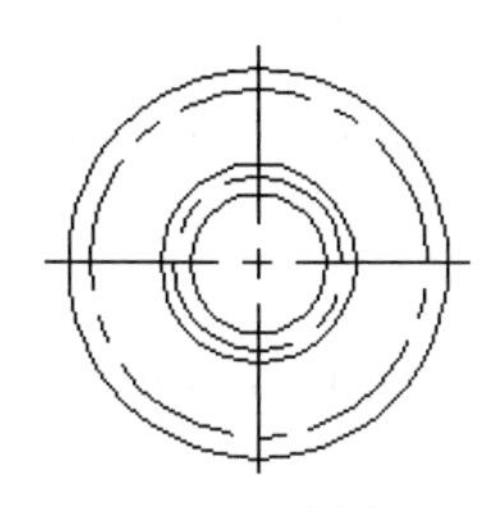
图 16-3　绘制圆

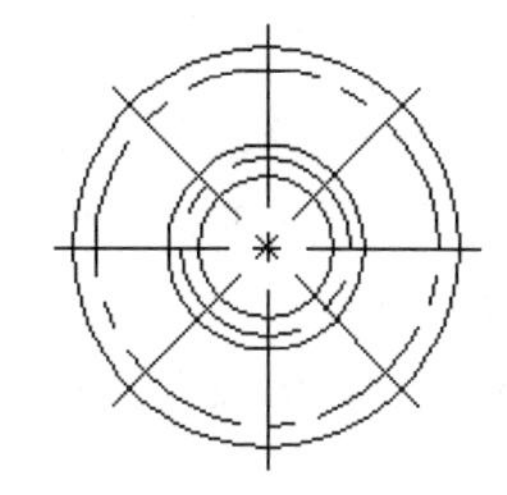
图 16-4　绘制通孔基准线

10 单击“常用”选项卡→“绘图”面板→“圆”按钮，单击中心线与大基准圆的交点，输入半径，按 Enter 键。绘制轴承端盖上的通孔。

11 重复步骤 10，依次以中心线与大基准圆的交点和步骤 08~09 绘制的基准线与大基准圆的交点为圆心绘制轴承端盖的通孔，效果如图 16-5 所示。

12 单击“常用”选项卡→“修改”面板→“打断”按钮，对步骤 08~09 所绘制的基准线进行修剪，如图 16-6 所示。

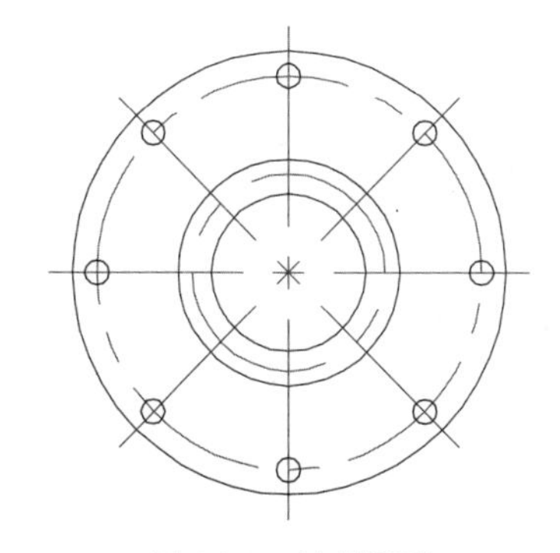
图 16-5　绘制通孔

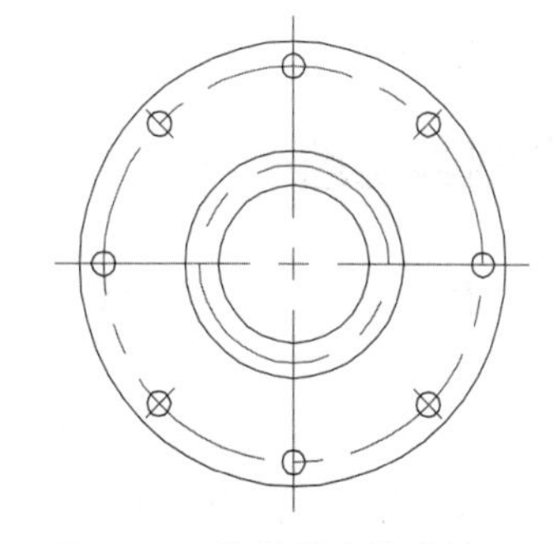
图 16-6　修剪通孔基准线

13 选择竖直方向上的中心线，单击“常用”选项卡→“修改”面板→“旋转”按钮，单击中心线的交点，在命令提示行输入 C，再在命令提示行输入 30，按 Enter 键。

14 重复步骤 13，分别将竖直方向上的中心线旋转 60°、120°、150°，效果如图 16-7 所示。

15 单击“常用”选项卡→“绘图”面板→“圆”按钮，单击中心线与小基准圆的交点，输入半径，按 Enter 键。绘制轴承端盖上的螺纹孔的轮廓线。

16 重复步骤 15 绘制螺纹孔的螺纹线。

17 单击“常用”选项卡→“修改”面板→“打断”按钮，对步骤 16 所绘制的螺纹线进行修剪，去掉 1/4 圆，如图 16-8 所示。

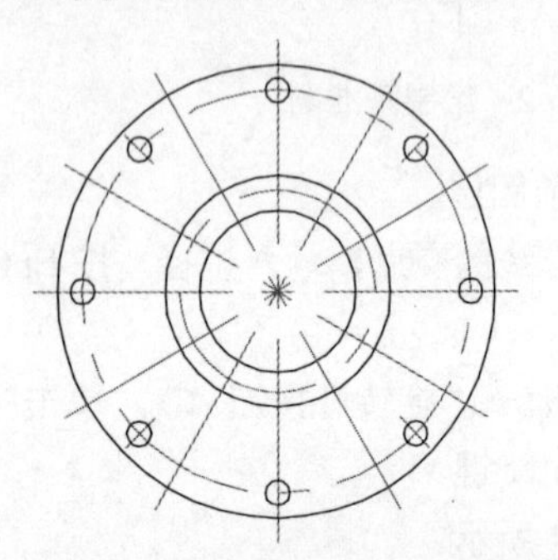

图 16-7　绘制螺纹孔基准线

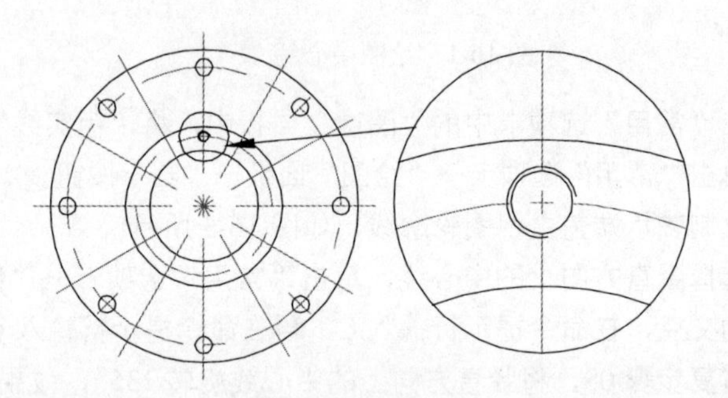

图 16-8　绘制螺纹孔

18 单击“常用”选项卡→“修改”面板→“复制”按钮，选择步骤 17 所绘制的螺纹孔，单击竖直方向的中心线与小基准圆的交点，然后依次单击步骤 13~14 所绘制的基准线和中心线与小基准圆的交点，效果如图 16-9 所示。

19 单击“常用”选项卡→“修改”面板→“打断”按钮，对步骤 13~14 所绘制的基准线进行修剪，如图 16-10 所示。

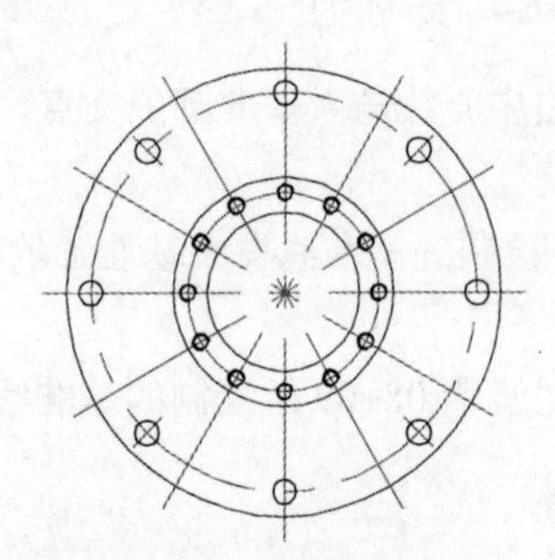

图 16-9　复制螺纹孔

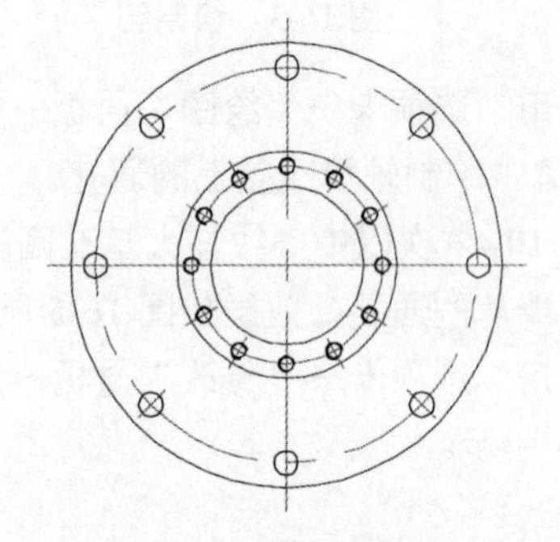

图 16-10　修剪基准线

16.1.2 绘制剖视图

01 在“图层”面板中，将“中心线”置为当前图层。单击“状态栏”上的“正交”按钮，打开正交方式。

02 单击“常用”选项卡→“绘图”面板→“直线”按钮，选择一点，在水平方向上绘制长度为 80mm 的直线。

03 重复步骤 02，在竖直方向上绘制长度为 100mm 的直线，效果如图 16-11 所示。

04 单击“常用”选项卡→“修改”面板→“偏移”按钮，通过对中心线的偏移绘制线条，如图 16-12 所示。

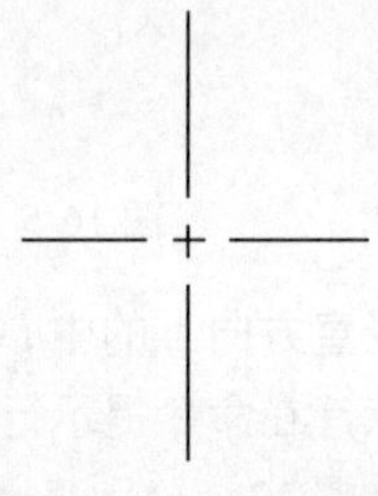

图 16-11　绘制中心线

05 选中所绘制的线条，在“图层”下拉列表框中选择“粗实线”图层，效果如图 16-13 所示。

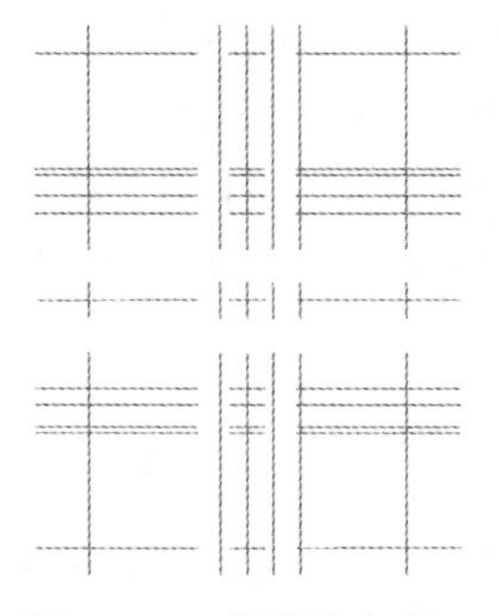
图 16-12　偏移线条图

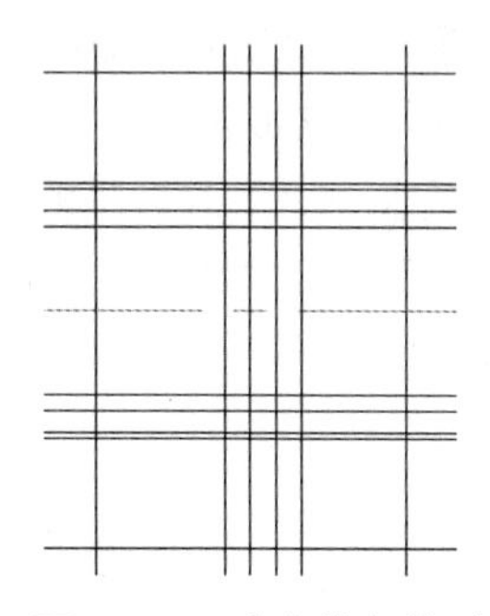
图 16-13　改变线条线型

06 单击“常用”选项卡→“修改”面板→“修剪”按钮，对步骤 04～05 中创建的线条进行修剪，得到主视图的外轮廓形状，效果如图 16-14 所示。

07 单击“常用”选项卡→“修改”面板→“偏移”按钮，通过对如图 16-14 所示的轮廓线 2、轮廓线 4 的偏移绘制螺纹孔轮廓线及螺纹线，如图 16-15 所示。

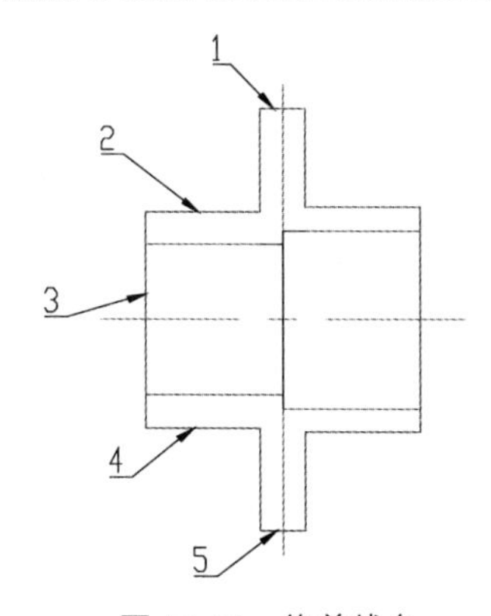

图 16-14　修剪线条

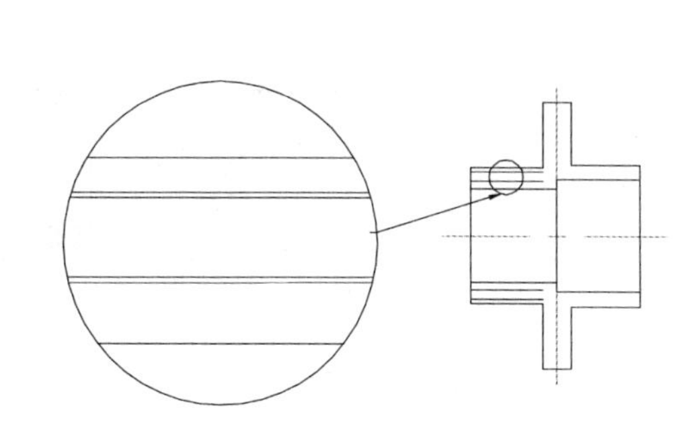
图 16-15　偏移线条

08 单击“常用”选项卡→“修改”面板→“偏移”按钮，通过对如图 16-14 所示的轮廓线 3 的偏移绘制螺纹孔螺纹终止线，如图 16-16 所示。

09 单击“常用”选项卡→“修改”面板→“修剪”按钮，对步骤 07～08 中创建的线条进行修剪，得到螺纹孔轮廓形状，效果如图 16-17 所示。

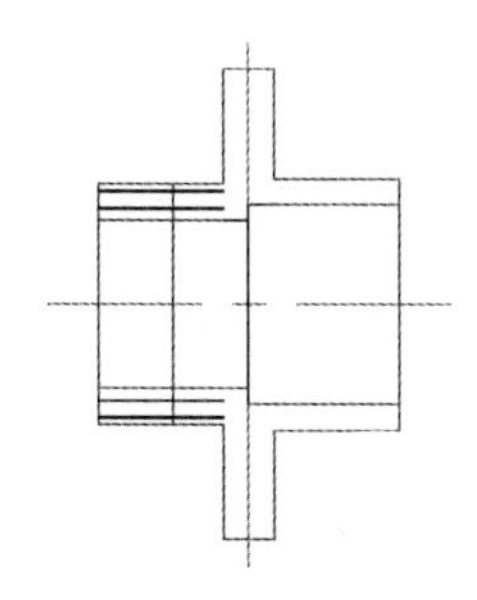
图 16-16　偏移线条

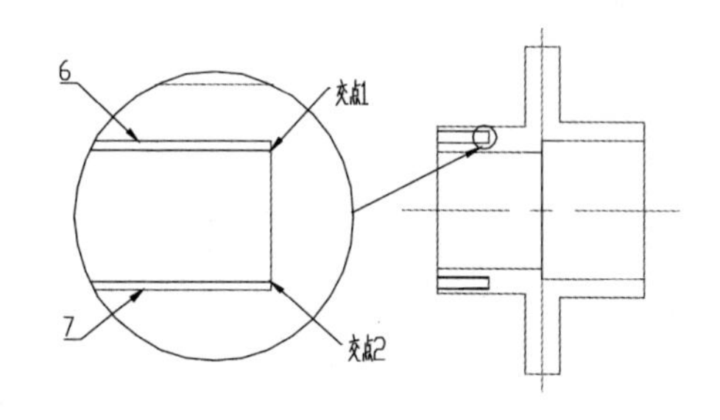

图 16-17　修剪线条

10 单击“常用”选项卡→“绘图”面板→“直线”按钮，选择如图 16-17 所示的交点 1，将鼠标拖

到右下方，输入 5，按 Tab 键，再输入 60，按 Enter 键。

11 单击“常用”选项卡→“绘图”面板→“直线”按钮，选择如图 16-17 所示的交点 2，将鼠标拖到右上方，输入 5，按 Tab 键，再输入 60，按 Enter 键，效果如图 16-18 所示。

12 单击“常用”选项卡→“修改”面板→“修剪”按钮，对步骤 10～11 中创建的线条进行修剪。

13 选择如图 16-17 所示的轮廓线 6、轮廓线 7，在“常用”选项卡中的“图层”面板中选择“细实线”图层。单击按钮查看线宽，效果如图 16-19 所示。

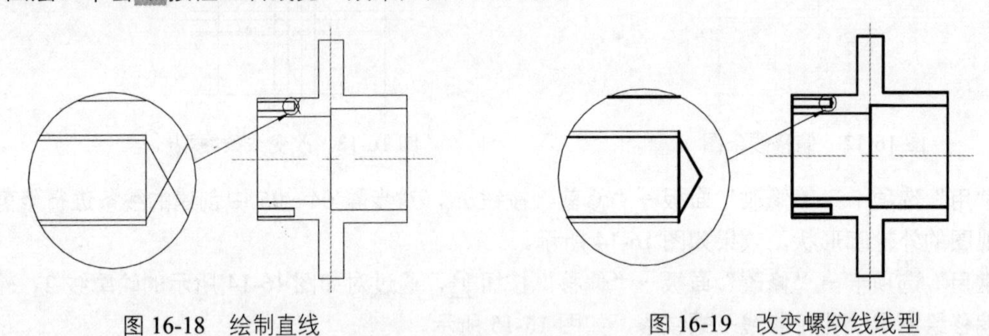

图 16-18　绘制直线　　图 16-19　改变螺纹线线型

14 重复步骤 10~13，绘制下方的螺纹孔，效果如图 16-20 所示。

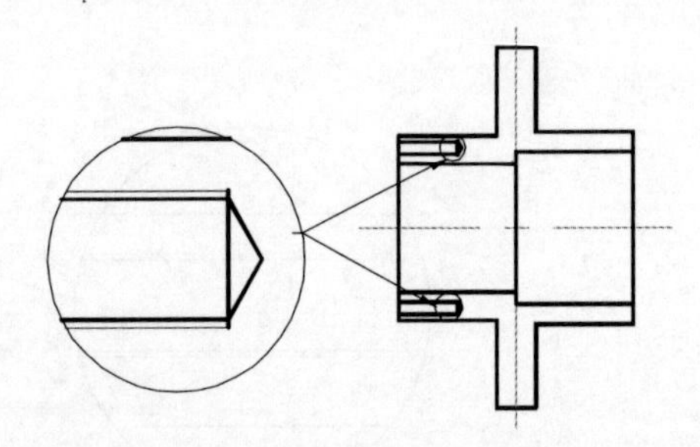

图 16-20　绘制下方螺纹孔

15 单击“常用”选项卡→“修改”面板→“偏移”按钮，通过对如图 16-14 所示的轮廓线 1 和轮廓线 5 的偏移绘制通孔轮廓，如图 16-21 所示。

16 单击“常用”选项卡→“修改”面板→“偏移”按钮，通过对横向中心线的偏移绘制螺纹孔中心线、通孔中心线。

17 单击“常用”选项卡→“修改”面板→“打断”按钮，对步骤 16 所绘制螺纹孔中心线、通孔中心线进行修剪，如图 16-22 所示。

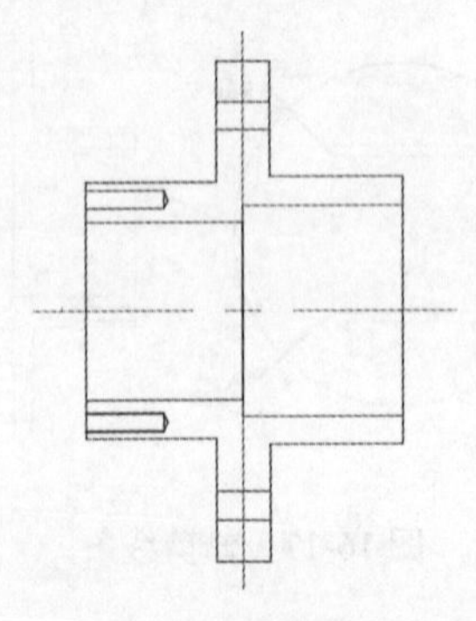

图 16-21　绘制通孔

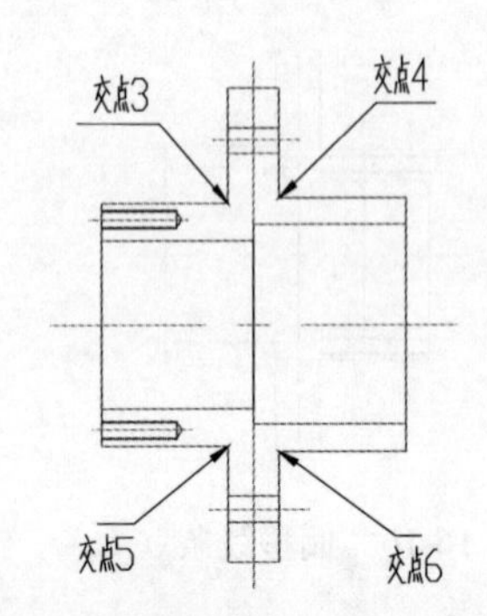

图 16-22　修剪螺纹孔、通孔中心线

18 单击“常用”选项卡→“修改”面板→“圆角”按钮，在命令行输入 R，按 Enter 键，输入圆角半径 3mm，按 Enter 键，然后选择相应的线段对如图 16-22 所示的交点 3、4、5、6 进行圆角，效果如图 16-23 所示。

19 在“图层”面板中，将“细实线”置为当前图层，单击“常用”选项卡→“绘图”面板→“图案填充”按钮，选择需要填充剖面线的图形区域，在命令提示行中输入“T”，弹出“图案填充和渐变色”对话框。

20 在“图案填充”选项卡的“图案”面板中选择“ANSI31”，“角度”设置为 0，“比例”设置为 0.5。单击“关闭图案填充创建”按钮，完成剖面线的填充，效果如图 16-24 所示。

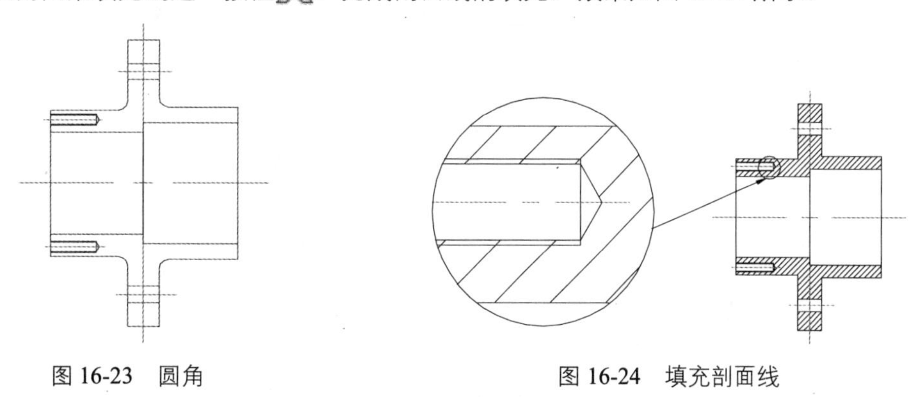

图 16-23　圆角　　　　图 16-24　填充剖面线

16.1.3　标注尺寸

01 在“图层”面板中选择“细实线”，将工作图层切换到“细实线”。

02 输入 DIMSTYLE 命令，弹出“标注样式管理器”对话框。在“标注样式管理器”对话框中，单击“修改”按钮，弹出“修改标注样式”对话框。

03 在“修改标注样式”对话框中，选择“文字”选项卡，在“文字样式”下拉列表框中选择 TH_GBDIM 选项。

04 打开“主单位”选项卡，选中“消零”区域中的“前导”和“后续”复选框，单击“确定”按钮完成标注样式的设置。

05 单击“注释”选项卡→“标注”面板→“线性”按钮，选择需要标注线性尺寸的端点，完成对主视图、剖视图外形尺寸的标注。

06 单击“注释”选项卡→“标注”面板→“直径”按钮，选择需要标注线性尺寸的端点，完成对主视图的标注。

07 单击“注释”选项卡→“标注”面板→“角度”按钮，选择需要标注线性尺寸的端点，完成对主视图的标注。

08 单击“注释”选项卡→“标注”面板→“引线”按钮，选择需要说明的部位进行标注，如图 16-25 所示。

09 使用多行文字标注极限偏差尺寸。使用 dli 命令后，选择需要标注极限偏差尺寸的两个端点，在命令提示行中输入 M。

10 弹出“文字格式”对话框，输入“%%C38（+0.046 ^0）”。

11 选定公差部分，在弹出的“文字编辑器”选项卡中单击“格式”下拉列表框的“堆叠”按钮 堆叠 。

12 重复步骤 09~11，绘制需要标注的极限偏差尺寸，效果如图 16-26 所示。

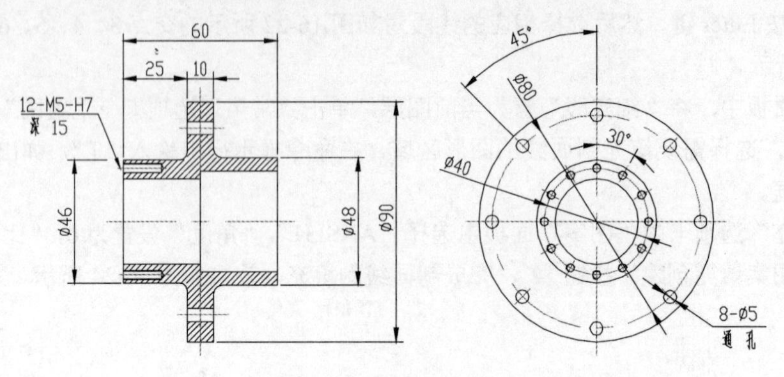

图 16-25 标注尺寸（一）

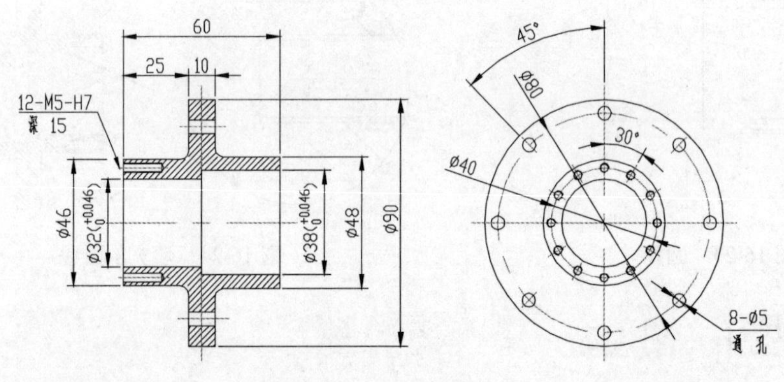

图 16-26 标注尺寸（二）

16.1.4 标注表面粗糙度

01 使用 insert 命令，或单击“插入”选项卡→“块”面板→“插入”按钮，弹出“插入”对话框。

02 选择随书光盘目录下的“\源文件\粗糙度.dwg”文件，单击“打开”按钮。

03 返回到“插入”对话框，选中插入点、比例、旋转 3 个区域中的“在屏幕上指定”复选框，单击“确定”按钮。

04 在屏幕上指定插入点，并设置好相关的参数，插入粗糙度符号，效果如图 16-27 所示。

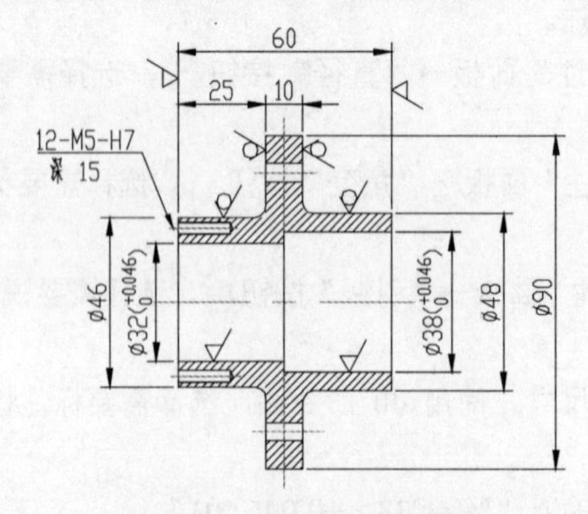

图 16-27 插入粗糙度符号

05 单击“注释”选项卡→“文字”面板→“多行文字”按钮A，对粗糙度等级进行标注。

06 在粗糙度符号上选择位置，进行粗糙度等级的标注。

07 设置好文字的高度和旋转角度，输入文字完成粗糙度等级的标注。

08 重复步骤05～07完成所有粗糙度等级的标注，效果如图16-28所示。

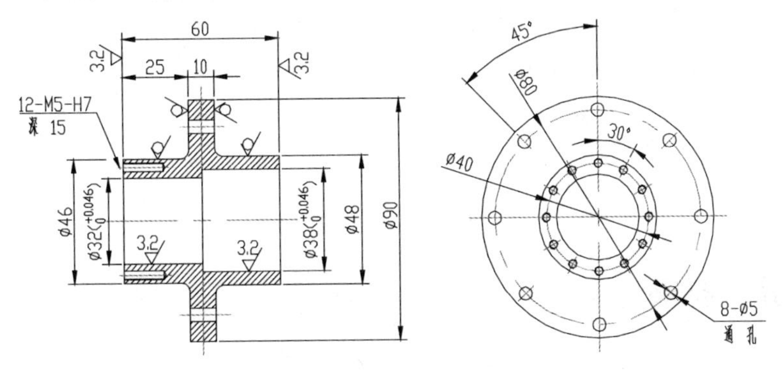

图16-28　标注表面粗糙度

16.1.5　标注形位公差

01 使用insert命令，或单击“插入”选项卡→“块”面板→“插入”按钮，弹出“插入”对话框。

02 选择随书光盘目录下的“\源文件\基准代号.dwg”文件，单击“打开”按钮。

03 返回到“插入”对话框，选中插入点、比例、旋转3个区域中的“在屏幕上指定”复选框，单击“确定”按钮。

04 在屏幕上指定插入点，并设置好相关的参数，插入基准代号。

05 单击“注释”选项卡→“文字”面板→“多行文字”按钮A，完成对基准代号的标注，如图16-29所示。

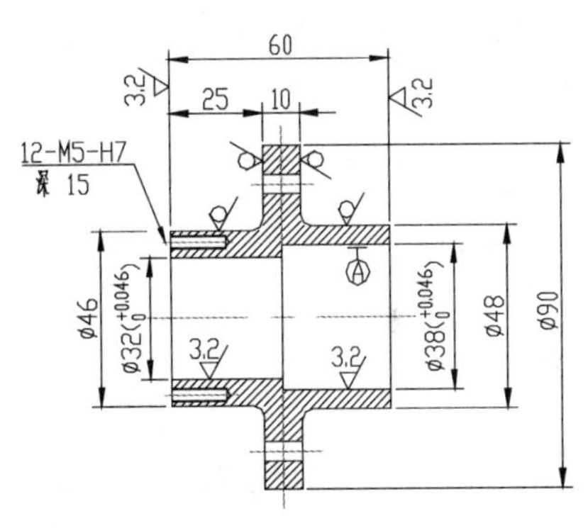

图16-29　插入基准代号

06 单击“注释”选项卡→“标注”面板→“公差”按钮，弹出“形位公差”对话框。

07 单击“形位公差”对话框中的“符号”下的黑框，弹出“特征符号”对话框，单击“同轴度”符号，自动关闭对话框。

08 在“公差1”文本框中输入“0.03”，在“基准”文本框中输入A，单击“确定”按钮。

09 利用鼠标单击选择需要放置公差的位置。

10 单击“注释”选项卡→“引线”面板→“多重引线“按钮，将公差指向需要标注形位公差的表面。

11 重复步骤07~10，标注所需要的形位公差，效果如图16-30所示。

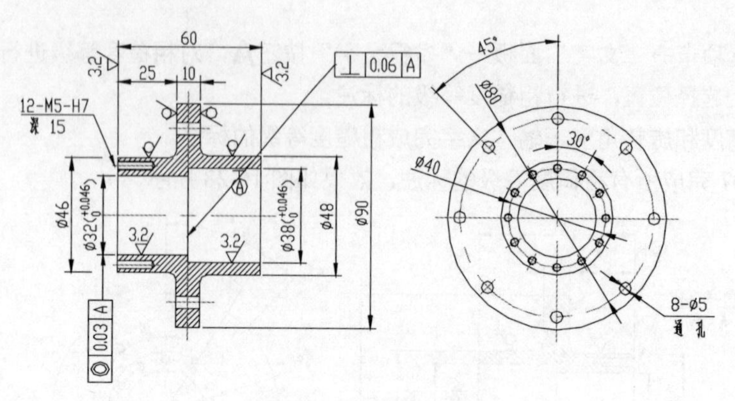

图 16-30 标注形位公差

16.1.6 标注技术要求

01 使用 mtext 命令进行技术要求的标注，即输入 mtext 命令。

02 在屏幕上选择需要标注的位置，按住鼠标左键，确定文字插入位置并单击，弹出“文字编辑器”选项卡。

03 调整字体大小为 10，输入“技术要求”。

04 调整字体大小为 7，输入具体的技术要求内容，单击“确定”按钮完成技术要求的标注，效果如图 16-31 所示。

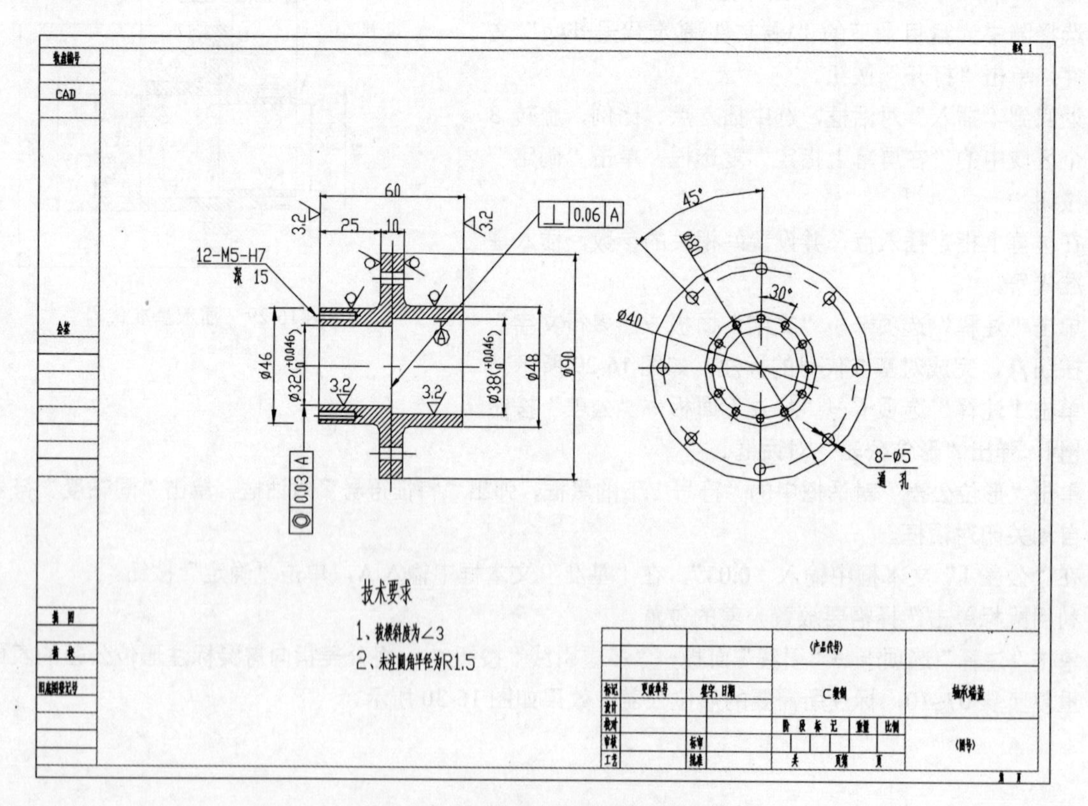

图 16-31 轴承端盖设计最终效果图

16.2 法兰盘设计

法兰盘简称法兰，它是一个统称，通常是在一个盘状的金属体的周边开几个固定的孔，用于连接其他零件。法兰盘常使用于管道工程中，主要用于管道的连接，所以通常它都是成对使用的。本节主要讲述用于管道连接的法兰盘的绘制方法。

16.2.1 绘制主视图

01 在“图层”面板中，将“中心线”置为当前图层。单击“状态栏”上的“正交”按钮，打开正交方式。

02 单击“常用”选项卡→“绘图”面板→“直线”按钮，选择一点，在水平方向上绘制长度为 100mm 的直线。

03 重复步骤 02，在竖直方向上绘制长度为 100mm 的直线，效果如图 16-32 所示。

04 单击“常用”选项卡→“绘图”面板→“圆”按钮，单击中心线的交点，输入半径，按 Enter 键，效果如图 16-33 所示。

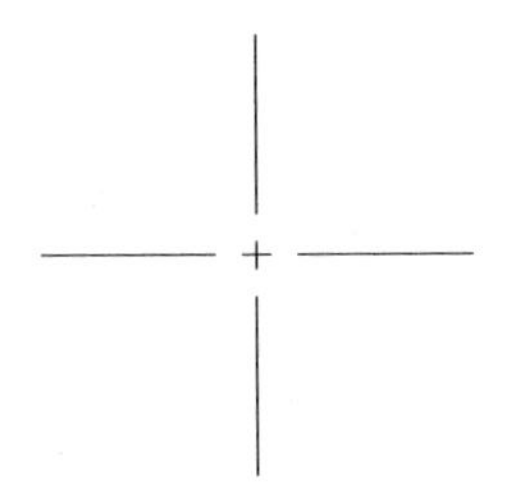

图 16-32　绘制中心线

图 16-33　绘制基准圆

05 单击“常用”选项卡→“图层”面板，将“粗实线”置为当前图层。

06 单击“常用”选项卡→“绘图”面板→“圆”按钮，单击中心线的交点，输入半径，按 Enter 键。绘制法兰盘主视图轮廓线，如图 16-34 所示。

07 选择竖直方向上的中心线，单击“常用”选项卡→“修改”面板→“旋转”按钮，单击中心线的交点，在命令提示行输入 C，再在命令提示行输入 45，按 Enter 键。

08 重复步骤 07，将竖直主向上的中心线旋转 135°，效果如图 16-35 所示。

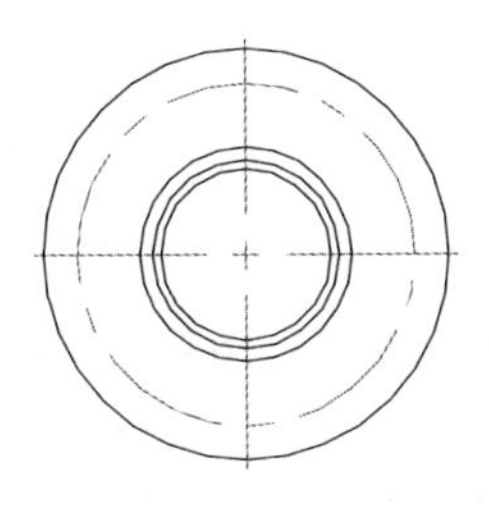

图 16-34　绘制圆

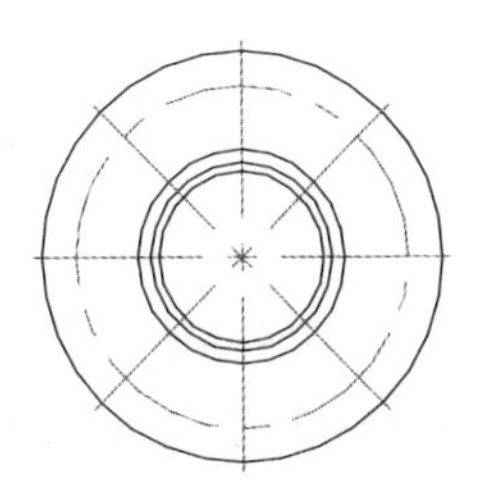

图 16-35　绘制通孔基准线

09 单击“常用”选项卡→“绘图”面板→“圆”按钮，单击中心线与大基准圆的交点，输入半径，按 Enter 键。绘制轴承端盖上的通孔。

10 依次以中心线与大基准圆的交点和步骤 08~09 绘制的基准线与大基准圆的交点为圆心绘制轴承端盖的通孔，效果如图 16-36 所示。

11 单击“常用”选项卡→“修改”面板→“打断”按钮，对步骤 07~08 所绘制的基准线进行修剪，如图 16-37 所示。

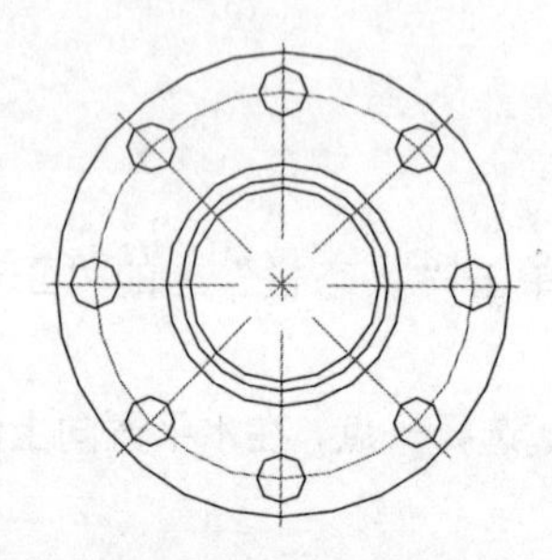
图 16-36 绘制圆

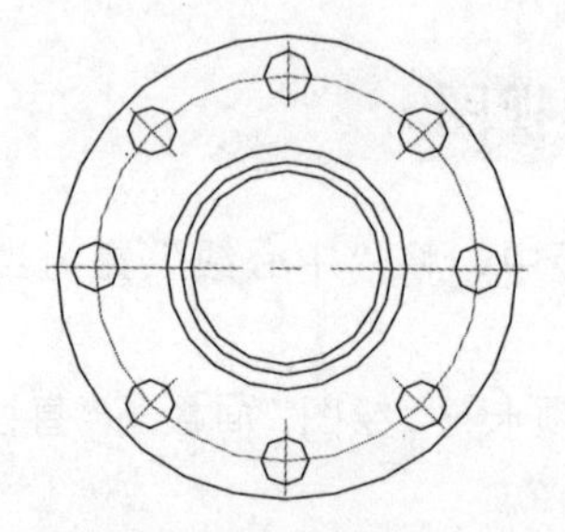
图 16-37 修剪基准线

16.2.2 绘制剖视图

01 在“图层”面板中，将“中心线”置为当前图层。单击“状态栏”上的“正交”按钮，打开正交方式。

02 单击“常用”选项卡→“绘图”面板→“直线”按钮，选择一点，在水平方向上绘制长度为 80mm 的直线。

03 重复步骤 02，在竖直方向上绘制长度为 100mm 的直线，效果如图 16-38 所示。

04 单击“常用”选项卡→“修改”面板→“偏移”按钮，通过对中心线的偏移绘制线条，如图 16-39 所示。

05 选中所绘制的线条，在“图层”下拉列表框中选择“粗实线”图层，效果如图 16-40 所示。

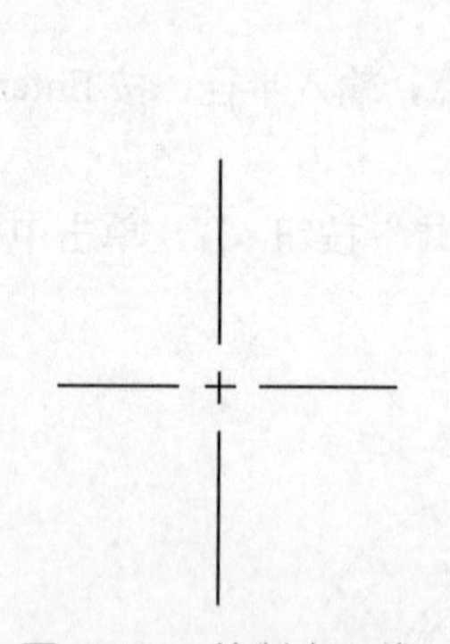
图 16-38 绘制中心线

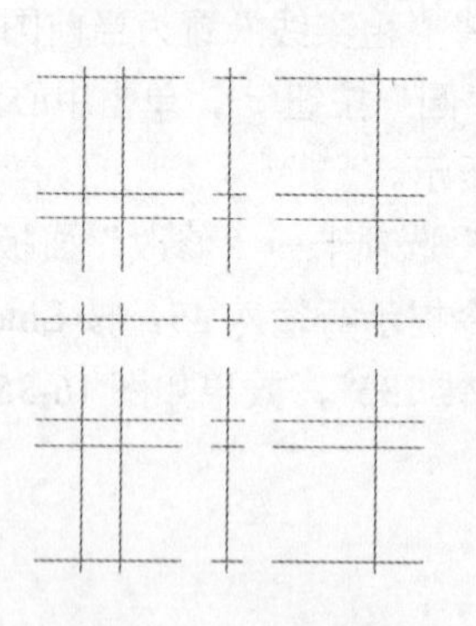
图 16-39 偏移线条

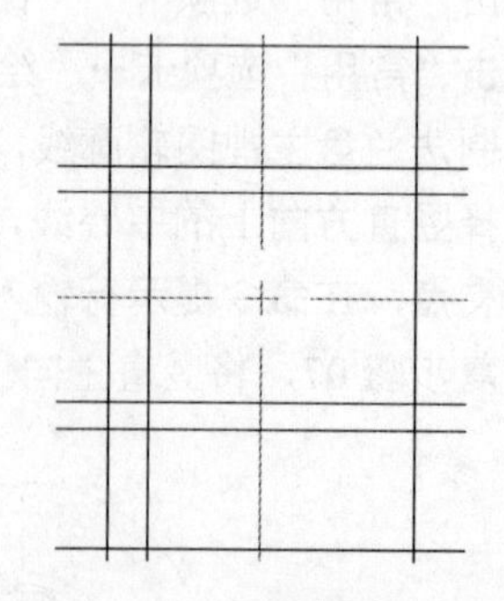
图 16-40 改变线条线型

06 单击“常用”选项卡→“修改”面板→“修剪”按钮，对步骤 04～05 中创建的线条进行修剪，得到主视图的外轮廓形状，效果如图 16-41 所示。

07 单击“常用”选项卡→“修改”面板→“偏移”按钮，通过对如图 16-41 所示的轮廓线 1、轮廓线 7 的偏移绘制通孔轮廓线，如图 16-42 所示。

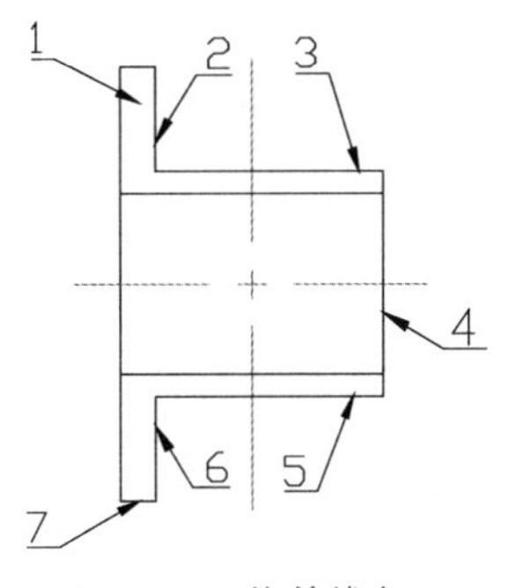

图 16-41　修剪线条

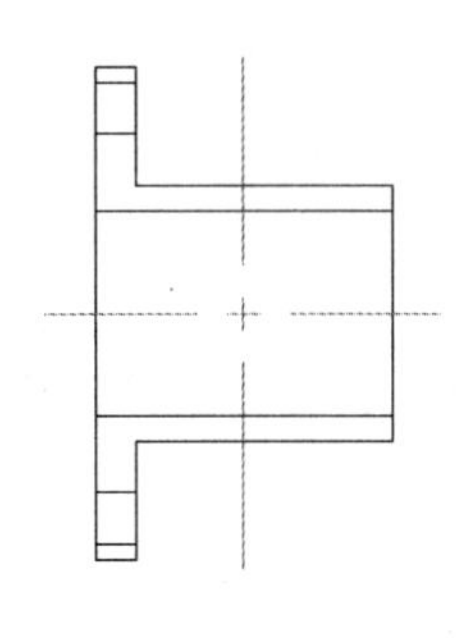

图 16-42　绘制通孔

08 单击“常用”选项卡→“修改”面板→“偏移”按钮，通过对横向中心线的偏移绘制通孔中心线。

09 单击“常用”选项卡→“修改”面板→“打断”按钮，对步骤 08 所绘制的通孔中心线进行修剪，如图 16-43 所示。

10 单击“常用”选项卡→“修改”面板→“圆角”按钮，在命令行输入 R，按 Enter 键，输入圆角半径 3mm 后按 Enter 键，然后依次单击如图 16-41 所示的轮廓线 2 和轮廓线 3，按 Enter 键，依次单击如图 16-41 所示的轮廓线 5 和轮廓线 6，效果如图 16-44 所示。

11 单击“常用”选项卡→“修改”面板→“倒角”按钮，在命令行输入 A 后按 Enter 键，在命令行输入 3 后按 Enter 键，在命令提示行输入 45 后按 Enter 键，然后选择如图 16-41 所示的轮廓线 3 和轮廓线 4，然后按 Enter 键，选择轮廓线 4 和轮廓线 5，效果如图 16-45 所示。

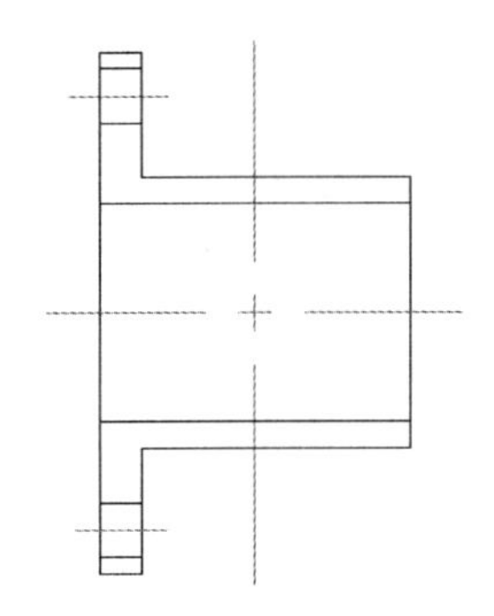

图 16-43　绘制通孔中心线

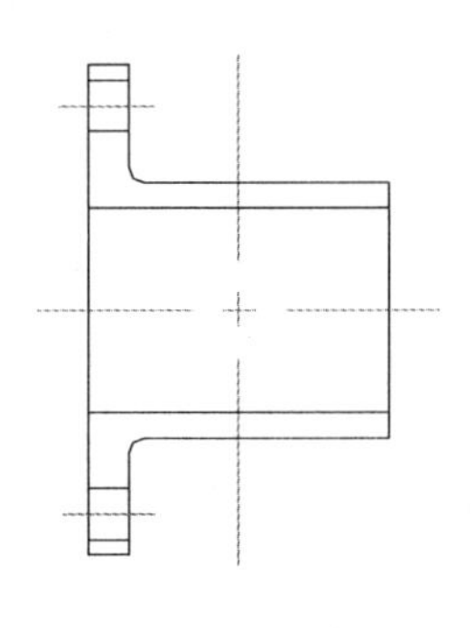

图 16-44　圆角

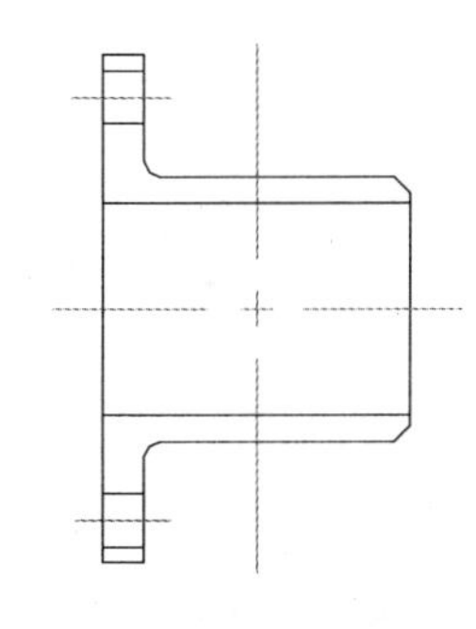

图 16-45　倒角

12 在“图层”面板中，将“细实线”置为当前图层，单击“常用”选项卡→“绘图”面板→“图案填充”按钮，选择需要填充剖面线的图形区域，在命令提示行中输入“T”，弹出“图案填充和渐变色”对话框。

13 在“图案填充”选项卡→“图案”面板中选择“ANSI31”，“角度”设置为 0，“比例”设置为 1。单击“关闭图案填充创建”按钮，完成剖面线的填充，效果如图 16-46 所示。

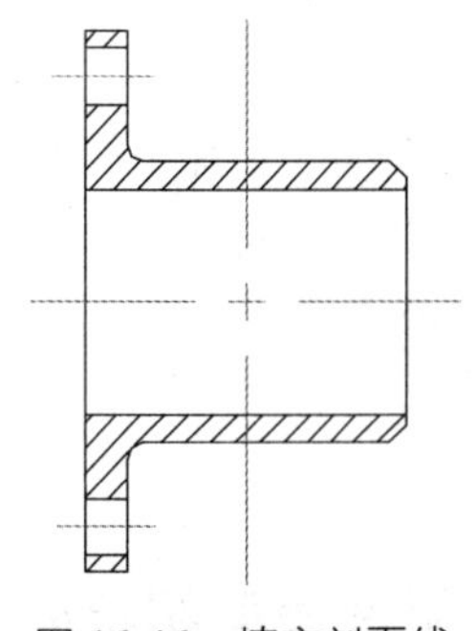

图 16-46　填充剖面线

16.2.3　标注尺寸

01 在“图层”面板中选择“细实线”，将工作图层切换到“细实线”图层。

02 输入 DIMSTYLE 命令，弹出“标注样式管理器”对话框。在“标注样式管理器”对话框中，单击“修改”按钮，弹出“修改标注样式”对话框。

03 在“修改标注样式”对话框中，打开“文字”选项卡，在“文字样式”下拉列表框中选择 TH_GBDIM 选项。

04 打开“主单位”选项卡，选中“消零”区域中的“前导”和“后续”复选框，单击“确定”按钮完成标注样式的设置。

05 单击“注释”选项卡→“标注”面板→“线性”按钮，选择需要标注线性尺寸的端点，完成对主视图、剖视图外形尺寸的标注。

06 单击“注释”选项卡→“标注”面板→“直径”按钮，选择需要标注线性尺寸的端点，完成对主视图的标注。

07 单击“注释”选项卡→“标注”面板→“角度”按钮，选择需要标注线性尺寸的端点，完成对主视图的标注。

08 单击“注释”选项卡→“标注”面板→“引线”按钮，选择需要说明的部位进行标注，如图 16-47 所示。

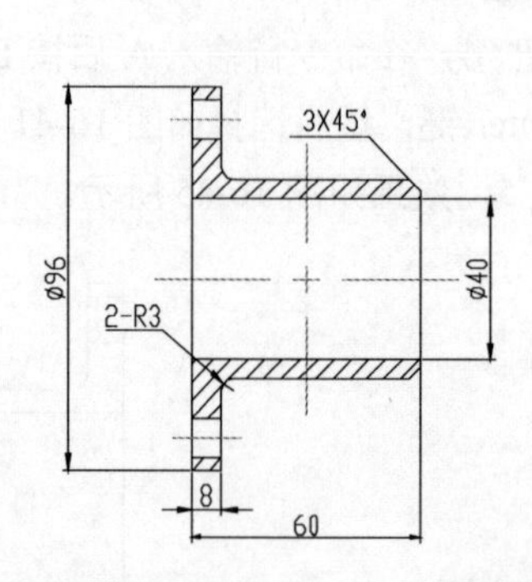

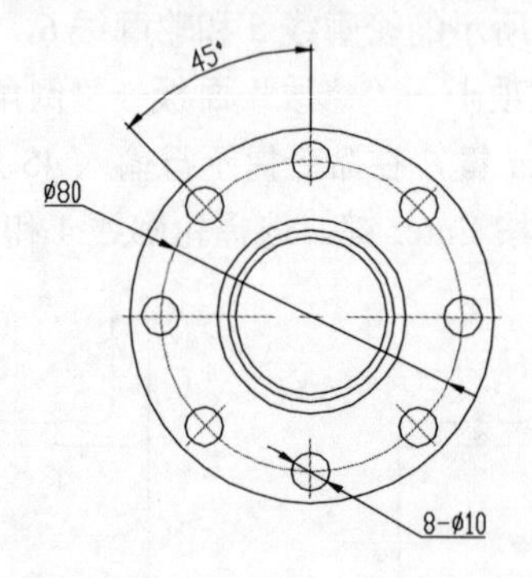

图 16-47 尺寸标注

09 使用多行文字标注极限偏差尺寸。使用 dli 命令后，选择需要标注极限偏差尺寸的两个端点，在命令提示行中输入 M。

10 弹出“文字格式”对话框，输入“%%C38（+0.046^0）”。

11 选定公差部分，在弹出的“文字编辑器”选项卡中单击“格式”下拉列表框的“堆叠”按钮，如图 16-48 所示。

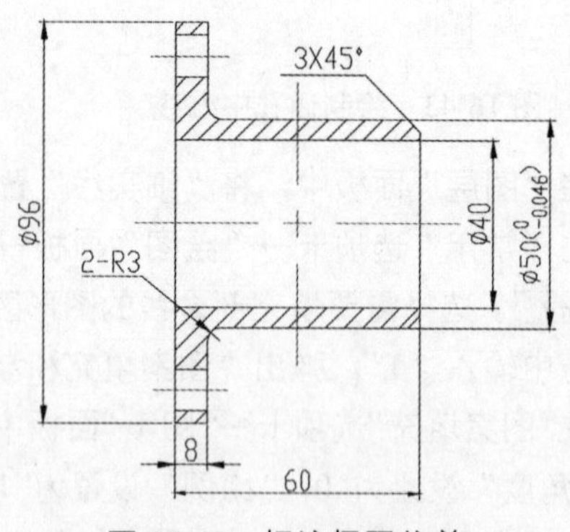

图 16-48 标注极限偏差

16.2.4 标注表面粗糙度

01 使用 insert 命令，或单击“插入”选项卡→“块”面板→“插入”按钮，弹出“插入”对话框。

02 选择随书光盘目录下的“\源文件\粗糙度.dwg”文件，单击“打开”按钮。

03 返回到“插入”对话框，选中插入点、比例、旋转 3 个区域中的“在屏幕上指定”复选框，单击“确定”按钮。

04 在屏幕上指定插入点，并设置好相关的参数，插入粗糙度符号，效果如图 16-49 所示。

05 单击“注释”选项卡→“文字”面板→“多行文字”按钮A，对粗糙度等级进行标注。

06 在粗糙度符号上选择位置，进行粗糙度等级的标注。

07 设置好文字的高度和旋转角度，输入文字完成粗糙度等级的标注。

08 重复步骤 05～07 完成所有粗糙度等级的标注，效果如图 16-50 所示。

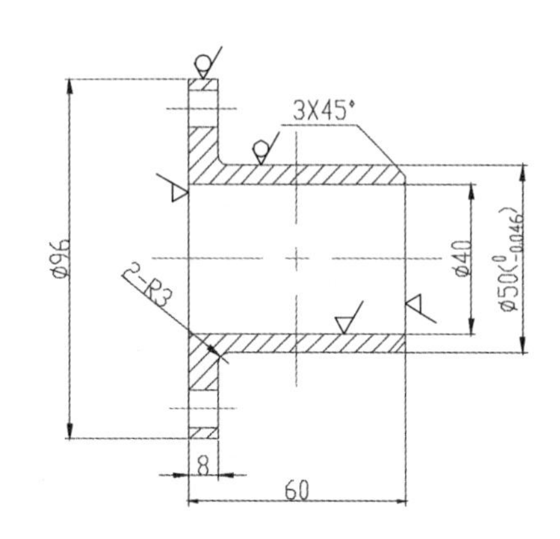

图 16-49　插入粗糙度符号

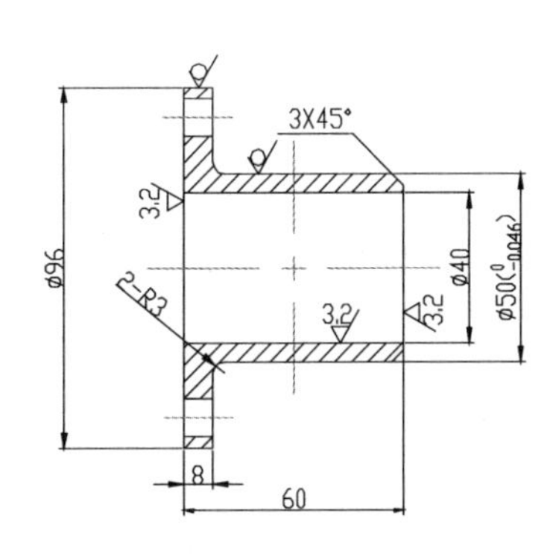

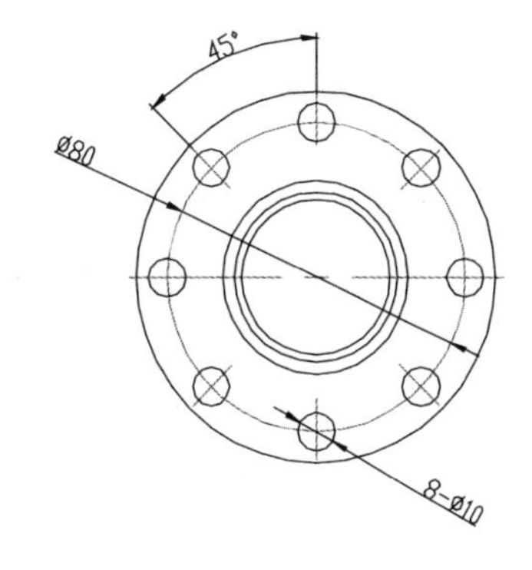

图 16-50　标注表面粗糙度

16.2.5　标注形位公差

01 使用 insert 命令，或单击“插入”选项卡→“块”面板→“插入”按钮，弹出“插入”对话框。

02 选择随书光盘目录下的“\源文件\基准代号.dwg”文件，单击“打开”按钮。

03 返回到“插入”对话框，选中插入点、比例、旋转 3 个区域中的“在屏幕上指定”复选框，单击“确定”按钮。

04 在屏幕上指定插入点，并设置好相关的参数，插入基准代号。

05 单击“注释”选项卡→“文字”面板→“多行文字”按钮A，完成对基准代号的标注。

06 单击“注释”选项卡→“标注”面板→“公差”按钮，弹出“形位公差”对话框。

07 单击“形位公差”对话框中的“符号”下的黑框，弹出“特征符号”对话框，单击“垂直度”符号，自动关闭对话框。

08 在“公差 1”文本框中输入“0.03”，在“基准”文本框中输入 A，单击“确定”按钮。

09 利用鼠标单击选择需要放置公差的位置。

10 单击“注释”选项卡→“引线”面板→“多重引线“按钮，将公差指向需要标注形位公差的表面。

11 重复步骤 07~10，标注所需要的形位公差，效果如图 16-51 所示。

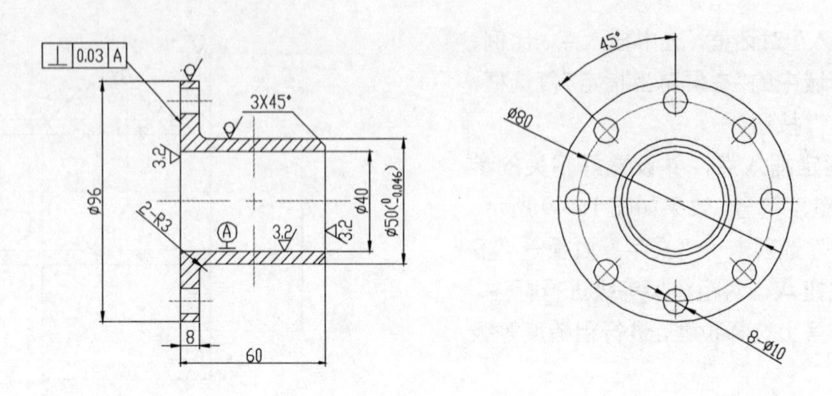

图 16-51　标注形位公差

16.2.6　标注技术要求

01 使用 mtext 命令进行技术要求的标注，即输入 mtext 命令。

02 在屏幕上选择需要标注的位置，按住鼠标左键，确定文字插入位置并单击，弹出“文字编辑器”选项卡。

03 调整字体大小为 10，输入“技术要求”。

04 调整字体大小为 7，输入具体的技术要求内容，单击“确定”按钮完成技术要求的标注，效果如图 16-52 所示。

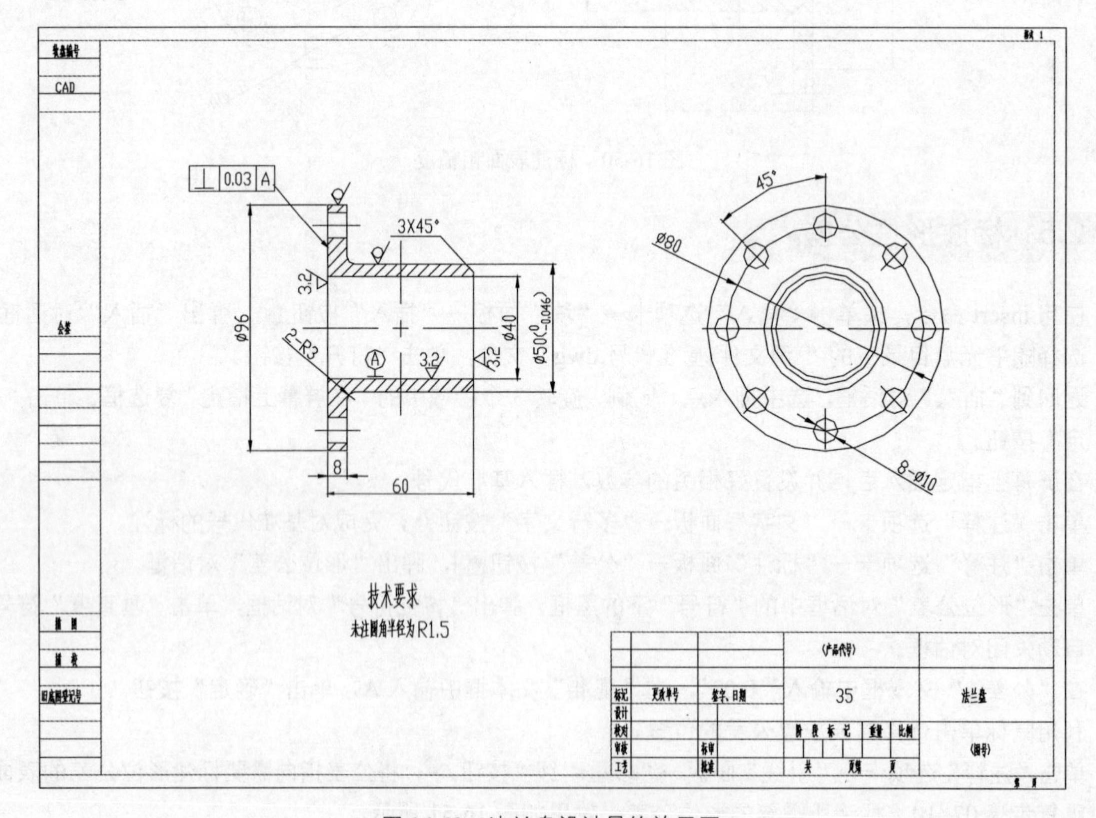

图 16-52　法兰盘设计最终效果图

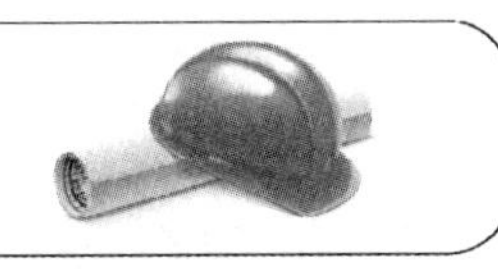

16.3 手轮设计

手轮属于机械操作件，主要用于机床设备、印刷机械、纺织机械、包装机械、医疗器械、石油石化设备、锅炉锅盖配件等。为了减轻自重，手轮一般设计成辐板式，所以绘制时要使用旋转剖视图的方法来表现辐板的结构，绘制时需要注意。

16.3.1 绘制主视图

01 在“图层”面板中，将“中心线”置为当前图层。单击“状态栏”上的“正交”按钮，打开正交方式。

02 单击“常用”选项卡→“绘图”面板→“直线”按钮，选择一点，在水平方向上绘制长度为 200mm 的直线。

03 重复步骤 02，在竖直方向上绘制长度为 200mm 的直线，效果如图 16-53 所示。

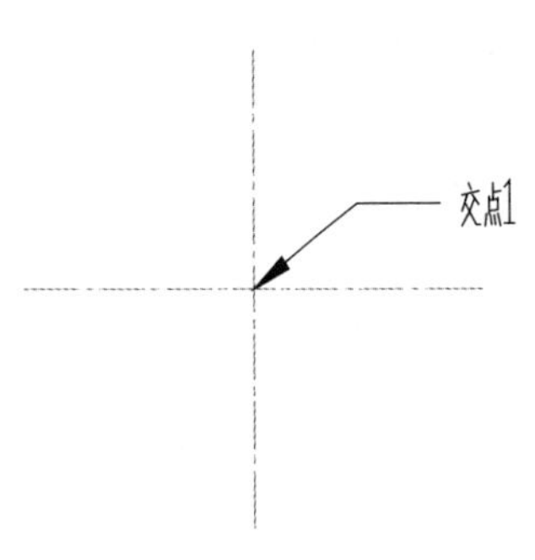

图 16-53 绘制中心线

04 单击“常用”选项卡→“绘图”面板→“圆”按钮，单击如图 16-53 所示的交点 1，输入半径，按 Enter 键。

05 重复步骤 04，绘制 3 个同心圆，效果如图 16-54 所示。

06 选择步骤 04~05 所绘制的圆，在“图层”下拉列表框中选择“粗实线”图层，如图 16-55 所示。

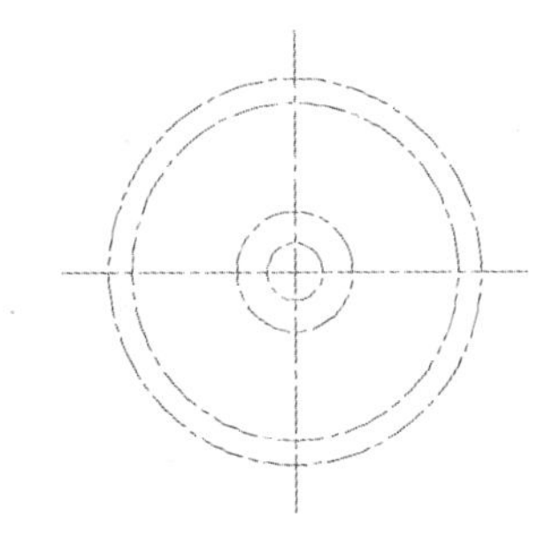

图 16-54 绘制圆

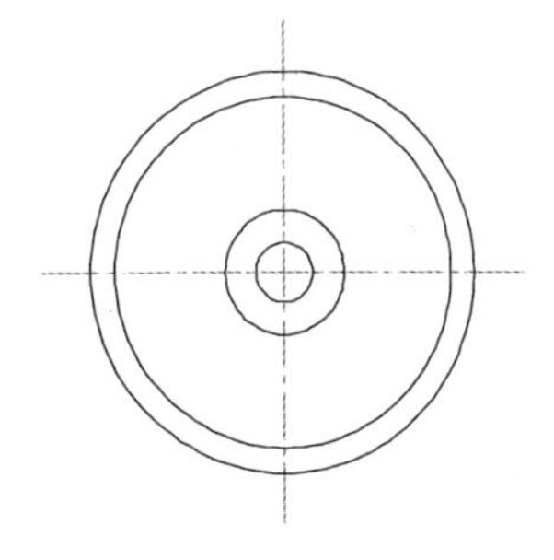

图 16-55 改变线条线型

07 单击“常用”选项卡→“修改”面板→“偏移”按钮，通过对中心线的偏移绘制线条，如图 16-56 所示。

08 选择步骤 07 所绘制的线条，在“图层”下拉列表框中选择“粗实线”图层，如图 16-57 所示。

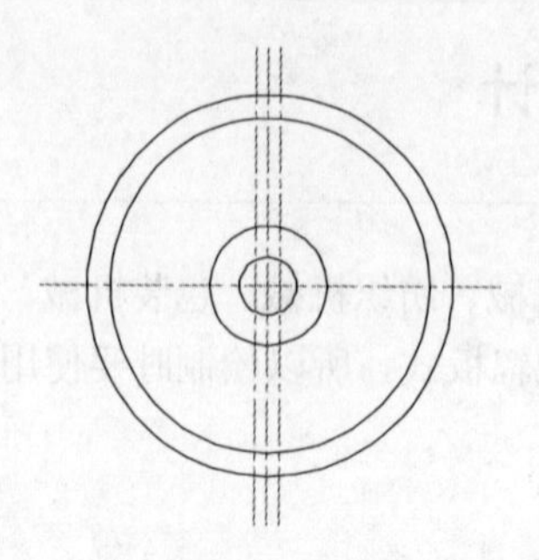

图 16-56　偏移线条

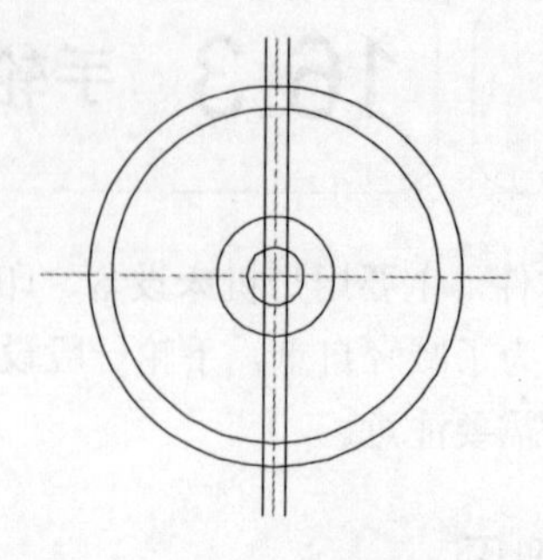

图 16-57　改变线条线型

09 单击“常用”选项卡→“修改”面板→“修剪”按钮，选中相应线条边界进行修剪，效果如图 16-58 所示。

10 选择如图 16-58 所示的轮廓线 1 和轮廓线 2，单击“常用”选项卡→“修改”面板→“旋转”按钮，单击中心线的交点，在命令提示行输入 C，再在命令提示行输入 120，按 Enter 键。

11 重复步骤 10，将轮廓线 1 和轮廓线 2 旋转-120°，效果如图 16-59 所示。

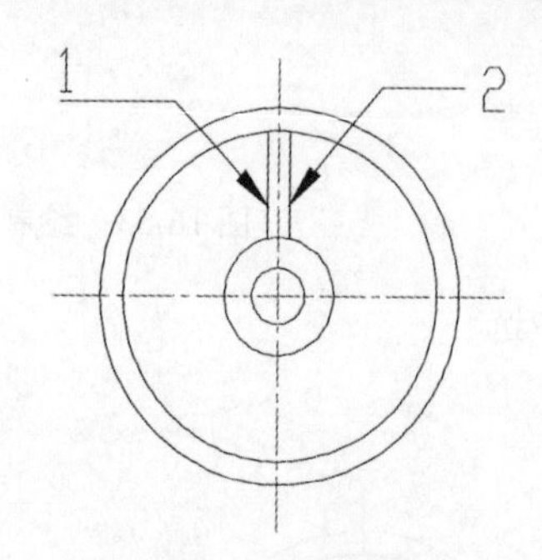

图 16-58　修剪线条

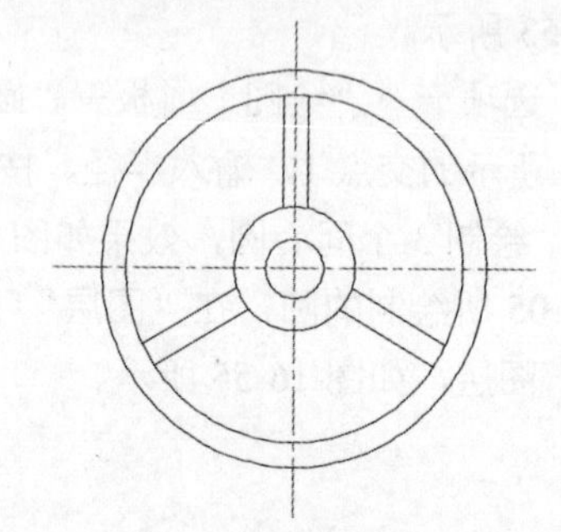

图 16-59　旋转线条

12 单击“常用”选项卡→“修改”面板→“圆角”按钮，在命令行输入 R，按 Enter 键，输入圆角半径，按 Enter 键，输入 T 后按 Enter 键，输入 N 后按 Enter 键，然后选择要倒角的轮廓线。如图 16-60 所示。

13 单击“常用”选项卡→“修改”面板→“修剪”按钮，选中相应线条边界进行修剪，效果如图 16-61 所示。

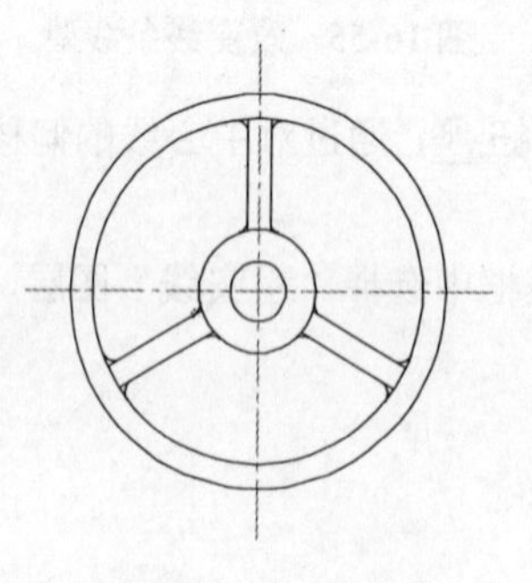

图 16-60　绘制圆角

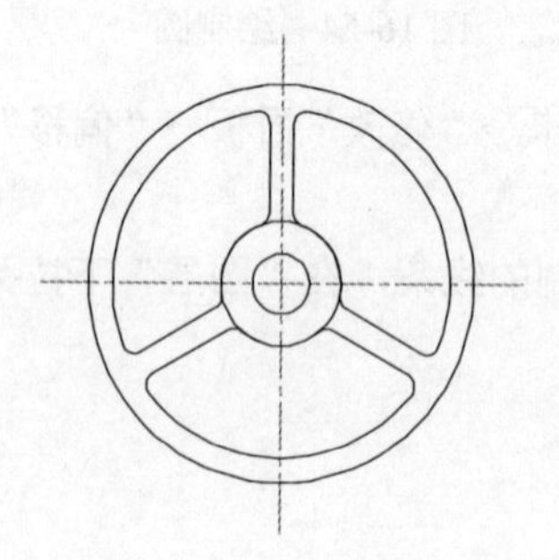

图 16-61　修剪线条

14 单击“常用”选项卡→“图层”面板，将“细实线”置为当前图层。

15 单击“常用”选项卡→“绘图”面板→“样条曲线拟合”按钮，选择相应的点绘制断面线。

16 单击“常用”选项卡→“修改”面板→“修剪”按钮，选择相应线条进行修剪，效果如图 16-62 所示。

17 单击“常用”选项卡→“修改”面板→“偏移”按钮，通过对中心线的偏移绘制线条。选择所绘制的线条，在“图层”下拉列表框中选择“粗实线”层，如图 16-63 所示。

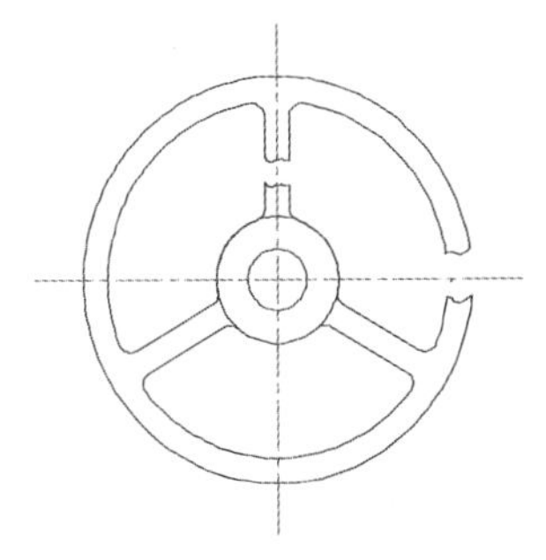

图 16-62　绘制断面线

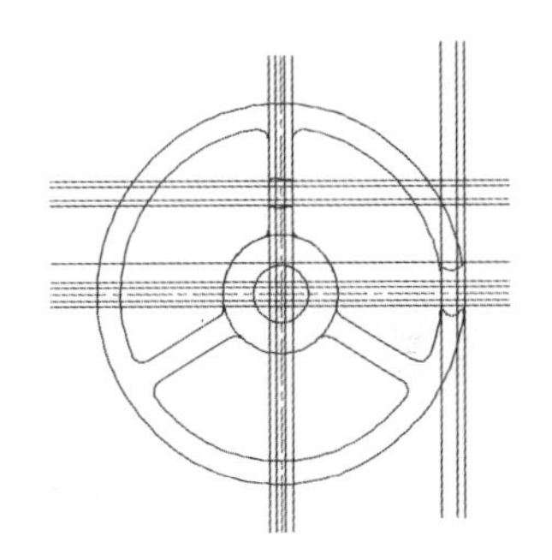

图 16-63　偏移线条

18 单击“常用”选项卡→“修改”面板→“修剪”按钮，对步骤 17 所绘制的线条进行修剪，效果如图 16-64 所示。

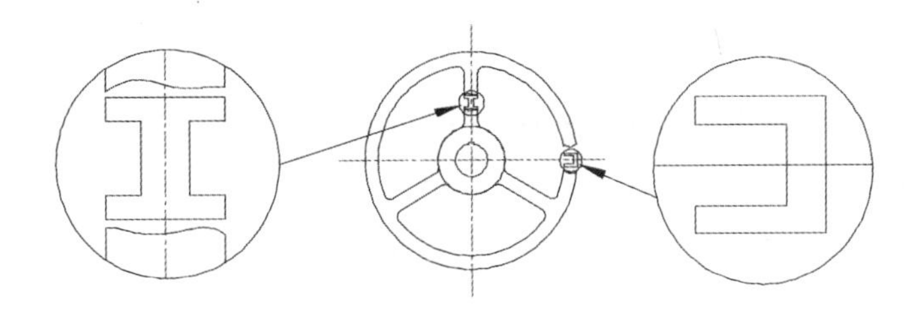

图 16-64　修剪线条

19 单击“常用”选项卡→“修改”面板→“圆角”按钮，在命令行输入 R，按 Enter 键，输入圆角半径后按 Enter 键。选择要圆角的轮廓线，效果如图 16-65 所示。

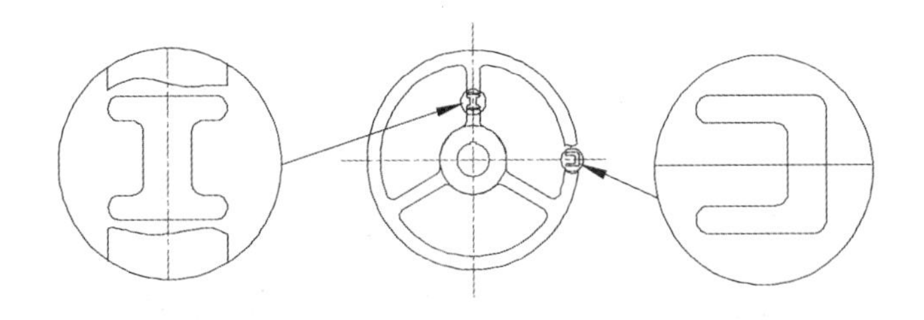

图 16-65　绘制圆角

20 在“图层”面板中，将“细实线”置为当前图层，单击“常用”选项卡→“绘图”面板→“图案填充”按钮，选择需要填充剖面线的图形区域，在命令提示行中输入“T”，弹出“图案填充和渐变色”对话框。

21 在“图案填充”选项卡中的“图案”面板中选择“ANSI31”，“角度”设置为 0，“比例”设置为 5。单击“关闭图案填充创建”按钮，完成剖面线的填充，效果如图 16-66 所示。

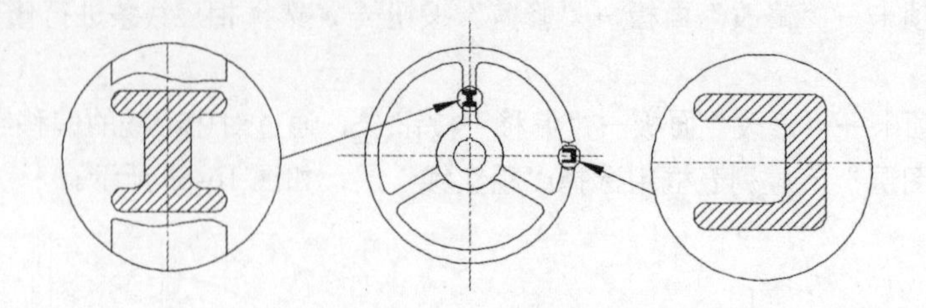

图 16-66　填充剖面线

16.3.2　绘制剖视图

01 在“图层”面板中，将“中心线”置为当前图层。单击“状态栏”上的“正交”按钮，打开正交方式。

02 单击“常用”选项卡→“绘图”面板→“直线”按钮，选择一点，在水平方向上绘制长度为 50mm 的直线。

03 重复步骤 02，在竖直方向上绘制长度为 180mm 的直线，效果如图 16-67 所示。

04 单击“常用”选项卡→“修改”面板→“偏移”按钮，通过对中心线的偏移绘制线条，如图 16-68 所示。

05 选中所绘制的线条，在“常用”选项卡中的“图层”面板中选择“粗实线”，将所绘制的线条转换为粗实线，如图 16-69 所示。

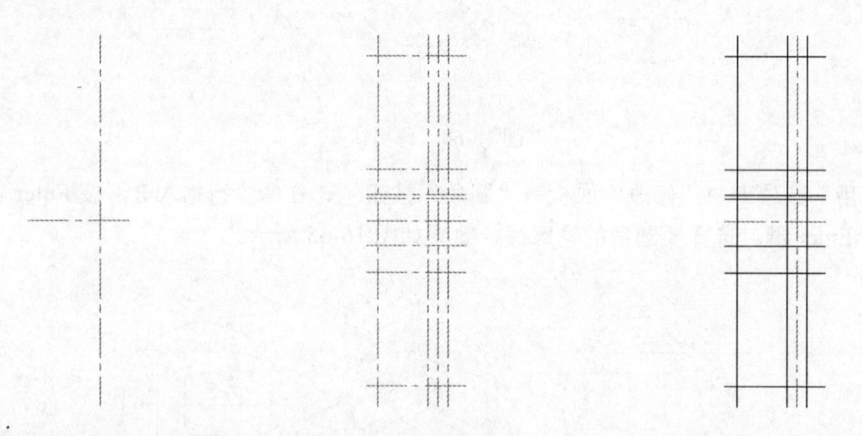

图 16-67　绘制中心线　　图 16-68　偏移线条　　图 16-69　改变线型

06 单击“常用”选项卡→“修改”面板→“修剪”按钮，对偏移的线条进行修剪，效果如图 16-70 所示。

07 单击“常用”选项卡→“修改”面板→“圆角”按钮，在命令行输入 R 后按 Enter 键，在命令行输入半径值后按 Enter 键，选择相应的线条，效果如图 16-71 所示。

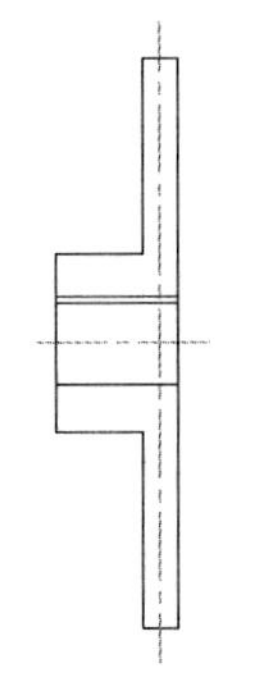

图 16-70　修剪线条

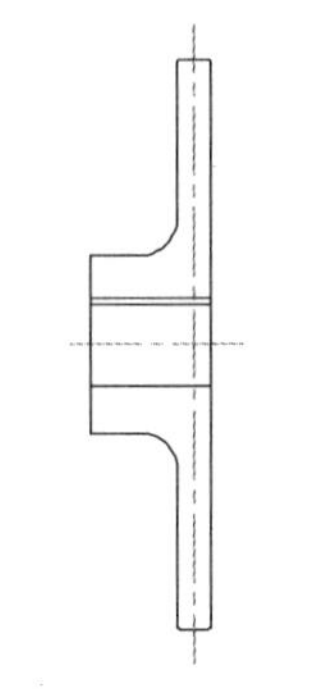

图 16-71　绘制圆角

08 单击“注释”选项卡→“文字”面板→“多行文字”按钮A，标注 A-A。

09 在“图层”面板中，将“细实线”置为当前图层，单击“常用”选项卡→“绘图”面板→“图案填充”按钮，选择需要填充剖面线的图形区域，在命令提示行中输入“T”，弹出“图案填充和渐变色”对话框。

10 在“图案填充”选项卡→“图案”面板中选择“ANSI31”，“角度”设置为 0，“比例”设置为 5。单击“关闭图案填充创建”按钮，完成剖面线的填充，效果如图 16-72 所示。

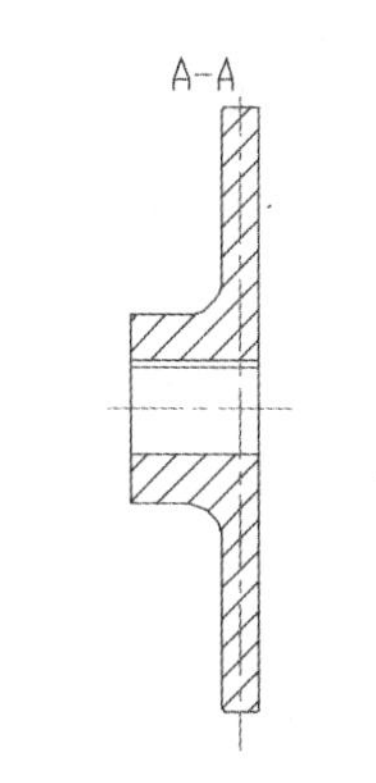

图 16-72　填充剖面线

16.3.3　标注剖切

01 单击“插入”选项卡→“块”面板→“插入”按钮，弹出“插入”对话框。

02 选择随书光盘目录下的“\源文件\剖切符号.dwg”文件，单击“打开”按钮。

03 返回到“插入”对话框，选中插入点、缩放比例、旋转 3 个区域中的“在屏幕上指定”复选框，单击“确定”按钮。

04 在屏幕上指定插入点，并设置好相关的参数，插入剖切符号。

05 单击“注释”选项卡→“文字”面板→“多行文字”按钮A，对剖切进行标注，第一个剖切符号用 A 表示。

06 在屏幕上选择需要标注的剖切位置，按住鼠标左键，确定文字插入位置并单击，弹出“文字编辑器”选项卡。

07 设置好文字格式，完成一个剖切符号的标注，效果如图 16-73 所示。

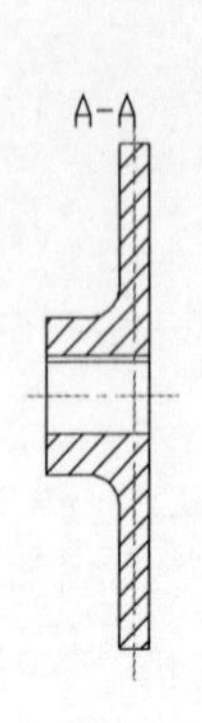

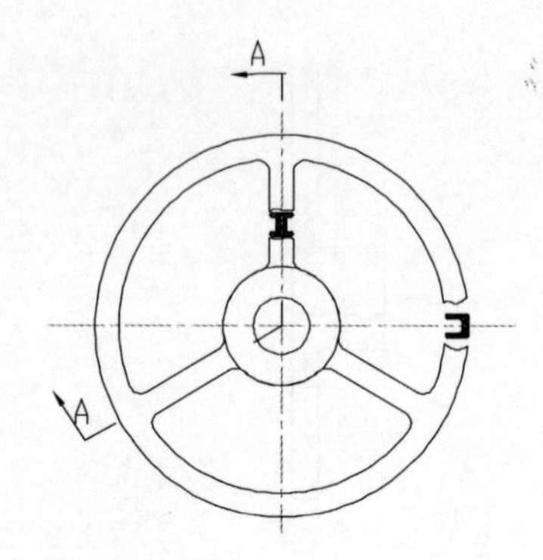

图 16-73　绘制剖切符号

16.3.4　标注尺寸

01 在“图层”面板中选择“细实线”，将工作图层切换到“细实线”。

02 输入 DIMSTYLE 命令，弹出“标注样式管理器”对话框。在“标注样式管理器”对话框中，单击“修改”按钮，弹出“修改标注样式”对话框。

03 在“修改标注样式”对话框中，打开“文字”选项卡，在“文字样式”下拉列表框中选择 TH_GBDIM 选项。

04 打开“主单位”选项卡，选中“消零”区域中的“前导”和“后续”复选框，单击“确定”按钮完成标注样式的设置。

05 单击“注释”选项卡→“标注”面板→“线性”按钮，选择需要标注线性尺寸的端点，完成对主视图、剖视图外形尺寸的标注。

06 单击“注释”选项卡→“标注”面板→“直径”按钮，选择需要标注线性尺寸的端点，完成对主视图的标注。

07 单击“注释”选项卡→“标注”面板→“角度”按钮，选择需要标注线性尺寸的端点，完成对主视图的标注。

08 单击“注释”选项卡→“标注”面板→“引线”按钮，选择需要说明的部位进行标注，如图 16-74 所示。

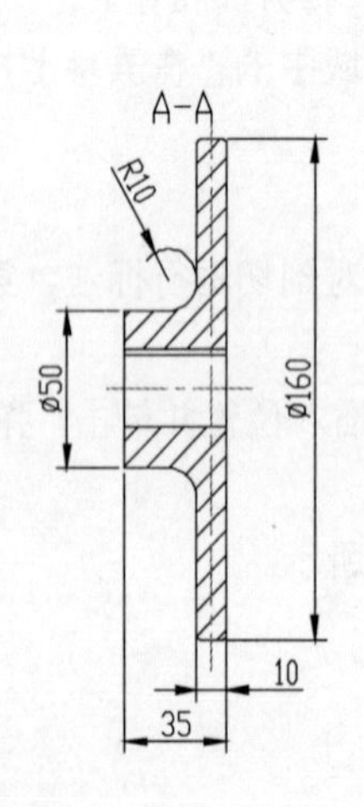

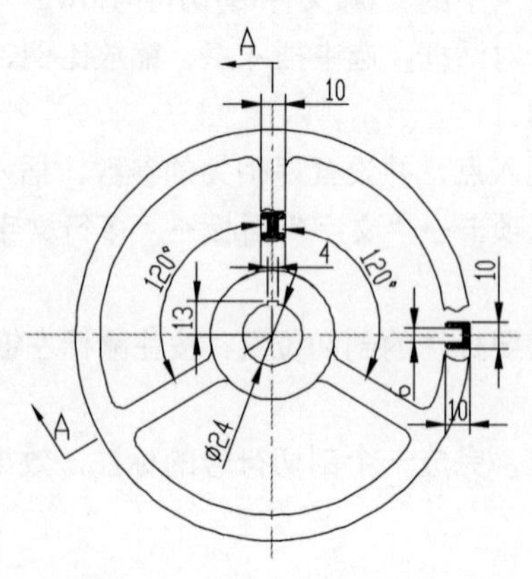

图 16-74　标注尺寸

16.3.5　标注表面粗糙度

01 使用 insert 命令，或单击“插入”选项卡→“块”面板→“插入”按钮，弹出“插入”对话框。

02 选择随书光盘目录下的“\源文件\粗糙度.dwg”文件，单击“打开”按钮。

03 返回到“插入”对话框，选中插入点、比例、旋转 3 个区域中的“在屏幕上指定”复选框，单击“确定”按钮。

04 在屏幕上指定插入点，并设置好相关的参数，插入粗糙度符号，效果如图 16-75 所示。

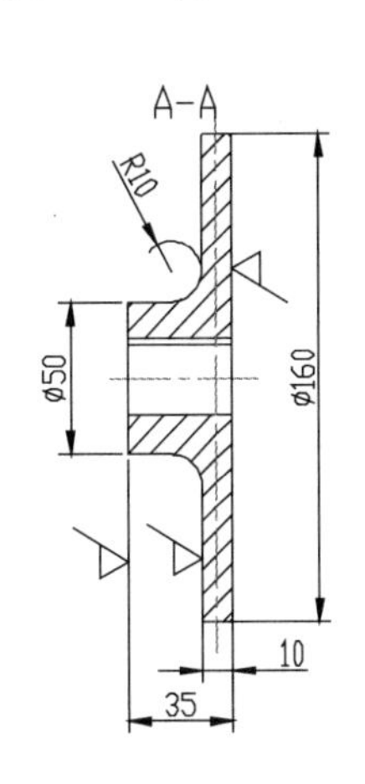

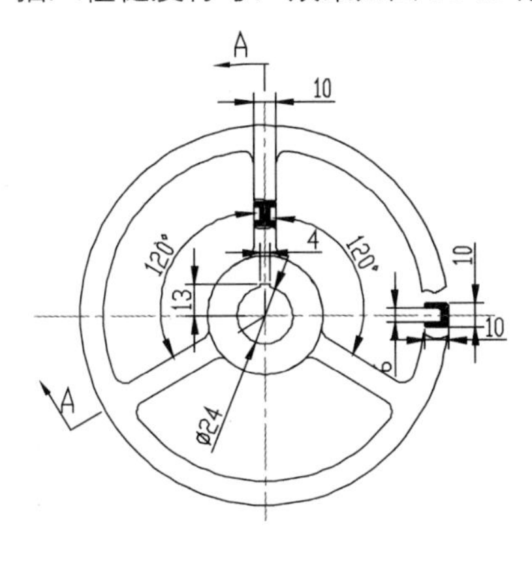

图 16-75　插入粗糙度符号

05 单击“注释”选项卡→“文字”面板→“多行文字”按钮A，对粗糙度等级进行标注。

06 在粗糙度符号上选择位置，进行粗糙度等级的标注。

07 设置好文字的高度和旋转角度，输入文字完成粗糙度等级的标注。

08 重复步骤 05～07 完成所有粗糙度等级的标注，效果如图 16-76 所示。

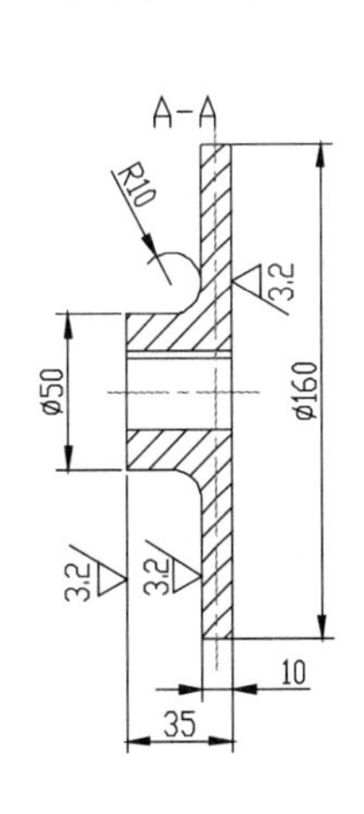

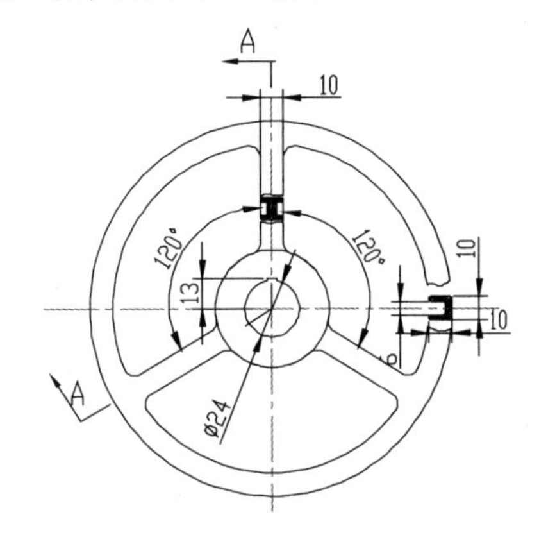

图 16-76　标注表面粗糙度

16.3.6　标注形位公差

01 使用 insert 命令，或单击“插入”选项卡→“块”面板→“插入”按钮，弹出“插入”对话框。

02 选择随书光盘目录下的“\源文件\基准代号.dwg”文件，单击“打开”按钮。

03 返回到“插入”对话框，选中插入点、比例、旋转 3 个区域中的“在屏幕上指定”复选框，单击“确定”按钮。

04 在屏幕上指定插入点，并设置好相关的参数，插入基准代号。

05 单击“注释”选项卡→“文字”面板→“多行文字”按钮**A**，完成对基准代号的标注。

06 单击“注释”选项卡→“标注”面板→“公差”按钮，弹出“形位公差”对话框。

07 单击“形位公差”对话框中的“符号”下的黑框，弹出“特征符号”对话框，单击“垂直度”符号，自动关闭对话框。

08 在“公差 1”文本框中输入“0.02”，在“基准”文本框中输入 A，单击“确定”按钮。

09 利用鼠标单击选择需要放置公差的位置。

10 单击“注释”选项卡→“引线”面板→“多重引线“按钮，将公差指向需要标注形位公差的表面。

11 重复步骤 07~10，标注所需要的形位公差，效果如图 16-77 所示。

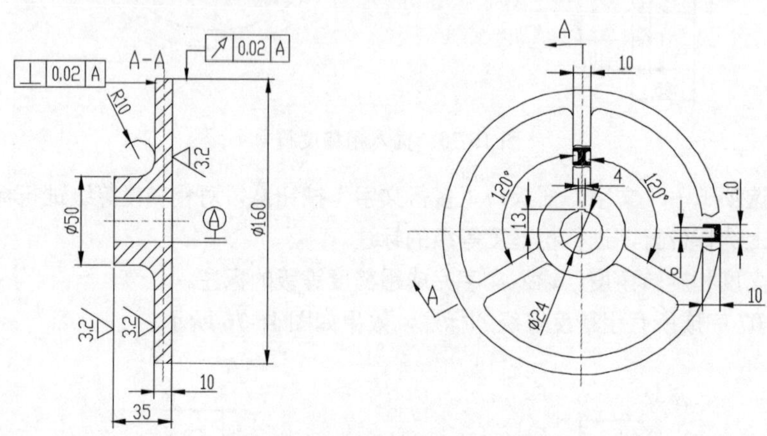

图 16-77　标注形位公差

16.3.7　标注技术要求

01 使用 mtext 命令进行技术要求的标注，输入 mtext 命令。

02 在屏幕上选择需要标注的位置，按住鼠标左键，确定文字插入位置并单击，弹出“文字编辑器”选项卡。

03 调整字体大小为 10，输入“技术要求”。

04 调整字体大小为 7，输入具体的技术要求内容，单击“确定”按钮完成技术要求的标注，效果如图 16-78 所示。

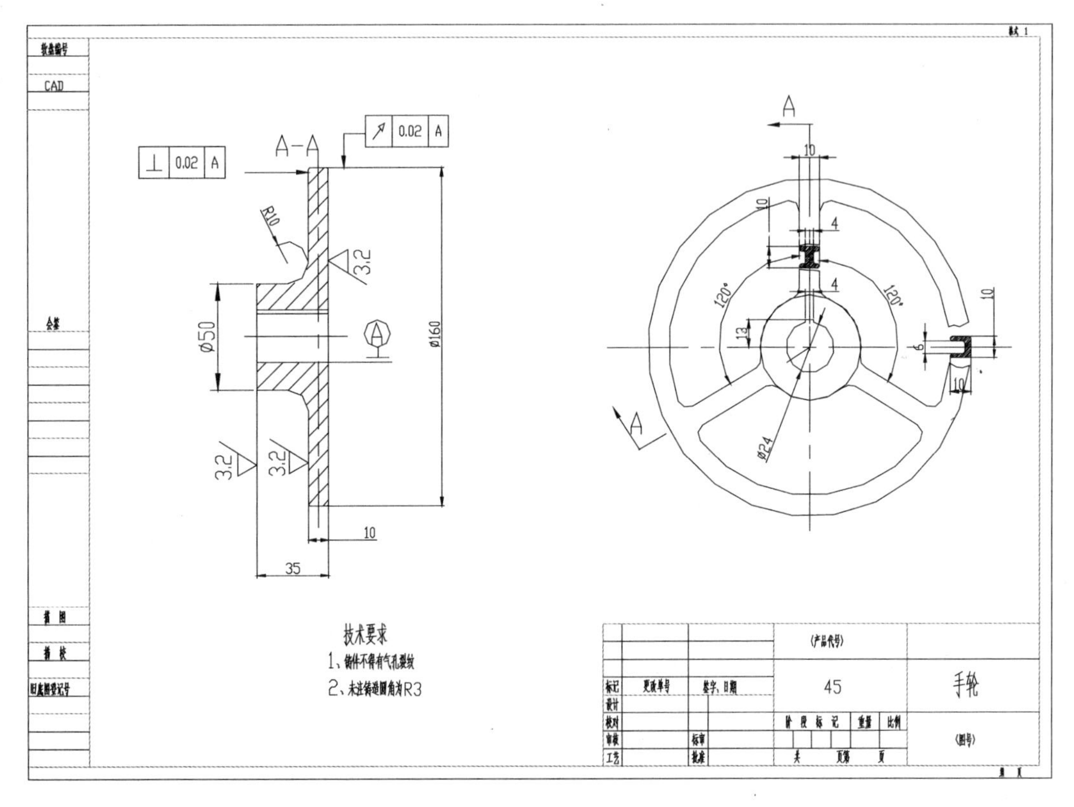

图 16-78　手轮设计最终效果图

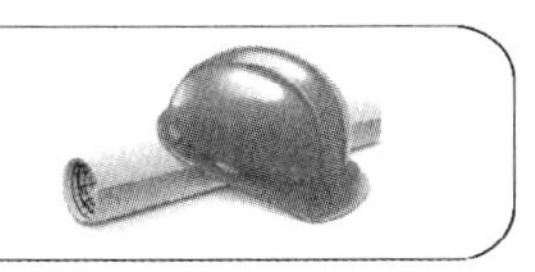

16.4 阀盖设计

阀盖属于一种常见的盘盖类零件，它是装有阀杆密封件的阀零件，用于连接或是支撑执行机构。其基本形状一般是扁平状。主要部分为同轴回转达体，轴向长度较短，这类零件一般有沿周围分布的孔、槽等结构。本节主要用旋转剖视图以及左视图来表达其结构。

16.4.1 绘制主视图

01 在“图层”面板中，将“中心线”置为当前图层。单击“状态栏”上的“正交”按钮，打开正交方式。

02 单击“常用”选项卡→“绘图”面板→“直线”按钮，选择一点，在水平方向上绘制长度为 50mm 的直线。

03 重复步骤 02，在竖直方向上绘制长度为 80mm 的直线，效果如图 16-79 所示。

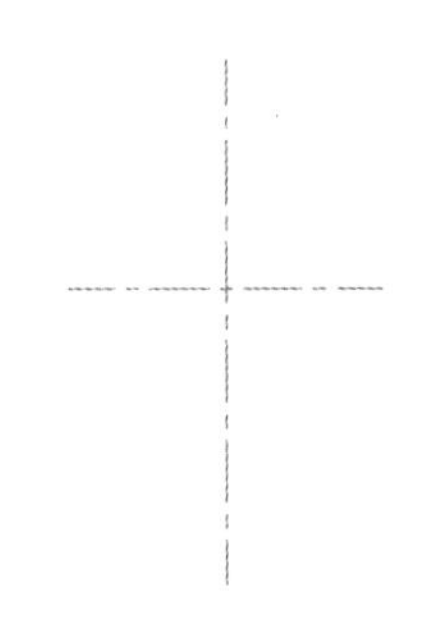

图 16-79　绘制中心线

04 单击“常用”选项卡→“修改”面板→“偏移”按钮，通过对中心线的偏移绘制线条，如图 16-80 所示。

05 选中所绘制的线条，在“图层”下拉列表框中选择“粗实线”

图层，效果如图 16-81 所示。

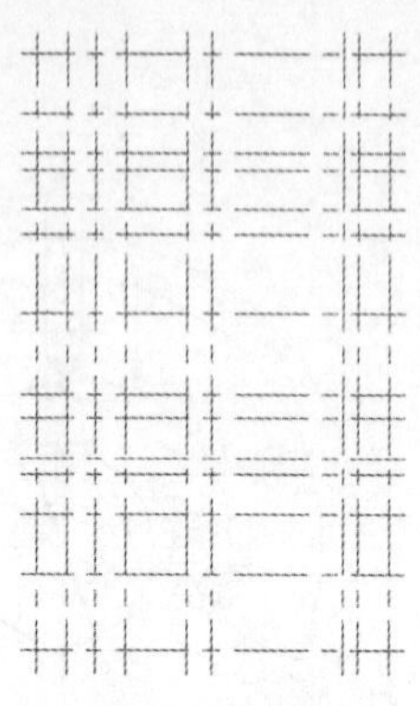
图 16-80　偏移线条

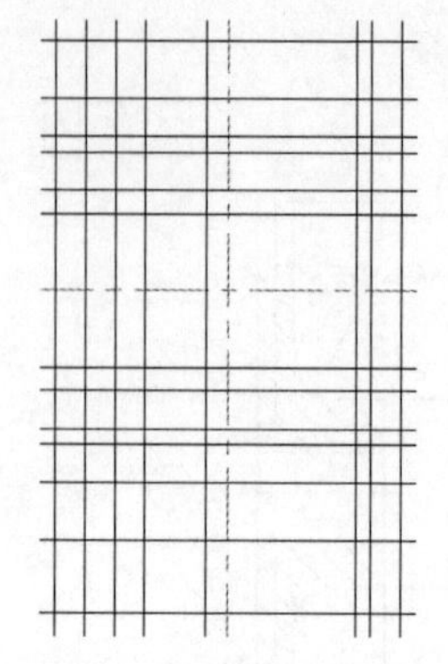
图 16-81　改变线条线型

06 单击“常用”选项卡→“修改”面板→“修剪”按钮-/--，对步骤 04～05 中创建的线条进行修剪，得到主视图的外轮廓形状，效果如图 16-82 所示。

07 单击“常用”选项卡→“修改”面板→“圆角”按钮，在命令行输入 R，按 Enter 键，输入圆角半径 5mm 后按 Enter 键，然后依次单击如图 16-82 所示的轮廓线 4 和轮廓线 1，按 Enter 键，单击轮廓线 2 和轮廓线 3，效果如图 16-83 所示。

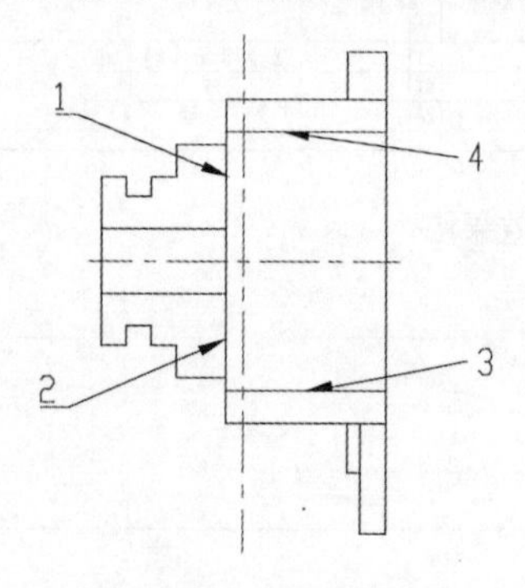

图 16-82　修剪线条

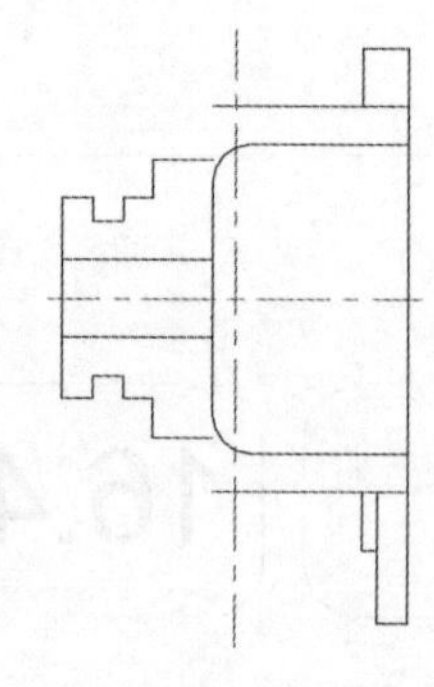
图 16-83　绘制圆角

08 单击“常用”选项卡→“修改”面板→“偏移”按钮，对步骤 07 所绘制的圆弧进行偏移，效果如图 16-84 所示。

09 单击“常用”选项卡→“修改”面板→“修剪”按钮-/--，选择需要修剪线条的边界进行修剪，效果如图 16-85 所示。

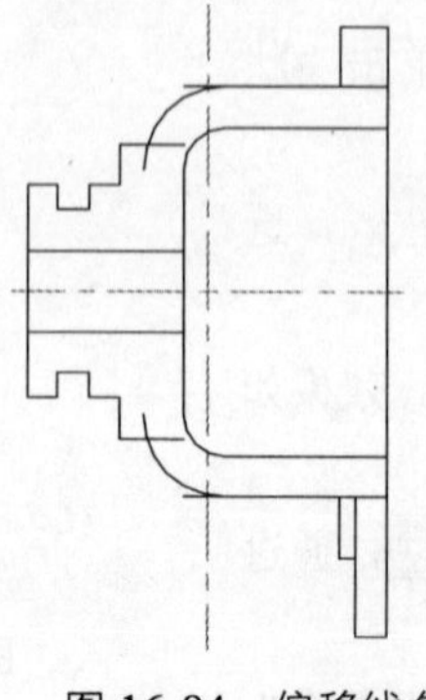
图 16-84　偏移线条

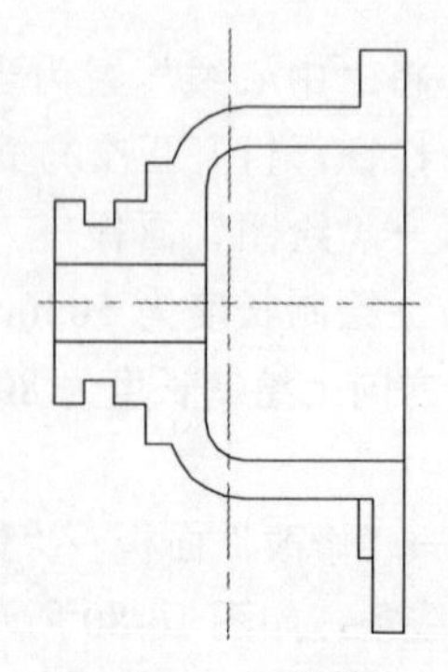
图 16-85　修剪线条

10 单击“常用”选项卡→“修改”面板→“偏移”按钮，对相应轮廓线进行偏移，如图 16-86 所示。

11 单击“常用”选项卡→“图层”面板中的“图层”下拉列表框“粗实线”，将“粗实线”置为当前图层。

12 单击“常用”选项卡→“绘图”面板→“直线”按钮，选择相应两点，绘制两点间的直线，如图 16-87 所示。

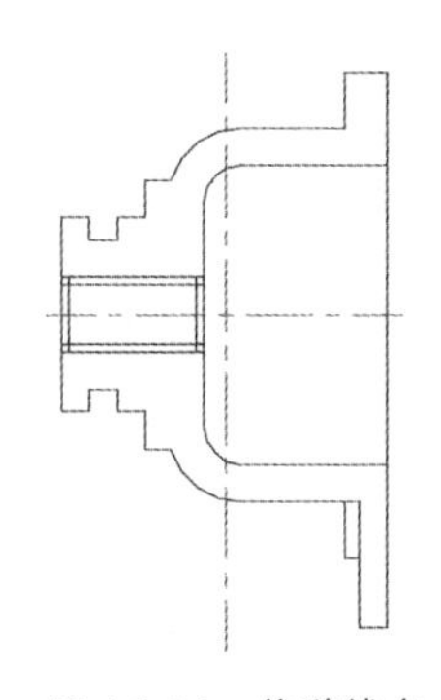

图 16-86　偏移线条

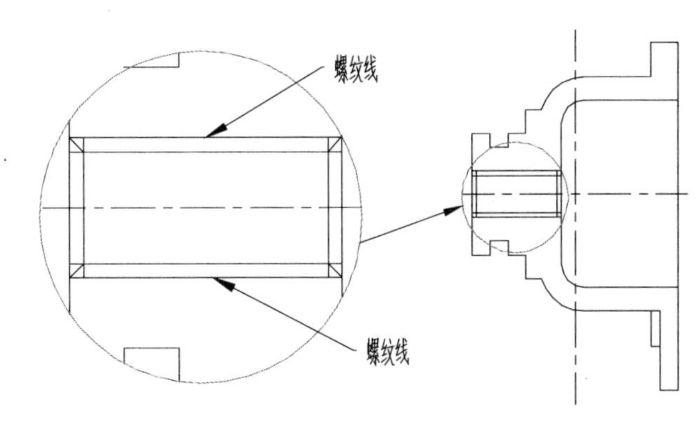

图 16-87　绘制直线

13 选中如图 16-87 所示的两条螺纹线，在“图层”下拉列表框中单击“细实线”图层。

14 单击“常用”选项卡→“修改”面板→“修剪”按钮，对步骤 12 中创建的线条进行修剪，效果如图 16-88 所示。

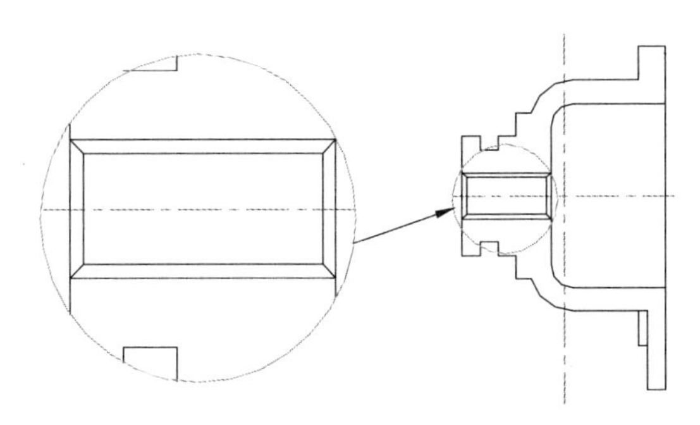

图 16-88　修剪线条

15 单击“常用”选项卡→“修改”面板→“偏移”按钮，对相应轮廓线进行偏移，绘制通孔轮廓线。

16 在“图层”面板中，将“细实线”置为当前图层，单击“常用”选项卡→“绘图”面板→“图案填充”按钮，选择需要填充剖面线的图形区域，在命令提示行中输入“T”，弹出“图案填充和渐变色”对话框。

17 在“图案填充”选项卡中的“图案”面板中选择“ANSI31”，“角度”设置为 0，“比例”设置为 0.5。单击“关闭图案填充创建”按钮，完成剖面线的填充，效果如图 16-89 所示。

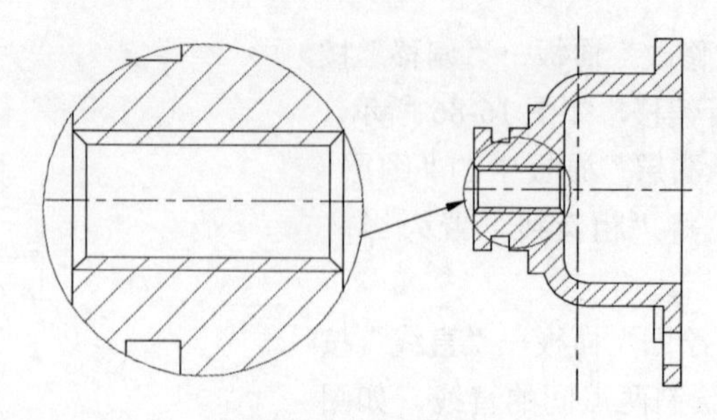

图 16-89　填充剖面线

16.4.2　绘制左视图

01 在“图层”面板中，将“中心线”置为当前图层。单击“状态栏”上的“正交”按钮，打开正交方式。

02 单击“常用”选项卡→“绘图”面板→“直线”按钮，选择一点，在水平方向上绘制长度为 80mm 的直线。

03 重复步骤 02，在竖直方向上绘制长度为 80mm 的直线，效果如图 16-90 所示。

04 单击“常用”选项卡→“图层”面板，将“粗实线”置为当前图层。

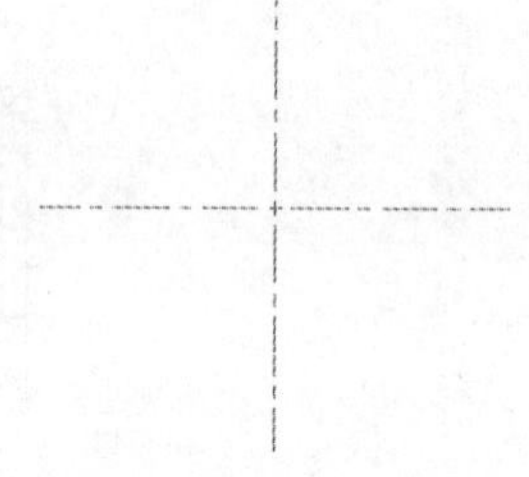

图 16-90　绘制中心线

05 单击“常用”选项卡→“绘图”面板→“圆”按钮，单击中心线的交点，输入半径，按 Enter 键。

06 重复步骤 05，绘制一组同心圆，效果如图 16-91 所示。

07 选中如图 16-90 所示的基准圆，在“图层”下拉列表框中选择“中心线”图层，如图 16-92 所示。

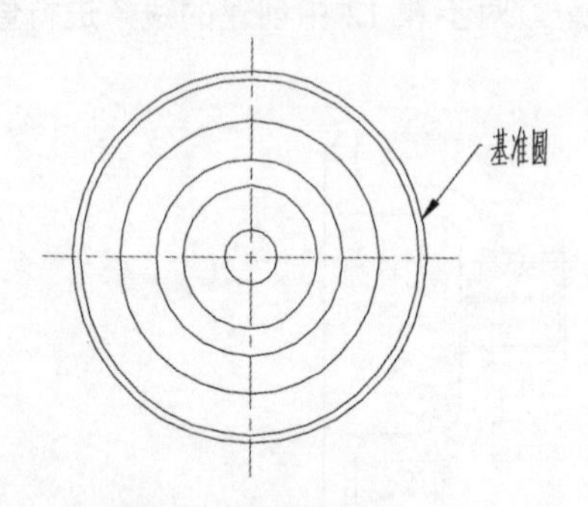

图 16-91　绘制圆

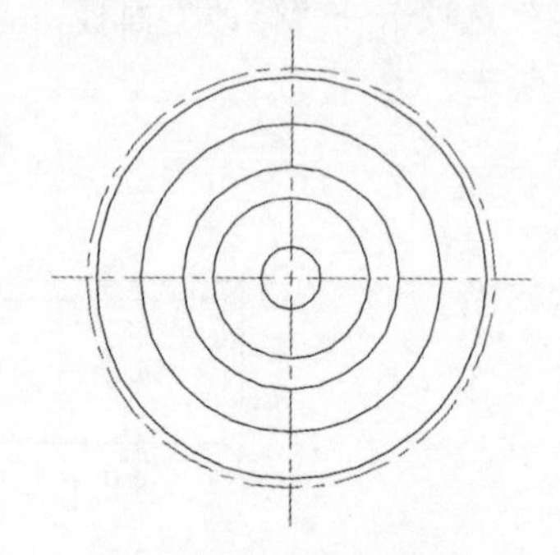

图 16-92　改变线条线型

08 选择竖直方向上的中心线，单击“常用”选项卡→“修改”面板→“旋转”按钮，单击中心线的交点，在命令提示行输入 C，再在命令提示行输入 45，按 Enter 键。

09 重复步骤 08，将竖直主向上的中心线旋转 135º，效果如图 16-93 所示。

10 单击“常用”选项卡→“绘图”面板→“圆”按钮，单击步骤 08~09 所绘制的中心线与基准圆

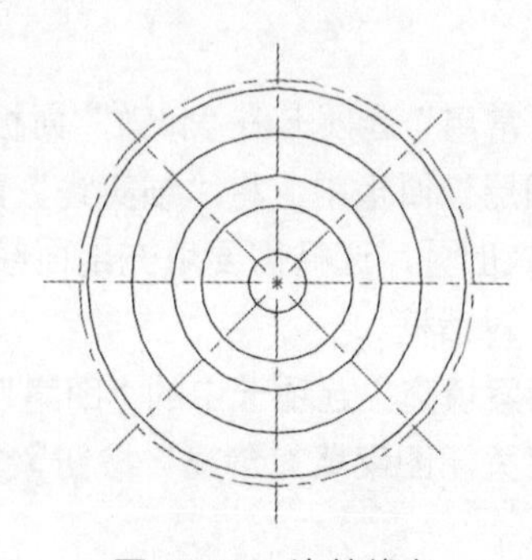

图 16-93　旋转线条

的交点，输入半径，按 Enter 键，如图 16-94 所示。

11 选中步骤 10 所绘制的圆，单击“常用”选项卡→“修改”面板→“镜像” 按钮，选择竖直方向上的中心线为镜像线进行镜像。

12 选中步骤 10~11 所绘制的线条，单击“常用”选项卡→“修改”面板→“镜像” 按钮，选择水平方向上的中心线为镜像线进行镜像，如图 16-95 所示。

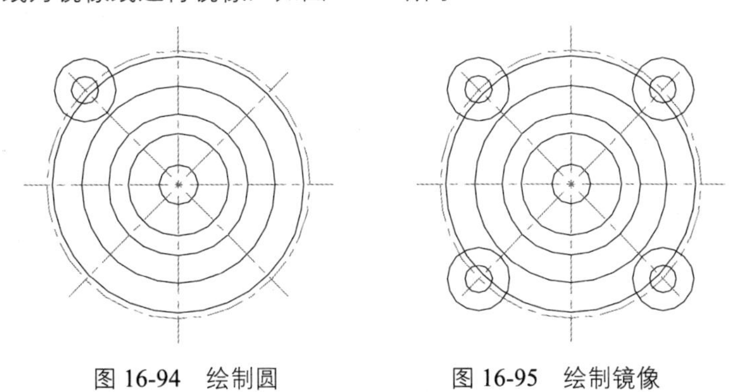

图 16-94　绘制圆　　　图 16-95　绘制镜像

13 单击“常用”选项卡→“修改”面板→“修剪”按钮，选中需要修剪线条的边界进行修剪，效果如图 16-96 所示。

14 单击“常用”选项卡→“修改”面板→“圆角”按钮，在命令行输入 R，按 Enter 键，输入圆角半径 3mm 后按 Enter 键，输入 T 后按 Enter 键，输入 N 后按 Enter 键，然后选择需要倒角的轮廓线，如图 16-97 所示。

15 单击“常用”选项卡→“修改”面板→“修剪”按钮，选中需要修剪线条的边界进行修剪，效果如图 16-98 所示。

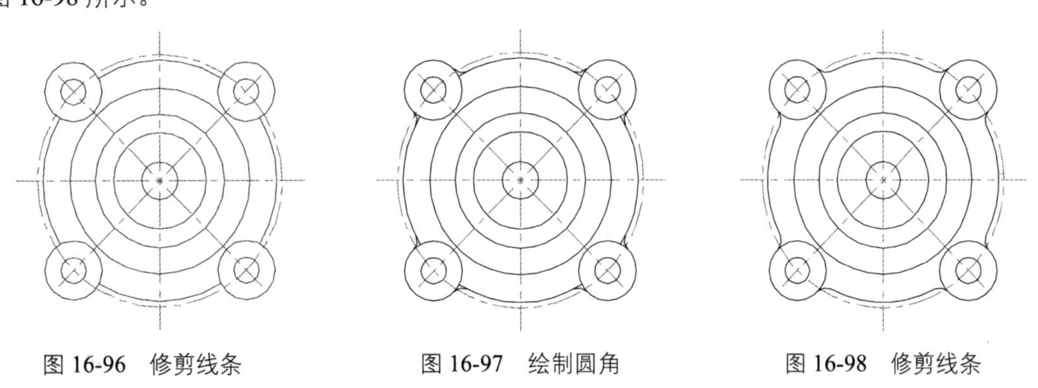

图 16-96　修剪线条　　　图 16-97　绘制圆角　　　图 16-98　修剪线条

16 单击“常用”选项卡→“绘图”面板→“圆”按钮，单击中心线的交点，输入半径，按 Enter 键。绘制螺纹孔螺纹线，如图 16-99 所示。

17 单击“常用”选项卡→“修改”面板→“打断”按钮，对步骤 16 绘制的螺纹线进行修剪，修剪掉 1/4 圆，如图 16-100 所示。

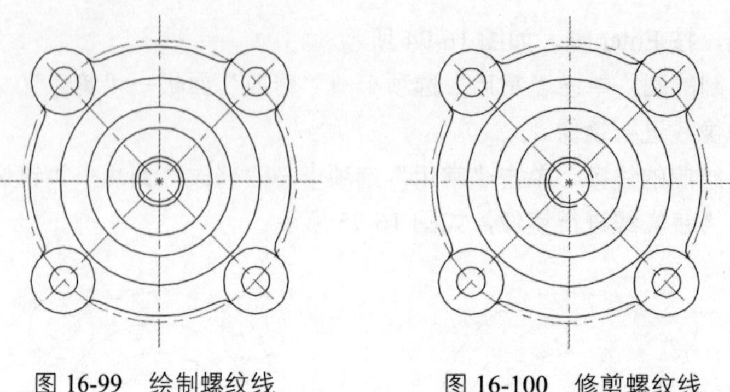

图 16-99　绘制螺纹线　　　　图 16-100　修剪螺纹线

16.4.3　标注尺寸

01 在“图层”面板中，将工作图层切换到“细实线”层。

02 输入 DIMSTYLE 命令，弹出“标注样式管理器”对话框。在“标注样式管理器”对话框中，单击“修改”按钮，弹出“修改标注样式”对话框。

03 在“修改标注样式”对话框中，打开“文字”选项卡，在“文字样式”下拉列表框中选择 TH_GBDIM 选项。

04 打开“主单位”选项卡，选中“消零”区域中的“前导”和“后续”复选框，单击“确定”按钮完成标注样式的设置。

05 单击“注释”选项卡→“标注”面板→“线性”按钮，选择需要标注线性尺寸的端点，完成对主视图、剖视图外形尺寸的标注。

06 单击“注释”选项卡→“标注”面板→“直径”按钮，选择需要标注线性尺寸的端点，完成对主视图的标注。

07 单击“注释”选项卡→“标注”面板→“角度”按钮，选择需要标注线性尺寸的端点，完成对主视图的标注。

08 单击“注释”选项卡→“标注”面板→“引线”按钮，选择需要说明的部位进行标注，效果如图 16-101 所示。

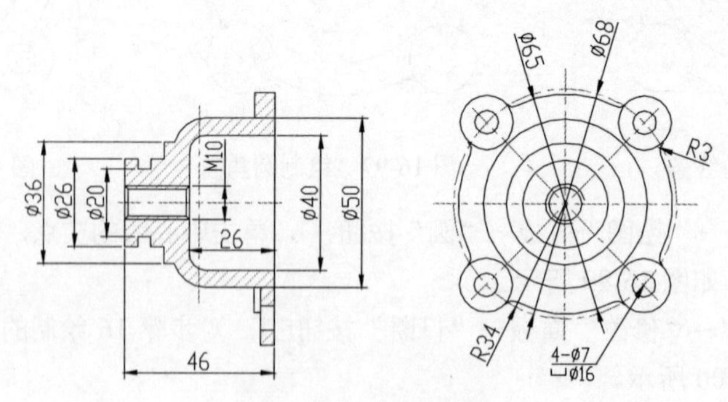

图 16-101　标注尺寸

16.4.4　标注表面粗糙度

01 使用 insert 命令，或单击“插入”选项卡→“块”面板→“插入”按钮，弹出“插入”对话框。

02 选择随书光盘目录下的“\源文件\粗糙度.dwg”文件，单击“打开”按钮。

03 返回到“插入”对话框，选中插入点、比例、旋转 3 个区域中的“在屏幕上指定”复选框，单击“确定”按钮。

04 在屏幕上指定插入点，并设置好相关的参数，插入粗糙度符号，效果如图 16-102 所示。

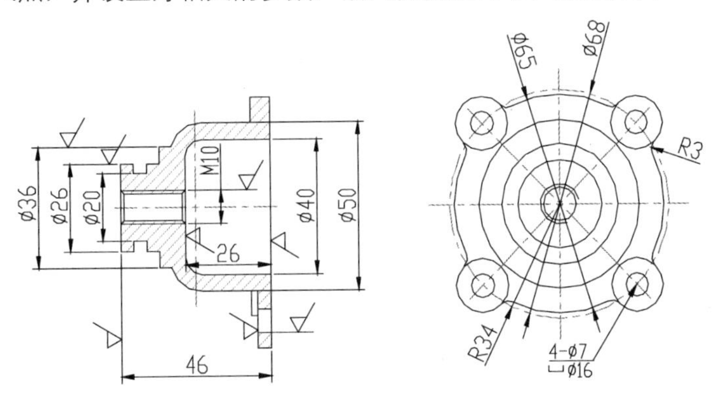

图 16-102　插入粗糙度符号

05 单击“注释”选项卡→“文字”面板→“多行文字”按钮**A**，对粗糙度等级进行标注。

06 在粗糙度符号上选择位置，进行粗糙度等级的标注。

07 设置好文字的高度和旋转角度，输入文字完成粗糙度等级的标注。

08 重复步骤 05～07 完成所有粗糙度等级的标注，效果如图 16-103 所示。

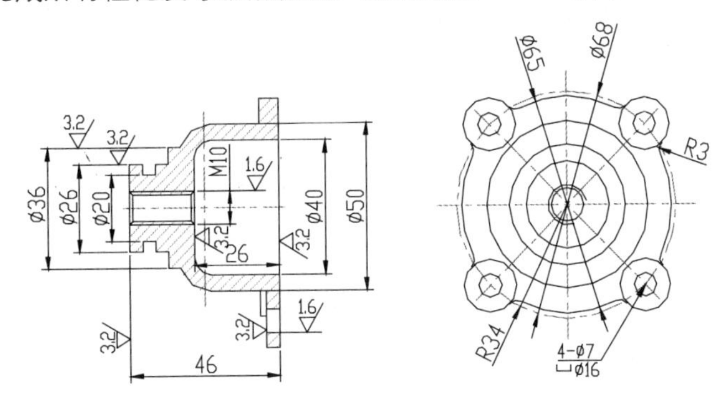

图 16-103　绘制表面粗糙度

16.4.5　标注剖切

01 单击“插入”选项卡→“块”面板→“插入”按钮，弹出“插入”对话框。

02 选择随书光盘目录下的“\源文件\剖切符号.dwg”文件，单击“打开”按钮。

03 返回到“插入”对话框，选中插入点、缩放比例、旋转 3 个区域中的“在屏幕上指定”复选框，单击“确定”按钮。

04 在屏幕上指定插入点，并设置好相关的参数，插入剖切符号。

05 单击“注释”选项卡→“文字”面板→“多行文字”按钮**A**，对剖切进行标注，第一个剖切符号用 A 表示。

06 在屏幕上选择需要标注的剖切位置，按住鼠标左键，确定文字插入位置并单击，弹出“文字编辑器”

选项卡。

07 设置好文字格式后，完成一个剖切符号的标注，如图 16-104 所示。

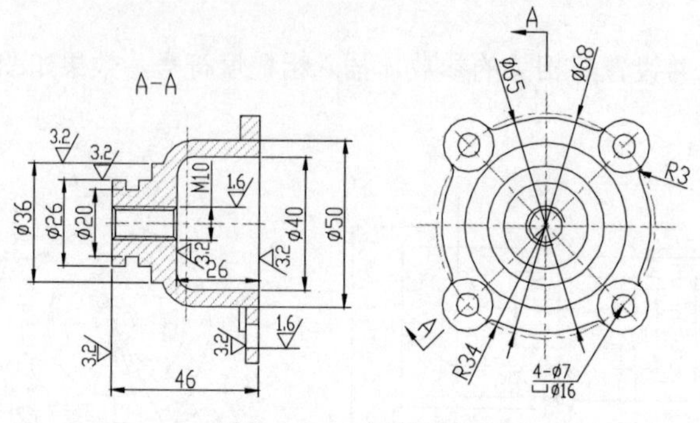

图 16-104　剖切标注

16.4.6　标注技术要求

01 使用 mtext 命令进行技术要求的标注，输入 mtext 命令。

02 在屏幕上选择需要标注的位置，按住鼠标左键，确定文字插入位置并单击，弹出“文字编辑器”选项卡。

03 调整字体大小为 10，输入“技术要求”。

04 调整字体大小为 7，输入具体的技术要求内容，单击“确定”按钮完成技术要求的标注，效果如图 16-105 所示。

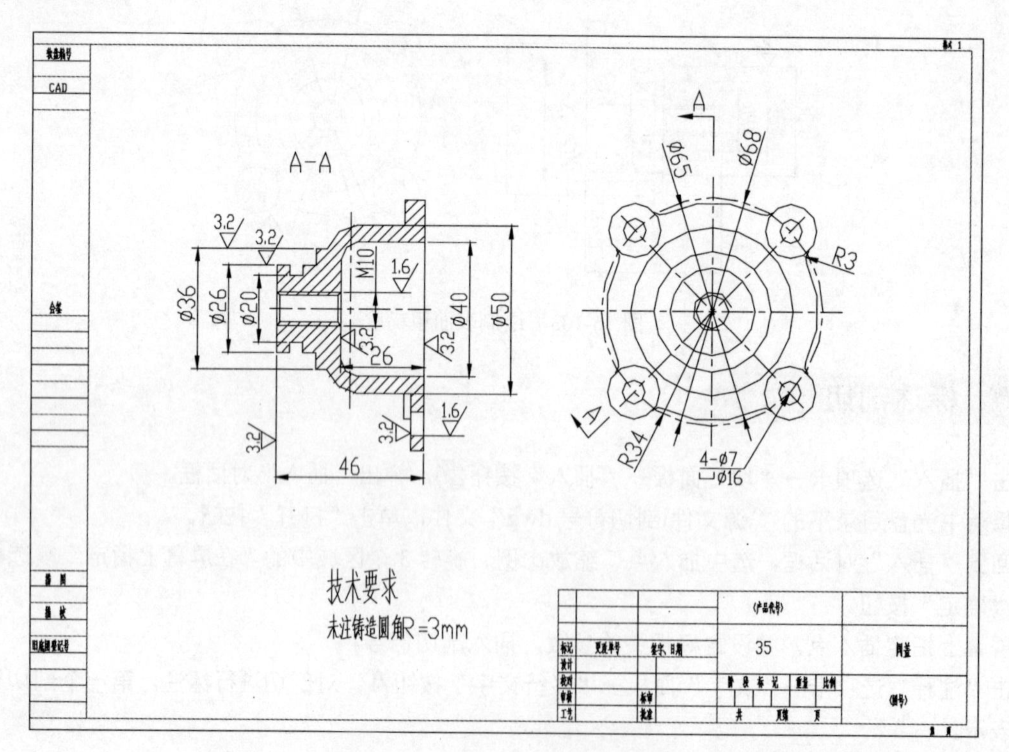

图 16-105　阀盖设计最终效果图

16.5 知识回顾

本章主要介绍了 4 种盘盖类零件的画法，主要用到了直线、多边形、圆、偏移、修剪、倒角、圆角、标注、多行文字A、图案填充等几个常用命令。值得一提的是绘图的方法是不唯一的，如在绘制法兰盘上的几个通孔时，可以多次应用“圆”命令，也可以绘制完第一个圆后应用“复制”命令，还可以绘制完第一个圆后应用“阵列”命令，绘制时要灵活运用。

第 17 章

设计叉架类零件

叉架类零件主要用于支承转动轴及其他零件，这类零件包括支架、拔叉、连杆和杠杆等。这类零件的结构一般比较复杂，所以它的主要轮廓常常需要两个或两个以上的视图来表达。对于一些局部环节，如连接部分的肋板一般用断面图表达，而对于孔或安装板等结构一般用局部视图或剖视图来表达。在绘制时要灵活运用。

学习目标

- 熟悉叉架类零件的基本知识
- 掌握叉架类零件基本绘制方法
- 掌握连杆的绘制方法
- 掌握杠杆的绘制方法
- 进一步熟悉零件图的标注

17.1 连杆设计

连杆是连杆机构中两端分别与主动和从动构件铰接以传递运动和力的杆件。连杆多为钢件，其主体部分的截面多为圆形或工字形。本节主要讲述一种弧形连杆的绘制。绘制时要注意辅助线和断面图的使用，同时要进一步熟悉局部剖视图的绘制方法。

17.1.1 绘制主视图

01 在“图层”面板中，将“中心线”置为当前图层。单击“状态栏”上的“正交”按钮，打开正交方式。

02 单击“常用”选项卡→“绘图”面板→“直线”按钮。选择一点，在水平方向上绘制长度为 200mm 的直线。

03 重复步骤 02，在竖直方向上绘制长度为 70mm 的直线，效果如图 17-1 所示。

04 单击“常用”选项卡→“修改”面板→“偏移”按钮，通过对竖直方向上的基准线偏移 120mm，绘制另一条基准线，如图 17-2 所示。

图 17-1　绘制中心线　　　　图 17-2　偏移线条

05 单击“常用”选项卡→“图层”面板，将“粗实线”置为当前图层。

06 单击“常用”选项卡→“绘图”面板→“圆”按钮，单击左侧中心线的交点，输入半径 25，按 Enter 键。

07 单击“常用”选项卡→“绘图”面板→“圆”按钮，单击右侧中心线的交点，输入半径 16，按 Enter 键，如图 17-3 所示。

08 单击“常用”选项卡→“绘图”面板→“圆”按钮，单击左侧中心线的交点，输入半径 100，按 Enter 键，绘制辅助线 1。

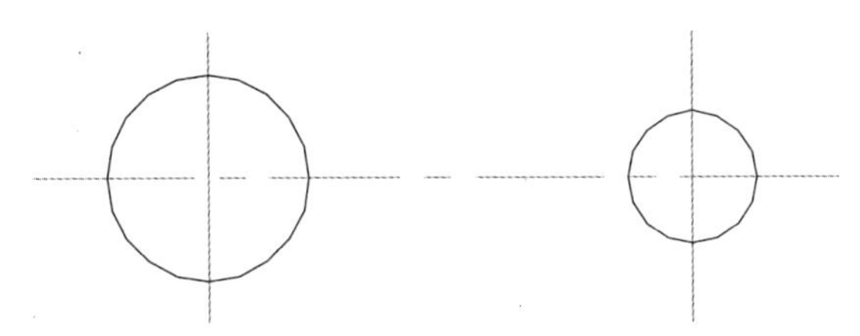

图 17-3　绘制圆

09 单击“常用”选项卡→“绘图”面板→“圆”按钮，单击右侧中心线的交点，输入半径 91，按 Enter 键，绘制辅助线 2，效果如图 17-4 所示。

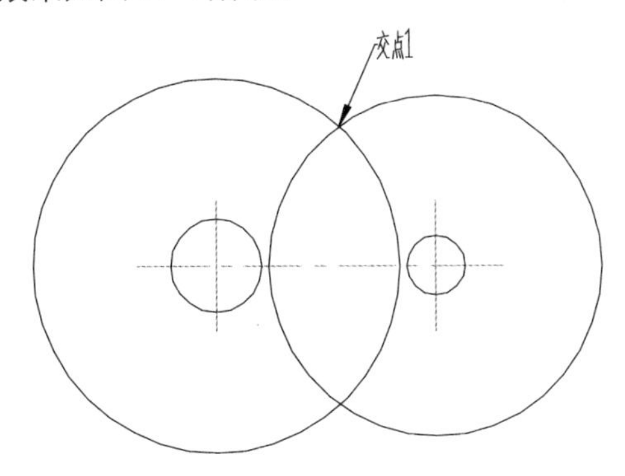

图 17-4　绘制两个辅助圆

10 单击“常用”选项卡→“绘图”面板→“圆”按钮，输入半径 75，按 Enter 键，绘制曲柄轮廓线。

11 单击“常用”选项卡→“绘图”面板→“圆”按钮，输入半径 80，按 Enter 键，绘制曲柄轮廓线。选中两个辅助圆，按 Delete 键，如图 17-5 所示。

12 单击“常用”选项卡→“绘图”面板→“圆”按钮，单击左侧中心线的交点，输入半径 141，按 Enter 键，绘制辅助线 3。

13 单击“常用”选项卡→“绘图”面板→“圆”按钮，单击右侧中心线的交点，输入半径 150，按 Enter 键，绘制辅助线 4，效果如图 17-6 所示。

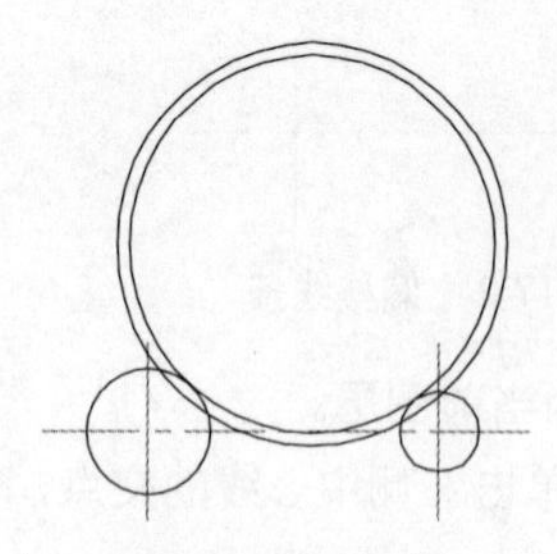
图 17-5　绘制圆

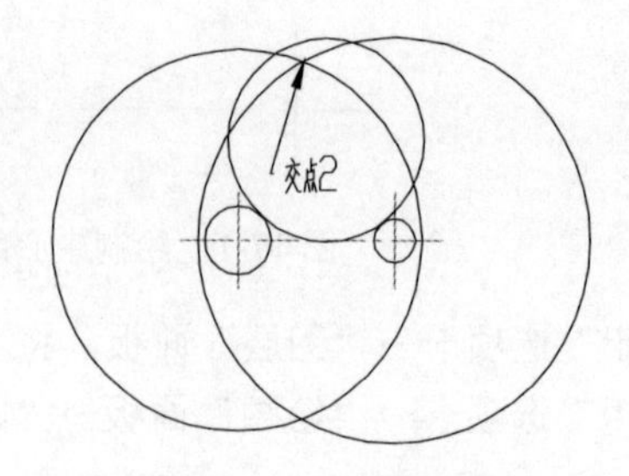

图 17-6　绘制辅助圆

14 单击“常用”选项卡→“绘图”面板→“圆”按钮，输入半径 166，按 Enter 键，绘制曲柄轮廓线。

15 单击“常用”选项卡→“绘图”面板→“圆”按钮，输入半径 161，按 Enter 键，绘制曲柄轮廓线。选中两个辅助圆，按 Delete 键，效果如图 17-7 所示。

16 单击“常用”选项卡→“修改”面板→“修剪”按钮，选择相应线条进行修剪，得到主视图的外轮廓形状，效果如图 17-8 所示。

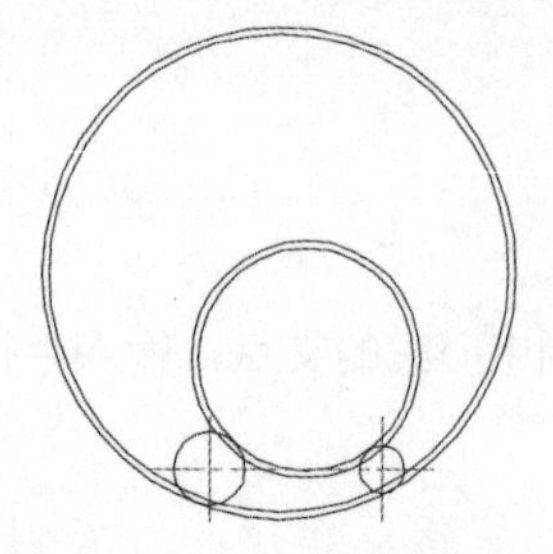
图 17-7　绘制圆

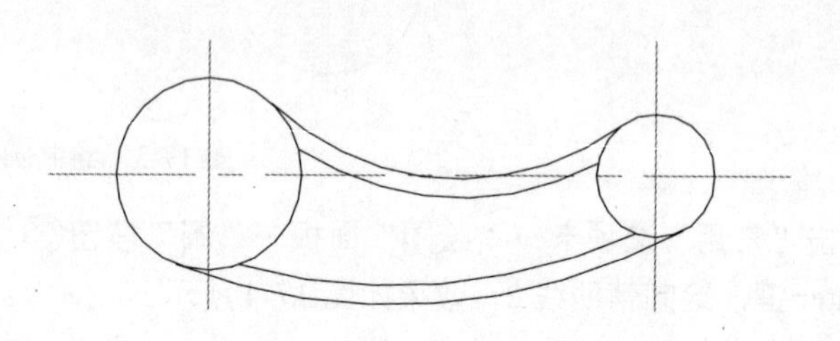
图 17-8　修剪线条

17 单击“常用”选项卡→“绘图”面板→“圆”按钮，单击左侧中心线的交点，输入半径 16，按 Enter 键。

18 单击“常用”选项卡→“绘图”面板→“圆”按钮，单击右侧中心线的交点，分别绘制半径为 10mm、8mm 的圆，效果如图 17-9 所示。

19 单击“常用”选项卡→“修改”面板→“偏移”按钮，通过对中心线的偏移绘制线条，如图 17-10 所示。

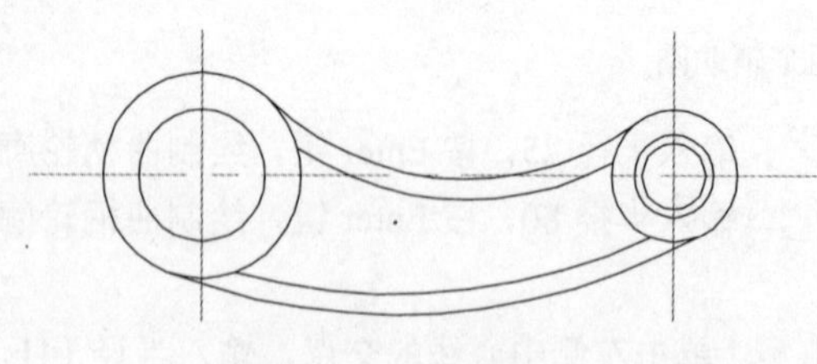
图 17-9　绘制圆

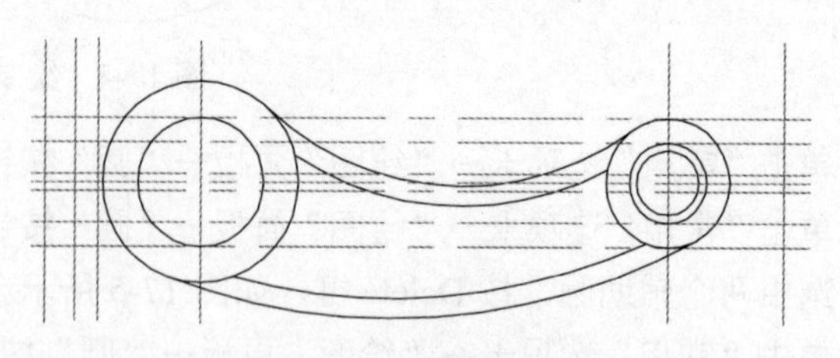
图 17-10　偏移线条

20 选中所绘制的线条，在“图层”下拉列表框中选择“粗实线”图层。

21 单击“常用”选项卡→“修改”面板→“修剪”按钮，对步骤 19 中创建的线条进行修剪，得到主视图的外轮廓形状，效果如图 17-11 所示。

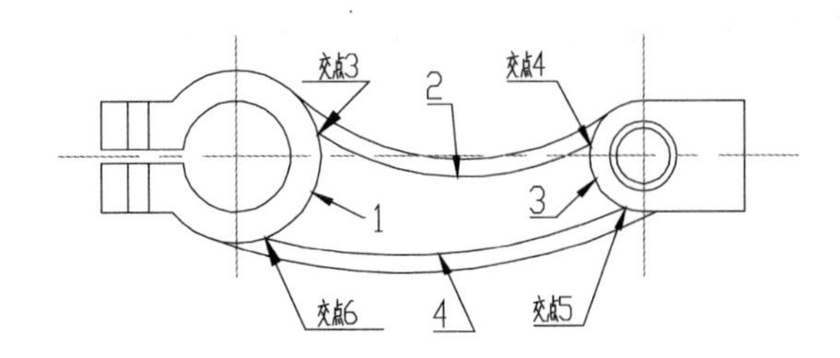

图 17-11　修剪线条

22 单击“常用”选项卡→“修改”面板→“打断于点”按钮，依次单击如图 17-11 所示的交点 3、交点 4、交点 5、交点 6。

23 单击“常用”选项卡→“修改”面板→“圆角”按钮，在命令行输入 R 后按 Enter 键，在命令行输入 3 后按 Enter 键，然后选择如图 17-11 所示的轮廓线 1 和轮廓线 2。

24 单击“常用”选项卡→“修改”面板→“圆角”按钮，然后选择如图 17-11 所示的轮廓线 2 和轮廓线 3。

25 单击“常用”选项卡→“修改”面板→“圆角”按钮，然后选择如图 17-11 所示的轮廓线 3 和轮廓线 4。

26 单击“常用”选项卡→“修改”面板→“圆角”按钮，然后选择如图 17-11 所示的轮廓线 4 和轮廓线 1，效果如图 17-12 所示。

27 选中如图 17-11 所示的轮廓线 1 和轮廓线 3，使用夹点将圆弧补全，效果如图 17-13 所示。

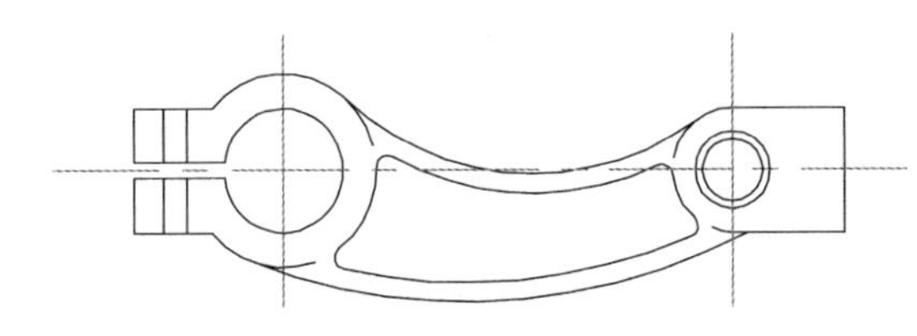

图 17-12　圆角

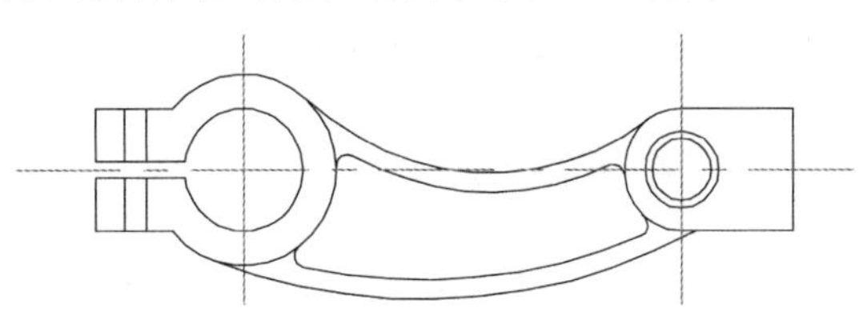

图 17-13　调整圆弧

28 单击“常用”选项卡→“图层”面板，将“细实线”置为当前图层。

29 单击“常用”选项卡→“绘图”面板→“样条曲线拟合”按钮。选择相应的点绘制断面线。

30 单击“常用”选项卡→“修改”面板→“修剪”按钮，选择相应线条进行修剪，效果如图 17-14 所示。

31 单击“常用”选项卡→“修改”面板→“偏移”按钮，通过对中心线的偏移绘制线条。选择所绘制的线条，在“图层”下拉列表框中选择“粗实线”层，如图 17-15 所示。

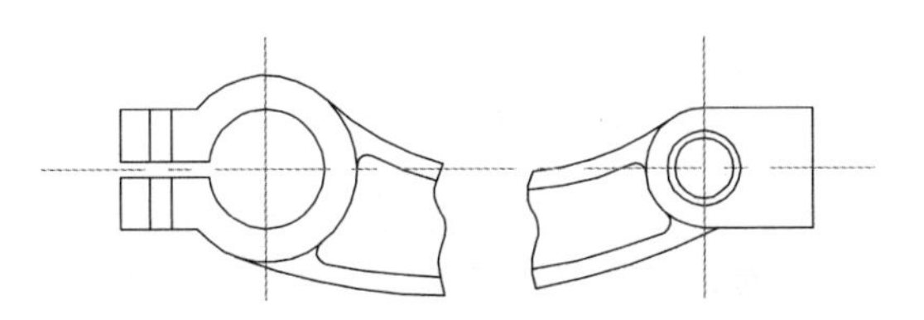

图 17-14　绘制断面线

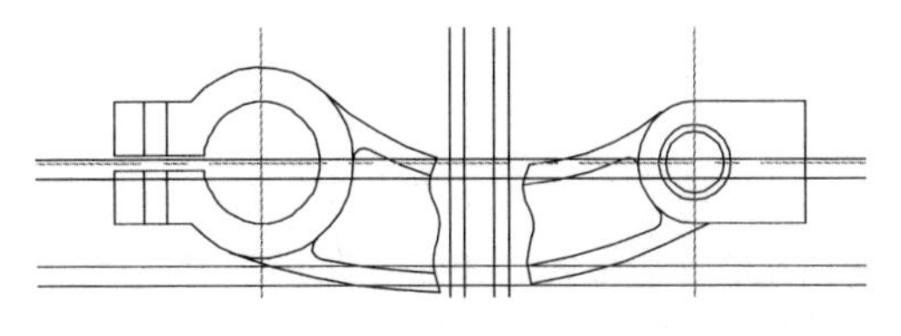

图 17-15　偏移线条

32 单击“常用”选项卡→“修改”面板→“修剪”按钮，对线条进行修剪，效果如图 17-16 所示。

33 单击“常用”选项卡→“修改”面板→“圆角”按钮，在命令行输入 R，按 Enter 键，输入圆角半径 2mm 后按 Enter 键，对断面图进行圆角，效果如图 17-17 所示。

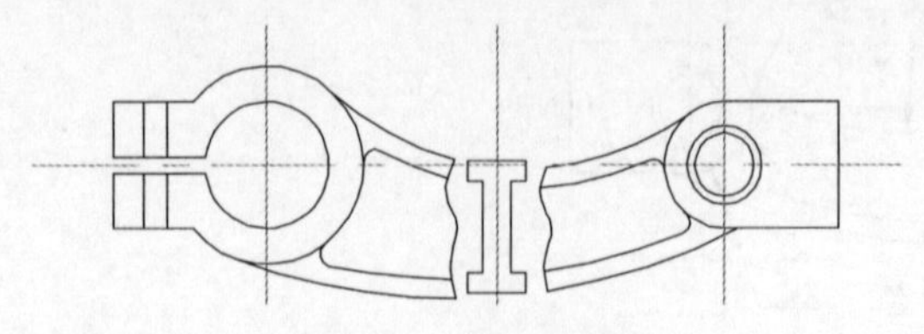

图 17-16　修剪线条

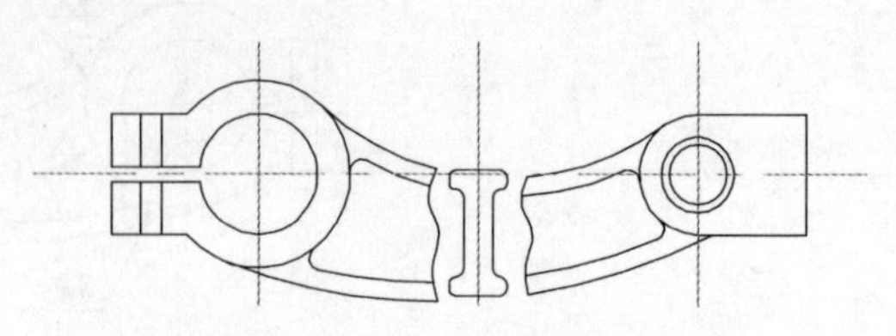

图 17-17　圆角

34 单击“常用”选项卡→“绘图”面板→“样条曲线拟合”按钮。选择相应的点绘制局部剖视图断面线，效果如图 17-18 所示。

35 在“图层”面板中，将“细实线”置为当前图层，单击“常用”选项卡→“绘图”面板→“图案填充”按钮，选择需要填充剖面线的图形区域，在命令提示行中输入“T”，弹出“图案填充和渐变色”对话框。

36 在“图案填充”选项卡→“图案”面板中，选择“ANSI31”，“角度”设置为 0，“比例”设置为 1。单击“关闭图案填充创建”按钮，完成剖面线的填充，效果如图 17-19 所示。

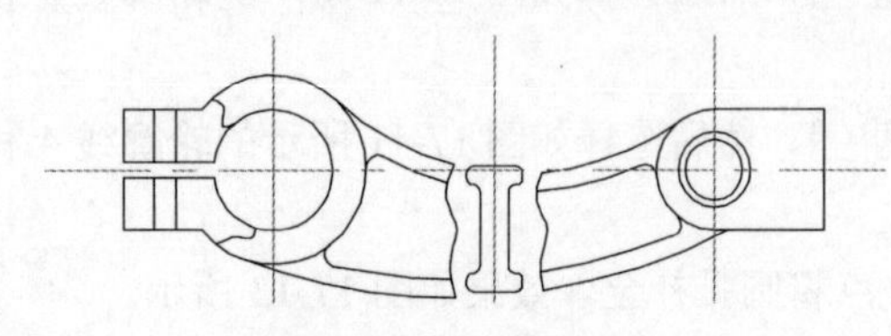

图 17-18　绘制断面线

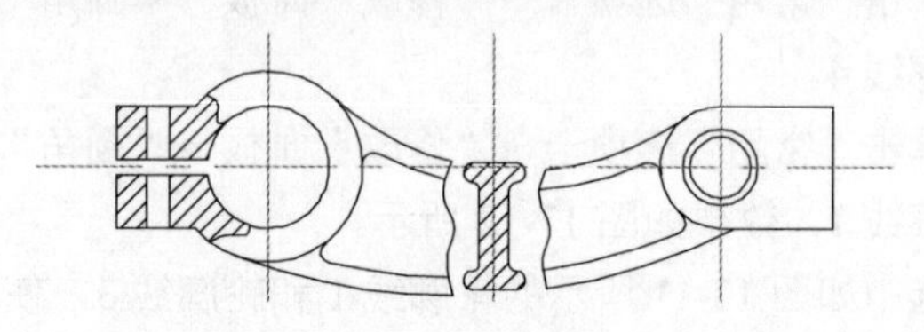

图 17-19　填充剖面线

17.1.2　绘制俯视图

01 在“图层”面板中，将“中心线”置为当前图层。单击“状态栏”上的“正交”按钮，打开正交方式。

02 单击“常用”选项卡→“绘图”面板→“直线”按钮，选择一点，在水平方向上绘制长度为 200mm 的直线。

03 重复步骤 02，在竖直方向上绘制长度为 50mm 的直线，效果如图 17-20 所示。

04 单击“常用”选项卡→“修改”面板→“偏移”按钮，通过对竖直方向上的基准线偏移 120mm，绘制另一条基准线，如图 17-21 所示。

图 17-20　绘制中心线　　　　图 17-21　偏移线条

05 单击“常用”选项卡→“修改”面板→“偏移”按钮，通过对中心线的偏移绘制线条。

06 选中所绘制的线条，单击“常用”选项卡→“图层”面板，选择“粗实线”，将所绘制的线条转换为粗实线，效果如图 17-22 所示。

07 单击“常用”选项卡→“修改”面板→“修剪”按钮，对偏移的线条进行修剪，得到俯视图的外轮廓形状，效果如图 17-23 所示。

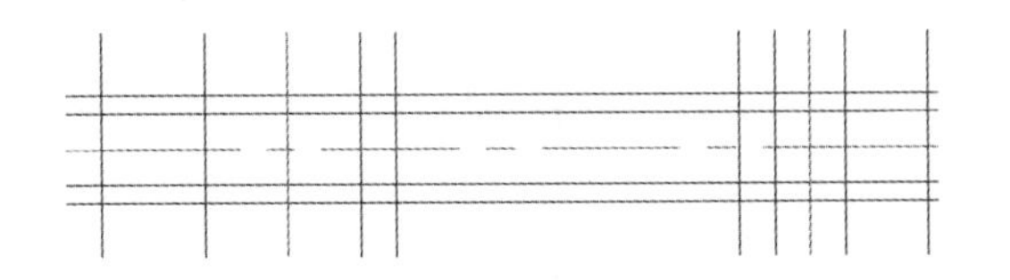

图 17-22　偏移线条

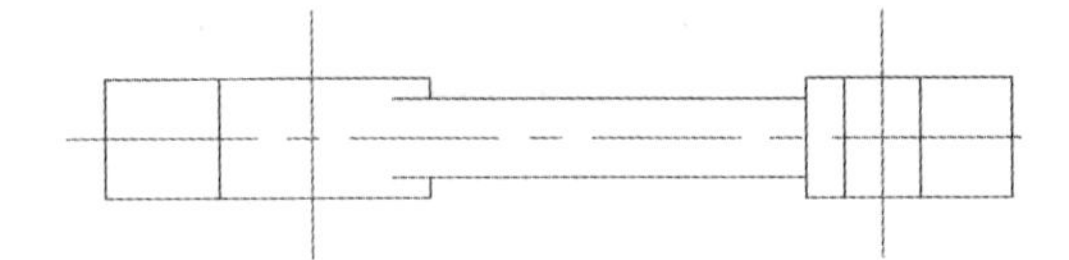

图 17-23　修剪线条

08 单击“常用”选项卡→“修改”面板→“偏移”按钮，通过对左侧竖直方向上的中心线的偏移绘制通孔中心线，如图 17-24 所示。

09 单击“常用”选项卡→“绘图”面板→“圆”按钮，单击如图 17-24 所示的交点 7，输入半径，按 Enter 键。单击“常用”选项卡→“图层”面板，选择“粗实线”，将所绘制的线条转换为粗实线。

10 单击“常用”选项卡→“修改”面板→“打断”按钮，对步骤 08 所绘制的通孔中心线进行修剪，效果如图 17-25 所示。

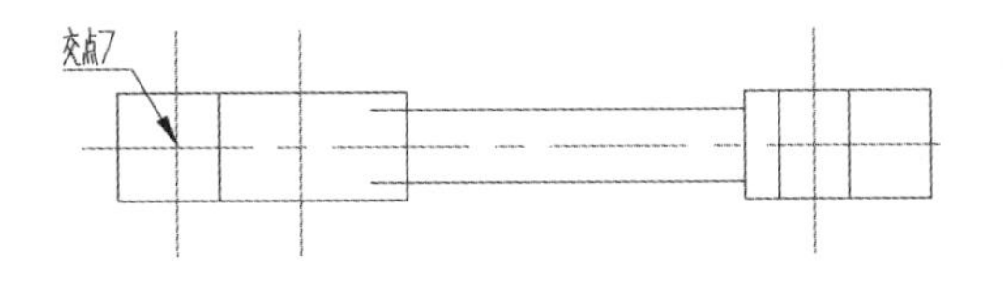

图 17-24　偏移线条

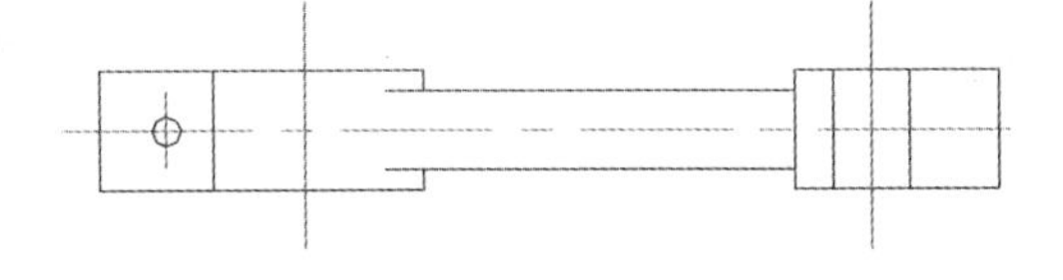

图 17-25　绘制通孔圆

11 在“图层”下拉列表框中将“细实线”置为当前图层。单击“常用”选项卡→“绘图”面板→“样条曲线拟合”按钮。选择相应的点绘制局部剖视图断面线，如图 17-26 所示。

12 单击“常用”选项卡→“修改”面板→“偏移”按钮，通过对中心线的偏移绘制局部剖视图轮廓线。选中所绘制的线条，单击“常用”选项卡→“图层”面板，选择“粗实线”，将所绘制的线条转换为粗实线，效果如图 17-27 所示。

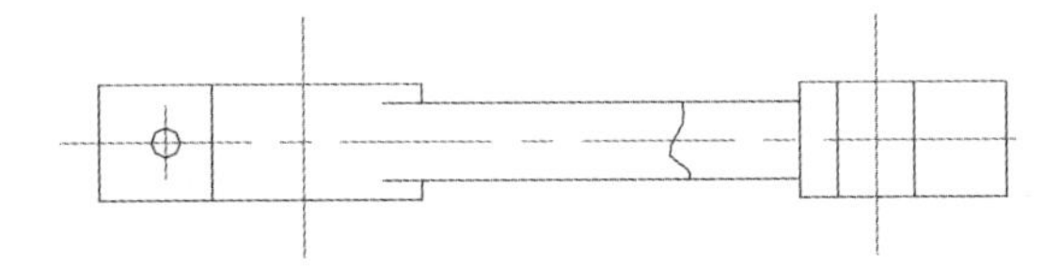

图 17-26　绘制断面线

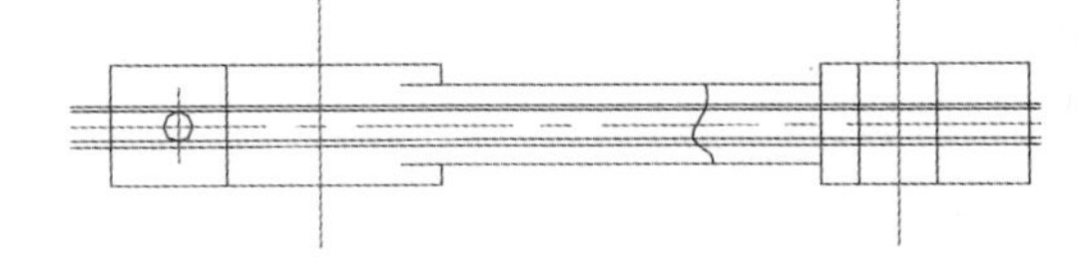

图 17-27　偏移线条

13 单击“常用”选项卡→“修改”面板→“修剪”按钮，对偏移的线条进行修剪，效果如图 17-28 所示。

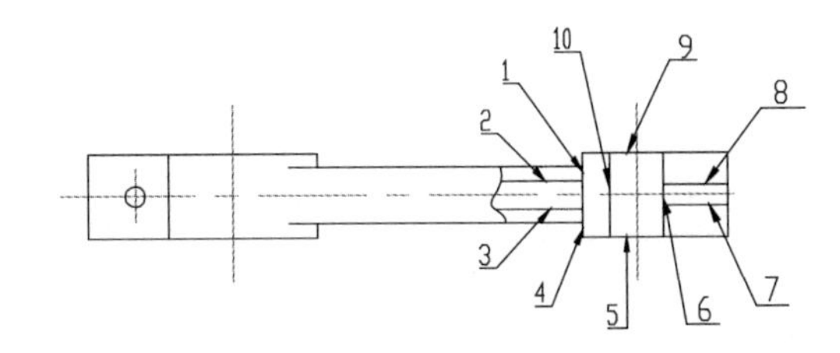

图 17-28　修剪线条

14 在“图层”下拉列表框中将“粗实线”置为当前图层。单击“常用”选项卡→“修改”面板→“圆角”按钮，在命令行输入 R 后按 Enter 键，在命令行输入 3 后按 Enter 键，输入 T 后按 Enter 键，

输入 N 后按 Enter 键，然后选择如图 17-28 所示的轮廓线 1 和轮廓线 2。

15 重复步骤 14，选择如图 17-28 所示的轮廓线 3 和轮廓线 4，效果如图 17-29 所示。

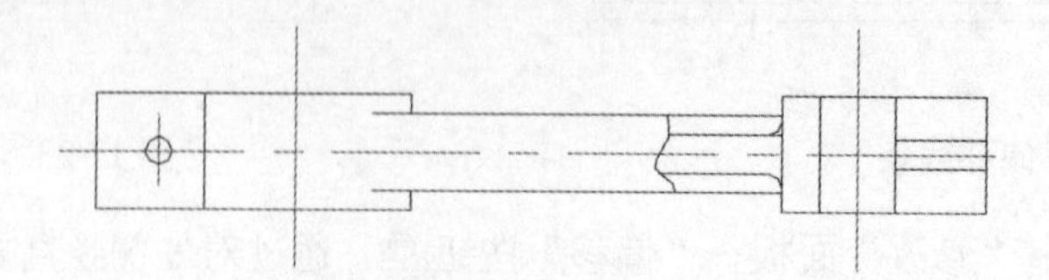

图 17-29　圆角

16 单击“常用”选项卡→“修改”面板→“倒角”按钮，在命令行输入 A 后按 Enter 键，在命令行输入 2 后按 Enter 键，在命令提示行输入 45 后按 Enter 键，在命令提示行输入 T 后按 Enter 键，输入 N 后按 Enter 键，然后选择如图 17-28 所示的轮廓线 5 和轮廓线 6。

17 重复步骤 16，选择如图 17-28 所示的轮廓线 6 和轮廓线 9。

18 重复步骤 16，选择如图 17-28 所示的轮廓线 9 和轮廓线 10。

19 重复步骤 16，选择如图 17-28 所示的轮廓线 10 和轮廓线 5。效果如图 17-30 所示。

20 单击“常用”选项卡→“修改”面板→“修剪”按钮，选择相应线条进行修剪。

21 单击“常用”选项卡→“绘图”面板→“直线”按钮，选择相应的两点绘制倒角轮廓线，效果如图 17-31 所示。

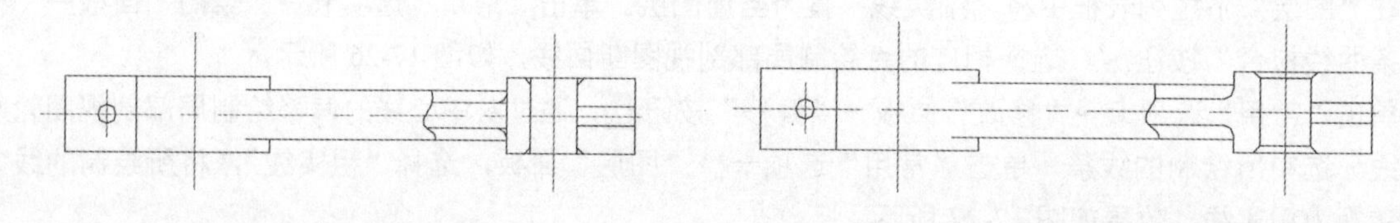

图 17-30　倒角　　　　图 17-31　绘制倒角轮廓线

22 单击“常用”选项卡→“修改”面板→“偏移”按钮，通过对如图 17-28 所示的轮廓线 7 和轮廓线 8 的偏移绘制螺纹线。选中所绘制的线条，在“图层”下拉列表框中单击“细实线”图层，单击“线宽”按钮，效果如图 17-32 所示。

23 在“图层”面板中，将“细实线”置为当前图层，单击“常用”选项卡→“绘图”面板→“图案填充”按钮，选择需要填充剖面线的图形区域，在命令提示行中输入“T”，弹出“图案填充和渐变色”对话框。

24 在“图案填充”选项卡→“图案”面板中，选择“ANSI31”，“角度”设置为 0，“比例”设置为 1。单击“关闭图案填充创建”按钮，完成剖面线的填充，效果如图 17-33 所示。

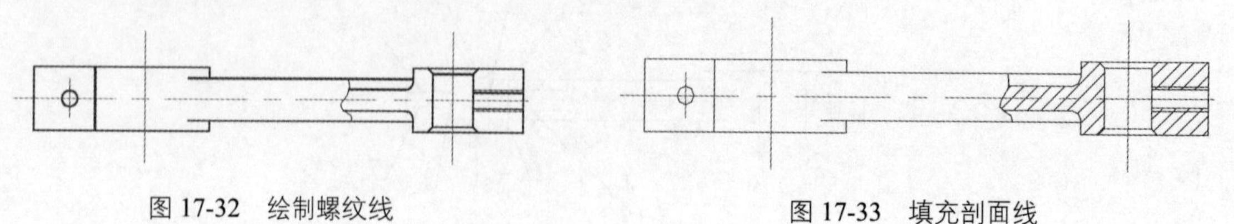

图 17-32　绘制螺纹线　　　　图 17-33　填充剖面线

17.1.3　标注尺寸

01 在“图层”面板中，将工作图层切换到“细实线”。

02 输入 DIMSTYLE 命令，弹出“标注样式管理器”对话框。在“标注样式管理器”对话框中，单击“修改”按钮，弹出“修改标注样式”对话框。

03 在“修改标注样式”对话框中，打开“文字”选项卡，在“文字样式”下拉列表框中选择 TH_GBDIM 选项。

04 打开“主单位”选项卡，选中“消零”区域中的“前导”和“后续”复选框，单击“确定”按钮完成标注样式的设置。

05 单击“注释”选项卡→“标注”面板→“线性”按钮，选择需要标注线性尺寸的端点，完成对主视图、俯视图外形尺寸的标注。

06 单击“注释”选项卡→“标注”面板→“直径”按钮，选择需要标注线性尺寸的端点，完成对主视图的标注。

07 单击“注释”选项卡→“标注”面板→“角度”按钮，选择需要标注线性尺寸的端点，完成对主视图的标注。

08 单击“注释”选项卡→“标注”面板→“引线”按钮，选择需要说明的部位进行标注，效果如图 17-34 所示。

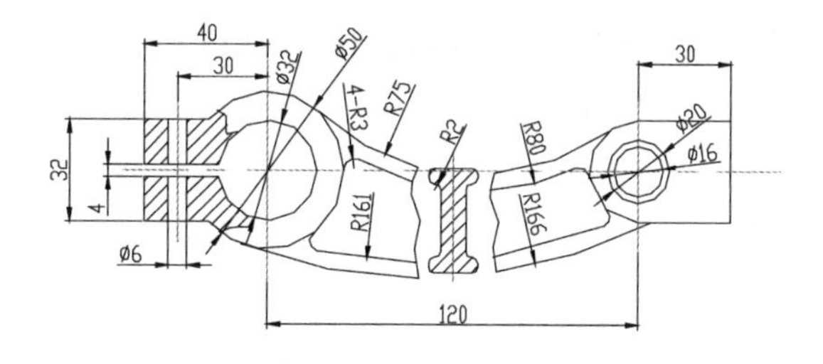

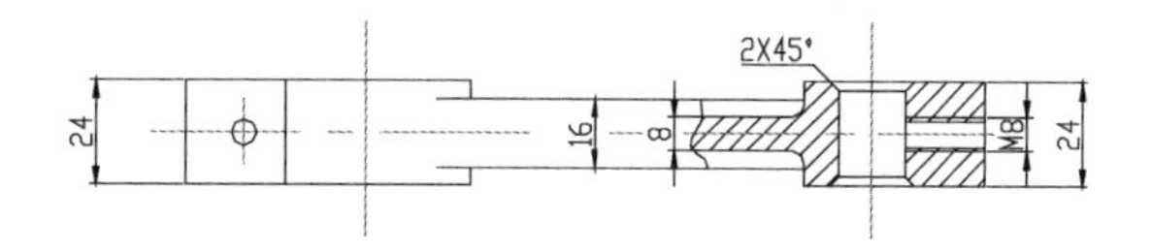

图 17-34　标注尺寸

09 使用多行文字标注极限偏差尺寸。使用 dli 命令后，选择需要标注极限偏差尺寸的两个端点，在命令提示行中输入 M。

10 弹出“文字格式”对话框，输入“%%C16（0.046 ^0）”。

11 选定公差部分，在弹出的“文字编辑器”选项卡中单击“格式”下拉列表框的“堆叠”按钮，效果如图 17-35 所示。

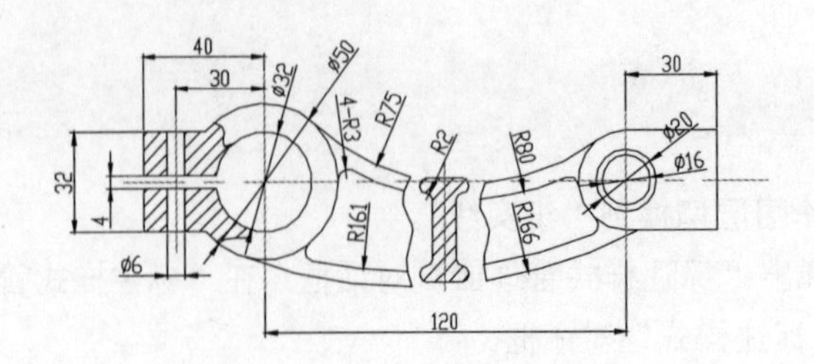

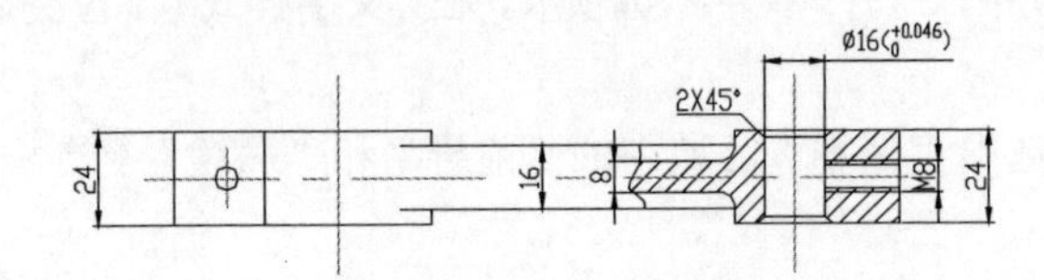

图 17-35　标注极限偏差

17.1.4　标注表面粗糙度

01 使用 insert 命令，或单击“插入”选项卡→“块”面板→“插入”按钮，弹出“插入”对话框。

02 选择随书光盘目录下的“\源文件\粗糙度.dwg”文件，单击“打开”按钮。

03 返回到“插入”对话框，选中插入点、比例、旋转 3 个区域中的“在屏幕上指定”复选框，单击“确定”按钮。

04 在屏幕上指定插入点，并设置好相关的参数，插入粗糙度符号，效果如图 17-36 所示。

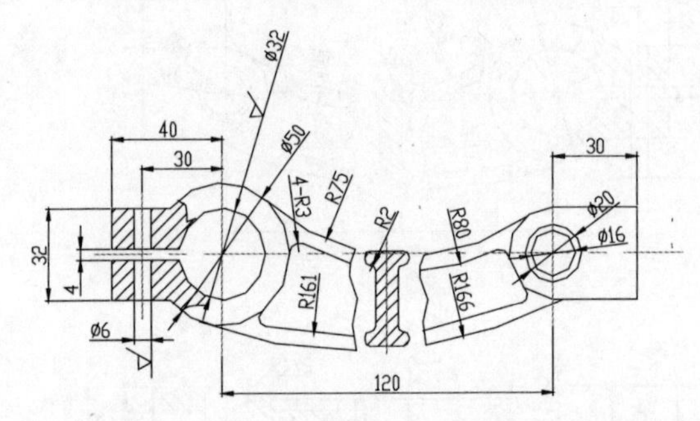

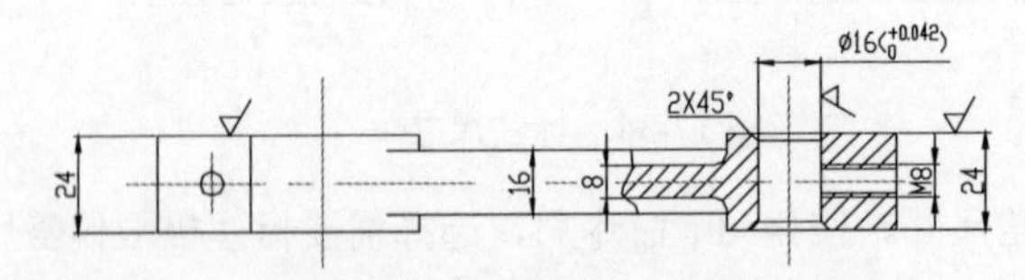

图 17-36　插入表面粗糙度符号

05 单击“注释”选项卡→“文字”面板→“多行文字”按钮 A，对粗糙度等级进行标注。

06 在粗糙度符号上选择位置，进行粗糙度等级的标注。

07 设置好文字的高度和旋转角度，输入文字完成粗糙度等级的标注。

08 重复步骤 05～07 完成所有粗糙度等级的标注，效果如图 17-37 所示。

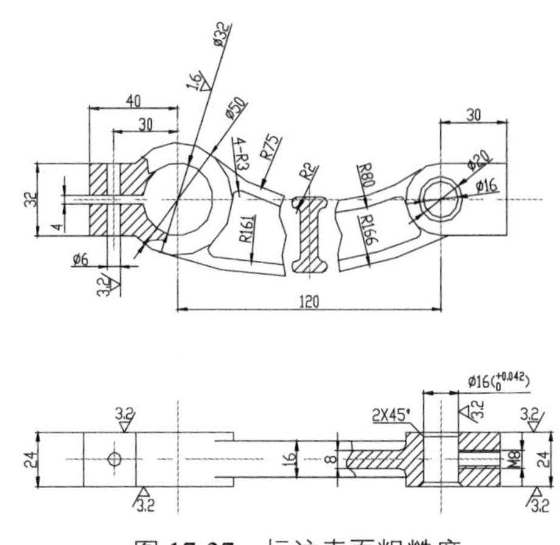

图 17-37　标注表面粗糙度

17.1.5　标注形位公差

01 使用 insert 命令，或单击“插入”选项卡→“块”面板→“插入”按钮，弹出“插入”对话框。

02 选择随书光盘目录下的“\源文件\基准代号.dwg”文件，单击“打开”按钮。

03 返回到“插入”对话框，选中插入点、比例、旋转 3 个区域中的“在屏幕上指定”复选框，单击“确定”按钮。

04 在屏幕上指定插入点，并设置好相关的参数，插入基准代号。

05 单击“注释”选项卡→“文字”面板→“多行文字”按钮A，完成对基准代号的标注。

06 单击“注释”选项卡→“标注”面板→“公差”按钮，弹出“形位公差”对话框，

07 单击“形位公差”对话框中的“符号”下的黑框，弹出“特征符号”对话框，单击“垂直度”符号，自动关闭对话框。

08 在“公差 1”文本框中输入“0.03”，在“基准”文本框中输入 A，单击“确定”按钮。

09 利用鼠标单击选择需要放置公差的位置。

10 单击“注释”选项卡→“引线”面板→“多重引线“按钮，将公差指向需要标注形位公差的表面。

11 重复步骤 07~10，标注所需要的形位公差，效果如图 17-38 所示。

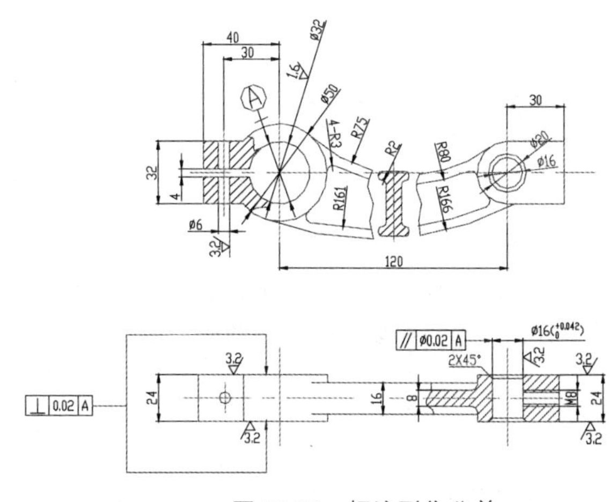

图 17-38　标注形位公差

17.1.6 标注技术要求

01 使用 mtext 命令进行技术要求的标注，即输入 mtext 命令。

02 在屏幕上选择需要标注的位置，按住鼠标左键，确定文字插入位置并单击，弹出“文字编辑器”选项卡。

03 调整字体大小为 10，输入“技术要求”。

04 调整字体大小为 7，输入具体的技术要求内容，单击“确定”按钮完成技术要求的标注，效果如图 17-39 所示。

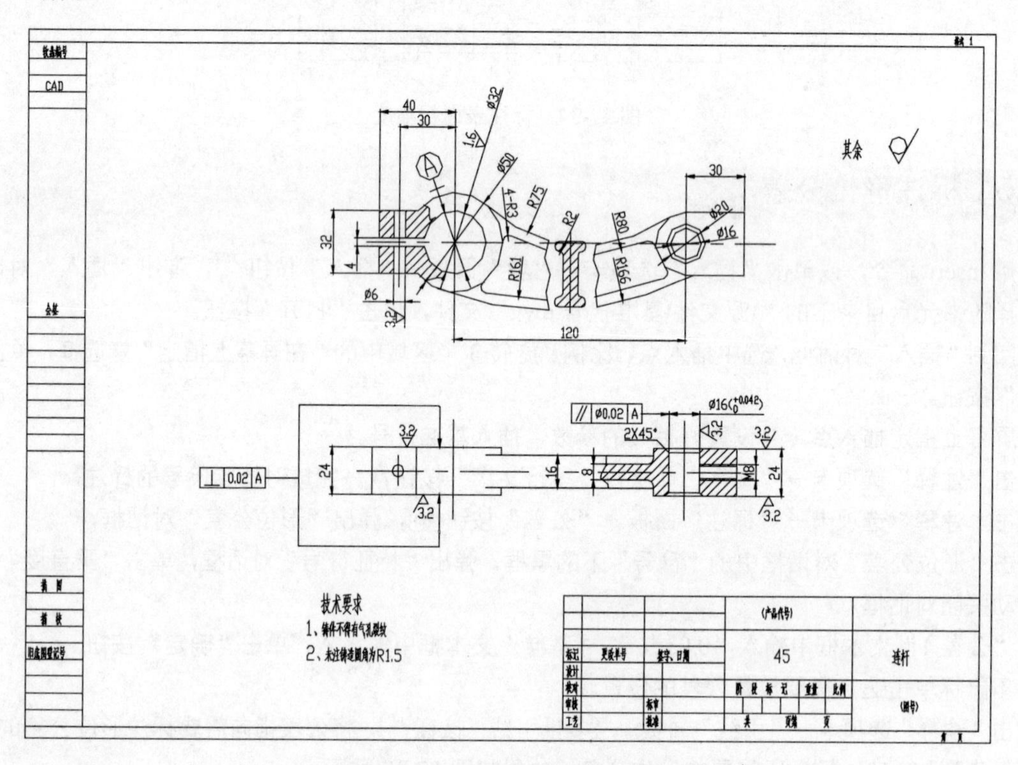

图 17-39　连杆设计最终效果图

17.2 杠杆设计

在力的作用下能绕着固定点转动的硬棒就是杠杆。杠杆不一定是直的，也可以是弯曲的，但是必须保证是硬棒，也就是说必须有一定的刚度。跷跷板、剪刀、扳子、撬棒等都是杠杆。本节将讲述一种截面为工字形的杆杠的绘制方法。同上节一样，本节也需要注意断面图的灵活使用。

17.2.1 绘制主视图

01 在“图层”面板中，将“中心线”置为当前图层。单击“状态栏”上的“正交”按钮，打开正交方式。

02 单击“常用”选项卡→“绘图”面板→“直线”按钮，选择一点，在水平方向上绘制长度为 200mm 的直线。

03 重复步骤 02，在竖直方向上绘制长度为 50mm 的直线，效果如图 17-40 所示。

04 单击“常用”选项卡→“修改”面板→“偏移”按钮，通过对竖直方向上的基准线偏移 100mm、50mm，绘制另外两条基准线，如图 17-41 所示。

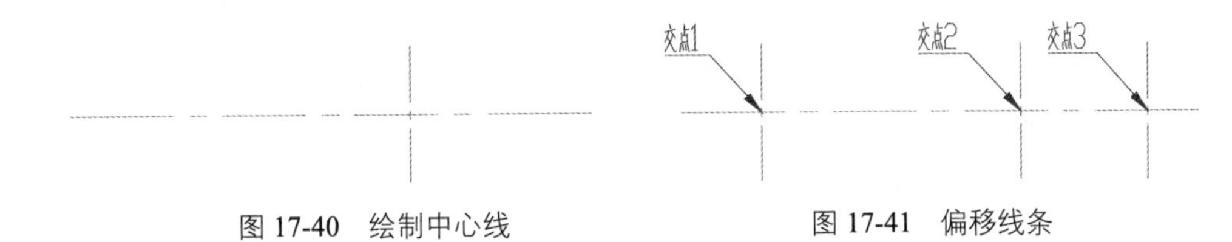

图 17-40　绘制中心线　　　　图 17-41　偏移线条

05 单击“常用”选项卡→“图层”面板，将“粗实线”置为当前图层。

06 单击“常用”选项卡→“绘图”面板→“圆”按钮，单击如图 17-41 所示的交点 1，输入半径 4，按 Enter 键；单击交点 1，输入半径 7，按 Enter 键。

07 单击“常用”选项卡→“绘图”面板→“圆”按钮，单击如图 17-41 所示的交点 2，输入半径 20，按 Enter 键；单击交点 2，输入半径 17，按 Enter 键；单击交点 2，输入半径 8，按 Enter 键；单击交点 2，输入半径 5，按 Enter 键。

08 单击“常用”选项卡→“绘图”面板→“圆”按钮，单击如图 17-41 所示的交点 3，输入半径 15，按 Enter 键；单击交点 3，输入半径 12，按 Enter 键；单击交点 3，输入半径 7，按 Enter 键；单击交点 3，输入半径 4，按 Enter 键。效果如图 17-42 所示。

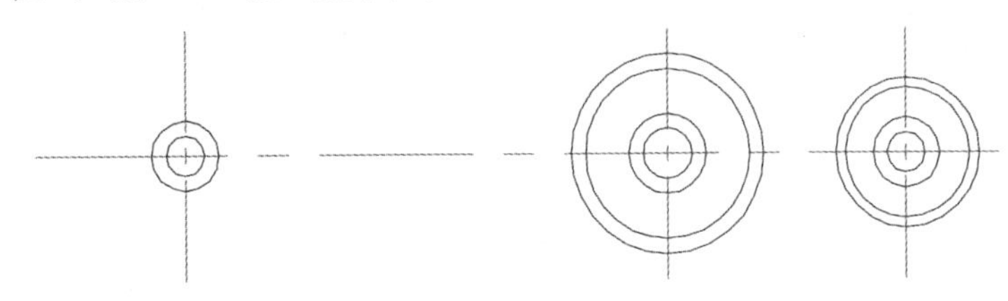

图 17-42　绘制圆

09 单击“常用”选项卡→“修改”面板→“偏移”按钮，通过对中心线的偏移绘制线条，如图 17-43 所示。

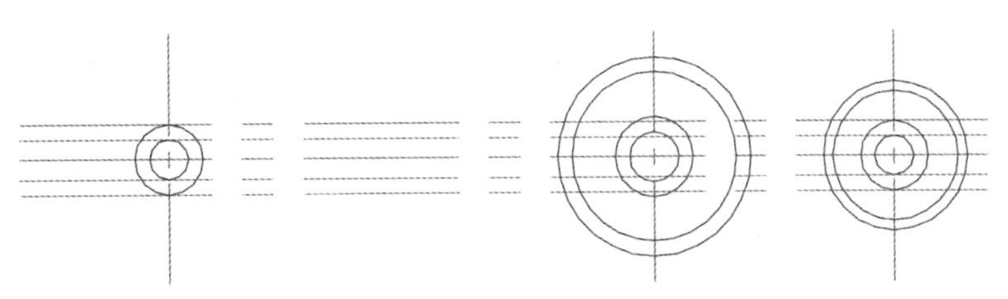

图 17-43　偏移线条

10 选中所绘制的线条，在“常用”选项卡中的“图层”面板中选择“粗实线”，将所绘制的线条转换为粗实线，效果如图 17-44 所示。

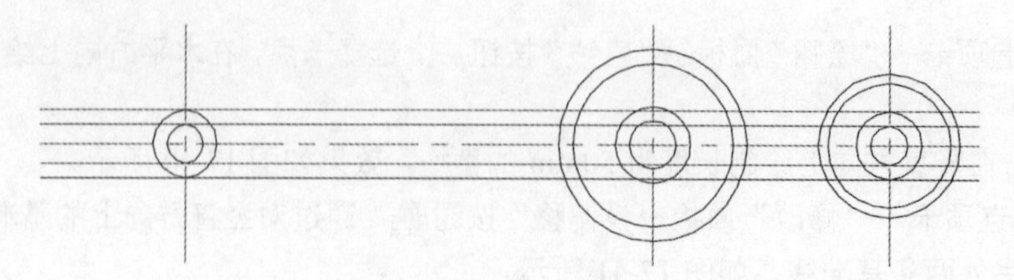

图 17-44　改变线条线型

11 单击“常用”选项卡→“修改”面板→“修剪”按钮-/--，对偏移的线条进行修剪，得到主视图的外轮廓形状，效果如图 17-45 所示。

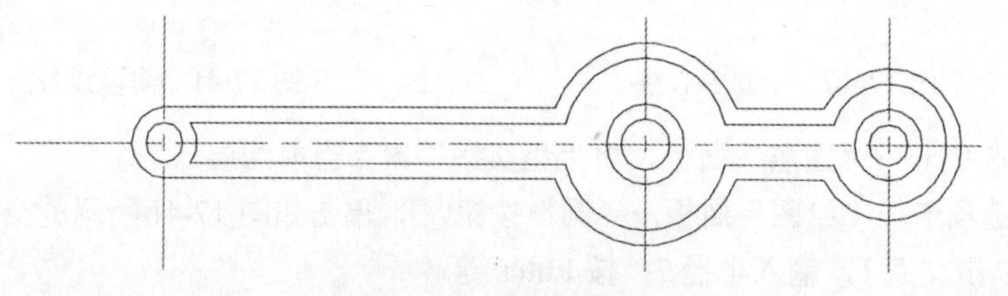

图 17-45　修剪线条

12 单击“常用”选项卡→“修改”面板→“圆角”按钮，在命令行输入 R 后按 Enter 键，在命令行输入半径值后按 Enter 键，选择相应的线条。

13 单击“常用”选项卡→“修改”面板→“打断”按钮，对中心线进行修剪，效果如图 17-46 所示。

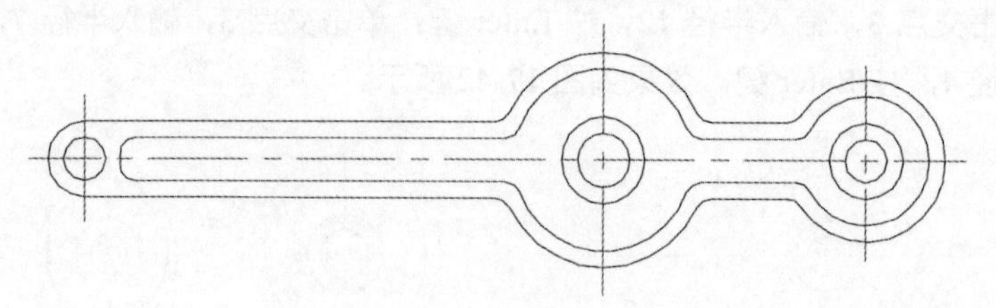

图 17-46　绘制圆角

14 单击“常用”选项卡→“图层”面板，将“细实线”置为当前图层。

15 单击“常用”选项卡→“绘图”面板→“样条曲线拟合”按钮。选择相应的点绘制断面线。

16 单击“常用”选项卡→“修改”面板→“修剪”按钮-/--，选择相应线条进行修剪，效果如图 17-47 所示。

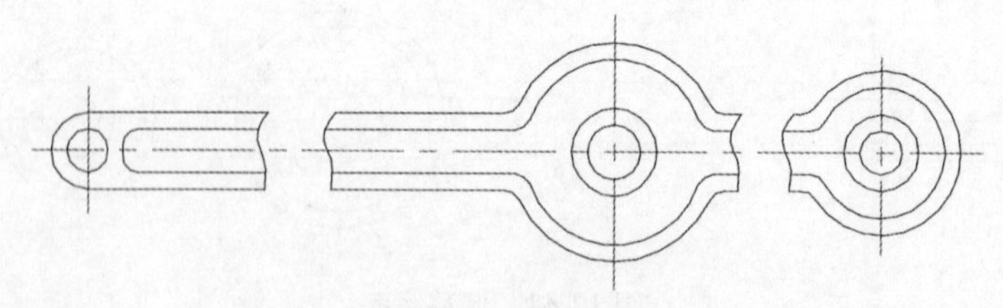

图 17-47　绘制断面线

17 单击“常用”选项卡→“修改”面板→“偏移”按钮，通过对中心线的偏移绘制线条。选择所绘制的线条，在“图层”下拉列表框中选择“粗实线”图层，效果如图 17-48 所示。

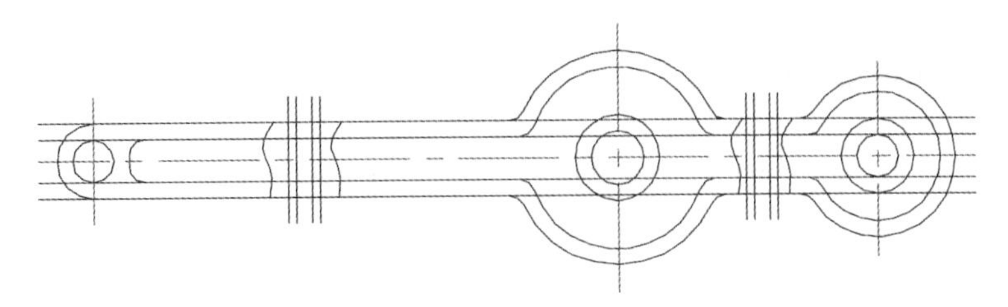

图 17-48 偏移线条

18 单击“常用”选项卡→“修改”面板→“修剪”按钮，对上一步所绘制的线条进行修剪，效果如图 17-49 所示。

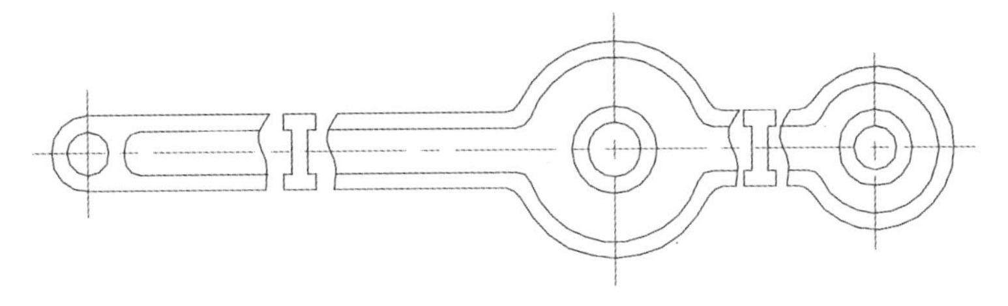

图 17-49 修剪线条

19 单击“常用”选项卡→“修改”面板→“圆角”按钮，在命令行输入 R 后按 Enter 键，在命令行输入半径值后按 Enter 键，选择相应的线条，效果如图 17-50 所示。

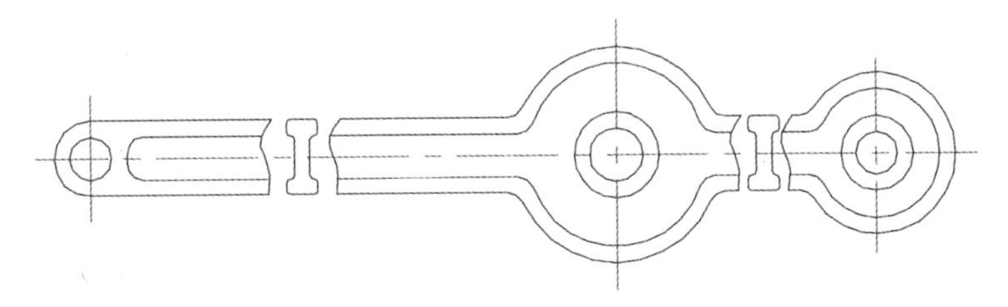

图 17-50 绘制圆角

20 在“图层”面板中，将“细实线”置为当前图层，单击“常用”选项卡→“绘图”面板→“图案填充”按钮，选择需要填充剖面线的图形区域，在命令提示行中输入“T”，弹出“图案填充和渐变色”对话框。

21 在“图案填充”选项卡→“图案”面板中，选择“ANSI31”，“角度”设置为 0，“比例”设置为 0.5。单击“关闭图案填充创建”按钮，完成剖面线的填充，效果如图 17-51 所示。

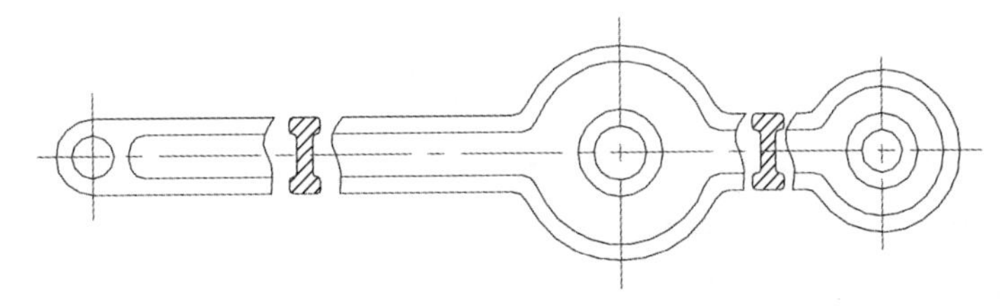

图 17-51 填充剖面线

17.2.2 绘制 A-A 剖视图

01 在“图层”面板中，将“中心线”置为当前图层。单击“状态栏”上的“正交”按钮，打开正交方式。

02 单击“常用”选项卡→“绘图”面板→“直线”按钮，选择一点，在水平方向上绘制长度为 15mm 的直线。

03 重复步骤 02，在竖直方向上绘制长度为 15mm 的直线，效果如图 17-52 所示。

04 单击“常用”选项卡→“修改”面板→“偏移”按钮，通过对中心线的偏移绘制线条，如图 17-53 所示。

图 17-52 绘制中心线　　图 17-53 偏移线条

05 选中所绘制的线条，在“常用”选项卡中的“图层”面板中选择“粗实线”，将所绘制的线条转换为粗实线。

06 单击“常用”选项卡→“修改”面板→“修剪”按钮，对偏移的线条进行修剪，效果如图 17-54 所示。

07 单击“常用”选项卡→“修改”面板→“圆角”按钮，在命令行输入 R 后按 Enter 键，在命令行输入半径值后按 Enter 键，选择相应的线条，效果如图 17-55 所示。

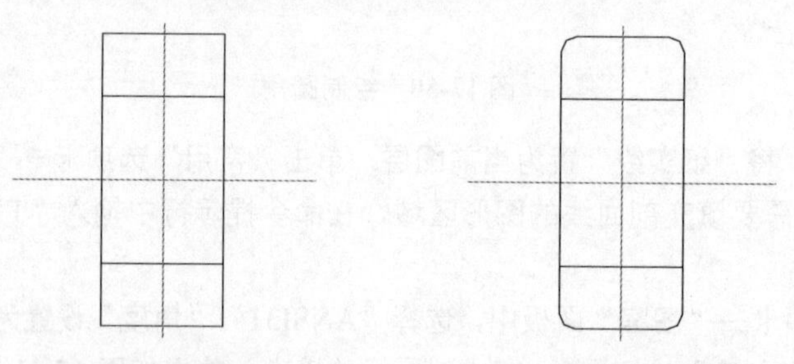

图 17-54 修剪线条　　图 17-55 绘制圆角

08 单击“注释”选项卡→“文字”面板→“多行文字”按钮，标注 A-A。

09 在“图层”面板中，将“细实线”置为当前图层，单击“常用”选项卡→“绘图”面板→“图案填充”按钮，选择需要填充剖面线的图形区域，在命令提示行中输入“T”，弹出“图案填充和渐变色”对话框。

10 在“图案填充”选项卡→“图案”面板中，选择“ANSI31”，“角度”设置为 0，“比例”设置为 0.5。单击“关闭图案填充创建”按钮，完成剖面线的填充，效果如图 17-56 所示。

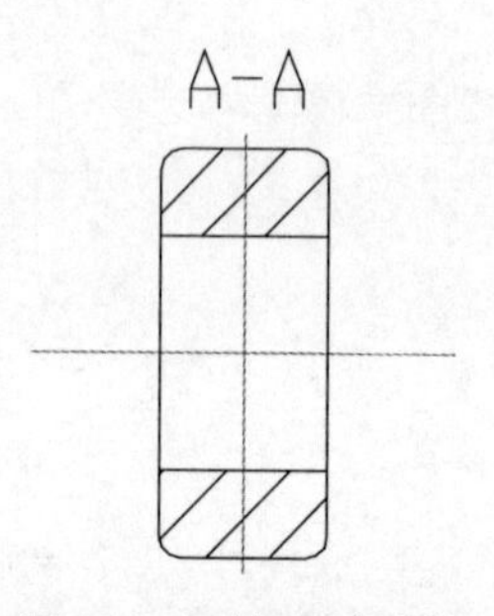

图 17-56 填充剖面线

17.2.3　绘制 B-B 剖视图

01 在“图层”面板中，将“中心线”置为当前图层。单击“状态栏”上的“正交”按钮，打开正交方式。

02 单击“常用”选项卡→“绘图”面板→“直线”按钮，选择一点，在水平方向上绘制长度为 15mm 的直线。

03 重复步骤 02，在竖直方向上绘制长度为 15mm 的直线，效果如图 17-57 所示。

04 单击“常用”选项卡→“修改”面板→“偏移”按钮，通过对中心线的偏移绘制线条，如图 17-58 所示。

05 选中所绘制的线条，在“常用”选项卡中的“图层”面板中选择“粗实线”，将所绘制的线条转换为粗实线，效果如图 17-59 所示。

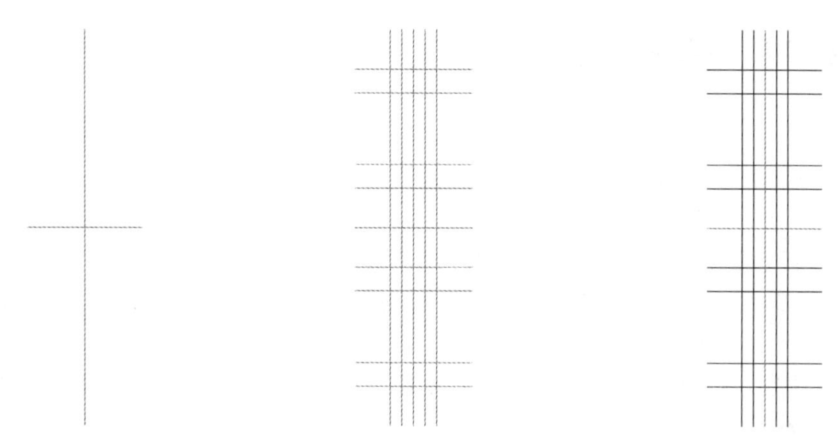

图 17-57　绘制中心线　　图 17-58　偏移线条　　图 17-59　改变线条线型

06 单击“常用”选项卡→“修改”面板→“修剪”按钮，对偏移的线条进行修剪，效果如图 17-60 所示。

07 单击“常用”选项卡→“修改”面板→“圆角”按钮，在命令行输入 R 后按 Enter 键，在命令行输入半径值后按 Enter 键，选择相应的线条，效果如图 17-61 所示。

08 单击“注释”选项卡→“文字”面板→“多行文字”按钮，标注 B-B。

09 在“图层”面板中，将“细实线”置为当前图层，单击“常用”选项卡→“绘图”面板→“图案填充”按钮，选择需要填充剖面线的图形区域，在命令提示行中输入“T”，弹出“图案填充和渐变色”对话框。

10 在“图案填充”选项卡→“图案”面板中选择“ANSI31”，“角度”设置为 0，“比例”设置为 0.5。单击“关闭图案填充创建”按钮，完成剖面线的填充，效果如图 17-62 所示。

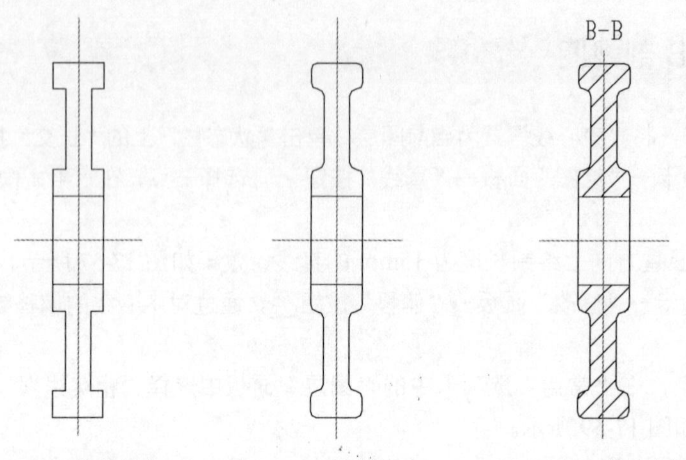

图 17-60　修剪线条　　图 17-61　绘制圆角　　图 17-62　填充剖面线

17.2.4　绘制 C-C 剖视图

01 在“图层”面板中，将“中心线”置为当前图层。单击“状态栏”上的“正交”按钮，打开正交方式。

02 单击“常用”选项卡→“绘图”面板→“直线”按钮，选择一点，在水平方向上绘制长度为 15mm 的直线。

03 重复步骤 02，在竖直方向上绘制长度为 35mm 的直线，效果如图 17-63 所示。

04 单击“常用”选项卡→“修改”面板→“偏移”按钮，通过对中心线的偏移绘制线条，如图 17-64 所示。

05 选中所绘制的线条，在“常用”选项卡中的“图层”面板中选择“粗实线”，将所绘制的线条转换为粗实线，效果如图 17-65 所示。

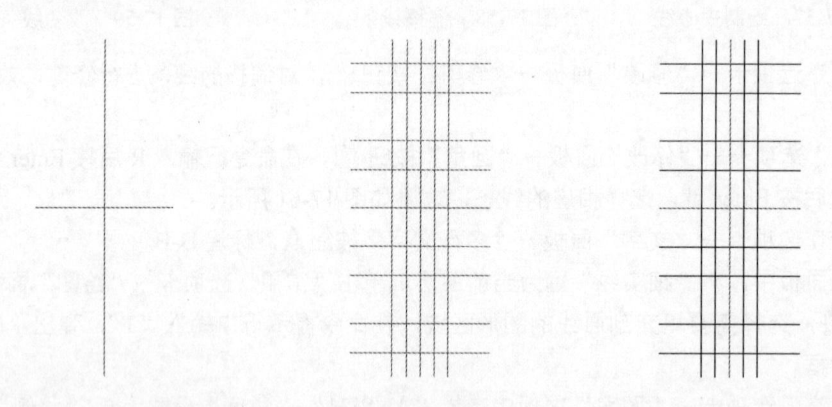

图 17-63　绘制中心线　　图 17-64　偏移线条　　图 17-65　改变线条线型

06 单击“常用”选项卡→“修改”面板→“修剪”按钮，对偏移的线条进行修剪，效果如图 17-66 所示。

07 单击“常用”选项卡→“修改”面板→“圆角”按钮，在命令行输入 R 后按 Enter 键，在命令行输入半径值后按 Enter 键，选择相应的线条，效果如图 17-67 所示。

08 单击“注释”选项卡→“文字”面板→“多行文字”按钮A，标注 C-C。

09 在“图层”面板中，将“细实线”置为当前图层，单击“常用”选项卡→“绘图”面板→“图案填充”按钮，选择需要填充剖面线的图形区域，在命令提示行中输入“T”，弹出“图案填充和渐变色”对话框。

10 在“图案填充”选项卡→“图案”面板中选择“ANSI31”，“角度”设置为 0，“比例”设置为 0.5。单击“关闭图案填充创建”按钮，完成剖面线的填充，效果如图 17-68 所示。

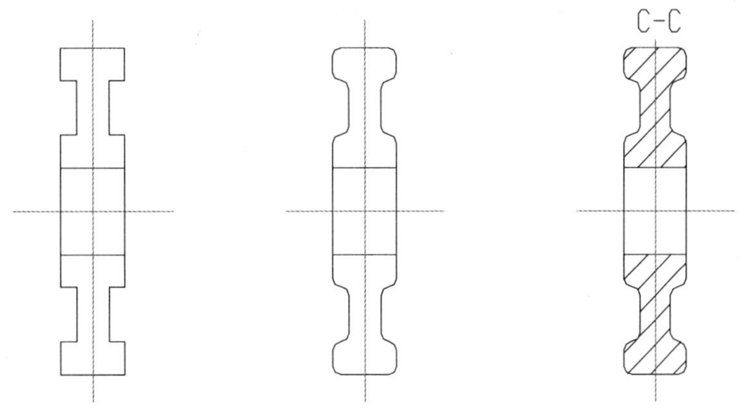

图 17-66　修剪线条　　图 17-67　绘制圆角　　图 17-68　填充剖面线

17.2.5　标注剖切

01 单击“插入”选项卡→“块”面板→“插入”按钮，弹出“插入”对话框。

02 选择随书光盘目录下的“\源文件\剖切符号.dwg”文件，单击“打开”按钮。

03 返回到“插入”对话框，选中插入点、缩放比例、旋转 3 个区域中的“在屏幕上指定”复选框，单击“确定”按钮。

04 在屏幕上指定插入点，并设置好相关的参数，插入剖切符号。

05 单击“注释”选项卡→“文字”面板→“多行文字”按钮A，对剖切进行标注，第一个剖切符号用 A 表示。

06 在屏幕上选择需要标注的剖切位置，按住鼠标左键，确定文字插入位置并单击，弹出“文字编辑器”选项卡。

07 设置好文字格式，完成一个剖切符号的标注。

08 重复步骤 05～07，完成其他符号的标注，效果如图 17-69 所示。

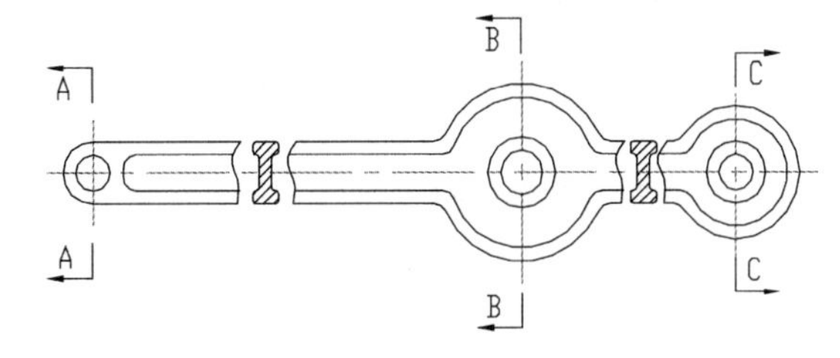

图 17-69　剖切标注

17.2.6　标注尺寸

01 在“图层”面板中，将工作图层切换到“细实线”。

02 输入 DIMSTYLE 命令，弹出“标注样式管理器”对话框。在“标注样式管理器”对话框中，单击“修改”按钮，弹出“修改标注样式”对话框。

03 在“修改标注样式”对话框中，打开“文字”选项卡，在“文字样式”下拉列表框中选择 TH_GBDIM 选项。

04 打开“主单位”选项卡，选中“消零”区域中的“前导”和“后续”复选框，单击“确定”按钮完成标注样式的设置。

05 单击“注释”选项卡→“标注”面板→“线性”按钮，选择需要标注线性尺寸的端点，完成对主视图、剖视图外形尺寸的标注。

06 单击“注释”选项卡→“标注”面板→“直径”按钮，选择需要标注线性尺寸的端点，完成对主视图的标注。

07 单击“注释”选项卡→“标注”面板→“角度”按钮，选择需要标注线性尺寸的端点，完成对主视图的标注。

08 单击“注释”选项卡→“标注”面板→“引线”按钮，选择需要说明的部位进行标注，效果如图 17-70 所示。

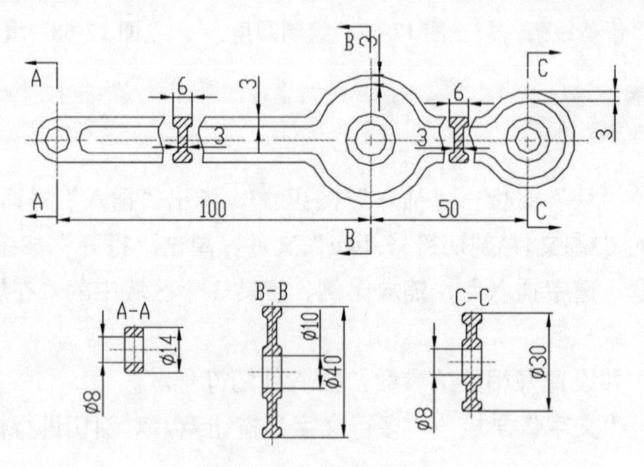

图 17-70　标注尺寸

17.2.7　标注表面粗糙度

01 使用 insert 命令，或单击“插入”选项卡→“块”面板→“插入”按钮，弹出“插入”对话框。

02 选择随书光盘目录下的“\源文件\粗糙度.dwg”文件，单击“打开”按钮。

03 返回到“插入”对话框，选中插入点、比例、旋转 3 个区域中的“在屏幕上指定”复选框，单击“确定”按钮。

04 在屏幕上指定插入点，并设置好相关的参数，插入粗糙度符号，效果如图 17-71 所示。

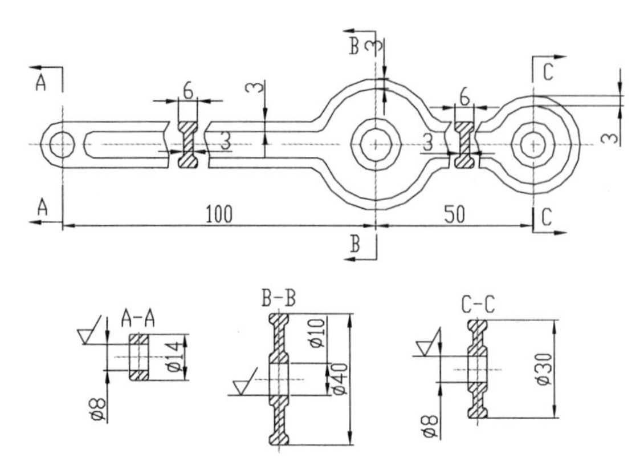

图 17-71　插入表面粗糙度符号

05 单击“注释”选项卡→“文字”面板→“多行文字”按钮A，对粗糙度等级进行标注。

06 在粗糙度符号上选择位置，进行粗糙度等级的标注。

07 设置好文字的高度和旋转角度，输入文字完成粗糙度等级的标注。

08 重复步骤 05～07 完成所有粗糙度等级的标注，效果如图 17-72 所示。

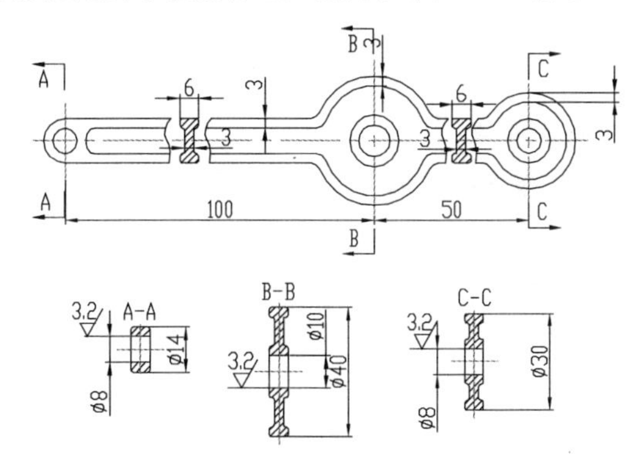

图 17-72　标注表面粗糙度

17.2.8　标注形位公差

01 使用 insert 命令，或单击“插入”选项卡→“块”面板→“插入”按钮，弹出“插入”对话框。

02 选择随书光盘目录下的“\源文件\基准代号.dwg”文件，单击“打开”按钮。

03 返回到“插入”对话框，选中插入点、比例、旋转 3 个区域中的“在屏幕上指定”复选框，单击“确定”按钮。

04 在屏幕上指定插入点，并设置好相关的参数，插入基准代号。

05 单击“注释”选项卡→“文字”面板→“多行文字”按钮A，完成对基准代号的标注。

06 单击“注释”选项卡→“标注”面板→“公差”按钮，弹出“形位公差”对话框。

07 单击“形位公差”对话框中的“符号”下的黑框，弹出“特征符号”对话框，单击“垂直度”符号，自动关闭对话框。

08 在“公差 1”文本框中输入“0.02”，在“基准”文本框中输入 A，单击“确定”按钮。

09 利用鼠标单击选择需要放置公差的位置。

10 单击“注释”选项卡→“引线”面板→“多重引线“按钮，将公差指向需要标注形位公差的表面。

11 重复步骤 07~10，标注所需的形位公差，效果如图 17-73 所示。

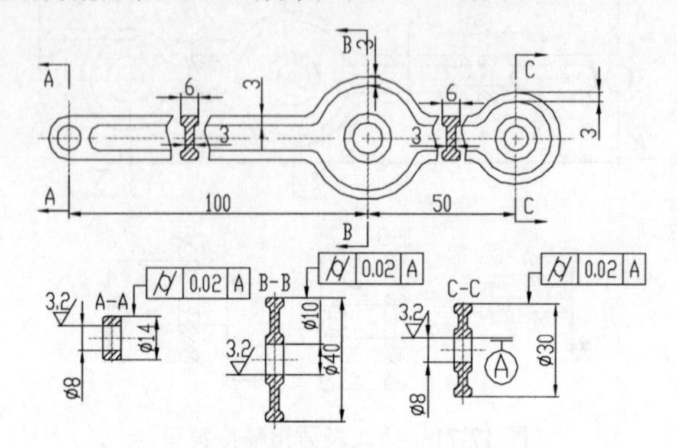

图 17-73　标注形位公差

17.2.9 标注技术要求

01 使用 mtext 命令进行技术要求的标注，即输入 mtext 命令。

02 在屏幕上选择需要标注的位置，按住鼠标左键，确定文字插入位置并单击，弹出“文字编辑器”选项卡。

03 调整字体大小为 10，输入“技术要求”。

04 调整字体大小为 7，输入具体的技术要求内容，单击“确定”按钮完成技术要求的标注，效果如图 17-74 所示。

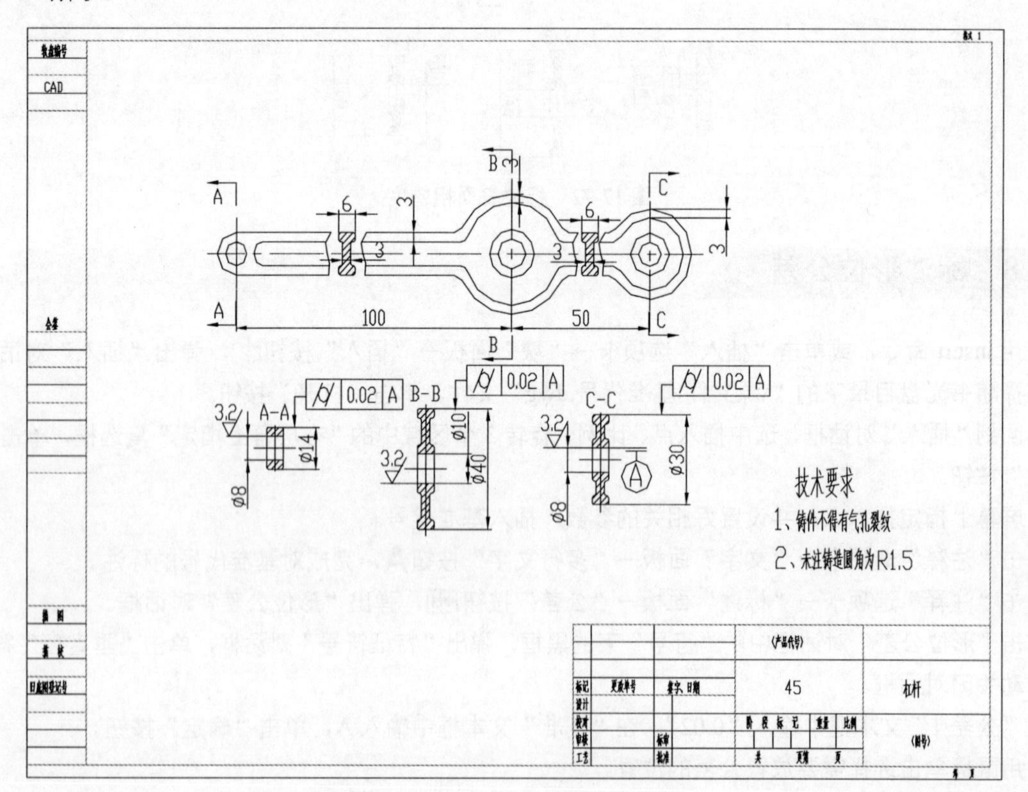

图 17-74　杆杠设计最终效果图

17.3 知识回顾

本章主要介绍了两种叉架类零件的画法，在绘制这类零件时用到了断面图和剖视图。这里需要特别说明一下断面图与剖视图的区别：断面图只需要画出物体被切处的断面形状，而剖视图除了需要画出物体断面形状之外，还应该画出断面后的可见部分的投影。

第18章 设计箱体类零件

箱体是机器或部件的基础零件，它将机器或部件中的轴、套、齿轮等有关零件组装成一个整体，使它们之间保持正确的相互位置，并按照一定的传动关系协调地传递运动或动力，因此，箱体的加工质量将直接影响机器或部件的精度、性能和寿命。箱体零件结构较为复杂，一般为铸件，并且加工位置较多。绘制时要灵活运用各种视图，特别是剖视图（半剖视图、全剖视图、局部剖视图）来表达其结构。

学习目标

- 熟悉箱体类零件的基本知识
- 掌握箱体类零件的基本绘制方法
- 掌握缸体的绘制方法
- 掌轴箱体的绘制方法
- 进一步熟悉零件图的标注

18.1 缸体零件设计

缸体零件是箱体类零件中典型的零件。常见的缸体零件有机床主轴箱、机床进给箱、发动机缸体等。缸体的结构形式多样，且形状复杂，壁厚不均匀，内部呈腔形，加工部位多，加工中既有精度，也有公差配合要求，因此在机械设计制图的过程中需要认真细致地将其结构以及加工要求表达出来。

18.1.1 绘制俯视图

01 在“图层”面板中，将“中心线”置为当前图层。单击“状态栏”上的“正交”按钮，打开正交方式。

02 单击“常用”选项卡→“绘图”面板→“直线”按钮，选择一点，在水平方向上绘制长度为200mm的直线。

03 重复步骤02，在竖直方向上绘制长度为200mm的直线，效果如图18-1所示。

04 单击“常用”选项卡→“修改”面板→“偏移”按钮，通过对中心线的偏移绘制线条，如图18-2所示。

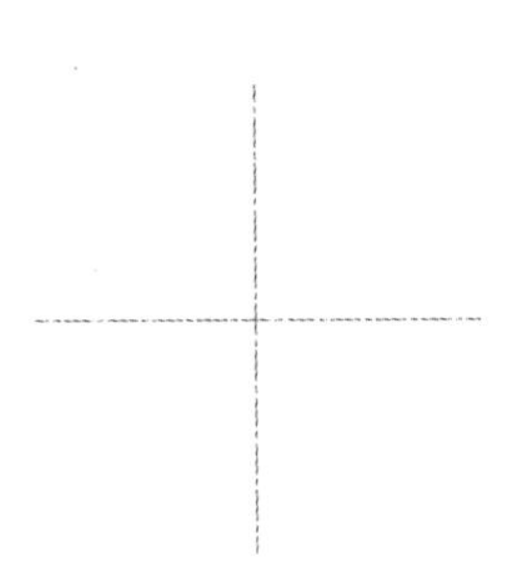

图 18-1　绘制中心线

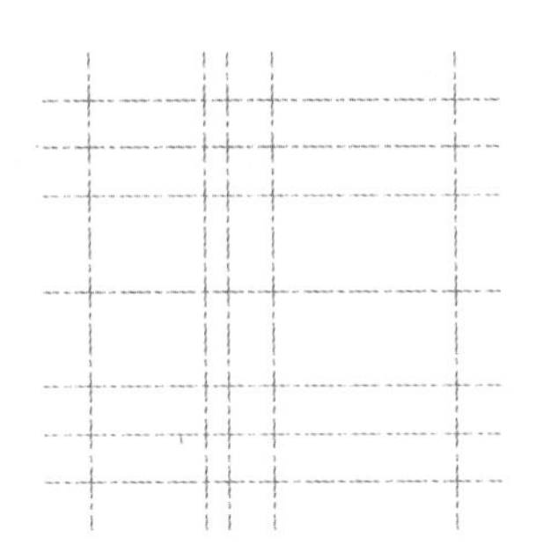

图 18-2　偏移线条

05 单击“常用”选项卡→“修改”面板→“偏移”按钮，通过对中心线的偏移绘制线条。

06 选中所绘制的线条，在“常用”选项卡中的“图层”面板中选择“粗实线”，将所绘制的线条转换为粗实线，效果如图 18-3 所示。

07 单击“常用”选项卡→“修改”面板→“修剪”按钮，对偏移的线条进行修剪，得到俯视图的外轮廓形状，效果如图 18-4 所示。

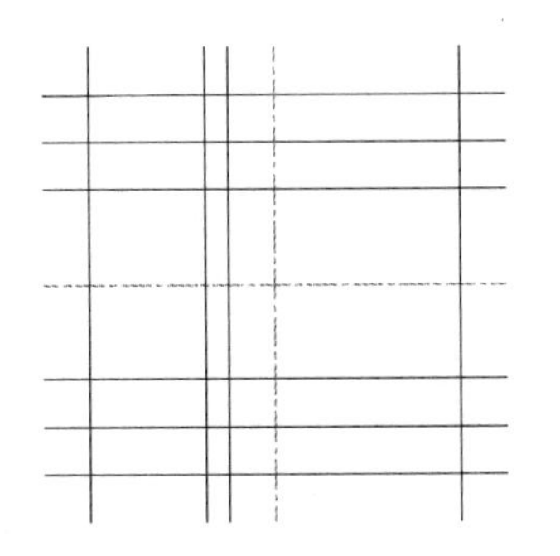

图 18-3　改变线条线型

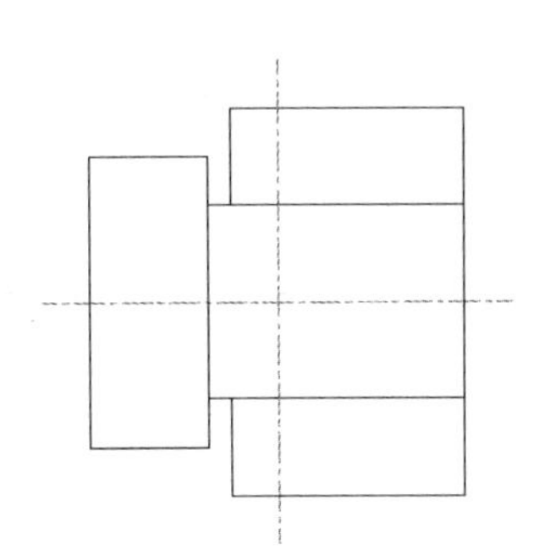

图 18-4　修剪线条

08 单击“常用”选项卡→“修改”面板→“偏移”按钮，通过对中心线的偏移绘制通孔、螺纹孔中心线，效果如图 18-5 所示。

09 单击“常用”选项卡→“修改”面板→“打断”按钮，对步骤 08 所绘制的通孔、螺纹孔中心线进行修剪，效果如图 18-6 所示。

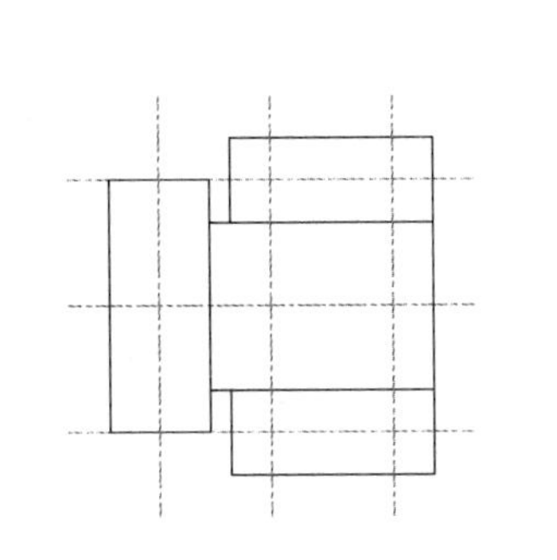

图 18-5　偏移线条

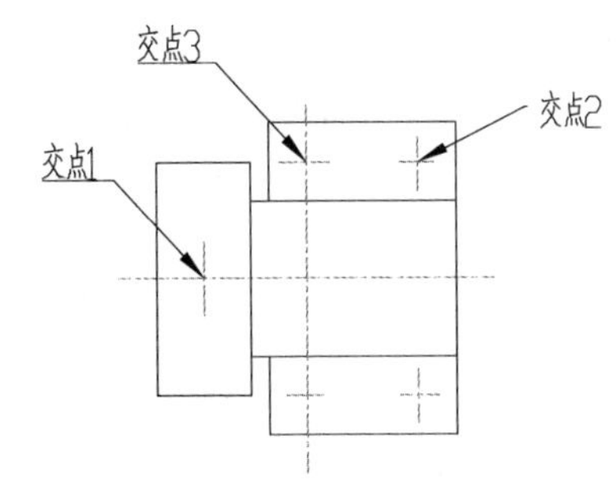

图 18-6　打断线条

10 单击“常用”选项卡→“绘图”面板→“圆”按钮，单击如图 18-6 所示的交点 1，输入半径，按 Enter 键。在“常用”选项卡中的“图层”面板中选择“粗实线”，将所绘制的线条转换为粗实线。

11 重复步骤 10，以交点 1 为圆心绘制两个同心圆，如图 18-7 所示。

12 重复步骤 10，以交点 2 为圆心绘制两个同心圆，如图 18-8 所示。

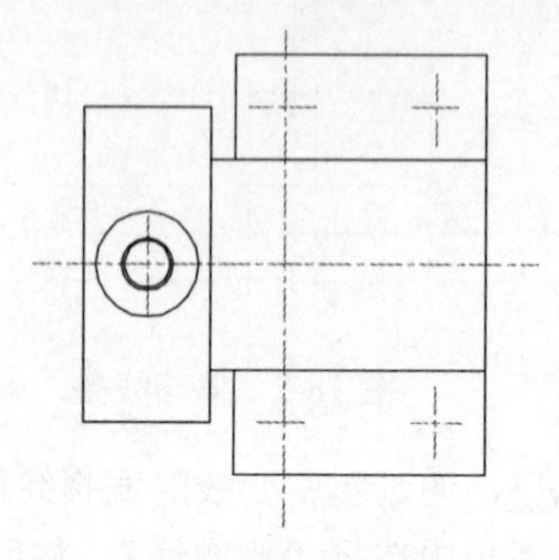

图 18-7 绘制同心圆（一）

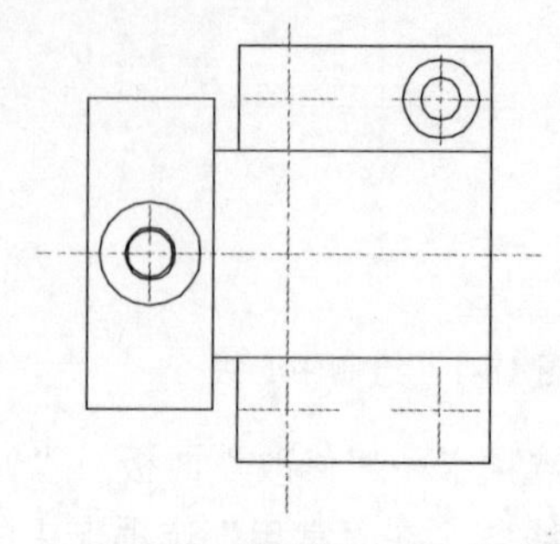

图 18-8 绘制同心圆（二）

13 选择左侧这组同心圆由里向外的第二个圆，在“图层”下拉列表框中，选择“细实线”图层。

14 单击“常用”选项卡→“修改”面板→“打断”按钮，对步骤 13 的细实线圆进行修剪，绘制螺纹线的效果如图 18-9 所示。

15 单击“常用”选项卡→“修改”面板→“镜像” 按钮，选择如图 18-8 所示右侧的两个同心圆，以水平方向的中心线为镜像线进行镜像。

16 单击“常用”选项卡→“修改”面板→“复制”按钮。选中步骤 12、步骤 15 绘制的圆，单击如图 18-6 所示的交点 2，再单击交点 3，按 Enter 键，效果如图 18-10 所示。

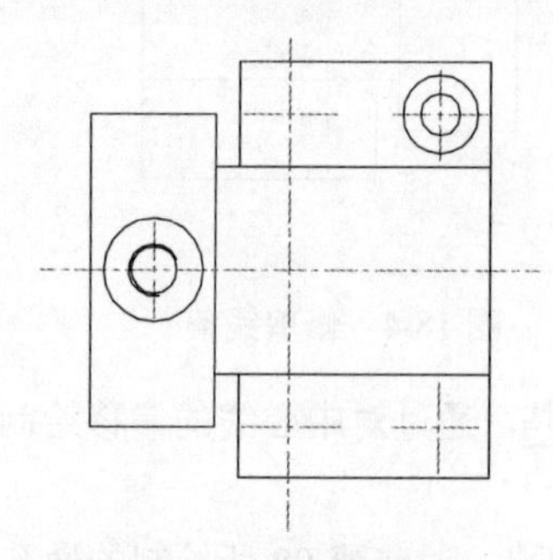

图 18-9 绘制螺纹线

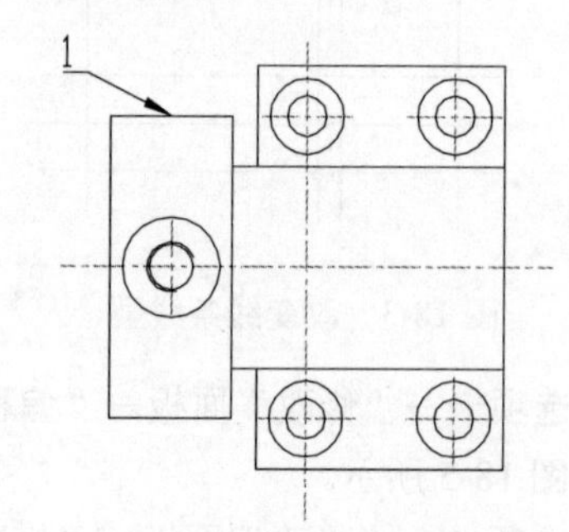

图 18-10 复制线条

17 单击“常用”选项卡→“修改”面板→“偏移”按钮，通过对如图 18-10 所示的轮廓线 1 的偏移绘制线条，如图 18-11 所示。

18 单击“常用”选项卡→“修改”面板→“修剪”按钮，选择相应线条进行修剪，效果如图 18-12 所示。

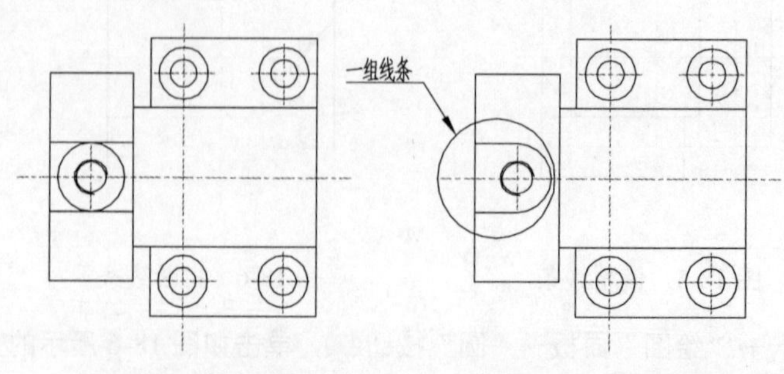

图 18-11 偏移线条　　图 18-12 修剪线条

19 选择如图 18-12 所示的一组线条，单击“常用”选项卡→“修改”面板→“镜像” 按钮，以竖直方向的中心线为镜像线进行镜像，如图 18-13 所示。

20 单击“常用”选项卡→“修改”面板→“圆角”按钮，在命令行输入 R 后按 Enter 键，在命令行输入 10 后按 Enter 键，然后选择相应的轮廓线，效果如图 18-14 所示。

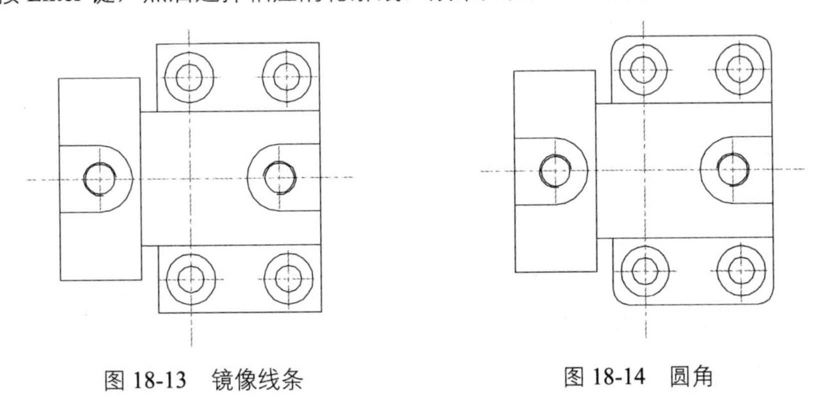

图 18-13　镜像线条　　图 18-14　圆角

18.1.2　绘制全剖视图

01 在“图层”面板中，将“中心线”置为当前图层。单击“状态栏”上的“正交”按钮，打开正交方式。

02 单击“常用”选项卡→“绘图”面板→“直线”按钮，选择一点，在水平方向上绘制长度为 200mm 的直线。

03 重复步骤 02，在竖直方向上绘制长度为 160mm 的直线，效果如图 18-15 所示。

04 单击“常用”选项卡→“修改”面板→“偏移”按钮，通过对中心线的偏移绘制线条，如图 18-16 所示。

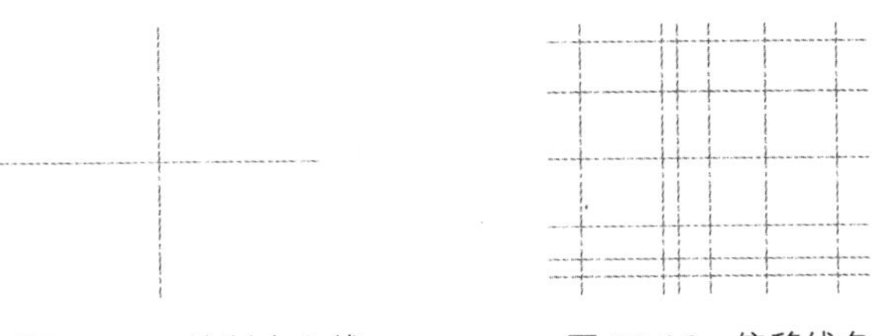

图 18-15　绘制中心线　　图 18-16　偏移线条

05 选中所绘制的线条，在“常用”选项卡中的“图层”面板中选择“粗实线”，将所绘制的线条转换为粗实线，效果如图 18-17 所示。

06 单击“常用”选项卡→“修改”面板→“修剪”按钮，对偏移的线条进行修剪，得到剖视图的外轮廓形状，效果如图 18-18 所示。

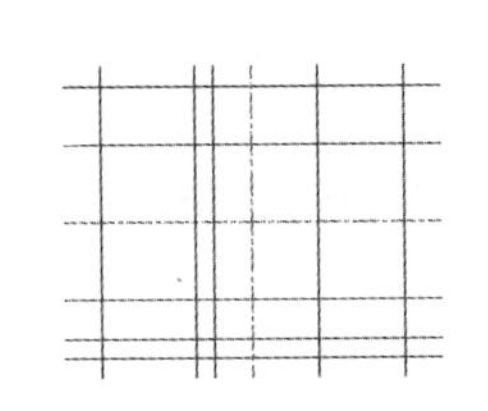

图 18-17　改变线条线型

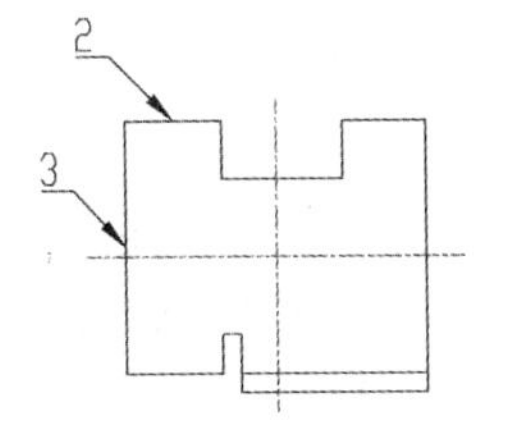

图 18-18　修剪线条

07 单击“常用”选项卡→“修改”面板→“偏移”按钮，通过对如图 18-18 所示的轮廓线 2、轮廓线 3 的偏移绘制线条，如图 18-19 所示。

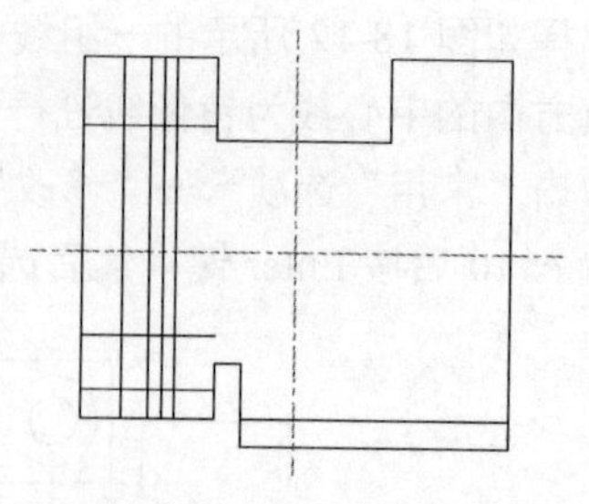
图 18-19　偏移线条

08 单击“常用”选项卡→“修改”面板→“修剪”按钮，对步骤 07 所偏移的线条进行修剪，得到螺纹外轮廓形状，效果如图 18-20 所示。

09 选中如图 18-20 所示的轮廓线 4、轮廓线 5，单击“图层”下拉列表框中的“细实线”图层。

10 单击“常用”选项卡→“绘图”面板→“直线”按钮，选择如图 18-20 所示的交点 4，输入 15 后按 Tab 键，输入 30 后按 Tab 键，按 Enter 键。

11 单击“常用”选项卡→“绘图”面板→“直线”按钮，选择如图 18-20 所示的交点 5，输入 15 后按 Tab 键，输入 150 后按 Tab 键，按 Enter 键。

12 重复步骤 10~11，绘制两条角度为 60º 的直线，效果如图 18-21 所示。

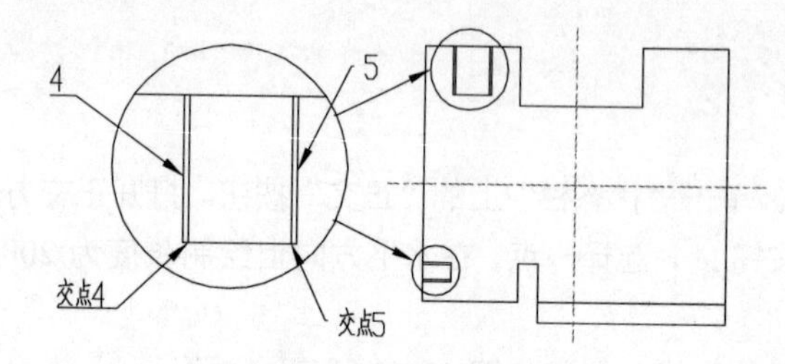

图 18-20　修剪线条

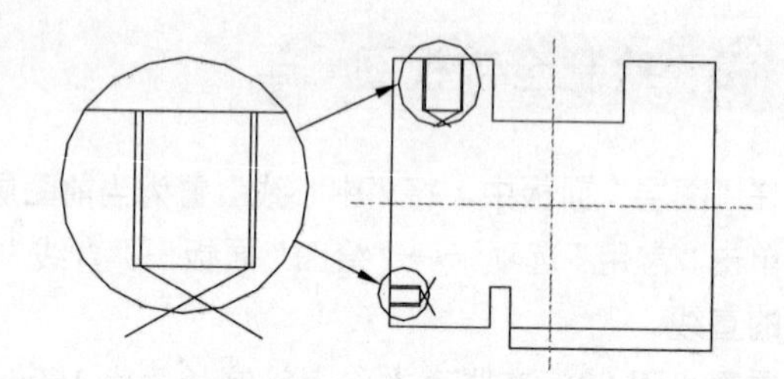
图 18-21　绘制直线

13 单击“常用”选项卡→“修改”面板→“修剪”按钮，对步骤 10~12 所偏移的线条进行修剪，得到螺纹孔轮廓形状，效果如图 18-22 所示。

14 选择如图 18-22 所示的上方，单击“常用”选项卡→“修改”面板→“镜像” 按钮，以竖直方向的中心线为镜像线进行镜像，效果如图 18-23 所示。

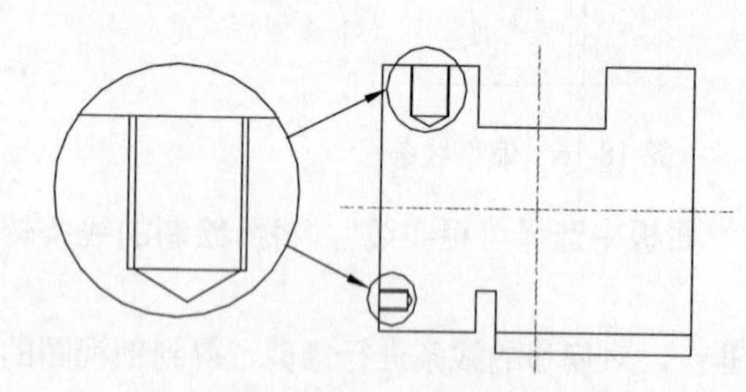
图 18-22　修剪线条

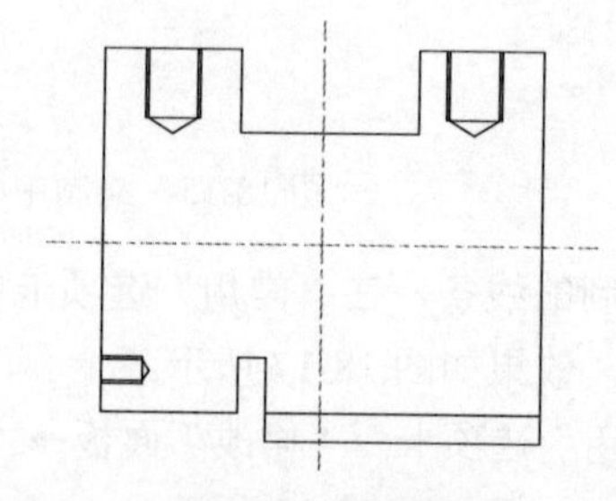
图 18-23　镜像线条

15 单击“常用”选项卡→“修改”面板→“偏移”按钮，通过对中心线的偏移绘制线条，如图 18-24 所示。

16 选中步骤 15 所绘制的线条，在“常用”选项卡中的“图层”面板中选择“粗实线”，将所绘制的线条转换为粗实线，效果如图 18-25 所示。

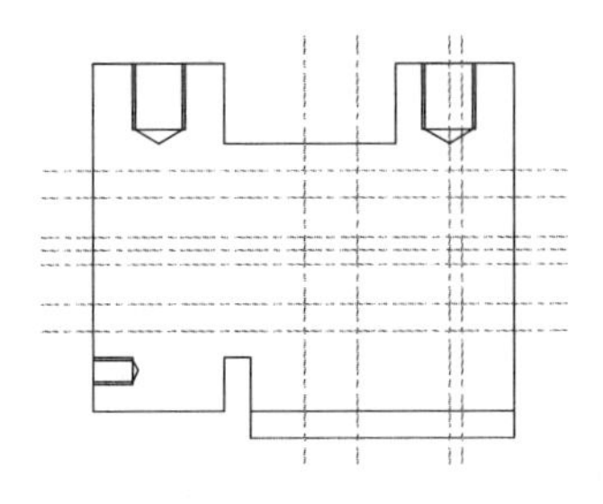

图 18-24　偏移线条

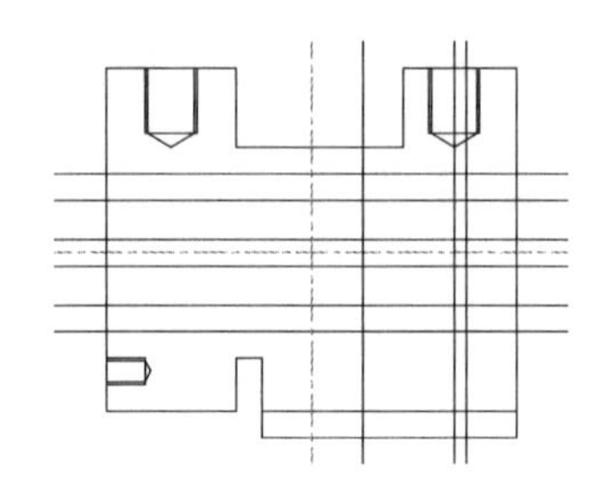

图 18-25　改变线条线型

17 单击“常用”选项卡→“修改”面板→“修剪”按钮 -/--，对偏移的线条进行修剪，得到剖视图的内轮廓形状，效果如图 18-26 所示。

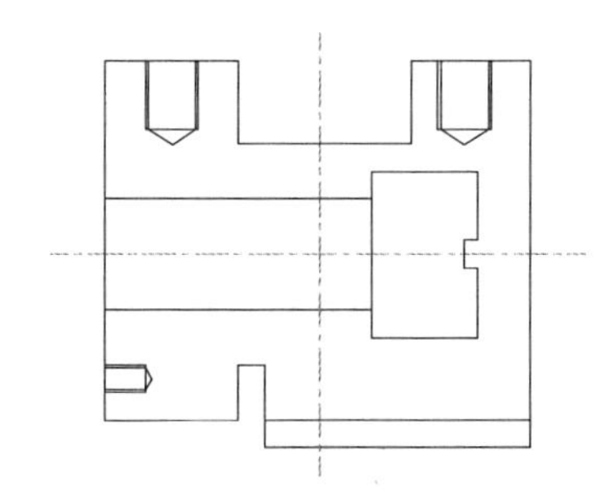

图 18-26　修剪线条

18 在“图层”下拉列表框中将“粗实线”置为当前图层。单击“常用”选项卡→“修改”面板→“圆角”按钮，在命令行输入 R 后按 Enter 键，在命令行输入单径大小后按 Enter 键，然后选择相应的轮廓线，效果如图 18-27 所示。

19 在“图层”面板中，将“细实线”置为当前图层，单击“常用”选项卡→“绘图”面板→“图案填充”按钮，选择需要填充剖面线的图形区域，在命令提示行中输入“T”，弹出“图案填充和渐变色”对话框。

20 在“图案填充”选项卡→“图案”面板中选择“ANSI31”，“角度”设置为 0，“比例”设置为 1。单击“关闭图案填充创建”按钮，完成剖面线的填充，效果如图 18-28 所示。

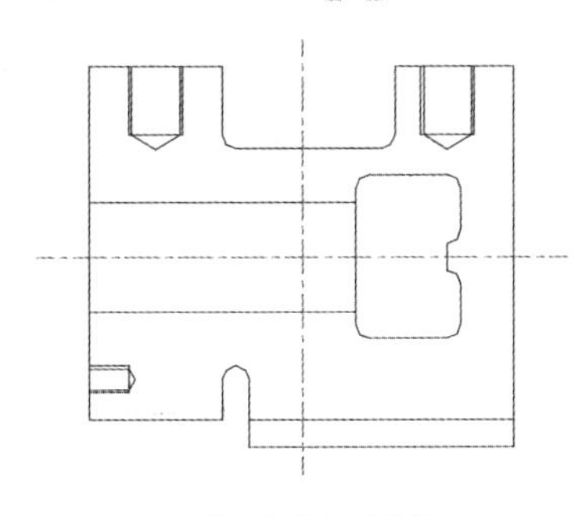

图 18-27　圆角

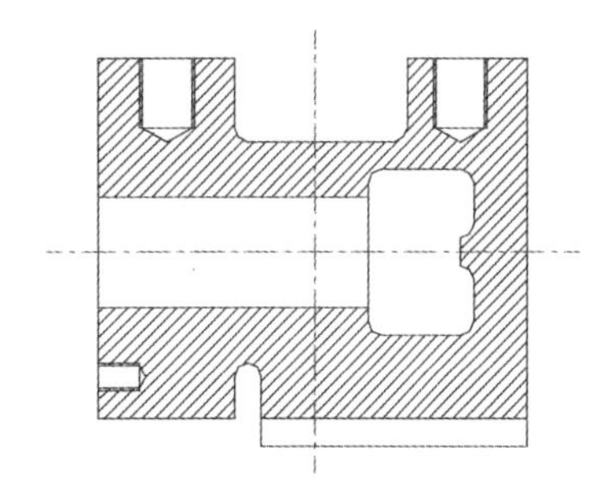

图 18-28　填充剖面线

18.1.3　绘制单剖视图

01 在“图层”面板中，将“中心线”置为当前图层。单击“状态栏”上的“正交”按钮，打开正交方式。

02 单击“常用”选项卡→“绘图”面板→“直线”按钮，选择一点，在水平方向上绘制长度为 200mm 的直线。

03 重复步骤 02，在竖直方向上绘制长度为 160mm 的直线，效果如图 18-29 所示。

04 单击“常用”选项卡→“修改”面板→“偏移”按钮，通过对中心线的偏移绘制线条，如图 18-30 所示。

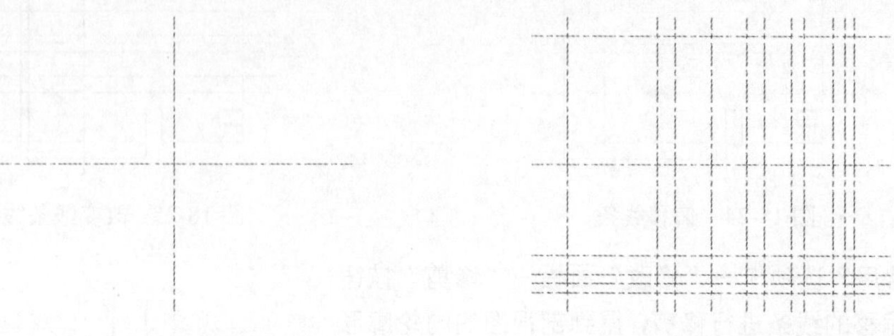

图 18-29 绘制中心线　　图 18-30 偏移线条

05 选中所绘制的线条，在“常用”选项卡中的“图层”面板中选择“粗实线”，将所绘制的线条转换为粗实线，效果如图 18-31 所示。

06 单击“常用”选项卡→“修改”面板→“修剪”按钮，对偏移的线条进行修剪，得到剖视图的外轮廓形状，效果如图 18-32 所示。

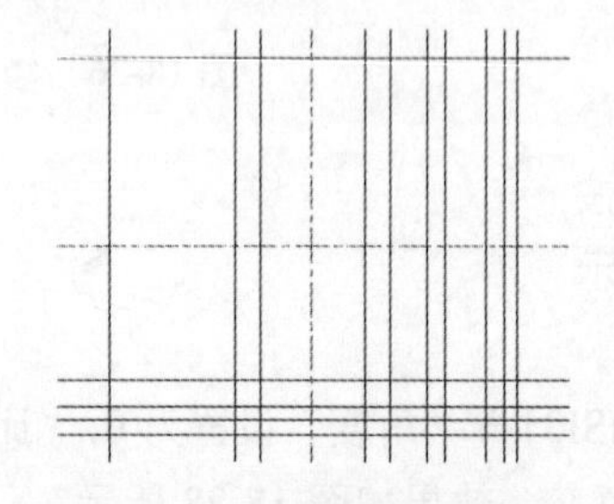

图 18-31 改变线条线型

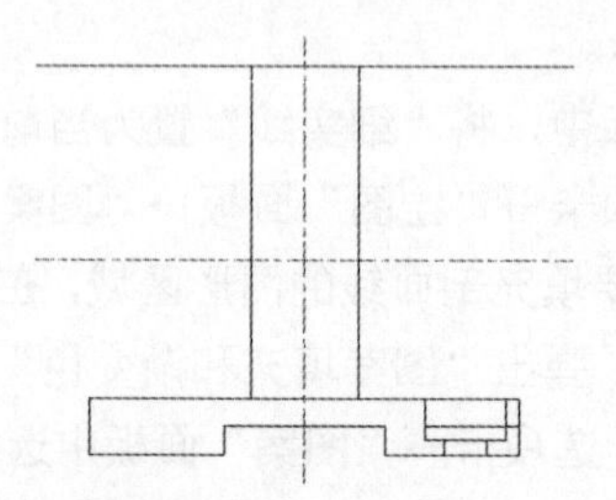

图 18-32 修剪线条

07 在“常用”选项卡中的“图层”面板中选择“粗实线”，将“粗实线”置为当前图层。

08 单击“常用”选项卡→“绘图”面板→“圆”按钮，单击中心线的交点，输入半径，按 Enter 键。

09 重复步骤 08，再以中心线的交点为圆心绘制同心圆，效果如图 18-33 所示。

10 单击“常用”选项卡→“修改”面板→“修剪”按钮，选择相应的线条进行修剪，效果如图 18-34 所示。

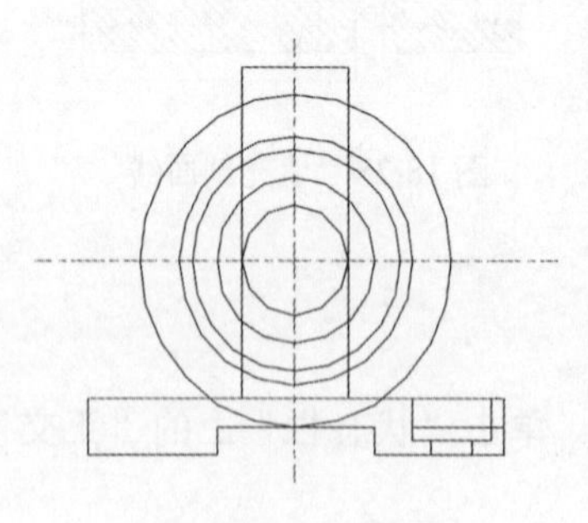

图 18-33 绘制圆

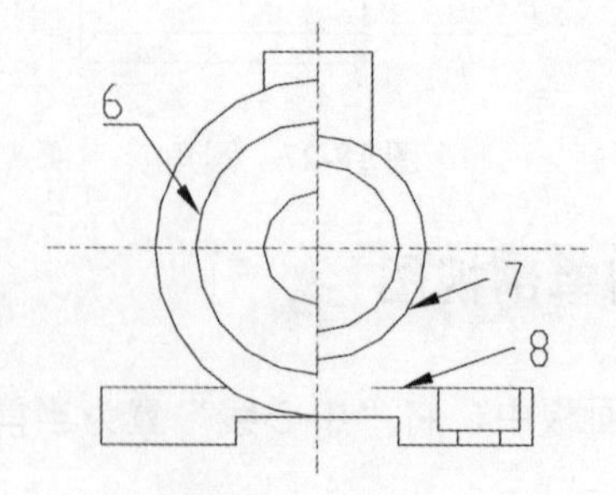

图 18-34 修剪线条

11 选择如图 18-34 所示的轮廓线 6，在“常用”选项卡中的“图层”面板中选择“中心线”。

12 单击“常用”选项卡→“修改”面板→“圆角”按钮，在命令行输入 R 后按 Enter 键，在命令行输入 12 后按 Enter 键，然后选择如图 18-34 所示的轮廓线 7 和轮廓线 8，效果如图 18-35 所示。

13 单击“常用”选项卡→“绘图”面板→“圆”按钮，单击中心线和如图 18-34 所示的轮廓线 6 的交点，输入半径，按 Enter 键，效果如图 18-36 所示。

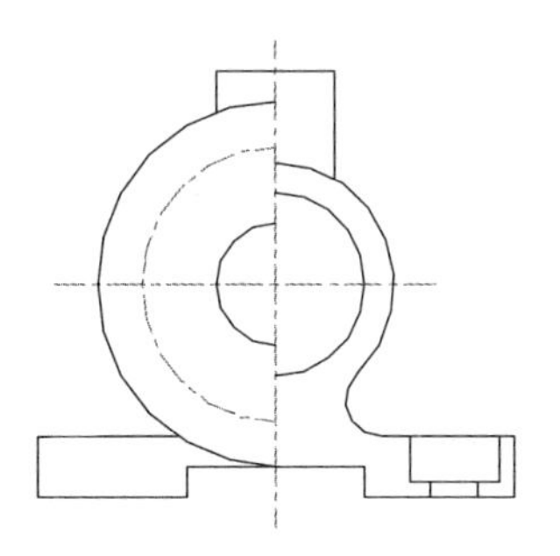

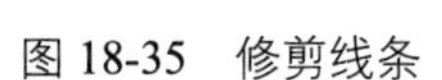
图 18-35　修剪线条

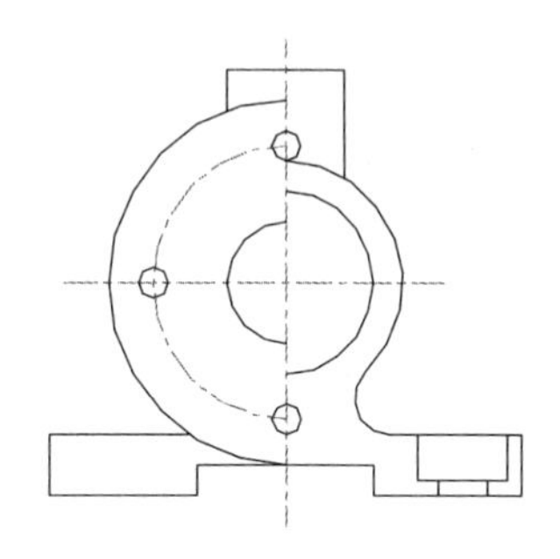

图 18-36　绘制圆

14 单击“常用”选项卡→“修改”面板→“修剪”按钮，选择相应的线条进行修剪，效果如图 18-37 所示。

15 单击“常用”选项卡→“修改”面板→“圆角”按钮，在命令行输入 R 后按 Enter 键，在命令行输入半径后按 Enter 键，然后选择相应轮廓线，效果如图 18-38 所示。

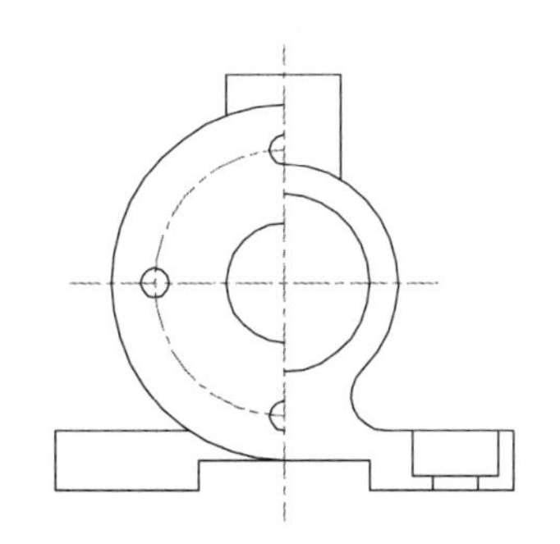

图 18-37　修剪线条

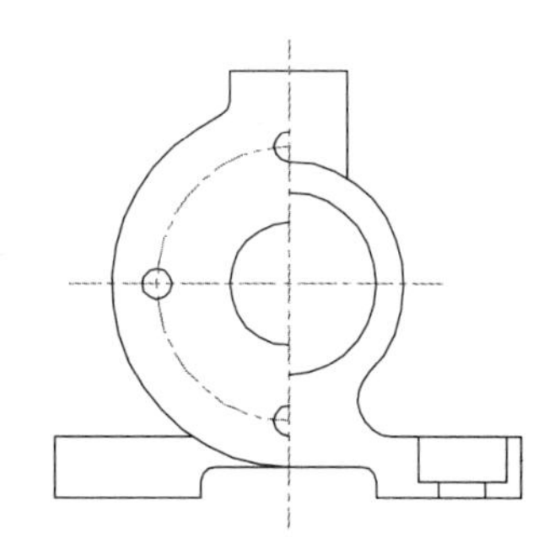

图 18-38　绘制圆角

16 单击“常用”选项卡→“修改”面板→“偏移”按钮，通过对竖直方向上的中心线的偏移绘制通孔中心线，效果如图 18-39 所示。

17 单击“常用”选项卡→“修改”面板→“打断”按钮，对步骤 16 所绘制的通孔中心线进行修剪。

18 在“图层”面板中，将“细实线”置为当前图层，单击“常用”选项卡→“绘图”面板→“图案填充”按钮，选择需要填充剖面线的图形区域，在命令提示行中输入“T”，弹出“图案填充和渐变色”对话框。

19 在“图案填充”选项卡→“图案”面板中选择“ANSI31”，“角度”设置为 0，“比例”设置为 1。单击“关闭图案填充创建”按钮，完成剖面线的填充，效果如图 18-40 所示。

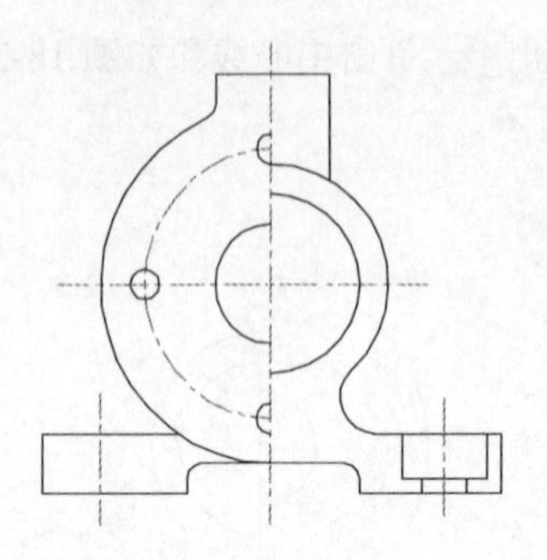

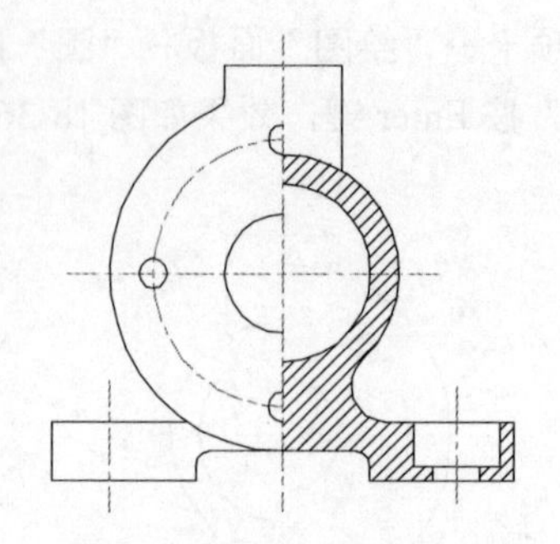

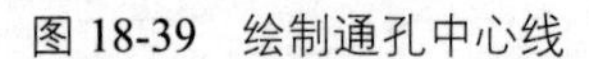

图 18-39　绘制通孔中心线　　图 18-40　填充剖面线

18.1.4　标注剖切

本例采用自定义的不带属性的块与“文字”工具相结合的方式进行绘制，操作步骤如下：

01 单击“插入”选项卡→“块”面板→“插入”按钮，弹出“插入”对话框。

02 选择随书光盘目录下的“\源文件\剖切符号.dwg”文件，单击“打开”按钮。

03 返回到“插入”对话框，选中插入点、缩放比例、旋转 3 个区域中的“在屏幕上指定”复选框，单击“确定”按钮。

04 在屏幕上指定插入点，并设置好相关的参数，插入剖切符号。

05 单击“注释”选项卡→“文字”面板→“多行文字”按钮A，对剖切进行标注，第一个剖切符号用 A 表示。

06 在屏幕上选择需要标注的剖切位置，按住鼠标左键，确定文字插入位置并单击，弹出“文字编辑器”选项卡。

07 设置好文字格式，完成一个剖切符号的标注。

08 重复步骤 05～07，完成其他符号的标注，效果如图 18-41 所示。

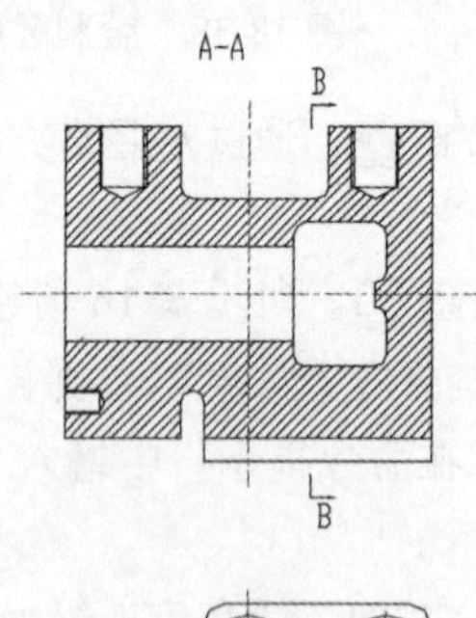

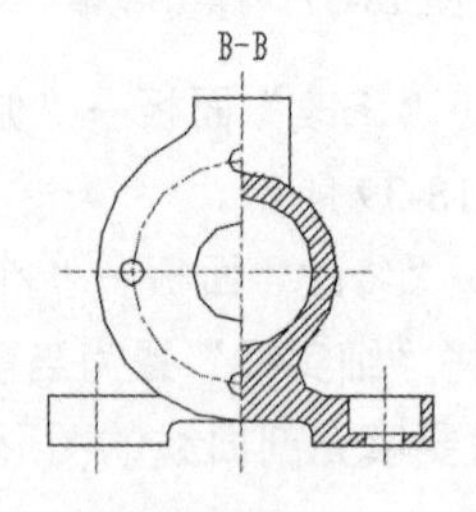

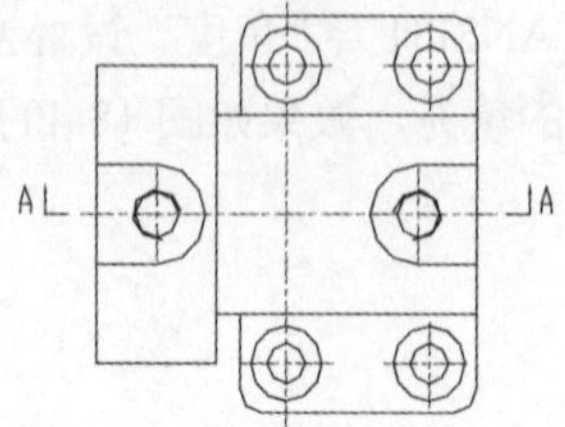

图 18-41　剖切符号标注

18.1.5　标注尺寸

01 在“图层”面板中，将工作图层切换到“细实线”。

02 输入 DIMSTYLE 命令，弹出“标注样式管理器”对话框。在“标注样式管理器”对话框中，单击“修改”按钮，弹出“修改标注样式”对话框。

03 在“修改标注样式”对话框中，打开“文字”选项卡，在“文字样式”下拉列表框中选择 TH_GBDIM 选项。

04 打开“主单位”选项卡，选中“消零”区域中的“前导”和“后续”复选框，单击“确定”按钮完成标注样式的设置。

05 单击“注释”选项卡→“标注”面板→“线性”按钮⊢⊣。

06 选择需要标注线性尺寸的端点，完成对主视图、剖视图外形尺寸的标注，效果如图 18-42 所示。

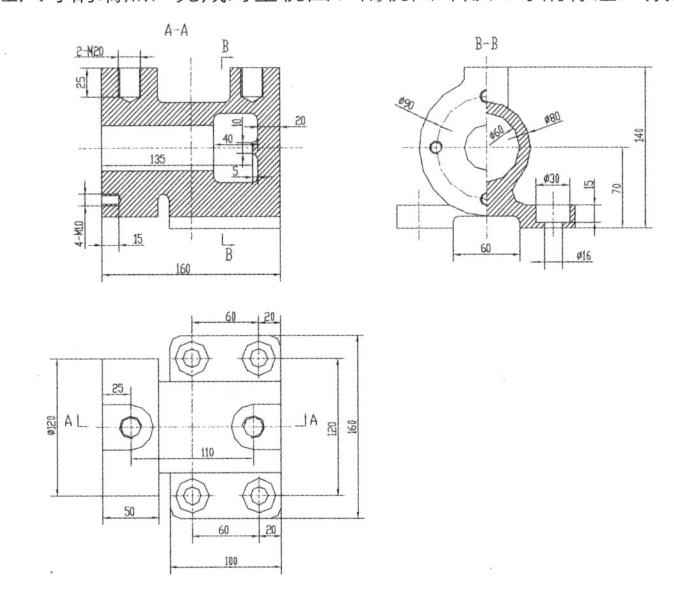

图 18-42　标注尺寸

07 使用多行文字标注极限偏差尺寸。使用 dli 命令后，选择需要标注极限偏差尺寸的两个端点，在命令提示行中输入 M。

08 弹出“文字格式”对话框，输入“%%C40（+0.046 ^0）”。

09 选定公差部分，在弹出的“文字编辑器”选项卡中单击“格式”下拉列表框的“堆叠”按钮 堆叠，效果如图 18-43 所示。

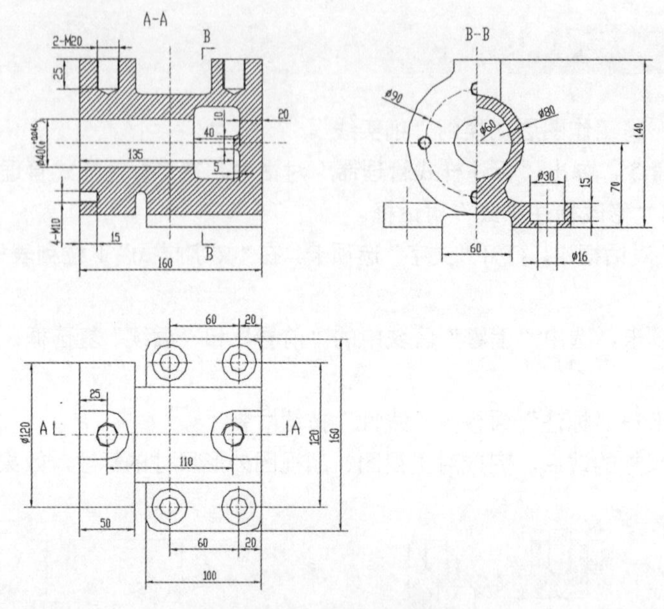

图 18-43　标注极限偏差

18.1.6　标注表面粗糙度

01 使用 insert 命令，或单击“插入”选项卡→“块”面板→“插入”按钮，弹出“插入”对话框。

02 选择随书光盘目录下的“\源文件\粗糙度.dwg”文件，单击“打开”按钮。

03 返回到“插入”对话框，选中插入点、比例、旋转 3 个区域中的“在屏幕上指定”复选框，单击“确定”按钮。

04 在屏幕上指定插入点，并设置好相关的参数，插入粗糙度符号，效果如图 18-44 所示。

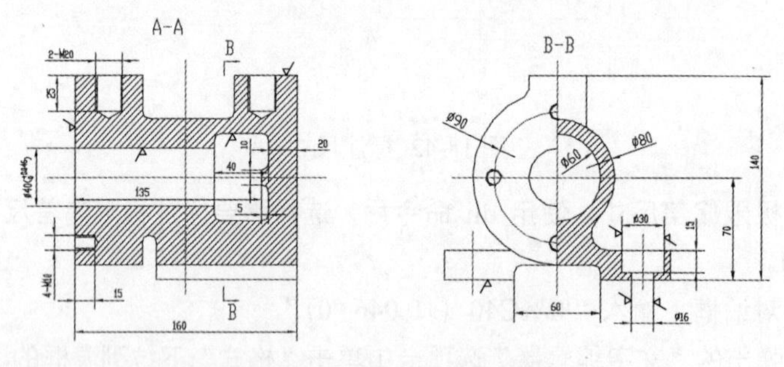

图 18-44　插入粗糙度符号

05 单击“注释”选项卡→“文字”面板→“多行文字”按钮A，对粗糙度等级进行标注。

06 在粗糙度符号上选择位置，进行粗糙度等级的标注。

07 设置好文字的高度和旋转角度，输入文字完成粗糙度等级的标注。

08 重复步骤 05～07 完成所有粗糙度等级的标注，效果如图 18-45 所示。

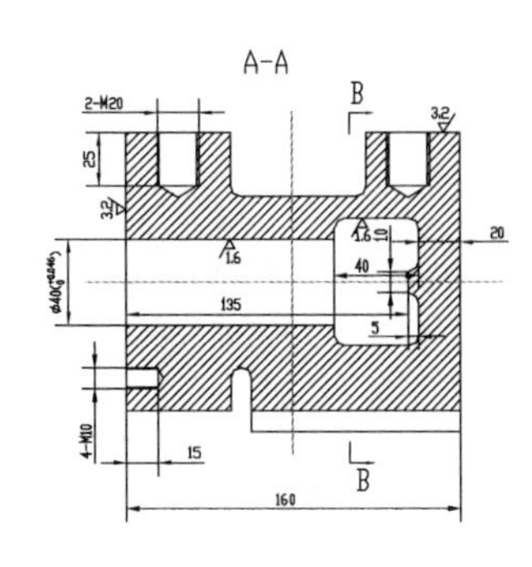

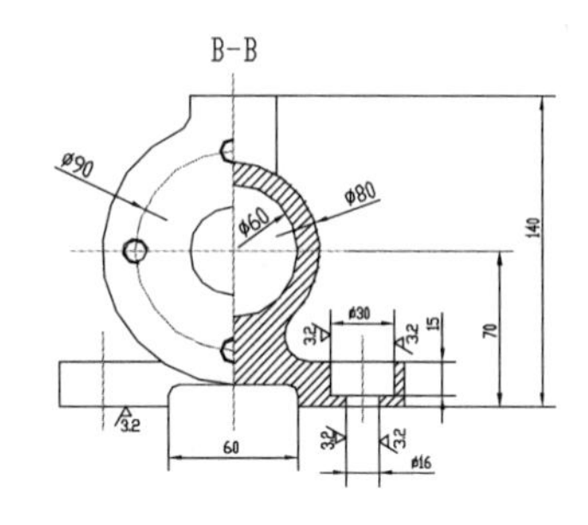

图 18-45　标注表面粗糙度

18.1.7　标注形位公差

01 使用 insert 命令，或单击“插入”选项卡→“块”面板→“插入”按钮，弹出“插入”对话框。

02 选择随书光盘目录下的“\源文件\基准代号.dwg”文件，单击“打开”按钮。

03 返回到“插入”对话框，选中插入点、比例、旋转 3 个区域中的“在屏幕上指定”复选框，单击“确定”按钮。

04 在屏幕上指定插入点，并设置好相关的参数，插入基准代号。

05 单击“注释”选项卡→“文字”面板→“多行文字”按钮**A**，完成对基准代号的标注。

06 单击“注释”选项卡→“标注”面板→“公差”按钮，弹出“形位公差”对话框。

07 单击“形位公差”对话框中的“符号”下的黑框，弹出“特征符号”对话框，单击“平行度”符号，自动关闭对话框。

08 在“公差 1”文本框中输入“0.02”，在“基准”文本框中输入 A，单击“确定”按钮。

09 利用鼠标单击选择需要放置公差的位置。

10 单击“注释”选项卡→“引线”面板→“多重引线“按钮，将公差指向需要标注形位公差的表面。

11 重复步骤 07~10，标注所需要的形位公差，效果如图 18-46 所示。

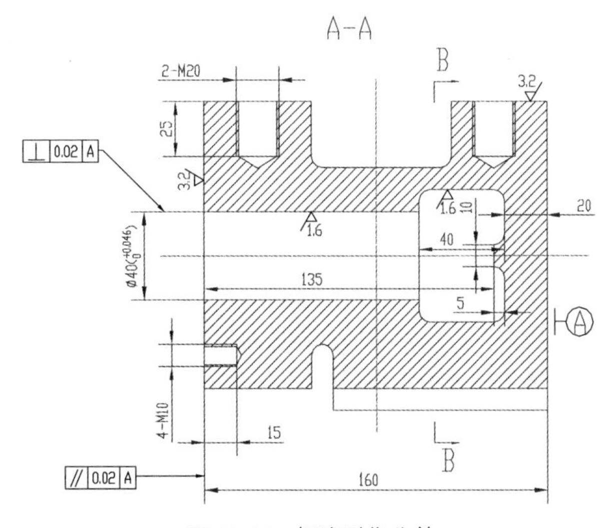

图 18-46　标注形位公差

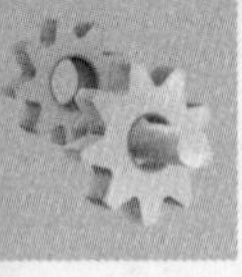

18.1.8 标注技术要求

01 使用 mtext 命令进行技术要求的标注，即输入 mtext 命令。

02 在屏幕上选择需要标注的位置，按住鼠标左键，确定文字插入位置并单击，弹出“文字编辑器”选项卡。

03 调整字体大小为 10，输入“技术要求”。

04 调整字体大小为 7，输入具体的技术要求内容，单击“确定”按钮完成技术要求的标注，效果如图 18-47 所示。

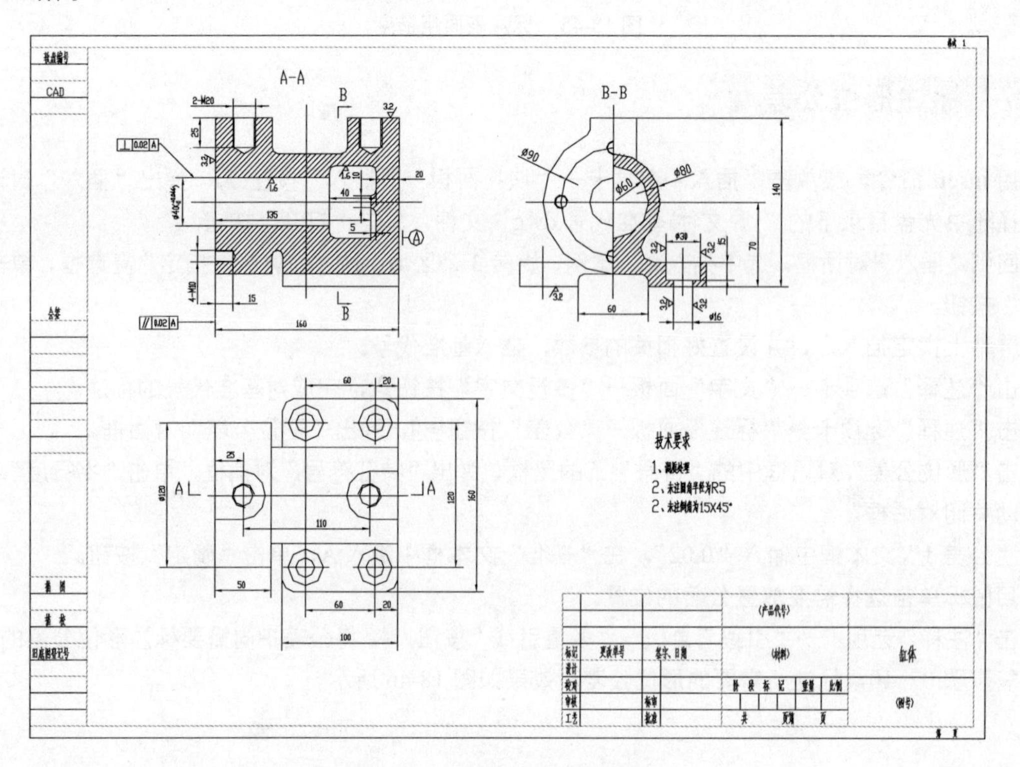

图 18-47 缸体设计最终效果图

18.2 轴箱体设计

轴箱体一般为铸件，结构比较复杂。这类零件在绘制时的难度在于如何利用最少的视图准确表达其结构特点。这就要求读者要充分了解各种视图的适用范围并灵活运用。

18.2.1 绘制中心线

01 在“图层”面板，将“中心线”置为当前图层。单击“状态栏”上的“正交”按钮，打开正交方式。

02 单击“常用”选项卡→“绘图”面板→“直线”按钮，选择一点，在水平方向上绘制长度为 700mm

的直线。

03 重复步骤 02，在竖直方向上绘制长度为 350mm 的直线，效果如图 18-48 所示。

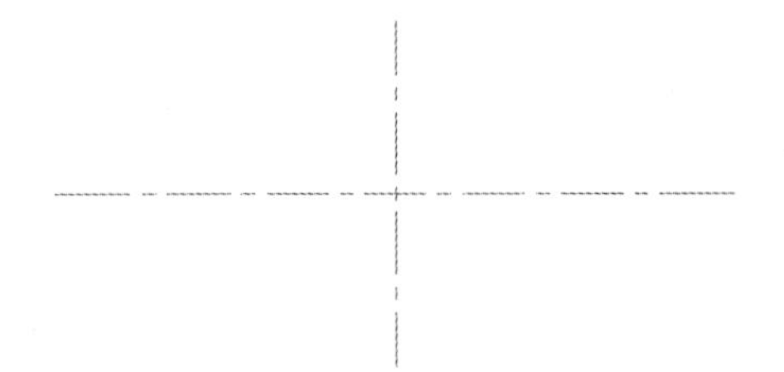

图 18-48　绘制中心线

18.2.2　绘制主视图

由于主视图比较复杂，所以在绘制时应按照特征逐个绘制，可以采用先绘制主要轮廓再绘制局部轮廓的方式。

1. 绘制左侧主视图

01 单击“常用”选项卡→“修改”面板→“偏移”按钮，通过对中心线的偏移绘制线条。

02 选中所绘制的线条，在“常用”选项卡中的“图层”面板中选择“粗实线”图层，效果如图 18-49 所示。

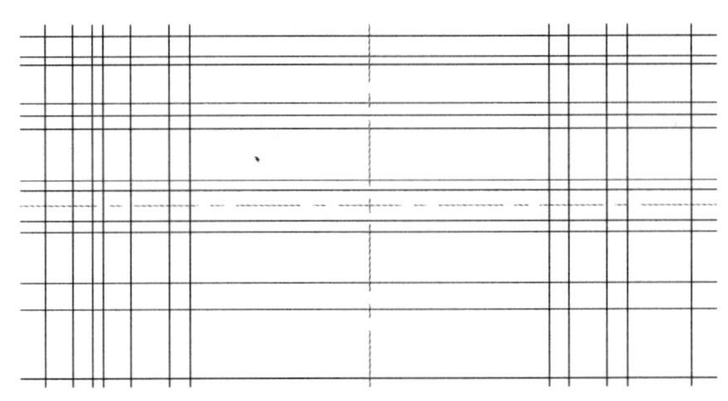

图 18-49　偏移线条

03 单击“常用”选项卡→“修改”面板→“修剪”按钮，选定相应线条进行修剪，效果如图 18-50 所示。

04 在“图层”面板中，将“粗实线”置为当前图层。

05 单击“常用”选项卡→“绘图”面板→“直线”按钮，依次选择如图 18-50 所示的两个交点，绘制一条斜线。

06 重复步骤 05，在右侧绘制一条同左侧对称的斜线。

07 单击“常用”选项卡→“修改”面板→“修剪”按钮，选择相应的线条进行修剪，并删除多余线条，如图 18-51 所示。

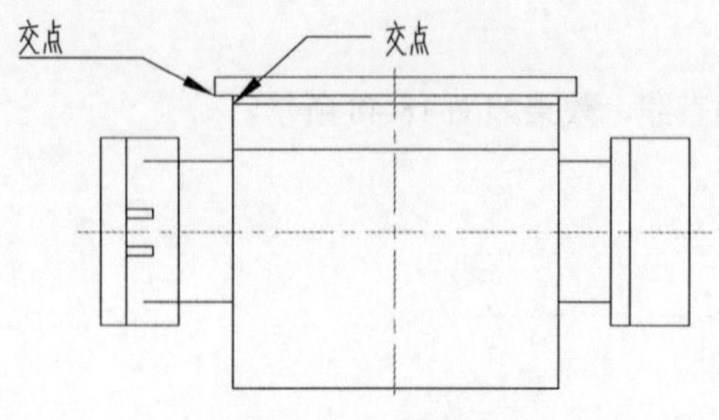

图 18-50　修剪线条

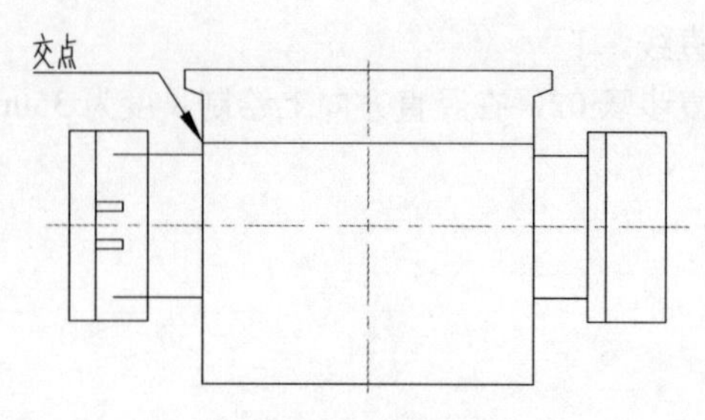

图 18-51　绘制斜线

08 单击“常用”选项卡→“绘图”面板→“直线”按钮，单击如图 18-51 所示的交点，将鼠标拖放到左下方，输入 60 后按 Tab 键，输入 160 后按 Tab 键。绘制一条与水平方向成 160º 夹角的线条。

09 选中步骤 08 所绘制的线条，单击“常用”选项卡→“修改”面板→“镜像”按钮，以竖直方向的中心线为镜像线进行镜像。

10 单击“常用”选项卡→“修改”面板→“修剪”按钮，选择相应线条进行修剪，并删除多余线条，如图 18-52 所示。

11 单击“常用”选项卡→“绘图”面板→“直线”按钮，单击如图 18-52 所示的交点，将鼠标拖放到左上方，输入 60 后按 Tab 键，输入 135 后按 Tab 键。绘制一条与水平方向成 135º 夹角的线条。

12 选中步骤 11 所绘制的线条，单击“常用”选项卡→“修改”面板→“镜像”按钮，以竖直方向的中心线为镜像线进行镜像。

13 选中步骤 11~12 绘制的线条，单击“常用”选项卡→“修改”面板→“镜像”按钮，以水平方向的中心线为镜像线进行镜像。

14 单击“常用”选项卡→“修改”面板→“修剪”按钮，选择相应线条进行修剪，并删除多余线条，如图 18-53 所示。

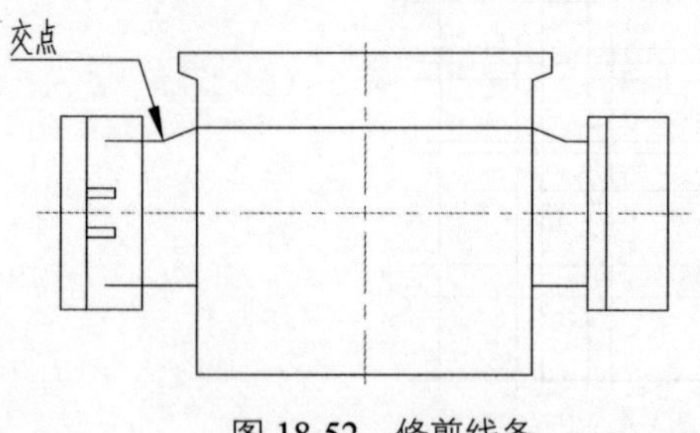

图 18-52　修剪线条

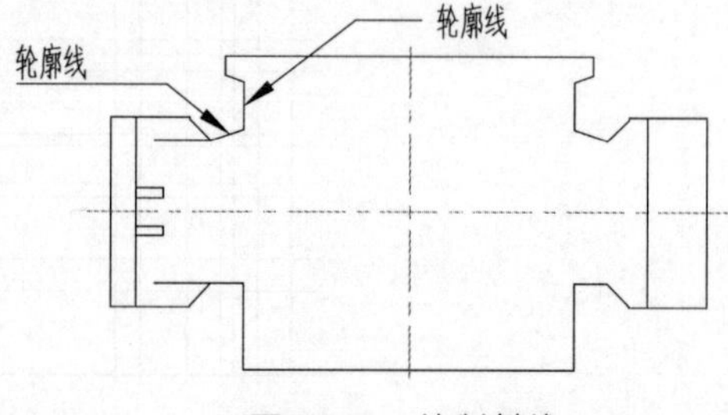

图 18-53　绘制斜线

15 单击“常用”选项卡→“修改”面板→“偏移”按钮，对如图 18-53 所示的轮廓线进行偏移绘制线条。

16 选中步骤 15 绘制的线条，单击“常用”选项卡→“修改”面板→“镜像”按钮，以竖直方向的中心线为镜像线进行镜像。

17 单击“常用”选项卡→“修改”面板→“修剪”按钮，选择相应线条进行修剪，如图 18-54 所示。

18 单击“常用”选项卡→“绘图”面板→“圆”按钮，单击中心线的交点，绘制一组同心圆，如图 18-55 所示。

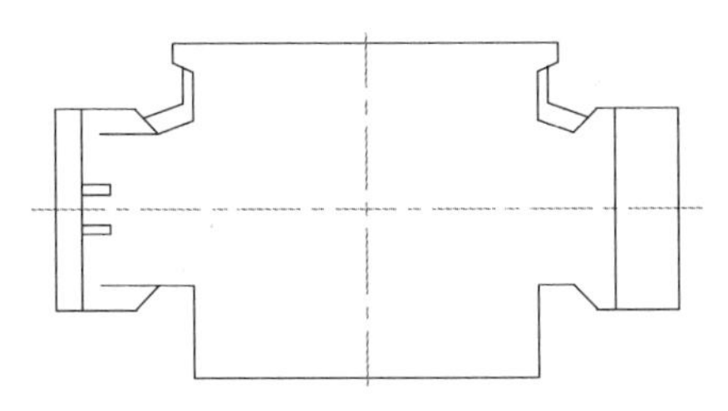

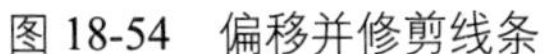

图 18-54　偏移并修剪线条

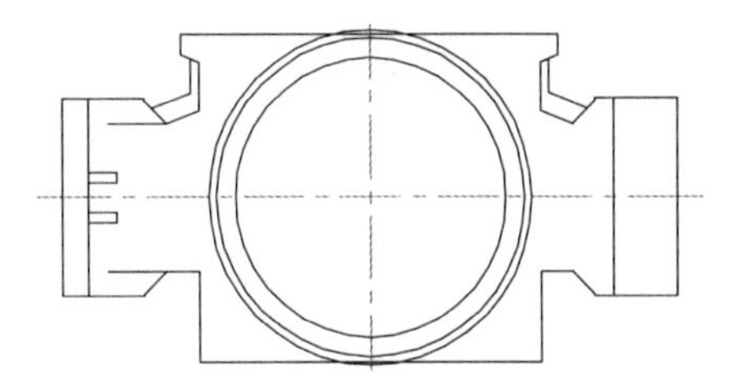

图 18-55　绘制同心圆

19 选中同心圆中半径最大的圆，在“图层”下拉列表框中单击“中心线”图层。

20 单击“常用”选项卡→“修改”面板→“偏移”按钮，对中心线的偏移绘制线条，并选中所偏移的线条，将其转换成粗实线。

21 单击“常用”选项卡→“修改”面板→“修剪”按钮，选择相应线条进行修剪，如图 18-56 所示。

22 选择竖直方向上的中心线，单击“常用”选项卡→“修改”面板→“旋转”按钮，单击中心线的交点，在命令提示行中输入 C，再在命令提示行中输入 45，按 Enter 键。

23 选择竖直方向上的中心线，单击“常用”选项卡→“修改”面板→“旋转”按钮，单击中心线的交点，在命令提示行中输入 C，再在命令提示行中输入-45，按 Enter 键，效果如图 18-57 所示。

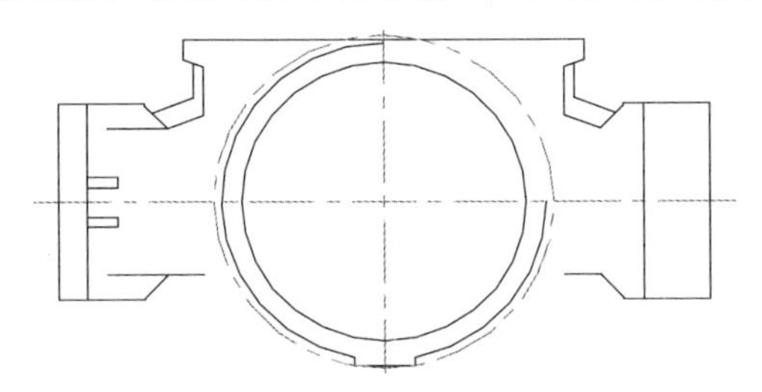

图 18-56　改变线条线型并修剪线条

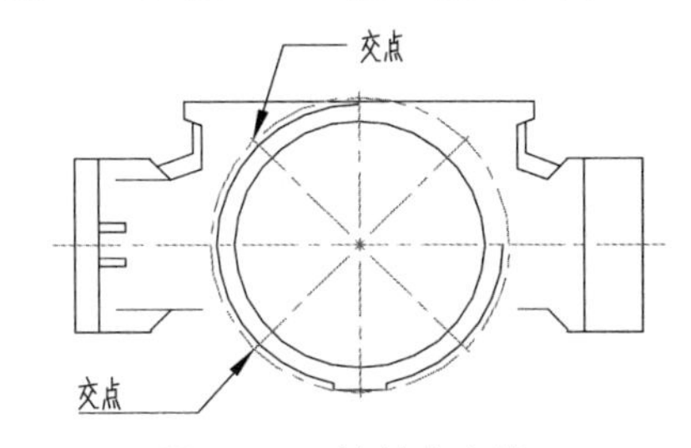

图 18-57　旋转中心线

24 单击“常用”选项卡→“绘图”面板→“圆”按钮，以如图 18-57 所示的交点为圆心，绘制两组同心圆，如图 18-58 所示。

25 单击“常用”选项卡→“修改”面板→“修剪”按钮，选择相应线条进行修剪，效果如图 18-59 所示。

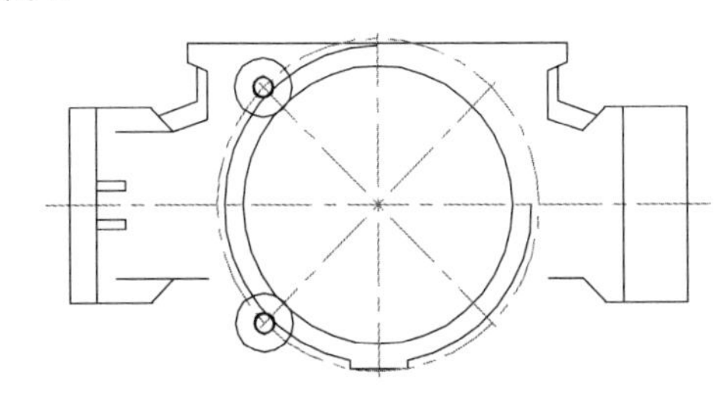

图 18-58　绘制圆

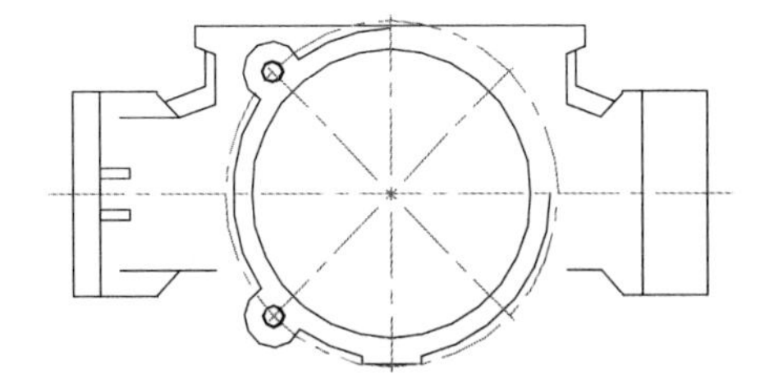

图 18-59　修剪线条

26 单击“常用”选项卡→“修改”面板→“打断”按钮，对螺纹孔的螺纹线修剪掉 1/4 圆，并选中螺纹线，在“图层”下拉列表框中单击“细实线”图层，效果如图 18-60 所示。

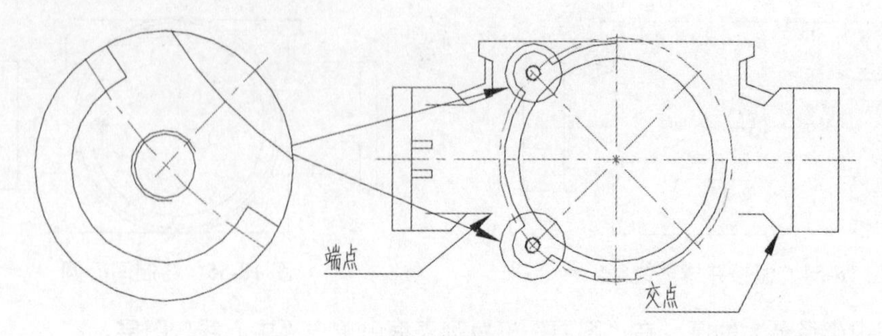

图 18-60 修剪螺纹线

27 单击“常用”选项卡→“绘图”面板→“直线”按钮，单击如图 18-60 所示的交点，将鼠标拖放到左下方，通过“自动捕捉”功能捕捉同圆的切点，绘制切线。

28 单击“常用”选项卡→“绘图”面板→“直线”按钮，单击如图 18-60 所示的端点，将鼠标拖放到右下方，通过“自动捕捉”功能捕捉同圆的切点，绘制切线，效果如图 18-61 所示。

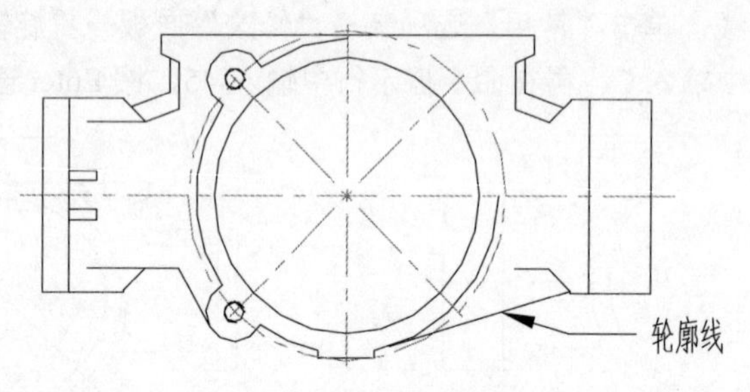

图 18-61 绘制切线

29 选中如图 18-61 所示的轮廓线，单击“常用”选项卡→“修改”面板→“镜像”按钮，以竖直方向的中心线为镜像线进行镜像。

30 单击“常用”选项卡→“修改”面板→“修剪”按钮，选择相应线条进行修剪，效果如图 18-62 所示。

31 单击“常用”选项卡→“修改”面板→“偏移”按钮，通过对中心线和相应轮廓线的偏移绘制线条。

32 选中所绘制的线条，在“常用”选项卡中的“图层”面板中选择“粗实线”图层，效果如图 18-63 所示。

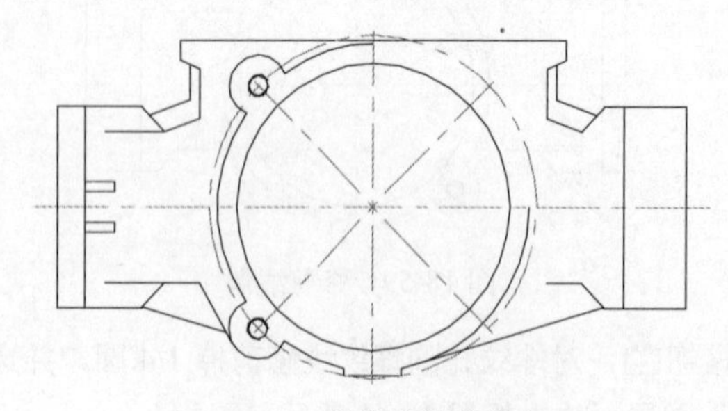

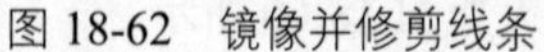

图 18-62 镜像并修剪线条

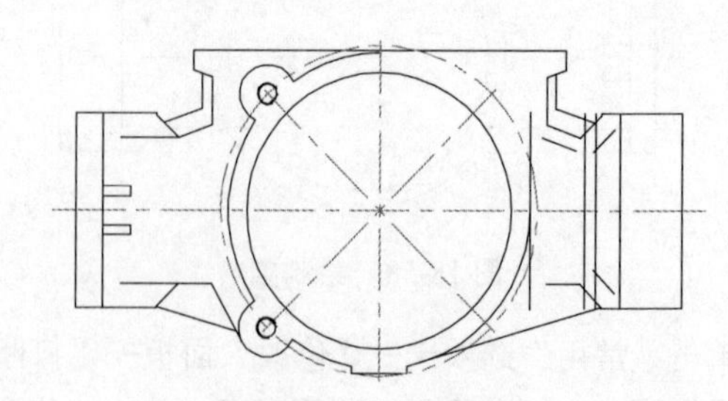

图 18-63 偏移线条

33 单击“常用”选项卡→“修改”面板→“修剪”按钮，对图 18-63 中的粗实线条进行修剪，得到主视图的外轮廓形状，效果如图 18-64 所示。

34 单击“常用”选项卡→“修改”面板→“圆角”按钮，选择需要进行圆角的轮廓线绘制圆角，如

图 18-65 所示。

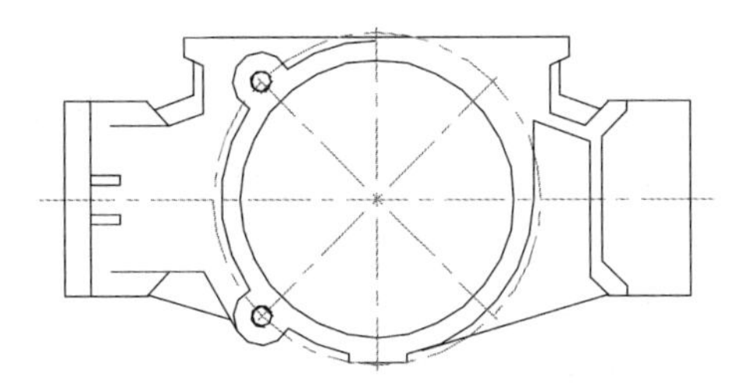

图 18-64　修剪线条

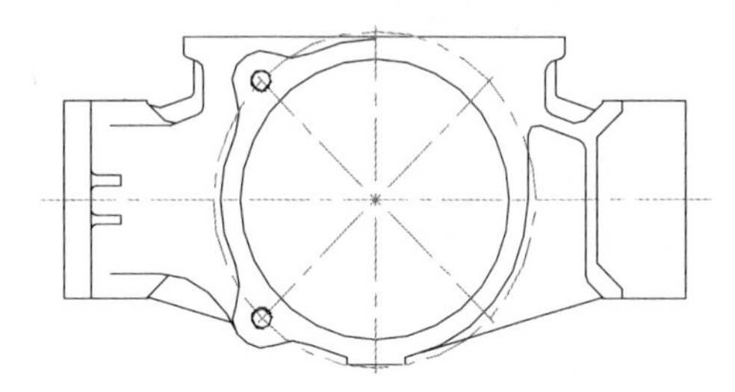

图 18-65　绘制圆角

35 单击“常用”选项卡→“修改”面板→“偏移”按钮，通过相应轮廓线的偏移绘制螺纹孔。

36 单击“常用”选项卡→“修改”面板→“修剪”按钮，选择相应线条进行修剪，得到螺纹孔轮廓形状。

37 由于螺纹孔在本视图中为不可见轮廓，所以应为虚线，故选中相应轮廓，在“图层”下拉列表框中单击“虚线”图层，效果如图 18-66 所示。

38 单击“常用”选项卡→“修改”面板→“偏移”按钮，通过相应轮廓线的偏移绘制螺纹孔。

39 单击“常用”选项卡→“修改”面板→“修剪”按钮，选择相应线条进行修剪，得到螺纹孔轮廓形状，效果如图 18-67 所示。

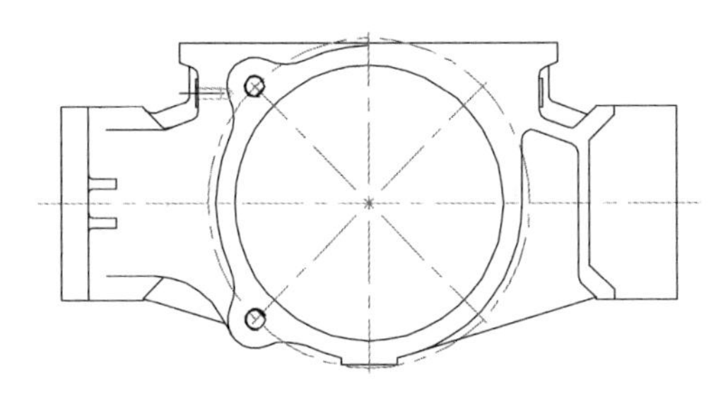

图 18-66　绘制螺纹孔轮廓线

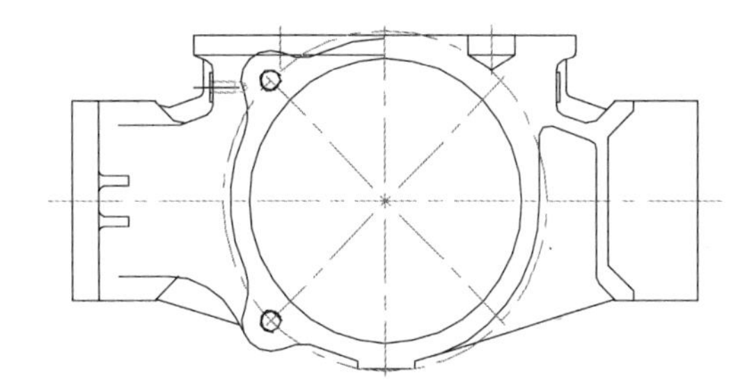

图 18-67　绘制孔

40 在“图层”面板中，将“细实线”置为当前图层，单击“常用”选项卡→“绘图”面板→“图案填充”按钮，选择需要填充剖面线的图形区域，在命令提示行中输入“T”，弹出“图案填充和渐变色”对话框。

41 在“图案填充”选项卡→“图案”面板中选择“ANSI31”，“角度”设置为 0，“比例”设置为 50。单击“关闭图案填充创建”按钮，完成剖面线的填充，效果如图 18-68 所示。

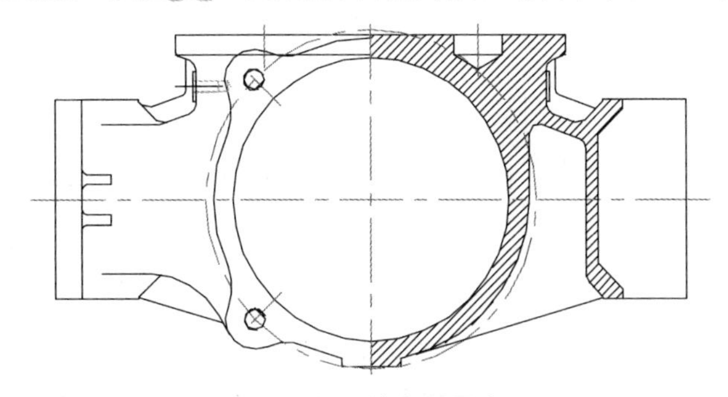

图 18-68　填充剖面线

18.2.3 绘制俯视图

01 在“图层”面板中，将“中心线”置为当前图层。单击“状态栏”上的“正交”按钮，打开正交方式。

02 单击“常用”选项卡→“绘图”面板→“直线”按钮，选择一点，在水平方向上绘制长度为 700mm 的直线。

03 重复步骤 02，在竖直方向上绘制长度为 350mm 的直线，效果如图 18-69 所示。

04 单击“常用”选项卡→“修改”面板→“偏移”按钮，通过对中心线的偏移绘制线条。

05 选中所绘制的线条，在“常用”选项卡中的“图层”面板中选择“粗实线”图层，效果如图 18-70 所示。

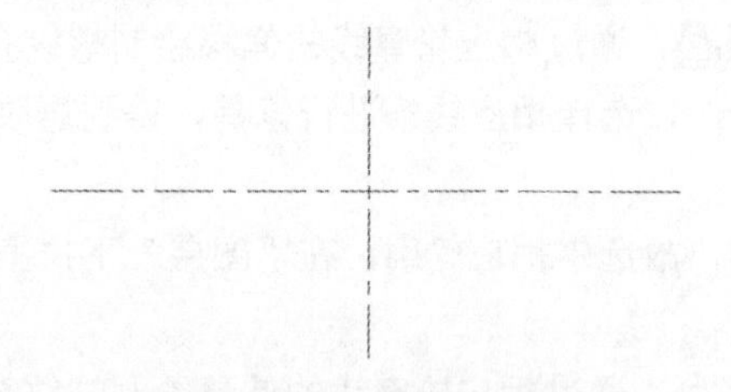

图 18-69 绘制中心线

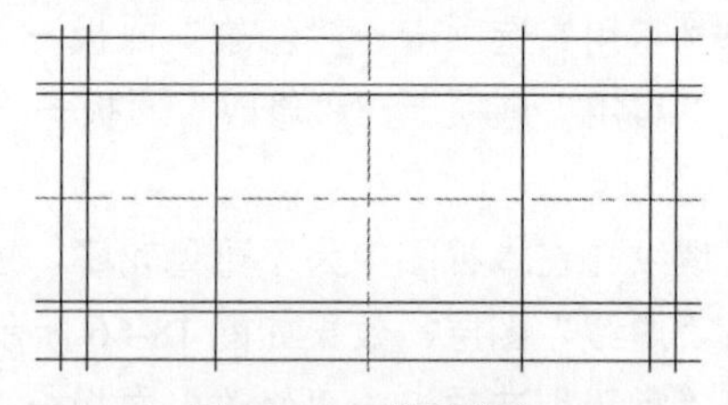

图 18-70 偏移线条

06 单击“常用”选项卡→“修改”面板→“修剪”按钮，选定相应线条进行修剪，效果如图 18-71 所示。

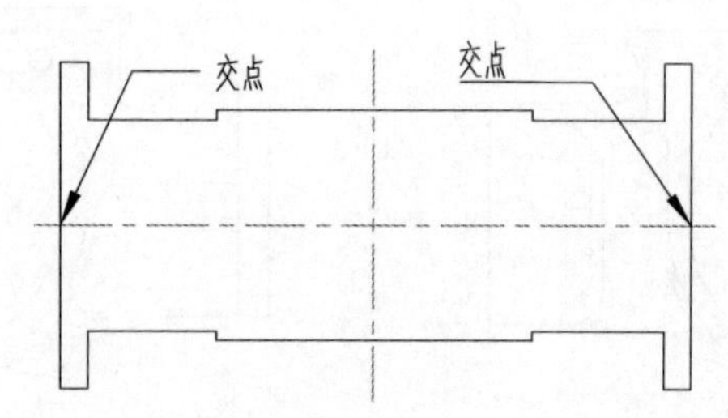

图 18-71 修剪线条

07 在“图层”面板中，将“粗实线”置为当前图层。

08 单击“常用”选项卡→“绘图”面板→“圆”按钮，单击如图 18-71 所示的交点，绘制两组同心圆，效果如图 18-72 所示。

09 单击“常用”选项卡→“修改”面板→“偏移”按钮，对相应线条的偏移绘制线条。

10 选中步骤 09 所绘制的线条，在“常用”选项卡中的“图层”面板中选择“粗实线”图层，效果如图 18-73 所示。

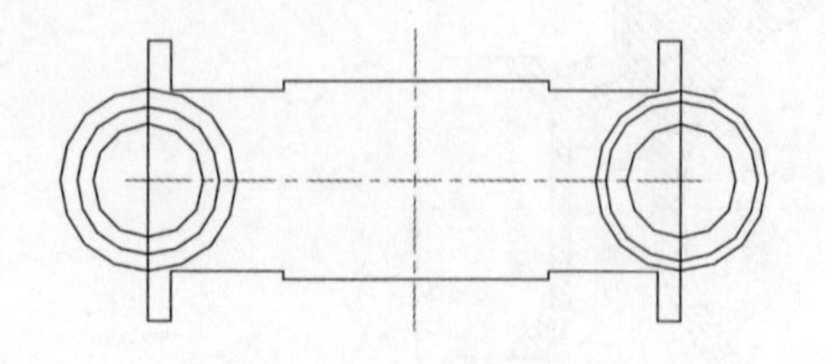

图 18-72 绘制圆

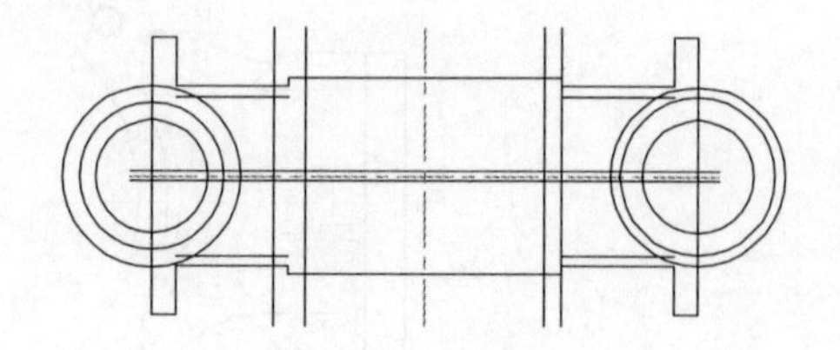

图 18-73 偏移线条

11 单击“常用”选项卡→“修改”面板→“修剪”按钮，选定相应线条进行修剪，效果如图 18-74 所示。

12 单击“常用”选项卡→“修改”面板→“偏移”按钮，对相应线条的偏移绘制辅助线，效果如图 18-75 所示。

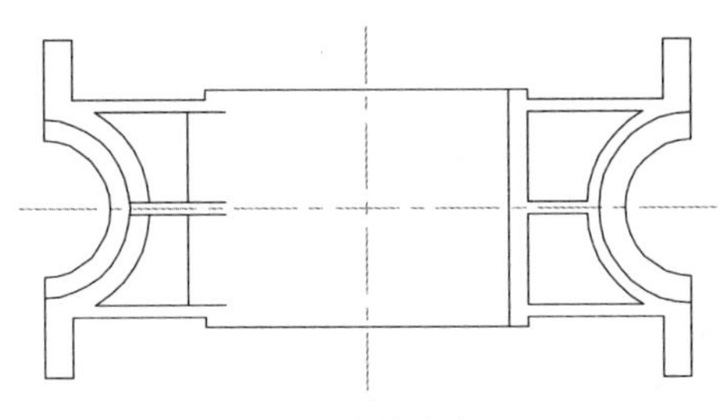

图 18-74　修剪线条

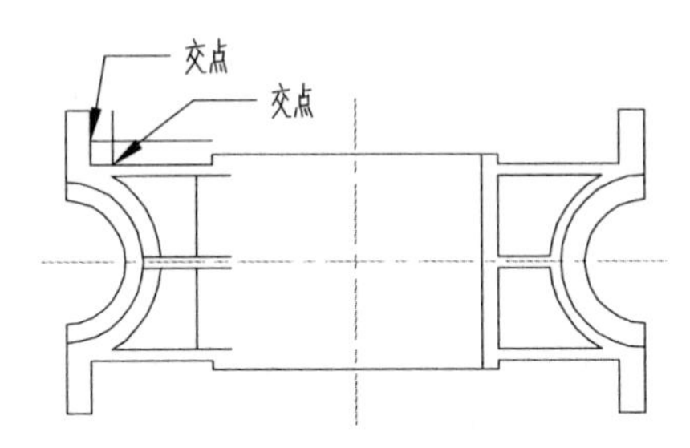

图 18-75　绘制辅助线

13 单击“常用”选项卡→“绘图”面板→“直线”按钮，依次单击如图 18-75 所示的交点，绘制两点间的直线，并选中两条辅助线，按 Delete 键，效果如图 18-76 所示。

14 选中步骤 13 所绘制的线条，单击“常用”选项卡→“修改”面板→“镜像”按钮，以竖直方向的中心线为镜像线进行镜像。

15 选中步骤 13~14 绘制的线条，单击“常用”选项卡→“修改”面板→“镜像”按钮，以水平方向的中心线为镜像线进行镜像，效果如图 18-77 所示。

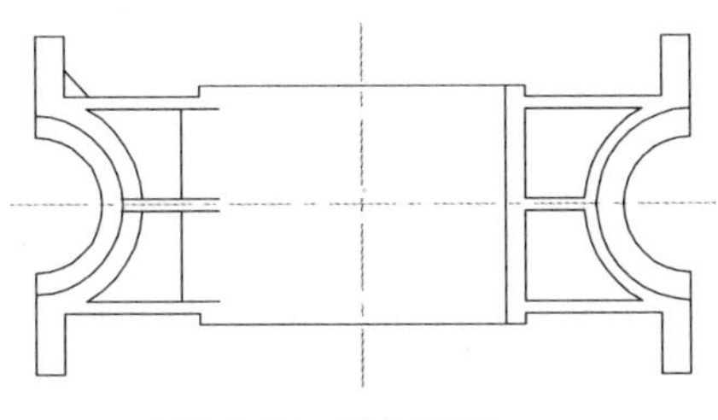

图 18-76　绘制直线

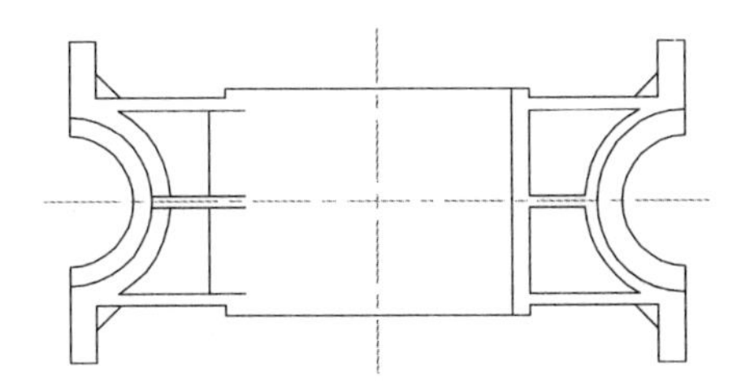

图 18-77　镜像线条

16 单击“常用”选项卡→“修改”面板→“偏移”按钮，对相应线条进行偏移，如图 18-78 所示。

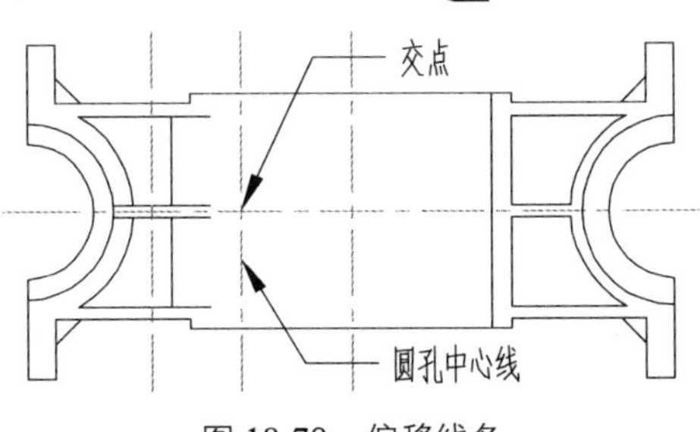

图 18-78　偏移线条

17 选中步骤 16 绘制的除圆孔中心线以外的线条，在“常用”选项卡中的“图层”面板中选择“粗实线”图层。

18 单击“常用”选项卡→“修改”面板→“打断”按钮，对如图 18-78 所示的圆孔中心线进行修剪，如图 18-79 所示。

19 单击“常用”选项卡→“绘图”面板→“圆”按钮，对如图 18-78 所示的交点，绘制一组同心圆，如图 18-80 所示。

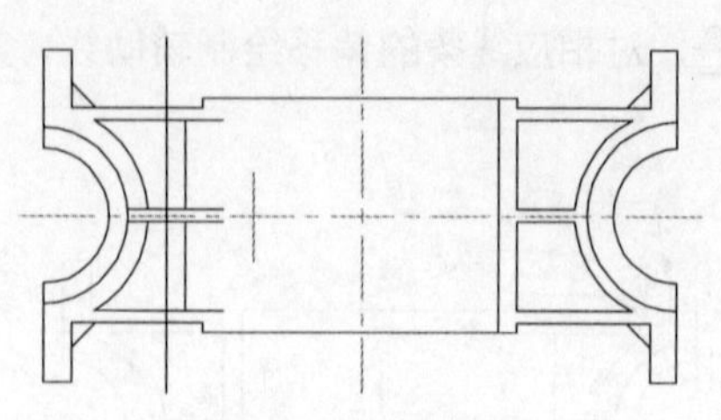
图 18-79　修剪线条

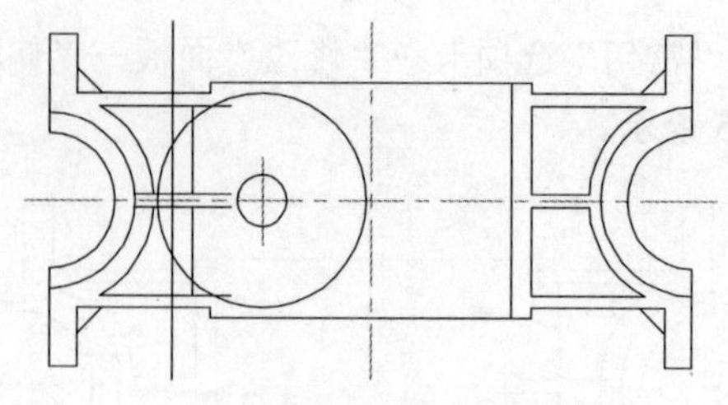
图 18-80　绘制圆

20 单击“常用”选项卡→“修改”面板→“偏移”按钮，对相应线条进行偏移。

21 单击“常用”选项卡→“修改”面板→“修剪”按钮，选定相应线条进行修剪，效果如图 18-81 所示。

22 由于有些轮廓为不可见轮廓，所以需要将相应线条变成虚线，如图 18-82 所示。

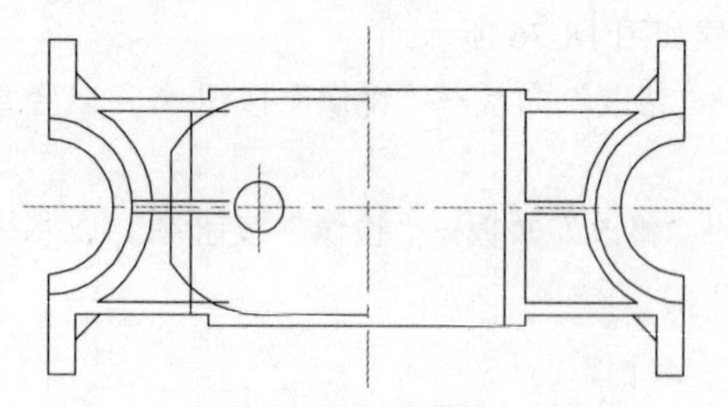
图 18-81　修剪线条

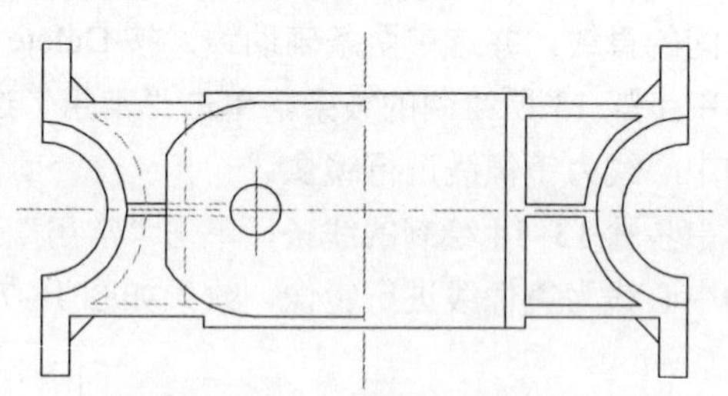
图 18-82　改变线条线型

23 单击“常用”选项卡→“修改”面板→“偏移”按钮，对水平中心线的偏移绘制通孔中心线，如图 18-83 所示。

24 单击“常用”选项卡→“修改”面板→“偏移”按钮，对相应轮廓线的偏移绘制通孔轮廓线，并单击“常用”选项卡→“修改”面板→“打断”按钮，对圆孔中心线进行修剪，如图 18-84 所示。

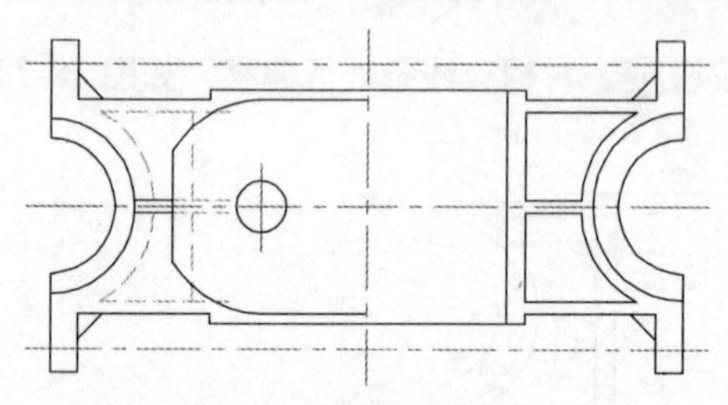
图 18-83　偏移中心线

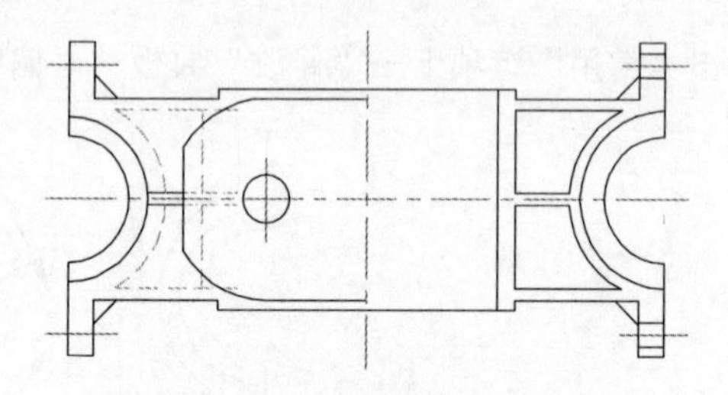
图 18-84　偏移线条

25 单击“常用”选项卡→“修改”面板→“偏移”按钮，通过对竖直中心线的偏移绘制螺纹孔中心线，如图 18-85 所示。

26 单击“常用”选项卡→“修改”面板→“偏移”按钮，通过对相应线条的偏移绘制螺纹孔轮廓线，如图 18-86 所示。

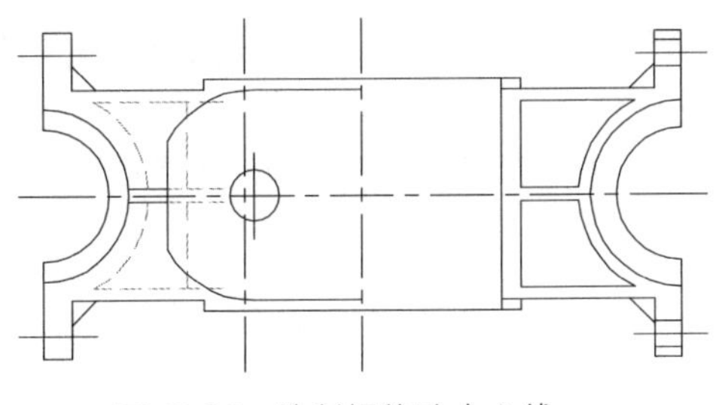

图 18-85　绘制螺纹孔中心线

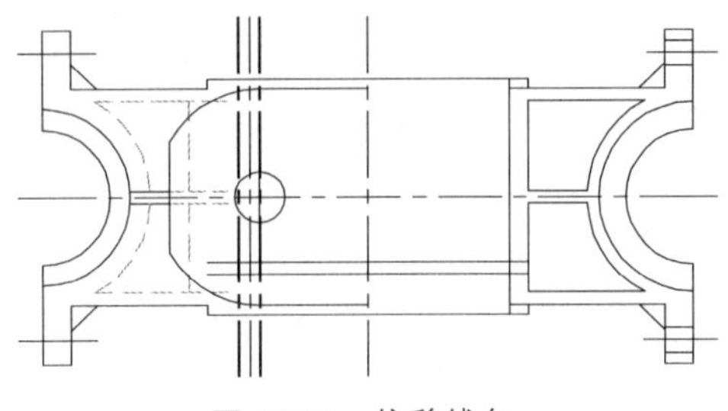

图 18-86　偏移线条

27 单击“常用”选项卡→“修改”面板→“修剪”按钮，选定相应线条进行修剪，效果如图 18-87 所示。

28 单击“常用”选项卡→“绘图”面板→“直线”按钮，绘制螺纹孔底部锥孔轮廓，如图 18-88 所示。

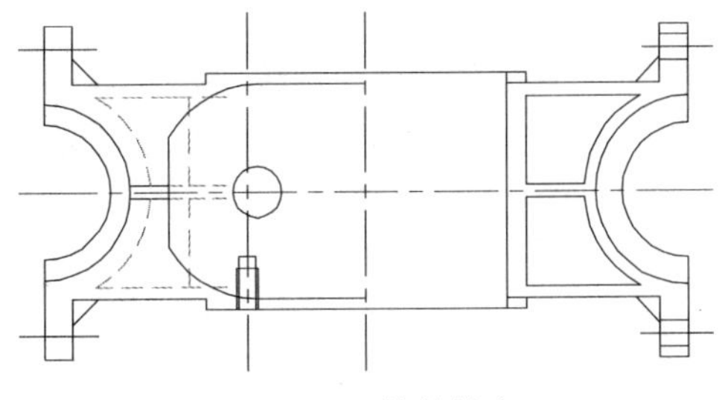

图 18-87　修剪线条

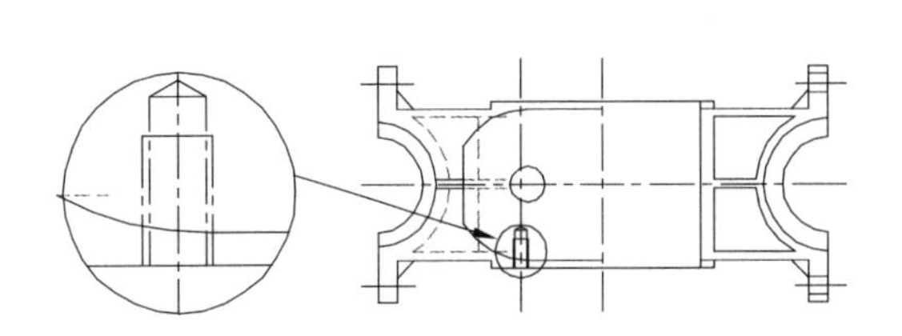

图 18-88　绘制螺纹孔底部锥孔轮廓

29 由于此螺纹孔为不可见轮廓，应将其线型更改成虚线。

30 单击“常用”选项卡→“修改”面板→“打断”按钮，对螺纹孔中心线进行修剪，效果如图 18-89 所示。

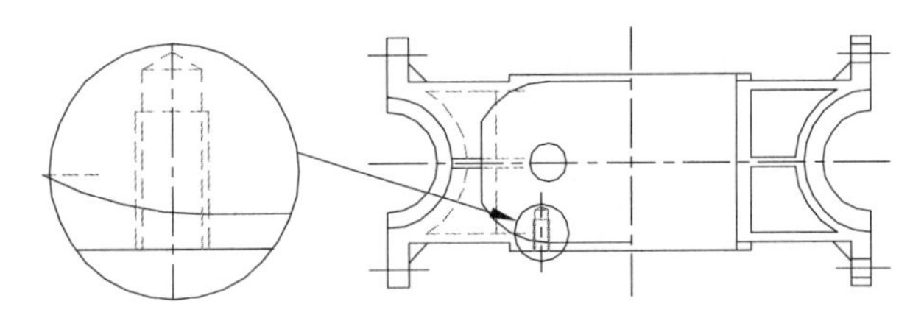

图 18-89　改变线条线型

31 选中如图 18-90 所示的螺纹孔轮廓线和螺纹孔中心线，单击“常用”选项卡→“修改”面板→“镜像”按钮，以水平方向的中心线为镜像线进行镜像，如图 18-90 所示。

32 重复上述步骤，绘制一个带凸台的螺纹孔，因为此螺纹孔将采用局部视图的方式来表达，所以可将线条改为粗实线和细实线，如图 18-91 所示。

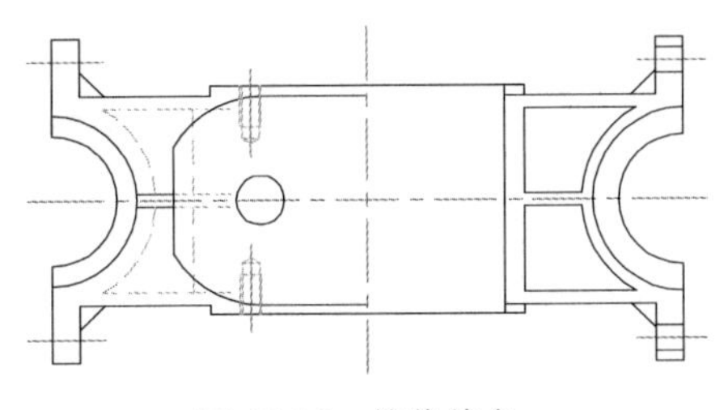

图 18-90　镜像线条

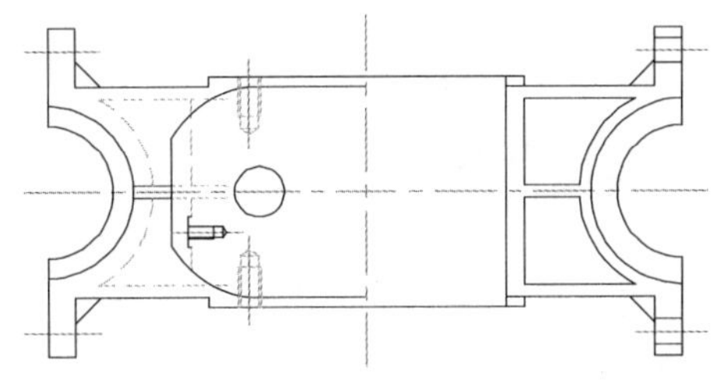

图 18-91　绘制螺纹孔

33 单击“常用”选项卡→“绘图”面板→“样条曲线拟合”按钮。绘制局部剖视图断面线及圆角处的分度线，并把分度线改为相应线型，如图 18-92 所示。

34 单击“常用”选项卡→“修改”面板→“圆角”按钮，选择需要进行圆角的轮廓线绘制圆角，如图 18-93 所示。

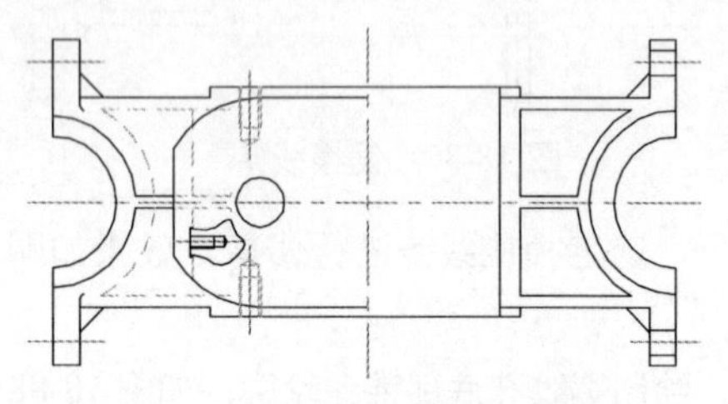

图 18-92　绘制剖视图断面线

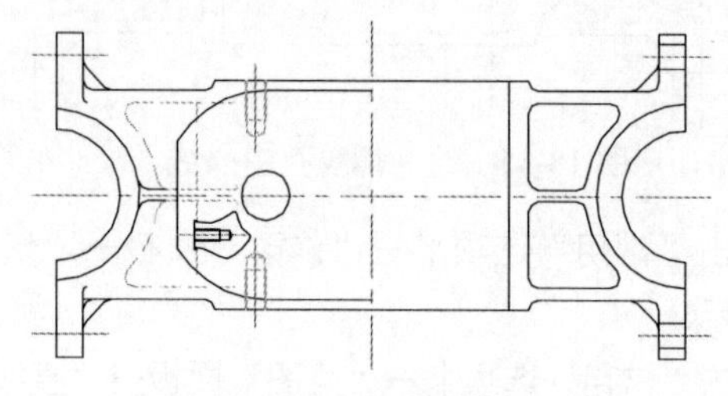

图 18-93　绘制圆角

35 单击“常用”选项卡→“修改”面板→“倒角”按钮，选择需要倒角的轮廓线，如图 18-94 所示。

36 单击“常用”选项卡→“绘图”面板→“直线”按钮，绘制倒角轮廓线，如图 18-95 所示。

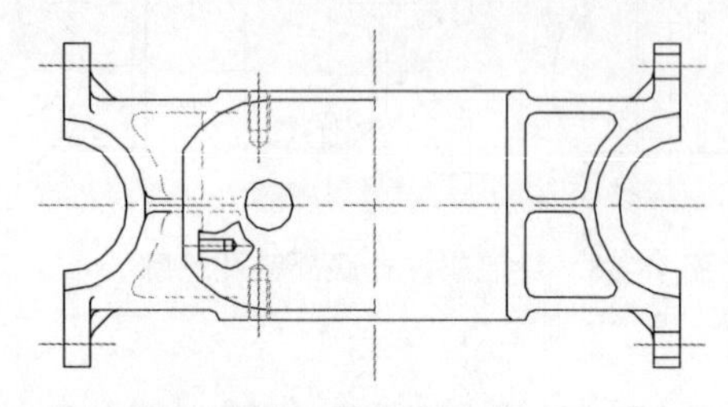

图 18-94　绘制倒角

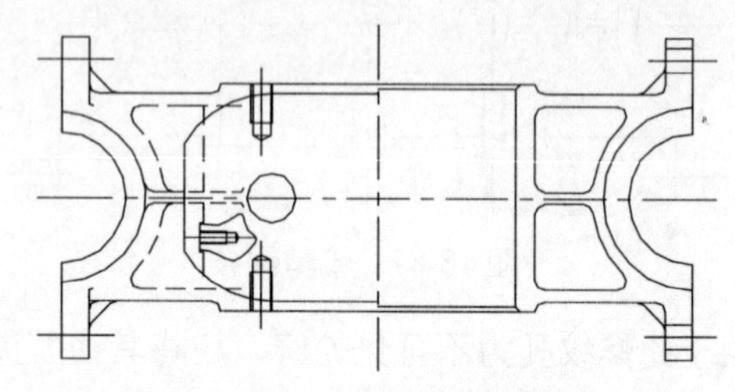

图 18-95　绘制倒角轮廓线

37 在“图层”面板中，将“细实线”置为当前图层，单击“常用”选项卡→“绘图”面板→“图案填充”按钮，选择需要填充剖面线的图形区域，在命令提示行中输入“T”，弹出“图案填充和渐变色”对话框。

38 在“图案填充”选项卡→“图案”面板中选择“ANSI31”，“角度”设置为 0，“比例”设置为 50。单击“关闭图案填充创建”按钮，完成剖面线的填充，效果如图 18-96 所示。

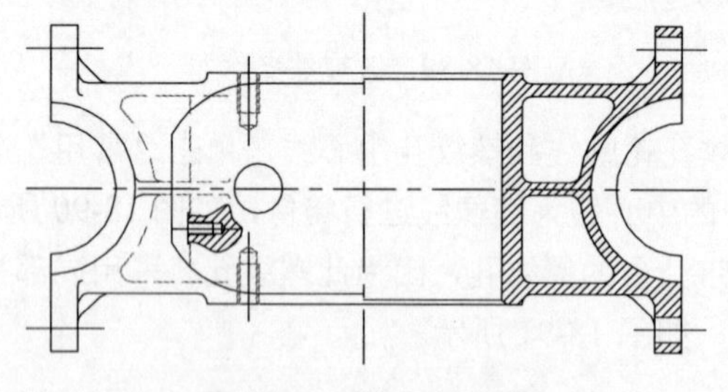

图 18-96　填充剖面线

18.2.4　绘制左视图

01 在“图层”面板中，将“中心线”置为当前图层。单击“状态栏”上的“正交”按钮，打开正交方式。

02 单击“常用”选项卡→“绘图”面板→“直线”按钮，选择一点，在水平方向上绘制长度为 350mm 的直线。

03 重复步骤 02，在竖直方向上绘制长度为 350mm 的直线，效果如图 18-97 所示。

04 单击“常用”选项卡→“修改”面板→“偏移”按钮，通过对中心线的偏移绘制线条，如图 18-98 所示。

05 选中所绘制的线条，在“常用”选项卡中的“图层”面板中选择“粗实线”图层，效果如图 18-99 所示。

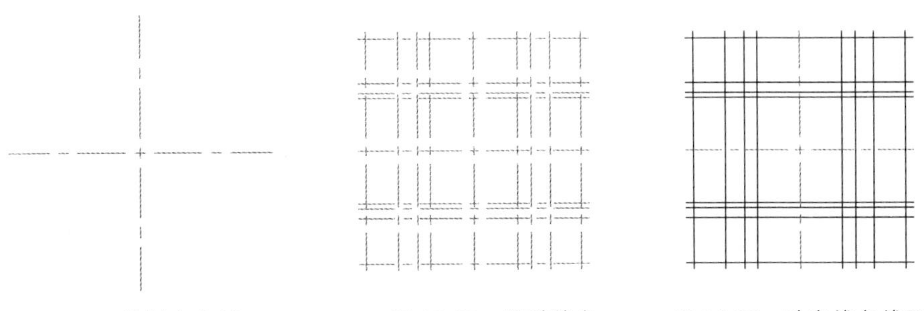

图 18-97　绘制中心线　　图 18-98　偏移线条　　图 18-99　改变线条线型

06 单击“常用”选项卡→“修改”面板→“修剪”按钮，选定相应线条进行修剪，效果如图 18-100 所示。

07 单击“常用”选项卡→“修改”面板→“偏移”按钮，通过对中心线的偏移绘制通孔中心线，如图 18-101 所示。

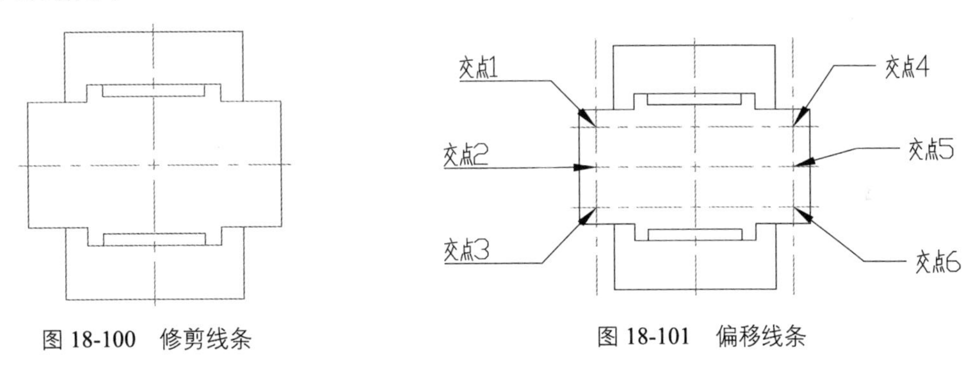

图 18-100　修剪线条　　图 18-101　偏移线条

08 在“图层”面板中，将“粗实线”置为当前图层。

09 单击“常用”选项卡→“绘图”面板→“圆”按钮，单击如图 18-101 所示的交点 1，在命令提示行输入 R 后按 Enter 键，输入半径后 Enter 键。

10 重复步骤 09，分别以交点 2、交点 3、交点 4、交点 5、交点 6 为中心绘制圆，效果如图 18-102 所示。

11 单击“常用”选项卡→“修改”面板→“打断”按钮，对通孔中心线进行修剪。

12 单击“常用”选项卡→“修改”面板→“偏移”按钮，通过相应线条的偏移绘制左视图内的轮廓，如图 18-103 所示。

13 选中步骤 12 所偏移的线条，在“图层”下拉列表框中选择“粗实线”。

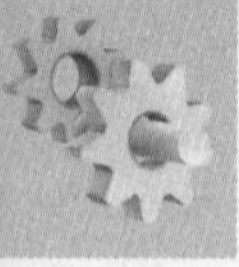

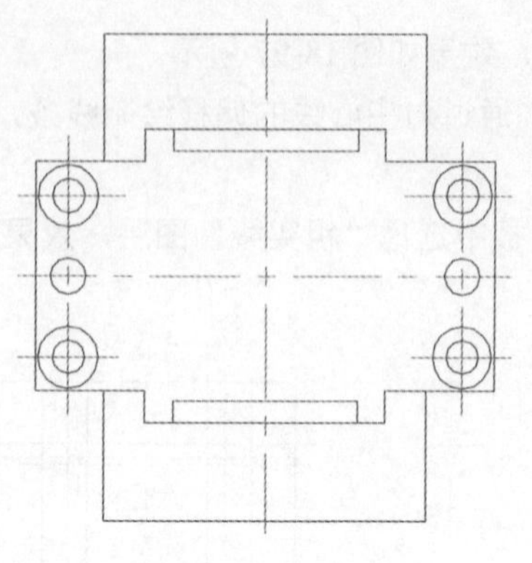

图 18-102　绘制圆

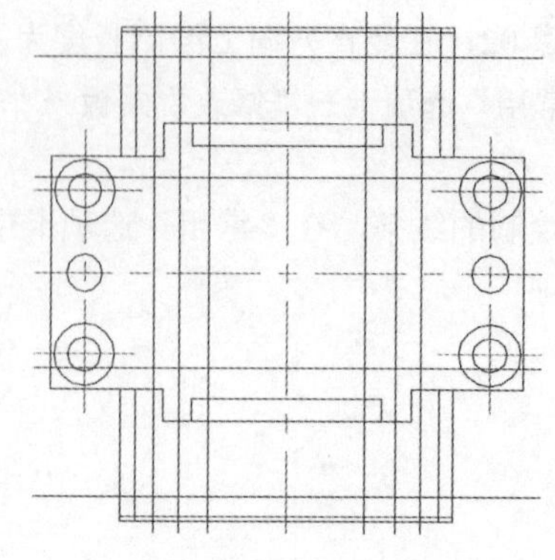

图 18-103　偏移线条

14 单击“常用”选项卡→“修改”面板→“修剪”按钮，选定相应线条进行修剪，效果如图 18-104 所示。

15 单击“常用”选项卡→“绘图”面板→“直线”按钮，依次单击如图 18-104 所示的两个交点，绘制两点间的直线。

16 选中步骤 15 所绘制的直线，单击“常用”选项卡→“修改”面板→“镜像”按钮，以竖直方向的中心线为镜像线进行镜像。

17 选中步骤 15~16 所绘制的直线，单击“常用”选项卡→“修改”面板→“镜像”按钮，以水平方向的中心线为镜像线进行镜像，效果如图 18-105 所示。

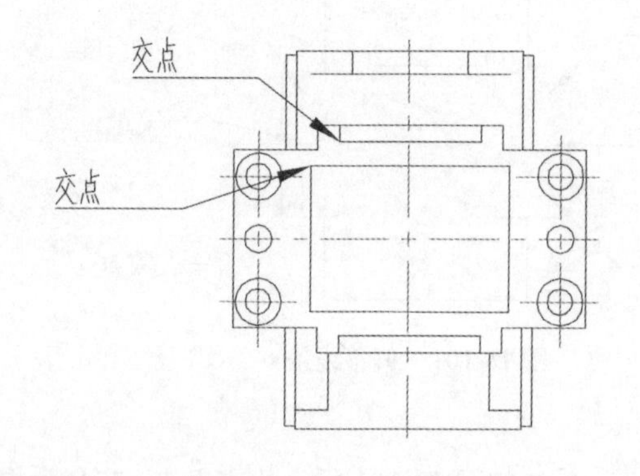

图 18-104　修剪线条

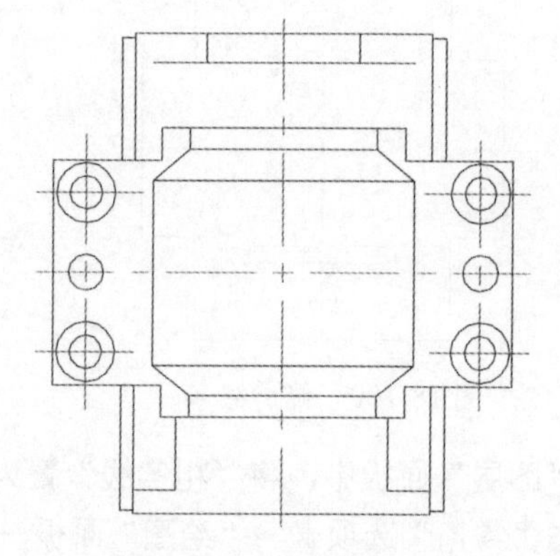

图 18-105　镜像线条

18 单击“常用”选项卡→“修改”面板→“圆角”按钮，选择需要进行圆角的轮廓线绘制圆角，如图 18-106 所示。

19 单击“常用”选项卡→“修改”面板→“偏移”按钮，通过对水平方向上的中心线的偏移绘制螺纹孔中心线。

20 单击“常用”选项卡→“修改”面板→“打断”按钮，对螺纹孔中心线进行修剪，效果如图 18-107 所示。

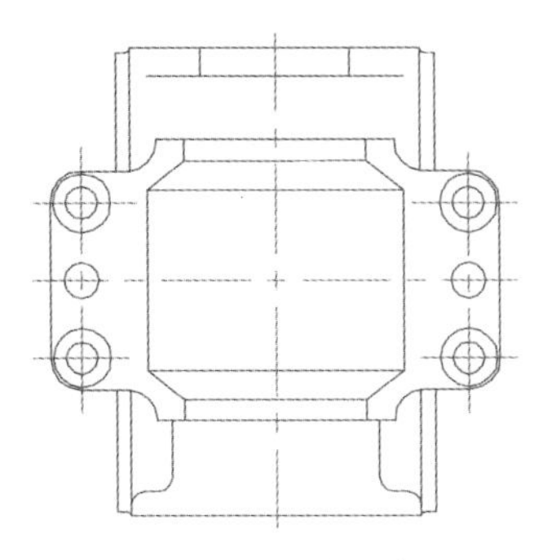

图 18-106　绘制圆角

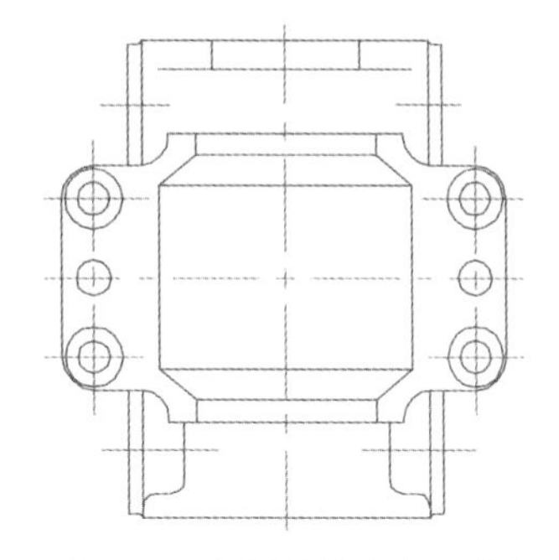

图 18-107　绘制螺纹孔中心线

21 单击“常用”选项卡→“修改”面板→“偏移”按钮，通过对相应轮廓的偏移绘制螺纹孔轮廓线。

22 单击“常用”选项卡→“绘图”面板→“样条曲线拟合”按钮。绘制局部剖视图断面线，并在“图层”下拉列表框中将断面线改为“细实线”。

23 单击“常用”选项卡→“修改”面板→“修剪”按钮，选定相应线条进行修剪，效果如图 18-108 所示。

24 选中螺纹线，在“图层”下拉列表框中选择“细实线”图层。

25 因为圆孔为不可见轮廓，所以将其线型改为虚线。

26 在“图层”面板中，将“细实线”置为当前图层，单击“常用”选项卡→“绘图”面板→“图案填充”按钮，选择需要填充剖面线的图形区域，在命令提示行中输入“T”，弹出“图案填充和渐变色”对话框。

27 在“图案填充”选项卡→“图案”面板中选择“ANSI31”，“角度”设置为 0，“比例”设置为 50。单击“关闭图案填充创建”按钮，完成剖面线的填充，效果如图 18-109 所示。

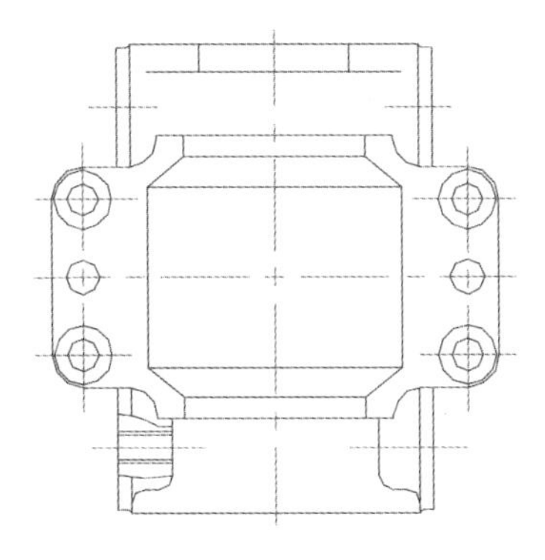

图 18-108　绘制螺纹孔

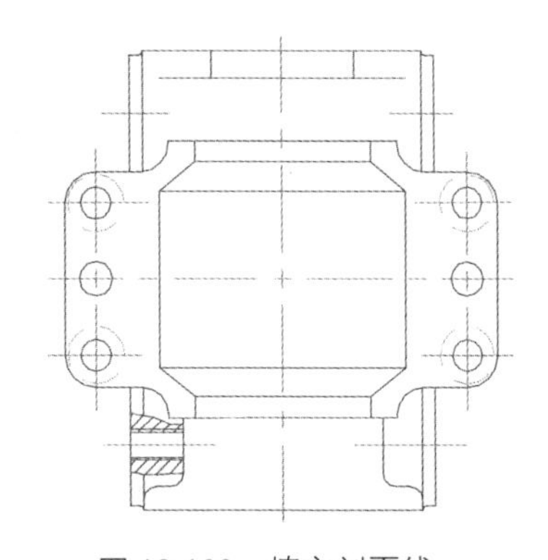

图 18-109　填充剖面线

18.2.5　标注尺寸

AutoCAD 小提示

比较复杂的零件在尺寸标注时，为了避免遗漏尺寸，可以分特征逐个标注，如先标注螺纹孔的几何尺寸，再标注它在零件的空间位置，依次类推。

01 在“图层”面板中，将工作图层切换到“细实线”。

02 输入 DIMSTYLE 命令，弹出“标注样式管理器”对话框。在“标注样式管理器”对话框中，单击“修改”按钮，弹出“修改标注样式”对话框。

03 在“修改标注样式”对话框中，打开“文字”选项卡，在“文字样式”下拉列表框中选择 TH_GBDIM 选项。

04 打开“主单位”选项卡，选中“消零”区域中的“前导”和“后续”复选框，单击“确定”按钮完成标注样式的设置。

05 单击“注释”选项卡→“标注”面板→“线性”按钮⊢⊣。

06 选择需要标注线性尺寸的端点，完成对主视图、俯视图外形尺寸的标注，效果如图 18-110 所示。

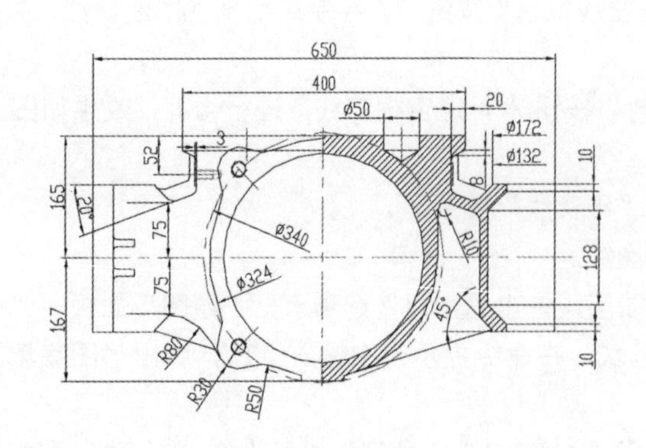

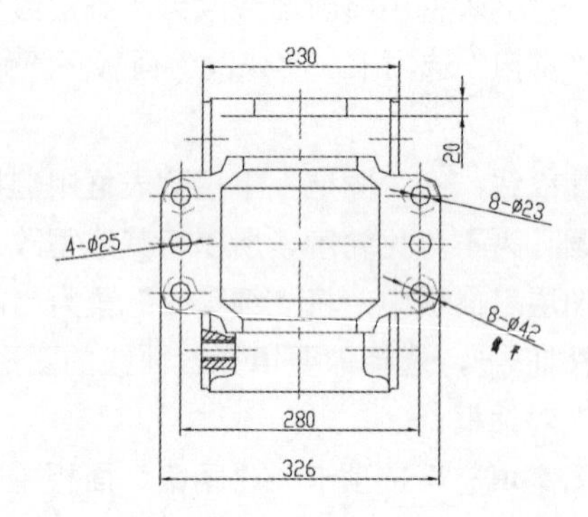

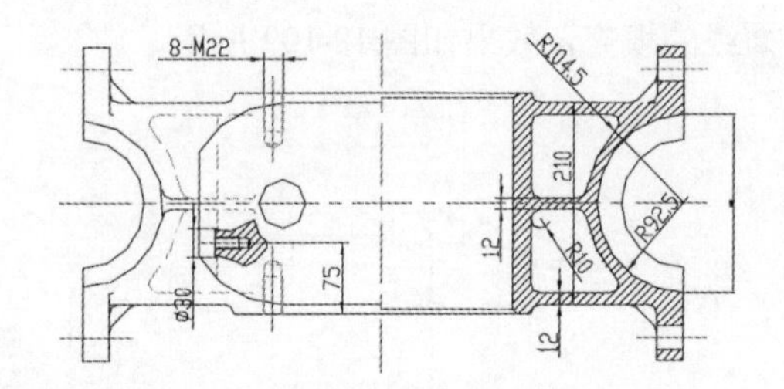

图 18-110　标注尺寸

07 使用多行文字标注极限偏差尺寸。使用 dli 命令后，选择需要标注极限偏差尺寸的两个端点，在命令提示行中输入 M。

08 弹出“文字格式”对话框，输入“%%C290（+0.0108 ^+0.056）”。

09 选定公差部分，在弹出的“文字编辑器”选项卡中单击“格式”下拉列表框的“堆叠”按钮，效果如图 18-111 所示。

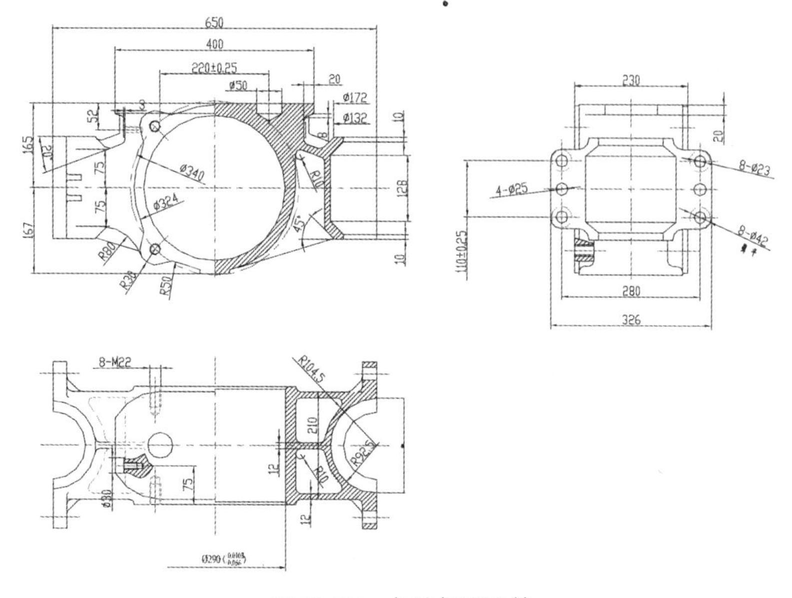

图 18-111　标注极限偏差

18.2.6　标注表面粗糙度

01 使用 insert 命令，或单击“插入”选项卡→“块”面板→“插入”按钮，弹出“插入”对话框。

02 选择随书光盘目录下的“\源文件\粗糙度.dwg”文件，单击“打开”按钮。

03 返回到“插入”对话框，选中插入点、比例、旋转 3 个区域中的“在屏幕上指定”复选框，单击“确定”按钮。

04 在屏幕上指定插入点，并设置好相关的参数，插入粗糙度符号，效果如图 18-112 所示。

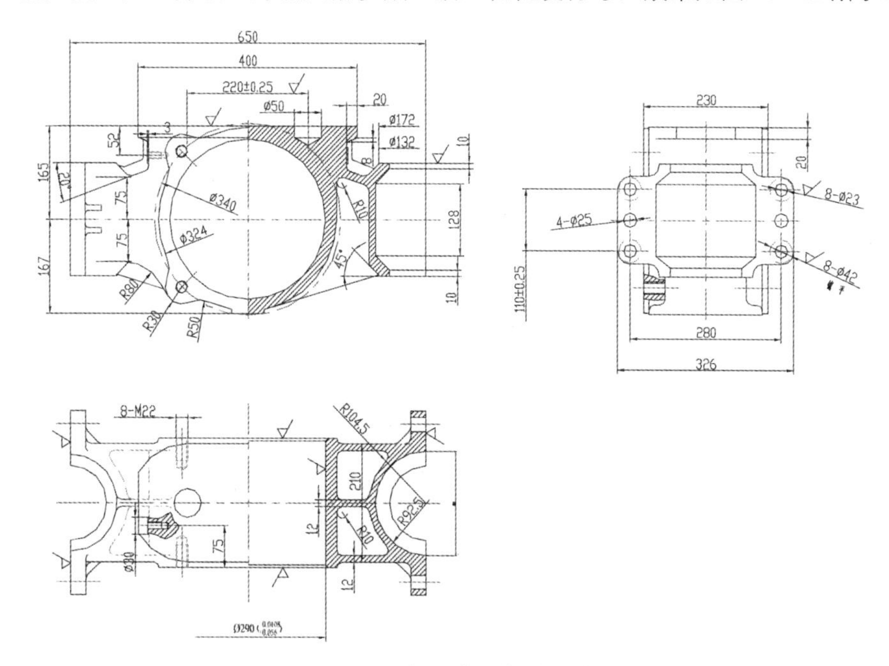

图 18-112　插入表面粗糙度符号

05 单击“注释”选项卡→“文字”面板→“多行文字”按钮A，对粗糙度等级进行标注。

06 在粗糙度符号上选择位置，进行粗糙度等级的标注。

07 设置好文字的高度和旋转角度，输入文字完成粗糙度等级的标注。

08 重复步骤 05～07 完成所有粗糙度等级的标注，效果如图 18-113 所示。

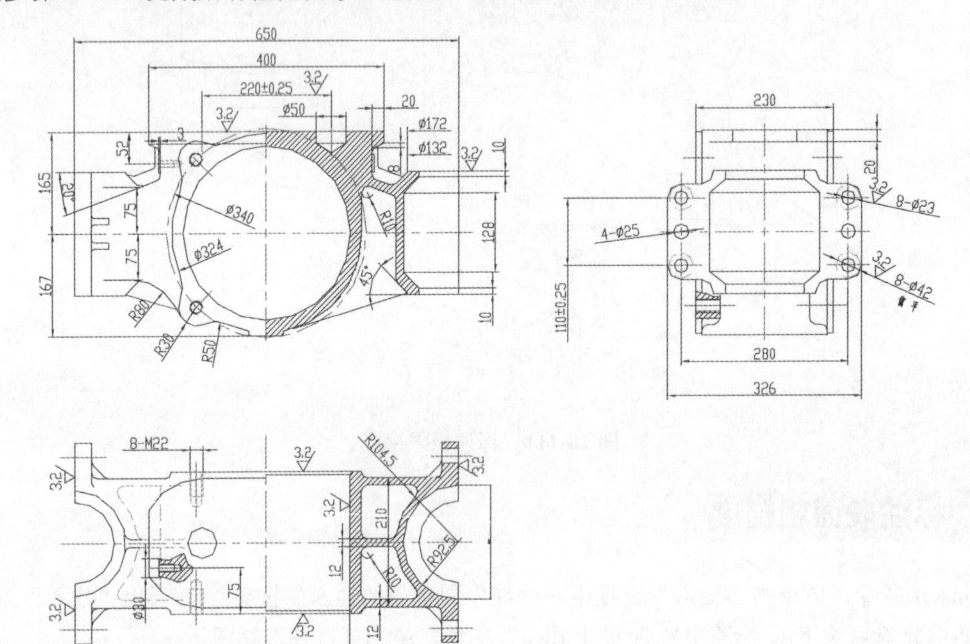

图 18-113　标注表面粗糙度

18.2.7　标注形位公差

01 使用 insert 命令，或单击“插入”选项卡→“块”面板→“插入”按钮，弹出“插入”对话框。

02 选择随书光盘目录下的“\源文件\基准代号.dwg”文件，单击“打开”按钮。

03 返回到“插入”对话框，选中插入点、比例、旋转 3 个区域中的“在屏幕上指定”复选框，单击“确定”按钮。

04 在屏幕上指定插入点，并设置好相关的参数，插入基准代号。

05 单击“注释”选项卡→“文字”面板→“多行文字”按钮A，完成对基准代号的标注。

06 单击“注释”选项卡→“标注”面板→“公差”按钮，弹出“形位公差”对话框。

07 单击“形位公差”对话框中的“符号”下的黑框，弹出“特征符号”对话框，单击“圆跳动”符号，自动关闭对话框。

08 在“公差 1”文本框中输入“0.2”，在“基准”文本框中输入 A，单击“确定”按钮。

09 利用鼠标单击选择需要放置公差的位置。

10 单击“注释”选项卡→“引线”面板→“多重引线“按钮，将公差指向需要标注形位公差的表面。

11 重复步骤 07~10，标注所需要的形位公差，效果如图 18-114 所示。

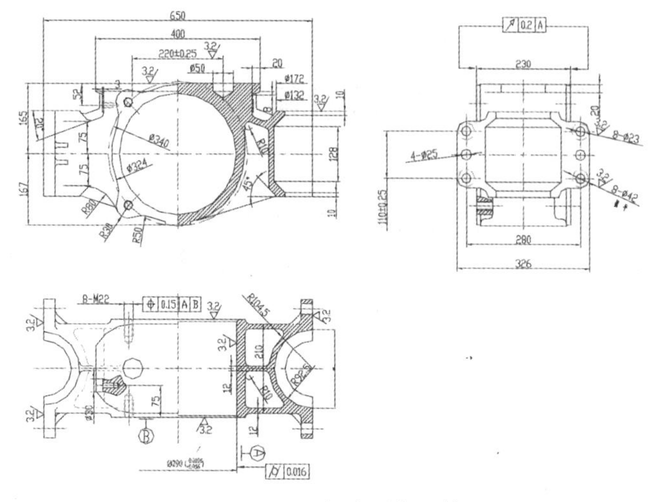

图 18-114　标注形位公差

18.2.8　标注技术要求

01 使用 mtext 命令进行技术要求的标注，输入 mtext 命令。

02 在屏幕上选择需要标注的位置，按住鼠标左键，确定文字插入位置并单击，弹出“文字编辑器”选项卡。

03 调整字体大小为 10，输入“技术要求”。

04 调整字体大小为 7，输入具体的技术要求内容，单击“确定”按钮完成技术要求的标注，效果如图 18-115 所示。

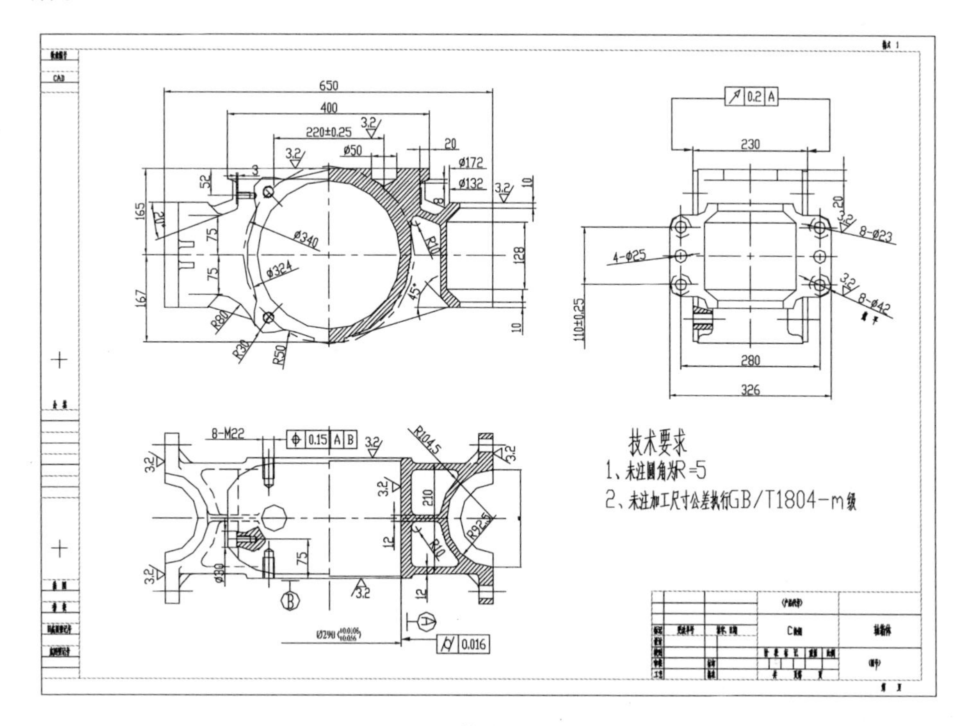

图 18-115　轴箱体设计最终效果图

18.3 知识回顾

本章主要介绍了两种箱体零件的画法，在绘制这类比较复杂的零件时，本章采用了分特征绘制的方法，各个击破，这样就能化繁为简。同前几章一样，本章也要注意各种视图的灵活运用，特别是几种剖视图（全剖视图、半剖视图、局部剖视图、旋转剖视图）的运用。

第 19 章

设计机械装配图

装配图是用来表明机器或部件的装配关系、连接关系、工作原理、传动路线及主要形状的图样。在产品或部件的设计过程中，一般是先画出装配图，然后再根据装配图进行零件设计，画出零件图；在产品或部件的制造过程中，先根据零件图进行零件加工和检验，再按照依据装配图所制定的装配工艺规程将零件装配成机器或部件。由于装配图一般比较复杂，因此绘制时应分清层次。本章在绘制装配图时，采用先绘制零件图→将零件图生成块→拼画装配图的顺序。将零件图生成块，能有效避免拼画装配图时发生错误。

学习目标

- 熟悉装配图的基本知识
- 掌握装配图基本绘制方法
- 掌握定位器的绘制方法
- 掌握螺旋千斤顶的绘制方法

19.1 定位器设计

定位器安装在仪器箱体的内壁上，如图 19-1 所示，工作时定位轴（件号 1）的左侧插入被固定零件的孔中，当零件需要变换位置时，拉动把手（件号 7），将定位轴从该零件的孔中拉出。松开把手后，由于弹簧（件号）的存在，使定位轴恢复原位。

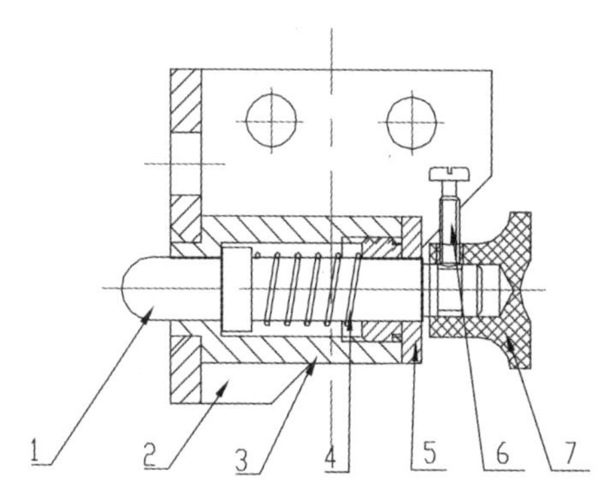

图 19-1　定位器装配示意图

19.1.1 绘制定位销

01 在“图层”面板中，将“中心线”置为当前图层。单击“状态栏”上的“正交”按钮，打开正交方式。

02 单击“常用”选项卡→“绘图”面板→“直线”按钮。选择一点，在水平方向上绘制长度为 40mm 的直线。

03 重复步骤 02，在竖直方向上绘制长度为 15mm 的直线，效果如图 19-2 所示。

04 单击“常用”选项卡→“修改”面板→“偏移”按钮，通过对中心线的偏移绘制线条，如图 19-3 所示。

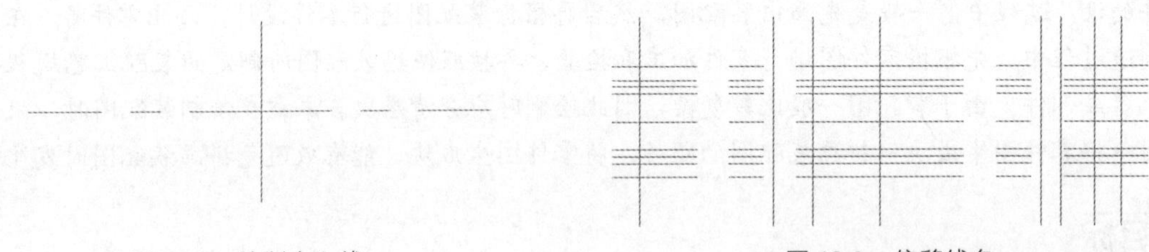

图 19-2 绘制中心线　　图 19-3 偏移线条

05 选中步骤 04 所绘制的线条，在“常用”选项卡中的“图层”面板中选择“粗实线”，将所绘制的线条转换为粗实线，效果如图 19-4 所示。

06 单击“常用”选项卡→“修改”面板→“修剪”按钮，对偏移的线条进行修剪，得到定位轴外轮廓形状，效果如图 19-5 所示。

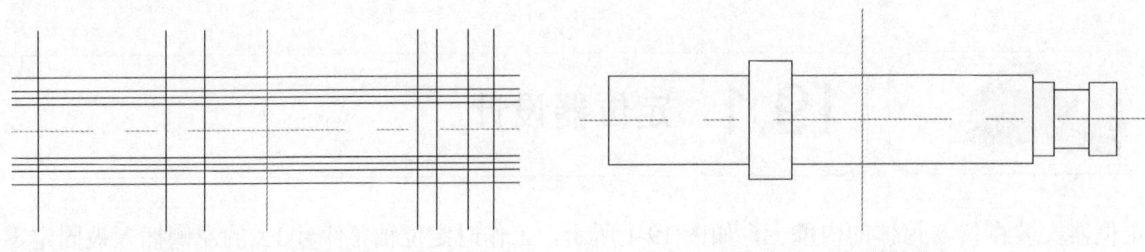

图 19-4 改变线条线型　　图 19-5 修剪线条

07 单击“常用”选项卡→“修改”面板→“偏移”按钮，通过对中心线的偏移绘制端头半圆中心线，如图 19-6 所示。

08 在“图层”下拉列表框中将“细实线”置为当前图层，单击“常用”选项卡→“绘图”面板→“圆”按钮，单击如图 19-6 所示的交点 1，输入半径，按 Enter 键，效果如图 19-7 所示。

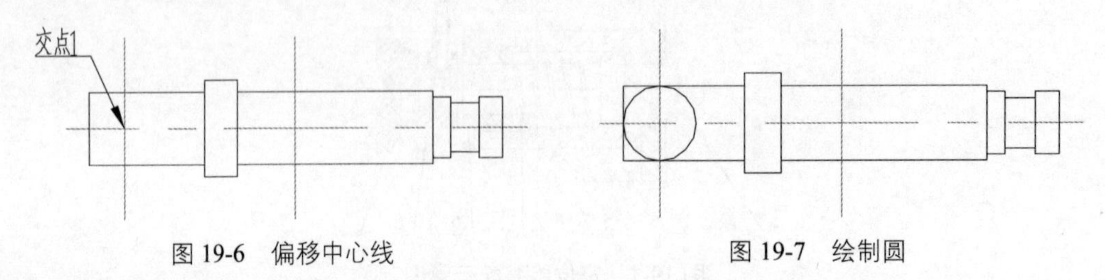

图 19-6 偏移中心线　　图 19-7 绘制圆

09 单击“常用”选项卡→“修改”面板→“修剪”按钮，单击右键，选定相应线条进行修剪，效果如图 19-8 所示。

10 单击“常用”选项卡→“修改”面板→“倒角”按钮，在命令行输入 A 后按 Enter 键，在命令行输入 0.5 后按 Enter 键，在命令提示行输入 45 后按 Enter 键，然后依次选择如图 19-8 所示的轮廓线 1 和轮廓线 2，按 Enter 键；依次选择如图 19-8 所示的轮廓线 2 和轮廓线 3，效果如图 19-9 所示。

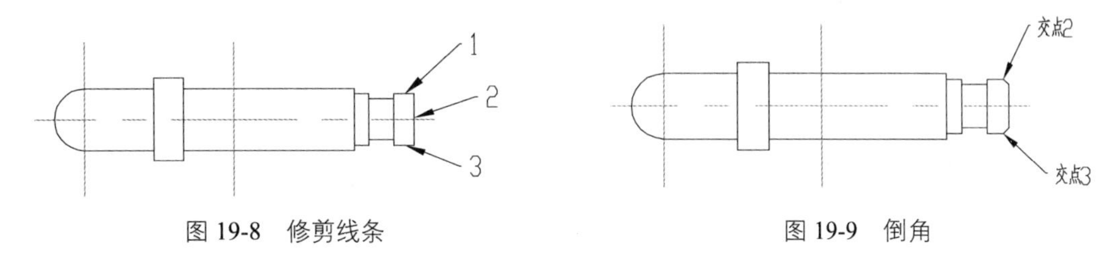

图 19-8　修剪线条　　图 19-9　倒角

11 单击“常用”选项卡→“绘图”面板→“直线”按钮，依次单击如图 19-9 所示的交点 2 和交点 3。绘制倒角轮廓线，效果如图 19-10 所示。

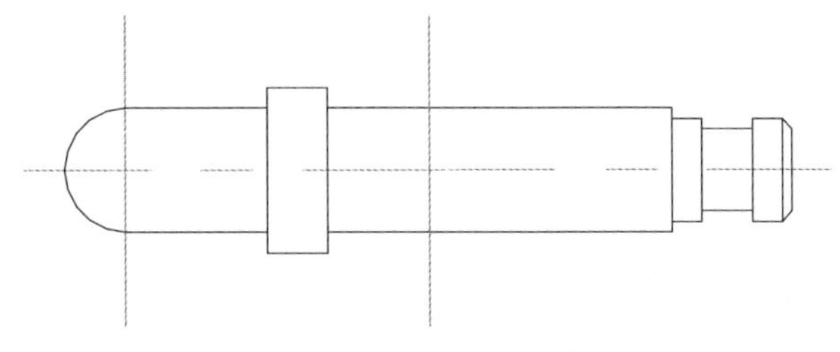

图 19-10　绘制倒角轮廓线

19.1.2　绘制支架

01 在“图层”面板中，将“中心线”置为当前图层。单击“状态栏”上的“正交”按钮，打开正交方式。

02 单击“常用”选项卡→“绘图”面板→“直线”按钮，选择一点，在水平方向上绘制长度为 40mm 的直线。

03 重复步骤 02，在竖直方向上绘制长度为 40mm 的直线，效果如图 19-11 所示。

04 单击“常用”选项卡→“修改”面板→“偏移”按钮，通过对中心线的偏移绘制线条，如图 19-12 所示。

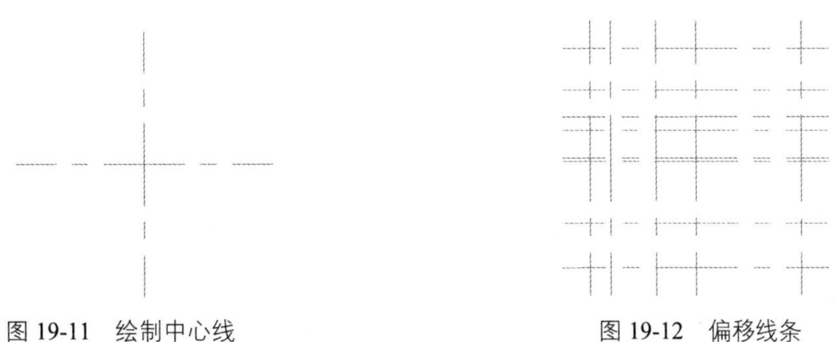

图 19-11　绘制中心线　　图 19-12　偏移线条

05 选中步骤 04 所绘制的线条，在“常用”选项卡中的“图层”面板中选择“粗实线”，将所绘制的线条转换为粗实线，效果如图 19-13 所示。

06 单击“常用”选项卡→“修改”面板→“修剪”按钮，对偏移的线条进行修剪，得到定位轴外轮廓形状，效果如图 19-14 所示。

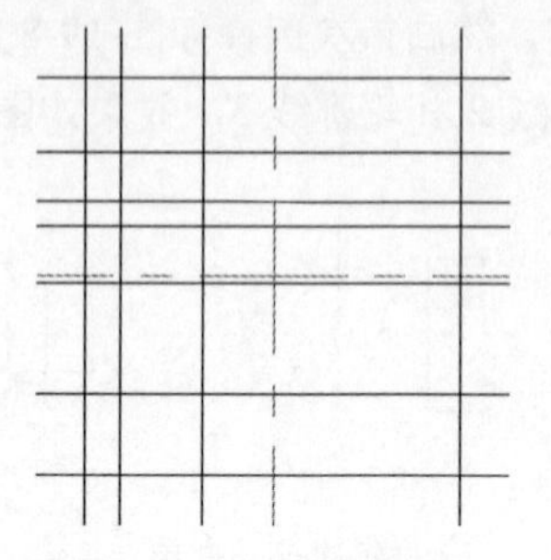

图 19-13　改变线条线型

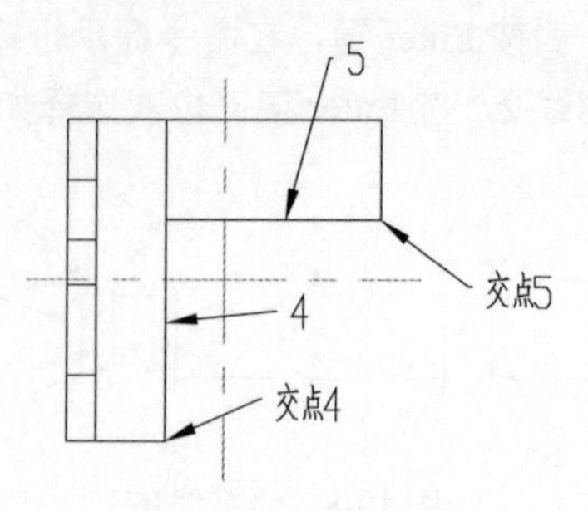

图 19-14　修剪线条

07 单击“常用”选项卡→“绘图”面板→“直线”按钮，依次单击如图 19-14 所示的交点 4 和交点 5，绘制轮廓线。

08 选中如图 19-14 所示的线条 4、线条 5，按 Delete 键，效果如图 19-15 所示。

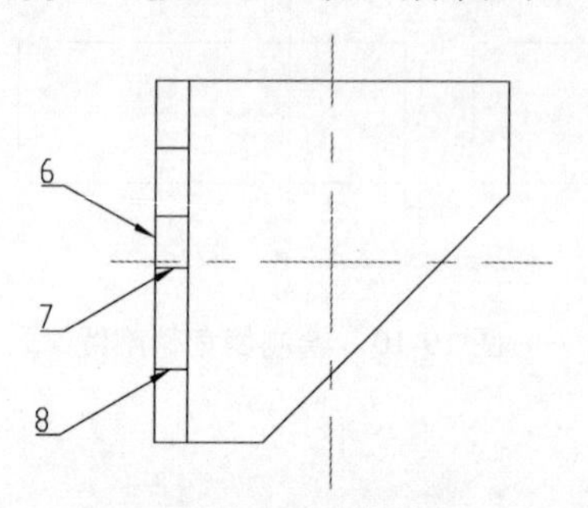

图 19-15　删除辅助线

09 单击“常用”选项卡→“修改”面板→“倒角”按钮，在命令行输入 A 后按 Enter 键，在命令行输入 1.5 后按 Enter 键，在命令提示行输入 45 后按 Enter 键，在命令提示行输入 T 后按 Enter 键，输入 N 后按 Enter 键，然后选择如图 19-15 所示的轮廓线 6 和轮廓线 7。

10 重复步骤 09，选择如图 19-15 所示的轮廓线 7 和轮廓线 8，如图 19-16 所示。

11 在“图层”下拉列表框中，将“粗实线”置为当前图层。单击“常用”选项卡→“绘图”面板→“直线”按钮，依次单击如图 19-16 所示的交点 6 和交点 7，绘制倒角轮廓线，如图 19-17 所示。

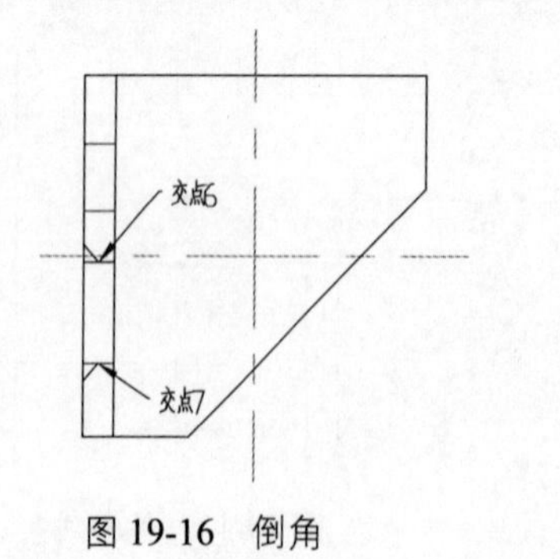

图 19-16　倒角

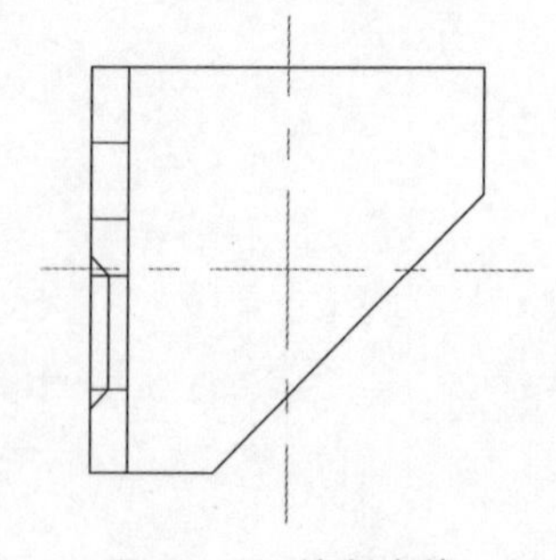

图 19-17　绘制直线

12 单击“常用”选项卡→“修改”面板→“修剪”按钮，对偏移的线条进行修剪，得到定位轴外轮廓形状，效果如图 19-18 所示。

13 在“图层”面板中，将“细实线”置为当前图层，单击“常用”选项卡→“绘图”面板→“图案填充”按钮，选择需要填充剖面线的图形区域，在命令提示行中输入“T”，弹出“图案填充和渐变色”对话框。

14 在“图案填充”选项卡→“图案”面板中选择“ANSI31”，“角度”设置为 0，“比例”设置为 0.5。单击“关闭图案填充创建”按钮，完成剖面线的填充，效果如图 19-19 所示。

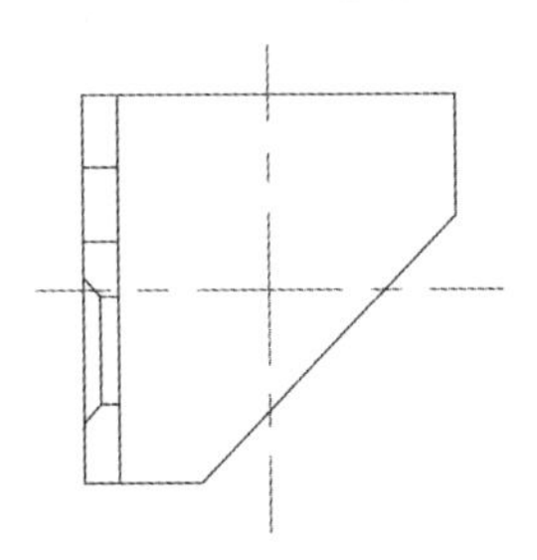

图 19-18　修剪线条

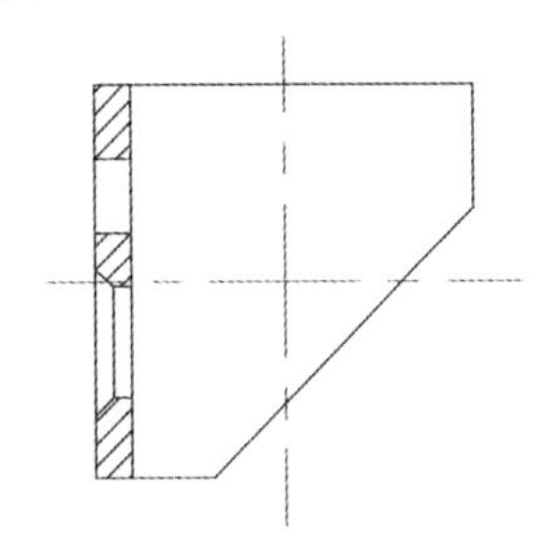

图 19-19　填充剖面线

15 单击“常用”选项卡→“修改”面板→“偏移”按钮，通过对中心线的偏移绘制线条，如图 19-20 所示。

16 单击“常用”选项卡→“修改”面板→“打断”按钮，对步骤 15 所绘制的线条进行修剪，效果如图 19-21 所示。

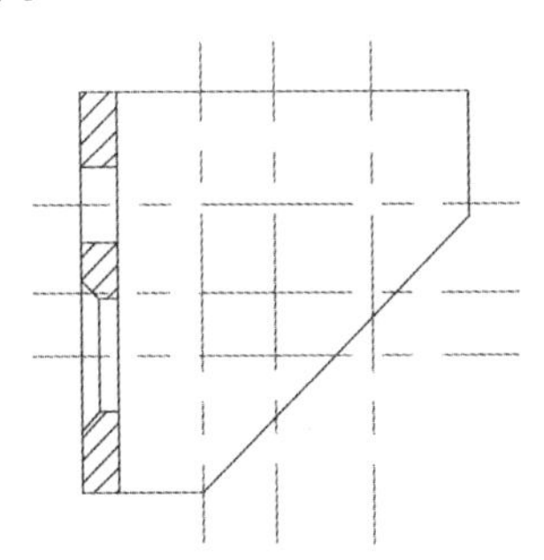

图 19-20　偏移线条

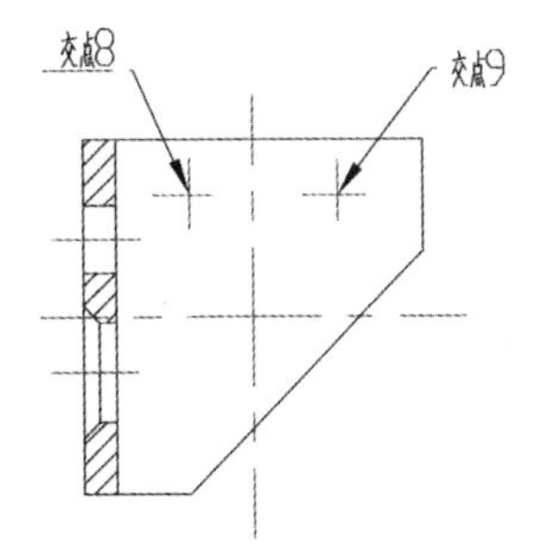

图 19-21　修剪线条

17 单击“常用”选项卡→“绘图”面板→“圆”按钮，单击如图 19-21 所示的交点 8，输入半径，按 Enter 键。

18 重复步骤 17，以如图 19-21 所示的交点 9 为圆心绘制圆，效果如图 19-22 所示。

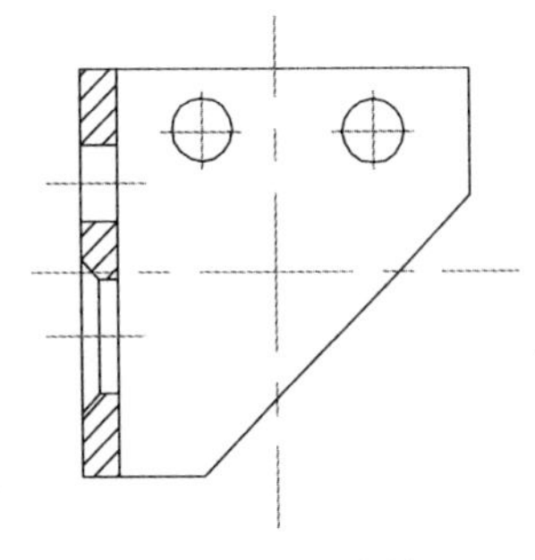

图 19-22　绘制圆

19.1.3　绘制套筒

01 在“图层”面板中，将“中心线”置为当前图层。单击“状态栏”上的“正交”按钮，打开正交方式。

02 单击“常用”选项卡→“绘图”面板→“直线”按钮，选择一点，在水平方向上绘制长度为 30mm 的直线。

03 重复步骤 02，在竖直方向上绘制长度为 20mm 的直线，效果如图 19-23 所示。

04 单击“常用”选项卡→“修改”面板→“偏移”按钮，通过对中心线的偏移绘制线条，如图 19-24 所示。

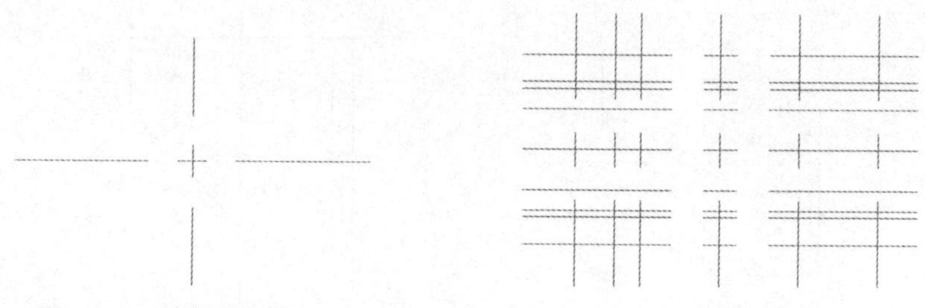

图 19-23 绘制中心线　　图 19-24 偏移中心线

05 选中步骤 04 所绘制的线条，在“常用”选项卡中的“图层”面板中选择“粗实线”，将所绘制的线条转换为粗实线，效果如图 19-25 所示。

06 单击“常用”选项卡→“修改”面板→“修剪”按钮，对偏移的线条进行修剪，得到定位轴外轮廓形状，效果如图 19-26 所示。

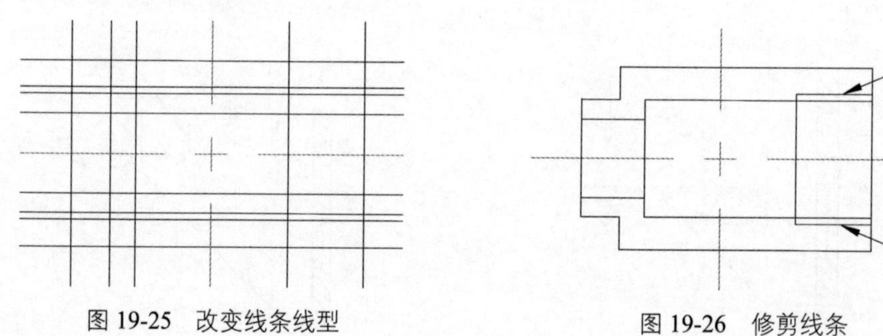

图 19-25 改变线条线型　　图 19-26 修剪线条

07 选择如图 19-26 所示的轮廓线 9 和轮廓线 10，单击“图层”下拉列表框的“细实线”图层，单击“线宽”按钮，效果如图 19-27 所示。

08 在“图层”面板中，将“细实线”置为当前图层，单击“常用”选项卡→“绘图”面板→“图案填充”按钮，选择需要填充剖面线的图形区域，在命令提示行中输入“T”，弹出“图案填充和渐变色”对话框。

09 在“图案填充”选项卡→“图案”面板中选择“ANSI31”，“角度”设置为 90，“比例”设置为 0.5。单击“关闭图案填充创建”按钮，完成剖面线的填充，效果如图 19-28 所示。

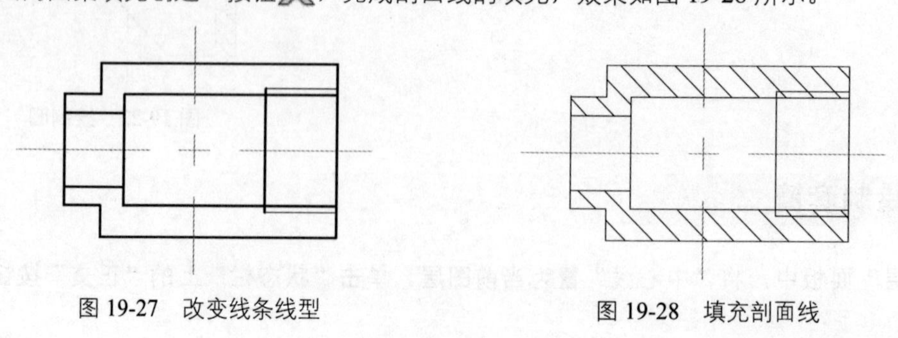

图 19-27 改变线条线型　　图 19-28 填充剖面线

19.1.4　绘制盖

01 在“图层”面板中，将“中心线”置为当前图层。单击“状态栏”上的“正交”按钮，打开正交方式。

02 单击“常用”选项卡→“绘图”面板→“直线”按钮，选择一点，在水平方向上绘制长度为 10mm 的直线。

03 重复步骤 02，在竖直方向上绘制长度为 20mm 的直线，效果如图 19-29 所示。

04 单击“常用”选项卡→“修改”面板→“偏移”按钮，通过对中心线的偏移绘制线条，如图 19-30 所示。

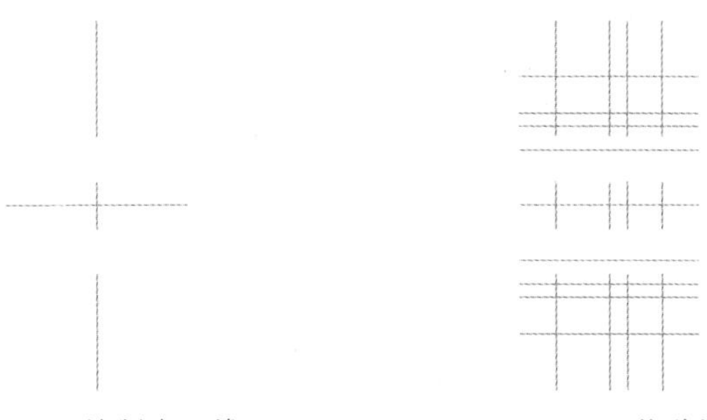

图 19-29　绘制中心线　　　　图 19-30　偏移线条

05 选中步骤 04 所绘制的线条，在“常用”选项卡中的“图层”面板中选择“粗实线”，将所绘制的线条转换为粗实线，效果如图 19-31 所示。

06 单击“常用”选项卡→“修改”面板→“修剪”按钮，对偏移的线条进行修剪，得到定位轴外轮廓形状，效果如图 19-32 所示。

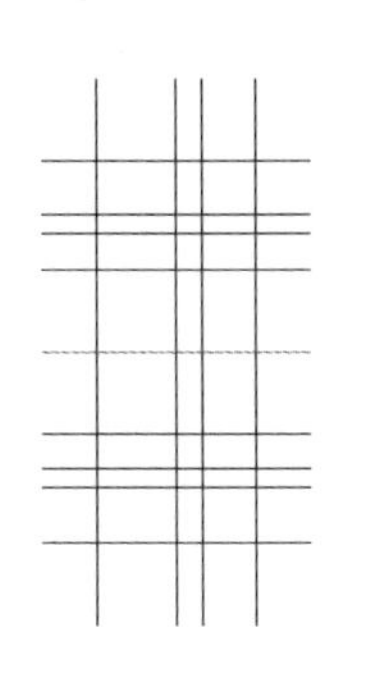

图 19-31　改变线条线型

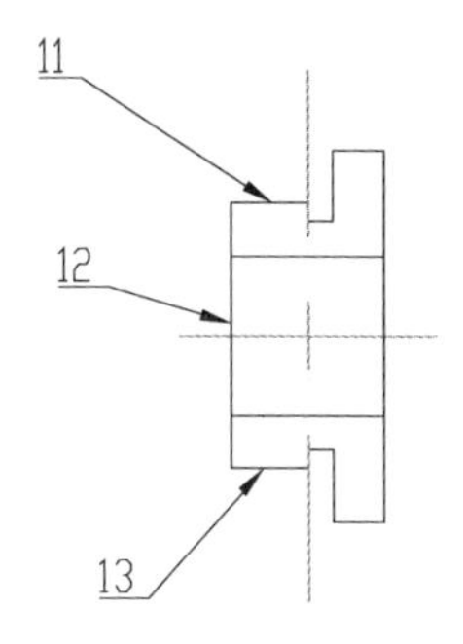

图·19-32　修剪线条

07 单击“常用”选项卡→“修改”面板→“倒角”按钮，在命令行输入 A 后按 Enter 键，在命令行输入 0.5 后按 Enter 键，在命令提示行中输入 45 后按 Enter 键，然后选择如图 19-32 所示的轮廓线 11 和轮廓线 12。

08 重复步骤 07，选择如图 19-15 所示的轮廓线 12 和轮廓线 13，效果如图 19-33 所示。

09 单击“常用”选项卡→“绘图”面板→“直线”按钮，选择如图 19-33 所示的交点 10，在水平方向上绘制垂直于竖直方向上中心线的直线。

10 单击“常用”选项卡→“绘图”面板→“直线”按钮，选择如图 19-33 所示的交点 11，在水平方向上绘制垂直于竖直方向上中心线的直线，效果如图 19-34 所示。

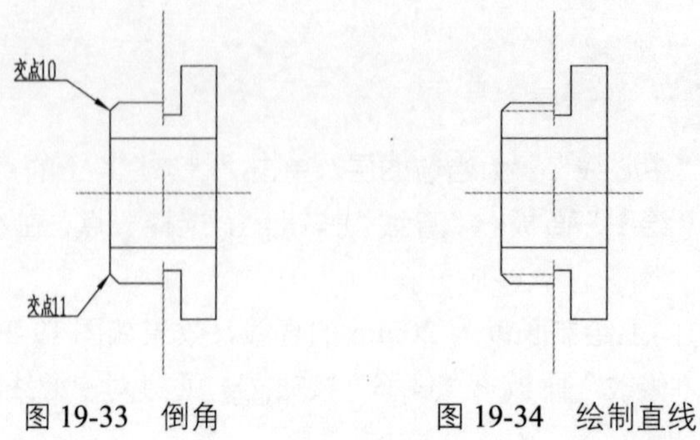

图 19-33　倒角　　　　图 19-34　绘制直线

11 选中步骤 09~10 所绘制的直线，在“图层”下拉列表框中，单击“细实线”图层，效果如图 19-35 所示。

12 在“图层”面板中，将“细实线”置为当前图层，单击“常用”选项卡→“绘图”面板→“图案填充”按钮，选择需要填充剖面线的图形区域，在命令提示行中输入“T”，弹出“图案填充和渐变色”对话框。

13 在“图案填充”选项卡→“图案”面板中选择“ANSI31”，“角度”设置为 0，“比例”设置为 0.25。单击“关闭图案填充创建”按钮，完成剖面线的填充，效果如图 19-36 所示。

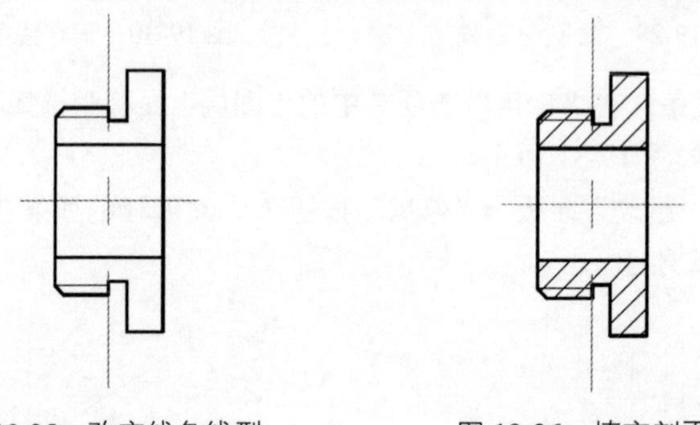

图 19-35　改变线条线型　　　　图 19-36　填充剖面线

19.1.5　绘制把手

01 在“图层”面板中，将“中心线”置为当前图层。单击“状态栏”上的“正交”按钮，打开正交方式。

02 单击“常用”选项卡→“绘图”面板→“直线”按钮，选择一点，在水平方向上绘制长度为 15mm 的直线。

03 重复步骤 02，在竖直方向上绘制长度为 20mm 的直线，效果如图 19-37 所示。

04 单击“常用”选项卡→“修改”面板→“偏移”按钮，通过对中心线的偏移绘制线条，如图 19-38 所示。

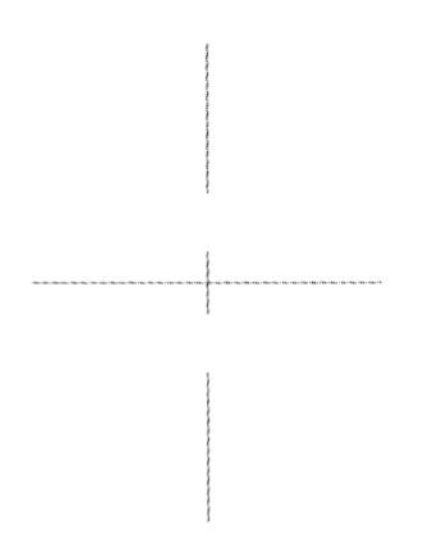

图 19-37　绘制中心线

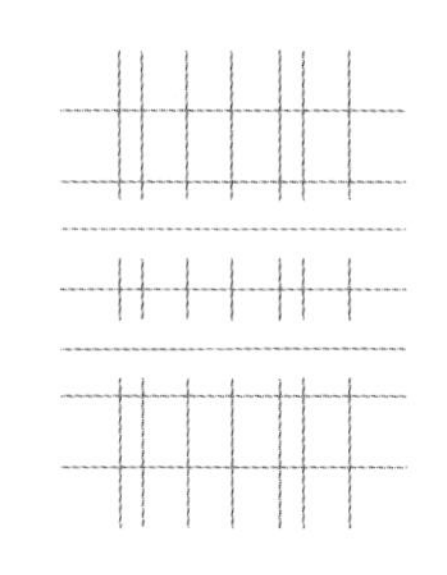

图 19-38　偏移线条

05 选中步骤 04 所绘制的线条，在“常用”选项卡中的“图层”面板中选择“粗实线”，将所绘制的线条转换为粗实线，效果如图 19-39 所示。

06 单击“常用”选项卡→“修改”面板→“修剪”按钮，对偏移的线条进行修剪，得到定位轴外轮廓形状，效果如图 19-40 所示。

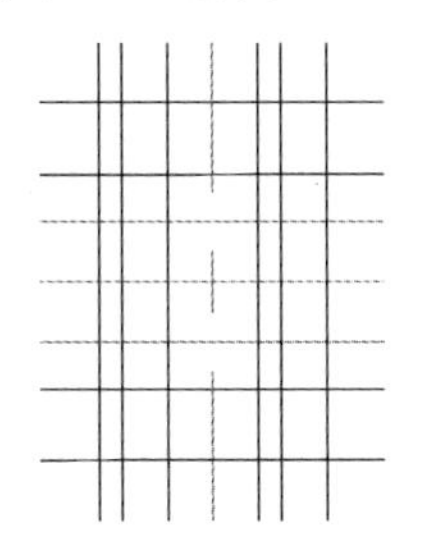

图 19-39　改变线条线型

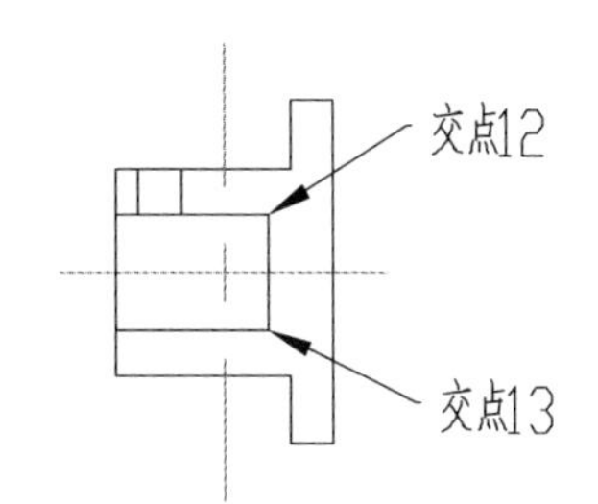

图 19-40　修剪线条

07 单击“常用”选项卡→“绘图”面板→“直线”按钮，单击如图 19-40 所示的交点 12，在命令提示行输入“<60”，按 Enter 键，单击如图 19-40 所示的交点 13，效果如图 19-41 所示。

08 单击“常用”选项卡→“绘图”面板→“圆弧”按钮，选择相应的点，效果如图 19-42 所示。

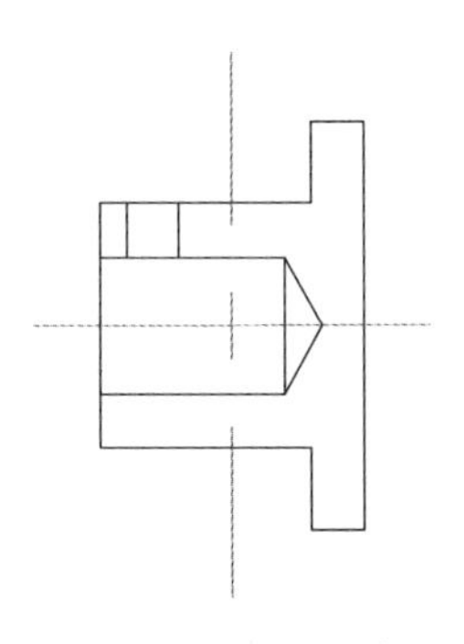

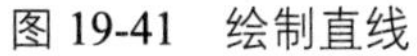

图 19-41　绘制直线

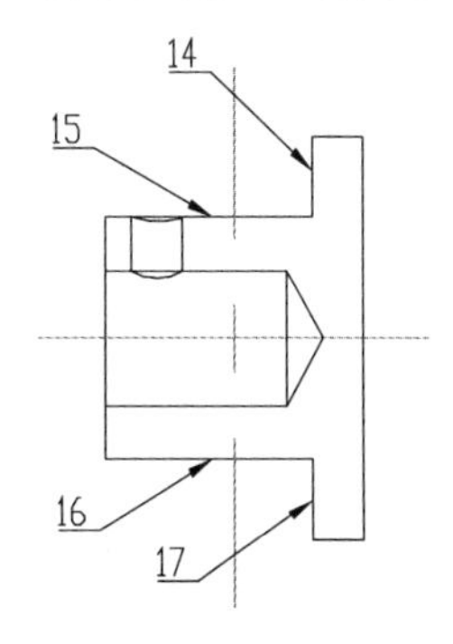

图 19-42　绘制圆弧

09 单击“常用”选项卡→“修改”面板→“圆角”按钮，在命令行输入 R 后按 Enter 键，在命令行输入 3 后按 Enter 键，然后选择如图 19-42 所示的轮廓线 14 和轮廓线 15。

10 重复步骤 09，选择如图 19-42 所示的轮廓线 16 和轮廓线 17，效果如图 19-43 所示。

11 单击“常用”选项卡→“修改”面板→“修剪”按钮，选择相应线条进行修剪，效果如图 19-44 所示。

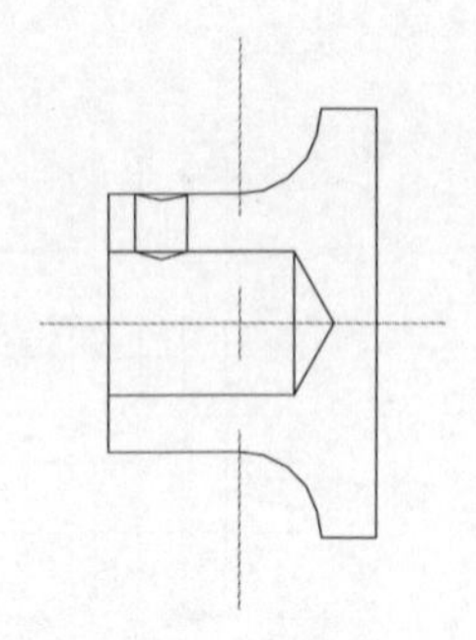

图 19-43　圆角

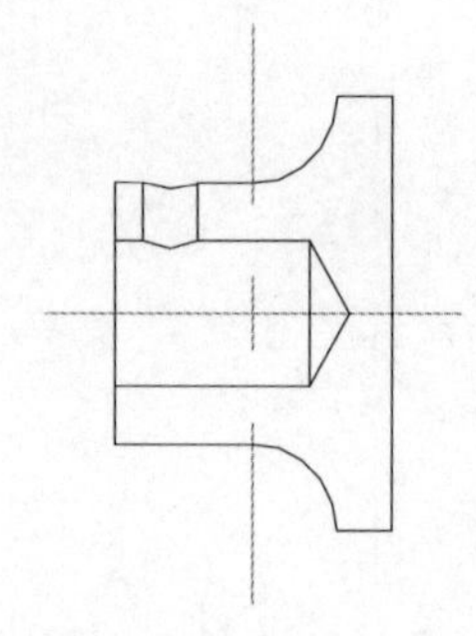

图 19-44　修剪线条

12 单击“常用”选项卡→“修改”面板→“偏移”按钮，通过对中心线的偏移绘制圆弧中心线和螺纹孔中心线，如图 19-45 所示。

13 单击“常用”选项卡→“绘图”面板→“圆”按钮，以如图 19-45 所示的交点 14 为圆心，在命令提示行输入圆半径，按 Enter 键，效果如图 19-46 所示。

14 单击“常用”选项卡→“修改”面板→“修剪”按钮，选择相应线条进行修剪，效果如图 19-47 所示。

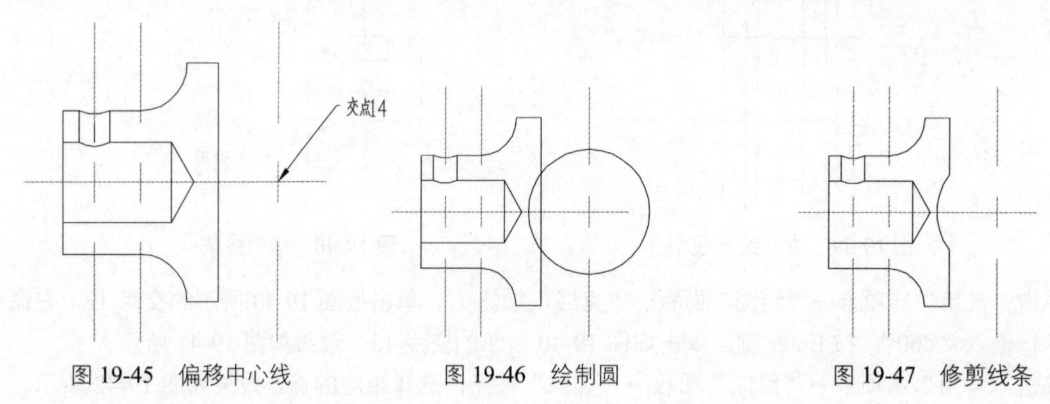

图 19-45　偏移中心线　　图 19-46　绘制圆　　图 19-47　修剪线条

15 单击“常用”选项卡→“修改”面板→“打断”按钮，对圆弧中心线进行修剪，效果如图 19-48 所示。

16 单击“常用”选项卡→“修改”面板→“偏移”按钮，通过对螺纹孔轮廓线的偏移绘制螺纹线，如图 19-49 所示。

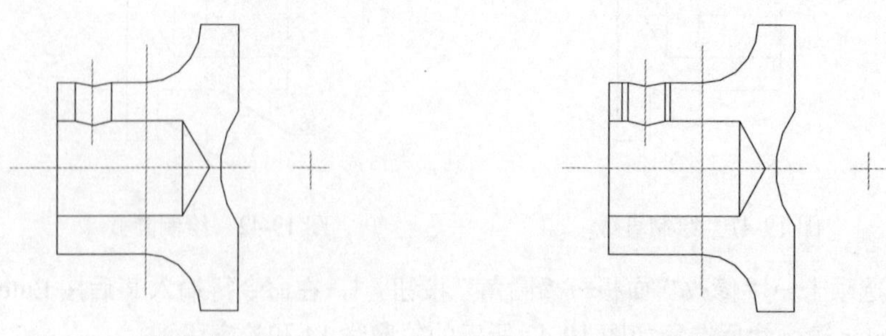

图 19-48　修剪中心线　　图 19-49　偏移线条

17 选择步骤 16 所绘制的螺纹线，在“图层”下拉列表框中选择“细实线”图层。

18 在“图层”面板中，将“细实线”置为当前图层，单击“常用”选项卡→“绘图”面板→“图案填充”按钮，选择需要填充剖面线的图形区域，在命令提示行中输入“T”，弹出“图案填充和渐变色”对话框。

19 在“图案填充”选项卡→“图案”面板中选择“ANSI37”，“角度”设置为 0，“比例”设置为 0.25。单击“关闭图案填充创建”按钮，完成剖面线的填充，效果如图 19-50 所示。

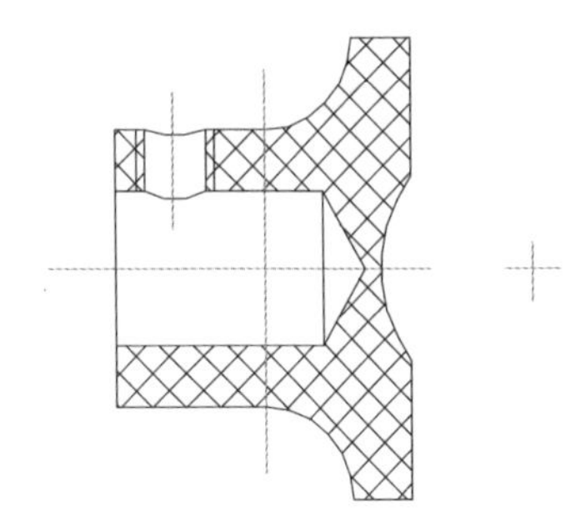

图 19-50　填充剖面线

19.1.6　绘制螺钉和弹簧

在本书的前面章节中已讲述了螺钉和弹簧的绘制方法，这里就不再赘述。绘制的螺钉和弹簧如图 19-51 和图 19-52 所示。

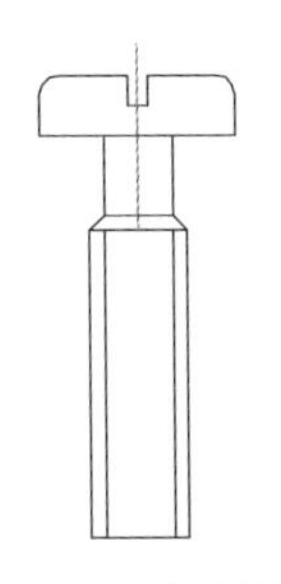

图 19-51　绘制螺钉

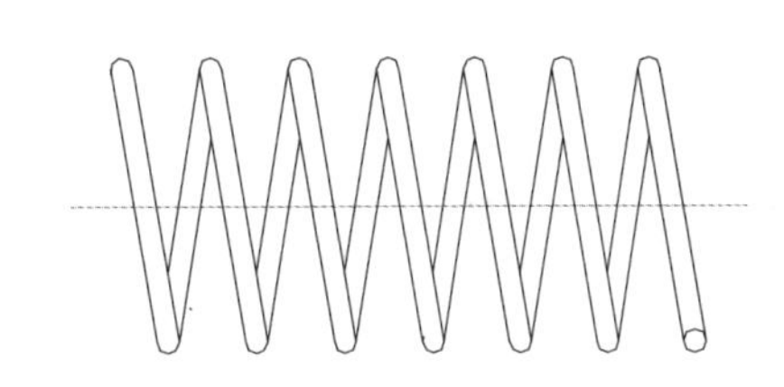

图 19-52　绘制弹簧

19.1.7　拼画装配图

01 单击“常用”选项卡→“块”面板→“创建”按钮，选择所绘制的定位轴，将定位轴生成块。

02 重复步骤 01，将前面几小节所绘的零件全部生成块。

03 单击“常用”选项卡→“块”面板→“插入”按钮，首先插入支架，效果如图 19-53 所示。

04 单击“常用”选项卡→“块”面板→“插入”按钮，插入盖，效果如图 19-54 所示。

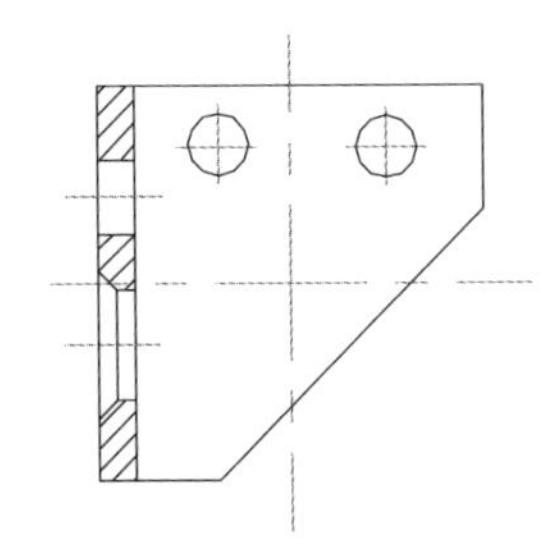

图 19-53　插入支架

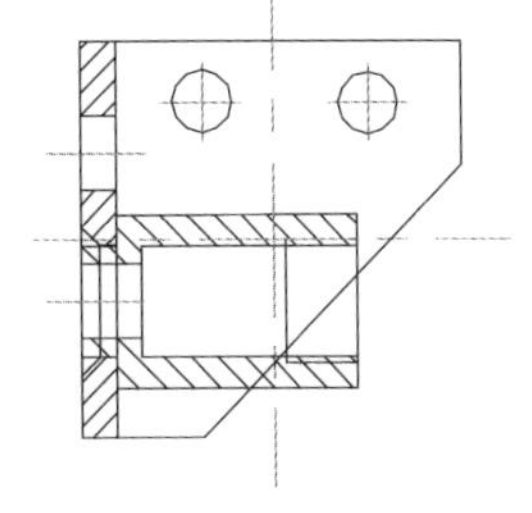

图 19-54　插入盖

05 单击“常用”选项卡→“块”面板→“插入”按钮，插入套筒，效果如图 19-55 所示。

06 单击“常用”选项卡→“块”面板→“插入”按钮，插入定位轴，效果如图 19-56 所示。

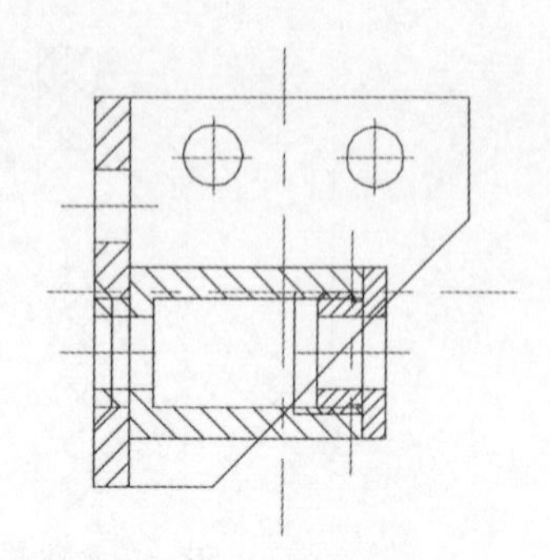
图 19-55　插入套筒

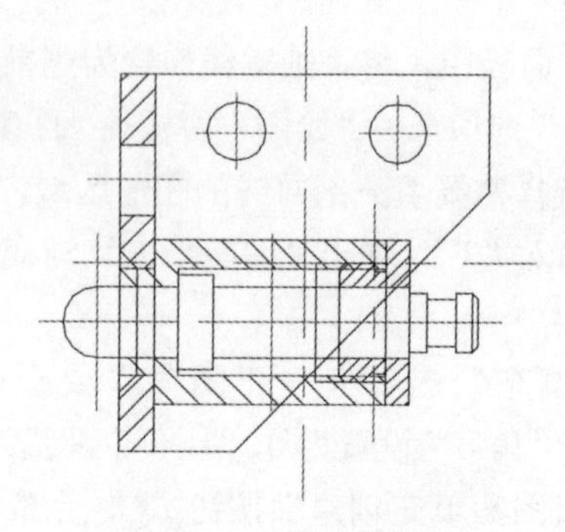
图 19-56　插入定位轴

07 单击“常用”选项卡→“块”面板→“插入”按钮，插入弹簧，效果如图 19-57 所示。

08 单击“常用”选项卡→“块”面板→“插入”按钮，插入把手，效果如图 19-58 所示。

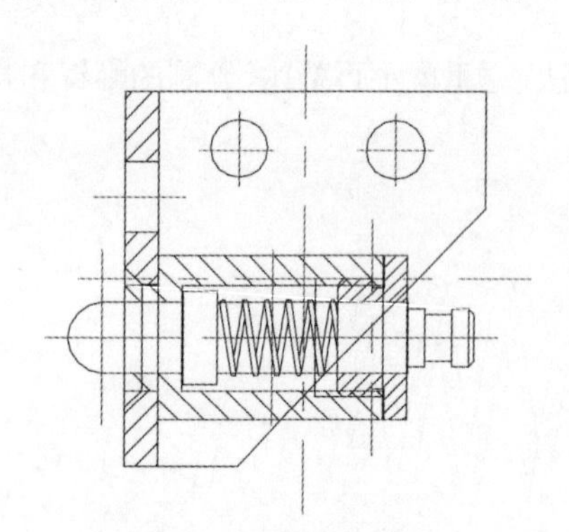
图 19-57　插入弹簧

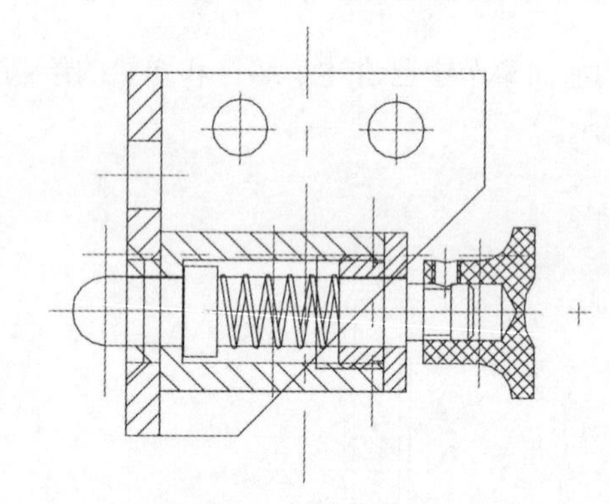
图 19-58　插入把手

09 单击“常用”选项卡→“块”面板→“插入”按钮，插入螺钉，效果如图 19-59 所示。

10 单击“常用”选项卡→“修改”面板→“分解”按钮，选中如图 19-59 所示的视图，按 Enter 键。

11 单击“常用”选项卡→“修改”面板→“修剪”按钮，选择相应线条进行修剪，效果如图 19-60 所示。

12 单击“注释”选项卡→“标注”面板→“引线”按钮，选择各个零件进行件号标注，单击“线宽”按钮，如图 19-61 所示。

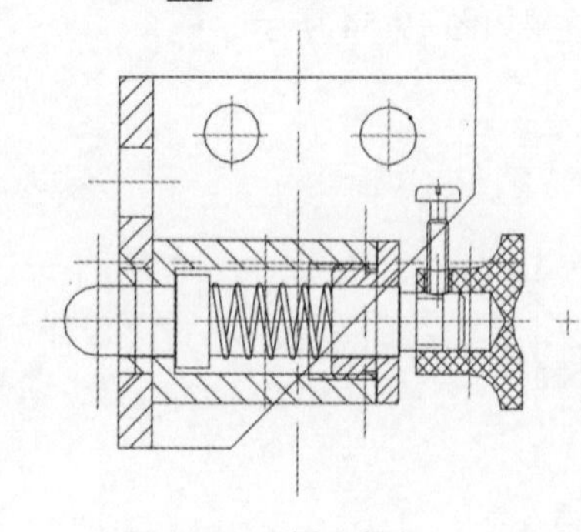
图 19-59　插入螺钉

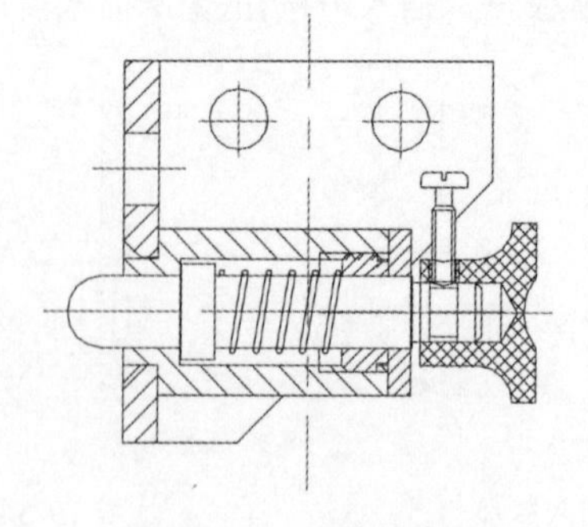
图 19-60　修剪轮廓

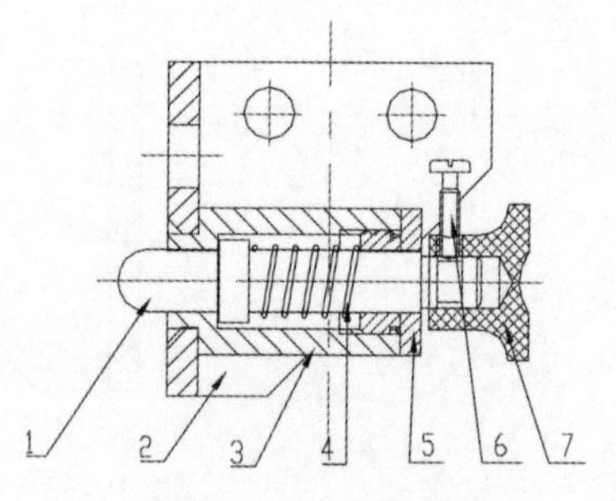

图 19-61　标注件号

19.1.8　填写明细栏

在填写明细栏时，如图 19-62 所示，需要有代号、名称、数量、备注等几项。

- “代号”为零件图的图号，因为装配图是主要表明装配关系、连接关系、工作原理、传动路线及主要形状的图样，对于零件的尺寸还需要另给出零件图。
- “名称”是零件的名称，必须注意的是这里的名称要与零件图里的名称相符。
- “数量”是装配图中单一零件的个数。
- “备注”一般在需要备注时填写，例如零件为标准件时，写明标准号和规格。

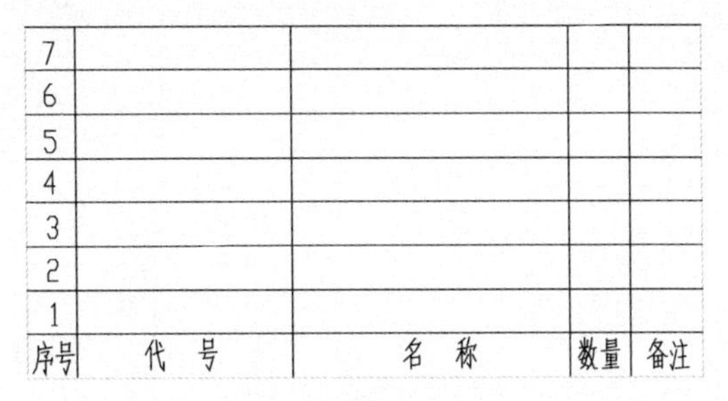

7				
6				
5				
4				
3				
2				
1				
序号	代　号	名　称	数量	备注

图 19-62　明细栏

单击“注释”选项卡→“文字”面板→“多行文字”按钮A，对明细栏进行填写，效果如图 19-63 所示。

7		把手	1	
6		螺钉	1	GB/T 75-1985
5		盖	1	
4		压簧	1	0.5X7X13
3		套筒	1	
2		支架	1	
1		定位销	1	
序号	代　号	名　称	数量	备注

图 19-63　填写明细栏

19.1.9　标注技术要求

01 使用 mtext 命令进行技术要求的标注，即输入 mtext 命令。

02 在屏幕上选择需要标注的位置，按住鼠标左键，确定文字插入位置并单击，弹出“文字编辑器”选项卡。

03 调整字体大小为 10，输入“技术要求”。

04 调整字体大小为 7，输入具体的技术要求内容，单击“确定”按钮完成技术要求的标注，效果如图 19-64 所示。

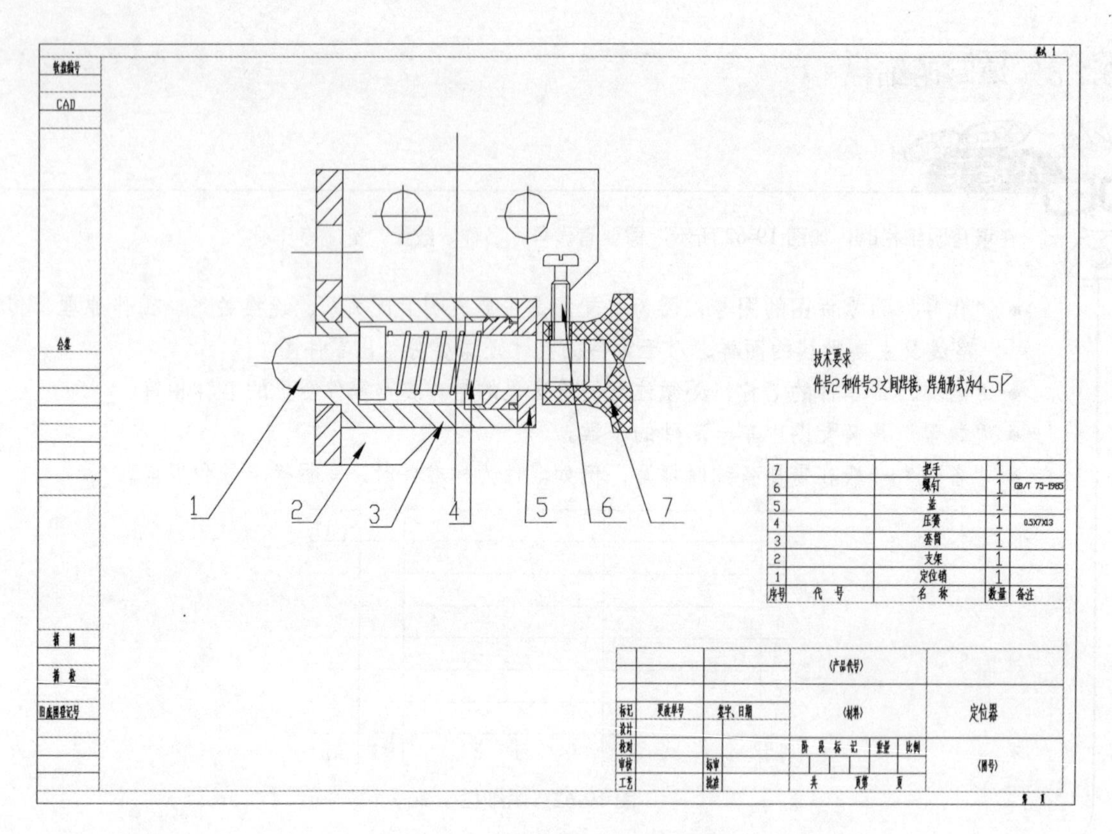

图 19-64　定位器设计最终效果图

19.2 千斤顶设计

千斤顶是一种通过顶部托座或底部托爪在行程内顶升重物的轻巧起重设备。按结构特点分为齿条千斤顶、螺旋千斤顶和液压千斤顶 3 种，本节将主要讲解螺旋千斤顶装配图的画法，螺旋千斤顶是一种机械千斤顶。它是由人力通过螺旋副传动，螺杆或螺母作为顶举件，靠螺纹自锁作用支撑重物，一般用于车辆维修。

19.2.1 绘制底座

01 在“图层”面板中，将“中心线”置为当前图层。单击“状态栏”上的“正交”按钮，打开正交方式。

02 单击“常用”选项卡→“绘图”面板→“直线”按钮，选择一点，在水平方向上绘制长度为 160mm 的直线。

03 重复步骤 02，在竖直方向上绘制长度为 150mm 的直线，效果如图 19-65 所示。

04 单击“常用”选项卡→“修改”面板→“偏移”按钮，通过对中心线的偏移绘制线条，如图 19-66 所示。

05 选中所绘制的线条，在“常用”选项卡中的“图层”面板中选择“粗实线”，将所绘制的线条转换为粗实线，效果如图 19-67 所示。

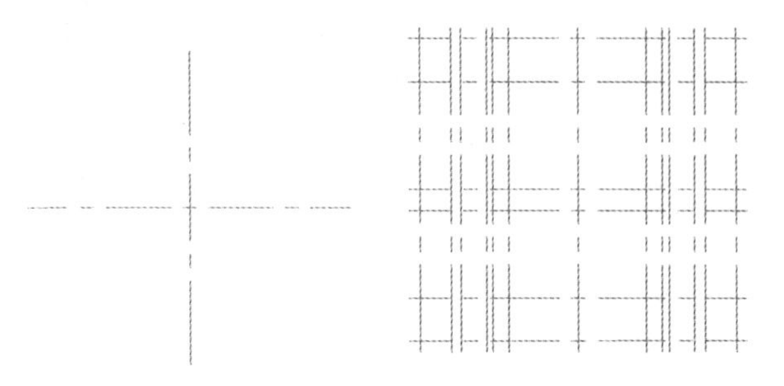

图 19-65　绘制中心线　　　图 19-66　偏移线条

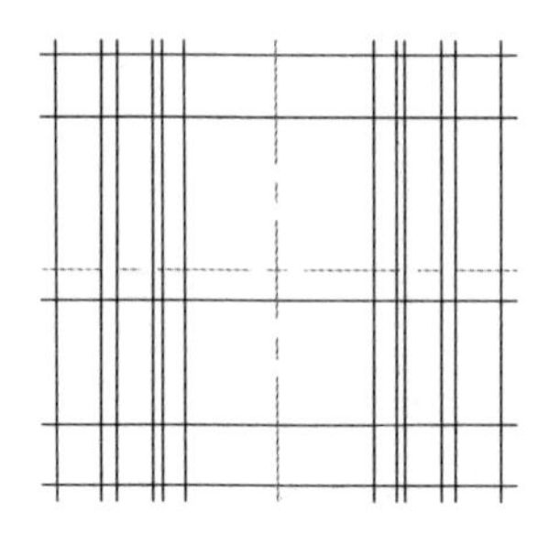

图 19-67　改变线条线型

06 单击“常用”选项卡→“修改”面板→“修剪”按钮，对偏移的线条进行修剪，得到底座的外轮廓形状，效果如图 19-68 所示。

07 在“图层”下拉列表框中将“粗实线”置为当前图层。单击“常用”选项卡→“绘图”面板→“直线”按钮，单击如图 19-68 所示的交点 1，再单击交点 3，按 Esc 键。

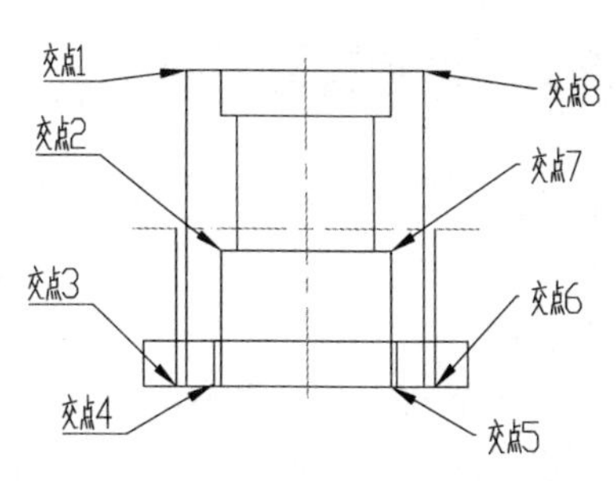

图 19-68　修剪线条

08 单击“常用”选项卡→“绘图”面板→“直线”按钮，单击如图 19-68 所示的交点 2，再单击交点 4，按 Esc 键。

09 单击“常用”选项卡→“绘图”面板→“直线”按钮，单击如图 19-68 所示的交点 5，再单击交点 7，按 Esc 键。

10 单击“常用”选项卡→“绘图”面板→“直线”按钮，单击如图 19-68 所示的交点 6，再单击交点 8，按 Esc 键，效果如图 19-69 所示（注：也可以单击 Enter 键重复上一命令）。

11 单击“常用”选项卡→“修改”面板→“修剪”按钮，选择相应线条边界进行修剪，效果如图 19-70 所示。

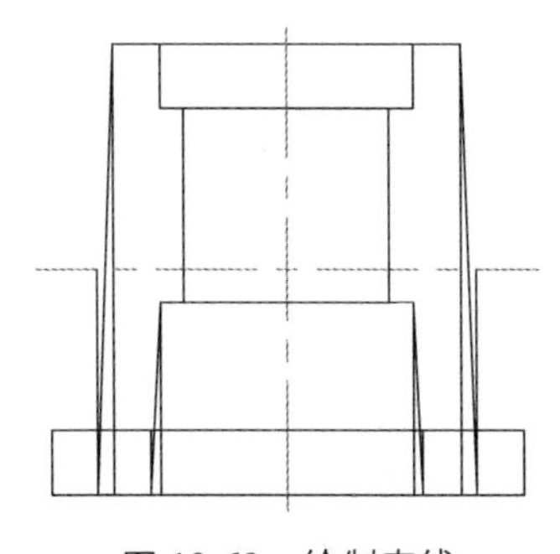

图 19-69　绘制直线

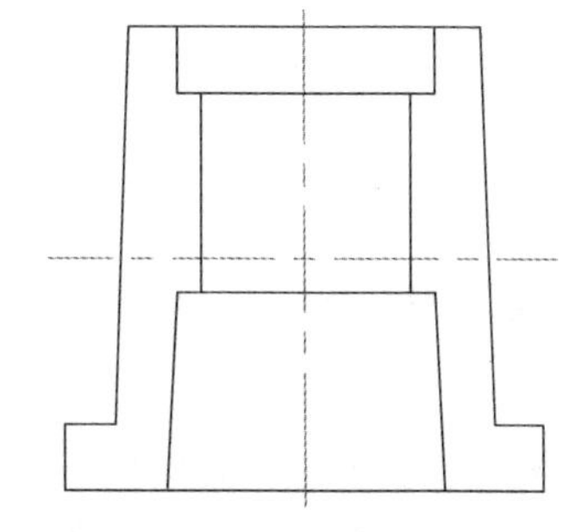

图 19-70　修剪线条

12 单击“常用”选项卡→“修改”面板→“圆角”按钮，在命令行输入 R 后按 Enter 键，选择需要圆角的相应轮廓线，效果如图 19-71 所示。

13 在“图层”面板中，将“细实线”置为当前图层，单击“常用”选项卡→“绘图”面板→“图案填充”按钮，选择需要填充剖面线的图形区域，在命令提示行中输入“T”，弹出“图案填充和渐变色”对话框。

14 在“图案填充”选项卡→“图案”面板中选择“ANSI31”，“角度”设置为 0，“比例”设置为 1。单击“关闭图案填充创建”按钮，完成剖面线的填充，效果如图 19-72 所示。

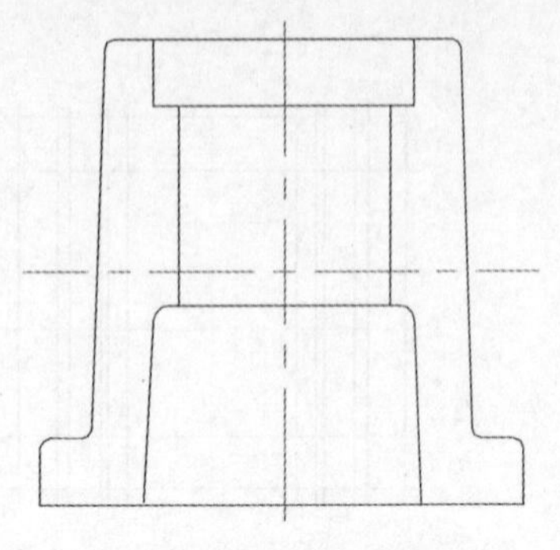
图 19-71　绘制圆角

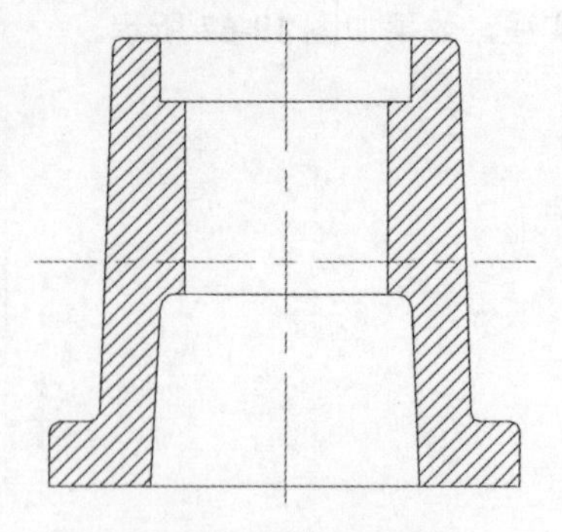
图 19-72　填充剖面线

19.2.2　绘制套筒

01 在“图层”面板中，将“中心线”置为当前图层。单击“状态栏”上的“正交”按钮，打开正交方式。

02 单击“常用”选项卡→“绘图”面板→“直线”按钮，选择一点，在水平方向上绘制长度为 80mm 的直线。

03 重复步骤 02，在竖直方向上绘制长度为 85mm 的直线，效果如图 19-73 所示。

04 单击“常用”选项卡→“修改”面板→“偏移”按钮，通过对中心线的偏移绘制线条，如图 19-74 所示。

05 选中所绘制的线条，在“常用”选项卡中的“图层”面板中选择“粗实线”，将所绘制的线条转换为粗实线，效果如图 19-75 所示。

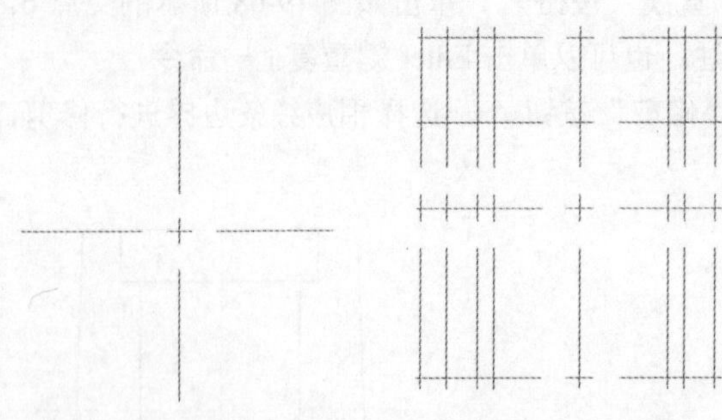
图 19-73　绘制中心线　　图 19-74　偏移线条

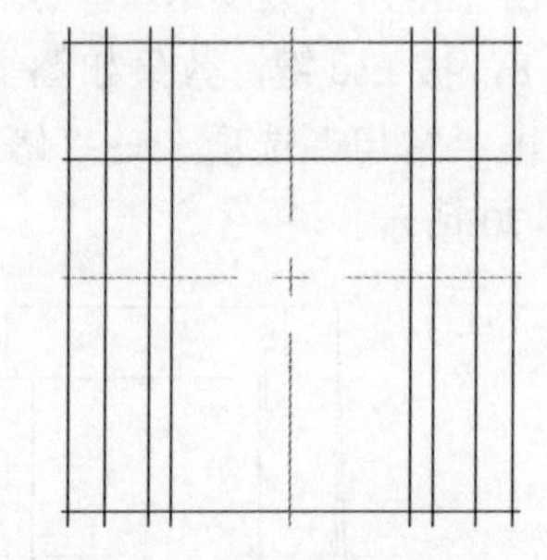
图 19-75　改变线条线型

06 单击“常用”选项卡→“修改”面板→“修剪”按钮，对偏移的线条进行修剪，效果如图 19-76 所示。

07 选中如图 19-76 所示的两条螺纹线，在“图层”下拉列表框中单击“细实线”图层。

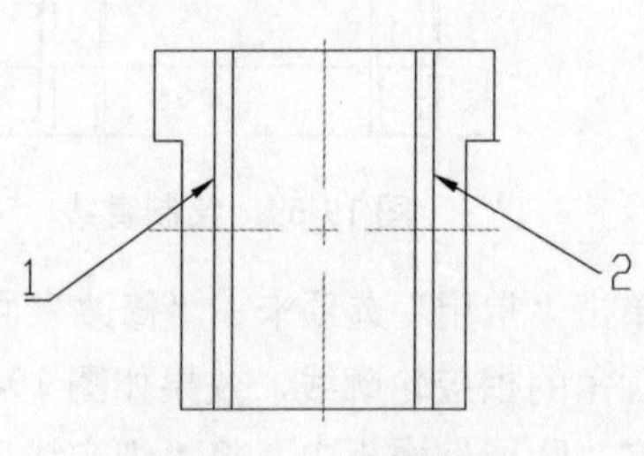

图 19-76　修剪线条

08 单击“常用”选项卡→“修改”面板→“偏移”按钮，通过对中心线的偏移绘制矩形螺纹轮廓线，如图 19-77 所示。

09 单击“常用”选项卡→“修改”面板→“修剪”按钮，对偏移的线条进行修剪，得到矩形螺纹轮廓线，效果如图 19-78 所示。

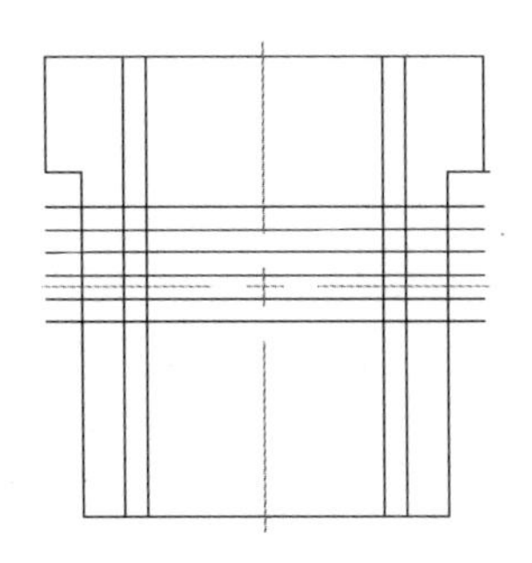

图 19-77 偏移线条

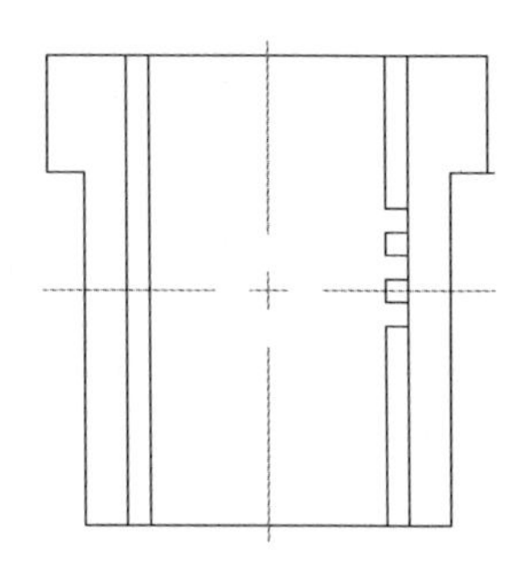

图 19-78 修剪线条

10 在“图层”面板中，将“细实线”置为当前图层，单击“常用”选项卡→“绘图”面板→“图案填充”按钮，选择需要填充剖面线的图形区域，在命令提示行中输入“T”，弹出“图案填充和渐变色”对话框。

11 在“图案填充”选项卡→“图案”面板中选择“ANSI31”，“角度”设置为 90，“比例”设置为 1。单击“关闭图案填充创建”按钮，完成剖面线的填充，单击“线宽”按钮，如图 19-79 所示。

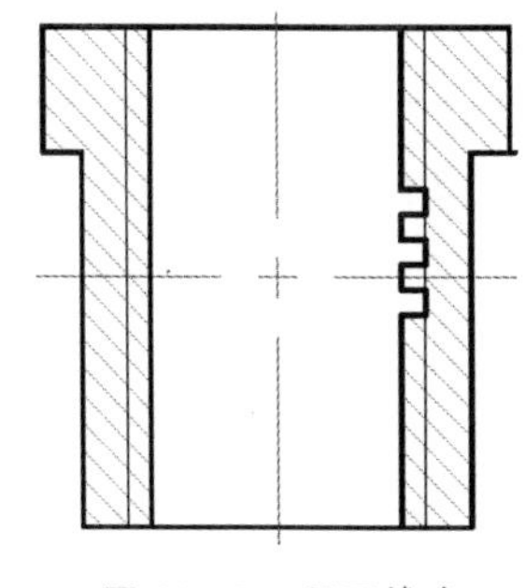

图 19-79 显示线宽

19.2.3 绘制旋杠

01 在“图层”面板中，将“中心线”置为当前图层。单击“状态栏”上的“正交”按钮，打开正交方式。

02 单击“常用”选项卡→“绘图”面板→“直线”按钮，选择一点，在水平方向上绘制长度为 310mm 的直线。

03 重复步骤 02，在竖直方向上绘制长度为 30mm 的直线，效果如图 19-80 所示。

图 19-80 绘制中心线

04 单击“常用”选项卡→“修改”面板→“偏移”按钮，通过对中心线的偏移绘制线条，如图 19-81 所示。

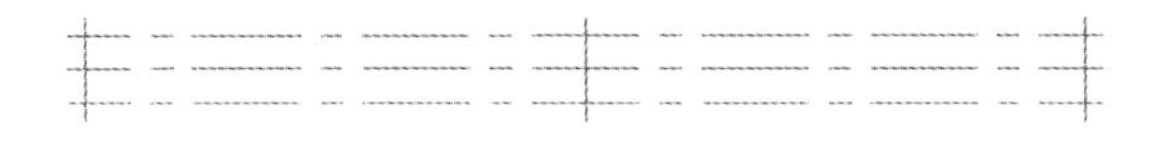

图 19-81 偏移线条

05 选中所绘制的线条，在“常用”选项卡中的“图层”面板中选择“粗实线”，将所绘制的线条转换为粗实线，效果如图 19-82 所示。

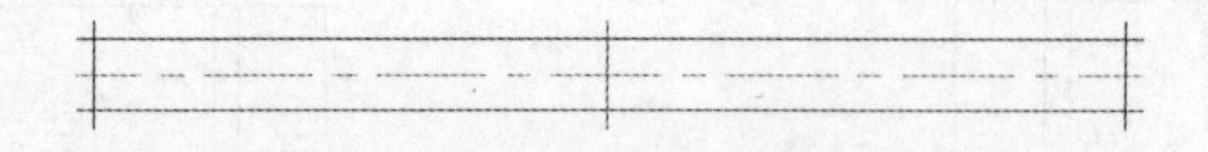

图 19-82 改变线条线型

06 单击“常用”选项卡→“修改”面板→“修剪”按钮，对偏移的线条进行修剪，得到外轮廓形状，效果如图 19-83 所示。

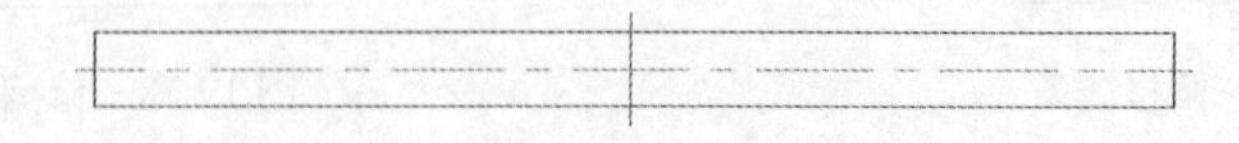

图 19-83 修剪线条

07 单击“常用”选项卡→“修改”面板→“倒角”按钮，在命令行输入 A 后按 Enter 键，在命令行输入 2 后按 Enter 键，在命令提示行输入 45 后按 Enter 键，然后选择需要倒角的相应轮廓，如图 19-84 所示。

图 19-84 绘制倒角

08 单击“常用”选项卡→“绘图”面板→“直线”按钮，依次单击相应两点，绘制倒角轮廓线，并选中竖直方向的中心线，按 Delete 键，效果如图 19-85 所示。

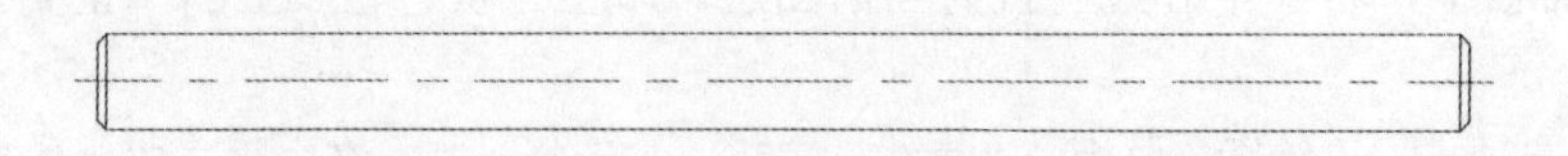

图 19-85 绘制倒角轮廓线

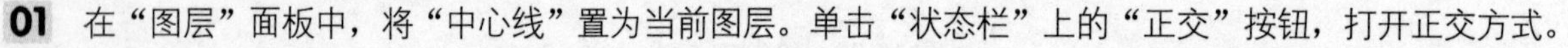

19.2.4 绘制螺旋杆

01 在“图层”面板中，将“中心线”置为当前图层。单击“状态栏”上的“正交”按钮，打开正交方式。

02 单击“常用”选项卡→“绘图”面板→“直线”按钮，选择一点，在水平方向上绘制长度为 190mm 的直线。

03 重复步骤 02，在竖直方向上绘制长度为 65mm 的直线，效果如图 19-86 所示。

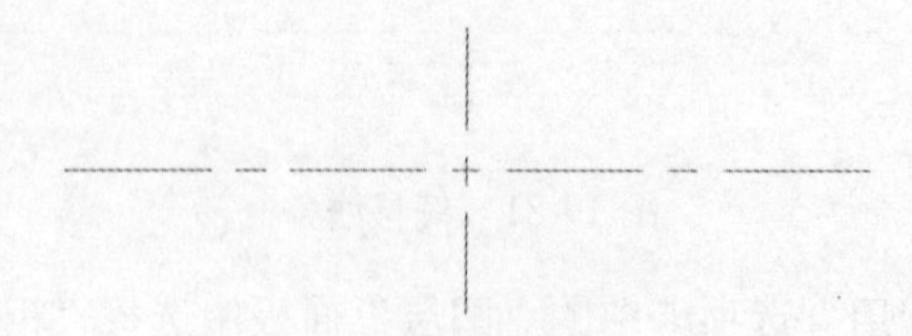

图 19-86 绘制中心线

04 单击“常用”选项卡→“修改”面板→“偏移”按钮，通过对中心线的偏移绘制线条，如图 19-87 所示。

05 选中所绘制的线条，在“常用”选项卡中的“图层”面板中选择“粗实线”，将所绘制的线条转换为粗实线，效果如图 19-88 所示。

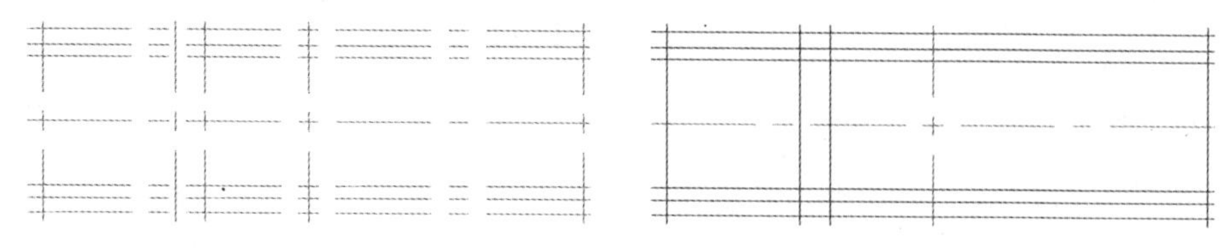

图 19-87　偏移线条　　图 19-88　改变线条线型

06 单击“常用”选项卡→“修改”面板→“修剪”按钮，对偏移的线条进行修剪，得到外轮廓形状，效果如图 19-89 所示。

07 单击“常用”选项卡→“修改”面板→“偏移”按钮，通过对中心线的偏移绘制圆孔基准线，如图 19-90 所示。

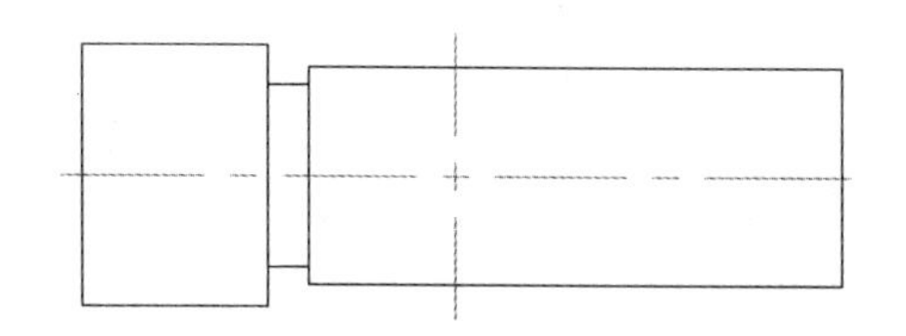

图 19-89　修剪线条

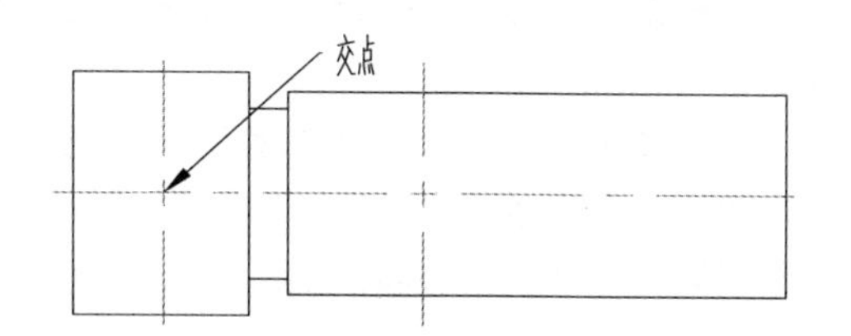

图 19-90　偏移线条

08 在“图层”面板中选择“粗实线”图层。单击“常用”选项卡→“绘图”面板→“圆”按钮，单击如图 19-90 所示的交点，输入半径，按 Enter 键，效果如图 19-91 所示。

09 单击“常用”选项卡→“修改”面板→“偏移”按钮，通过对相应轮廓线的偏移绘制螺纹线并选中这两条螺纹线，在“图层”面板中选择“细实线”图层，效果如图 19-92 所示。

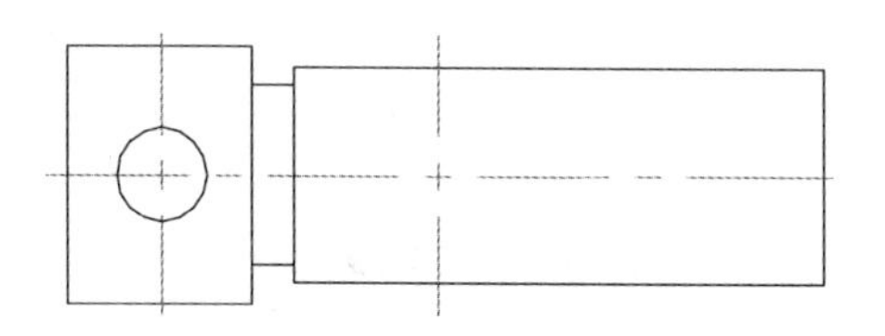

图 19-91　绘制圆

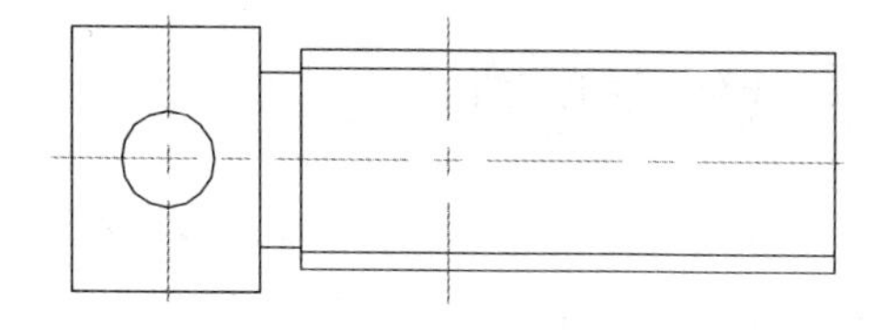

图 19-92　绘制螺纹线

10 单击“常用”选项卡→“修改”面板→“偏移”按钮，通过对相应轮廓线的偏移绘制矩形螺纹局部剖视图。

11 单击“常用”选项卡→“修改”面板→“修剪”按钮，对偏移的线条进行修剪，效果如图 19-93 所示。

12 单击“常用”选项卡→“绘图”面板→“样条曲线拟合”按钮。选择相应的点绘制局部剖视图断面线及圆孔过渡线，选中断面线，在“图层”下拉列表框中单击“细实线”图层，效果如图 19-94 所示。

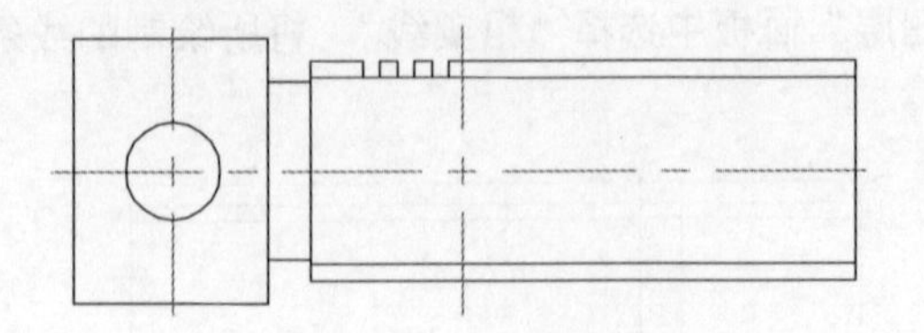

图 19-93　修剪线条

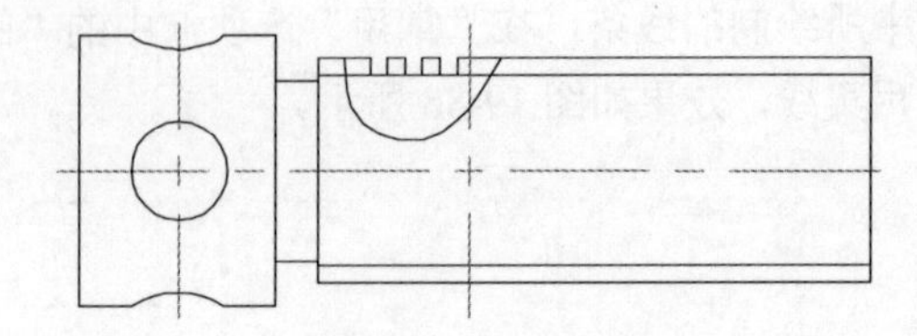

图 19-94　绘制断面线

13 单击"常用"选项卡→"修改"面板→"倒角"按钮，在命令行输入 A 后按 Enter 键，在命令行输入 2 后按 Enter 键，在命令提示行输入 45 后按 Enter 键，然后选择需要倒角的相应轮廓。

14 单击"常用"选项卡→"绘图"面板→"直线"按钮，依次单击相应两点，绘制倒角轮廓线，并选中竖直方向的中心线，单击 Delete 键，单击"线宽"按钮，如图 19-95 所示。

15 在"图层"面板中，将"细实线"置为当前图层，单击"常用"选项卡→"绘图"面板→"图案填充"按钮，选择需要填充剖面线的图形区域，在命令提示行中输入"T"，弹出"图案填充和渐变色"对话框。

16 在"图案填充"选项卡→"图案"面板中选择"ANSI31"，"角度"设置为 90，"比例"设置为 1。单击"关闭图案填充创建"按钮，完成剖面线的填充，单击"线宽"按钮。

17 选中竖直方向上的中心线，单击 Delete 键，效果如图 19-96 所示。

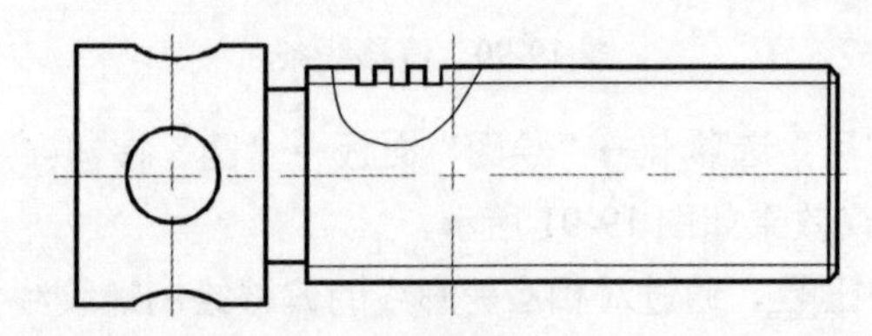

图 19-95　查看线宽

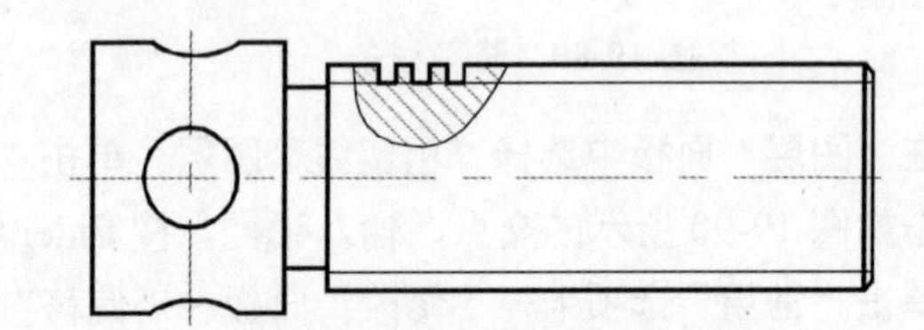

图 19-96　填充剖面线

19.2.5　拼画装配图

01 单击"常用"选项卡→"块"面板→"创建"按钮，选择前面所绘制的底座，将底座生成块。

02 重复步骤 01，将前面几小节所绘制的零件全部生成块（注意在生成块时，不包括中心线）。

03 单击"常用"选项卡→"块"面板→"插入"按钮，首先插入底座，效果如图 19-97 所示。

04 单击"常用"选项卡→"块"面板→"插入"按钮，插入套筒，效果如图 19-98 所示。

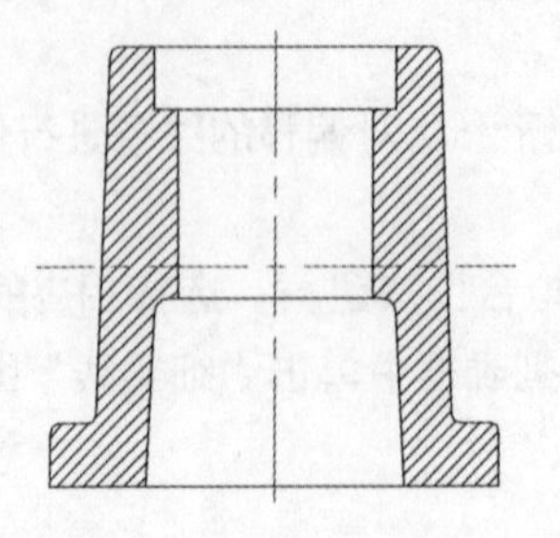

图 19-97　插入底座

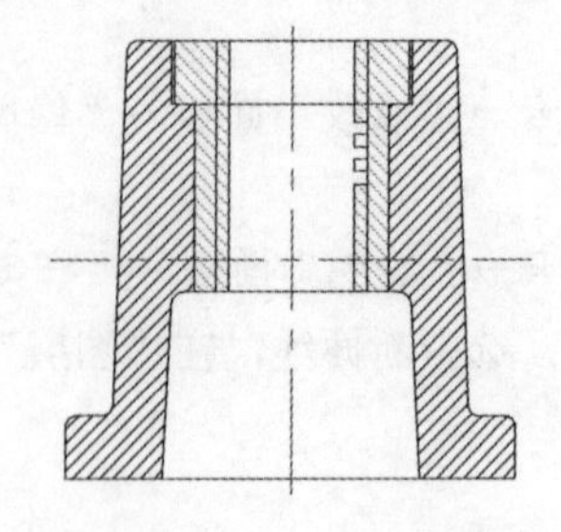

图 19-98　插入套筒

05 单击"常用"选项卡→"块"面板→"插入"按钮，插入螺旋杆，效果如图 19-99 所示。

06 单击“常用”选项卡→“块”面板→“插入”按钮，插入旋杠，效果如图 19-100 所示。

07 单击“常用”选项卡→“修改”面板→“分解”按钮，选中如图 19-100 所示的视图，按 Enter 键。

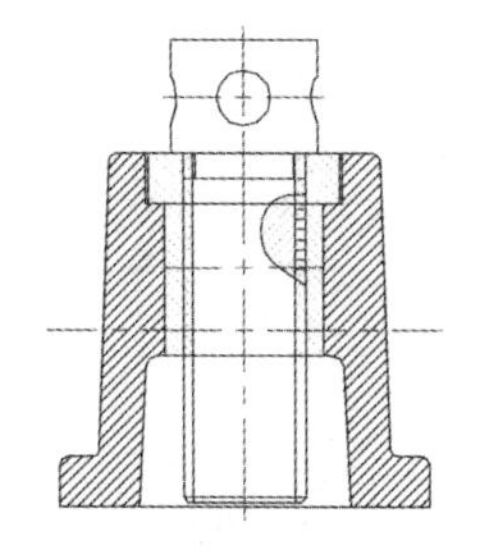

图 19-99　插入螺旋杆

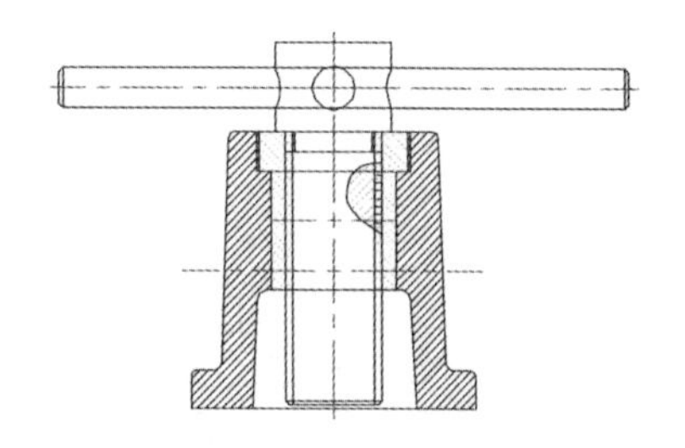

图 19-100　插入旋杠

08 单击“常用”选项卡→“修改”面板→“修剪”按钮，选择相应线条进行修剪，效果如图 19-101 所示。

09 单击“注释”选项卡→“标注”面板→“引线”按钮，选择各个零件进行件号标注，效果如图 19-102 所示。

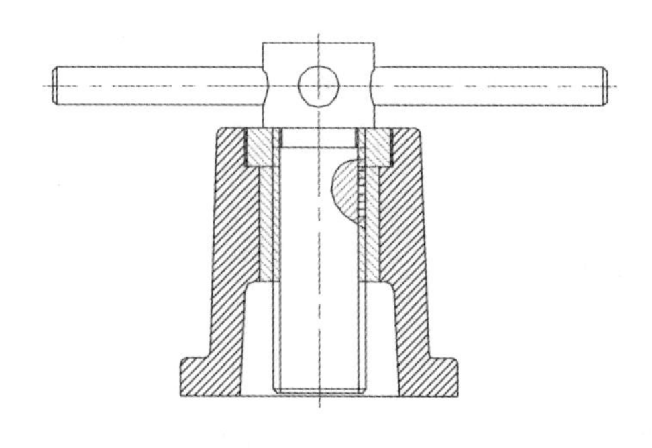

图 19-101　修剪装配图

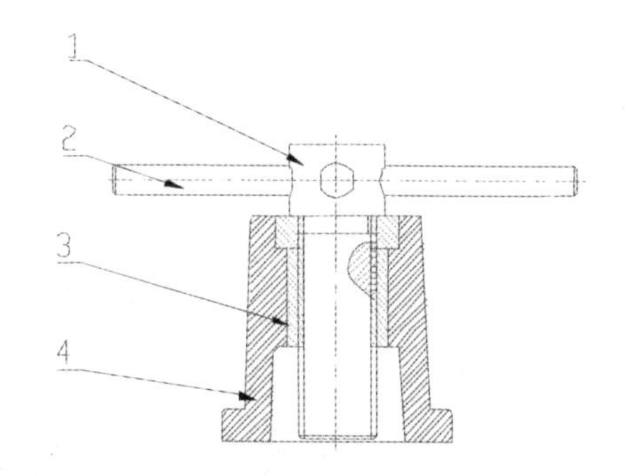

图 19-102　标注件号

19.2.6　标注技术要求

01 使用 mtext 命令进行技术要求的标注，即输入 mtext 命令。

02 在屏幕上选择需要标注的位置，按住鼠标左键，确定文字插入位置并单击，弹出“文字编辑器”选项卡。

03 调整字体大小为 10，输入“技术要求”。

04 调整字体大小为 7，输入具体的技术要求内容，单击“确定”按钮完成技术要求的标注，效果如图 19-103 所示。

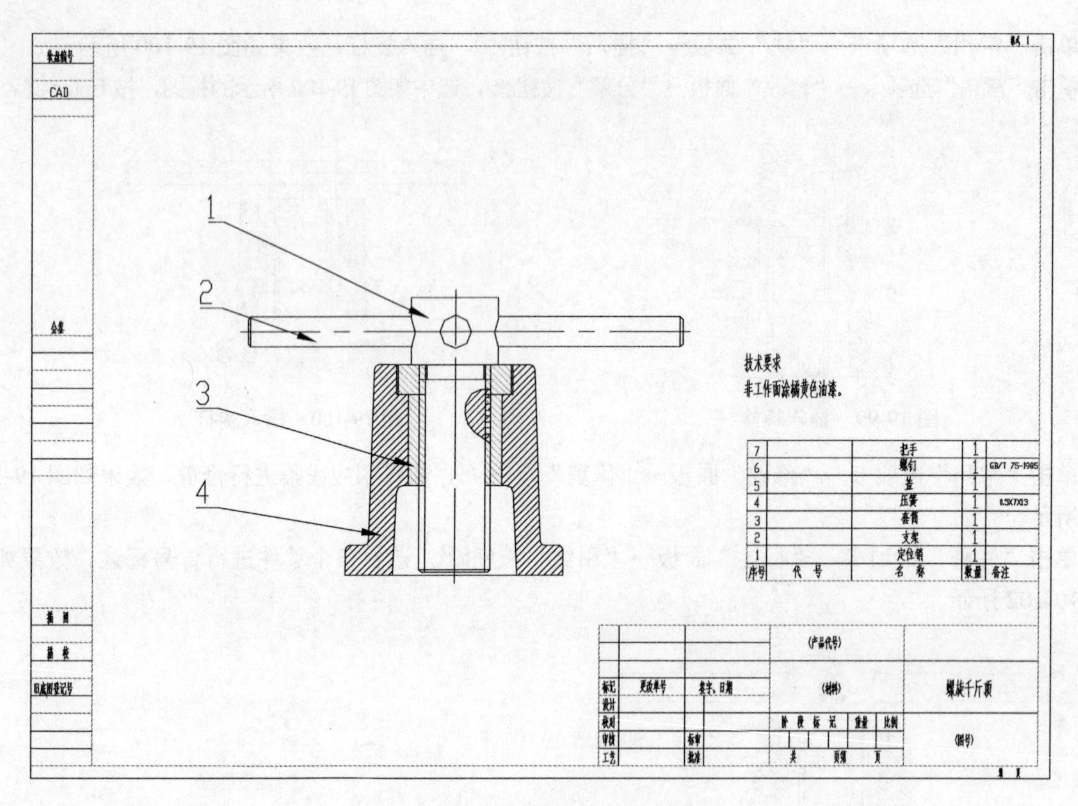

图 19-103　千斤顶设计最终效果图

19.3 知识回顾

本章主要介绍了定位器和千斤顶的画法。在绘制装配图时，本章采用了先绘制零件图，然后拼画装配图的方法。值得注意的是一定要先精准地绘制出零件图，这样才能保证正确地绘制出装配图。同时在绘制之前必须构思好采用哪种视图来表达，例如确定了要通过全部视图来表达装配图的内部结构，那么所有的零件图都应该使用全剖视图。

附录 A

AutoCAD 的常用快捷键

快捷键	作用
F1	获取帮助
F2	实现制图窗口和文本窗口的切换
F3	控制是否实现对象自动捕捉
F4	数字化仪控制
F5	等轴测平面切换
F6	控制状态栏上坐标的显示方式
F7	栅格显示模式控制
F8	正交模式控制
F9	栅格捕捉模式控制
F10	极轴模式控制
F11	对象捕捉追踪模式控制
Ctrl+B	栅格捕捉模式控制（F9）
Ctrl+C	将选择的对象复制到剪贴板上
Ctrl+F	控制是否实现对象自动捕捉（F3）
Ctrl+G	栅格显示模式控制（F7）
Ctrl+J	重复执行上一步命令
Ctrl+K	超链接
Ctrl+N	新建图形文件
Ctrl+M	打开“工具选项板”窗口
Ctrl+1	打开“特性”选项板
Ctrl+2	打开“设计中心”窗口
Ctrl+6	打开“数据库连接管理器”选项板
Ctrl+O	打开图像文件
Ctrl+P	打开“打印”对话框
Ctrl+S	保存文件
Ctrl+U	极轴模式控制（F10）
Ctrl+V	粘贴剪贴板上的内容
Ctrl+W	对象捕捉追踪模式控制（F11）
Ctrl+X	剪切所选择的内容
Ctrl+Y	重做
Ctrl+Z	取消上一步的操作

附录B

AutoCAD 的主要命令

AutoCAD 中的各个版本在命令上的变化很小，所以以下内容并不是仅限于 AutoCAD 2012。

缩写	命令	功能
3A	3DARRAY	在三维空间中进行阵列
3DO	3DORBIT	在三维空间中进行旋转
3F	3DFACE	在三维空间中的任意位置创建三侧面或四侧面
3P	3DPOLY	创建三维多段线
A	ARC	画圆弧
ADC	ADCEnter	管理和插入块、外部参照及填充图案等内容
AA	AREA	计算对象或指定区域的面积和周长
AL	ALIGN	在二维和三维空间中将对象与其他对象对齐
AP	APPLOAD	打开“加载/卸载应用程序”对话框，定义要在启动时加载的应用程序
AR	ARRAY	打开“阵列”对话框
ATT	ATTDEF	打开“属性定义”对话框
ATE	ATTEDIT	改变属性信息
B	BLOCK	根据选定对象创建块
BC	BCLOSE	关闭块编辑器
BE	BEDIT	打开“编辑块定义”对话框，然后打开块编辑器
BH	HATCH	用填充图案或渐变填充来填充封闭区域或选定对象
BO	BOUNDARY	从封闭区域创建面域或多段线
BR	BREAK	在两点之间打断选定对象
BS	BSAVE	保存当前块定义
C	CIRCLE	绘制圆
CH	PROPERTIES	打开“特性”选项板
CHA	CHAMFER	给对象加倒角
CHK	CHECKSTANDARDS	检查当前图形的标准冲突情况
CLI	COMMANDLINE	显示命令行
COL	COLOR	设置新对象的颜色
CO	COPY	复制
CP	COPY	复制
CT	CTABLESTYLE	设置当前选项卡样式的名称
D	DIMSTYLE	创建和修改标注样式
DAL	DIMALIGNED	创建对齐线性标注
DAN	DIMANGULAR	创建角度标注
DAR	DIMARC	创建圆弧长度标注
JOG	DIMJOGGED	创建折弯半径标注

（续表）

缩写	命令	功能
DBA	DIMBASELINE	从上一个标注或选定标注的基线处创建线性标注、角度标注或坐标标注
DBC	DBCONNECT	提供到外部数据库表的接口
DC	ADCEnter	管理和插入块、外部参照及填充图案等内容
DCE	DIMCEnter	创建圆和圆弧的圆心标记或中心线
DCEnter	ADCEnter	打开“设计中心”窗口
DCO	DIMCONTINUE	从上一个标注或选定标注的第二条延伸线处创建线性标注、角度标注或坐标标注
DDA	DIMDISASSOCIATE	删除选定标注的关联性
DDI	DIMDIAMETER	创建圆和圆弧的直径标注
DED	DIMEDIT	编辑标注对象上的标注文字和延伸线
DI	DIST	测量两点之间的距离和角度
DIV	DIVIDE	定数等分
DJO	DIMJOGGED	为圆和圆弧创建折弯标注
DLI	DIMLINEAR	创建线性标注
DO	DONUT	绘制填充的圆和环
DOR	DIMORDINATE	创建坐标标注
DOV	DIMOVERRIDE	替代尺寸标注系统变量
DR	DRAWORDER	修改图像和其他对象的绘图顺序
DRA	DIMRADIUS	创建圆和圆弧的半径标注
DRE	DIMREASSOCIATE	将选定标注与几何对象相关联
DRM	DRAWINGRECOVERY	显示可以在程序或系统失败后修复的图形文件列表
DS	DSETTINGS	打开“草图设置”对话框
DST	DIMSTYLE	打开“标注样式管理器”对话框
DT	TEXT	创建单行文字对象
DV	DVIEW	使用相机和目标来定义平行投影或透视视图
E	ERASE	删除
ED	DDEDIT	编辑单行文字、标注文字、属性定义和特征控制框
EL	ELLIPSE	创建椭圆或椭圆弧
EX	EXTEND	将对象延伸到另一对象
EXIT	QUIT	退出程序
EXP	EXPORT	以其他文件格式保存对象
EXT	EXTRUDE	通过拉伸现有二维对象来创建唯一实体原型
F	FILLET	给对象加圆角
FI	FILTER	创建一个条件列表，对象必须符合这些条件才能包含在选择集中
G	GROUP	创建和管理已保存的对象集（称为编组）
GD	GRADIENT	使用渐变填充来填充封闭区域或选定对象
GR	DDGRIPS	打开“选项”对话框中的“选择集”选项卡
H	HATCH	用填充图案、实体填充或渐变填充来填充封闭区域或选定对象
HE	HATCHEDIT	修改现有的图案填充或填充
HI	HIDE	重新生成不显示隐藏线的三维线框模型

（续表）

缩写	命令	功能
I	INSERT	将图形或命名块插入到当前图形中
IAD	IMAGEADJUST	控制图像的亮度、对比度和褪色度
IAT	IMAGEATTACH	将新的图像附着到当前图形
ICL	IMAGECLIP	为图像对象创建新的剪裁边界
IM	IMAGE	管理图像
IMP	IMPORT	以不同格式输入文件
IN	INTERSECT	从两个或多个实体或面域的交集中创建复合实体或面域，然后删除交集外的区域
INF	INTERFERE	用两个或多个实体的公共部分创建三维组合实体
IO	INSERTOBJ	插入链接对象或内嵌对象
J	JOIN	将对象合并以形成一个完整的对象
L	LINE	绘制直线
LA	LAYER	管理图层和图层特性
LE	QLEADER	创建引线和引线注释
LEN	LENGTHEN	修改对象的长度和圆弧的包含角
LI	LIST	显示选定对象的特征数据
LINEWEIGHT	LWEIGHT	设置线宽及相关选项
LS	LIST	显示选定对象的特性数据
LT	LINETYPE	加载、设置和修改线型
LTYPE	LINETYPE	加载、设置和修改线型
LTS	LTSCALE	设置全局线型比例因子
LW	LWEIGHT	设置线宽及相关选项
M	MOVE	移动
MA	MATCHPROP	将选定表格单元的特性应用到其他表格单元
ME	MEASURE	定距等分
MI	MIRROR	镜像
ML	MLINE	创建多条平行线
MO	PROPERTIES	控制现有对象的特性
MS	MSPACE	从图纸空间切换到模型空间视口
MSM	MARKUP	显示标记的详细信息并允许用户更改其状态
MT	MTEXT	添加多行文字
MV	MVIEW	创建并控制布局视口
O	OFFSET	偏移
OP	OPTIONS	自定义程序设置
ORBIT	3DORBIT	三维动态观察器
OS	OSNAP	打开“草图设置”对话框
P	PAN	在当前视口中移动视图，即实时移动
PA	PASTESPEC	插入剪贴板数据并控制数据格式
PARAM	BPARAMETER	向动态块定义中添加带有夹点的参数
PE	PEDIT	编辑多段线和三维多边形网络
PL	PLINE	创建二维多段线
PO	POINT	指定点

（续表）

缩写	命令	功能
POL	POLYGON	绘制正多边形
PR	PROPERTIES	弹出“特性”选项板
PRCLOSE	PROPERTIESCLOSE	关闭“特性”选项板
PROPS	PROPERTIES	弹出“特性”选项板
PRE	PREVIEW	显示图形的打印效果
PRINT	PLOT	将图形打印到绘图仪、打印机或文件
PS	PSPACE	从模型空间视口切换到图纸空间
PTW	PUBLISHTOWEB	创建包括选定图形的网页
PU	PURGE	删除图形中未使用的命名项目，例如块定义和图层
QC	QUICKCALC	打开“快速计算器”选项板
R	REDRAW	刷新当前视口中的显示
RA	REDRAWALL	刷新显示所有视口
RE	REGEN	从当前视口重新生成整个图形
REA	REGENALL	重新生成图形并刷新所有视口
REC	RECTANG	绘制矩形
REG	REGION	将包含封闭区域的对象转换为面域对象
REN	RENAME	更改命名对象的名称
REV	REVOLVE	通过绕轴旋转二维对象来创建实体
RO	ROTATE	围绕基点旋转对象
RPR	RPREF	设置渲染系统配置
RR	RENDER	创建三维线框或实体模型的真实感图像或真实着色图像
S	STRETCH	移动或拉伸对象
SC	SCALE	在 X、Y 和 Z 方向按比例放大或缩小对象
SCR	SCRIPT	从脚本文件执行一系列命令
SE	DSETTINGS	打开“草图设置”对话框
SEC	SECTION	用平面和实体的交集创建面域
SET	SETVAR	列出或修改系统变量值
SHA	SHADEMODE	控制当前视口中实体对象着色的显示
SL	SLICE	用平面剖切一组实体
SN	SNAP	规定光标按指定的间距移动
SO	SOLID	创建实体填充的三角形和四边形
SP	SPELL	检查图形中的拼写
SPL	SPLINE	在指定的公差范围内把光滑曲线拟合成一系列的点
SPE	SPLINEDIT	编辑样条曲线或样条曲线拟合多段线
SSM	SHEETSET	打开“图纸集管理器”选项板
ST	STYLE	创建、修改或设置命名文字样式
STA	STANDARDS	管理标准文件与图形之间的关联性
SU	SUBTRACT	通过减操作合并选定的面域或实体
T	MTEXT	绘制多行文字
TA	TABLET	校准、配置、打开和关闭已连接的数字化仪
TB	TABLE	在图形中创建空白表格对象
TH	THICKNESS	设置当前的三维厚度

（续表）

缩写	命令	功能
TI	TILEMODE	将“模型”选项卡或上一个“布局”选项卡置为当前
TO	TOOLBAR	显示、隐藏和自定义选项卡
TOL	TOLERANCE	创建形位公差
TOR	TORUS	创建圆环形实体
TP	TOOLPALETTES	打开“工具选项板”窗口
TR	TRIM	按其他对象定义的剪切边修剪对象
TS	TABLESTYLE	定义新的表格样式
UC	UCSMAN	管理已定义的用户坐标系
UN	UNITS	控制坐标和角度的显示格式和精度
UNI	UNION	通过添加操作合并选定面域或实体
V	VIEW	保存和恢复命名视图
VP	DDVPOINT	设置三维观察方向
-VP	VPOINT	设置图形的三维直观观察方向
VS	BVSTATE	创建、设置或删除动态块中的可见性状态
W	WBLOCK	将对象或块写入新图形文件
WE	WEDGE	创建三维实体并使其倾斜面沿 X 轴方向
X	EXPLODE	将合成对象分解为其部件对象
XA	XATTACH	将外部参照附着到当前图形
XB	XBIND	将外部参照中命名对象的一个或多个定义绑定到当前图形
XC	XCLIP	定义外部参照或块剪裁边界，并设置前剪裁平面和后剪裁平面
XL	XLINE	创建无限长的线
XR	XREF	控制图形文件的外部参照
Z	ZOOM	放大或缩小显示当前视口中对象的外观尺寸

www.hzbook.com

填写读者调查表　加入华章书友会
获赠精彩技术书　参与活动和抽奖

尊敬的读者：

感谢您选择华章图书。为了聆听您的意见，以便我们能够为您提供更优秀的图书产品，敬请您抽出宝贵的时间填写本表，并按底部的地址邮寄给我们（您也可通过www.hzbook.com填写本表）。您将加入我们的“华章书友会”，及时获得新书资讯，免费参加书友会活动。我们将定期选出若干名热心读者，免费赠送我们出版的图书。请一定填写书名书号并留全您的联系信息，以便我们联络您，谢谢！

书名：　　　　　　　　　　　　书号：7-111-(　　　　　　　　)

姓名：	性别：☐男　☐女	年龄：	职业：
通信地址：		E-mail：	
电话：	手机：	邮编：	

1. 您是如何获知本书的：

☐朋友推荐　☐书店　☐图书目录　☐杂志、报纸、网络等　☐其他

2. 您从哪里购买本书：

☐新华书店　☐计算机专业书店　☐网上书店　☐其他

3. 您对本书的评价是：

技术内容	☐很好	☐一般	☐较差	☐理由____
文字质量	☐很好	☐一般	☐较差	☐理由____
版式封面	☐很好	☐一般	☐较差	☐理由____
印装质量	☐很好	☐一般	☐较差	☐理由____
图书定价	☐太高	☐合适	☐较低	☐理由____

4. 您希望我们的图书在哪些方面进行改进？

____

____

5. 您最希望我们出版哪方面的图书？如果有英文版请写出书名。

____

____

6. 您有没有写作或翻译技术图书的想法？

☐是，我的计划是______________________________　☐否

7. 您希望获取图书信息的形式：

☐邮件　☐信函　☐短信　☐其他________

请寄：北京市西城区百万庄南街1号　机械工业出版社　华章公司　计算机图书策划部收

邮编：100037　**电话：**(010) 88379512　**传真：**(010) 68311602　E-mail: hzjsj@hzbook.com